U0162129

大熊猫主食竹生物多样性研究

主　编◎史军义　陈其兵
副主编◎黄金燕　丁雨龙　吴良如　马丽莎

中国林业出版社

图书在版编目（CIP）数据

大熊猫主食竹生物多样性研究 / 史军义, 陈其兵主编; 黄金燕等副主编.
-- 北京 : 中国林业出版社, 2021.12
ISBN 978-7-5219-1491-7

Ⅰ. ①大… Ⅱ. ①史… ②陈… ③黄… Ⅲ. ①大熊猫
—主食—竹—生物多样性—研究 Ⅳ. ①Q959.838
②S795

中国版本图书馆CIP数据核字(2022)第007570号

策划编辑：李敏
责任编辑：王越　李敏

出版　中国林业出版社（100009　北京市西城区刘海胡同 7 号）
　　　　http://www.forestry.gov.cn/lycb.html　　　电话：（010）83143628　　83143575
印刷　河北京平诚乾印刷有限公司
版次　2022 年 8 月第 1 版
印次　2022 年 8 月第 1 次
开本　889mm × 1194mm　1/16
印张　25
字数　630 千字
定价　290.00 元

编撰委员会

主　编：史军义　　陈其兵

副主编：黄金燕　　丁雨龙　　吴良如　　马丽莎

编　委：易同培　　周德群　　张玉霄　　史蓉红　　姚　俊　　杨　林

　　　　江明艳　　刘柿良　　吕兵洋　　孙茂盛　　赵丽芳　　令狐启霖

　　　　李　青　　李志伟　　王道云　　张　玲　　刘　燕　　王　伦

　　　　周世强　　刘　巅　　谢　浩　　党高弟　　刘宇韬　　尹显孝

　　　　叶建伟　　胡　科　　贾学刚　　张晋东

摄　影：史军义　　易同培　　黄金燕　　杨　林　　孙茂盛　　周成理

　　　　易传辉　　FRED VAIPEL（德）　谢　浩　　党高弟　　丁雨龙

　　　　张晋东

内外业：姚　俊　　杨　洋　　彭　慧

课题支撑

国家林业和草原局濒危物种调查监管项目

　　大熊猫主食竹补充调查及《大熊猫主食竹图志》的编撰（编号：2130211），2020

中国工程院院士咨询项目

　　基于2035年森林防火与大熊猫食用竹林可持续经营战略研究（编号：2021–XZ–33），2020

四川省国外高端人才引进项目

　　大熊猫国家公园规划设计关键技术引进示范研究（编号：21RCYJ0051），2020

国家林业局大熊猫国际合作基金资助项目

　　放牧毁损的大熊猫栖息地恢复重建规律研究（批号：林护发2017–115号），2017

主编简介

史军义
Email: esjy@163.com
中国林业科学研究院　研究员

　　1958年1月出生，1982年毕业于北京林业大学。先后任职于中国保护大熊猫研究中心（现中国大熊猫保护研究中心）、四川省林业学校、四川农业大学、中国林业科学研究院，长期从事林业教学和竹子研究工作。现任国际园艺学会竹品种登录权威专家、国际竹类栽培品种登录中心主任兼首席科学家、中国林业科学研究院西南花卉研究开发中心主任，并受聘为中国野生植物保护协会竹类植物首席专家、中国竹产业协会专家、四川农业大学和西南科技大学竹子研究首席专家、《世界竹藤通讯》编委、都江堰市美岚竹业研究院院长兼首席专家。

　　先后主持或参与国际、国家、省部级科研课题23项，获省部级科技成果奖4项；主持出版了《中国竹类图志》《中国竹类图志（续）》《中国观赏竹》《中国竹亚科属种检索表》《国际竹类栽培品种登录报告》《中国竹品种报告》《Illustrated Flora of Bambusoideae in China》和《大熊猫主食竹图志》等18部专著；发现并发表竹子新种及种下分类群54个；发表《The History and Current Situation of Resources and Development Trend of the Cultivated Bamboos in China》《大熊猫主食竹的耐寒区位区划》等学术论文190余篇；主持完成"中华竹类系统生态园（世纪竹园）"等5个大型竹子项目和"四川卧龙国家级大熊猫自然保护区"等4个国家级大熊猫自然保护区的总体规划设计。

陈其兵
Email: cqb@sicau.edu.cn
四川农业大学风景园林学院　原院长　博士/教授

　　1963年3月出生，1984年毕业于四川农业大学林学专业。2002年获南京林业大学森林培育学博士学位。国家万人计划领军人才，国务院政府津贴获得者，四川"天府万人计划"创业领军人才，四川省学术和技术带头人，四川省突出贡献专家，四川省工程设计大师，国务院学科评议组成员，中国林学会园林分会秘书长，中国风景园林学会教育专委会副主任，中国风景园林学会园林康养与园艺疗法分会副主任，中国竹产业协会文旅康养分会主任，中国林学会竹子分会副主任。

　　长期从事风景园林教学研究和人才培养工作，研究领域为风景园林规划设计与竹林风景线融合。主持和主研获国家科技进步二等奖1项，省科技进步一等奖3项、二等奖6项、三等奖8项，其他奖8项，发表学术论文200余篇，其中SCI收录40余篇，出版《丛生竹集约培育模式技术》《竹类主题公园规划设计理论与实践》和《大熊猫主食竹图志》等学术专著10部，主编全国统编教材5部，获省教学成果二等奖1项、三等奖1项，先后指导博士、硕士研究生200余人，主持各种规划设计项目200余项，其中获国内外规划设计奖20余项。

副主编简介

黄金燕
Email: huangjinyanabc@sina.com
中国大熊猫保护研究中心（原中国保护大熊猫研究中心）
教授级高级工程师

  1965年2月出生，1992年毕业于中南林学院林学系林学专业。四川省林学会会员，国际竹类栽培品种登录委员会委员，现就职于中国大熊猫保护研究中心。

  长期从事森林生态学、大熊猫主食竹与栖息地、大熊猫生态生物学与保护生物学及圈养大熊猫野化放归等研究，先后主持或参与省部级科研项目12项，多次与国内外学者开展以大熊猫保护为主题的科研合作，先后发表《卧龙自然保护区大熊猫栖息地植物群落多样性研究：丰富度、物种多样性指数和均匀度》（该文荣获中国科学技术协会"第六届中国科协期刊优秀学术论文"一等奖）、《大熊猫主食竹拐棍竹地下茎侧芽的数量特征研究》《放牧对卧龙大熊猫栖息地草本植物物种多样性与竹子生长影响》《大熊猫主食竹新品种'花篌竹'》和《大熊猫主食竹新品种'卧龙红'》等学术论文110余篇，合著出版了《圈养大熊猫野化培训与放归研究》《大熊猫主食竹图志》等3部专著。

丁雨龙
Email: ylding@vip.163.com
南京林业大学　教授、博士

  1958年12月出生，1982年毕业于南京农业大学。1985年获中山大学硕士学位，1998年获南京林业大学博士学位。现任南京林业大学竹类研究所教授、国家林业和草原局竹资源培育工程技术研究中心主任、中国竹产业协会副会长、中国林学会竹子分会副理事长等职。长期从事植物学、生物科学进展、Cell and Organic Biology、Ecology、Gene and Evolution、Plant Biology、竹子分类专题、Bamboo Plantation Management等课程教学和竹类植物比较解剖与个体发育、竹子系统分类、竹林培育、竹类植物引种驯化、竹林丰产技术推广、新品种选育等研究工作。

  先后主持国际科学基金1项（International Foundation for Science, IFS, 瑞典），教育部首批"高等学校骨干教师资助计划"项目1项，参加国家自然科学基金项目重点项目1项、面上项目5项。主持国家"948"项目1项，国家"十五"攻关、"十一五""十二五"科技支撑项目课题3个和国家"十三五"重大专项首批项目课题1个。先后认定和鉴定部省级科技成果5项，获梁希林业科学技术奖一等奖2项、二等奖1项，获江苏省教学成果二等奖1项，并获全国生态建设突出贡献奖先进个人称号。迄今已在国内外核心刊物上发表论文150余篇。参编《植物学》等教材3部和《Bamboo and Rattan in the World》等专著3部。

吴良如
Email: boteatree@163.com
国家林业和草原局竹子研究开发中心　研究员

1986年毕业于南京林业大学，分配到中国林业科学研究院亚热带林业研究所，2001年调入国家林业局竹子研究开发中心工作至今。现任国家林业和草原局竹子研究开发中心森林培育室主任，中国竹产业协会常务理事、竹食品和日用品分会副理事长，中国林学会竹子分会常务理事、副秘书长。荣获浙江省农业科技先进工作者称号。

长期从事笋用竹种种质资源繁育和笋竹资源高值化精深加工利用等研究。先后主持完成了"十一五"国家科技支撑计划课题、"十三五""九五"国家重点研发/科技攻关计划专题、948项目、农业科技成果转化资金项目、省重点科技计划项目、国家林业局林木新品种新技术重点推广项目等10余项。作为技术负责，历时10余年，建成了全国最大，自然状态下保存竹种最齐全的"福建华安竹类植物园"，保存竹种300余种。十集大型植物类系列纪录片《影响世界的中国植物》科学顾问，重点指导拍摄了第四集《竹子》。"竹林丰产及综合利用技术开发"获原林业部科技进步一等奖，"四季产笋竹园丰产培育及加工利用技术开发""毛竹林克隆生长机制与高效定向培育关键技术创新"等3个项目获部省科技进步三等奖，"竹子种质资源异地保存、评价与利用研究"项目获首届梁希林业科学技术三等奖；5项成果获鉴定和认定；发表论文30余篇；合作出版《世界竹藤》等专著3部；申请获授权的发明专利5项和国际发明专利1项。

马丽莎
Email: emalisha@163.com
四川农业大学　副教授

1959年4月出生，1982年毕业于北京林业大学。先后任职于四川省林业学校和四川农业大学，长期从事植物学教学和竹子研究工作。现被聘担任国际竹类栽培品种登录委员会委员、都江堰市美岚竹业研究院研究员。

先后主持或参与国际、国家、省部级科研课题8项，获省部级科技成果奖3项。作为核心主撰人员出版专著6部：即《中国竹类图志》《中国竹类图志（续）》《中国观赏竹》《中国竹亚科属种检索表》和《Illustrated Flora of Bambusoideae in China》和《大熊猫主食竹图志》；发现并发表竹子新种及种下分类群18个；发表《中国竹亚科植物的耐寒区位区划》等学术论文70余篇；参与了"四川卧龙国家级大熊猫自然保护区"等4个国家级大熊猫自然保护区的总体规划设计。

前言

　　《大熊猫主食竹生物多样性研究》一书，是由史军义、陈其兵两位教授共同主编，由国家林业和草原局野生动植物保护司提供项目支撑，由四川农业大学、中国林业科学研究院、中国大熊猫保护研究中心、南京林业大学、国家林业和草原局竹子研究开发中心、西南林业大学、昆明理工大学、北京林业大学、都江堰市美岚竹业研究院等单位的部分专家参与调查、研究和编写所形成的关于我国大熊猫主食竹生物多样性研究的最新成果。

　　大熊猫是世界上最重要的濒危物种之一，是中国特有珍稀子遗动物，也是世界野生动物保护领域的旗舰物种，属于中国国家一级保护动物，被誉为"国宝""活化石"，极具生态、科研和文化价值。大熊猫因其黑白分明、憨态可掬的形象和举止笨拙、滑稽逗人的模样，一直深受世界人民，尤其是少年儿童的普遍喜爱。但是，毋庸讳言，大熊猫这种古老珍贵动物的生存状态，却受到日益严峻的来自人类和环境因素的各种威胁，若不引起足够重视，她就有可能从地球上永远消失！

　　在中国政府及其相关职能机构，以及一大批科学家、管理者、基层工作人员，还有世界各国、各界专业和爱心人士的共同努力下，这一现象已经得到有效遏制和改善，并且取得了举世瞩目的成就。据全国第四次大熊猫调查结果显示，中国野生大熊猫的种群数量，已经从20世纪80年代初的不足1200只，恢复到目前的1860多只。与此同时，圈养大熊猫种群数量也达到了前所未有的水平，据国家林业和草原局的数据，截至2021年10月，全球圈养大熊猫种群规模已经达到673只，基本形成了健康、有活力、可持续发展的圈养大熊猫种群。目前中国已与17个国家、22个动物园开展了大熊猫保护合作研究项目，在外参与国际合作研究项目的大熊猫数量达58只之多。大熊猫既架起了国际友好交往的重要桥梁纽带，又将世界大熊猫保护工作者凝聚到一起，成为濒危物种全球保护的典范。尽管取得了如此成果，但整个大熊猫保护事业依然任重而道远，我们仍需不断努力。

　　众所周知，竹子是大熊猫的主要食物。然而，全世界的竹类植物有130多属、1700多种，仅中国就有47属、770种、306个种下分类群（含55变种、251栽培竹品种），是不是每一种竹子都适合大熊猫采食呢？本课题组在易同培教授等老一辈竹子专家数十年研究的基础上，通过10多年坚持不懈的努力工作，终于完成《大熊猫主食竹生物多样性研究》一书的编撰，书中对此给出了相对准确的最新答案。在这部科学专著中，作者不仅详尽记载了我国大熊猫主食竹107种和20个种下分类群的名称、引证、特征、用途、大熊猫的采食情况等，而且对大熊猫主食竹的总体形态、分布、耐寒区位，以及起源的多样性、生态的多样性、植被的多样性、群落的多样性、环境因素对大熊猫主食竹多样性的影响、大熊猫主食竹多样性的保护、大熊猫主食竹的发展前景等，进行了较为系统的阐述，其中许多资料还是第一次公诸于世，因而十分珍贵。

关于对大熊猫主食竹的认知，从1869年发现大熊猫就开始了，至今已有大约150年的历史。但是，真正现代意义上的大熊猫主食竹科学研究工作，则是在新中国诞生之后，也就是从20世纪60年代才开始的。据权威报道，对于全国范围内的大熊猫主食竹，先后进行过至少三次比较系统的调查研究工作。第一次是从20世纪80年代开始，到2010年以前，其调查结果由易同培等发表在《大熊猫主食竹种及其生物多样性》一文中，该文记录了当时已公开报道的大熊猫主食竹11属、64种、1变种、3栽培品种。第二次是2010—2018年，其调查结果由史军义等发表在《大熊猫主食竹增补竹种整理》一文中，新记录了大熊猫主食竹7属（有重复）、13种、4栽培品种。第三次是近年来随着《大熊猫主食竹图志》和《大熊猫主食竹生物多样性研究》编撰工作的推进，对全国的大熊猫（包括野生和圈养）主食竹，又进行了一次系统的补充调查，新发现不同属的大熊猫主食竹30种、12栽培品种。因此，到目前为止，可确认为大熊猫主食竹的竹类植物总共有16属、107种和20个种下分类群，其中：簕竹属*Bambusa* Retz. corr. Schreber 4种、4栽培品种，巴山木竹属*Bashania* Keng f.& Yi 6种，方竹属*Chimonobambusa* Makino 9种、4栽培品种，绿竹属*Dendrocalamopsis* (Chia & H. L. Fung) Keng f. 2种，牡竹属*Dendrocalamus* Nees 3种，镰序竹属*Drepanostachyum* Keng f. 2种，箭竹属*Fargesia* Franch. emend. Yi 29种，箬竹属*Indocalamus* Nakai 6种，月月竹属*Menstruocalamus* Yi 1种，慈竹属*Neosinocalamus* Keng f. 1种、3栽培品种，刚竹属*Phyllostachys* Sieb. & Zucc. 23种、1变种、8栽培品种，苦竹属*Pleioblastus* Nakai 3种，茶秆竹属*Pseudosasa* Makino ex Nakai 1种，筇竹属*Qiongzhuea* Hsueh& Yi 5种，唐竹属*Sinobambusa* Makino ex Nakai 1种，玉山竹属*Yushania* Keng f.11种。在所有这些大熊猫主食竹中，可归为野生大熊猫主食竹的竹类植物有13属、79种、1变种、3栽培品种；可归为圈养大熊猫主食竹的有11属、53种、1变种、16栽培品种。当然，二者有相当部分的属种有重复现象。

《大熊猫主食竹生物多样性研究》与《大熊猫主食竹图志》属于系列图书，全书共分12部分：1.大熊猫主食竹概述；2.大熊猫主食竹的形态特征；3.大熊猫主食竹的分布；4.大熊猫主食竹的耐寒区位区划；5.大熊猫主食竹起源的多样性；6.大熊猫主食竹生态的多样性；7.大熊猫主食竹植被的多样性；8.大熊猫主食竹群落的多样性；9.大熊猫主食竹物种的多样性，共16属、107种、1变种、19栽培品种，计127种及种下分类群；10.环境因素对大熊猫主食竹的影响；11.大熊猫主食竹生物多样性保护；12.大熊猫主食竹的发展趋势。为了增加本书的实用性，书末还附有大熊猫自然保护区一览表和360多篇参考文献，以利查阅。可以说，该书是迄今为止关于我国大熊猫主食竹生物多样性研究方面，记载竹类植物最具针对性、资料最翔实、信息最丰富的一部专业著作，宜作为从事竹子或大熊猫研究的专家、学者、教师、管理者以及一线技术人员的重要参考书。相信该书的问世，对于中国当前正在开展的生态文明建设，尤其是大熊猫保护事业的顺利健康发展，具有十分重要的现实意义。

在该书的编著过程中，我们先后得到了国家林业和草原局、中国林业科学研究院、四川农业大学、中国大熊猫保护研究中心、南京林业大学、国家林业和草原局竹子研究开发中心、西南林业大学、昆明理工大学、北京林业大学、都江堰市美岚竹业研究院等数十家单位的领导、相关专家、学者以及许多基层技术人员的大力支持，在此一并表示由衷地感谢！

由于作者自身水平所限，书中错误与不足之处在所难免，恩请广大读者批评指正。

《大熊猫主食竹生物多样性研究》编写组

2022年5月

目　录

大熊猫主食竹概述

1

1.1 基本概念

大熊猫（学名：*Ailuropoda melanoleuca*，英文名称：giant panda），为食肉目大熊猫科大熊猫属唯一哺乳动物（胡锦矗，2001），体色为黑白两色，有着圆圆的脸颊、大大的黑眼圈、胖嘟嘟的身体，以及标志性的内八字的行走方式，憨态可掬、举止逗人，因而深受全世界人民，尤其是少年儿童的广泛喜爱（图1-1）。

▲ 图1-1　大熊猫

大熊猫曾是世界上最重要的濒危物种之一（因中国保护大熊猫取得显著成效，2016年9月4日IUCN将其受威胁等级由"濒危"降为"易危"），是中国特有古老珍稀孑遗物种，属于中国国家一级保护动物，被誉为"国宝"和"活化石"，也是全球生物多样性保护的旗舰物种，极具观赏、科研、文化和生态价值，其生存和保护状况一直备受世人关注。野生大熊猫的寿命仅为18～20岁；在圈养状态下，大熊猫的寿命则可达到甚至超过30岁，有的近40岁。2021年6月，国家林业和草原局公布的全国第四次大熊猫调查结果表明，全国野生大熊猫种群数量为1864只。野生大熊猫栖息地（适合大熊猫生存繁衍且有大熊猫分布）面积为258万hm²，潜在栖息地（与大熊猫栖息地相连且适合大熊猫生存繁衍）面积为91万hm²，总面积达349万hm²，分布于四川、陕西、甘肃三省的17个市（州）55个县（市、区）约200个乡镇。有大熊猫分布和栖息地分布的保护区数量达到67处。据国家林业和草原局的数据，截至2021年10月，全球圈养大熊猫种群规模已经达到673只。

众所周知，竹子是大熊猫的主要食物。历史上有不少古籍记载了大熊猫的食性。其中，多有记载大熊猫吃铜铁，故有食铁兽或啮铁兽之称（《中山经》《新论》《山海经》《后汉书》和《尔雅》等），或说吃铜铁及竹骨（《尔雅》《埤雅》），或言吃杉松尖和果实（《峨眉山志》），或讲吃虎豹（《毛诗广要》《洪雅县志》）等，这些记述多来自传说而无实地考察，故记述多有误，食铜铁是偶然的表面现象，不过也有较正确记载其"好食竹"的（清乾隆时湖南《直隶澧州志林》），偶食一些动物尸体而不是专吃虎豹甚至食人脑（《神异经》）；现代研究表明，大熊猫具有特殊的食性，在系统分类上它属于食肉目动物，但却在长期的自然历史选择中高度特化成为以竹为生，竹子是大熊猫赖以生存的主要食物资源（胡锦矗，2001）。

竹子泛指禾本科Gramineae（互用名Poaceae）竹亚科Bambusoideae的所有植物。世界禾本科植物专家普遍认为，全球范围内的禾本科竹亚科植物包括木本和草本两大类。一类是木本竹类，通称"竹类"（woody bamboos），一般就称竹子（bamboos），通常为多年生，秆相对高大、木质化程度高，茎分枝，并有真花序和假花序之分；另一类是草本竹类，又称草本竹型禾草（herbaceous bambusoides grasses），通称"箣类"（Herbaceous bamboos）。箣类为草本，箣（zhe）字是由汉字竹（zhu）与禾（he）字组合而成，其茎不分枝，似禾草，但叶片表皮细胞和硅质细胞的形态、微毛细胞、气孔两侧的保卫细胞以及胚的类型与竹类相同。箣类只有真花序，无假花序。大熊猫取食的是木本竹类。

截至2022年6月，全世界共有竹类植物130多属、1700多种。其中，木本竹类植物100多属、1500多种；草本竹类植物20多属、200多种，主要分布于热带、亚热带湿润季风型气候区的低海拔地区，只有少部分种可分布于温带亚湿润季风区，极少数种可以分布到达海拔3800～4300m的亚高山。木本竹类植物为多年生，数量多，分布面积大，不但可以单独形成竹林景观，组成单优种的纯林，成为世界自然植被中的一种特殊类型，同时也是针阔叶林下的一个主要植物层片，成为形成森林植被不同组成的相应类型。

根据国际生物科学联盟The International Union of Biological Sciences（IUBS）的规定，全世界野生植物的拉丁学名是由《国际植物命名法规（International Code of Botanical Nomenclature, ICBN）》，后更名为《国际藻类、菌物和植物命名法规（International Code of Nomenclature for algae, fungi, and plants, ICN）》加以规范；而因人类选择、培育和生产的栽培植物的名称则由《国际栽培植物命名法规（International Code of Nomenclature for Cultivated Plants，ICNCP）》加以规范。

中国是世界竹类植物种类最多、分布最广、面积最大、产量最高、栽培时间最长、应用历史最悠久的国家，素有"竹子王国"之称。据《中国竹类图志》和《中国竹类图志（续）》记载，中国迄今为止按照ICBN或ICN公开发表的竹类植物（含引进竹）共有43属、751种、56变种、134变型和4杂交种，计945种及种下分类群，相关名录发表在《中国竹类图志（续）》一书中（见该书附录1）。2013年后，根据新颁布的《国际栽培植物命名法规（ICNCP）》的相关规则和要求，作者对上述专著中的《中国竹类植物名录》中的一些可以确认为竹类栽培品种的变种和变型进行了系统修订，还增添了国际登录的竹子新品种，并将修订和补充结果陆续发表在相关专业学术期刊上。此外，还补充录入了过去遗漏和新发表的竹类属种。因此，按照最新统计资料，中国的竹类植物共计47属、770种、55变种、251栽培品种，计1076种及种下分类群（种下分类群含变种与栽培品种，栽培品种中包含6个杂交种）。

在自然界，并非所有竹类植物都能作为大熊猫的食物而被大熊猫获得并取食。人们通常将大熊猫习惯采食的竹子称为大熊猫主食竹。严格来说，大熊猫主食竹是指大熊猫在自然状态下可以长期有效获取并主动采食的竹类植物，而可偶尔获得并短时取食的竹子则称为大熊猫偶食竹，主食竹和偶食竹合称食用竹或可食竹。但是在现实中，人们则是将大熊猫在野生状态下可以长期自由采食和在圈养条件下长期人工喂食的竹类植物一律称为大熊猫主食竹。由于大熊猫食性单一，大熊猫主食竹具有地域性，主食竹的地理分布是决定大熊猫地理分布的重要影响因素之一。因此，对大熊猫主食竹的种类、分布及相关学科进行深入系统的研究，对于深入了解大熊猫的迁徙历史和演化，推动大熊猫保护工作的科学、健康、有序发展尤其是迁地保护意义重大。

作为理想的大熊猫主食竹，通常应当具备以下三个基本条件：

① 食物获得的有效性：必须是大熊猫在野生自然状态下和在人工圈养条件下能够有效获得并取食的竹类植物；

② 食物获得的持续性：必须是具有一定面积的自然生长规模，且能满足野生大熊猫的长期自然采食需求的竹类植物；

③ 具有一定种植规模：必须是具有一定面积和数量，且能长久持续提供或部分阶段性供给，以满足人工圈养大熊猫的投喂和采食需求的竹类植物。

处于以下四种状态的竹类植物不属于大熊猫主食竹：

得不到：即无论在自然状态或人工圈养条件下，大熊猫均很难有效获取并采食的竹类植物；

不采食：即无论在自然状态或人工圈养条件下，大熊猫均拒绝取食或难于取食的竹类植物；

难寻觅：即在自然状态下分布范围狭窄、本身数量很少又极难寻找或采集、无法作为大熊猫主食竹加以有效利用的竹类植物；

种不成：即受自身生物学特性的限制，大熊猫虽然能吃，但在目前条件下不可能大量繁育和种植的竹类植物。

根据以上界定，经过数十年来各地从事大熊猫或竹子研究的专家、学者等各级研究人员，以及相关组织机构对大熊猫主食竹的系统调查和深入研究，目前，可以归为大熊猫主食竹的竹类植物总共有16属、107种、1变种，此外，还有根据《国际栽培植物命名法规（ICNCP）》整理、登录或发表的19个大熊猫主食竹栽培品种，共计有127种及种下分类群。

1.2 研究的目的与意义

大熊猫是世界上最重要的濒危物种之一，竹类植物是大熊猫的主要食物来源。开展针对大熊猫主食竹的研究，目的在于弄清大熊猫主食竹的物种类别、资源分布、生长规律、环境影响、繁殖培育、竹林营造和营养状态等，从而为大熊猫主食竹资源的有效保护、合理利用、规范管理及健康发展提供坚实有力的科学支撑，最终推动整个大熊猫保护事业的可持续发展。因此，对大熊猫主食竹进行相关科学研究，具有重要的理论和实践意义。

1.2.1 弄清大熊猫主食竹的资源状态

就是通过对大熊猫主食竹的研究，从分类学角度，厘清大熊猫主食竹究竟有哪些属、哪些种及种下分类群，它们的形态特征如何，都有哪些特点和价值，以及主要分布在什么地方，以便帮助从事大熊猫保护工作的相关研究者、教育者、管理者、宣传者，准确了解大熊猫主食竹的种类归属以及大熊猫主食竹的形态特征，查阅并收集大熊猫主食竹的分布、区位、海拔、价值等相关信息。这对科学保护、收集、保存、展示、研究、开发和利用大熊猫主食竹的种质资源，以及教授和宣传关于大熊猫主食竹种质资源的相关知识等，具有重要意义。

1.2.2　弄清大熊猫主食竹的生长规律

就是通过对大熊猫主食竹的研究，从生物学的角度，探索大熊猫主食竹的生长、变化情况，以便帮助从事大熊猫保护工作的相关研究者、教育者、管理者和基层工作人员，准确了解大熊猫主食竹的繁殖、发笋、分蘖、生长、开花、结实等自然规律，对于实施大熊猫主食竹资源的科学保护和管理、大熊猫主食竹的人工繁育、衰弱主食竹林的人工抚育和更新，以及大面积营造异龄竹、混交竹，规避因主食竹林大面积开花带来的大熊猫生存风险等，具有重要意义。

1.2.3　弄清大熊猫主食竹的营养状态

就是通过对大熊猫主食竹的研究，从营养学的角度，探索大熊猫主食竹的不同营养器官的营养构成、组成比例、营养分布、获得效率等，以及对大熊猫健康生长的价值和意义，以便帮助从事大熊猫保护工作的相关研究者、教育者、管理者和各地动物园的大熊猫饲养人员，准确掌握大熊猫主食竹不同种类、不同部位及在不同季节的营养状况，从而为大熊猫的科学采食提供帮助。弄清大熊猫主食竹的营养状态，对于大熊猫主食竹的资源保护、分类管理、合理配置、高效利用和大熊猫的科学采食等，具有重要意义。

1.2.4　弄清环境因素对大熊猫主食竹生存的影响

就是通过对大熊猫主食竹的研究，从生态学的角度，探索环境因素对大熊猫主食竹生存的影响，以便帮助从事大熊猫保护工作的相关研究者、教育者、管理者、宣传者，准确了解、获取、教授和宣传环境因素对于大熊猫主食竹生长以及大熊猫采食情况的影响，从而因地制宜、因时制宜、适地适竹、针对性地制定大熊猫主食竹的保护策略、保护措施，以及主食竹整体数量与质量的提升和改善方案。

1.2.5　弄清大熊猫主食竹面临的其他现实问题

就是通过对大熊猫主食竹的研究，从管理学的角度，关注大熊猫主食竹需求与供给之间的相互关系，以及对于该关系正常化造成的各种障碍和问题，以便帮助从事大熊猫保护工作的相关研究者、教育者、管理者和与大熊猫关系密切的一线工作人员，准确了解、全面认识各种自然和非自然因素对大熊猫主食竹带来的不利影响，目的在于动员各种积极因素、整合各种有效资源、科学应对大熊猫主食竹供给所面临的资源破坏、人为干扰、效率低下、浪费严重、成本不断上升等一系列问题，创造一个有利于大熊猫主食竹健康发展，进而有利于大熊猫保护事业健康发展的良好局面。

1.3　研究的历史与现状

在历史上，大熊猫主食竹的科学研究工作应该是与大熊猫本身的科学研究工作同步进行的，大约始于20世纪30年代。最初对于大熊猫主食竹的认知，仅仅是作为大熊猫的食物加以记载。大约20世纪60年代以后，各地才开始真正现代意义上的大熊猫主食竹系统研究工作。而更多、更广泛的大熊猫主食竹研究工作，则是从20世纪80年代开始的。

到目前为止，关于大熊猫主食竹的科学研究主要开展了以下工作。

1.3.1　大熊猫主食竹的资源及分类学研究

大熊猫主食竹的分布与中国野生大熊猫的分布密切相关。中国的野生大熊猫主要集中分布在六大区域，即秦岭山系、岷山山系、邛崃山系、大相岭山系、小相岭山系和凉山山系，而大熊猫主食竹的主要资源分布情况也大致如此。对于大熊猫主食竹的资源研究是从对中国大熊猫的猎奇探险与捕获追踪开始的，该项工作是关于大熊猫主食竹各项研究中起步最早的一项工作，大约始于20世纪30年代，而远离大熊猫分布区的人逐步认识到"大熊猫吃竹子"应该也是从这一时期开始的，并扩散了这一认知。但最初只是在寻找大熊猫、了解大熊猫的食物时，顺带记载了大熊猫栖息环境中的主食竹情况。针对大熊猫主食竹本底资源的系统性调查和研究工作，则是从20世纪60年代初开始的。以易同培教授为代表的老一辈植物分类学家，率先开展了关于大熊猫主食竹分类学的系统研究工作，并取得了丰富的研究成果，从而为后来大熊猫主食竹的研究奠定了坚实的分类学基础。

关于大熊猫主食竹资源的主要研究报道，大致如下：

易同培（1985）在其长期开展竹类植物分类学研究的基础上，对全国大熊猫主食竹种的分类和分布，进行了比较全面的总结，在《竹子研究汇刊》上发表的《大熊猫主食竹种的分类和分布（之一）》和《大熊猫主食竹种的分类和分布（之二）》，总共记载大熊猫主食竹8属51种。

1985年，邵际兴等在《甘肃林业科技》上发表了《白水江自然保护区的竹子》，认为白水江自然保护区有竹6属、12种、1变种，缺苞箭竹*Fargesia denudata* Yi和糙花箭竹*F. scabrida* Yi为大熊猫的主食竹。

1986年，以南充师院大熊猫调查队的名义，在《南充师院学报》上发表的《青川县唐家河自然保护区大熊猫食物基地竹类分布、结构及动态》，重点报道了缺苞箭竹、糙花箭竹、青川箭竹*Fargesia rufa* Yi和巴山木竹*Bashania fargesii* (E. G. Camus) Keng f. & Yi的情况。

1987年，四川科学技术出版社出版了秦自生的《卧龙植被及资源植物》，在研究卧龙自然保护区植被与资源植物特点时，论及了大熊猫主食竹在各植被中的竹类，主要为篌竹*Phyllostachys nidularia* Munro、油竹子*Fargesia angustissima* Yi、拐棍竹*F. robusta* Yi、短锥玉山竹*Yushania brevipaniculata* (Hand.-Mazz.) Yi、华西箭竹*Fargesia nitida* (Mitford) Keng f. ex Yi和冷箭竹*Bashania faberi* (Rendle) Yi；田星群在《竹子研究汇刊》上发表的《秦岭地区的竹类资源》，指出秦岭地区有竹子8属23种；邵际兴在《生态学杂志》上发表的《白水江自然保护区大熊猫的主食竹类及灾情调查》，认为白水江自然保护区内有大熊猫的主食竹类13种，其中缺苞箭竹和糙花箭竹面积数量最大；孙纪周等在《兰州大学学报（自然科学版）》上发表的《白水江自然保护区竹类的分类和分布》，指出白水江自然保护区有竹类6属、13种、1变种。

1989年，田星群对秦岭山系野生大熊猫分布区的各竹种进行了分类及分布范围的研究，得出分布区内共有竹类6属、19种；邵际兴等在《竹子研究汇刊》上发表的《甘肃竹子的种类及分布》中，报道了甘肃有竹7属、16种、1变种，其中包括大熊猫主要采食箭竹属的缺苞箭竹、青川箭竹、糙花箭竹和华西箭竹；任国业在《遥感信息》介绍了一种关于大熊猫主食竹调查的新方法——大熊猫主食竹资源的遥感调查；石成忠在《甘肃林业科技》上发表的《白水江自然保护区竹子的再研究》，对白水江自然保护区竹子进行了补充和正名，认为有竹7属15种1变种，其中箭竹属的缺苞箭竹、青川箭竹、龙头箭竹 *Fargesia dracocephala* Yi为大熊猫主食竹。

1990年，黄华梨等在《竹子研究汇刊》上发表的《甘肃大熊猫栖息地内的竹类资源》，认为甘肃大熊猫栖息地内的竹类资源有5属、9种、1变种，大熊猫主食竹为箭竹属的缺苞箭竹、青川箭竹、糙花箭竹和龙头箭竹；田星群在《兽类学报》上发表的《秦岭大熊猫食物基地的初步研究》，认为秦岭大熊猫食物基地有竹子6属14种，而大熊猫的主食竹为秦岭箭竹、龙头箭竹和巴山木竹。

1992年，杨道贵等对王朗引种区大熊猫主食竹生长规律进行了研究，表明区内生长表现较好的大熊猫主食竹有糙花箭竹、青川箭竹、缺苞箭竹、石棉玉山竹 *Yushania lineolata* Yi和冷箭竹5个竹种。

1993年，秦自生等在四川卧龙自然保护区内所进行的研究表明，该区内位于海拔2300~3600m的冷箭竹和分布于海拔1600~2650m的拐棍竹为该区大熊猫的主食竹种；任国业等在《西南农业学报》上发表的《应用地理信息系统调查与管理大熊猫主食竹资源》，利用地理信息系统探讨了大熊猫主食竹资源的调查与管理。

1995年，黄华梨对甘肃省文县白水江自然保护区内的竹类资源进行了调查研究，得出区内共有竹类7属15种，其中箭竹属的缺苞箭竹、青川箭竹、龙头箭竹、糙花箭竹和团竹 *Fargesia obliqua* Yi 5个竹种可以作为大熊猫主食竹，并在《甘肃林业科技》上发表了《白水江自然保护区大熊猫主食竹类资源及其研究方向刍议》。

1996年，周昂等应用原子吸收光谱技术对冕宁冶勒自然保护区大、小熊猫主食竹类微量元素进行分析，得出此区内大熊猫的主食竹仅为峨热竹 *Bashania spanostachya* Yi；魏辅文等在《兽类学报》上发表的《马边大风顶自然保护区大熊猫对竹类资源的选择利用》，发现马边大风顶自然保护区研究区域内主要有刺竹子 *Chimonobambusa pachystachys* Hsueh & Yi、大叶筇竹 *Qiongzhuea macrophylla* Hsueh & Yi和白背玉山竹 *Yushania glauca* Yi & T. L. Long，大熊猫喜食后两种竹子。

1997年，徐新民等在《四川师范学院学报（自然科学版）》上发表的《马边大风顶大熊猫的年龄结构及其食物资源初析》，认为马边大风顶自然保护区可供大熊猫食用的竹子有刺竹子、筇竹（实为白背玉山竹）、大叶筇竹和冷箭竹，主食大叶筇竹和箬叶竹。

2000年，胡杰等对位于青藏高原岷山南段的黄龙自然保护区分布的大熊猫主食竹进行调查，区内共有竹种2属3种，分别为冷箭竹、缺苞箭竹和华西箭竹。

2002年，李云在其《秦岭大熊猫主食竹的分类、分布及巴山木竹生物量研究》学位论文中，报道了在秦岭的一些巴山木竹林中夹杂分布有一新竹种——秦岭木竹 *Bashania aristata* Y.Ren,Y.Li & G.D.Dang，也为大熊猫主食竹。

2003年，李云等对秦岭南坡中段的陕西长青国家级自然保护区内大熊猫主食竹的研究结果，表明该保护区内共有野生禾本科竹亚科植物4属5种，其中巴山木竹和秦岭箭竹*Fargesia qinlingensis* Yi & J. X. Shao为该区域大熊猫最主要的采食竹种，龙头箭竹次之，并在《西北植物学报》上发表了《秦岭大熊猫主食竹的分类学研究》。

2006年，冯永辉等在《西北大学学报（自然科学版）》上发表的《秦岭大熊猫主食竹的分类学研究（Ⅱ）》，指出了秦岭地区大熊猫最集中分布的陕西佛坪国家级自然保护区与陕西周至县老县城自然保护区大熊猫主食竹的种类和分布区域，认为野生竹亚科植物有3属5种，其中巴山木竹和秦岭箭竹为该区域内分布面积最大的竹种，是这两个保护区大熊猫最主要的主食竹种，龙头箭竹和华西箭竹次之；郑蓉等在《福建林业科技》上发表的《DNA 分子标记在竹子分类研究中的应用》，应用DNA分子标记技术理论，探讨了分子标记技术在竹类植物的起源、遗传多样性、种间或属间遗传关系、品种鉴定、构建遗传图谱等方面的应用。

2007年，卞萌等在《生态学报》上发表的《用间接遥感方法探测大熊猫栖息地竹林分布》，通过分析佛坪大熊猫栖息地不同竹种与各环境要素之间的关系，建立竹子密度的预测模型，用GIS空间分析技术绘制林下竹子密度，比较准确地预测出了林下竹子资源的分布状态。

2008年，易同培等在其编著出版的《中国竹类图志》一书中，对野生大熊猫采食的竹子进行了描述。

2010年，王逸之等在《内蒙古林业调查设计》上发表的《大熊猫主食竹研究综述》，总结了大熊猫主食竹种有慈竹属的慈竹*Neosinocalamus affinis* (Rendle) Keng f.，寒竹属的刺竹子和八月竹*Chimonobambusa szechuanensis* (Rendle) Keng f.，筇竹属的实竹子*Qiongzhuea rigidula* Hsueh & Yi、筇竹*Q. tumidinoda* Hsueh & Yi和大叶筇竹，刚竹属的硬头青竹*Phyllostachys veitchiana* Rendle和篌竹，巴山木竹属的巴山木竹和冷箭竹，箬竹属的箬叶竹，箭竹属的缺苞箭竹、扫把竹*Fargesia fractiflexa* Yi、丰实箭竹*F. ferax* (Keng) Yi、九龙箭竹*F. jiulongensis* Yi、紫耳箭竹*F. decurvata* J. L. Lu、拐棍竹、糙花箭竹、华西箭竹、青川箭竹、贴毛箭竹*F. adpressa* Yi、岩斑竹*F. canaliculata* Yi、油竹子、少花箭竹*F. pauciflora* (Keng) Yi、牛麻箭竹*F. emaculata* Yi等，玉山竹属的短锥玉山竹；易同培等在《四川林业科技》上发表的《大熊猫主食竹种及其生物多样性》，全面系统总结了大熊猫主食竹种及其生物多样性，认为大熊猫主食竹种在其分布范围内共11属64种，其中除箣竹属的孝顺竹*Bambusa multiplex* (Lour.) Raeuschel ex J. A. & J. H. Schult.、硬头黄竹*B. rigida* Keng & Keng f.，慈竹属的慈竹为栽培外，其余8属61种均为野生竹种，并有大面积的天然竹林。

2011年，何晓军等在《陕西林业》上发表的《太白山大熊猫主食竹的种类与分布》，认为太白山自然保护区有野生竹2属2种，它们是秦岭箭竹和巴山木竹，还有栽培1属1种即金竹。

2014年，王冰洁等在《甘肃科技》上发表的《甘肃大熊猫食用竹的分类与分布》，认为甘肃有食用竹5属、13种、1变种、1变型，其中缺苞箭竹、华西箭竹、青川箭竹、龙头箭竹、糙花箭竹、团竹等6种竹子为大熊猫主食竹；汶录凤等又在《陕西农业科学》上发表的《太白山大熊猫主食竹的种类与分布》，报道了太白山大熊猫主食竹的种类与分布，仍为2属2种野生竹、1属1种栽培竹。

2016年，张雨曲等在《陕西师范大学学报（自然科学版）》发表了《秦岭大熊猫主食竹一新纪录——神农箭竹》，指出在秦岭中段陕西平河梁国家级自然保护区、长安光头山及柞水牛背梁自然保护区等地，广泛分布有神农箭竹*Fargesia murielae* (Gamble) Yi，该竹是大熊猫在当地高海拔区域的大熊猫主食竹。

2018年，史军义等在《世界竹藤通讯》上发表的《大熊猫主食竹增补竹种整理》，又记录了大熊猫主食竹7属13种4栽培品种。

1.3.2 大熊猫主食竹的生物学研究

大熊猫的生物学研究起步相对较晚。较具代表性的论著有：

1985年，秦自生在《竹子研究汇刊》上发表了《四川大熊猫的生态环境及主食竹种更新》，文章对四川大熊猫主食竹的分布及更新情况进行了初步报道。

1989年，秦自生等在《竹子研究汇刊》发表了《冷箭竹种子特性及自然更新》，对卧龙自然保护区冷箭竹种子的净度、含水量、千粒重、生活力、发芽率、休眠期和生命周期等特性进行了报道，并分析了该竹在自然条件下林地上的种子数量、种子发芽持续时间、幼苗更新的周期数量的动态变化、幼苗成活率和幼苗的生长变化等；田星群在《竹子研究汇刊》上发表的《巴山木竹发笋生长规率的观察》，报道了巴山木竹发笋、成竹、生长的规律。

1990年，杨道贵等在《四川林业科技》上发表的《引种大熊猫主食竹种早期生物量的测定》，在王朗自然保护区对冷箭竹、糙花箭竹、青川箭竹、石棉玉山竹等4种引种大熊猫主食竹和1种乡土竹缺苞箭竹的早期生物量进行了研究，分析了影响因素。

1991年，秦自生等在《四川师范学院学报》上发表的《拐棍竹笋子生长发育规律研究》，就卧龙自然保护区拐棍竹进行了研究，分析了发笋、成活及生长规律；王金锡等在《竹子研究汇刊》上发表了《缺苞箭竹生长发育规律初步研究》，报道了对王朗自然保护区缺苞箭竹地下茎和地上茎的生长发育规律及地上茎生长与气候的关系的研究结果；牟克华等又在《竹子研究汇刊》上发表的《大熊猫主食竹-冷箭竹生物学特性的研究》，对冷箭竹的发笋期、成竹率、竹笋-幼竹的高生长节律、高与径生长的数学相关式、枝叶生长规律、冠幅与基径的生长关系和生物量等生物学特性进行了报道。

1992年，杨道贵等在《竹子研究汇刊》上发表的《王朗引种区大熊猫主食竹生长发育规律的研究》，对王朗自然保护区的冷箭竹、糙花箭竹、青川箭竹、石棉玉山竹等4种引种大熊猫主食竹和1种乡土竹缺苞箭竹的笋-幼竹期生长节律、日生长率及其生长与气象因子的关系进行了报道。

1993年，秦自生等分别在《竹子研究汇刊》上发表了《拐棍竹生物学特性的研究》，研究卧龙自然保护区拐棍竹的地下茎竹鞭和地上茎秆、枝、叶的生长发育、种龄与茎龄的鉴别以及生物量等生物学特性；还在《西华师范大学学报（自然科学版）》上发表了《生态因子对冷箭竹生长发育的影响》，研究了光量值、气温和各土层地温等生态因子对冷箭竹叶、茎、根、鞭和笋等器官生长发育的影响。

1995年，秦自生等在《西北植物学报》上发表了《冷箭竹生殖特性研究》，研究冷箭竹开花、结实、种子萌发、幼苗更新复壮等生殖特性；周世强在《植物学通报》上发表的《冷箭竹无性系种群生物量的初步研究》，利用构件理论分析了卧龙自然保护区冷箭竹无性系种群生物量结构。

2000年，周世强等在《竹子研究汇刊》上发表的《冷箭竹更新幼龄无性系种群鞭根结构的研究》，研究了卧龙自然保护区冷箭竹更新幼龄无性系种群鞭根结构的数量特征。

2002年，西北大学李云完成其学位论文《秦岭大熊猫主食竹的分类、分布及巴山木竹生物量研究》，在研究秦岭大熊猫主食竹的分类、分布时，对巴山木竹生物量进行了报道；周世强等在《四川林业科技》上发表的《冷箭竹更新幼龄无性系种群生长发育特性的初步研究》。

2005年，南京林业大学的王太鑫其学位论文《巴山木竹种群生物学研究》，全面阐述了巴山木竹种群生物学特性。

2006年，西北大学的冯永辉完成其学位论文《佛坪、长青的保护区箭竹属大熊猫主食竹分布及生物量研究》，阐述了陕西佛坪、长青自然保护区箭竹属大熊猫主食竹分布及生物量研究情况。

2007年，赵春章等在《种子》上发表的《华西箭竹（*Fargesia nitida*）种子特征及其萌发特性》，报道了对华西箭竹种子的基本特征及不同温度下的萌发特性的研究结果。

2008年，黄金燕等在《竹子研究汇刊》上发表的《卧龙自然保护区拐棍竹地下茎结构特点研究》，报道了对卧龙自然保护区拐棍竹地下茎结构特点的研究结果；西北农林科技大学的刘冰也完成其学位论文《秦岭大熊猫主食竹及其特性研究》，全面阐述了秦岭大熊猫主食竹及其特性。

2009年，北京林业大学的解蕊完成的学位论文《亚高山不同针叶林冠下大熊猫主食竹的克隆生长》，报道了王朗自然保护区亚高山针叶林林下、小林窗、中林窗和大林窗四种林冠环境中缺苞箭竹的克隆分株种群特征调查，研究缺苞箭竹在不同林冠环境中的克隆生长情况，以及对不同光照环境大熊猫主食竹的生态适应途径的探讨。

2011年，黄荣澄等在《四川大学学报（自然科学版）》上发表的《大熊猫主食竹八月竹笋期生长发育规律初步研究》，报道了对八月竹生长发育规律及环境因子与竹笋生长发育的关系的研究结果。

2012年，曾涛等在《四川动物》上发表的《九寨沟大熊猫主食竹生物量模型初步研究》，通过在九寨沟国家级自然保护区内随机抽样方式，测量记录了大熊猫主食竹华西箭竹各样品的形态指标和生物量。

2013年，黄金燕等在《竹子研究汇刊》上发表的《大熊猫主食竹拐棍竹地下茎侧芽的数量特征研究》，报道了卧龙自然保护区大熊猫栖息地内拐棍竹地下茎侧芽的数量特征情况；同年，曾涛等又在第二届中国西部动物学学术研讨会上发表的《九寨沟大熊猫主食竹开花种群特征》，对九寨沟自然保护区的华西箭竹的开花种群特征进行了报道。

2013年，魏宇航等在《重庆师范大学学报（自然科学版）》上发表的《克隆整合在糙花箭竹补偿更新中的作用》，指出克隆整合是克隆植物在遭受采食干扰后特有的补偿生长机制。为研究克隆整合在糙花箭竹分株种群补偿更新中的作用，设置了不剪除和剪除25%、50%、75%等4种模拟采食强度的糙花箭竹样方，并对样方四周根状茎进行了切断、不切断处理。实验结果表明：①切断根状茎连接使得出笋提前，并且出笋受切断根状茎和剪除强度的交互作用影响；②除根状茎连接时剪除25%处理后补充率显著低于不剪除样方外，不论根状茎连接还是切断，糙花箭竹均能通过补偿生长消除剪除25%和50%的负面影响。剪除75%处理后，切断根状茎连接时出笋率和补充率显著高于不剪除样方，根状茎连接时恰好相反；新生分株的株高、基径和单株生物量不论根状茎连接还是切断均显著低于不剪除样方；③与保持根状茎连接时相比，切断根状茎连接降低于不剪除样方的出笋率、补充率和新生分株的生长，但增加了剪除75%处理下的出笋率和补充率。因此，糙花箭竹能够通过补偿生长耐受25%和50%强度的采食干扰，75%强度的采食干扰显著降低了新生分株的生长能力以及根状茎连接时的出笋率和补充率，但刺激了切断根状茎后的出笋。研究提示，克隆整合对糙花箭竹新生笋的萌发和生长具有重要的支持作用，但并不是补偿生长过程中主要的补偿机制。

1.3.3 大熊猫主食竹的生理及营养学研究

关于大熊猫主食竹的生理及营养学研究，起步与大熊猫主食竹生物学研究起步的时间大体相当。较具代表性的论著有：

1988年，兰立波等在《山地研究》上发表的《川西山区大熊猫主食竹野外光谱特性》，以遥感技术的基础手段——野外光谱测试方法，在我国首次研究了川西山区若干大熊猫主食竹在不同生长发育期和不同季节的野外光谱反射率，从而得出主食竹在不同生长发育状态下的光谱特性及光谱变化规律。

1989年，马志贵等在《竹子研究汇刊》上发表的《缺苞箭竹养分含量动态特性的研究》，报道了对缺苞箭竹不同器官不同月份的氮、磷和钾的含量分布和动态特征进行了测定和分析结果；罗定泽等在《武汉植物学研究》上发表的《四川王朗自然保护区大熊猫主食竹——缺苞箭竹（Fargesia denudata）不同发育时期酯酶和α–淀粉酶同工酶的研究》，通过聚丙烯酰胺凝胶电泳，对生长在亚高山地带的大熊猫主食竹的实生苗、成竹和开花竹中不同发生年龄鞭系，以及同一鞭系内一系列生长年龄竹株作了酯酶、α-淀粉酶同工酶的比较研究。

1991年，廖志琴等在《竹子研究汇刊》上发表的《大熊猫的几种主食竹叶绿素含量研究》，报道了大熊猫几种主食竹在不同森林郁闭度和不同森林类型条件下，花期、成熟期、苗期及不同年龄、不同叶序叶绿素含量的测定结果。

1996年，周昂等在《四川师范学院学报（自然科学版）》上发表的《冶勒自然保护区大、小熊猫主食竹类微量元素的初步研究》，通过对冕宁冶勒自然保护区内大熊猫主要食物竹叶、竹笋和不同年龄的竹茎进行微量元素测定，并应用原子吸收光谱对Zn、Cu、Mg、Fe、Ca、Mn、K等7种元素的含量进行分析，结果表明竹叶和竹笋中微量元素含量高于竹茎，尤其是竹叶含量最高，同一年龄竹子在不同季节里和不同年龄竹子在同一季节里其微量元素的含量有差异。

1997年，李红等在《西南农业学报》上发表的《低山平坝大熊猫的五种主食竹四种微量元素含量》，报道了低山平坝区大熊猫的五种主要食竹微量元素的铁（Fe）、铜（Cu）、锰（Mn）、锌（Zn）含量的测定结果；唐平等在《四川师范学院学报（自然科学版）》上发表的《冶勒自然保护区大熊猫摄食行为及营养初探》，报道了冕宁县冶勒自然保护区大熊猫的摄食行为及营养研究结果，表明大熊猫喜欢选择一定粗细的峨热竹以及营养质量最好的竹叶和竹笋，是适应食物基地的一种营养对策。

2001年，赵晓虹等在《东北林业大学学报》上发表的《竹子中单宁含量的测定及其对大熊猫采食量的影响》，报道了采用改良法测定分析白水江地区不同季节箭竹属几种竹子中单宁含量，野外大熊猫的采食量，以及竹子中单宁对大熊猫采食影响的情况；刘选珍在《兽类学报》上发表的《圈养大熊猫主食竹低山竹类营养特点的初步研究》，对圈养条件下大熊猫对竹子种类、部位及其新鲜程度的选择性进行了报道。

2007年，刘颖颖等在《世界竹藤通讯》上发表的《大熊猫栖息地竹子及开花现象综述》，总结了大熊猫栖息地出现竹子大面积成片开花现象对其生存构成威胁的情况。

2008年，刘冰等在《安徽农业科学》上发表的《秦岭大熊猫主食竹氨基酸含量的测定及营养评价》，报道了采用氨基酸自动分析仪测定秦岭山系中的巴山木竹、秦岭箭竹和龙头竹3种大熊猫主食竹中氨基酸的组成与含量，并对其进行营养评价的情况。

2010年，北京林业大学的何东阳完成其学位论文《大熊猫取食竹选择、消化率及营养和能量对策的研究》，报道了作者在陕西省珍稀濒危动物救护与饲养中心和陕西省老县城自然保护区，采用自助餐法、全收粪法、酸不溶灰分法（AIA）和营养物质测定法，开展大熊猫的可食竹谱测定、喜食竹测定、消化率测定及比较结果。

2012年，刘雪华等在《光谱学与光谱分析》上发表的《大熊猫主食竹开花后叶片光谱特性的变化》，对佛坪自然保护区内的巴山木竹、秦岭箭竹、龙头箭竹进行高光谱同感测定、原始光谱分析法和红外参数法分析竹子开花对大熊猫食竹光谱特征的影响情况；王逸之等在《林业工程学报》上发表的《巴山木竹笋和叶营养成分分析》，报道了对巴山木竹笋、叶的营养成分按不同出土时间和不同龄级分别进行测定、并对比了巴山木竹笋、叶的营养价值的情况；张智勇等在《北京林业大学学报》上发表的《邛崃山系3种主食竹单宁及营养成分含量对大熊猫取食选择性的影响》，报道了单宁、粗蛋白以及钙、镁、铜、锌等矿质元素含量，对大熊猫取食冷箭竹、拐棍竹、白夹竹以及不同部位选择的影响情况。

2013年，屈元元等在《四川农业大学学报》上发表的《圈养大熊猫主食竹及其营养成分比较研究》，报道了通过对成都大熊猫繁育研究基地大熊猫采食情况进行为期1年的观察、2年饲养数据的统计研究圈养大熊猫主食竹种类，同时，检测投饲竹及其各部位粗蛋白、粗脂肪、粗纤维、能量、钙、磷和粗灰分等营养成分，并对此进行比较分析的情况；杨振民等在《陕西林业科技》上发表的《秦岭北麓大熊猫主食竹矿物元素含量分析》，采用原子吸收分光光度计法，测定和分析了生长于秦岭北麓陕西省楼观台实验林场的淡竹、毛环水竹、金竹、早园竹、唐竹、茶秆竹、巴山木竹、横枝竹、斑苦竹、阔叶箬竹等10种大熊猫主食竹的Ca、Na、Fe、Cu、K、Mg、Mn、Zn等8种矿物元素含量情况。

2015年，雷霆等在《世界竹藤通讯》上发表的《大熊猫主食竹巴山木竹挥发性成分分析》，报道了采用动态顶空套袋采集法收集巴山木竹挥发性气体，用全自动热脱附/气相色谱/质谱联用法分析了挥发性气体中有机化合物的种类与相对丰度情况；李俔等在《黑龙江畜牧兽医》上发表的《大熊猫营养与消化代谢研究的回顾与展望》，系统阐述了圈养大熊猫在丰食竹之外投喂精饲料、搭配新鲜果蔬和补充维生素，对具有独特的食性和消化道结构的大熊猫的营养和代谢规律的影响和对大熊猫保护研究具有的重大意义；孙雪等在《野生动物学报》上发表的《大熊猫取食竹种纤维类物质分析》，文章根据大熊猫对竹子具有很强的选择性，并且会挑食竹子的不同部位的习性，对大熊猫取食纤维素、半纤维素和木质素含量进行了测定和分析，认为半纤维素竹秆含量最少，其次为竹笋，竹叶含量最高；纤维素含量竹叶最少，其次为竹笋，最多为竹秆；木质素含量笋最少，其次为竹叶，竹秆含量最高。

2016年，西华师范大学的曹弦、廖婷婷、王乐、四川农业大学的冯斌，分别完成其学位论文。《佛坪大熊猫（Ailuropoda melanoleuca）主食竹巴山木竹单宁酸含量的时空变化》认为，竹子是野外大熊猫的主要食物来源，竹中次生代谢产物之一的单宁酸，会随着海拔梯度和季节的变化而变化；《圈养成年雌性大熊猫(Ailuropoda melanoleuca)体况评分标准与营养》认为，大多数的圈养单位地处低山平坝区，大熊猫的食物主要靠人为选择和供应，工作人员都是凭经验给圈养大熊猫饲喂日粮这一定程度的影响了大熊猫的营养与健康，因而提出了给圈养单位提供合理的营养和饲养方案的建议；《秦岭大熊猫（Ailuropoda melanoleuca）主食竹巴山木竹（Bashania fargesii）中有机养分及次生代谢产物分析》，以秦岭佛坪国家级自然保护区大熊猫主食竹巴山木竹为研究对象，运用国标法分别测定了巴山木竹茎和叶中的粗蛋白、粗脂肪、粗纤维三大常规的有机养分，在常规有机养分分析基础上定性定量测定了两类竹中次生代谢产物(PSMs)、黄酮类化合物和生物碱类化合物，并对各成分与竹龄、海拔分布区、季节以及黄酮类和生物碱类与基础元素碳、氮、氢以及常规有机养分粗蛋白、粗纤维进行相关性分析；《林冠遮阴及海拔对大熊猫主食竹生长发育、适口性和营养成分影响》，对王朗国家级保护区缺苞箭竹适口性和营养成分进行分析，认为二者是衡量其饲用价值的关键因子。李亚军等在《兽类学报》上发表的《海拔对大熊猫主食竹结构、营养及大熊猫季节性分布的影响》，对秦岭佛坪地区的大熊猫主要取食的巴山木竹和秦岭箭竹进行研究，认为海拔高度和大熊猫季节性分布对这两种竹林的结构与营养含量的影响较大。

2017年，郭庆学等在《生态学报》上发表的《海拔对岷山大熊猫主食竹营养成分和氨基酸含量的影响》，报道了岷山山系大熊猫主食竹缺苞箭竹的营养成分及其含量，在大熊猫食物营养质量评价中具有重要意义。

1.3.4 大熊猫主食竹的生态学研究

大熊猫主食竹的生态学研究起步比较早，并以当时的四川省林业科学研究所和四川南充师范学院为突出代表，研究内容也十分丰富，但相比之下，该项研究还是稍晚于大熊猫主食竹的资源及分类学研究。较具代表性的论著有：

1985年，史军义在《生物学通报》上率先发表的《环境因素对大熊猫生存的影响》，认为除了大熊猫本身繁殖力弱、幼体成活率低和食物高度单一化而外，还有许多因素影响着大熊猫的生存和数量的减少，其中起着决定性作用的是人类活动的因素；同年，秦自生也在《竹子研究汇刊》上发表的《四川大熊猫的生态环境及主食竹种更新》，文章阐述了生态环境及主食竹种更新对大熊猫生存的影响。

1991年，贾昆等在《北京师范大学学报（自然科学版）》上发表的《四川王朗自然保护区大熊猫主食竹天然更新》，运用最优梯度搜索参数估值的非线性回归方法，建立了森林群落冠层郁闭度与缺苞箭竹天然更新苗丛数的正态函数关系。结果表明：在不同的森林群落之间，箭竹天然更新的适宜性存在很大差异；同一群落内箭竹天然更新主要受冠层郁闭度和层片结构的影响。

1992年，秦自生等在《四川师范学院学报》上发表的《大熊猫主食竹类的种群动态和生物量研究》，通过1981—1985年先后在卧龙自然保护区五一棚和唐家河自然保护区白熊坪建立的竹子生态研究区，研究了竹子的种群动态变化和干物质产量，估计其对大熊猫的负载能力。蔡绪慎等在《竹子研究汇刊》上发表的《拐棍竹种群动态的初步研究》，报道了拐棍竹年发笋规律、种群密度及种群年龄结构研究结果。

1993年，中国林业出版社出版了秦自生、艾伦·泰勒（美）、蔡绪慎的《卧龙大熊猫生态环境的竹子与森林动态演替》，系统阐述了卧龙自然保护区的竹类及分布，冷箭竹和拐棍竹的生物学特性，冷箭竹和拐棍竹的种群动态，森林与竹子群落动态演替，冷箭竹开花与幼苗更新，竹子开花原因的探讨，森林与竹和大熊猫生境的保护等问题；四川科学技术出版社出版了王金锡、马志贵的《大熊猫主食竹生态学研究》，这是全国最早系统讨论大熊猫主食竹生态学问题的专业书籍；同年，秦自生等还在《四川环境》上发表的《大熊猫主食竹种秆龄鉴定及种群动态评估》，通过作者1982—1987年进行的拐棍竹和冷箭竹等竹类生态研究，发现竹秆和笋箨的颜色，以及主枝叶鞘与枝节数的变化，与竹子秆龄的增长密切相关。

1994年，秦自生等在《竹子研究汇刊》上发表的《大熊猫栖息地主食竹类种群结构和动态变化》，通过作者1984—1990年在卧龙自然保护区大熊猫生态观察站、海拔2300～3400m地带、对主食竹种拐棍竹和冷箭竹种群的空间结构和数量动态进行的探索性研究，初步了解到它们的种群数量动态变化的消长规律；黄华梨在《竹子研究汇刊》上发表的《缺苞箭竹天然更新的初步研究》，对白水江自然保护区缺苞箭竹开花后的自然更新恢复过程进行了初步研究，结果表明缺苞箭竹的高生长、幼竹生物量积累，都是呈指数函数增长，阳坡或半阳坡比阴坡或半阴坡恢复年限短，说明缺苞箭竹开花后的恢复过程需一定的光照条件。

1995年，杨道贵等在《竹子研究汇刊》上发表的《大熊猫主食竹引种区生态气候相似距的研究》，报道了对选择的四川高山竹类分布区的23个县市39个引种点，与平武王朗、卧龙、宝兴引种试验区的4个主要气象因子，采用相似分析和聚类分析法进行研究的结果。王继延等在《华东师范大学学报（自然科学版）》上发表的《大熊猫与箭竹的数学模型》，分别报道了假设为捕食被捕食模型，根据在卧龙保护区收集的数据得到两个稳定态；假设大熊猫作一定的迁移，应用上下解和比较原理得到平衡态的渐近性质。

1996年，周世强、黄金燕在《竹子研究汇刊》上发表了《冷箭竹更新幼龄种群密度的研究》，介绍了卧龙自然保护区大熊猫主要栖息地内冷箭竹的自然更新及种群变化情况。

1997年，贵州科技出版社出版了李承彪主编的《大熊猫主食竹研究》一书，这是全国第一部全面研究大熊猫主食竹问题的科学论著，书中用大量篇幅讨论了大熊猫主食竹的生态学问题。

1998年，周世强等在《竹子研究汇刊》上先后发表的《冷箭竹更新幼龄无性系种群结构的研究》和《冷箭竹更新幼龄无性系种群冠层结构的研究》，介绍了卧龙自然保护区大熊猫主要栖息地内冷箭竹幼龄无性系种群结构及幼龄无性系种群冠层结构研究的情况。

2000年，周世强在《四川林勘设计》上发表的《竹类种群动态理论模式的研究》，从分析竹类种群的生命周期出发，并以大熊猫主食竹种冷箭竹的种群动态研究为例，建立了竹类种群动态的理论模式。

2002年，北京林业大学的申国珍完成其学位论文《大熊猫栖息地恢复研究》，以大熊猫栖息地为主要研究对象，系统阐释了大熊猫、森林、主食竹及三者关系的现状，揭示了大熊猫、森林、主食竹三位一体系统的稳定性维持机制及该系统在干扰压力驱动下的状态轨迹，并提出受干扰栖息地保护和恢复的途径与策略。

2005年，王太鑫等在《南京林业大学学报（自然科学版）》上发表的《巴山木竹无性系种群的分布格局》，作者在巴山木竹混交林中采用邻接格子样方法，样线株间距法取样，研究了巴山木竹无性系种群分布格局，并用克隆生长系数的变化揭示了无性系种群的克隆生长型动态；吴福忠等在《世界科技研究与发展》上发表的《大熊猫主食竹群落系统生态学过程研究进展》，指出大熊猫主食竹是大熊猫生存繁衍的基础，同时也是大熊猫栖息地林下最为优势的层片，深刻影响着大熊猫主食竹群落系统生态功能的发挥。目前，各专家学者围绕大熊猫主食竹的生物量生产，制约大熊猫主食竹生物量生产的生物因素和非生物因素，大熊猫主食竹群落系统的养分循环，大熊猫主食竹种群的克隆生长与群落更新，大熊猫主食竹开花机理假说等方面作了大量的研究，但研究结果还具有许多不确定性，这对大熊猫主食竹群落系统生态学过程的深入了解还非常不够，同时也很难满足大熊猫及其栖息地保护的需要。因此，建议在以后的研究中，加强不同环境条件下大熊猫主食竹生物量生产以及养分循环的动态研究。

2008年，史军义等在《林业科学研究》上发表的《我国巴山木竹属植物及其重要经济和生态价值》，报道了截止当时我国先后发现的10种巴山木竹属植物的种类、特征、分布以及它们的重要经济和生态价值。指出其中5种是国宝大熊猫的重要主食竹种、4种可作为园林观赏用竹、1种可作为笋材两用竹。

2009年，王岑涅等在《世界竹藤通讯》上发表的《震后卧龙-蜂桶寨生态廊道大熊猫主食竹选择与配置规划》，通过对卧龙-蜂桶寨自然保护区生态廊道大熊猫主食竹受灾情况分析，对卧龙-蜂桶寨自然保护区生态廊道大熊猫主食竹保护与恢复技术进行了探讨，在此基础上提出生态廊道的食物资源空间配置规划方案，方案将生态廊道分为疏导区、缓冲区、保护稳定区三段，并针对其不同的功能进行主食竹种的选择与配置规划。

2010年，刘香东等在《生态学杂志》上发表的《采笋对大熊猫主食竹八月竹竹笋生长的影响》，报道了四川省洪雅县瓦屋山镇人类早期采笋、中期采笋、晚期采笋、一直采笋和不采笋5种采笋方式，对大熊猫主食竹八月竹竹笋生长和发育的影响；康东伟等在第九届中国林业青年学术年会上发表的《大熊猫主食竹——缺苞箭竹的生境与干扰状况研究》，指出四川省平武县王朗国家级自然保护区是大熊猫主要栖息地和重点分布区，区内的大熊猫主食竹为缺苞箭竹，文章以王朗自然保护区为研究对象，基于王朗自然保护区的连续监测，采用王朗保护区野生动物监测数据，利用分布频率法，从生境和受干扰状况两方面研究了大熊猫主食竹-缺苞箭竹，旨在探讨缺苞箭竹的生长环境和干扰状况，为大熊猫生境恢复、保护和管理提供科学依据；解蕊等在《植物生态学报》上发表的《林冠环境对亚高山针叶林下缺苞箭竹生物量分配和克隆形态的影响》，通过对亚高山针叶林的林下、小林窗（130m²）、中林窗（300m²）和大林窗（500m²）4种林冠环境中缺苞箭竹分株种群特征进行调查，研究其生物量分配格局和克隆形态可塑性，结果表明小林窗环境是缺苞箭竹较适宜的生境，生物量积累最多，长势最好。

2012年，廖丽欢等在《生态学报》上发表的《汶川地震对大熊猫主食竹拐棍竹竹笋生长发育的影响》，报道了在地震重灾区四川龙溪-虹口国家级自然保护区内，就地震强度、中度、轻度干扰对大熊猫主食竹拐棍竹竹笋生长发育的影响进行研究的结果；缪宁等在《应用生态学报》上发表的《2008年汶川地震后拐棍竹无性系种群的更新状况及影响因子》，通过对3种不同地震干扰强度（强度、中度和对照）生境中拐棍竹生长和发笋状况的研究，发现拐棍竹存活笋的基径为中度干扰和对照生境显著大于强度干扰生境，存活笋的高度为对照>中度干扰>强度干扰，发笋密度在3种生境中无显著差异；王光磊等在《西华师范大学学报（自然科学版）》上发表的《森林砍伐对马边大熊猫主食竹大叶筇竹生长的影响》，报道了采笋行为和森林砍伐在一定程度上已经影响到马边大熊猫主食竹大叶筇竹的生长，为了更有效地保护马边大熊猫以及更合理地利用保护区资源，势必需要采取有效措施，继续保护好保护区内的原始森林。

2013年，李波等在《科学通报》上发表的《岷山北部大熊猫主食竹天然更新与生态因子的关系》，指出：①坡向、坡度、坡位和灌木盖度对箭竹幼苗密度的影响不显著，仅海拔高度和乔木郁闭度对箭竹幼苗密度影响显著，幼苗密度随着海拔高度和乔木郁闭度的增大呈现先增大后减小的趋势；②在微生境上苔藓厚度、苔藓盖度和枯立竹密度3个因子对幼苗密度影响显著。宋国华等在《北京建筑工程学院学报》上发表的《林木、主食竹和大熊猫非线性动力学模型的周期解》，作者建立了一个考虑森林砍伐和竹子开花影响的

"林木、主食竹和大熊猫"三位一体的非线性动力学模型，利用Mawhin重合度定理证明了在一定的条件下模型存在一个周期解，获得了一个大熊猫种群持续生存的阈值。

2014年，刘明冲等在《四川林业科技》上发表的《卧龙自然保护区2013年大熊猫主食竹监测分析报告》，报道了卧龙自然保护区通过在大熊猫活动区域设定固定的竹子样方，定期进行监测，不仅掌握了野生大熊猫的活动及其主要食物的生长情况，也通过限制放牧、地震后植被恢复，高山农户生态搬迁等措施保护原始森林，恢复和扩大大熊猫栖息地，使大熊猫主食竹得到更好地保护和发展。

2015年，周世强等在《竹子研究汇刊》上发表的《自然与人为干扰对大熊猫主食竹种群生态影响的研究进展》，该文在综合大量历史文献的基础上，依据驱动力、来源和显著度等3个方面，对主食竹所受干扰类型进行了划分，重点从气候变化、地震影响、动物采食、森林采伐、人工采笋和人为砍伐（竹子）等6个方面对野生大熊猫主食竹种群生态影响的研究现状进行了总结。

2016年，张蒙等在《数学的实践与认识》上发表的《大熊猫主食竹生态系统恢复力研究》，指出大熊猫最主要的食物来源于主食竹，因此大熊猫–主食竹构成的生态系统较为脆弱。建立了带有主食竹环境容纳量的大熊猫–主食竹生态系统模型，分析了系统具有正平衡点，正平衡点稳定的条件，讨论了生态系统恢复率与主食竹环境容纳量的关系，临界松弛出现的阈值，及Hopf分支等问题。最后将研究结果应用于黄龙自然保护区，并根据数值模拟的结果对大熊猫保护工作提供理论指导。

2017年，黄金燕等在《竹子学报》上发表的《放牧对卧龙大熊猫栖息地草本植物物种多样性与竹子生长影响》，研究了放牧对卧龙国家级自然保护区大熊猫栖息地草本层植物物种组成、多样性、高度、数量的影响及主食竹生长对放牧的响应。结果表明：放牧改变了大熊猫栖息地草本层植物组成，增加了物种的多样性和集中性，但物种分布的均匀程度略有降低；受损大熊猫栖息地和未受损大熊猫栖息地草本植物群落植物组成中等相似；放牧对大熊猫主食竹冷箭竹的生长也造成了不利影响，基径、株高和生物量降低，与未受损大熊猫栖息地有极显著差异。晏婷婷等在《生态学报》上发表的《气候变化对邛崃山系大熊猫主食竹和栖息地分布的影响》，作者根据野外调查的大熊猫活动痕迹点、竹类分布点和主食竹扩散距离数据，采用Maxent模型，利用植被、地形、气候等因素，分析了2050年和2070年邛崃山系大熊猫主食竹分布及栖息地的变化趋势，认为：①未来大熊猫适宜生境及主食竹气候适宜区面积均有所减少；②未来主食竹分布范围总体向高海拔扩展，但面积持续减少；③大熊猫栖息地未来有向高海拔扩张的趋势；④受气候变化影响较严重的区域是邛崃山系南部以及低海拔地区；⑤未来需要加强对受气候变化影响严重区域的监测与保护，特别是邛崃山系中部的大熊猫集中分布区。罗朝阳在《绿色科技》上发表的《美姑大风顶自然保护区人工林对大熊猫主食竹的影响分析》，该文根据美姑大风顶自然保护区人工林对大熊猫主食竹影响的调查，分析了不同年代和不同造林树种对大熊猫主食竹的影响，提出了有效提高大熊猫栖息地质量的建议。

1.3.5 大熊猫主食竹的资源保护研究

在大熊猫主食竹的资源保护研究方面，许多关于大熊猫保护和大熊猫主食竹研究的著述几乎都有或多或少的涉及，但集中对这一问题进行专题讨论的论著的确不多。其中较具代表性的论著有：

1986年，史军义在《资源开发与保护》上发表的《关于保护大熊猫的意见》，较早地提出了从控制人为活动、营建大熊猫食物基地、严防森林火灾、增加保护区面积与数量、加强大熊猫的人工繁殖研究5个方面，开展对大熊猫保护工作。

1992年，四川科学技术出版社出版的、由卧龙自然保护区与四川师范学院合编的《卧龙自然保护区动植物资源及保护》，系统阐述了卧龙自然保护区以大熊猫为主的兽类、鸟类、鱼类、两栖类、爬行类动物和珍稀植物资源状况，以及这些资源的保护措施；张金钟等在《四川林业科技》发表的《粘虫危害大熊猫主食竹的初步研究》，报道了作者在平武县王朗自然保护区，配合大熊猫主食竹研究进行病虫害调查时发现的竹类鳞翅目夜蛾科害虫——正粘虫的初步研究的结果。

2004年，肖燚等在《生态学报》上发表的《岷山地区大熊猫生境评价与保护对策研究》，作者综合运用大熊猫生物学与行为生态学研究成果，遥感数据分析与地理信息系统技术，在系统研究岷山地区大熊猫生境分布，生境质量与空间格局的基础上，明确岷山地区保护大熊猫的关键区域，分析岷山地区大熊猫保护与自然保护区建设的对策，为岷山地区大熊猫保护及其与岷山地区资源开发与发展的协调，提供了科学依据。

2010年，党高弟等在《陕西林业》上发表的《陕西天保工程区大熊猫栖息地竹子可持续利用探讨》，指出陕西是中国大熊猫的主要分布区之一，而秦岭大熊猫已经被科学界公认为大熊猫的新亚种，其栖息地的状况日益受到社会各界广泛关注。陕西天然林保护工程区覆盖了大熊猫秦岭亚种整个分布地区的11个县。最新调查显示，秦岭大熊猫分布区向东西两侧明显扩大。当时共有大熊猫保护区19处，保护区总面积达43.51万hm^2，而野生成体大熊猫仅有273只。因而，大熊猫主食竹的保护和可持续利用显得尤为重要。

2011年，王光磊等在第七届全国野生动物生态与资源保护学术研讨会上发表的《20年来马边大风顶自然保护区大熊猫主食竹——大叶筇竹的变化及保护措施》，指出竹类作为大熊猫的主食，其生长更新与大熊猫的生存息息相关。为了研究采笋和森林砍伐对大熊猫主食竹大叶筇竹生长更新的影响，作者对大叶筇竹进行了竹子生长结构及更新状况的调查和数据比较分析，提出应对马边大风顶自然保护区的大叶筇竹实施保护。

2014年，刘小斌等在《陕西林业科技》上发表的《佛坪自然保护区大熊猫主食竹害虫种类及现状调查》，弄清了佛坪国家级自然保护区大熊猫主食竹主要害虫情况，共有害虫51种，隶属7目24科。其中巴山木竹林分布害虫50种，秦岭箭竹林分布害虫4种，两种竹林公有害虫3种。分为叶部害虫、钻蛀性害虫、根部害虫等3类。

2018年，周卷华等在《绿色科技》上发表了《陕西天保工程区大熊猫栖息地竹子可持续利用探讨》，指出了陕西天保工程区作为大熊猫栖息地，在我国野生自然资源保护体系中占据着十分重要的地位，优化天保工程区自然保护环境，为大熊猫提供更加优质的自然环境，是工作人员的份内职责。在开展相关可持续利用与发展工作中，要不断创新理念，转变方式，注重竹子的可持续利用，为大熊猫提供更加丰富的自然食物资源，提升对大熊猫的保护力度。

1.3.6 大熊猫主食竹的繁育与造林技术研究

关于大熊猫主食竹的繁育与造林技术研究，总体起步更晚，相关著述相对比较少，但近年来的发展较

1
大熊猫主食竹概述

017

快。其中较具代表性的论著有：

1989年，向性明等在《林业科学》上发表的《紫箭竹、缺苞箭竹种子贮藏试验》，这里的紫箭竹经考证应是华西箭竹。该文报道了岷山山系分布面积最大的、也是大熊猫全年最喜食的两个竹种，即华西箭竹和和缺苞箭竹种子的贮藏试验结果。

1990年，郭建林在《竹子研究汇刊》上发表的《白水江大熊猫食用竹引种初报》，报道了从四川卧龙自然保护区引入的拐棍竹、冷箭竹和峨嵋玉山竹等3种大熊猫食用竹的情况，4年试验表明，在白水江保护区海拔2300m左右生长良好，海拔2600m以上地段不适合生长；向性明等在《四川林业科技》上发表的《大熊猫主食竹–紫箭竹种子发芽出苗率的研究》，这里的紫箭竹经考证应是华西箭竹。该文报道了华西箭竹种子在室内不同培养条件下和在田间培育的发芽率情况。

1993年，刘兴良在《四川林业科技》上发表的《大熊猫主食竹——紫箭竹种子育苗技术的研究》，通过对紫箭竹（华西箭竹）育苗试验资料的分析，揭示了幼苗的生物学特性，以及不同育苗方式，不同播种季节和不同播种方法育苗成效的差异。根据幼苗生长特性和幼苗生长过程对生态条件要求的不同，划分了生育期，并针对各生育期的管理，提出了关键技术措施及对策。

1995年，史立新等在《竹类研究》上发表的《大熊猫主食竹母竹移植更新复壮实验研究》，通过移植母竹到更新幼竹林内，不但可使开花竹林提前复壮，而且起到异龄的异种混交，以便以后竹子不同时开花带来大熊猫缺食危机和弥补幼竹更新不均或缺苗现象；周世强在《竹类研究》上发表的《更新复壮技术对大熊猫主食竹竹笋密度及生长发育影响的初步研究》，报道了更新复壮技术有利于大熊猫主食竹（拐棍竹、冷箭竹）竹笋的地径和株高生长，提高竹子发笋率，增加竹笋生物量的情况，并发现随着离实验年限的递增，影响效果呈递降趋势。

1996年，刘兴良等在《竹类研究》上发表的《大熊猫主食竹人工栽培技术实验研究–单因素造林实验成效分析》，作者通过单因素对比试验资料分析表明：缺苞箭竹造林平均丛成活率、丛保存率为93%～97.6%；造林方式应以穴状或块状整地为好，以减少高山区造林整地破土面积，保持水土；森林环境是箭竹造林成功的必备条件之一，直播造林虽生长缓慢，但为研究模拟缺苞箭竹天然更新，以及其生长进程和环境的反应提供了一种新尝试，同时，为同种异龄林的营建打下了基础。

1997年，刘兴良等在《竹类研究》上发表的《大熊猫主食竹人工栽培技术试验研究﹡III、正交试验设计造林成效分析》，报道了王朗林区大熊猫主食箭竹人工栽培技术试验的研究结果。

2006年，刘明冲等在《四川林业科技》上发表的《卧龙自然保护区退耕还竹成效调查报告》，认为在自然保护区境内大面积退耕还竹，必须从当地的实际出发，并根据调查结果来选择竹种，确定栽种方式和科学的施肥管理；周世强等在《四川林勘设计》上发表的《卧龙特区大熊猫竹子基地施肥实验成效分析》，文章初步分析了不同施肥措施对卧龙特区大熊猫竹子基地栽培竹种的成活率、发笋率、幼竹密度以及地径和株高生长的影响，结果表明：施肥措施有利于提高栽培竹种的成活率、发笋率、提高幼竹的种群密度以及部分竹种的地径与株高生长，这不仅与肥料类型、施肥时间、施肥量有关，而且受制于竹种的生态生物学特性以及栽培成效的影响。

2012年，羊绍辉等在《四川林业科技》上发表的《天全方竹低产林改造技术初探》，初步探索了天全方竹低产林改造的技术措施，对提高天全方竹笋品质和产量、促进天全方竹笋产业发展具有积极意义。

2014年，史军义等在《浙江林业科技》上发表的《大熊猫主食竹的耐寒区位区划》，对中国大熊猫主食竹11属、65种（含1变种）竹子按自然分布和温度生态幅进行耐寒区划。结果表明：大熊猫主食竹只能分布于6～10温区；在适宜温区范围，9区是大熊猫主食竹最理想的生长温区，其次是8区，以后依次为7区、10区、6区；在1～5区和11～12区，1月的平均最低温度<−18℃或>10℃时，大熊猫主食竹不能生存；能够跨温区生长的大熊猫主食竹种是极少数，一般温区跨度越大，竹种数量越少；绝大多数竹种通常只能在一个温区范围内正常生长，只有1个温区（9区）的大熊猫主食竹竹种数量最多，有54个。

2018年，黄金燕等在《世界竹藤通讯》上发表的《卧龙自然保护区人工种植大熊猫可食竹环境适应性初步研究》，采用样方法调查了人工种植大熊猫可食竹当年的环境适宜性和生长差异。结果表明，竹子种植成活率除刺黑竹为60.56%外，其他竹种都在84%以上，且刺黑竹与蓉城竹间的种植成活率有显著差异；每100丛母竹平均发笋数量，拐棍竹、油竹子、蓉城竹、箬竹、八月竹、斑苦竹、刺黑竹分别为320、277、231、181、165、61和59株，其中拐棍竹、油竹子与蓉城竹休眠芽萌发相对较多而发笋数较多，斑苦竹和刺黑竹发笋数量较少；箬竹、蓉城竹和拐棍竹新生竹笋的存活率较高，达97%以上，油竹子、刺黑竹次之，最低的为八月竹和斑苦竹；新生竹平均基径八月竹最大，为0.858cm，其次是斑苦竹，为0.662cm，拐棍竹最小，仅为0.265cm，且除刺黑竹-油竹子、刺黑竹-箬竹、箬竹-油竹子、箬竹-蓉城竹外，其他竹种新生竹基径间存在显著差异；新生竹平均秆高以八月竹最高，为88.4cm，其次为斑苦竹，为64.8cm，拐棍竹最矮，为22.0cm，且除刺黑竹-箬竹、箬竹-蓉城竹、箬竹-油竹子、蓉城竹-油竹子、斑苦竹-八月竹外，其他竹种间新生竹秆高生长均存在显著差异。总之，在当地人工种植大熊猫可食竹，刺黑竹前期表现种植成效或环境适应性最差，斑苦竹次之，其他竹种表现较好。

2019年，刘巅等在《竹子学报》上发表的《卧龙保护区人工种植大熊猫主食竹的成活率及影响因素》，对人工种植于卧龙保护区的大熊猫主食竹的生长情况进行调查，分析影响成活率的因素，结果显示：拐棍竹、蓉城竹和八月竹的竹丛成活率较高，均大于70%，箬竹、斑苦竹和油竹子为50%～60%，刺黑竹仅15.75%；2013年萌发的竹笋的成活率，拐棍竹和蓉城竹大于80%，斑苦竹、箬竹、八月竹和油竹子为50%～70%，刺黑竹仅为27.78%；刺黑竹并不适合种植于该区域。竹种自然分布海拔与种植地海拔越接近，则该竹种的种植成活率越高；母竹有较多的活分株数，分株上更多节有活的枝条，竹丛更容易成活。据此，可在以后的竹子种植和管理中采取相应措施提高成活率。

1.3.7　圈养大熊猫的主食竹研究

针对圈养大熊猫的主食竹研究工作，总体来讲，起步较晚。其中较具代表性的论著有：

2004年，莫晓燕等在《无锡轻工大学学报》上发表的《圈养秦岭大熊猫2种主食竹叶维生素C含量分析》，报道了分别采用紫外分光光度法和肼比色法检测了人工圈养秦岭大熊猫的2种主食竹叶——淡竹和箬竹中还原型维生素C和总维生素C的含量情况。同年，又在《西北农林科技大学学报（自然科学版）》上发表的《圈养秦岭大熊猫两种主食竹中元素含量初探》，采用原子吸收光谱法测定了人工圈养秦岭大熊猫的2种主食竹种——淡竹和箬竹中Fe、Cu、Zn、Mn、Ca、K、Mg等7种元素的含量，结果显示，淡竹不同部位各元素含量无明显差别，2年生淡竹的元素含量较1年生有所增加；无论是淡竹还是箬竹，叶和笋中除Cu元素外，其余元素含量均高于枝和秆，箬竹中Mn含量较淡竹明显增高，为淡竹的31.2倍，其余

6种元素含量在两竹种中差别不大。

2005年，刘选珍等在《经济动物学报》上发表的《圈养大熊猫主食竹的氨基酸分析》，通过对大熊猫主食竹中氨基酸含量及其相互间比例的分析，为圈养大熊猫的饲料配方中平衡氨基酸提供了理论参考依据。采集了大熊猫喜食的3个产地4种竹叶和竹秆样品各17个，共34个样品，并测定了其中17种氨基酸的含量。结果表明，竹样品中谷氨酸含量最高，其中竹叶中为1.37%±0.18%，竹秆中为0.28%±0.06%；其次为天冬氨酸、亮氨酸、丙氨酸、缬氨酸、赖氨酸、脯氨酸、甘氨酸、苯丙氨酸、酪氨酸、丝氨酸、精氨酸；半胱氨酸含量最低，竹叶中仅为0.07%。

2013年，邓怀庆等在《四川动物》上发表的《圈养大熊猫主食竹消化率的两种测定方法比较》，作者采用全收粪法（Total feces collection method, TFC）和酸不溶灰分法（Acid insoluble ash method, AIA）对陕西省珍稀野生动物抢救饲养研究中心的6只圈养大熊猫对可食竹的消化率进行了测定。结果表明：TFC法测定的大熊猫对可食竹干物质、粗蛋白、粗脂肪和粗纤维的消化率分别为19.8%、61.48%、49.89%和12.43%，AIA法分别为21.9%、63.17%、51.96%和13.59%，AIA法测定结果略高于TFC法1～2个百分点，独立样本检验二者差异不显著。从可操作性角度分析，认为AIA法更适合于野外大熊猫养分消化率的测定。

2015年，赵金刚等在《西华师范大学学报（自然科学版）》上发表的《圈养大熊猫冬季主食竹营养成分分析》，指出冬季是大熊猫食物匮乏的季节，也是影响大熊猫次年繁殖的关键时期。为了给大熊猫圈养单位提供一套合理的冬季投喂方案，该研究统计分析成都大熊猫繁育研究基地10只大熊猫5年（2007—2012年）的冬季饲养数据，并对冬季投饲竹营养成分进行了分析。结果发现：成都大熊猫繁育研究基地在冬季主要给大熊猫投饲巴山木竹、白夹竹、苦竹、箬竹和刺竹，其中以巴山木竹的投饲时间最长，达44d，其他各竹种投饲时长均在半月以内。5种投饲竹粗蛋白、粗灰分和蛋能比都以叶中最高，茎中最低，干物质和粗纤维则相反，以茎中最高，叶中最低。冬季圈养大熊猫在面对多种投饲竹时，倾向于选择营养价值高、适口性好的竹子。

近年来，一些关于大熊猫优质主食竹新品种的研发繁殖、国际登录、定向培育、营养分析等为内容的文章，也开始陆续见诸报道。比如：2014年，史军义等在《林业科学研究》上发表的《竹类国际栽培品种登录的原则与方法》；在《园艺学报》上发表的《方竹属刺黑竹新品种'都江堰方竹'》；在《天然产物研究与开发》上发表的《'都江堰方竹'竹笋营养成分分析》；2016年，史军义等在《世界竹藤通讯》上发表的《国际竹类栽培品种登录的理论与实践》；2018年，吴劲旭、史军义等.在《世界竹藤通讯》上发表的《大熊猫主食竹一新品种'青城翠'》；2019年，魏明等在《世界竹藤通讯》上发表的《大熊猫主食竹新品种'黑秆筱竹'》；2021年，黄金燕等在《世界竹藤通讯》上发表的《大熊猫主食竹新品种'花筱竹'》；2022年，黄金燕等在《竹子学报》发表的《大熊猫主食竹新品种'卧龙红'》等。

如果能在圈养大熊猫的主食竹研究上投入更多关注，则今后人们完全可以在不增加或少增加土地、人力、经费、时间和精力的情况下，创造更多、更好的主食竹资源，不仅可以满足日益增长的圈养大熊猫种群的主食竹供给需求，还可通过在野生大熊猫的主要分布区适当营造成片的优质主食竹林来改善野外大熊猫的采食环境，并在一定程度上避免或减轻因竹子大面积开花给大熊猫带来的生存风险。这对整个大熊猫保护事业来讲，其意义不言而喻。

1.4 面临的主要问题

大熊猫主食竹研究主要面临如下问题。

1.4.1 大熊猫主食竹面积缩减

对于野生大熊猫的主食竹而言，其总体分布面积呈缩减趋势。归结起来，原因不外以下几个方面：

（1）经济种植区的扩大

比如在大熊猫主食竹分布区大面积种植粮食、中药材，或营造其他经济作物等，从而挤占大熊猫主食竹的生存空间。

（2）放牧区的扩大

比如在大熊猫主食竹分布区，不适当地增加牧业种类、扩大牧区范围等，从而压缩大熊猫的活动空间，导致干扰区的许多大熊猫主食竹事实上无法利用。

（3）旅游开发区的建设

凡在大熊猫主食竹分布区进行旅游开发，必然实施大量基础建设，随之涌入大量人流，继而造成环境污染，从而导致竹林面积缩减、竹林生长衰败，严重时甚至出现大面积死亡现象，其负面效果不可低估。

（4）公共基础建设

比如在大熊猫主食竹分布区内修建的道路、水库、居民点等。

1.4.2 大熊猫主食竹品质下降

对于野生大熊猫的主食竹而言，其总体品质也是呈降低趋势。主要表现在：

（1）生物量减少

即同样面积的大熊猫主食竹，由于气候变暖、严重干旱、牲畜啃食等，造成竹林高度、直径的减小，生物量也越来越小。其直接后果是，大熊猫必须比以往耗费更多的时间、花更多的精力、走更多的路，才能满足自身的日常食物需求。

（2）碎片化现象

即因人类活动、自然灾害、竹子开花等各种因素，造成的大熊猫主食竹林的不连续现象，使得原先成片的主食竹林被分割成一个一个的孤岛，从而大大增加了野生大熊猫的交流难度和主食竹的取食难度。

（3）污染物超标

比如农业生产中大量使用化肥、农药，工业生产形成的粉尘污染了空气、土壤与河流，同样会造成大熊猫主食竹农药残留与重金属污染物超标现象，必然会降低大熊猫主食竹的营养品质与安全性。

1.4.3 大熊猫主食竹干扰加剧

对于野生大熊猫正常活动的干扰，会直接或间接造成对其主食竹的干扰。主要分为以下两种情况：

（1）人为干扰

除采笋伐竹、栖息地及其周边放牧会挤占大熊猫主食竹的生存空间、影响竹子的正常生长发育从而干扰大熊猫的正常生存外，采药、盗猎、旅游、登山徒步、穿越等人为因素造成的干扰活动虽不一定占用大熊猫主食竹的分布空间，但对大熊猫来说也形成了威胁或产生了危险，这会直接吓走大熊猫或导致大熊猫不敢进入这些竹林；另外，这些活动过程有可能频繁发出噪声或气味，导致大熊猫不敢进入靠近噪音或味源的竹林采食竹子，从而影响其生存活动尤其是取食，即便竹林生长茂盛，甚至是大熊猫喜食的竹子，大熊猫也会避开。

（2）非人为干扰

非人为干扰是指各种自然因素如竹子大面积开花、火灾、地震、洪水、泥石流、暴风雪、高低温、旱涝、酸雨、竹子病虫灾害等给竹子生长带来的不利影响，这些因素不一定直接挤占大熊猫主食竹的生存空间，但可能影响大熊猫对主食竹的采食与否、采食效率及采食效果。

比如高温致使人类的经济活动海拔高度上移，挤占了大熊猫主食竹的生长空间；低温造成高海拔地区的大熊猫主食竹生长上限下移，致使林区面积大幅度减少等。

1.4.4　大熊猫主食竹耗费严重

所谓耗费严重，主要是针对圈养大熊猫主食竹而言（图1-2）。

目前的状态是：在自然状态下，大熊猫每天糟蹋的主食竹数量远远大于其实际取食的主食竹数量，主食竹利用效率仅为10%～20%；在人工圈养条件下，大熊猫对所投喂的竹子依然吃得少、扔得多，主食竹利用效率也只有20%～40%，仅个别竹笋的利用率可达60%以上，其实浪费很大，再加上随着圈养大熊猫的数量不断增多，可用主食竹的运距越来越远、采集和运输成本越来越高，这些问题一直困扰着中国每一个大熊猫养殖基地的管理者和饲养人员。

▲ 图1-2　一只大熊猫每天大约取食20kg竹子

对于上述大熊猫主食竹所面临的诸多问题，需要科学家、管理者和一线专业技术工作者、大熊猫保护工作者们认真加以研究，通过不断探索、实践和总结，最终提出切实可行的解决方法。这些就是下一步大熊猫主食竹研究所应当关注和努力的方向。

1.5 本书的基本价值构建

1.5.1 为什么编写本书

大熊猫是中国一级保护的野生动物，是中国的国宝，是全世界人民，尤其是少年儿童喜欢的动物。竹子是大熊猫的主要食物，是大熊猫生存环境不可或缺的构成要素。但是，长期以来，关于大熊猫主食竹的研究工作一直处于相对零散的状态，研究单位分散，研究力量分散，研究时间分散，研究内容分散，研究成果不够系统、不够全面、也不够深入，对于大熊猫主食竹的发展还无法形成强有力的科技支撑作用。因此，到目前为止，大熊猫主食竹所面临的各种现实问题依然十分严峻。

大熊猫主食竹同其他竹类植物一样，有其自身的生长发育规律。大熊猫主食竹的前期研究工作，尽管零星、分散、不够深入，但细加梳理，还是在一些竹种、一些方面、一些领域进行了十分有益的探索，并且取得了大量有价值的阶段性成果。这些成果对于大熊猫主食竹的后续研究，无疑具有十分重要的借鉴作用。

目前，大熊猫保护工作成绩斐然，大熊猫野生种群平稳发展，大熊猫圈养种群蓬勃发展，使得越来越多的国家和地区的人民，有更多一览大熊猫尊容的条件和机会。但伴随而来的，应该是大熊猫主食竹的数量与质量的保障，以及供需矛盾问题的解决。如不加以足够重视，未雨绸缪，有可能引发意想不到的严重后果。组织编撰大熊猫主食竹研究系列专著，就是试图将此前国内外进行大熊猫主食竹资源研究的理论和实践，尤其是国内外业已完成并正式报道的研究成果，进行一次系统全面的梳理，认真总结已有经验、充分利用现有条件，努力整合各种资源，以便抛砖引玉，为后继研究提供关于大熊猫主食竹生物多样性研究的更集中、更全面、更完整的参考资料，为推动大熊猫主食竹下一步的深入探讨和健康发展提供助力，从而在满足日益增长的大熊猫食物需求的同时，也满足人们日益增长的接触、认识和欣赏大熊猫的精神需求，最终为大熊猫的保护事业做出一点力所能及的有益贡献。《大熊猫主食竹图志》一书是2019年交稿，受新冠疫情影响，尚未正式出版；此次编撰的《大熊猫主食竹生物多样性研究》，是大熊猫主食竹研究系列的第二部专著，目的依然如故。

1.5.2 本书的基本构架

本书共分12部分：1.大熊猫主食竹概述，包括大熊猫主食竹的基本概念、大熊猫主食竹研究的目的与意义、大熊猫主食竹研究的历史与现状、当前大熊猫主食竹面临的主要问题、本书的基本价值构建，以及重要术语和注解等；2.大熊猫主食竹的形态特征，包括大熊猫主食竹的根、地下茎、秆、秆芽、先出叶、秆箨、叶、花、果实和种子等；3.大熊猫主食竹的分布，包括世界竹类分布概况、中国竹类分布概况以及大熊猫主食竹的分布，需要说明的是，该部分引用的是刚出版的《全国第四次大熊猫调查报告》中的基础数据，与《大熊猫主食竹图志》中引用的《全国第三次大熊猫调查报告》中的基础数据有所变动；4.大熊猫主食竹的耐寒区位区划，包括区划目的、区划依据、区划说明和区划结果；5.大熊猫主食竹起源的多样性，包括大熊猫主食竹的自然起源和人工起源；6.大熊猫主食竹生态的多样性，包括大熊猫主食竹生态环境中生物因素的多样性和非生物因素的多样性；7.大熊猫主食竹植被的多样性，包括单优竹林植被的多样性和竹木混交植被的多样性；8.大熊猫主食竹群落的多样性，包括散生竹群落的多样性、丛生竹群落的多样性和混生竹群落的多样性；9.大熊猫主食竹物种的多样性，包括簕竹属*Bambusa* Retz. corr. Schreber、巴山木竹属*Bashania* Keng f. & Yi、方竹属*Chimonobambusa* Makino、绿竹属*Dendrocalamopsis* (Chia & H. L. Fung) Keng f.、牡竹属*Dendrocalamus* Nees、镰序竹属*Drepanostachyum* Keng f.、箭竹属*Fargesia* Franch. emend. Yi、箬竹属*Indocalamus* Nakai、月月竹属*Menstruocalamus* Yi、慈竹属*Neosinocalamus* Keng f.、刚竹属*Phyllostachys* Sieb. & Zucc.、苦竹属*Pleioblastus* Nakai、茶秆竹属*Pseudosasa* Makino ex Nakai、筇竹属*Qiongzhuea* Hsueh & Yi、唐竹属*Sinobambusa* Makino ex Nakai和玉山竹属*Yushania* Keng f.的107种、1变种、19栽培品种的竹子名称、来源引证、特征描述、基本用途、具体分布以及大熊猫采食情况等；10.环境因素对大熊猫主食竹的影响，包括人为因素的影响、生物因素的影响和自然因素的影响等；11.大熊猫主食竹的多样性保护，包括法律措施、组织措施、行政措施和技术措施等；12.大熊猫主食竹的发展趋势，包括将更加注重大熊猫主食竹的研究与开发、更加注重大熊猫主食竹的资源保护、更加注重大熊猫主食竹的现代化生产、更加注重大熊猫主食竹的创新发展，以及更加注重大熊猫主食竹的综合利用等。为了增加本书的实用性，书末还附有大熊猫自然保护区一览表和360多篇参考文献，以利查阅。

1.5.3　本书的基本目标

作者通过对《大熊猫主食竹生物多样性研究》一书的编撰，希望能够实现如下主要目标：

（1）继承前人对大熊猫主食竹研究的成果

《大熊猫主食竹生物多样性研究》的编撰，从理论到实践，都只是作者对于大熊猫主食竹类多样性及其保护的深度学习、了解和认识的一次有益尝试，权作抛砖引玉。其目的在于：一是以此为载体，将业已明了的大熊猫主食竹类多样性及其保护情况，进行一次系统的梳理和总结，以便推荐和介绍给那些尚未接触和认识，但又有相关需求的单位、机构、学校、企业和个人；二是通过此项工作，引起更多人对于大熊猫主食竹研究与开发问题的兴趣和关注；三是为大熊猫主食竹研究、保护、开发与利用的后继工作提供相对系统的资料和参考。

（2）提升大熊猫主食竹资源的利用效率

《大熊猫主食竹生物多样性研究》的编撰，试图利用对前人所做工作相关信息、数据和资料的调查、收集、整理和研究，在理性、细致、全面、客观分析的基础上，重新审视大熊猫主食竹这一宝贵资源的科学和社会价值，并且立足现有资源、人才、技术、设备、信息、资金等各种现实条件，通过改善环境、改进技术、优化管理，进一步探讨大熊猫主食竹资源科学利用、集约利用的可操作性及其理论依据，提升大熊猫主食竹生物多样性研究的效果，从而最终实现人类保护大熊猫的长远目标。

（3）推动大熊猫主食竹的健康发展

大熊猫主食竹属于多年生木本植物，种类多、分布广、立地条件要求不高，且一次种植、多年受益。大熊猫主食竹不只是大熊猫的主要食物，与其他竹类植物一样，也可用于建材、食品、造纸、药材、观赏等，同样具有优化环境、保持水土、涵养水源、净化空气、调节气候等多重功能。现实社会中，大熊猫主食竹中的许多种类，其竹笋还是人类喜爱乐食的优质食品，被称为"蔬中珍品"，在中国已有悠久的食用历史，相比其他蔬菜而言，竹笋更环保、更绿色，且营养丰富，因而具有十分广阔的应用前景。通过《大熊猫主食竹生物多样性研究》的编撰，作者希望公众更多接触、了解、认识大熊猫主食竹的相关信息和知识，发掘其多重价值，为大熊猫主食竹的利用拓展和未来发展提供更具操作性的意见和建议。

1.6 本书的重要术语及注解

以下术语是以其汉语拼音进行排序：

鞭根（diffuse root）：指从根状茎节上所分生出的根。

鞭芽（rhizome bud）：指竹鞭节上所分生出的芽。

大熊猫主食竹（staple food bamboo of giant panda）：传统上是指大熊猫在自然状态下主动采食的竹类植物，现在则泛指大熊猫在自然状态下自由采食和在圈养条件下人工喂食的竹类植物。

丛生竹(sympodial bamboo / clumping bamboo)：指地下茎为合轴型，没有横走的地下竹鞭，地面竹秆呈密集丛生状的竹类植物。

单分枝（solitary branch）：指秆在每节上仅单生一个分枝，通常直立，其直径粗细与主秆大体相近或略小。

单优竹林植被：是指由竹类植物为主要优势种群落构成的森林植被类型的总称。

单轴型（monopodium）：指母竹秆基上的侧芽只可以长成根状茎，即能在地下作长距离横走竹鞭，竹鞭具节和节间，节上有鳞片状退化的叶和鞭根，每节通常有一枚鞭芽，交互排列，有的鞭芽抽长成新竹鞭，在土中蔓延生长；有的鞭芽发育成笋，出土长成新竹，其地上部分分散，呈片状生长。

地下茎（rhizome）：俗称竹鞭或马鞭，是指竹类植物横走于地下、水平生长的根状茎，是竹子贮藏和输导养分的主要器官，具有很强的分生繁殖能力，其侧芽可以萌发为新的地下茎或抽笋成新竹。地下茎具有节和节间，节上有小而退化的鳞片状叶，叶腋有腋芽及不定根。

定向培育（directed breeding）：就是根据大熊猫食用功能价值最大化原则，运用有效的科学和技术手段，推动大熊猫主食竹的科研、开发、培育、生产、利用，向着最有利于大熊猫保护事业发展的方向发展。对于定向培育的大熊猫主食竹，通常要求其性状相对稳定、品质相对优异、技术相对成熟，有利于组织其科学化、标准化和规模化生产，目的是在同等时间和空间条件下，选择、培育和发展具有一个或多个功能指向明确的优势特点的大熊猫主食竹品种，在不造成环境压力的情况下，尽可能满足大熊猫的采食和栖息需求。

多分枝（multiple branches）：指秆在每节上具数个至十余个分枝，排列成半轮生状，常开展，先端下垂。

分类学（taxonomy）：这里指研究大熊猫主食竹的起源、亲缘关系、进化规律以及不同类群之间的形态差异，进而将其分门别类的基础科学。

复轴型（amphipodium）：指母竹秆基上的侧芽既可长成细长的根状茎，在地中横走，并从竹鞭节上的侧芽抽笋长成新竹，秆稀疏散生，又可以从母竹秆基的侧芽直接萌发成笋，长成密丛的竹秆。

1

大熊猫主食竹概述

秆（culm）：这里指竹子地上部分的营养器官，是竹子的主体，由秆身、秆基、秆柄三部分组成。

秆柄（culm neck）：指竹秆的最下部分，连接于母竹秆基或地下茎，直径细小，节间很短，通常实心，强韧，由十余节至数十节组成，有节和节间，节间圆柱形或圆筒形，节上有退化的叶，但不生根、不长芽。

秆环（culm node）：指竹秆竹节处相距很近的两个环形结构中，上面那个由居间分生组织停止生长后留下的环痕。

秆基（culm base）：指位于竹秆下部、埋于地下的数节至十数节秆部结构，通常节间短缩，直径粗大，节上密生不定根（称为竹根），形成庞大的须根系。

秆节（node）：也称节，是指竹秆秆身上各段之间相连突出的部位，包括秆环、节内和箨环三部分，看起来像彼此相距很近的2个圆环结构，其上为秆环，中间为节内，其下为箨环。

秆身（culm trunk）：指竹秆地上的主体部分，通常端直，圆筒形，中空、有节。

秆箨（culm sheath）：也称笋壳、竹箨或笋叶，指基部着生于箨环上、包裹每节竹秆的变态叶，形态大小基本固定，是识别竹种的重要器官；秆箨由箨鞘、箨舌、箨耳和箨片四部分组成。质地有厚革质、革质、厚纸质、纸质；箨鞘背面的色泽、斑点及被毛等也因竹种而异；先端性状有平截状、凸形、凹下以及宽窄等；边缘有的可明显被毛，有的则光滑。当节间生长停止后，秆箨基部形成离层而脱落，有的竹种秆箨迟落或宿存。

秆芽（culm bud）：指竹秆分枝秆节上的芽状结构。

花序（inflorescence）：小穗在花序轴上有规律地排列方式称为花序。

合轴型（sympodium）：指由母竹秆基上的侧芽直接出土成笋，长成新竹，次年新竹秆基部的侧芽又发生下一代新竹，如此不断重复，形成由母竹和一系列新竹的秆基和秆柄所构成的地下茎系统。

混生竹（mixed bamboo）：指兼有单轴型和合轴型地下茎特点、地面竹秆同样兼具丛生竹和散生竹两者表现的竹类植物。

假鞭（pseudorhizome）：也称假竹鞭，指母竹秆柄在土壤中延长生长一段距离，形成的长50～100cm 的细长秆柄，其上无根无芽。

假花序（false inflorescence/ iterauctant inflorescence）：亦称为续次发生花序或不定位花序，它连续发生在营养轴的各节上，此轴仍具节和中空的节间，并不特化为真正的花序；生于这类花序上的通常或大多是假小穗，它无柄或近无柄，其下方苞片或颖片内存在有潜伏芽或先出叶。假花序的假小穗单一或多枚生在苞片或佛焰苞的腋内，成丛排列较紧密或聚成头状或球形的簇团，因而在小穗丛下方就托附有一组苞片。

节间（internode）：指竹秆秆身上两个相邻秆节之间的那部分。

节内（intranode）：指秆环和箨环两环痕间的那部分。

耐寒区位（hardiness zone）：指适宜植物生存的温度区间范围。这里主要作为大熊猫主食竹异地引种时的温度参考指标。

气生根（aerial root）：指竹子植物体地面以上秆节上发出的根状或刺状物。如方竹属和香竹属的竹种秆节上的刺状气生根。

群丛组（bamboo cluster）：指按照竹类群落的内部特性、外部特征及其动态规律所划分的同类、同质竹种的集合。群丛组是竹类群落的基本分类单位，在这里被看作是竹林群落的同义语，习惯上称作××竹林。

三分枝（three branches）：指秆在每节上具3个分枝，中央为主枝，其两侧各有一个次生枝。

散生竹（monopodial bamboo/running bamboo）：指地下茎为单轴型，具有横走的地下竹鞭，地面竹秆不密集成丛，而是呈稀疏散生分布的竹类植物。

生态学（ecology）：这里指研究大熊猫主食竹与其周围环境（包括生物环境和非生物环境）相互关系的基础科学。

生物群落（biome）：是指生存在一起并与一定的生存条件相适应的所有生物，即在相同时间内聚集在同一地段上的各物种种群的集合，包括动物、植物、微生物等各个物种的种群、共同组成的生态系统中有生命的部分。

生物学（biology）：这里指研究大熊猫主食竹生命现象和生命活动规律的基础科学。

双分枝（binary branches）：指秆在每节上有2个分枝，常开展，其中主枝较粗而长，侧生的次生枝相对较细而稍短。

笋壳（shoot sheath）：指笋体各节上包裹的一枚变态叶，生于箨环上，对竹笋的生长有保护功能。

箨耳（sheath auicles）：箨鞘顶部或箨片基部与箨鞘相连接处（箨鞘鞘口）的两侧各有一个突起的附属结构称为箨耳。箨耳边缘通常具硬质粗糙的毛，称繸毛（oral setae）。许多竹种箨耳缺失，或在两肩仅具繸毛。有的竹种箨耳为箨叶基部延伸而成，与箨叶连成一体，如筱竹，有些竹种可无箨耳。具有箨耳的竹种，箨耳的发达程度、形状、色泽、边缘毛的有无及发育程度等性状均有相当稳定的表现。

箨环（sheath ring/sheath node）：指竹秆秆身上两个相近的环状结构中、下面那个由秆箨脱落后留下的环痕，通常明显突起。

箨片（sheath blade）：也称箨叶，指着生于箨鞘顶端的一枚不完全叶片，无叶柄、无中脉，脱落或宿存，形态因竹种不同而有差别。箨片的形状有三角形、锥形、披针形、卵状披针形、带形等；箨片在箨鞘上是直立还是反转，其本身是平直还是皱褶，颜色以及其基部宽度与箨鞘顶部宽度之比等，都是可以用于分类的性状。

箨鞘（sheath）：指秆箨下部宽大的主体部分，包围着竹秆的节间，软骨质、革质或纸质，有纵肋，有时具斑纹或毛被，边缘相交而叠盖，覆在上面的一边缘称为外缘，被盖着的下面一边缘称为内缘。

箨舌（sheath ligule）：指位于箨鞘顶端腹面的膜质突起结构，通常狭窄，边缘有时生纤毛。箨舌的颜色、高度、宽度、先端形状、是否被毛及被粉等性状随竹种不同而发生变化。

小穗（spikelet）：组成花序的基本单位，通常被认为是一退化的变态小枝，包括小穗轴及生于其上作覆瓦状两行排列的苞片和位于苞片腋内的小花，具或长或短的小穗柄，在假花序中一般无柄。

小花（floret）：竹子花颖上方各节苞片内具有花内容的结构称为小花，由外稃、内稃、鳞被、雄蕊和雌蕊组成。

形态特征（morphological characteristics）：指大熊猫主食竹的根、茎、叶、花、果实、种子的关系、形状、大小、形象、数量、颜色等，通常用文字描述和图形显示加以表达。

叶（leaf）：指生于末级分枝各节上担负竹子光合作用的披针形片状器官，常一至数枚不等，交互着生而排列成两行，由叶鞘、叶柄和叶片三部分组成。

叶柄（petiole）：指叶片基部收缩成一短柄的柱状结构，是竹叶的组成部分之一。

叶耳（leaf auricle）：指叶舌两旁的一对从叶片基部边缘伸长出来的似耳状的突出物，或者说叶鞘与叶片连接处的边缘部分所形成的突起，常将茎秆卷抱着，末端分离，有时弯曲，多呈耳状或镰刀状。

叶片（leaf blade）：指生于末级分枝各节上担负竹子光合作用的披针形片状器官，是竹叶的主体部分。

叶鞘（leaf sheath）：指包裹于小枝节间的软骨质、革质或纸质结构，具纵肋，上部中间常有一纵脊。

优势种（dominant species）：指对植物群落结构和群落环境的形成有着明显控制作用的植物物种。

真花序（genuine inflorescence/semiauctant inflorescence）：也称为单次发生花序或定位花序，具有总梗及由此梗向上延伸的花序轴，整个花序一次性发生；小穗具有明显的小穗柄，在小穗基部的苞片或颖之腋内无潜伏芽，花序轴的分枝多呈圆锥形、总状或近似穗形。

枝条（branch）：是指竹秆身上的芽萌发而成的器官。枝条亦有节和节间，节也有枝环和鞘环之分。

种子（seed）：指竹子开花后结出的果实，有颖果、囊果或坚果。大熊猫主食竹通常为颖果，属单子果实，果皮质薄，干燥而不开裂，与种皮紧密结合，不易剥离，形体较小。

竹鞭（bamboo rhizome）：是根状茎的俗称，也称马鞭。

竹根（bamboo root）：或称根，指处于地面以下的秆基或根状茎（rootstoc）（俗称为竹鞭或马鞭）的节上发出、粗细大体相似、具有支持竹子植物体及从土壤中吸收水分和养分功能的器官。

竹类群落（bamboo community）：是指在相同时间、相同地点聚集在一起，并相互关联、相互影响、相互作用、相互发展的竹类植物的集合。

竹类植被（bamboo vegetation）：所谓竹类植被，是指在群落结构、群落组成、群落生态外貌、群落地理分布等特征均十分相似、并具有较大面积规模的竹类植物，以及参与构建该植被的建群乔木树种所组成

的森林植被类型的总称。

竹类生态多样性（bamboo ecological system diversity）：是指竹林所在生物圈内生境、群落和生态过程的多样性，是指竹林生态系统中各种活的有机体（如人、动物、植物、微生物等）与无机环境相互作用及其有规律地结合所构成的稳定的生态综合体的多样性。

竹木混交植被（bamboo and tree mixed vegetation）：是指以建群乔木类树种与其伴生竹类植物共同构成的植被类型的总称。

竹腔（bamboo cavity）：指竹秆节间的中空部分。

竹髓（bamboo pith）：指竹秆竹腔内的物质。

竹笋（bamboo shoot）：指竹子秆基或根状茎上的芽萌发冒出土面的幼体。

竹栽培品种（bamboo cultivars）：又称竹品种或栽培竹，是相对野生竹或自然起源的竹类植物而言，这里是指通过人类有意活动、选择、分离、引种、培育和生产出来的大熊猫主食竹的种下分类群。

资源调查（resources investigation）：这里指以大熊猫主食竹为对象进行的关于其种类、分布、面积、数量、质量，以及生长、开花、动态、管理等的考察、记录、统计、整理、分析等系列活动。

2

大熊猫主食竹的
形态特征

——

大熊猫主食竹一般都是竹秆直立；节间长，圆筒形，中空；箨环为箨鞘脱落后所留下的环形痕迹，通常明显或显著隆起；秆环乃居间分生组织停止生长后所留下的环痕，平或隆起；箨环和秆环之间称节内，乃气生根刺着生处及秆内横隔板生长位置。秆基或地下茎上的芽萌发成竹笋；秆节上具1芽或n芽，发育完全的芽以后萌发成1枚或数枚枝条。秆上生长的变态叶称秆箨；箨鞘宽大，是秆箨的主体，初期紧包竹秆，随着竹秆成熟生长而脱落，少有宿存；在箨鞘顶端两侧如存在有附属物则称为箨耳，其流苏状毛称继毛，箨耳和继毛有的竹种缺失；箨鞘顶端居中的缩小片状物称箨片，无柄，直立或反折；箨鞘整个顶端内侧的线状物称箨舌，低矮。最后小枝上具正常营养叶，由叶鞘、叶耳、继毛、叶舌、叶柄和叶片组成，但有的竹种叶耳和继毛缺失。花序分两种类型：假花序亦称续次发生花序，这类花序的基本结构是假小穗，它是由1枚小穗顶生于极为短缩的小枝上所形成，在此小枝基部之内侧生有1片前出叶，其上方的叶器官呈颖状或外稃状，且连同顶生的小穗在外观上有些类似"小穗"，但此实为一复合体，它下方属于小枝的部分之苞片腋内常有小枝芽，如果此腋芽发育则可成长为次生假小穗，后者的腋芽也可能发育成另一假小穗，如此重复，最后可形成一团假小穗丛，着生在主秆及其分枝的节上形成穗状、圆锥状或头状的花枝，其主轴及分枝并不特化，仍与营养枝无异，有明显的节和中空节间；真花序亦称单次发生花序，其着生部位都是在植株营养体某些部分最上方的1片营养叶之上，花序轴及其分枝（包括小穗柄）常为实心，分枝处以及小穗着生处均无明显的节，有时可具小形苞片，在其腋内一般无芽，仅在枝腋偶具瘤枕。小穗有柄或无柄，含1至n朵小花；颖1至n片或不存在；外稃具数枚纵脉，先端无芒或具小尖头，稀具芒；内稃背部具2脊或少成圆弧形而无脊，先端钝或2齿裂；鳞被3枚，稀可缺失或多至6枚，甚至更多；雄蕊（2）3～6，稀可为多数，花丝分离或部分连合，有时连成管状或片状而成为单体雄蕊；雌蕊1，子房无柄，稀具短柄，花柱1～3，柱头（1）2～3，稀更多，常为羽毛状。颖果，少有坚果状或浆果状，成熟时全为稃片所包或部分外露；胚多为F+PP型。染色体基数X=12。

竹亚科的模式属：箣竹属 ***Bambusa*** Retz. corr. Schreber

根据科学出版社2008年出版的《中国竹类图志》和2017年出版的《中国竹类图志（续）》记载，中国迄今为止按照《国际植物命名法规（International Code of Botanical Nomenclature, ICBN）》公开发表的竹类植物（含引进竹）有43属、751种、56变种、134变型、4杂交种，计945种及种下分类群。此后，又依据《国际栽培植物命名法规（International Code of Nomenclature for Cultivated Plants，ICNCP）》对部分变种（var.）、变型（f.）、栽培型（cv.）进行了修订和整理，到目前为止，可确认为大熊猫主食竹的竹类植物总共有16属、107种、1变种、19栽培品种，计127种及种下分类群。其中，有大熊猫在自然状态下可自由采食的竹子13属、79种、1变种、3栽培品种，计83种及种下分类群，并以箭竹属*Fargesia* Franch. emend. Yi最多，有28种，玉山竹属*Yushania* Keng次之，有11种；而圈养大熊猫主要采食的是人工投放的竹子，有11属、53种、1变种、14栽培品种，计68种及种下分类群，并以刚竹属*Phyllostachys* Sieb. & Zucc.、方竹属*Chimonobambusa* Makino和苦竹属*Pleioblastus* Nakai为多。但两种情况的大熊猫主食竹种类有所重叠。

已知的大熊猫主食竹，均为多年生木本竹类植物，其秆的木质化程度一般高而坚韧，营养器官由根、地下茎、竹秆、秆芽、枝条、先出叶、叶、秆箨等组成，生殖器官为花、果实和种子。

2.1 根

　　大熊猫主食竹为须根系（fibrous root system）。根由处于地面以下的秆基或根状茎（rootstoc）（俗称为竹鞭或马鞭）的节上发出，其粗细大体相似，具有支持竹子植物体及从土壤中吸收水分和养分的功能。从秆基分生出的根称为竹根，系支柱根（stilt root）；从根状茎节上所分生出的根则称为鞭根（diffuse root）。方竹属和香竹属*Chimonocalamus* Hsueh & Yi竹秆地面以上、中下部以下秆节上发出的刺状物称为气生根（spine-aerial root），这些气生根不具吸收水分和养分的功能，但却具有竹子自我保护的作用（图2-1）。

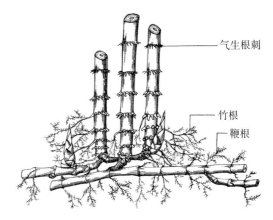

▲ **图2-1　竹根（方竹*Chimonobambusa quadrangularis*）**

2.2 地下茎

　　俗称竹鞭或马鞭，是指大熊猫主食竹横走于地下、水平生长的根状茎，是竹子贮藏和输导养分的主要器官，具有很强的分生繁殖能力，其侧芽可以萌发为新的地下茎或抽笋成新竹。地下茎具有节和节间，节上有小而退化的鳞片状叶，叶腋有腋芽及不定根。

　　根据大熊猫主食竹地下茎营养器官的繁殖特点和形态特征，可以划分为合轴、单轴、复轴三种类型（图2-2）。

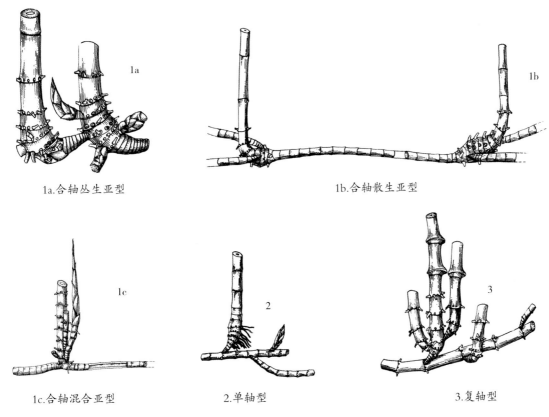

1a.合轴丛生亚型　　　　　1b.合轴散生亚型

1c.合轴混合亚型　　　2.单轴型　　　3.复轴型

▲ **图2-2　地下茎的形态**

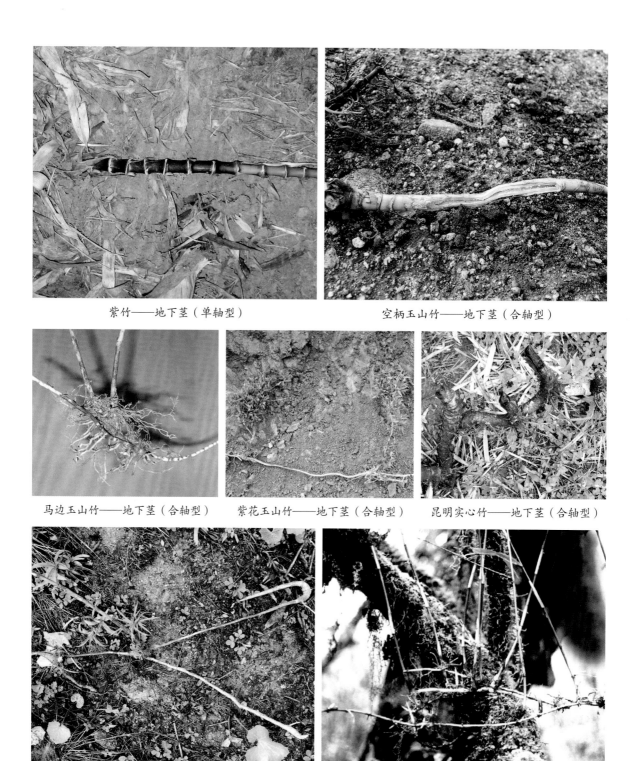

紫竹——地下茎（单轴型）　　　　　　空柄玉山竹——地下茎（合轴型）

马边玉山竹——地下茎（合轴型）　　紫花玉山竹——地下茎（合轴型）　　昆明实心竹——地下茎（合轴型）

斑壳玉山竹——地下茎（合轴型）　　　　　冷箭竹——地下茎（复轴型）

2.2.1　合轴型（sympodium）

指由母竹秆基上的侧芽直接出土成笋，长成新竹，次年新竹秆基部的侧芽又发生下一代新竹，如此不断重复，形成由母竹和一系列新竹的秆基和秆柄所构成的地下茎系统。这种类型的地下茎不具备能在地下无限横走的根状茎，但其秆柄在长度上有所差异。其中秆柄短缩，其所形成的新竹距离老竹很近，竹秆密集成丛，秆基堆集成群，具有这种形态特征的竹子，称为合轴丛生亚型，亦即通称的丛生竹，如箣竹属*Bambusa* Retz. corr. Schreber、慈竹属*Neosinocalamus* Keng f.、箭竹属等（图2-2-1a）。母竹秆柄细长，形成假竹鞭，能在地中延伸一段距离（长可达50～100cm），由假竹鞭先端的顶芽出土成竹，地面竹秆散生，称为合轴散生亚型，如玉山竹属*Yushania* Keng f.（图2-2-1b）。母竹秆基的芽既可萌发为具极短秆柄的顶芽出土成秆的小竹丛，也可萌发成延伸较长的秆柄而使地面秆散生的合轴混合亚型地下茎，使地面秆散生兼小丛生，如生于湿地或沼泽的空柄玉山竹*Y. cava* Yi（图2-2-1c）。

此外，也有竹子在秆基的芽，常萌发成为仅有秆柄延伸而无秆基和地上秆的生长，形成具有类似支柱根（prop root）的不完全地下茎（incomplete rhizome），它起着支撑地上高大竹秆和复杂而庞大的枝叶系统的作用（图2-3）。

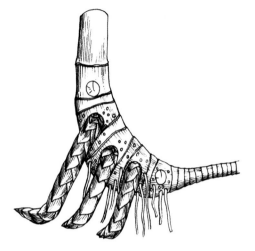

▲ 图2-3 竹支柱根的秆柄
（引自F. A. McClure）

2.2.2 单轴型（monopodium）

指母竹秆基上的侧芽只可以长成根状茎，即竹鞭。竹鞭细长，在地下能作长距离横走，具节和节间，节上有鳞片状退化叶和鞭根。每节通常有一枚鞭芽，交互排列，有的鞭芽抽长成新竹鞭，在土中蔓延生长；有的鞭芽发育成笋，出土长成新竹，其秆稀疏散生，形成成片竹林。竹类经营中称单轴型竹子为散生竹，如刚竹属。

2.2.3 复轴型（amphipodium）

指母竹秆基上的侧芽既可长成细长的根状茎，在地中横走，并从竹鞭节上的侧芽抽笋长成新竹，秆稀疏散生，又可以从母竹秆基的侧芽直接萌发成笋，长成密丛的竹秆。这种兼有单轴型和合轴型地下茎特点的竹子称为复轴混生型竹类，如筇竹属*Qiongzhuea* Hsueh & Yi、方竹属、苦竹属、巴山木竹属*Bashania* Keng f. & Yi、箬竹属*Indocalamus* Nakai。

2.3 秆

2.3.1 秆的组成

大熊猫主食竹的茎特称为秆或竿，是竹子的主体，由秆身、秆基、秆柄三部分组成（图2-4）。

（1）秆身（culm-trunk）

指竹秆的地上部分，通常端直，圆筒形，中空、有

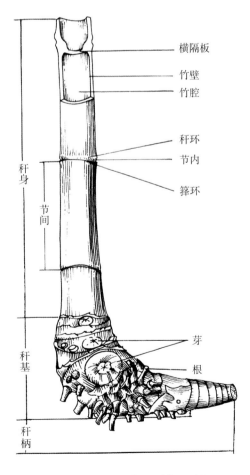

▲ 图2-4 竹的秆身、秆基和秆柄

节（node），两节之间称为节间（internode）。每节有彼此相距很近的两个环，下环称为箨环（sheath-node），系秆箨脱落后留下的环痕；上环为秆环（culm-node），为居间分生组织停止生长后留下的环痕。两环痕间称为节内（intranode），秆内的木质横隔壁（diaphragm）即着生于此处，使秆更加坚固。随竹种的不同，节间长短、数目及形状有所变化。节间中空部分叫竹腔（bamboo cavity），木质坚硬部分叫秆壁或竹壁（culm-wall）。在形态学描述上，通常将处于地上部分的秆身，简称为秆。

（2）秆基（culm-base）

指位于竹秆的下部，通常埋于地下，由数节至十数节组成，节间短缩，直径粗大，节上密生不定根，称为竹根，形成庞大的须根系。秆基具有数枚大形芽，与分枝方向交互排列。地下茎为合轴型竹类，如慈竹属和箣竹属等秆基的芽可以萌笋成竹；单轴型竹类秆基的芽通常为休眠（潜伏）芽，不发育，如刚竹属；复轴型竹类秆基的芽既可以抽笋成竹，也可以长成根状茎，如方竹属。

（3）秆柄（culm-neck）

指竹秆的最下部分，连接于母竹秆基或根状茎，直径细小，节间很短，通常实心，强韧，由十余节至数十节组成，有节和节间，节间圆柱形或圆筒形，节上有退化的叶，但不生根，绝不长芽。慈竹属、箣竹属、箭竹属等丛生竹类秆柄很短，粗壮，不延伸；玉山竹属秆柄细长，节间长度与粗度之比大于1，实心，或有的竹种如空柄玉山竹的整个秆柄内腔节部全无横隔壁而为空心，在地中横走的距离可达50cm以上，使秆散生而形成遍布的成片竹林。

2.3.2 秆的性状

大熊猫主食竹绝大多数的秆都是直立于地面，秆梢端挺直，不作任何弯曲，如方竹*Chimonobambusa quadrangularis* (Fenzi) Makino；但有的幼竹秆梢部为钓丝状下垂，形体非常美观，如慈竹*Neosinocalamus affinis* (Rendle) Keng f.（图2-5）。

此外，还有少数大熊猫主食竹的秆为斜依型，如钓竹*Drepanostachyum breviligulatum* Yi。

2.4 秆芽

大熊猫主食竹与其他竹类植物的芽相同，属鳞芽，即芽被数枚鳞片所覆盖。竹秆除秆基上的芽外，秆身各节上亦具芽，但秆下部各节上的芽往往不发育。秆身芽的形状因竹种不同而有差异，慈竹属的芽多为扁桃形或扁圆形；箣竹属秆身基部的芽有时为锥柱状；方竹属的芽在秆的每节上为3枚，呈锥形或锥柱形；箭竹属多数种的芽为长卵形，外观上很像一个芽，而另一部分种的秆芽为多数，组成半圆形，如细枝箭竹*Fargesia stenoclada* Yi（图2-6）。

秆芽的形态及数目是鉴别大熊猫主食竹种的依据之一，当采集标本时应注意不要忽略。每一秆芽内侧均具一枚大型先出叶，包在芽的外面，起着保护作用。

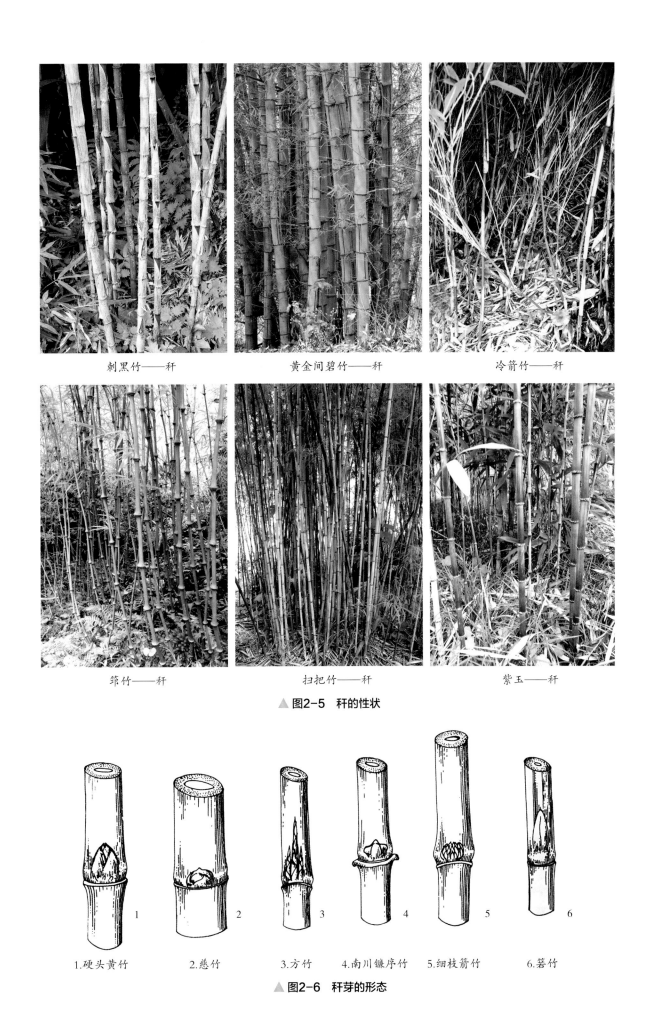

刺黑竹——秆　　　　　黄金间碧竹——秆　　　　　冷箭竹——秆

筇竹——秆　　　　　扫把竹——秆　　　　　紫玉——秆

▲ 图2-5　秆的性状

1.硬头黄竹　　2.慈竹　　3.方竹　　4.南川镰序竹　　5.细枝箭竹　　6.箬竹

▲ 图2-6　秆芽的形态

2　大熊猫主食竹的形态特征

半耳箬竹——芽　　　　　扫把竹——芽　　　　　方竹——芽

昆明实心竹——芽　　　　月月竹——芽　　　　　油竹子——芽

泥巴山筇竹——芽　　　　狭叶方竹——芽　　　　秦岭箭竹——芽

紫玉——芽　　　　　　　　　　　　　钓竹——芽

2.5　枝条

　　枝条是指由大熊猫主食竹秆节上的芽萌发而成的器官。枝条亦有节和节间，节也有枝环和鞘环之分。节间中空、实心或近于实心，多为圆筒形，少数竹种也有其他形状，如刚竹属枝条基部节间为三棱形。由于秆下部的芽通常败育，故秆下部一般无枝。主枝直立、斜展或弧形下垂，其节上常可再发生次级枝。箣竹属有些竹种的侧生小枝短缩无叶而硬化成锐刺。竹秆每节分枝数目因竹种而异，一般可分为以下四种类型（图2-7）。

2.5.1　单分枝型

　　指秆的每节上仅单生一个分枝，其直径粗细与主秆大体相近而稍小，通常直立，如箬竹属*Indocalamus Nakai*的竹种。

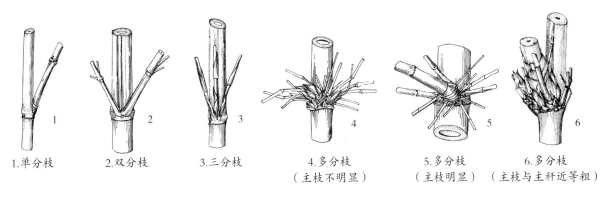

1.单分枝　　2.双分枝　　3.三分枝　　4.多分枝　　　　5.多分枝　　　　6.多分枝
　　　　　　　　　　　　　　　　　（主枝不明显）　（主枝明显）　（主枝与主秆近等粗）

▲ 图2-7　秆的分枝类型

| 单分枝——峨眉箬竹 | 单分枝——马边玉山竹 | 两分枝——篌竹 | 三分枝——巴山木竹 |
| 三分枝——筇竹 | 多分枝——扫把竹 | 多分枝——慈竹 | 多分枝——短锥玉山竹 |

2.5.2 双分枝型

指秆的每节上有两个分枝，其中主枝较粗而长，侧生的次生枝相对较细而稍短，常开展，如刚竹属。

2.5.3 三分枝型

指秆的每节上具三个分枝，中央为主枝，其两侧各有一个次生枝，如方竹属、筇竹属的竹种。

2.5.4 多分枝型

指秆的每节上具数个至十余个分枝，排列成半轮生状，开展，先端下垂，如箬竹属、牡竹属、箭竹属等的竹种。在多分枝型竹种中，有的主枝很长，俨如一根小径竹，其侧枝较细小，如硬头黄竹*Bambusa rigida* Keng & Keng f.；有的主枝和侧枝大小相近，无明显区别，如慈竹、箭竹*Fargesia spathacea* Franch.、细枝箭竹等。

2.6 先出叶

先出叶也称前出叶，是指一个小枝和主茎之间最先出现的一个膜质结构物，在其秆芽、枝芽、地下茎的芽和花芽中均有存在。假花序中的假小穗基部与主轴间就常生有一枚先出叶，在它上方节上生长着苞片，苞片腋间具芽，此芽可萌发成为新的假小穗。花序分枝与主轴间是否存在先出叶，是区分假花序与真花序的唯一标准，因而先出叶在竹类植物分类上具有非常重要的意义。先出叶的形态大多数很似一朵小花中的内稃，即先出叶靠近主轴一面扁平，通常具2龙骨状纵脊，脊外两侧分别向内方紧压，并包着芽的全部或部分。

2.7 秆箨

秆基或根状茎上的芽萌发冒出土面的竹子幼体称为竹笋（bamboo shoot）。竹笋笋体各节均包裹有一枚变态叶，生于箨环上，对竹笋的生长有保护功能。竹笋抽出地表后，靠节部居间分生组织细胞迅速分裂，高生长非常迅速，逐渐形成幼竹。随着幼竹的生长，其秆上的变态叶也有一定程度的增大，直到生长停止，形态大小即固定，称为秆箨（俗称为笋壳或笋叶）。秆箨由箨鞘、箨舌、箨耳和箨片四部分组成（图2-8）。箨鞘宽大，是秆箨的主体，包围于秆的节间，软骨质、革质或纸质，有纵肋，有时具斑纹或毛被，边缘相交而叠盖，覆在上

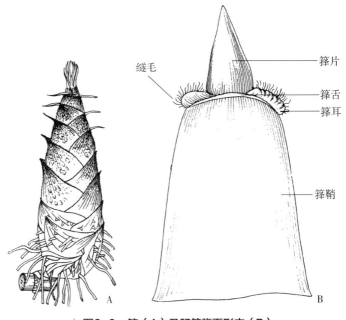

▲ 图2-8　笋（A）及秆箨腹面形态（B）

面的一边缘称为外缘，被盖着的下面一边缘称为内缘。箨舌位于箨鞘顶端的腹面，膜质，通常狭窄，边缘有时生纤毛。箨鞘顶部或箨片基部与箨鞘相连接处的两侧各有一个附属物，称为箨耳。箨耳边缘通常具硬质粗糙的毛，称继毛。许多竹种箨耳缺失，或在两肩仅具继毛。箨片生于箨鞘顶端，是一枚不完全的叶片，无叶柄、无中脉，脱落或宿存，形态因竹种不同而有差别。

熊竹——箨

刺黑竹——箨

峨热竹——箨

2

大熊猫主食竹的形态特征

041

篌竹——箨　　　　　金佛山方竹——箨　　　　　冷箭竹——箨

毛金竹——箨　　　　　筇竹——箨　　　　　紫花玉山竹——箨

2.8　叶

竹叶生于末级分枝各节上，一至数枚不等，交互着生而排列成两行，为光合作用的主要器官。每叶主要由叶鞘（leaf-sheath）、叶柄（petiole）和叶片（leaf-blade）三部分组成（图2-9）。叶鞘包裹小枝节间，具纵肋，上部中间常有一纵脊。叶片常为披针形，少有其他形态（图2-10），有中脉（midrib）及平行侧脉或称次脉（secondary veins），小横脉（crossed veinlet）与再次脉组成方格状；叶片基部收缩成一短柄，称为叶柄。叶鞘与叶柄连接处的内侧有膜质的叶舌（ligule）。叶耳（auricle）通常较小，边缘常有继毛；有的竹种无叶耳，仅在两肩有数条继毛；还有的竹种既无叶耳，也无继毛。

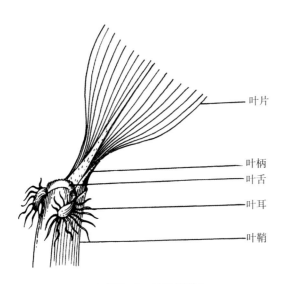

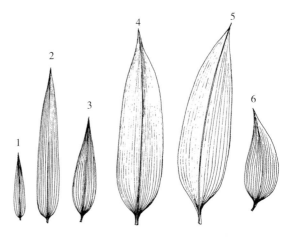

叶片

叶柄

叶舌

叶耳

叶鞘

1. 披针形；2. 线状披针形；3. 卵状披针形；
4. 长圆状披针形；5. 长椭圆形；6. 卵形

▲ 图2-9　竹叶的形态

▲ 图2-10　竹叶的形状

凤尾竹——叶

马边玉山竹——叶

华西箭竹——叶

刺黑竹——叶

阔叶箬竹——叶

2

大熊猫主食竹的形态特征

2.9 花

2.9.1 花序（inflorescence）

大熊猫主食竹与其他竹类植物一样，不经常开花，花的构造也基本相同。其花被退化为鳞片状或膜片状，细小，无鲜艳的颜色和香气，形态比较特殊。竹类花序为复花序（compound inflorescence），其组成花序的基本单位是小穗。小穗在花序轴上有规律地排列方式，称为花序。这就是说，竹类不像被子植物那样是以花为基本单位来组成花序，而是改用小穗来组成花序。竹类花序可以明显地划分真花序（genuine inflorescence）和假花序（false inflorescence）两大类（图2-11）。真花序也称为单次发生花序（semelauctant inflorescence）或定位花序（determinate inflorescence），具有总梗（peduncle）及由此梗向上延伸的花序轴（rachis），整个花序一次性发生；小穗具有明显的小穗柄（pedicel），在小穗基部的苞片（bract）或颖之腋内无潜伏芽（latent bud），花序轴的分枝多呈圆锥形、总状或近似穗形等方式。假花序亦称为续次发生花序（iterauctant inflorescence）或不定位花序（indeterminate inflorescence），它连续发生在营养轴的各节上，此轴仍具节和中空的节间，并不特化为真正的花序；生于这类花序上的通常或大多是假小穗（pseudospikelet），它无柄或近无柄，其下方苞片或颖片内存在有潜伏芽或先出叶（prophyll）。假花序的假小穗单一或多枚生在苞片或佛焰苞的腋内，成丛排列较紧密，聚成头状或球形的簇团，因而在小穗丛下方就托附有一组苞片，少数竹类所有苞片或最下部一枚苞片常形成叶状佛焰苞（spathe）（图2-12）。

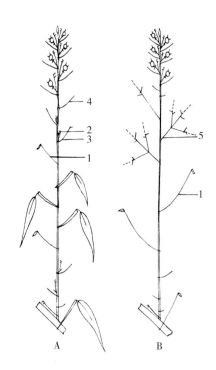

A.顶生假花序；B.顶生真花序：1.前出叶；
2.腋芽；3.苞片；4.颖；5.发育小穗
（引自F.A.McClure）

▲ 图2-11　真花序和假花序

1.假花序（硬头黄竹）；2~5.真花序：2.花序侧生（斑苦竹）；3.花序顶生，由叶鞘扩大为佛焰苞的一侧伸出（箭竹）；4.花序顶生（短锥玉山竹）；5.花序顶生，小穗基部的小花败育（月月竹）

▲ 图2-12　竹类花序及解剖分析示意图

2.9.2 小穗（spikelet）

大熊猫主食竹花的小穗包括小穗轴（rachilla）及生于其上作覆瓦状两行排列的苞片和位于苞片腋内的小花，具或长或短的小穗柄，或在假花序中一般无柄。发生学观点认为，小穗是一退化的变态小枝，小穗轴即为茎，苞片即为茎上所着生的变态叶，小花是生于苞片腋内的短缩次生枝（图2-13）。小穗含一至数朵小花，后者的小穗轴节间（rachilla-segment）成熟时通常在各小花间逐节断落，其折断处往往在各小花之下，因而小穗轴节间就宿存于小花内稃的后方。少数竹类小穗轴节间成熟时不自然逐节断落，而仅从颖的上面或下面的节上脱落。小穗顶生的小花通常不孕，或在小穗顶端具一段短小的小穗轴，基部小花发育或有时不发育或发育不完全。小穗最下方常具2枚或更多空虚无物的苞片，称为颖（glume），有时由下而上逐渐变宽大。

2.9.3 小花（floret）

颖上方各节苞片内具有花内容的部分称为小花，它由外稃、内稃、鳞被、雄蕊和雌蕊组成（图2-14）。外稃（lemma）是在颖之上各苞片的改称，其外形与颖相似，渐尖或具小尖头，甚至具硬芒，具平行脉。内稃（palea）位于与外稃相对的近轴面，它与先出叶同源，质地较薄，先端钝圆或微凹，背部常具2脊。鳞被或称浆片（lodicule）系退化的内轮花被片，通常3枚轮生，膜质，具维管束脉纹，某些种类无鳞被或少于3片。雄蕊3枚或6枚，稀可更少或更多，花丝细长，分离或少有联合为管状，花药2室纵裂。雌蕊子房上位，1室，具1枚倒生胚珠，子房先端收缩变细为花柱，1枚或2~3枚，实心或稀中空，顶端具呈羽毛状或试管刷状的柱头。

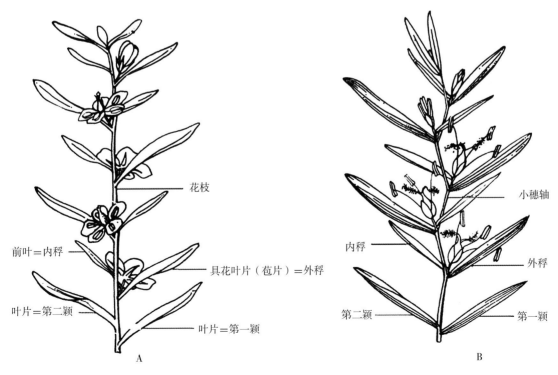

花枝

前叶＝内稃

具花叶片（苞片）＝外稃

叶片＝第二颖

叶片＝第一颖

小穗轴

内稃

外稃

第二颖

第一颖

A

B

▲ 图2-13　普通有花植物花枝（A）与禾本科植物小穗（B）
的对照示意图（引自Mrs.A.Chase）

▲ 图2-14 小花的构造

雄蕊
雌蕊
外稃
鳞被
内稃
小穗轴节间
基盘

早园竹——花

团竹——花

月月竹——花

孝顺竹——花

篌竹——花

黄金间碧竹——花

斑壳玉山竹——花

刺黑竹——花　　　　　　麻竹——花　　　　　　秦岭箭竹——花

阔叶箬竹——花　　　　　　慈竹——花　　　　　　油竹子——花

硬头黄竹——花

方竹——花　　　　　　　　　　　　　冷箭竹——花

2.10　果实和种子

大熊猫主食竹的果实与其他竹类一样，为颖果（caryopsis），单子果实，果皮质薄，干燥而不开裂，与种皮紧密结合，不易剥离，形体较小，很像种子。胚位于颖果基部，与外稃相对，在其相反的一侧具有线形或点状痕迹，称为种脐（hilum），亦即胚珠生于胎座上的接合点，其中线形种脐亦可称为腹沟（ventral sulcus）。胚小，多为F+PP型。胚乳丰富。此外，部分大熊猫主食竹还具有其他类型的果实，例如慈竹属的果实为囊果（saccate fruit），其果皮薄，易与种子相分离；方竹属果实为坚果状（nut），果皮厚而坚韧，也可与种皮剥离。竹种不同，果实形态、大小各有差异（图2-15）。

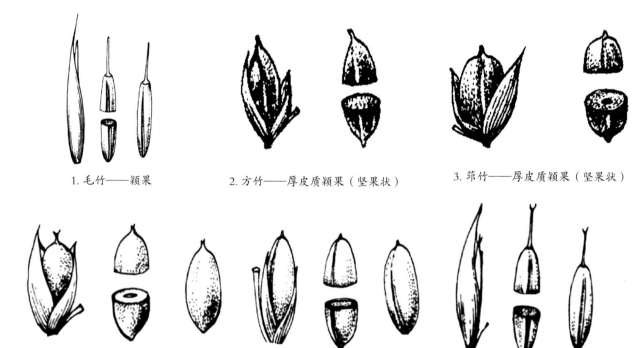

1.毛竹——颖果　　　　2.方竹——厚皮质颖果（坚果状）　　　3.筇竹——厚皮质颖果（坚果状）

4.实竹子——厚皮质颖果（坚果状）　　5.月月竹——颖果（果皮中等厚度）　　6.缺苞箭竹——颖果

▲ 图2-15　果实类型

月月竹——果

方竹——果

筇竹——果

巴山木竹——果

3

大熊猫主食竹的
分布

3.1 世界竹类分布概况

世界竹类植物的地理分布，大致可划分为四个竹区（易同培等，2008）。

3.1.1 亚太竹区（旧大陆竹区）

本区南自南纬42°的新西兰，北达北纬51°的俄罗斯远东地区的萨哈林群岛中部，东抵太平洋诸岛屿，西迄印度西南部，是世界竹亚科属、种和生物多样性最丰富的地区，既有丛生竹，也有散生竹，同时也是竹林面积最大的竹区。主要产竹国有中国、印度、缅甸、泰国、孟加拉国、柬埔寨、越南和日本。据统计，亚太竹区共有竹类58属近1000种，分别占世界竹类属、种的72.5%和75%。

3.1.2 美洲竹区（新大陆竹区）

包括南北美洲，其中北美洲竹种少，中、南美洲竹种多。根据统计，地处北美洲的美国天然生木本竹子仅1属1种2亚种，而从墨西哥索诺拉州北纬24°到南纬47°的南部，该区就有木本竹子20属334种，这总数共21属335种2亚种的竹子，均为美洲所特产。不言而喻，美洲是世界第二大天然产竹区，也是竹类分布中心之一。美洲所产竹类除单种属的北美箭竹属*Arundinaria* Michaux及丘斯夸竹属*Chusquea* Kunth部分种为复轴型或单轴型地下茎外，其余所有竹属地下茎均为合轴型，且多为合轴丛生，仅少数属是合轴散生。由于竹子经济价值大，用途广泛，美洲（主要是美国）还从亚洲各地引种木本经济竹种18属87种，其中引入最多的刚竹属24种，箣竹属22种，占全部引入竹种的53%。

3.1.3 非洲竹区（旧热带竹区）

本区竹子分布范围较小，南起南纬22°的莫桑比克南部，北至北纬16°的苏丹东部，由非洲西海岸的塞内加尔南部、几内亚、利比里亚、科特迪瓦向东南经尼日利亚南部、刚果、扎伊尔等直到东海岸的马达加斯加岛，形成从西北到东南横跨非洲大陆热带雨林和常绿落叶阔叶混交林的狭长地带，即是本区竹子分布的中心。非洲北部的苏丹、埃塞俄比亚等温带山地森林地区亦有成片竹林生长。

3.1.4 欧洲引栽竹区

欧洲没有自然生长的竹种，仅在园林中有竹子引种栽培。自19世纪中叶开始，在一个多世纪的时间里，尤其在最近20～30年，据统计，欧洲从中国、日本和东南亚以至美洲国家共引种33属200余种竹子（含变种变型，下同），各地园林景观配置中不乏竹子栽培。在竹子引种的种源来源上，主要是从我国中亚热带和北亚热带地区所产的竹种引种最多，它们耐寒力强，可塑性大，大多数种类适应欧洲气候、土壤，不同种类在不同地区生长颇佳。大多数产于南亚热带的喜温性竹种，在欧洲不能露地栽培，只能栽培于温室或盆栽冬季入室内越冬供观赏。

3.2　中国竹类分布概况

根据竹子对气候、土壤、地形等生态因子的适应特点，可将中国竹类植物的分布划分为4个区，其中有2个区各分别区划为2亚区。

3.2.1　丛生竹区

本竹区北起浙江温州雁荡山南部、福建戴云山到两广南岭以南，西到四川西南部、云南和西藏东南部，主要是中亚热带和南亚热带地区。1月平均气温在4℃等温线以南。土壤类型主要是砖红壤、赤红壤、红壤和黄壤。

丛生竹种类丰富，主要有箣竹属*Bambusa* Reetz. corr. Schreber、单竹属*Lingnania* McClure、牡竹属*Dendrocalamus* Nees、绿竹属*Dendrocalamopsis* (Chia & H. L. Fung) Keng f.、簕竹属*Schizostachyum* Nees、单枝竹属*Bonia* Balasa、梨藤竹属*Melocalamus* Benth.、空竹属*Cephalostachyum* Munro、泰竹属*Thyrsostachys* Gamble、新小竹属*Neomicrocalamus* Keng f.、慈竹属*Neosinocalamus* Keng f.、香竹属*Chimonocalamus* Hsueh & Yi，亚高山有大量箭竹属*Fargesia* Franch. emend. Yi竹种分布。散生竹少，秆小型至中型，常见有大节竹属*Indosasa* McClure、少穗竹属*Oligostachyum* Z. P. Wang & G. H. Ye、唐竹属*Sinobambusa* Makino ex Nakai、酸竹属*Acidosasa* C. D. Chu & C. S. Chao、苦竹属*Pleioblastus* Nakai、箬竹属*Indocalamus* Nakai等。东南沿海地区平原、丘陵，在沿江、沿海岸边多为人工栽培的竹林植被，野生丛生竹林很少，西部丛生竹除农庄栽培较多外，也常见有面积大小不等的野生竹林或生于林中的木竹混生林。

根据不同大气环流影响所形成的降水量季节分配差异，丛生竹区可分为2个亚区。两亚区的分界线大体以云南、广西交界的南盘江口到文山一线划分。

（1）东南季风丛生竹亚区

受太平洋暖湿气流影响，四季降水量分配相对均匀，冬春季节有一定数量的降水，无明显干湿季节之分。本亚区的竹种主要是箣竹属、单竹属、绿竹属等大、中型竹，也有藤本类竹种如簕竹属、悬竹属*Ampelocalamus* S. L. Chen, T. H. Wen & G. Y. Shen。

（2）西南季风丛生竹亚区

这个亚区由于受西风环流与印度洋南亚季风、太平洋东南季风的交替控制，干湿季十分明显。每年10月间，西风带向南移动，其南支西风急流来自秉性干燥温暖西亚的广大热带、亚热带地区，形成干季。到次年5月，随着西风带的迅速北撤，南支西风突然消失，而来自印度洋和孟加拉湾热带洋面的西南季风和来自太平洋南海的东南季风推进，挟带大量水气，形成雨季。适应这一气候类型的竹种主要为牡竹属、梨藤竹属、空竹属、泰竹属、薄竹属*Leptocanna* Chia & H. L. Fung、香竹属*Chimonocalamus* Hsueh & Yi，还有散生竹大节竹属，以及大量的亚高山箭竹属和玉山竹属*Yushania* Keng f. 竹种。

3.2.2 混合竹区

这个竹区的地理范围基本上是四川盆地，西界与亚高山竹区相连，北界起甘肃白龙江下游碧口，经广元、米仓山、大巴山、巫山为东界，在长江以南以四川、重庆、贵州分界，到合江沿赤水河，直到四川宜宾和云南五莲峰北部向北至大相岭东坡。

四川盆地四面环山，地形特殊，气候条件有许多特点。盆地北部有秦岭和大巴山的双重阻挡，冬季北方寒流入侵相对较小。巫山海拔较低，加上江面仅有海拔100m的长江口，东南沿海的太平洋暖湿气流容易进入重庆和四川。印度洋热带气流顺横断山脉河谷从南方北上，对盆地气候也有一定影响。因而，四川盆地的气温较相同纬度的湖北、安徽都要高。据统计，四川盆地年均温度比这两省高2℃，1月均温高2～6℃，1月平均最低气温高2～6℃。相比于湖北、安徽，年均温等于或低于5℃的日数少20d以上，等于0℃的日数少10d以上，平均气温等于或低于5℃的开始日期晚出现20d左右，平均气温等于或低于5℃的终止日期早出现30～40d，形成冬天较短而温湿的气候。盆地内部土壤主要为紫色土，黄壤较少，肥力较高。盆周边缘山地土壤类型垂直分布明显，海拔700～1600m为山地黄壤，1600～2200m为山地黄棕壤，海拔2200～2800m为山地灰棕壤，海拔2800～3500m为山地棕色灰化土。植被属亚热带湿润性常绿阔叶林区，以壳斗科、樟科树种为主组成常绿阔叶林，以马尾松、柏木、杉木组成亚热带针叶林。盆周山地随海拔升高，水热条件和土壤类型发生了变化，植被也相应产生了不同的垂直带谱，即常绿阔叶林带–常绿落叶阔叶混交林带–针阔叶混交林带–亚高山针叶林带——高山灌丛草甸带。

这一竹区的气候特点是既适于喜温暖湿润的丛生竹生长，也适宜于相对耐寒的散生竹生长。常见的丛生竹为慈竹*Neosinocalamus affinis* (Rendle) Keng f.和硬头黄竹*Bambusa rigida* Keng & Keng f.，长江河谷沿岸常见高大的车筒竹*B. sinospinosa* McClure，还有特产的牛儿竹*B. prominens* H. L. Fung & C. Y. Sia、锦竹*B. subaequalis* H. L. Fung & C. Y. Sia和冬竹*Dendrocalamus inermis* (Keng & Keng f.) Yi。散生竹主要为刚竹属*Phyllostachys* Sieb. & Zucc.的毛竹*Phyllostachys edulis* (Carr.) H. de Leh.、篌竹*P. nidularia* Munro、水竹*P. heteroclada* Oliv.、毛金竹*P. nigra* (Lodd. ex Lindl.) Munro var. *henonis* (Mitford) Stapf ex Rendle、桂竹*P. bambusoides* Sieb. & Zucc.，苦竹属的斑苦竹*Pleioblastus maculatus* (McClure) C. D. Chu & C. S. Chao以及特产竹种月月竹属的月月竹*Menstruocalamus sichuanensis* (Yi) Yi。盆周山区有多种亚高山竹种，如箭竹属、玉山竹属*Yushania* Keng f.和巴山木竹属*Bashania* Keng f. & Yi等，南部盆缘还有方竹属*Chimonobambusa* Makino和筇竹属*Qiongzhuea* Hsueh & Yi的种类。

3.2.3 散生竹区

本区北界为我国竹子分布的北界，东临渤海、黄海、东海，南界为丛生竹区的北线，西界为亚高山竹区和混合竹区的东界线，是我国最大的竹区。区内分布的主要竹类为散生竹，以刚竹属种类最多，乃该属分布的中心。此外也有复轴混生型竹种的苦竹属、唐竹属、箬竹属、井冈寒竹属、赤竹属*Sasa* Makino & Shibata、少穗竹属、茶秆竹属*Pseudosasa* Makino ex Nakai等。还有特产的短穗竹属*Brachystachyum* Keng以及有较多种的倭竹属*Shibataea* Makino ex Nakai。本竹区可分以下2个亚区：

（1）降水性散生竹亚区

位于散生竹区的南半部，以灌溉性散生竹区的南界为本亚区的北界，西部是北起甘肃白龙江下游的武都，向东经成县到陕西太白县，沿秦岭山脊向东到河南熊耳山、伏牛山，经信阳入安徽，沿淮河水系进江苏宝应、兴化为界。南界为丛生竹区的北界。西界是混合竹区。

亚区地域广阔，气候差别很大。例如北界边缘的安徽佛子岭、金寨到河南固始、信阳一线，年平均气温14.5℃，极端最低气温-20.5～-12.2℃，而南岭南坡年平均气温19.1～20.4℃，极端最低气温只有-6.2～-4.9℃。年降水量1100～1750mm，而武夷山区可达2000mm。

毛竹是本亚区栽培最广泛的笋材两用经济竹种，并有大面积人工纯毛竹林。桂竹、台湾桂竹*Phyllostachys makinoi* Hayata、淡竹*P. glauca* McClure、毛金竹的栽培也广泛。著名笋用竹种有早竹*P. violascens* (Carr.) A. & C. Riv.、雷竹*P. violascens* 'Prevernalis'、乌哺鸡竹*P. vivax* McClure、红哺鸡竹*P. iridescens* C. Y. Yao & C. Y. Chen、白哺鸡竹*P. dulcis* McClure、红壳雷竹*P. incarnata* Wen以及高产笋量的角竹*P. fimbriligula* Wen。其他散生竹的种类也较多。观赏竹种也较多，如紫竹*P. nigra* (Lodd. ex Lindl.) Munro、花毛竹*P. edulis* 'Tao kiang'、龟甲竹*P. edulis* 'Kikko-chiku'、圣音毛竹*P. edulis* 'Tubaeformis'、罗汉竹*P. aurea* Carr. ex A. & C. Riv.、金镶玉竹*P. aureosulcata* 'Spectabilis'、筠竹*P. glauca* 'Yunzhu'、黄秆乌哺鸡*P. vivax* 'Aureocaulis'。地被竹品种也较多，如铺地竹*Pleioblastus argenteostriata*（Regel）E. G. Camus、翠竹*P. pygmaea* (Miq.) E. G. Camus、菲白竹*P. fortunei* (Van Houtte) Nakai、菲黄竹*P. auricoma*（Mitford）E. G. Camus、鹅毛竹*Shibataea chinensis* Nakai、狭叶倭竹*S. lanceifolia* C. H. Hu等。

（2）灌溉性散生竹亚区

本亚区位于降水性散生竹亚区的北部。其西界为混合竹区的东界，南界是降水性散生竹亚区的北界，从秦岭北坡经西安到山西太行山达北京为该亚区北界。

气温和降水是影响竹子自然分布的主要因素，一些散生竹在冬季能抵御-20℃以下的低温，但不能忍受这个季节的干冷气候。为创造竹子的适生环境，在秦岭以北的黄河流域栽培竹子，必须在冬、春季及发笋期施行人工灌水，竹子才能正常生长。

适应本亚区生长的竹种不多，主要为刚竹属*Phyllostachys* Sieb. & Zucc.的一些竹种。例如，桂竹、斑竹*P. bambusoides* 'Lacrima-deae'、淡竹、变竹*P. glauca* 'Variabilis'、筠竹、曲秆竹*P. flexuosa* (Carr.) A. & C. Riv.等。此外，孝顺竹*Bambusa multiplex* (Lour.) Raeuschel ex J. A. & J. H. Schult.是丛生竹中比较耐寒竹种，筇竹*Qiongzhuea tumidinoda* Hsueh & Yi是四川、云南中山地区的特产竹种，它们在西安楼观台森林公园引栽成功，巴山木竹还可以引栽到北京。

3.2.4 亚高山竹区

我国西部青藏高原南部和东南部地势高，海拔多在1500m以上，一些喜温性竹种不能生长，取而代之的是种类丰富的喜湿耐寒竹种。这一竹区北界是西起西藏吉隆喜马拉雅山麓河谷到聂拉木、亚东、错那、米林、林芝、易贡，向南连接横断山脉的云南德钦、进入四川雅江、向东折入黑水，北上若尔盖东部与甘肃迭部南面、宕昌、岷县、兰州，东入宁夏隆德和泾源的六盘山区接陇山，这也是我国竹子自然分布的北线，往北仅有个别城市有少量人工引种栽培的竹子。南界从吉隆南部开始，沿喜马拉雅山国境线一侧至错那东南、波密、察隅北部、云南贡山、丽江、四川盐源、西昌、布拖，沿大凉山、大相岭与混合竹区的西界相连接，入陕西勉县，越秦岭相接于本区的东部。

西藏林芝海拔3001m，年均气温8.5℃，7月年均气温15.5℃，1月平均气温0.2℃，极端最低气温-15.3℃，年降水量654.1mm，全年平均相对湿度66%；四川马尔康海拔2664m，年均气温8.6℃，7月年均气温16.4℃，1月平均气温-0.8℃，极端最低气温-17.5℃，年降水量760.9mm，全年平均相对湿度61%。这种气候条件适宜于亚高山竹类生长，特别是在云杉、冷杉或松林下竹类是常见的下木之一。该区箭竹属种类较多，拉萨罗布林卡有西藏箭竹*Fargesia macclureana* (Bor) Stapleton栽培，巴山木竹*Bashania fargesii* (E. G. Camus)Keng f. & Yi在本区东部分布普遍，兰州园林上广泛栽培本种竹子，西宁有矮箭竹*F. demissa* Yi栽培，其次有玉山竹属竹种。刚竹属*Phyllostachys* Sieb. & Zucc.也见有栽培，如拉萨市罗布林卡就栽培有毛金竹*P. nigra* (Lodd. ex Lindl.) Munro var. *henonis* (Mitford) Stapf ex Rendle生长较好。

3.3　大熊猫主食竹的分布

中国先后于20世纪70年代、80年代和21世纪初开展了三次全国性的大熊猫调查，在国家实施西部大开发战略及天然林保护工程、野生动植物保护和自然保护区建设工程等六大生态工程10年后，又于2011—2013年开展了全国第四次大熊猫调查。由于野生大熊猫的分布区唯有中国，野生大熊猫主食竹的分布自然也在中国。全国第四次大熊猫调查报告显示，中国大熊猫栖息地的面积约2576595hm²，潜在栖息地面积约911193hm²，竹林面积约2330525hm²；主要分布范围在东经101°54′06″~108°37′08″、北纬28°09′35″~34°00′07″之间，海拔（1200）2000~3000（3600）m，从南到北直线距离约750km，东西宽50~180km，处于中国地形第一级阶梯向第二级阶梯的过渡地带上，呈狭长弧状分布，但并不连续，而是呈现岛状的间断分布；除秦岭山系外，其他山系均处于华西雨屏带上，年降水量在850~1500mm，个别地区可高达2000mm，年均气温3~8.5℃，1月均温-6~1℃，7月均温11~17.5℃；空气相对湿度70%~85%；日照时数1040~1830h；雾日5~322d；土壤为山地黄棕壤和棕壤；植被为山地阔叶林、针阔混交林和暗针叶林（史军义等，2021）。

到目前为止，可确认为大熊猫主食竹的竹类植物总共有16属、107种、1变种、19栽培品种，计127种及种下分类群。其中：簕竹属*Bambusa* Retz. corr. Schreber 4种、4栽培品种，巴山木竹属*Bashania* Keng f. & Yi 6，方竹属*Chimonobambusa* Makino 9种、4栽培品种，绿竹属*Dendrocalamopsis* (Chia & H. L. Fung) Keng f. 2种，牡竹属*Dendrocalamus* Nees 3种，镰序竹属*Drepanostachyum* Keng f. 2种，箭竹属*Fargesia* Franch. emend. Yi 29种，箬竹属*Indocalamus* Nakai 6种，月月竹属*Menstruocalamus* Yi 1种，慈竹属*Neosinocalamus* Keng f. 1种、3栽培品种，刚竹属*Phyllostachys* Sieb. & Zucc. 23种、1变种、8栽培品种，苦竹属*Pleioblastus* Nakai 3种，茶秆竹属*Pseudosasa* Makino ex Nakai 1种，筇竹属*Qiongzhuea* Hsueh & Yi 5种，唐竹属*Sinobambusa* Makino ex Nakai 1种，玉山竹属*Yushania* Keng f. 11种。这里主要讨论的是野生大熊猫主食竹的分布状况。

野生大熊猫主要分布于中国四川省、陕西省和甘肃省的岷山、邛崃山、凉山、大相岭、小相岭和秦岭等6大山系的17个市（州）、49个县（市、区）、200多个乡镇。野生大熊猫主食竹的分布范围更广，遍及全国的17个市（州）、大约55个县（市、区），总面积约3050000hm²（表3-1）。

表3-1 全国大熊猫栖息地、潜在栖息地主要采食竹种面积统计 hm²

省	竹属数	竹种数	现有栖息地竹林面积	潜在栖息地竹林面积	竹林总面积	占比（%）
四川省	7	32	1887000	463000	2350000	77.0
陕西省	5	7	315000	136000	451000	14.8
甘肃省	3	9	129000	120000	249000	8.2
全国	8	37	2331000	719000	3050000	100

注：引自全国第四次大熊猫调查报告。

3.3.1 大熊猫主食竹的政区分布

大熊猫主食竹的政区分布，主要是指在自然状态下，野生大熊猫主食竹在不同省、市（州）、县（市、区）的分布状况。据全国第四次大熊猫调查的权威资料显示，野生大熊猫主食竹分布区主要位于中国四川、陕西、甘肃三省的秦岭、岷山、邛崃山、大相岭、小相岭和凉山等六大山系中，地理坐标介于东经101°54′06″～108°37′08″、北纬28°09′35″～34°00′07″之间，东起陕西省宁陕县太山庙乡，西至四川省九龙县斜卡乡，南起四川省雷波县拉咪乡，北至陕西省周至县厚畛子乡。遍及17个市（州）55个县（市、区）200多个乡镇。

3.3.1.1 四川省

四川省的野生大熊猫栖息地和潜在栖息地主要分布于其西部和西南部11市（州）41县（市、区），地理位置介于东经101°55′00″～105°27′00″、北纬28°12′00″～33°34′12″之间，东起青川县姚渡镇，西至九龙县斜卡乡，南抵雷波县拉咪乡，北至九寨沟县大录乡。总面积约243.85万hm²。

大熊猫主要采食竹类有7属32种，竹林面积约235.0万hm²，约占全国大熊猫主食竹总面积的77.0%。其中，分布面积最大的前3种竹种为缺苞箭竹Fargesia denudata Yi、冷箭竹Bashania faberi (Rendle) Yi和华西箭竹Fargesia nitida (Mitford) Keng f. ex Yi。

在四川省各山系中，大熊猫现有栖息地和潜在栖息地中大熊猫主食竹分布情况见表3-2。

表3-2 四川省各山系大熊猫现用栖息地和潜在栖息地主食竹分布一览表

山系名称	竹种数量	大熊猫现用栖息地				大熊猫潜在栖息地				
		分布面积（hm²）	分布面积较多的竹种	分布面积（hm²）	占该山系该类栖息地中竹子面积的比例（%）	竹种数量	分布面积（hm²）	分布面积较多的竹种	分布面积（hm²）	占该山系该类栖息地中竹子面积的比例（%）
岷山山系	5属15种	723215	缺苞箭竹	356462	49.29	3属6种	80778	缺苞箭竹	53593	66.35
			青川箭竹	125079	17.29			华西箭竹	16479	20.40
			糙花箭竹	84079	11.63			糙花箭竹	6606	8.18
邛崃山系	6属18种	670100	冷箭竹	309631	46.21	3属9种	56469	冷箭竹	30450	53.92
			短锥玉山竹	111145	16.59			华西箭竹	12009	21.27
			拐棍竹	87655	13.08			丰实箭竹	7988	14.15
大相岭山系	6属9种	109636	八月竹	51949	47.38	6属8种	33659	冷箭竹	9690	28.79
			冷箭竹	25307	23.08			八月竹	8405	24.97
			短锥玉山竹	17249	15.73			短锥玉山竹	5397	16.03
			三月竹	4785	4.36			石棉玉山竹	5072	15.07

（续）

山系名称	大熊猫现用栖息地					大熊猫潜在栖息地				
	竹种数量	分布面积（hm²）	分布面积较多的竹种	分布面积（hm²）	占该山系该类栖息地中竹子面积的比例（%）	竹种数量	分布面积（hm²）	分布面积较多的竹种	分布面积（hm²）	占该山系该类栖息地中竹子面积的比例（%）
小相岭山系	3属7种	114475	峨热竹	40590	38.08	5属10种	76260	冷箭竹	20403	26.76
			石棉玉山竹	32081	28.02			丰实箭竹	16813	22.05
			丰实箭竹	14290	12.48			石棉玉山竹	12817	16.81
凉山山系	5属15种	304745	斑壳玉山竹	48219	15.82	6属19种	210315	八月竹	49447	23.51
			白背玉山竹	46026	15.10			箭竹	35903	17.07
			三月竹	38743	12.71			白背玉山竹	28171	13.39
秦岭山系	1属1种	3340	糙花箭竹	3340	100.00	2属3种	5485	糙花箭竹	3916	71.39
								缺苞箭竹	1088	19.84
								巴山木竹	481	8.77

注：引自全国第四次大熊猫调查报告。

（1）成都市

成都市的大熊猫主食竹主要分布于都江堰、彭州、邛崃、大邑、崇州5个县（市）。

a.都江堰市：大熊猫主要采食竹种有慈竹*Neosinocalamus affinis* (Rendle) Keng f.、黄毛竹*N. affinis* 'Chrysotrichus'、唐竹*Sinobambusa tootsik* (Sieb.) Makino、刺黑竹*Chimonobambusa neopurpurea* Yi、刺竹子*C. pachystachys* Hsueh & Yi、桂竹*Phyllostachys bambusoides* Sieb. & Zucc.、蓉城竹*P. bissetii* McClure、篌竹*P. nidularia* Munro、硬头青竹*P. veitchiana* Rendle、毛金竹*P. nigra* (Lodd. ex Lindl.) Munro var. *henonis* (Mitford) Stapf ex Rendle、拐棍竹*Fargesia robusta* Yi、短锥玉山竹*Yushania brevipaniculata* (Hand.–Mazz.) Yi、笔竿竹*Pseudosasa guanxianensis* Yi、冷箭竹*Bashania faberi* (Rendle) Yi、半耳箬竹*Indocalamus semifalcatus* (H. R. Zhao & Y. L. Yang)Yi等。

b.彭州市：大熊猫主要采食竹种有慈竹、刺黑竹、桂竹、篌竹、彭县刚竹*Phyllostachys sapida* Yi、细枝箭竹*Fargesia stenoclada* Yi、拐棍竹、短锥玉山竹、冷箭竹等。

c.邛崃市：大熊猫主要采食竹种有慈竹、金丝慈竹*Neosinocalamus affinis* 'Viridiflavus'、溪岸方竹*Chimonobambusa rivularis* Yi、篌竹、拐棍竹、短锥玉山竹等。

d.大邑县：大熊猫主要采食竹种有慈竹、桂竹、油竹子*Fargesia angustissima* Yi、拐棍竹、冷箭竹等。

e.崇州市：大熊猫主要采食竹种有孝顺竹*Bambusa multiplex* (Lour.) Raeuschel ex J. A. & J. H. Schult.、黄毛竹、刺竹子*Chimonobambusa pachystachys* Hsueh & Yi、油竹子*Fargesia angustissima* Yi、拐棍竹、短锥玉山竹、冷箭竹、毛粽叶*Indocalamus chongzhouensis* Yi & L.Yang、金竹*Phyllostachys sulphurea* (Carr.) A. & C. Riv. 等。

（2）绵阳市

绵阳市的大熊猫主食竹主要分布于平武、北川、安州3个县（区）。

a.平武县：大熊猫主要采食竹种有钓竹*Drepanostachyum breviligulatum* Yi、毛金竹*Phyllostachys nigra* (Lodd. ex Lindl.) Munro var. *henonis* (Mitford) Stapf ex Rendle、缺苞箭竹*Fargesia denudata* Yi、团竹*F. obliqua*

Yi、青川箭竹 *F. rufa* Yi、糙花箭竹 *F. scabrida* Yi、短锥玉山竹、冷箭竹等。

b.北川县：大熊猫主要采食竹种有油竹子、缺苞箭竹、团竹、青川箭竹、短锥玉山竹、冷箭竹等。

c.安州区：大熊猫主要采食竹种有刺黑竹 *Chimonobambusa neopurpurea* Yi、缺苞箭竹、糙花箭竹、短锥玉山竹等。

（3）乐山市

乐山市的大熊猫主食竹主要分布于沙湾、金口河、峨眉山、峨边、沐川、马边6县（市、区）。

a. 沙湾区：大熊猫主要采食竹种有金竹 *Phyllostachys sulphurea* (Carr.) Riviere、短锥玉山竹、马边玉山竹 *Yushania mabianensis* Yi、三月竹 *Qiongzhuea opienensis* Hsueh & Yi、实竹子 *Q. rigidula* Hsueh & Yi等。

b.金口河区：大熊猫主要采食竹种有八月竹 *Chimonobambusa szechuanensis* (Rendle) Keng f.、羊竹子 *Drepanostachyum saxatile* (Hsueh & Yi) Keng f. ex Yi、冷箭竹、短锥玉山竹等。

c.峨眉山市：大熊猫主要采食竹种有大琴丝竹 *Neosinocalamus affinis* 'Flavidorivens'、刺竹子、八月竹、短锥玉山竹、冷箭竹、峨眉箬竹 *Indocalamus emeiensis* C. D. Chu & C. S. Chao等。

d.峨边县：大熊猫主要采食竹种有八月竹、蜘蛛竹 *Chimonobambusa zhizhuzhu* Yi、泥巴山筇竹 *Qiongzhuea multigemmia* Yi、三月竹、实竹子 *Q. rigidula* Hsueh & Yi、短锥玉山竹、白背玉山竹 *Yushania glauca* Yi & T. L. Long、熊竹 *Y. ailuropodina* Yi、冷箭竹等。

e.沐川县：大熊猫主要采食竹种有八月竹、刺黑竹、三月竹、实竹子、水竹 *Phyllostachys heteroclada* Oliver、毛金竹 *P. nigra* (Lodd. ex Lindl.) Munro var. *henonis* (Mitf.) Stapf ex Rendle、斑苦竹 *Pleioblastus maculatus* (McClure) C.D. Chu & C. S. Chao、沐川玉山竹 *Yushania exilis* Yi和抱鸡竹 *Y. punctulata* Yi等。

f.马边县：大熊猫主要采食竹种有刺竹子 *Chimonobambusa pachystachys* Hsueh & Yi、蜘蛛竹 *Ch. zhizhuzhu* Yi、大叶筇竹 *Qiongzhuea macrophylla* Hsueh & Yi、三月竹、实竹子、筇竹 *Q. tumidinoda* Hsueh & Yi、少花箭竹 *Fargesia pauciflora* (Keng) Yi、熊竹、大风顶玉山竹 *Yushania dafengdingensis* Yi、马边玉山竹、白背玉山竹、笔竿竹 *Pseudosasa guanxianensis* Yi、马边巴山木竹 *Bashania abietina* Yi、峨眉箬竹 *Indocalamus emeiensis* C. D. Chu & C. S. Chao等。

（4）德阳市

德阳市的大熊猫主食竹主要分布于绵竹、什邡2县（市）。

a.绵竹市：大熊猫主要采食竹种有慈竹 *Neosinocalamus affinis* (Rendle) Keng f.、桂竹 *Phyllostachys bambusoides* Sieb. & Zucc.、金竹 *P. sulphurea* (Carr.) A. & C. Riv.、短锥玉山竹 *Yushania brevipaniculata* (Hand.–Mazz.) Yi、笔竿竹等。

b.什邡市：大熊猫主要采食竹种有慈竹、桂竹、细枝箭竹 *Fargesia stenoclada* Yi、糙花箭竹 *F. scabrida* Yi、短锥玉山竹等。

（5）眉山市

眉山市的大熊猫主食竹主要分布于洪雅1个县。

洪雅县：大熊猫主要采食竹种有刺竹子 *Chimonobambusa pachystachys* Hsueh & Yi、八月竹 *Ch. szechuanensis* (Rendle) Keng f.、桂竹、短锥玉山竹、冷箭竹 *Bashania faberi* (Rendle) Yi等。

（6）广元市

广元市的大熊猫主食竹主要分布于青川1个县。

青川县：大熊猫主要采食竹种有缺苞箭竹*Fargesia denudata* Yi、青川箭竹*F. rufa* Yi、糙花箭竹、冷箭竹、巴山木竹*Bashania fargesii* (E. G. Camus) Keng f. & Yi、金竹*Phyllostachys sulphurea* (Carr.) A. & C. Riv.、毛金竹*P. nigra* (Lodd. ex Lindl.) Munro var. *henonis* (Mitford) Stapf ex Rendle、阔叶箬竹*Indocalamus latifolius* (Keng) McClure等。

（7）雅安市

雅安市的大熊猫主食竹主要分布于宝兴、天全、芦山、荥经、石棉5个县。

a.宝兴县：大熊猫主要采食竹种有蓉城竹*Phyllostachys bissetii* McClure、水竹*P. heteroclada* Oliv.、美竹*P. mannii* Gamble、彭县刚竹*P. sapida* Yi、硬头青竹*P. veitchiana* Rendle、毛金竹、短锥玉山竹、宝兴巴山木竹*Bashania baoxingensis* Yi、冷箭竹、峨眉箬竹等。

b.天全县：大熊猫主要采食竹种有天全方竹*Chimonobambusa tianquanensis* Yi、水竹*Phyllostachys heteroclada* Oliv.、毛金竹*P. nigra* (Lodd. ex Lindl.) Munro var. *henonis* (Mitford) Stapf ex Rendle、墨竹*Fargesia incrassata* Yi、短鞭箭竹*F. brevistipedis* Yi、短锥玉山竹、冷箭竹等。

c.芦山县：大熊猫主要采食竹种有水竹、篌竹*P. nidularia* Munro、油竹子*Fargesia angustissima* Yi、毛金竹、短锥玉山竹等。

d.荥经县：大熊猫主要采食竹种有八月竹*Chimonobambusa szechuanensis* (Rendle) Keng f.、泥巴山筇竹*Qiongzhuea multigemmia* Yi、毛金竹、篌竹、短锥玉山竹、金竹等。

e.石棉县：大熊猫主要采食竹种有丰实箭竹*Fargesia ferax* (Keng) Yi、峨热竹*Bashania spanostachya* Yi、空柄玉山竹*Yushania cava* Yi、石棉玉山竹*Y. lineolata* Yi、鄂西玉山竹*Y. confusa* (McClure) Z. P. Wang & G. H. Ye等。

（8）宜宾市

宜宾市的大熊猫主食竹仅分布于屏山县的老君山国家级自然保护区。

屏山县：大熊猫主要采食竹种有冷箭竹、刺竹子*Chimonobambusa pachystachys* Hsueh & Yi、八月竹*Ch. szechuanensis* (Rendle)Keng f.、狭叶方竹*Ch. angustifolia* C. D. Chu & C. S. Chao、刺黑竹*Ch. neopurpurea* Yi、屏山方竹*Ch. pingshanensis* Yi & J. Y. Shi、水竹*Phyllostachys heteroclada* Oliver、白夹竹*P. nidularia* Munro、毛金竹、灰竹*P. nuda* McClure、金竹、苦竹*Pleioblastus amarus* (Keng) Keng f、筇竹*Qiongzhuea tumidinoda* Hsueh & Yi、沐川玉山竹*Yushania exilis* Yi、马边玉山竹*Y. mabianensis* Yi、鄂西玉山竹和屏山玉山竹*Y. pingshanensis* Yi等。

（9）阿坝藏族羌族自治州

阿坝藏族羌族自治州的大熊猫主食竹主要分布于九寨沟、松潘、茂县、汶川、理县、小金、黑水、若尔盖、卧龙等8县1特区：

a.九寨沟县：大熊猫主要采食竹种有缺苞箭竹*Fargesia denudata* Yi、华西箭竹*F. nitida* (Mitford) Keng f. ex Yi、团竹*F. obliqua* Yi、冷箭竹等。

b.松潘县：大熊猫主要采食竹种有缺苞箭竹、华西箭竹、团竹、糙花箭竹*F. scabrida* Yi、冷箭竹

Bashania faberi (Rendle) Yi、金竹等。

c.茂县：大熊猫主要采食竹种有华西箭竹、团竹、青川箭竹*Fargesia rufa* Yi、短锥玉山竹、冷箭竹等。

d.汶川县：大熊猫主要采食竹种有油竹子*Fargesia angustissima* Yi、华西箭竹、拐棍竹*F. robusta* Yi、短锥玉山竹、冷箭竹等。

e.理县：大熊猫主要采食竹种有华西箭竹、拐棍竹、冷箭竹*Bashania faberi* (Rendle) Yi等。

f.小金县：大熊猫主要采食竹种有华西箭竹和短锥玉山竹*Yushania brevipaniculata* (Hand.–Mazz.) Yi 等，数量稀少，多呈小块状分布。

g.黑水县：大熊猫主要采食竹种有华西箭竹、拐棍竹、冷箭竹等。

h.若尔盖县：大熊猫主要采食竹种有华西箭竹、缺苞箭竹*Fargesia denudata* Yi等。

i.卧龙特区：大熊猫主要采食竹种有桂竹*Phyllostachys bambusoides* Sieb. & Zucc.、美竹*P. mannii* Gamble、油竹子*Fargesia angustissima* Yi、华西箭竹、拐棍竹、斑苦竹*Pleioblastus maculatus* (McClure) C. D. Chu & C. S. Chao、冷箭竹、短锥玉山竹等。

（10）凉山彝族自治州

凉山彝族自治州的大熊猫主食竹主要分布于雷波、美姑、冕宁、越西、甘洛等5个县。

a.雷波县：大熊猫主要采食竹种有大叶筇竹*Qiongzhuea macrophylla* Hsueh & Yi、筇竹*Q. tumidinoda* Hsueh & Yi、丰实箭竹*Fargesia ferax* (Keng) Yi、少花箭竹*F. pauciflora* (Keng) Yi、白背玉山竹*Yushania glauca* Yi & T. L. Long、鄂西玉山竹*Y. confusa* (McClure) Z. P. Wang & G. H. Ye、雷波玉山竹*Y. leiboensis* Yi、马边玉山竹*Y. mabianensis* Yi、短锥玉山竹、刺黑竹*Chimonobambusa neopurpurea* Yi等。

b.美姑县：大熊猫主要采食竹种有八月竹*Chimonobambusa szechuanensis* (Rendle) Keng f.、熊竹*Yushania ailuropodina* Yi、短锥玉山竹、大风顶玉山竹*Y. dafengdingensis* Yi、白背玉山竹、斑壳玉山竹*Y. maculata* Yi等。

c.冕宁县：大熊猫主要采食竹种有美竹、岩斑竹*Fargesia canaliculata* Yi、膜鞘箭竹*F. membranacea* Yi、贴毛箭竹*F. adpressa* Yi、清甜箭竹*F. dulcicula* Yi、雅容箭竹*F. elegans* Yi、露舌箭竹*F. exposita* Yi、扫把竹*F. fractiflexa* Yi、丰实箭竹、马骆箭竹*F. maluo* Yi、小叶箭竹*F. parvifolia* Yi、昆明实心竹*F. yunnanensis* Hsueh & Yi、空柄玉山竹*Yushania cava* Yi、石棉玉山竹*Y. lineolata* Yi、斑壳玉山竹、紫花玉山竹*Y. violascens* (Keng) Yi、峨热竹*Bashania spanostachya* Yi等。

d.越西县：大熊猫主要采食竹种有美竹*Phyllostachys mannii* Gamble、丰实箭竹、冷箭竹、石棉玉山竹、短锥玉山竹、斑壳玉山竹等。

e.甘洛县：大熊猫主要采食竹种有美竹、丰实箭竹、冷箭竹、短锥玉山竹、斑壳玉山竹等。

（11）甘孜藏族自治州

甘孜藏族自治州的大熊猫主食竹主要分布于康定、泸定、九龙3个县（市）。

a.康定市：大熊猫主要采食竹种有水竹*Phyllostachys heteroclada* Oliv.、牛麻箭竹*Fargesia emaculata* Yi、丰实箭竹*F. ferax* (Keng) Yi、冷箭竹*Bashania faberi* (Rendle) Yi等。

b.泸定县：大熊猫主要采食竹种有硬头黄竹*Bambusa rigida* Keng & Keng f.、美竹*Phyllostachys mannii* Gamble、扫把竹*Fargesia fractiflexa* Yi、丰实箭竹*F. ferax* (Keng) Yi、短锥玉山竹*Yushania brevipaniculata*

(Hand.–Mazz.) Yi、冷箭竹等。

　　c.九龙县：大熊猫主要采食竹种有岩斑竹*Fargesia canaliculata* Yi、贴毛箭竹*F. adpressa* Yi、九龙箭竹*F. jiulongensis* Yi、丰实箭竹等。

3.3.1.2　陕西省

　　陕西省的野生大熊猫栖息地和潜在栖息地主要分布于秦岭山系中段南坡，在北坡和西段有少量分布，地域跨4市、10县、20多个乡镇，地理位置介于东经105°29′10″～108°36′48″、北纬32°52′31″～34°00′6″之间，东起宁陕县太山庙乡（平梁河国家级自然保护区），西至宁强县青木川镇，南起宁强县青木川镇（青木川国家级自然保护区），北至周至县厚畛子镇（厚畛子林场）。总面积约60.52万hm²。

　　大熊猫主要采食竹类有5属7种，竹林面积约45.1万hm²，约占全国大熊猫主食竹总面积的14.8%。其中，分布面积最大的前3种竹种为秦岭箭竹*Fargesia qinlingensis* Yi、巴山木竹*Bashania fargesii* (E. G. Camus) Keng f. & Yi和龙头箭竹*Fargesia dracocephala* Yi。

　　据张雨曲等（2016）报道，在秦岭中段陕西平河梁国家级自然保护区、长安光头山及柞水牛背梁自然保护区等地，广泛分布有神农箭竹*Fargesia murielae* (Gamble) Yi，该竹是大熊猫在当地高海拔区域的大熊猫主食竹。

（1）汉中市

　　汉中市的大熊猫主食竹主要分布于洋县、佛坪、城固、宁强、留坝等5个县。

　　a.洋县：大熊猫主要采食竹种有秦岭箭竹、龙头箭竹、秦岭木竹*Bashania aristata* Y. Ren, Y. Li & G. D. Dang、巴山木竹、巴山箬竹*Indocalamus bashanensis* (C. D. Chu & C. S. Chao) H. R. Zhao & Y. L. Yang、阔叶箬竹*I. latifolius* (Keng) McClure、金竹*Phyllostachys sulphurea* (Carr.) A. & C. Riv.等。

　　b.佛坪县：大熊猫主要采食竹种有紫耳箭竹*Fargesia decurvata* J. L. Lu、龙头箭竹、秦岭箭竹*F. qinlingensis* Yi、秦岭木竹*Bashania aristata* Y. Ren, Y. Li & G. D. Dang、巴山木竹、巴山箬竹等。

　　c.城固县：大熊猫主要采食竹种有巴山木竹、阔叶箬竹、巴山箬竹等。

　　d.宁强县：大熊猫主要采食竹种有巴山木竹、巴山箬竹、阔叶箬竹等。

　　e.留坝县：大熊猫主要采食竹种有巴山木竹、巴山箬竹、阔叶箬竹等。

（2）西安市

　　西安市的大熊猫主食竹主要分布于周至、户县2个县。

　　a.周至县：大熊猫主要采食竹种有桂竹*Phyllostachys bambusoides* Sieb. & Zucc.、巴山木竹*Bashania fargesii* (E. G. Camus) Keng f. & Yi、巴山箬竹、阔叶箬竹等。

　　b.户县：大熊猫主要采食竹种有巴山木竹、巴山箬竹、阔叶箬竹等。

（3）宝鸡市

　　宝鸡市的大熊猫主食竹主要分布于太白、凤县2个县。

　　a.太白县：大熊猫主要采食竹种有巴山木竹、巴山箬竹、阔叶箬竹等。

　　b.凤县：大熊猫主要采食竹种有巴山木竹、巴山箬竹、阔叶箬竹等。

（4）安康市

　　安康市的大熊猫主食竹主要分布于宁陕1个县。

宁陕县：大熊猫主要采食竹种有巴山木竹、巴山箬竹、阔叶箬竹、金竹*Phyllostachys sulphurea* (Carr.) A. & C. Riv.等。

3.3.1.3 甘肃省

甘肃省的野生大熊猫栖息地和潜在栖息地主要分布于其南部的岷山摩天岭北坡，秦岭山系有少量分布。地域跨2市（州）4县（区）20多个乡镇，地理位置介于东经103°06′55″～105°36′12″、北纬32°35′44″～34°00′36″之间，东起武都区枫相乡，西至迭部县达拉乡，南起文县范坝乡，北至迭部县旺藏乡。总面积约44.41万hm²。

大熊猫主要采食竹类有3属、9种、1变种，竹林面积约24.9万hm²，约占全国大熊猫主食竹总面积的8.2%。其中，分布面积最大的前3种竹种为缺苞箭竹、华西箭竹、青川箭竹*Fargesia rufa* Yi。

（1）陇南市

陇南市的大熊猫主食竹主要分布于文县、武都2个县（区）：

a.文县：大熊猫主要采食竹种有狭叶方竹*Chimonobambusa angustifolia* C. D. Chu & C. S. Chao、桂竹*Phyllostachys bambusoides* Sieb. & Zucc.、毛金竹*P. nigra* (Lodd. ex Lindl.) Munro var. *henonis* (Mitford) Stapf ex Rendle、缺苞箭竹*Fargesia denudata* Yi、龙头箭竹*F. dracocephala* Yi、团竹*F. obliqua* Yi、青川箭竹*F. rufa* Yi、华西箭竹、糙花箭竹*F. scabrida* Yi、巴山木竹等。

b.武都区：大熊猫主要采食竹种有缺苞箭竹、糙花箭竹、青川箭竹、巴山木竹、巴山箬竹*Indocalamus bashanensis* (C. D. Chu & C. S. Chao) H. R. Zhao & Y. L. Yang、阔叶箬竹*I. latifolius* (Keng) McClure等。

（2）甘南藏族自治州

甘南藏族自治州的大熊猫主食竹主要分布于迭部、舟曲2个县。

a.迭部县：大熊猫主要采食竹种有团竹、华西箭竹*F. nitida* (Mitford) Keng f. ex Yi、缺苞箭竹、糙花箭竹、巴山木竹、巴山箬竹、阔叶箬竹等。

b.舟曲县：大熊猫主要采食竹种有华西箭竹、缺苞箭竹、巴山木竹、巴山箬竹、阔叶箬竹等。

3.3.2 大熊猫主食竹的山系分布

大熊猫主食竹的山系分布，主要是指在自然状态下、大熊猫主食竹在不同山系的分布状况，与野生大熊猫栖息地和潜在栖息地的面积分布情况大体一致。

根据全国第四次大熊猫调查报告，目前野生大熊猫的栖息地、潜在栖息地在各主要山系的分布面积状况如表3-3所示。

表3-3　各山系大熊猫栖息地、潜在栖息地面积统计

山系	栖息地面积（hm²）	栖息地比例（%）	潜在栖息地面积（hm²）
秦岭	371915	14.43	276817
岷山	971319	37.70	313468
邛崃山	688759	26.73	98764
大相岭	122869	4.77	32149

（续）

山系	栖息地面积（hm²）	栖息地比例（%）	潜在栖息地面积（hm²）
小相岭	119364	4.63	51852
凉山	302369	11.74	138143
合计	2576595	100.00	911193

注：引自全国第四次大熊猫调查报告。

3.3.2.1 秦岭山系

大熊猫主食竹在秦岭山系，主要分布在山脉中段的南坡，在北坡和西段有少量分布。分布范围包括陕西省城固、佛坪、留坝、宁强、洋县、宁陕、太白、凤县、周至、户县等10个县，以及四川省的青川县和甘肃省的武都区，共计12个县（区）20多个乡镇，地理位置介于东经105°05′32″～108°47′57″、北纬32°50′18″～34°00′18″之间。

秦岭山系的大熊猫主要采食竹种有5属10种，其中，面积最大的竹种为秦岭箭竹*Fargesia qinlingensis* Yi，面积193576hm²，占该山系大熊猫主食竹面积的59.64%；其次为巴山木竹*Bashania fargesii* (E. G. Camus) Keng f. & Yi，面积103589hm²，占该山系大熊猫主食竹面积的31.91%；再次为龙头箭竹*Fargesia dracocephala* Yi，面积11229hm²，占该山系大熊猫主食竹面积的3.46%。

3.3.2.2 岷山山系

岷山山系是我国野生大熊猫的主要分布区。野生大熊猫主食竹在岷山山系的分布范围包括甘肃省的文县、迭部、舟曲3个县20个乡镇和四川省的平武、松潘、北川、青川、茂县、九寨沟、若尔盖、都江堰、安州、彭州、绵竹、什邡等12个县（市）50多个乡镇，共计15个县（市）72个乡镇，地理位置介于东经103°08′24″～105°35′22″、北纬31°04′18″～33°58′28″之间，局部地区（如都江堰）大熊猫主食竹横跨岷山和邛崃山两个山系，为便于统计，此处纳入岷山山系。

岷山山系的大熊猫主要采食竹种有5属17种，其中，面积最大的竹种为缺苞箭竹*Fargesia denudata* Yi，面积431009hm²，占该山系大熊猫主食竹面积的51.86%；其次为青川箭竹*F. rufa* Yi，面积134811hm²、占该山系大熊猫主食竹面积的16.22%；再次为糙花箭竹*F. scabrida* Yi，面积85073hm²，占该山系大熊猫主食竹面积的10.24%

3.3.2.3 邛崃山山系

野生大熊猫主食竹在邛崃山山系的分布范围包括宝兴、卧龙、汶川、邛崃、黑水、天全、芦山、崇州、大邑、荥经、理县、都江堰、康定、小金、泸定等15个县（市、区）的70多个乡镇，地理位置介于东经102°10′48″～103°32′24″、北纬29°38′24″～31°30′36″之间，但主要分布在邛崃山山系中、南段，即卧龙、汶川、宝兴和天全4县（区）境内，北段数量相对较少。

邛崃山山系的大熊猫主要采食竹种有6属18种，其中，面积最大的竹种为冷箭竹*Bashania faberi* (Rendle) Yi，面积297643hm²，占该山系大熊猫主食竹面积的45.93%；其次为短锥玉山竹*Yushania brevipaniculata* (Hand.-Mazz.) Yi，面积105958hm²，占该山系大熊猫主食竹面积的16.35%；再次为拐棍竹*Fargesia robusta* Yi，面积84485hm²，占该山系大熊猫主食竹面积的13.04%。

3.3.2.4　凉山山系

野生大熊猫主食竹在凉山山系的分布范围包括峨边、美姑、雷波、马边、甘洛、越西、屏山、沐川、金口河等9个县（区）的30多个乡镇，地理位置介于东经102°37′12″～103°45′00″、北纬28°12′00″～29°11′24″之间，但主要分布于凉山山系的中部。

凉山山系的大熊猫主要采食竹种有5属15种，其中，面积最大的竹种为斑壳玉山竹*Yushania maculata* Yi，面积48219hm^2，占该山系大熊猫主食竹面积的15.82%；其次为白背玉山竹*Y. glauca* Yi & T. L. Long，面积46026hm^2，占该山系大熊猫主食竹面积的15.10%；再次为三月竹*Qiongzhuea opienensis* Hsueh & Yi，面积38743hm^2，占该山系大熊猫主食竹面积的12.71%。

3.3.2.5　大相岭山系

野生大熊猫主食竹在大相岭山系的分布范围包括雨城、荥经、洪雅、峨眉山、金口河、沙湾等6个县（市、区）的约10个乡镇，地理位置介于东经102°36′00″～103°11′24″、北纬29°22′48″～29°48′00″之间，但主要分布于大相岭山系东北坡，局部地区（如荥经）大熊猫主食竹横跨大相岭和邛崃山两个山系，为便于统计，此处纳入大相岭山系。

大相岭山系的大熊猫主要采食竹种有6属9种，其中，面积最大的竹种为八月竹*Chimonobambusa szechuanensis* (Rendle) Keng f.，面积49979hm^2，占该山系大熊猫主食竹面积的46.42%；其次为冷箭竹*Bashania faberi* (Rendle) Yi，面积25307hm^2，占该山系大熊猫主食竹面积的23.50%；再次为短锥玉山竹*Yushania brevipaniculata* (Hand.–Mazz.) Yi，面积17249hm^2，占该山系大熊猫主食竹面积的16.02%。

3.3.2.6　小相岭山系

野生大熊猫主食竹在小相岭山系的分布范围包括石棉、冕宁、九龙等3个县的7个乡镇，地理位置介于东经101°51′00″～102°33′00″、北纬28°24′36″～29°20′24″之间。

小相岭山系的大熊猫主要采食竹种有3属7种，其中，面积最大的竹种为峨热竹*Bashania spanostachya* Yi，面积43590hm^2，占该山系大熊猫主食竹面积的38.08%；其次为石棉玉山竹*Yushania lineolata* Yi，面积32081hm^2，占该山系大熊猫主食竹面积的28.02%；再次为丰实箭竹*Fargesia ferax* (Keng) Yi，面积14290hm^2，占该山系大熊猫主食竹面积的12.48%。

3.3.3　大熊猫主食竹的分布格局

3.3.3.1　全国大熊猫栖息地的格局

第四次大熊猫调查表明，全国大熊猫栖息地总面积为2576595hm^2，其中四川省大熊猫栖息地总面积2027244hm^2，占78.68%；陕西省大熊猫栖息地总面积为360587hm^2，占13.99%；甘肃省大熊猫栖息地总面积188764hm^2，占7.32%。在六大山系中，栖息地面积最大的是岷山山系，面积为971319hm^2，其后依次为邛崃山山系、秦岭山系、凉山山系、大相岭山系和小相岭山系，面积依次为688759hm^2、371915hm^2、302369hm^2、122869hm^2、119364hm^2（国家林业和草原局，2021）。

由于自然隔离和人为干扰，全国大熊猫栖息地被隔离成33个栖息地斑块。在33个斑块中，面积小于1万hm^{2}的栖息地斑块有9处，面积共45284hm^2，这些小斑块隔离严重，斑块之间由于地形、植被和竹子长势差、人为活动频繁、路网干扰等因素导致连接困难；面积1万～10万hm^{2}的栖息地斑块有16处，面积共

708708hm²；面积大于10万hm²的栖息地斑块有8块，面积共1822603hm²，占全国大熊猫栖息地总面积的70.7%。这8个斑块面积较大，保障了大熊猫栖息地景观的完整性和种群生存的需要，主要分布在岷山山系中北部，邛崃山山系中北部和秦岭山系中部。

在33块大熊猫栖息地斑块中，四川20块、陕西6块、甘肃7块。其中，四川、陕西、甘肃交界处的斑块由三省合并为西秦岭的秦岭F斑块，岷山东北部跨甘肃文县和四川青川、平武县的斑块合并为岷山G斑块。六大山系中，秦岭划分为6个斑块、岷山12个斑块、邛崃山5个斑块、大相岭3个斑块、小相岭2个斑块、凉山5个斑块（表3-4）。其中，全国大熊猫栖息地斑块面积最大的是岷山K，面积为319926hm²，占全国大熊猫栖息地总面积的12.41%；其次是邛崃山C，面积为256779hm²，占全国大熊猫栖息地总面积的9.97%；第三是邛崃山B，面积为255833hm²，占全国大熊猫栖息地总面积的9.93%。栖息地斑块面积小、较破碎的区域为邛崃山E、岷山I、岷山H等斑块。

表3-4　全国大熊猫栖息地斑块、质量统计

斑块名称	栖息地面积（hm²）					山系	省	县
	适宜	较适宜	一般	小计	比例（%）			
秦岭A	10227	8484	2430	21141	0.82	秦岭	陕西	宁陕、镇安
秦岭B	23413	23254	12755	59422	2.31	秦岭	陕西	宁陕、周至、户县
秦岭C	87646	64306	53407	205359	7.97	秦岭	陕西	太白、周至、洋县、佛坪
秦岭D	24844	22832	16425	64101	2.49	秦岭	陕西	太白、留坝、城固、洋县
秦岭E	2696	3966	2385	9047	0.35	秦岭	陕西	太白、留坝
秦岭F	2640	5231	4974	12845	0.50	秦岭	四川、陕西、甘肃	宁强、武都、青川
岷山A	3244	7514	2817	13575	0.53	岷山	甘肃	迭部
岷山B	4894	11646	7341	23881	0.93	岷山	甘肃	迭部
岷山C	9939	8580	1989	20508	0.80	岷山	甘肃	舟曲
岷山D	1723	3291	586	5600	0.22	岷山	甘肃	舟曲
岷山E	4449	3274	1616	9339	0.36	岷山	甘肃	舟曲
岷山F	1181	1973	453	3607	0.14	岷山	甘肃	文县
岷山G	152188	43234	27376	222797	8.65	岷山	甘肃、四川	文县、九寨沟、平武、青川
岷山H	0	0	3406	3406	0.13	岷山	四川	九寨沟
岷山I	0	0	3369	3369	0.13	岷山	四川	九寨沟
岷山J	103971	20123	84818	208912	8.11	岷山	四川	九寨沟、平武、松潘
岷山K	242881	38174	38871	319926	12.42	岷山	四川	北川、茂县、平武、松潘
岷山L	23549	26853	85996	136399	5.29	岷山	四川	安县、北川、都江堰、茂县、绵竹、彭州、什邡、汶川
邛崃山A	55467	4940	33969	94376	3.66	邛崃山	四川	理县、汶川

斑块名称	栖息地面积（hm²）					山系	省	县
	适宜	较适宜	一般	小计	比例（%）			
邛崃山B	217386	14749	23699	255833	9.93	邛崃山	四川	宝兴、崇州、大邑、都江堰、芦山、邛崃、汶川
邛崃山C	200637	15612	40530	256779	9.97	邛崃山	四川	宝兴、康定、泸定、天全
邛崃山D	39484	6773	33786	80044	3.11	邛崃山	四川	泸定、天全、荥经
邛崃山E	0	0	1727	1727	0.07	邛崃山	四川	小金
大相岭A	4961	6472	9141	20575	0.80	大相岭	四川	汉源、荥经
大相岭B	38629	28507	30781	97916	3.80	大相岭	四川	峨眉山、汉源、洪雅、金口河、荥经
大相岭C	1318	1315	1745	4378	0.17	大相岭	四川	峨眉山、沙湾
小相岭A	14104	6401	23726	44231	1.72	小相岭	四川	甘洛、石棉、越西
小相岭B	21584	14685	38864	75133	2.92	小相岭	四川	九龙、冕宁、石棉
凉山A	95617	26174	94807	216597	8.41	凉山	四川	峨边、甘洛、金口河、马边、美姑、越西
凉山B	34930	7956	9955	52841	2.05	凉山	四川	雷波、马边、美姑
凉山C	2774	5402	9184	17360	0.67	凉山	四川	雷波
凉山D	4308	1467	4984	10759	0.42	凉山	四川	雷波
凉山E	1649	919	2244	4812	0.19	凉山	四川	屏山

注：引自全国第四次大熊猫调查报告。

3.3.3.2 各省大熊猫栖息地的格局（国家林业和草原局，2021）

（1）四川省

四川省大熊猫栖息地总面积为2027244hm²，由于自然隔离和人为干扰，四川省大熊猫栖息地共分为22个栖息地斑块（表3-4）。其中，大熊猫栖息地斑块面积最大的是岷山K，面积为319926hm²，占四川省大熊猫栖息地总面积15.78%；其次是邛崃山C，面积为256779hm²，占四川省大熊猫栖息地总面积12.67%；第三是邛崃山B，面积为255833hm²，占四川省大熊猫栖息地总面积12.62%；栖息地斑块面积小、较破碎的区域是邛崃山E。

（2）陕西省

陕西省大熊猫栖息地总面积为360587hm²，由于自然隔离和人为干扰，陕西省大熊猫栖息地共分为6个栖息地斑块（表3-4）。其中，大熊猫栖息地斑块面积最大的是秦岭C，面积为205359hm²，占陕西省大熊猫栖息地总面积的56.95%；其次是秦岭D，面积为64101hm²，占陕西省大熊猫栖息地总面积的17.78%；第三是秦岭B，面积为59422hm²，占陕西省大熊猫栖息地总面积的16.47%；栖息地斑块面积小、较破碎的区域是太白河，包括秦岭E。

（3）甘肃省

甘肃省大熊猫栖息地总面积为188764hm²，由于自然隔离和人为干扰，甘肃省大熊猫栖息地共分为8个栖息地斑块（表3-4）。其中，大熊猫栖息地斑块面积最大的是岷山G斑块（甘肃部分），面积为105510hm²，占甘肃省大熊猫栖息地总面积的55.90%；其次是岷山B斑块，面积为23381hm²，占甘肃省大熊猫栖息地面积的12.65%；第三是岷山C斑块，面积为20489hm²，占甘肃省大熊猫栖息地总面积的10.85%。

3.3.3.3 各山系大熊猫栖息地的格局

（1）秦岭山系

秦岭山系大熊猫栖息地面积为371915hm²，由于自然隔离和人为干扰，秦岭山系大熊猫栖息地共分为6个斑块（表3-4）。其中秦岭C斑块大熊猫栖息地完整程度高，栖息地质量较好，面积为205359hm²，占秦岭山系大熊猫栖息地面积的55.22%，主要分布于秦岭山系太白、周至、洋县、佛坪区域；其次为秦岭D斑块，面积为64101hm²，占秦岭山系大熊猫栖息地面积的17.24%。

（2）岷山山系

岷山山系大熊猫栖息地面积为971319hm²，由于自然隔离和人为干扰，岷山山系大熊猫栖息地共分为12个斑块（表3-4）。其中岷山K斑块大熊猫栖息地完整程度高，栖息地质量较好，面积为319926hm²，占岷山山系大熊猫栖息地面积的32.94%，主要分布于岷山山系的北川、茂县、平武、松潘等区域；其次为岷山J斑块，面积为208912hm²，占岷山山系大熊猫栖息地面积的21.51%。

（3）邛崃山山系

邛崃山山系大熊猫栖息地面积为688759hm²，由于自然隔离和人为干扰，邛崃山山系大熊猫栖息地共分为5个斑块（表3-4）。其中邛崃山C斑块大熊猫栖息地完整程度相对较高，栖息地质量较好，面积为256779hm²，占邛崃山山系大熊猫栖息地面积的37.28%，主要分布于邛崃山山系的宝兴、康定、泸定、天全；其次为邛崃山B斑块，面积为255833hm²，占邛崃山山系大熊猫栖息地面积的37.14%。

（4）大相岭山系

大相岭山系大熊猫栖息地面积为122869hm²，由于自然隔离和人为干扰，大相岭山系大熊猫栖息地共分为3个斑块（表3-4）。其中大相岭B斑块大熊猫栖息地完整程度高，栖息地质量较好，面积为97916hm²，占大相岭山系大熊猫栖息地面积的79.69%，主要分布于峨眉山、汉源、洪雅、金口河、荥经等区域；其次为大相岭A斑块，面积为20575hm²，占大相岭山系大熊猫栖息地面积的16.75%；大相岭C斑块栖息地破碎化较为严重，其内部斑块数目多、平均斑块面积较小。

（5）小相岭山系

小相岭山系大熊猫栖息地面积为119364hm²，由于自然隔离和人为干扰，小相岭山系大熊猫栖息地共分为2个斑块（表3-4）。其中小相岭B斑块大熊猫栖息地完整程度高，栖息地质量较好，面积75133hm²，占小相岭山系大熊猫栖息地面积的62.94%，主要分布于小相岭山系的九龙、冕宁、石棉等区域；其次为小相岭A斑块，面积为44231hm²，占小相岭山系大熊猫栖息地面积的37.06%。

（6）凉山山系

凉山山系大熊猫栖息地面积302369hm²，由于自然隔离和人为干扰，凉山山系大熊猫栖息地共分为5个斑块（表3-4）。其中凉山A斑块大熊猫栖息地完整程度高，栖息地质量较好，面积为216597hm²，占凉山大熊猫栖息地面积的71.63%，主要分布于凉山山系的峨边、甘洛、金口河、马边、美姑、雷波区域；其次为凉山B斑块，面积为52841hm²，占凉山大熊猫栖息地面积的17.48%。

3.3.3.4 大熊猫主食竹的分布规律

大熊猫主食竹的分布状态，与大熊猫栖息地的分布格局大体一致，只是呈现以下一些基本规律：

大熊猫主食竹的分布面积，总体大于大熊猫栖息地的面积；

大熊猫栖息地外的竹子斑块化程度，总体高于大熊猫栖息地内的竹子斑块化程度；

大熊猫主食竹的种类数量，总体多于大熊猫栖息地内竹子的种类数量；

大熊猫栖息地内的竹子质量，整体好于栖息地外的大熊猫主食竹质量；

大熊猫栖息地内竹子的受干扰程度，整体好于栖息地外的竹子受干扰程度。

3.3.4 主要野生大熊猫食竹分布

根据全国第四次大熊猫调查结果，全国各地大熊猫栖息地中的主要野生大熊猫食用竹种大约有37种，分布于四川、陕西、甘肃三省的秦岭、岷山、邛崃山、大相岭、小相岭和凉山六大山系（表3-5）。

表3-5 全国主要野生大熊猫主食竹种面积分布一览表　　hm²

| 序号 | 竹种 | 四川 | | | | | | 陕西 | 甘肃 | |
		秦岭	岷山	邛崃山	大相岭	小相岭	凉山	秦岭	岷山	秦岭
1	巴山木竹	481	499					50328	923	261
2	峨热竹					5644	8546			
3	冷箭竹			30450	9690	20403	7545			
4	慈竹				953					
5	刺黑竹						33			
6	刺竹子						1269			
7	白夹竹				1597		4328			
8	石绿竹								43	
9	毛金竹								1905	
10	八月竹				8405		49447			
11	糙花箭竹	3916	6606						2733	349
12	丰实箭竹			7988		16813	4025			
13	拐棍竹			566						
14	华西箭竹		16479	12009				9191	51319	
15	龙头箭竹							1784	6641	322
16	九龙箭竹			2580		8258				
17	秦岭箭竹							69408		
18	牛麻箭竹			687		1091				
19	青川箭竹		3091						11604	2876
20	缺苞箭竹	1088	53593						38910	2015
21	少花箭竹						655			

3
大熊猫主食竹的分布

069

（续）

| 序号 | 竹种 | 四川 | | | | | | 陕西 | 甘肃 | |
		秦岭	岷山	邛崃山	大相岭	小相岭	凉山	秦岭	岷山	秦岭
22	团竹			1884						
23	斑竹						287			
24	金竹		512			3798		936		
25	大叶筇竹						4401			
26	筇竹						35903			
27	三月竹				104	2008	18132			
28	实竹子						5815			
29	白背玉山竹				2442	2278	28171			
30	斑壳玉山竹					3148				
31	大风顶玉山竹						13228			
32	短锥玉山竹			215	5397		6324			
33	马边玉山竹						5088			
34	石棉玉山竹			91	5072	12817	13793			
35	熊竹						3324			
36	阔叶箬竹							4076		
37	扫把竹					854				

注：引自全国第四次大熊猫调查报告。

4

大熊猫主食竹的
耐寒区位区划

────

到目前为止，可确认为大熊猫主食竹的竹类植物总共有16属、107种、1变种、19栽培品种，计127种及种下分类群。其中：簕竹属*Bambusa* Retz. corr. Schreber 4种、4栽培品种，巴山木竹属*Bashania* Keng f. & Yi 6种，方竹属*Chimonobambusa* Makino 9种、4栽培品种，绿竹属*Dendrocalamopsis* (Chia & H. L. Fung) Keng f. 2种，牡竹属*Dendrocalamus* Nees 3种，镰序竹属*Drepanostachyum* Keng f. 2种，箭竹属*Fargesia* Franch. emend. Yi 29种，箬竹属*Indocalamus* Nakai 6种，月月竹属*Menstruocalamus* Yi 1种，慈竹属*Neosinocalamus* Keng f. 1种、3栽培品种，刚竹属*Phyllostachys* Sieb. & Zucc. 23种、1变种、8栽培品种，苦竹属*Pleioblastus* Nakai 3种，茶秆竹属*Pseudosasa* Makino ex Nakai 1种，筇竹属*Qiongzhuea* Hsueh & Yi 5种，唐竹属*Sinobambusa* Makino ex Nakai 1种，玉山竹属*Yushania* Keng f. 11种。在所有这些大熊猫主食竹中，可归为野生大熊猫主食竹的有13属、79种、1变种、5栽培品种；可归为圈养大熊猫主食竹的有11属、53种、1变种、14栽培品种。当然，两者相当部分的属种有重复现象。需要说明的是，这里主要汇集了在中国有分布、且比较常用的大熊猫主食竹，而不包括国外动物园借展大熊猫期间临时使用的竹子（史军义等，2021）。

竹子的生长受温度的制约，温度的高低变化在很大程度上影响了竹子的分布，进而影响了大熊猫的分布。

4.1 区划目的

温度是所有动植物生存和生活的重要条件。低温是所有动植物可否生存的限制性因子。

大熊猫十分珍贵，保护工作十分重要，社会关注、政府重视势在必行。但是，在整个大熊猫保护的系统工程中，大熊猫栖息地的保护当是其重要基础。而在大熊猫栖息地的保护中，大熊猫主食竹的资源保护、数量稳定、质量保证和可持续发展，既是其中的关键性环节，也是专家、学者开展大熊猫主食竹研究的重要意义所在。进行大熊猫主食竹的耐寒区位区划，就是为了在生产实践中，为大熊猫主食竹的引种、培育和造林提供参考，从而达到降低生产成本、提高大熊猫主食竹引种栽培成功率之目的。

4.2 区划依据

中国科学院地理科学与资源研究所根据历年积累的气象资料数据，将全国范围内的1月平均最低气温相同的区域划分为一个气温区，并绘制出了全国最低气温区分布图。该图兼顾了植物对于环境温度的适应性、温区划分的可表达性和实施应用的可操作性，将2～7区、9～11区的温度间距均设定为6℃；而在两者之间，植物与环境关系状态相对复杂的8区，温度间距设定为4℃；将1月平均最低气温低于–18 ℃、植物完全无法生存的区域，全部区划为1区；将1月平均最低气温高于16℃、植物较难生长的区域，全部区划为12区（马丽莎等，2011）。

在自然界，对应于任何一个温区，都必然有适应于这个温区的植物种类。据此，马丽莎等于2011年编制出了《中国竹亚科植物的耐寒区位区划》。因此，从理论上讲，在自然状态下，每一种大熊猫主食竹，通常也只能在它所适应的温区范围内生存。2014年，史军义等又在《浙江林业科技》上发表了《大熊猫主食竹的耐寒区位区划》一文，从而为大熊猫主食竹的异地引种栽培，提供了更具针对性的科学依据。也就是说，按照该耐寒区位区划结果，若将某种大熊猫主食竹从A地引到B地种植，如果两地的气温接近，则引种的成功率也会相对较高。

4.3 区划说明

大熊猫主食竹的耐寒区位区划，参照《中国竹亚科植物的耐寒区位区划》中对中国竹类植物耐寒区位的区划方法，区划大熊猫主食竹每个区位的温区范围为4～6℃。1～5区温度过于寒冷，1月平均最低温度低于–18℃，而11～12温区温度又太高，1月平均最低温度高于10℃，因此均不适于大熊猫主食竹的生长。孝顺竹*Bambusa multiplex* (Lour.) Raeuschel ex J. A. & J. H. Schult.在8～10温区均能正常生长，说明它可以适应1月平均最低温度是–2～10℃的区域；7区属于暖温带半湿润季风气候区，其1月平均最低温度在 –12～–6℃，表明该区位内生长的大熊猫主食竹能够适应1月平均最低温度在–12～–6℃的相对寒冷的温度范围，如华西箭竹*Fargesia nitida* (Mitford) Keng f. ex Yi。9区1月平均最低温度在–2～4℃，天气凉爽、空气湿润、是大熊猫主食竹种类最丰富、分布面积最广阔的区域，也是大熊猫的重要活动区域。

4.4 区划结果

4.4.1 竹属耐寒区位区划结果

大熊猫主食竹各属的耐寒区位区划结果见表4–1（史军义等，2014）。

表4–1 大熊猫主食竹各属耐寒区位一览表

区位	1月平均最低气温	竹属名	竹种数
1~5区	<–18 ℃	无大熊猫主食竹的自然分布	0种
6区	–18～–12 ℃	巴山木竹属*Bashania* Keng f. & Yi 箭竹属*Fargesia* Franch. emend. Yi 箬竹属*Indocalamus* Nakai	4种
7区	≥–12～–6 ℃	巴山木竹属 箭竹属 箬竹属 刚竹属*Phyllostachys* Sieb. & Zucc.	15种 1变种 3品种
8区	≥–6～–2 ℃	簕竹属*Bambusa* Retz. corr. Schreber 巴山木竹属*Bashania* Keng f. & Yi 方竹属*Chimonobambusa* Makino 箭竹属 箬竹属 刚竹属 苦竹属*Pleioblastus* Nakai	39种 1变种 10品种
9区	≥–2～4 ℃	簕竹属 巴山木竹属 方竹属 绿竹属*Dendrocalamopsis* (Chia & H. L. Fung) Keng f. 镰序竹属*Drepanostachyum* Keng f. 箭竹属 箬竹属 月月竹属*Menstruocalamus* Yi 慈竹属*Neosinocalamus* Keng f. 刚竹属 苦竹属 茶秆竹属*Pseudosasa* Makino ex Nakai 筇竹属*Qiongzhuea* Hsueh & Yi 唐竹属*Sinobambusa* Makino ex Nakai 玉山竹属*Yushania* Keng f.	91种 1变种 11品种

（续）

区位	1月平均最低气温	竹属名	竹种数
10区	≥4～10℃	箣竹属 方竹属 绿竹属 牡竹属 *Dendrocalamus* Nees 刚竹属 苦竹属 唐竹属 箬竹属	18种 1变种 5品种
11区	≥10～16℃	箣竹属 绿竹属 牡竹属 刚竹属	5种 1品种
12区	>16℃	牡竹属	1种

4.4.2 竹种耐寒区位区划结果

1～5区：该区包括中国整个东北及华北和西北的绝大部分地区，温度极端寒冷，气候干旱，完全不适合竹类植物的生存，因而无大熊猫主食竹的自然分布。

6区：该区主要包括中国的陕西、甘肃、宁夏、西藏及四川的部分地区，温度寒冷，气候干旱，竹类植物分布较少，大熊猫主食竹仅有3属、4种，即箭竹属的缺苞箭竹 *Fargesia denudata* Yi、华西箭竹 *F. nitida* (Mitford) Keng f. ex Yi，巴山木竹属的巴山木竹 *Bashania fargesii* (E. G. Camus) Keng f. & Yi，箬竹属的巴山箬竹 *Indocalamus bashanensis* (C. D. Chu & C. S. Chao) H. R. Zhao & Y. L. Yang。

7区：该区主要包括中国的陕西、甘肃、西藏、四川、河南、河北、山东的部分地区，温度相对寒冷，气候相对干旱，竹类植物分布不多，大熊猫主食竹仅在四川、陕西、甘肃气候相对寒冷的极小区域有分布，只有4属、14种、1变种、3栽培品种，即刚竹属的罗汉竹 *Phyllostachys aurea* Carr. ex A. & C. Riv.、黄槽竹 *P. aureosulcata* McClure、黄秆京竹 *P. aureosulcata* 'Aureocaulis'、金镶玉竹 *P. aureosulcata* 'Spectabilis'、桂竹 *P. bambusoides* Sieb. & Zucc.、淡竹 *P. glauca* McClure、美竹 *P. mannii* Gamble、紫竹 *P. nigra* (Lodd. ex Lindl.) Munro、毛金竹 *P. nigra* var. *henonis* (Mitford) Stapf ex Rendle、早园竹 *P. propinqua* McClure、刚竹 *P. sulphurea* 'Viridis'、乌哺鸡竹 *Phyllostachys vivax* McClur，箭竹属的缺苞箭竹、华西箭竹、糙花箭竹 *Fargesia scabrida* Yi，巴山木竹属的巴山木竹，箬竹属的巴山箬竹、阔叶箬竹 *Indocalamus latifolius* (Keng) McClure。

8区：该区主要包括中国的陕西、甘肃、西藏、四川、河南、河北、山东的部分地区，温度相对寒冷，气候相对干旱，竹类植物分布较少，大熊猫主食竹仅在四川、陕西、甘肃气候相对凉爽的局部地区有分布，共有7属39种、1变种、8栽培品种，即箣竹属的孝顺竹 *Bambusa multiplex* (Lour.) Raeuschel ex J. A. & J. H. Schult.、小琴丝竹 *B. multiplex* 'Alphonse Karr'、凤尾竹 *B. multiplex* 'Fernleaf'，刚竹属的罗汉竹、黄槽竹、黄秆京竹、金镶玉竹、白哺鸡竹 *Phyllostachys dulcis* McClure、桂竹、毛竹 *P. edulis* (Carr.) H. de Leh.、龟甲竹 *P. edulis* 'Kikko-chiku'、淡竹、水竹 *P. heteroclada* Oliv.、紫竹、毛金竹、美竹、篌竹（白夹竹）*P. nidularia* Munro、黑秆篌竹 *P. nidularia* 'Heigan Houzhu'、花篌竹 *P. nidularia* 'Huahouzhu'、灰竹 *P. nuda* McClure、早园竹、红边竹 *P. rubromarginata* McClure、金竹 *P. sulphurea* (Carr.) A. & C. Riv.、刚竹、乌竹 *P. varioauriculata* S. C. Li & S. H. Wu、早竹 *P. violascens* (Carr.) A. & C. Riv.、雷竹 *P. violascens* 'Prevernalis'、粉绿竹 *P. viridiglaucescens* (Carr.) A. &

C. Riv.、乌哺鸡竹、黄秆乌哺鸡竹 *P. vivax* 'Aureocaulis'，方竹属的狭叶方竹 *Chimonobambusa angustifolia* C. D. Chu & C. S. Chao，箭竹属的岩斑竹 *Fargesia canaliculata* Yi、扫把竹 *F. fractiflexa* Yi、墨竹 *F. incrassata* Yi、神农箭竹 *F. murielae* (Gamble) Yi、团竹 *F. obliqua* Yi、秦岭箭竹 *F. qinlingensis* Yi & J. X. Shao、糙花箭竹、九龙箭竹 *F. jiulongensis* Yi、龙头箭竹 *F. dracocephala* Yi、昆明实心竹 *F. yunnanensis* Hsueh & Yi、牛麻箭竹 *F. emaculata* Yi，苦竹属的苦竹 *Pleioblastus amarus* (Keng) Keng f.、斑苦竹 *P. maculatus* (McClure) C. D. Chu & C. S. Chao、油苦竹 *P. oleosus* Wen，巴山木竹属的巴山木竹、秦岭木竹 *Bashania aristata* Y. Ren, Y. Li & G. D. Dang，箬竹属的巴山箬竹、阔叶箬竹、箬叶竹 *Indocalamus longiauritus* Hand.–Mazz.。

9区：该区主要包括中国的四川、陕西、甘肃、西藏、云南、重庆、贵州、浙江、江苏、湖南、湖北、江西、福建的大部分区域，温度相对温和，气候相对湿润，适合大多数竹类植物的生长，大熊猫主食竹主要分布在这一区域的四川、陕西和甘肃等省，包含了大熊猫主食竹15个属的91种、1变种、11栽培品种，即箣竹属的孝顺竹、小琴丝竹、凤尾竹、硬头黄竹 *Bambusa rigida* Keng & Keng f.，绿竹属的绿竹 *Dendrocalamopsis oldhami* (Munro) Keng f.，慈竹属的慈竹 *Neosinocalamus affinis* (Rendle) Keng f.、黄毛竹 *N. affinis* 'Chrysotrichus'、大琴丝竹 *N. affinis* 'Flavidorivens'、金丝慈竹 *N. affinis* 'Viridiflavus'，方竹属的狭叶方竹、刺黑竹 *Chimonobambusa neopurpurea* Yi、都江堰方竹 *C. neopurpurea* 'Dujiangyan Fangzhu'、条纹刺黑竹 *C. neopurpurea* 'Lineata'、紫玉 *C. neopurpurea* 'Ziyu'、刺竹子 *C. pachystachys* Hsueh & Yi、方竹 *C. quadrangularis* (Fenzi) Makino、青城翠 *C. quadrangularis* 'Qingchengcui'、溪岸方竹 *C. rivularis* Yi、八月竹 *C. szechuanensis* (Rendle) Keng f.、天全方竹 *C. Tianquanensis* Yi、金佛山方竹 *C. utilis* (Keng) Keng f.、蜘蛛竹 *C. zhizhuzhu* Yi，筇竹属的大叶筇竹 *Qiongzhuea macrophylla* Hsueh & Yi、泥巴山筇竹 *Q. multigemmia* Yi、三月竹 *Q. opienensis* Hsueh & Yi、实竹子 *Q. rigidula* Hsueh & Yi、筇竹 *Q. tumidinoda* Hsueh & Yi，刚竹属的罗汉竹、黄槽竹、黄秆京竹、金镶玉竹、桂竹、毛竹、龟甲竹、淡竹、水竹、台湾桂竹 *Phyllostachys makinoi* Hayata、蓉城竹 *P. bissetii* McClure、紫竹、毛金竹、美竹、灰竹、彭县刚竹 *P. Sapida* Yi、篌竹（白夹竹）、早园竹、红边竹、金竹、刚竹、硬头青竹 *P. veitchiana* Rendle、早竹、雷竹、乌哺鸡竹，唐竹属的唐竹 *Sinobambusa tootsik* (Sieb.) Makino，镰序竹属的钓竹 *Drepanostachyum breviligulatum* Yi、羊竹子 *D. saxatile* (Hsueh & Yi) Keng f. ex Yi，箭竹属的扫把竹、膜鞘箭竹 *Fargesia membranacea* Yi、细枝箭竹 *F. stenoclada* Yi、油竹子 *F. angustissima* Yi、贴毛箭竹 *F. adpressa* Yi、马骆箭竹 *F. maluo* Yi、雅容箭竹 *F. elegans* Yi、青川箭竹 *F. rufa* Yi、丰实箭竹 *F. ferax* (Keng) Yi、清甜箭竹 *F. dulcicula* Yi、短鞭箭竹 *F. brevistipedis* Yi、紫耳箭竹 *F. decurvata* J. L. Lu、拐棍竹 *F. robusta* Yi、龙头箭竹、露舌箭竹 *F. exposita* Yi、小叶箭竹 *F. parvifolia* Yi、少花箭竹 *F. pauciflora* (Keng) Yi、昆明实心竹，玉山竹属的熊竹 *Yushania ailuropodina* Yi、短锥玉山竹 *Y. brevipaniculata* (Hand.–Mazz.) Yi、空柄玉山竹 *Y. cava* Yi、白背玉山竹 *Y. glauca* Yi & T. L. Long、石棉玉山竹 *Y. lineolata* Yi、斑壳玉山竹 *Y. maculata* Yi、紫花玉山竹 *Y. violascens* (Keng) Yi、鄂西玉山竹 *Y. confusa* (McClure) Z. P. Wang & G. H. Ye、大风顶玉山竹 *Y. dafengdingensis* Yi、雷波玉山竹 *Y. leiboensis* Yi、马边玉山竹 *Y. mabianensis* Yi，月月竹属的月月竹 *Menstruocalamus sichuanensis* (Yi) Yi，茶秆竹的笔竿竹 *Pseudosasa guanxianensis* Yi，苦竹属的苦竹、斑苦竹、油苦竹，巴山木竹属的宝兴巴山木竹 *Bashania baoxingensis* Yi、秦岭木竹、巴山木竹、峨热竹 *B. spanostachya* Yi、冷箭竹 *B. faberi* (Rendle) Yi、马边巴山木竹 *B. abietina* Yi & L.Yang，箬竹属的巴山箬竹、毛棕叶 *Indocalamus chongzhouensis* Yi & L.Yang、峨眉箬竹 *I. emeiensis* C. D. Chu & C. S. Chao、阔叶

箬竹、箬叶竹*I. longiauritus* Hand.–Mazz.、半耳箬竹*I. semifalcatus* (H. R. Zhao & Y. L. Yang) Yi。

10区：该区主要包括中国的广东、广西、海南、台湾、香港、澳门以及西藏和云南的部分区域，气候温暖潮湿，适合大多数竹类植物的生长，但不适合大熊猫的生存，因此，这一区域虽有大熊猫主食竹的分布但却没有大熊猫的分布。该区亦有大熊猫主食竹8属18种、1变种、5栽培品种，即箣竹属的孝顺竹、小琴丝竹、凤尾竹、硬头黄竹、佛肚竹*Bambusa ventricosa* McClure、龙头竹*B. vulgaris* Schrader ex Wendland、黄金间碧竹*B. vulgaris* 'Vittata'、大佛肚竹*B. vulgaris* 'Wamin'，方竹属的方竹，绿竹属的绿竹、吊丝单*Dendrocalamopsis vario–striata* (W. T. Lin) Keng f.，牡竹属的麻竹*Dendrocalamus latiflorus* Munro、勃氏甜龙竹*D. brandisii* (Munro) Kurz、马来甜龙竹*D. asper* (J. A. & J. H. Schult.) Backer ex Heyne，刚竹属的毛竹、龟甲竹、台湾桂竹、紫竹、毛金竹、灰竹、红边竹，唐竹属的唐竹，苦竹属的斑苦竹和箬竹属的箬叶竹。

11区：该区主要包括中国的广东、广西、海南、台湾的局部区域，气温较高，湿度较大，气候较炎热，该区的竹类植物主要为丛生竹，大部分散生竹生长不好或不能存活，因而也就不适合大熊猫主食竹的生长，目前仅发现箣竹属的大佛肚竹、绿竹属的绿竹、牡竹属的麻竹、勃氏甜龙竹和马来甜龙竹和刚竹属的轿杠竹等6种竹子，被用于饲喂圈养的大熊猫。

12区：该区主要包括中国广东、海南、香港等少数高温高湿地带，虽然有部分热带型丛生竹类植物生长，但却不适合大熊猫（包括野生和圈养）主食竹的生存，因而仅见有牡竹属的马来甜龙竹1种竹子用于饲喂圈养的大熊猫。

4.5　小结

通过对大熊猫主食竹的耐寒区位区划，呈现以下基本规律：

4.5.1　大熊猫主食竹在各温区的适应性

（1）在1～5区，也就是1月平均最低气温低于−18 ℃的区域，大熊猫主食竹完全不能生存。

（2）只有在1月平均最低气温高于−18 ℃的6、7、8、9、10、11、12区，大熊猫主食竹才能生长。

（3）大熊猫主食竹的相对理想的生长温区排序依次是：9区、8区、10区、7区。

（4）9区是全部大熊猫主食竹最理想的生长温区，有15个属的大多数种类都能在第9温区正常生长。在大熊猫所取食的127种及种下分类群中，有约100个分类群可以生长，占大熊猫主食竹分类群的88.5%；其次是8区，有35种、4栽培品种，占大熊猫主食竹分类群的34.5%。

（5）6区因其温度寒冷，气候干旱，竹类植物分布较少，仅有少数几个特别耐寒的大熊猫主食竹能够生长。

（6）在11～12区，也就是当1月的平均最低温度＞10℃时，由于气温高，湿度大，气候炎热，虽然适合部分竹类植物的生长，但却不适合多数大熊猫主食竹的生存，但是为了降低成本，只能就近选择一些耐热型竹子，根据大熊猫的喜食程度，取其相对适合者用于饲喂圈养的大熊猫。

4.5.2　大熊猫主食竹属的温区分布规律

大熊猫主食竹属温区分布情况见表4–2。

表4-2　大熊猫主食竹属温区分布一览表

序号	竹属	1~5区	6区	7区	8区	9区	10区	11区	12区
1	箣竹属				√	√	√	√	
2	巴山木竹属		√	√	√	√			
3	方竹属				√	√	√		
4	绿竹属					√	√	√	
5	牡竹属						√	√	√
6	镰序竹属					√			
7	箭竹属		√	√	√	√			
8	箬竹属		√	√	√	√	√		
9	月月竹属					√			
10	慈竹属					√			
11	刚竹属			√	√	√	√	√	
12	苦竹属				√	√	√		
13	茶秆竹属					√			
14	笻竹属					√			
15	唐竹属					√	√		
16	玉山竹属					√			

大熊猫主食竹属的温区分布呈现以下规律：

（1）1~5区，没有大熊猫主食竹。

（2）温区跨度最大（5个温区）的大熊猫主食竹竹属有2个：即刚竹属跨7区、8区、9区、10区和11区；箬竹属跨6区、7区、8区、9区和10区。

（3）温区跨度为4个温区的大熊猫主食竹竹属有3个：即箣竹属跨8区、9区、10区、11区；巴山木竹属跨6区、7区、8区和9区；箭竹属跨6区、7区、8区和9区。

（4）温区跨度为3个温区的大熊猫主食竹竹属有4个：即方竹属跨8区、9区和10区；绿竹属跨9区、10区和11区；牡竹属跨10区、11区和12区；苦竹属跨8区、9区和10区。

（5）温区跨度为2个温区的大熊猫主食竹竹属仅有1个：即唐竹属跨9区和10区。

（6）温区跨度仅为1个温区的大熊猫主食竹的竹属数量最多，有6个：即镰序竹属、箬竹属、慈竹属、茶秆竹属、笻竹属、玉山竹属。

（7）在所有温区中，大熊猫主食竹属数量分布最多的是9区，有15个竹属，即箣竹属、巴山木竹属、方竹属、绿竹属、镰序竹属、箭竹属、箬竹属、月月竹属、慈竹属、刚竹属、苦竹属、茶秆竹属、笻竹属、唐竹属和玉山竹属。

（8）在有竹子分布的温区中，大熊猫主食竹属数量分布最少的是12区，仅有1个竹属，即牡竹属。

4.5.3　大熊猫主食竹种的温区分布规律

大熊猫主食竹种的温区分布呈现以下规律：

（1）跨度达到4个温区的大熊猫主食竹，竹种数量最少，只有2种、1变种，即巴山木竹、巴山箬竹和毛金竹。

（2）跨度达到3个温区的大熊猫主食竹，竹种数量次少，有15种、6栽培品种，即孝顺竹、小琴丝竹、凤尾竹、绿竹、罗汉竹、黄槽竹、黄秆京竹、金镶玉竹、毛竹、龟甲竹、淡竹、桂竹、紫竹、红边竹、灰竹、美竹、刚竹、苦竹、油苦竹、阔叶箬竹、马来甜龙竹。

（3）跨度达到2个温区的大熊猫主食竹，竹种数量次多，有21种、2栽培品种，即硬头黄竹、大佛肚竹、麻竹、勃氏甜龙竹、唐竹、方竹、狭叶方竹、缺苞箭竹、华西箭竹、糙花箭竹、金镶玉竹、篌竹（白夹竹）、台湾桂竹、金竹、早竹、雷竹、乌哺鸡竹、扫把竹、龙头箭竹、昆明实心竹、秦岭木竹、斑苦竹、箬叶竹。

（4）跨度只有1个温区的大熊猫主食竹，竹种数量最多，有68种、12栽培品种。

以上结果表明，能够跨温区生长的大熊猫主食竹种是极少数，一般温区跨度越大，竹种数量越少。绝大多数竹种通常只能在一个温区范围内正常生长。

本文的中国大熊猫主食竹的耐寒区位区划，参考的仅仅是影响竹子生长的最低温度因素，但在实际生产实践中，除温度外，其他如地理、地质、地貌、经度、纬度、海拔、坡位、坡向、坡度、土壤、水分、湿度、日照、风、植被、降雨、降雪、小气候、小生境等，都可能会影响大熊猫主食竹的正常生长。因此，在具体实施大熊猫主食竹的引种和培育操作时，还需要对其他各种因素加以综合考虑，才能获得更加满意的效果（图4-1）。

春　　　　　　　　　　　夏

秋　　　　　　　　　　　冬

▲ 图4-1　大熊猫与其主食竹的季节适应性

5

大熊猫主食竹
起源的多样性

大熊猫主食竹起源的多样性，从宏观角度主要分为两大类型：一类是自然起源；另一类是人工起源。

5.1 自然起源

所谓自然起源，是指在自然状态下，通过自然演替、周期性开花结实、由实生种苗形成大熊猫主食竹的起源方式。大熊猫主食竹自然起源的多样性，则是指大熊猫主食竹不同属、种的发生阶段、发生方式、发生地点和发生规模的差异性。这里侧重讨论的是大熊猫主食竹自然起源的发生地点及标志性特有或近特有竹种纷繁复杂的表现形式。

自然起源的竹类在中国植被分类中统称野生竹林，其主要来源是通过竹子开花结实、自然脱落、萌发生长而成。自然起源的关键是竹类在成林过程中不涉及人为活动的干预，其中包括大熊猫主食竹类。自然起源的大熊猫主食竹，无论种类还是面积，都是大熊猫主食竹的主体。代表性竹属有箭竹属*Fargesia* Franch. Emend. Yi、玉山竹属*Yushania* Keng f.、巴山木竹属*Bashania* Keng f. & Yi、方竹属*Chimonobambusa* Makino、筇竹属*Qiongzhuea* Hsueh & Yi和箬竹属*Indocalamus*竹类。

5.1.1 中国竹类区系

根据中国植物区系分类体系，中国现有野生竹类的分布涵盖了东亚植物区（III）和古热带植物区（IV）2个植物区，中国–日本森林植物亚区（IIID）、中国–喜马拉雅植物亚区（IIIE）和马来西亚亚区（IVG）3个植物亚区，以及14个地区的32个亚地区（表5–1）（陈灵芝等，2014）。

表5–1 中国竹类区系

地理分区	亚区	地区	亚地区
III东亚植物区	IIID中国–日本森林植物亚区	IIID8华北地区	IIID8a辽东–山东半岛亚地区 IIID8d黄土高原亚地区
		IIID9华东地区	IIID9a黄淮平原亚地区 IIID9b江汉平原亚地区 IIID9c浙南山地亚地区 IIID9d赣南–湘东丘陵亚地区
		IIID10华中地区	IIID10a秦岭巴山亚地区 IIID10b四川盆地亚地区 IIID10c川鄂湘亚地区 IIID10d贵州高原亚地区
		IIID11岭南山地地区	IIID11a闽南山地亚地区 IIID11b粤北亚地区 IIID11c岭南东段亚地区 IIID11d粤桂山地亚地区
		IIID12滇黔桂地区	IIID12a黔桂亚地区 IIID12b红水河亚地区 IIID12c滇东南石灰岩亚地区

地理分区	亚区	地区	亚地区
III东亚植物区	IIIE中国–喜马拉雅植物亚区	IIIE13云南高原地区	IIIE13a滇中高原亚地区 IIIE13b滇东南亚地区 IIIE13c滇西南亚地区
		IIIE14横断山脉地区	IIIE14a三江峡谷亚地区 IIIE14b南横断山脉亚地区 IIIE14c北横断山脉亚地区 IIIE14d洮河–岷山亚地区
		IIIE15东喜马拉雅地区	IIIE15a独龙江–缅北亚地区 IIIE15b藏东南亚地区
IV古热带植物区	IVG马来西亚亚区	IVG19台湾地区	IVG19a台湾高山亚地区 IVG19b台北亚地区
		IVG20台湾南部地区	不再分亚地区
		IVG21南海地区	IVG21a粤西–琼海亚地区 IVG21b粤东沿海岛屿亚地区 IVG21c琼西南亚地区 IVG21d琼中亚地区
		IVG22北部湾地区	不再分亚地区
		IVG23滇缅泰地区	不再分亚地区
		IVG24东喜马拉雅南翼地区	不再分亚地区

5.1.2 大熊猫主食竹所在区及标志性竹种

大熊猫主食竹的起源问题，主要针对的是野生大熊猫主食竹，涉及表5-1中的2个地区、5个亚地区，每一个区均分布有属于该区的特有或近特有标志性野生大熊猫主食竹种，说明了大熊猫主食竹类起源的复杂性和多样性。

5.1.2.1 华中地区（IIID10）

华中地区属于东亚植物区（III）的中国–日本森林植物亚区（IIID）。区内多湖泊、沼泽。常见马尾松和其他喜湿性松柏类、紫杉类植物。整个地区约有种子植物207科1279属，约5600种，其中，中国特有种约4035种（内含华中特有种1548种），说明华中地区的地方特有性强，其起源应是历史固有的，即自然起源。华中地区有为数众多的，但在其他地方如北美或北半球高纬度地区仅为化石的"活化石"植物，把这些类群与整个植物区系和植被联系起来看，华中植物区系古近纪和新近纪古植被直接的、变动不大的后裔。

该地区下分秦岭巴山亚地区（IIID10a）、四川盆地亚地区（IIID10b）、川鄂湘亚地区（IIID10c）和贵州高原亚地区（IIID10d）4个亚地区，其中与大熊猫主食竹起源相关的主要是秦岭巴山亚地区（IIID10a）、四川盆地亚地区（IIID10b）和川鄂湘亚地区（IIID10c）3个亚地区。

（1）秦岭巴山亚地区（IIID10a）

本亚地区位于华中植物地区的最北部，甘肃、陕西、四川、重庆、湖北接壤地带，境内有大巴山、米仓山、武当山，最高峰神农架，海拔3105.4m，为华中第一高峰，一般山地海拔为1000～2000m，气候属北亚热带湿润季风气候，年均温在15℃以上，年降水量超过800mm。区内植被类型比较简单，计有种子植物178科、963属、3000余种。该亚地区的标志性大熊猫主食竹种有巴山木竹*Bashania fargesii* (E. G. Camus) Keng f. & Yi、秦岭箭竹*Fargesia qinlingensis* Yi & J. X. Shao（图5-1）、神农箭竹*F. murielae* (Gamble) Yi（图5-2）、箭竹*F. spathacea* Franch.和灰竹*Phyllostachys nuda* McClure等。

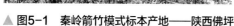

▲ 图5-1　秦岭箭竹模式标本产地——陕西佛坪　　　　▲ 图5-2　神农箭竹模式标本产地——湖北神农架

（2）四川盆地亚地区（ⅢD10b）

本亚地区为一四面环山的菱形盆地，海拔一般为200～700m，四周山地海拔较高，西北角龙门山主峰海拔4982m，西缘峨眉山海拔3099m，东部华蓥山海拔1704m，南部大安山海拔2251m。由于地形封闭，气温甚高，在一些残留的森林灌丛中仍可发现热带植物区系成分，如树蕨*Alsophila spinulosa*、西南粗叶木*Lasianthus henryi*等。其西缘山地处于中国—日本亚区和中国喜马拉雅亚区的过渡带上，特有种特别丰富，仅以峨眉山为模式产地的植物就有400余种。

易同培依据四川竹林的地域分异规律性和特点，将四川竹林划分为3个竹区：a.盆地及盆壁山地混合竹区，标志性大熊猫主食竹种有慈竹*Neosinocalamus affinis* (Rendle) Keng f.、篌竹（白夹竹）*Phyllostachys nidularia* Munro、拐棍竹*Fargesia robusta* Yi（图5-3）等；b.川西南山地丛生竹区，标志性大熊猫主食竹种有冷箭竹*Bashania faberi* (Rendle) Yi（图5-4）、峨热竹*B. spanostachya* Yi（图5-5）、丰实箭竹*Fargesia ferax* (Keng) Yi、少花箭竹*F. pauciflora* (Keng) Yi等；c.川西亚高山箭竹林区，标志性大熊猫主食竹种有华西箭竹*F. nitida* (Mitford) Keng f. ex Yi（图5-6）、大叶筇竹*Qiongzhuea macrophylla* Hsueh & Yi（图5-7）、实竹子*Q. rigidula* Hsueh & Yi（图5-8）、油竹子*Fargesia angustissima* Yi（图5-9）、九龙箭竹*F. jiulongensis* Yi、贴毛箭竹*F. adpressa* Yi、岩斑竹*F. canaliculata* Yi、墨竹*F. incrassata* Yi（图5-10）、紫花玉山竹*Yushania violascens* (Keng) Yi等（易同培，1997，2008，2017）。

（3）川鄂湘亚地区（ⅢD10c）

本亚地区为四川、湖北、湖南接壤地区，包括川东、川东南、重庆、黔东北、湘西南及鄂西南山地。境内梵净山（2571m）、雷公山（2179m）海拔均超过2000m，一般的山脊海拔为500～1000m，植被垂直带明显，自下而上为常绿阔叶林–常绿与落叶阔叶混交林–落叶阔叶林–亚高山针叶林–亚高山灌丛草甸。植物

▲ 图5-3　拐棍竹模式标本产地——四川卧龙

▲ 图5-4　冷箭竹模式标本产地——四川峨眉山

▲ 图5-5　峨热竹模式标本产地——四川会理

▲ 图5-6　华西箭竹箭竹模式标本产地——甘肃宕昌

▲ 图5-7　大叶筇竹模式标本产地——四川雷波

▲ 图5-8　实竹子模式标本产地——四川沐川

▲ 图5-9　油竹子模式标本产地——四川卧龙

▲ 图5-10　墨竹模式标本产地——四川天全

▲ 图5-11　鄂西玉山竹模式标本产地——湖北神农架

种类丰富，有300余种本亚地区特有种，如水杉属、银杉属植物。这些著名子遗植物在本亚地区广泛分布，足以说明该亚地区系起源的古老，反映了在第四纪冰期和间冰期的交替，对本地植物的迁移和分化产生了重大影响；还反映了第四纪冰期中喜马拉雅成分向东部扩散的进程。

该亚地区的标志性野生大熊猫主食竹种主要有鄂西玉山竹 *Yushania confusa* (McClure) Z. P. Wang & G. H. Ye（图5-11）。

5.1.2.2　横断山脉地区（ⅢE14）

横断山脉地区属于东亚植物区（Ⅲ）的中国–喜马拉雅植物亚区（ⅢE），该地区西起伯苏拉岭，东止二郎山、峨眉山，东北至洮河流域，西南至保山。其地貌的显著特点是一系列南北平行的山系和河流，山高谷深，相对高差一般为1500～2500m，而北部贡嘎山、南部的梅里雪山，从河谷至山顶，相对高差达4000m以上。河谷中干旱少雨，德钦奔子栏海拔2025m，最高气温达35.5℃，年降水量只有285.6mm，随海拔升高至白芒雪山丫口，海拔4292m，年降水量达807.1mm，由于本地区特殊的地理位置及复杂的自然环境，形成了一个极其丰富的植物山地区系，计有植物226科、1325属、7954种（还不包括甘肃边界洮河流域），最新统计数字大约8590种之多。

该地区下分三江峡谷亚地区（ⅢE14a）、南横断山脉亚地区（ⅢE14b）、北横断山脉亚地区（ⅢE14c）和洮河–岷山亚地区（ⅢE14d）4个亚地区，其中与大熊猫主食竹起源相关的主要是北横断山脉亚地区（ⅢE14c）和洮河–岷山亚地区（ⅢE14d）2个亚地区。

（1）北横断山脉亚地区（ⅢE14c）

北横断山脉亚地区位于四川康定以北，为大渡河上游流域。区内四姑娘山、鹧鸪山、喇嘛山等的海拔均超过5000m，而河谷海拔一般为1000～2000m，高低悬殊。雅砻江上游及鲜水河流域则为波状起伏的丘状高原，高原海拔4500～4700m，自然垂直带较前一亚地区相对简单，但暖温带针阔混交林比较发育、种类成分仍较丰富，但竹子种类不多。

该亚地区的标志性野生大熊猫主食竹种有扫把竹 *Fargesia fractiflexa* Yi（图5-12）、牛麻箭竹 *F. emaculata*

Yi、短鞭箭竹*F. brevistipedis* Yi、紫花玉山竹*Yushania violascens* (Keng) Yi、石棉玉山竹*Y. lineolata* Yi、短锥玉山竹*Y. brevipaniculata* (Hand.-Mazz.) Yi、斑壳玉山竹*Y. maculata* Yi（图5-13）和宝兴巴山木竹*Bashania baoxingensis* Yi等（易同培等，2008）。

▲ 图5-12　扫把竹模式标本产地——四川米易　　▲ 图5-13　斑壳玉山竹模式标本产地——四川普格

（2）洮河—岷山亚地区（ⅢE14d）

洮河–岷山亚地区包括甘肃洮河及四川东北部的岷江流域。洮河上游，河谷开阔，地表起伏不大，坡度平缓，属于轻度切割的山原地貌。洮河中游及岷江中上游为高山峡谷，而洮河下游已接近黄土高原，地貌为黄土丘陵和沟谷。植被类型较简单，已无大面积的常绿阔叶林分布。植物区系组成已罕见热带成分，是典型的温带区系。

该亚地区植物区系既与四川北部相近，也与黄土高原有较多联系，因而是中国–日本、中国–喜马拉雅、青藏高原植物区系交汇的关键地区。该亚地区的标志性竹种很少，仅有巴山箬竹*Indocalamus bashanensis* (C. D. Chu & C. S. Chao) H. R. Zhao & Y. L. Yang、青川箭竹*Fargesia rufa* Yi（图5-14）和团竹*F. obliqua* Yi（图5-15）等（邵际兴，1989；易同培等，2008）。

▲ 图5-14　青川箭竹模式标本产地——四川青川　　▲ 图5-15　团竹模式标本产地——四川北川

5.2 人工起源

所谓人工起源，这里是指通过人工手段培育大熊猫主食竹的起源方式。人工起源的竹类植物在中国植被分类中统称为人工竹林。其主要来源是通过野外引种驯化、种子繁殖等手段获得大熊猫主食竹种质，并用以培育竹苗，进而营造竹林。人工起源的关键是大熊猫主食竹在成林过程中始终伴随有人为活动的干预。

人工起源的大熊猫主食竹主要用于饲喂圈养的大熊猫。有些竹类与自然起源的野生大熊猫主食竹有所重复。人工大熊猫主食竹主要以刚竹属*Phyllostachys* Sieb. & Zucc.、簕竹属*Bambusa* Retz. corr. Schreber、慈竹属*Neosinocalamus* Keng f.、绿竹属*Dendrocalamopsis* (Chia & H. L. Fung) Keng f.、牡竹属*Dendrocalamus* Nees和唐竹属*Sinobambusa* Makino ex Nakai竹类居多。

5.2.1 引种驯化

引种驯化是指将对大熊猫而言有益、有用、可用的野生或人工竹类，直接从原产地引入，人为引入大熊猫国家公园、大熊猫自然保护区、大熊猫公园，以及大熊猫主食竹基地进行栽培，并在人工条件下不断试种、驯化，直至成活、成长、成林的过程。引种驯化可以采取分蔸、移植、埋秆或扦插繁殖的方式进行育苗和造林，这是传统以至目前中国绝大多数人工大熊猫主食竹林的主要起源和培育方式。比如簕竹属（图5-16）、刚竹属（图5-17）、方竹属*Chimonobambusa* Makino（图5-18）、苦竹属*Pleioblastus* Nakai的许多竹类。

用引种驯化的方式培育大熊猫主食竹林，具有简便易行、立竿见影的优点。当原产地与引种地之间的生态环境条件接近时，大熊猫主食竹具有许多共同的基本属性，其引栽后竹林的生长状态、生物特性、功能作用均变化不大。

▲ 图5-16 簕竹属的黄金间壁竹人工林

▲ 图5-17　刚竹属的早园竹人工林　　　　　▲ 图5-18　方竹属的狭叶方竹人工林

5.2.2　种子繁育

种子繁育是指当遇到野生或人工培育的大熊猫主食竹发生周期性开花结实时，把握时机、适时采摘和收集竹种，然后将成熟竹种用于播种育苗，并进一步培育成林的过程。

当原产地和引种地之间的生态环境差异较大时，用种子繁殖的方式培育大熊猫主食竹，具有易操作、成功率高、成本相对较低的优点。用种子繁殖大熊猫主食竹，可以根据竹子的适应性渐变特征，反复调整播种和育苗条件，逐步实施迁移种植，使其逐渐接受风土锻炼，不断适应新的环境，从而获得人们所期望的目标竹林。

无论过去还是现在，采用大熊猫主食竹种子繁殖竹苗，用以营造大熊猫主食竹林的成功案例颇多。比如毛竹*Phyllostachys edulis* (Carr.) H. de Lehaie（图5-19）、方竹*Chimonobambusa quadrangularis* (Fenzi) Makino（图5-20）、筇竹*Qiongzhuea tumidinoda* Hsueh & Yi（图5-21）、冷箭竹*Bashania faberi* (Rendle) Yi等。

▲ 图5-19　毛竹实生苗　　　　　　　　　▲ 图5-20　方竹实生苗

▲ 图5-21 箣竹实生苗

5.2.3 组织培养

这里是指在无菌条件下将大熊猫主食竹活体细胞、组织或器官置于培养基内，放在人工创造的适宜环境中进行连续培养，从而获得新的细胞、组织或个体的大熊猫主食竹育种方法。组织培养的原理是细胞的全能性和全息性。也就是说在竹子的每个细胞里，都含有一整套该竹子完整的遗传信息，只是这些遗传物质的特性只有在特定的条件下才会表达。基于此原理，就可以将已处于分化终端或正在分化的竹子组织脱分化，诱导形成愈伤组织，再在愈伤组织上形成新的芽状体，进而培育成新的大熊猫主食竹植株。

组织培养是20世纪初发展起来的一门新技术，直至80年代才真正开始令人关注。国外比较系统地开展竹子组织培养工作始于20世纪80年代，已先后对20属的70多个竹种进行过试验，其中近60种获得成功（卓仁英，2003）。比如孝顺竹*Bambusa multiplex* (Lour.) Raeuschel ex J. A. & J. H. Schult.、绿竹*Dendrocalamopsis oldhami* (Munro) Keng f.、翠竹*Pleioblastus pygmaea* (Miq.) Nakai等。我国的竹子组织培养工作开展较晚。1991年，阙国宁等率先做了黄竹*Dendrocalamus membranaceus* Munro和印度箣竹*Bambusa arundinacea* (Retz.) Willd.两个竹种的繁育；1993年，张光楚等用以芽繁芽方式繁育了麻竹*Dendrocalamus latiflorus* Munro（张光楚等，1993）；1998年，谢庆华等繁育了方竹*Chimonobambusa quadrangularis* (Fenzi) Makino，谭宏超繁育了勃氏甜龙竹*Dendrocalamus brandisii* (Munro) Kurz；1999年，陈瑞亮等繁育了壮竹（壮绿竹）*Bambusa valida* (Q. H. Dai) W. T. Lin；2002年，王光萍等繁育了金镶玉竹*Phyllostachys aureosulcata* McClure f. *spectabilis* C. D. Chu & C. S. Chao等11种观赏竹（7种成功）；2004年，苏海等繁育了马来甜龙竹*Dendrocalamus asper* (J. A. &

J. H. Schult.) Backer ex Heyne，杨本鹏等繁育了巨龙竹*Dendrocalamus sinicus* Chia & J. L. Sun；2005年，王光萍等繁育了菲白竹*Pleioblastus fortunei* (Van Houtte) Nakai等11种观赏竹；2006年，顾小平等繁育了佛肚竹（小佛肚竹）*Bambusa ventricosa* McClure、孝顺竹*B. multiplex* (Lour.) Raeuschel ex J. A. & J. H. Schult.、凤尾竹*B. multiplex* (Lour.) Raeuschel ex J. A. & J. H. Schult. f. *fernleaf* (R. A. Young) Yi。除少数失败外，大多数获得成功（李容等，2008；张春霞等，1999）。

毫无疑问，通过组织培养完全可以实现大熊猫主食竹的快速无性繁殖。一年即可从一个芽得到数百个甚至更多的芽状体，因此是大熊猫主食竹苗规模化快速繁育的理想方法。此外，组织培养由于没有涉及到竹子染色体的分裂和基因重组，其后代性状与母本基本保持一致，从而保证了大熊猫主食竹性状的稳定性和一致性。但组织培养的弱点是技术要求高，初始投资规模相对较大，一般组织或个人未经严格训练无法操作。

综上所述，自然起源的大熊猫主食竹资源异常丰富，尽管由于种种原因，目前的特有种或近特有种还不能确切证明它就一定是其所发现地的唯一大熊猫主食竹起源竹种，加之特有或近特有并不等同于起源，先发现、先定名也不等同于先发生，但是可以肯定的是，这些现象都与大熊猫主食竹的起源有着某种重要关联。当一种现象集中发生、大量发生、重复发生的时候，它绝对不会只是偶然，而一定伴随着某种内在的规律性。相信随着科学技术的不断发展以及人类的进一步的探索和研究，大熊猫主食竹乃至整个竹亚科植物的起源脉络和进化轨迹必将越来越清晰。人工起源的大熊猫主食竹虽然种类不多，但价值很大、发展很快，而且由于其繁殖和培育周期短，可以按照人类需要培育目标竹种（如高质、高产、高品、耐寒、耐旱等），必将大大扩展大熊猫主食竹的适种范围和附加价值，这对大熊猫保护事业的顺利发展以及大熊猫分布区人类社会和经济的协调发展意义重大。

6

大熊猫主食竹
生态的多样性

竹类生态环境多样性是指竹林所在生物圈内生境、群落和生态过程的多样性，是指竹林生态系统中各种活的有机体（如人、动物、植物、微生物等）与无机环境相互作用及其有规律地结合所构成的稳定的生态综合体。任何生物都需要生活在一定的环境之中，离开了适宜的环境，生物就很难生存，没有生态的多样性，就不可能有物种的多样性。也就是说，是生物与生物间（同种或不同种）、生物与无机环境间的共同进化，才形成了包括物种多样性、遗传多样性和生态多样性在内的生物多样性。因此，竹类生态多样性是竹类物种和遗传多样性的保证，只有多种多样的竹类生态环境，才能确保这些生态系统中多种多样的竹类植物的生存和繁衍。大熊猫主食竹亦是如此。

大熊猫主食竹生态环境的多样性是中国竹类生物多样性的重要组成部分，其生态多样性可以概括为两个大的方面：即非生物因素的多样性和生物因素的多样性。

6.1 非生物因素的多样性

非生物因素主要是指对大熊猫主食竹生存和生长环境中各种不具有生命的无机因子的集合，如气候、地形、海拔、地貌、土壤等。

6.1.1 竹区气候的多样性

中国的气候类型大体分为5类，热带季风气候区、亚热带季风气候区、温带季风气候区、温带大陆性气候区和高山高原气候区（江爱良，1960）。前3个气候类型区有竹类植物的分布，后2个气候类型区因气候过于寒冷、干旱，竹类无法生存。

6.1.1.1 热带季风气候区

热带季风气候区的特点是全年高温；旱雨季明显，降水集中在雨季，且降水量大；季风显著，旱季时陆地高压散发出来的东北季风汇入海洋上的赤道辐合带，雨季时南半球副热带高压发出来的西南季风汇入塔尔低压；盛行热带气旋。该气候类型在我国主要分布于台湾南部、广东南部的雷州半岛、广西南部、海南岛、南海诸岛、云南的西双版纳。最冷月的平均温高于15℃，最热月平均温高于22℃。降水与风向有密切关系，冬季盛行来自大陆的东北风，降水少，夏季盛行来自印度洋的西南风，降水丰沛，年降水量大部分地区为1500～2500mm，但有些地区远多于此数；春秋冬三季平均月雨量不足100mm。该气候类型区的竹类多样性十分丰富，代表性竹类主要为牡竹属*Dendrocalamus* Nees的牡竹*D. strictus* (Roxb.) Nees、巨龙竹*D. sinicus* Chia & J. L. Su、版纳甜龙竹*D. hamiltonii* Nees & Arn. ex Munro、小软竹*D. jinghongensis* P. Y. Wang, Y. X. Zhang & D. Z. Li，巨竹属*Gigantochloa* Kurz ex Munro如白毛巨竹*G. albociliata* (Munro) Kurz、紫秆巨竹*G. atroviolacea* Widjaja、花巨竹*G. verticillata* (Willd.) Munro和簕竹属*Bambusa* Retz. corr. Schreber的簕竹*B. blumeana* J. A. & J. H. Schult. f.、龙头竹 *B. vulgaris* Schrader ex Wendland等。该气候区所涉及的大熊猫主食竹，只有簕竹属的孝顺竹*B. multiplex* (Lour.) Raeuschel ex J. A. & J. H. Schult.（图6-1）、小琴丝竹*B. multiplex* 'Alphonse-Karr'、凤尾竹*B. multiplex* 'Fernleaf'（图6-2）、硬头黄竹*B. rigida* Keng & Keng f.（图6-3）、佛肚竹*B. ventricosa* McClure、龙头竹和黄金间碧竹*B. vulgaris* 'Vittata'（图6-4）等，而且都是用于饲喂圈养大熊猫的主食竹类。

▲ 图6-1 孝顺竹

▲ 图6-2 凤尾竹

▲ 图6-3 硬头黄竹

▲ 图6-4 黄金间碧竹

6.1.1.2 亚热带季风气候区

亚热带季风气候区的特点是夏季高温多雨，冬季温和少雨。该气候类型主要分布于秦岭淮河线以南，热带季风气候区以北，横断山脉3000m等高线以东直到台湾。冬季不冷，最冷月平均温在0～15℃之间；夏季较热，最热月平均温高于22℃。由于受海洋气流影响，年降水量一般在800～1000mm以上，属于湿润区，其降水主要集中在夏季，冬季较少。该气候类型区竹类生态多样性十分丰富，可进一步划分为3个竹区。

（1）北亚热带竹区

该区位于北纬30°～40°之间，年平均温度在12～17℃，年降水量为600～1200mm，范围包括湖北、安徽、河南、山东、山西、陕西等省份。主要代表性竹类为刚竹属*Phyllostachys* Sieb. & Zucc.的桂竹*P. bambusoides* Sieb. & Zucc.、篌竹*P. nidularia* Munro（图6-5），箭竹属*Fargesia* Franch. emend. Yi的拐棍竹*F. robusta* Yi、糙花箭竹*F. scabrida* Yi（图6-6），巴山木竹属*Bashania* Keng f. & Yi的巴山木竹*B. fargesii* (E. G. Camus) Keng f. & Yi、冷箭竹 *B. faberi* (Rendle) Yi，箬竹属*Indocalamus* Nakai的阔叶箬竹*I. latifolius* (Keng) McClure、箬叶竹*I. longiauritus* Hand.-Mazz.等。该亚区中陕西省境内分布的竹类植物，几乎包括上述所有竹属及其代表性竹类，且大多为野生大熊猫主食竹种。

▲ 图6-5　箣竹　　　　　　　　　　　▲ 图6-6　糙花箭竹

（2）中亚热带竹区

该区位于北纬20°～25°之间，年平均温度为15～20℃，年降水量在1200～2000mm，范围包括福建、浙江、江西、湖南、贵州等省份。这一竹区适宜于大多数竹种，竹类资源丰富，竹林分布面积最大。主要代表性竹类有刚竹属*Phyllostachys* Sieb. & Zucc如毛竹*P. edulis* (Carr.) H. de Lehaie、早竹*P. violascens* (Carr.) A. & C. Riv.，苦竹属*Pleioblastus* Nakai如苦竹*P. amarus* (Keng) Keng f.、斑苦竹*P. maculatus* (McClure) C. D.Chu & C. S. Chao，少穗竹属*Oligostachyum* Z. P. Wang & G. H. Ye如四季竹*O. lubricum* (Wen) Keng f.、肿节少穗竹*O. oedogonatum* (Z. P. Wang & G. H. Ye) Q. F. Zheng & K. F. Huang，方竹属*Chimonobambusa* Makino如方竹*C. quadrangularis* (Fenzi) Makino、刺黑竹*C. neopurpurea* Yi，唐竹属*Sinobambusa* Makino ex Nakai如唐竹*S. tootsik* (Sieb.) Makino、花箨唐竹*S. striata* Wen，赤竹属*Sasa* Makino & Shibata如菲黄竹*S. auricoma* E. G. Camus、华箬竹*S. sinica* Keng，短穗竹属*Brachystachyum* Keng的短穗竹*B. densiflorum* (Rendle) Keng，大节竹属*Indosasa* McClure如中华大节竹*I. sinica* C. D. Chu & C. S. Chao、摆竹*I. acutiligulata* Z. P. Wang & G. H. Ye等。该亚区中，刚竹属的毛竹（图6-7）、早竹（图6-8）等，苦竹属的苦竹、斑苦竹等，方竹属的方竹（图6-9）、刺黑竹（图6-10）等，以及唐竹属的唐竹，均为大熊猫主食竹种。

▲ 图6-7　毛竹　　　　　　　　　　　▲ 图6-8　早竹

▲ 图6-9 方竹

▲ 图6-10 刺黑竹

（3）南亚热带竹区

该区位于北纬20°～25°之间，年平均气温在20～25℃，年降水量在1200～2000mm以上，范围包括广东、广西、福建、海南、台湾等省份。该区主要以丛生竹为主，属种多样性极其丰富，其代表性竹类有箣竹属*Bambusa* Retz. corr. Schreber如佛肚竹*B. ventricosa* McClure、木竹*B. rutila* McClure，牡竹属*Dendrocalamus* Nees如麻竹*D. latiflorus* Munro、吊丝竹*D. minor* (McClure) Chia & H. L. Fung，酸竹属*Acidosasa* C. D. Chu & C. S. Chao如橄榄竹*A. gigantea* (Wen) Q. Z. Xie & W. Y. Zhang、长舌酸竹*A. nanunica* (McClure) C. S. Chao & G. Y. Yang，茶秆竹属*Pseudosasa* Makino ex Nakai如茶秆竹*P. amabilis* (McClure) Keng f.、托竹*P. cantori* (Munro) Keng f.，梨竹属*Melocanna* Trin.的梨竹*M. baccifera* (Roxb.) Kurz、小梨竹*M. humilis* Kurz，梨藤竹属*Melocalamus* Benth.如梨藤竹*M. compactiflorus* (Kurz) Benth. & Hook. f.、澜沧梨藤竹*M. arrectus* Yi，单竹属*Lingnania* McClure如单竹*L. cerosissima* (McClure) McClure、粉单竹*L. chungii* (McClure) McClure等。该亚区中，仅有箣竹属的佛肚竹，牡竹属的麻竹（图6-11），用于饲喂圈养的大熊猫。

▲ 图6-11 麻竹

6.1.1.3 温带季风气候区

温带季风气候区的特点是夏季高温多雨，冬季寒冷干燥，四季分明，雨热同期、天气的非周期性变化显著。该气候类型主要分布于我国北方地区，也就是我国秦岭–淮河线以北，贺兰山、阴山、大兴安岭以东以南地区。最冷月的平均温低于0℃，最热月平均温高于22℃；华北平原气候为湿润，东北平原气候为半湿润，较普遍的发育了温带阔叶林景观和森林草原景观，但也存在某些差异。该气候类型一般无野生竹类分布，仅局部地区有人工栽培的竹子。比如刚竹属*Phyllostachys* Sieb. & Zucc.如黄槽竹*P. aureosulcata* McClure、早园竹*P. propinqua* McClur、灰竹*P. nuda* McClure，巴山木竹属*Bashania* Keng f. & Yi如巴山木竹*B. fargesii* (E. G. Camus) Keng f. & Yi，箬竹属*Indocalamus* Nakai如阔叶箬竹*I. latifolius* (Keng) McClure等。其中位于秦岭地区的竹类，除巴山木竹属的巴山木竹和箬竹属的阔叶箬竹为野生大熊猫主食竹外，其他竹类如刚竹属的黄槽竹、早园竹、灰竹等，均用于饲喂圈养的大熊猫。

6.1.2 竹区地形的多样性

中国地域广阔，地形复杂多样，大致可划分为平原、丘陵、山地（含低山、中山、亚高山、高山和极高山）、盆地和高原五大类型。除极高山地区外，均有竹类分布（李炳元，2009）。

6.1.2.1 平原

一般海拔高度在200m以下，相对高差较小，属地域宽广低平地形。大多为农作区和城镇、村社建设区。该地形上分布的主要为人工栽培竹林，生态简约，结构单一，多呈片状、团状、带状或点状分布。常见于风景区、公园、城市绿地，以及村旁、宅旁、路旁、水旁。主要竹种为经济型竹类，如江浙一带普遍栽培的毛竹*Phyllostachys edulis* (Carr.) H. de Lehaie，陕西、河南的桂竹*P. bambusoides* Sieb. & Zucc.，福建、台湾的箣竹*Bambusa blumeana* J. A. & J. H. Schult. f.等。该地形条件下，仅有很少部分的毛竹被用于饲养圈养的大熊猫。

6.1.2.2 丘陵

一般海拔高度在200～500m，相对高差在200m左右，多数不超过200m。坡度和缓，高低起伏，是由连绵不断的低矮山丘组成的地形。该地形上分布的大多也是人工栽培竹林，但生态较平原略微复杂，有四旁林，也有面积较大的成片竹林，有些还混交有阔叶乔灌木。主要竹种多为经济型竹类，如广东、广西一带的青皮竹*Bambusa textilis* McClure、湖南一带的单竹*Lingnania cerosissima* (McClure) McClure，还有黄河流域的毛金竹*Phyllostachys nigra* (Lodd. ex Lindl.) Munro var. *henonis* (Mitford) Stapf ex Rendle等。该地形条件下，也仅陕西有很少部分毛金竹（图6-12）被用于饲养圈养的大熊猫。

▲ 图6-12 毛金竹

6.1.2.3 山地

山地是指海拔高度在500m以上，相对高差在

200m以上，地表起伏较大，明显由山顶、山坡和山麓三个部分组成的地形。山顶是山的最高部分，形状有平顶、圆顶或尖顶；山麓是山的最下部，它往往和平原或谷地相连接，但两者之间一般都有明显的转折；山顶和山麓之间的斜坡就是山坡。它的形状有直形的、凹形的、凸形的和阶梯状的等（沈泽昊等，2017）。

山地是中国竹类生态多样性最丰富的地形，根据其海拔高度的不同，又可由低到高依次划分为低山、中山、亚高山、高山和极高山。由于山地气候随海拔高度的垂直变化较大，因而造成明显的植被垂直分布现象（刘华训，1981；方精云，2004；李渤生，2015）。竹类植物主要分布于低山、中山和亚高山，高山很少，极高山由于环境十分严酷，气候过于寒冷，不适于竹子生长。

▲ 图6-13 雷竹

（1）低山

指海拔高度在500～1000m的山地，植被主要为常绿阔叶林（易同培等，2008）。竹类生态多样性相对简单，竹种构成并不繁杂，人工栽培竹林面积较大。如孝顺竹*Bambusa multiplex* (Lour.) Raeuschel ex J. A. & J. H. Schult.、撑篙竹*B. pervariabilis* McClure、雷竹*Phyllostachys violascens* 'Prevernalis'、苦竹*Pleioblastus amarus* (Keng) Keng f.、斑苦竹*P. maculatus* (McClure) C. D.Chu & C. S. Chao、茶秆竹*Pseudosasa amabilis* (McClure) Keng f.等（万慧霖，2008）。该地形条件下，在四川，有少量孝顺竹、雷竹（图6-13）、苦竹、斑苦竹被用于饲养圈养的大熊猫。

（2）中山

指海拔高度在1000～1500m的山地，属于低山与亚高山的过渡地形。气候相对温和，植被主要为常绿–落叶阔叶混交林（易同培等，2008）。竹类生态多样性较低山丰富。代表性竹种如峨眉箬竹*Indocalamus emeiensis* C. D. Chu & C. S. Chao、赤水箬竹*I. chishuiensis* Y. L. Yang & Hsueh、笔竿竹*Pseudosasa guanxianensis* Yi、五爪竹*Indosasa triangulata* Hsueh & Yi、细秆箬竹*Qiongzhuea intermedia* Hsueh & D. Z. Li、单枝玉山竹*Yushania uniramosa* Hsueh & Yi等。该地形条件下，在四川峨眉山、宝兴，有野生大熊猫在寒冷季节下移时觅食，取食低海拔地区的峨眉箬竹；在陕西、四川，有用阔叶箬竹*Indocalamus latifolius* (Keng) McClure（图6-14）饲喂圈养的大熊猫的情形。

（3）亚高山

指海拔高度在1500～3500m的山地。气候凉爽，植被主要为针叶–阔叶混交林和部分亚高山针叶林（易同培等，2008；唐志尧等，2004）。该地段是中国竹类生态多样性最丰富的区域，竹种纷繁，数量多，面积大。自下而上的代表性竹种分别如冷箭竹*Bashania faberi* (Rendle) Yi、云南方竹*Chimonobambusa yunnanensis* Hsueh & W. P. Zhang、八月竹*C. szechuanensis* (Rendle) Keng f.、柔毛箬竹*Qiongzhuea puberula* Hsueh & Yi、荆竹*Q. montigena* Yi、错那箭竹*Fargesia grossa* Yi、喜湿箭竹*F. hygrophila* Hsueh & Yi、马利箭竹*F. mali* Yi、木里箭竹*F. muliensis* Yi、团竹*F. obliqua* Yi、雪竹*F. nivalis* Yi & J. Y. Shi、攘攘竹*Yushania humida* Yi & J. Y.

▲ 图6-14　阔叶箬竹

▲ 图6-15　华西箭竹

Shi、竹扫子 *Y. weixiensis* Yi、巫溪箬竹 *Indocalamus wuxiensis* Yi等。在四川、陕西、甘肃，该地形条件既是野生大熊猫活动的重点区域，也是绝大部分大熊猫主食竹分布的重点区域，如华西箭竹 *Fargesia nitida* (Mitford) Keng f. et Yi（图6-15）。

（4）高山

指海拔高度在3500～5000m的山地。气候寒冷，植被主要为部分亚高山针叶林和高山灌丛草甸（易同培等，2008；彭培好等，2003；王志恒，2004）。竹类生态多样性相对简单，仅该地段的低海拔区域有少数耐寒竹子分布，如峨热竹 *Bashania spanostachya* Yi、黄金竹 *B. yongdeensis* Yi & J. Y. Shi、牛麻箭竹 *Fargesia emaculata* Yi、黑穗箭竹 *F. melanostachys* (Hand.-Mazz.) Yi、长圆鞘箭竹 *F. orbiculata* Yi、短锥玉山竹 *Yushania brevipaniculata* (Hand.-Mazz.) Yi。能在该地形条件下生长的竹类植物本就不多，大熊猫主食竹类当然更加稀少，目前仅在四川发现有野生大熊猫取食峨热竹（图6-16）、牛麻箭竹、短锥玉山竹的情形。

（5）极高山

指海拔高度在5000m以上的山地。气候极寒冷，几乎无森林植被分布，亦无大熊猫主食竹分布。

6.1.2.4　盆地

顾名思义，就像一个放在地上的大盆子，由下凹和隆起两个部分构成，是一种四周高（高原或山脉）、中间低（丘陵或平原）的地形。盆底部分地面较平缓，高低起伏不大。该地形的盆底部分为平原或浅丘，竹林生长变化不大，生态类型比较单一，类似于平原和丘陵，代表性竹种如四川盆地的慈竹 *Neosinocalamus affinis* (Rendle) Keng f.（图6-17）、硬头黄竹 *Bambusa rigida* Keng & Keng f.；盆周部分海拔高差变化较大，竹林生长情况复杂，生态类型也比较复杂，既有海拔分布相对较低的刺黑竹 *Chimonobambusa neopurpurea* Yi，也有海拔分布中等的篌竹 *Phyllostachys nidularia* Munro，还有海拔分布较高的抱鸡竹 *Yushania punctulata* Yi等。该类地形情况比较复杂，盆地下部，可见慈竹、硬头黄竹；盆边隆起下部可见方竹、刺黑竹、篌竹；盆边隆起上部，可见拐棍竹 *Fargesia robusta* Yi、冷箭竹 *Bashania faberi* (Rendle) Yi，都是野生大熊猫光顾的对象，越往上越甚。

▲ 图6-16　峨热竹

▲ 图6-17　慈竹

6.1.2.5　高原

高原海拔高度一般在1000m以上，边缘陡峭，上部开阔，原面起伏和缓，放眼望去，可见大面积隆起地区，这样的地形称为高原。高原与平原的主要区别是海拔较高，并以完整的大面积隆起区别于山地。中国有竹林生长的高原主要是青藏高原和云贵高原。

（1）青藏高原

位于东经73°～104°、北纬26°～39°之间，地处昆仑山、祁连山以南，喜马拉雅山以北，横断山以西，东西长约3000km，南北宽约1500km，一般海拔在3000～5000m之间，平均海拔4000m以上。包括西藏和青海的全部，甘肃、四川和新疆三省区的一部分，面积约230万km²，是我国面积最大的高原。青藏高原被纵横交错的山脉分隔成许多大小不等的盆地和宽谷。原上湖泊星罗棋布，高山终年积雪，冰川分布广泛，成为亚洲许多大江大河的发源地（王红英，2015）。这一地区地形错综复杂，竹类生态多样性极为丰富，分布有大量的亚高山竹类植物，如冷箭竹林Form. *Bashania faberi*、华西箭竹林Form. *Fargesia nitida*、西藏箭竹林Form. *Fargesia macclureana*、光叶箭竹林Form. *Fargesia glabrifolia*、香格里拉箭竹林Form. *Fargesia xianggelilaensis*、亚东玉山竹Form. *Yushania yadongensis*，位于青藏高原的冷箭竹、华西箭竹是大熊猫的重要取食对象。

青藏高原虽然涉及我国四川和甘肃的部分地域，也有一些大熊猫主食竹类的分布，但都没有大熊猫的分布，因此，野生大熊猫不会取食这一带的竹类植物，仅有少数竹类被用于饲喂圈养的大熊猫。

（2）云贵高原

位于东经100°～111°、北纬22°～30°之间，西起横断山、哀牢山，东到武陵山、雪峰山，东南至越城岭，北至长江南岸的大娄山，南到广西、云南边境的山岭，东西长约1000km，南北宽400～800km，总面积约50万km²，海拔在1000～3500m之间。包括云南东部，贵州全省，广西西北部和四川、湖北、湖南等省边境，是中国南北走向和东北-西南走向两组山脉的交汇处，地势西北高，东南低。它大致以乌蒙山为界，分为云南高原和贵州高原两部分，二者相连在一起，分界不明，所以合称为"云贵高原"。

云南高原海拔在2000m以上，高原地形较为明显。位于哀牢山以东的云南省东部地区，因其在云岭以南，故称为云南高原。高原面保存良好。云南高原上的山地顶部多呈宽广平坦地面，或呈和缓起伏地面，大约有1200个湖盆和坝子，约占云南全省耕地1/3。如以昆明为中心的高原面上，分布着滇池等许多大小湖泊。湖盆四周由于湖水外泄和四周山地沙泥淤积，大多数已发育有湖岸平原。这里土壤肥沃，土层深厚，是高原的主要农业区，竹类生态多样性丰富。代表性竹种有筇竹*Qiongzhuea tumidinoda* Hsueh & Yi、昆明实心竹*Fargesia yunnanensis* Hsueh & Yi、熊竹*Yushania ailuropodina* Yi、马边巴山木竹*Bashania abietina* Yi & L. Yang等。

贵州高原海拔在1000～1500m之间，起伏较大，山脉较多，高原面保留不多，称为"山原"。属于典型喀斯特地形，石灰岩广布，到处都有溶洞、石钟乳、石笋、石柱、地下暗河、峰林等，尤其在南盘江北部最为典型。平均气温比起相同纬度较低，冬季不比中国温带地区那么寒冷，夏天也不会有酷热难当的天气，属于典型适竹环境，竹类生态多样性丰富。代表性竹种如贵州刚竹*Phyllostachys guizhouensis* C. S. Chao & J. Q. Zhang、梵净山玉山竹*Yushania complanata* Yi、柔毛筇竹*Qiongzhuea puberula* Hsueh & Yi等。

云贵高原虽然涉及我国四川省的部分地域，也有一些大熊猫主食竹类的分布，但都没有大熊猫的分布，因此，野生大熊猫也不会取食这一带的竹类植物，同样仅有少数竹类被用于饲喂圈养的大熊猫。

6.1.3 竹区地貌的多样性

中国地域广阔，地貌类型众多，有丹霞地貌、喀斯特地貌、海岸地貌、海底地貌、风积地貌、风蚀地貌、河流地貌、冰川地貌、冰缘地貌、湖泊地貌、构造地貌、热融地貌、重力地貌、黄土地貌、人为地貌等多种类型。其中，生境适宜大熊猫主食竹生长的有以下地貌类型：

6.1.3.1 丹霞地貌

丹霞地貌是指由巨厚的红色砂岩、砾岩组成的方山、奇峰、峭壁、岩洞和石柱等特殊地貌的总称。主要发育于侏罗纪到第三纪，产于水平或缓倾斜的红色陆相地层中，具顶平、坡陡、麓缓的形态特点。红色地层沿着垂直节理受到流水、重力、风力作用等侵蚀，形成深沟、残峰、石墙、石柱、崩积锥以及石芽、溶洞、漏斗、石钟乳等地貌形态。主要山体呈方山状、堡垒状、宝塔状、单斜状峰群等。丹霞地貌独特的地貌特征，构成了其独特的生态环境特征（欧阳杰，2015）。丹霞地貌的多样性，构成其相应区域植物的多样性（敖惠修，1991）。竹子的分布自然也受此影响。毛竹*Phyllostachys edulis* (Carr.) H. de Leh.是这一地貌上分布较广的竹类植物，也是圈养大熊猫的主要投喂竹种。该地貌比较典型的案例为福建南平的武夷山，一个丹霞区域分布有多种竹子，如毛竹、福建酸竹*Acidosasa notata* (Z. P. Wang & G. H. Ye) S. S. You、武夷少穗竹*Oligostachyum wuyishanicum* S. S. You & K. F. Huang、武夷山茶秆竹*Pseudosasa wuyiensis* S. L. Chen & G. Y. Sheng、武夷山玉山竹*Yushania wuyishanensis* Q. F. Zheng & K. F. Huang等，但多数竹种都未用作大熊猫主食竹。

6.1.3.2 喀斯特地貌

喀斯特地貌是具有溶蚀力的水对可溶性岩石进行溶蚀等作用所形成的地表和地下形态的总称，又称岩溶地貌。它以溶蚀作用为主，还包括流水的冲蚀、潜蚀，以及坍陷等机械侵蚀过程。这种作用及其产生的现象统称为喀斯特。中国是世界上最大的喀斯特地貌区之一，总面积91万～130万km^2。较著名的喀斯特区域主要分布于中国广西、贵州和云南东部等地，广东、西藏和北方一些地区也有少量分布。总的来说，范围广、面积大。喀斯特地貌的多样性，也构成其相应区域植物的多样性。竹子的分布也受此影响，其生态类型同样表现出多样性特质，不同喀斯特地貌区分布的竹种差别很大。如广西阳朔石灰岩地区分布有单枝竹 *Bonia saxatilis* (Chia, H. L. Fung & Y. L. Yang) N. H. Xia，龙州、凭祥等地海拔300～500m石灰岩上分布有芸香竹 *Bonia amplexicaulis* (Chia, H. L. Fung & Y. L. Yang) N. H. Xia，贵州遵义娄山关海拔1300～1600m的石灰岩上分布有单枝玉山竹 *Yushania uniramosa* Hsueh & Yi，广东肇庆的石灰岩地区分布有小花单枝竹 *Bonia parvifloscula* (W. T. Lin) N. H. Xia、英德岩背至阳山一带石灰岩地区分布有单枝竹 *Bonia saxatilis* (Chia, H. L. Fung & Y. L. Yang) N. H. Xia等。毛竹 *Phyllostachys edulis* (Carr.) H. de Leh.也是这一地貌上分布较广的竹类植物，也是圈养大熊猫的主要投喂竹种。

6.1.3.3 海岸地貌

海岸地貌是指海岸在构造运动、海水动力、生物作用和气候因素等共同作用下所形成的各种地貌的总称。第四纪时期冰期和间冰期的更迭，引起海平面大幅度的升降和海进、海退，导致海岸处于不断的变化之中。距今6000～7000年前，海平面上升到相当于现代海平面的高度，构成现代海岸的基本轮廓，形成了各种海岸地貌。在不同的气候带，温度、降水、蒸发、风速不同，海岸风化作用的形式和强度各异，使海岸地貌具有一定的地带性。中国海岸线长约1.8万km，海岸带蕴藏有极为丰富的矿产、生物、能源、土地等自然资源，是人类活动的重要地区，这里遍布工业城市和海港，不仅是国防前哨，而且是海陆交通的枢纽、经济发展的重要基地。由于海岸地带的人为活动频繁，生态类型比较单一，仅在城市、公园、海岸防风林带见有人工栽培的小型片状、带状或点状竹林。比如台湾恒春半岛的东南岬的猫鼻头海岸防风林带即种植了数量较多的箣竹 *Bambusa blumeana* J. A. & J. H. Schult. F，香港维多利亚港湾沿岸点状种植的龙头竹 *B. vulgaris* Schrader ex Wendland、黄金间碧竹 *B. vulgaris* 'Vittata'、公园种植的破篾黄竹 *B. contracta* Chia & H. L. Fung，海南海口种植的孝顺竹 *B. multiplex* (Lour.) Raeuschel ex J. A. & J. H. Schult.、小琴丝竹 *B. multiplex* 'Alphonse-karr'等。该地貌上生长的龙头竹、黄金间碧竹、孝顺竹、小琴丝竹等，都曾被用于饲喂圈养的大熊猫。

6.1.3.4 河流地貌

河流地貌是指河流作用于地球表面，经侵蚀、搬运和堆积过程所形成的各种侵蚀、堆积地貌的总称。河流作用是地球表面最经常、最活跃的地貌作用，它贯穿于河流地貌形成的全过程。无论什么样的河流均有侵蚀、搬运和堆积作用，因而形成了形态各异的地貌类型。河流一般可分为上游、中游与下游3个部分。由上游向下游侵蚀能力减弱，堆积作用逐渐增强。山区河流谷地多呈"V"形或"U"形，纵坡降较大，谷底与谷坡间无明显界限，河岸与河底常有基岩露出，多为顺直河型；平原河流的河谷中多厚层冲积物，有完好宽平的河漫滩，河谷横断面为宽"U"形或"W"形，河床纵剖面较平缓，常为一光滑曲线，降比较小，多为弯曲、分叉与游荡河型。地貌类型中包括侵蚀与堆积地貌两类，前者有侵蚀河床、侵蚀阶地、谷地、谷坡；后者含河漫滩、堆积阶地、冲积平原、河口三角洲等。河流阶地是河流地貌中重要的地貌类型。不同河流、不同河段、不同侵蚀、搬运或堆积河床地貌，其生态类型是不一样的，因而在有竹林分布的区域，形成了相应的竹林生态景观。比如在我国华南和西南地区，生于低海拔河流两岸的车筒竹 *Bambusa sinospinosa* McClure竹林生态景观，四川宜宾金沙江两岸的硬头黄竹 *B. rigida* Keng & Keng f.竹林生态景观，广西桂林漓江两岸的箣竹*B. blumeana* J. A. & J. H. Schult. F竹林生态景观，云南西双版纳澜沧江两岸的黄竹*Dendrocalamus membranaceus* Munro竹林生态景观等。在四川西部，曾有记录当冬季寒冷季节，见有大熊猫下移觅食时采食硬头黄竹。

6.1.3.5 湖泊地貌

湖泊地貌是指由湖（含水库）水作用（包括湖浪侵蚀、搬运和堆积作用）而形成的各种地表形态。湖浪可以改造河流携带的、湖岸边坡被剥蚀下来的物质，在岸边形成湖泊滨岸地貌。湖积地貌有：湖积阶地、湖积平原、湖积沙坝等。入湖河流所携带的物质，在湖口地区可形成湖滨三角洲。当湖泊不断填充淤塞，湖水变浅，逐渐向沼泽方向演化形成沼泽。该地貌陆地植被相对单一，野生竹类相对较少，主要为人工栽培竹林。如云南腾冲古永林场粉竹坝海拔2700m左右沼泽地边缘湿地上自然生长的湿地玉山竹*Yushania uliginosa* Yi & J. Y. Shi、大理洱海边普遍栽培的慈竹*Neosinocalamus affinis* (Rendle) Keng f.、永善蒿枝坝水库消落带上人工种植的裸箨海竹*Yushania qiaojiaensis* 'Nuda'、江苏无锡太湖边种植的孝顺竹*Bambusa multiplex* (Lour.) Raeuschel ex J. A. & J. H. Schult.、小琴丝竹*B. multiplex* 'Alphonse-karr'、紫蒲头灰竹*Phyllostachys nuda* 'Localis' 等。该地貌上生长的孝顺竹、小琴丝竹等，均见用于饲喂圈养的大熊猫。

6.1.3.6 黄土地貌

黄土地貌是指发育在黄土地层中的地形。黄土是第四纪陆相黄色粉砂质土状堆积物，占陆地面积的1/10。该地貌沟谷纵横、地面破碎，人类活动频繁，生态破坏严重，森林植被稀少，竹类分布更少，且多为人工栽培竹子。如陕西黄河流域普遍栽培的刚竹*Phyllostachys sulphurea* 'Viridis'、曲秆竹*P. flexuosa* (Carr.) A. & C. Riv.，西安地区栽培的变竹*P. glauca* 'Variabilis'，兰州地区栽培的巴山木竹*Bashania fargesii* (E. G. Camus) Keng f. & Yi、矮箭竹*Fargesia demissa* Yi等。该地貌上生长的刚竹（图6-18）、巴山木竹等，均见用于饲喂圈养的大熊猫。

6.1.3.7 人为地貌

人为地貌是指由于人为活动而在地球表面塑造的地貌体的总称，又称人工地貌。人类对地球表面地貌的干预是全面的，既有建设性，又有破坏性；既有直接改变地貌过程和地貌类型，又有通过人类各种社会的、生产的、科学的实践活动间接对地貌的改变。随着人类社会经济的发展，对地球表面地貌的干预还会日益增强，由此引起的对人类生存环境的反馈和影响也更加频繁，这已引起世界各国的关注。例如由于工业革命，城市人口的高度密集等增强了温室效应、全球气候的变暖和海面的上升，危及到人类的生产和生活等。总体来说，人为活动对于该地貌类型的影响范围大，影响时间长，影响频次多，影响方式更是多种多样。在人为地貌上，各种植物，包括竹子，均是按照人类意志进行规划和种植。因而，各种观赏性竹类被小片状、带状和点状栽培利用。比如紫竹*Phyllostachys nigra* (Lodd. ex Lindl.) Munro、斑竹*P. bambusoides* 'Lacrima-deae'、淡竹*P. glauca* McClure、筠竹*P. glauca* 'Yunzhu'、凤尾竹*Bambusa multiplex* 'Fernleaf'、小琴

▲ 图6-18 刚竹

丝竹B. multiplex 'Alphonse-karr'等。该地貌上生长的紫竹（图6-19）、斑竹、淡竹、凤尾竹、小琴丝竹等，均见用于饲喂圈养的大熊猫。

6.1.4 竹区土壤的多样性

竹区土壤多样性也是竹类生态多样性的主要组成部分之一。中国地域广袤、气候多样，地形地貌变化很大，土壤类型同样复杂多样，从而导致生长于不同土壤上的植物也形成各有特点、相对独特的样貌（丁佳等，2011）。在我国众多的土壤类型中，有竹子分布的主要为红壤系列（包括砖红壤、赤红壤和红壤）、黄壤系列（包括黄壤、漂洗黄壤和表潜黄壤）、棕壤系列（包括黄棕壤和棕壤）、褐土系列和岩性土系列（包括紫色土和石灰岩土）（中华人民共和国国家标准，2009；龚子同等，1996）。

6.1.4.1 红壤系列

红壤系列是我国热带、亚热带地区最典型的陆相堆积物，分布区高温多雨，年降水量1200～2500mm，年均温15～28℃，是我国南方热带、亚热带地区的重要土壤资源。分布范围北起长江两岸，南抵南海诸岛，东至台湾、澎湖列岛，西达云贵高原及横断山脉，包括广东、广西、福建、台湾、贵州、浙江全省以及安徽、湖北、四川、江苏及西藏南部的一部分，涉及14个省区，面积超过148万km²，是我国分布最广，种类最多的土壤类型，也是影响我国植物和竹类生态多样性丰富度最重要的土壤类型。红壤类又分为砖红壤、赤红壤和红壤。

（1）赤红壤

发育在南亚热带常绿阔叶林下，属于红壤和砖红壤的过渡性土壤。范围包括南岭以南至雷州半岛北段，即福建、台湾、广东、广西和云南南部地区。土壤呈酸性反应，水浸pH值多在5.0～5.5间。其原生植被为南亚热带季雨林，植被组成既有热带雨林成分，又有较多的亚热带植物种属。生长于该土壤上的代表性竹种如木竹*Bambusa rutila* McClure、长枝竹*B. dolichoclada* Hayata、大眼竹*B. eutuldoides* McClure、单竹*Lingnania cerosissima* (McClure) McClure、小粉单竹*L. chungii* 'Petilla'、麻竹*Dendrocalamus latiflorus* Munro等。该类土壤上生长的麻竹（图6-20），有被用于饲喂圈养的大熊猫。

▲ 图6-19 紫竹

▲ 图6-20 麻竹

（2）红壤

红壤广泛分布于中亚热带广大低山丘陵地区，包括江西、湖南两省的大部分，湖北的东南部，广东、福建北部、云南南部，以及贵州、四川、浙江、安徽、江苏等的一部分和西藏南部等地。其分布区冬季温暖干旱，夏季炎热潮湿，干湿季节明显。代表性植被为常绿阔叶林。竹类生态多样性丰富。生长于该土壤上的代表性竹类如毛竹*Phyllostachys edulis* (Carr.) H. de Leh.、摆竹*Indosasa acutiligulata* Z. P. Wang & G. H. Ye、武宁大节竹*Indosasa wuningensis* Wen & Y. Zou、短穗竹*Brachystachyum densiflorum* (Rendle) Keng、花巨竹*Gigantochloa verticillata* (Willd.) Munro、梨藤竹*Melocalamus compactiflorus* (Kurz) Benth. & Hook. f.、沙罗单竹*Schizostachyum funghomii* McClure、空竹*Cephalostachyum fuchsianum* Gamble、糯竹*Cephalostachyum pergracile* Munro等。该类土壤上生长的毛竹，常用于饲喂圈养的大熊猫。

6.1.4.2 黄壤系列

黄壤系列是中亚热带湿润地区发育的富含水合氧化铁（针铁矿）的黄色土壤，发育于亚热带湿润山地或高原常绿阔叶林下。土壤酸性，土层经常保持湿润，因土层含有大量针铁矿而呈黄色，故名。黄壤类又分为黄壤、灰化黄壤和表潜黄壤。

（1）黄壤

黄壤又称典型黄壤，主要分布于四川、贵州、云南等省，为我国南方山区的主要土壤类型。海拔700~1600m的黄壤又称山地黄壤。多见于原生植被保存较少，次生栎类灌丛和稀疏马尾松、杉木混交林较多的山地，有机质含量随自然植被的不同而有很大差异。适于该类土壤生长的代表性竹类如毛竹*Phyllostachys edulis* (Carr.) H. de Leh.、硬头黄竹*Bambusa rigida* Keng & Keng f.、料慈竹*Lingnania distegia*（Keng & Keng f.）Keng f.、桂单竹*L. funghomii* McClure、绵竹*L. intermedia* (Hsueh & Yi) Yi、梁山慈竹*Dendrocalamus farinosus* (Keng & Keng f.) Chia & H. L. Fung、黔竹*D. tsiangii* (McClure) Chia & H. L. Fung、独山唐竹*Sinobambusa dushanensis* (C. D. Chu & J. Q. Zhang) Wen、毛环方竹*Chimonobambusa hirtinoda* C. S. Chao & K. M. Lan等。该类土壤上生长的毛竹，常用于饲喂圈养的大熊猫。

（2）漂洗黄壤

漂洗黄壤的成土母质有第四纪更新统沉积物和砂页岩风化物，在湿度大，酸性强以及有黏化隔水层存在的条件下，土壤产生还原离铁作用，经侧渗水的淋溶漂洗，土壤剖面中出现灰白色的漂洗层，这就常称的白鳝层，该层多酸性反应，常呈块状或棱柱状结构，结构面有较多的铁质胶膜和灰色光泽胶膜，下层铁锰淀积明显，黏粒含量高。该类土壤由于盐基物质大量漂洗、淋失，土壤酸度较高。漂洗黄壤多数处于海拔700m以上，受水的作用深刻，土性冷，养分贫乏，加之气候冷湿，土壤供肥力弱，适农作物少，产量低，目前多为林地。林被下的漂洗黄壤，表土层上有较厚的枯枝落叶层。主要分布于四川、重庆、云南、贵州等省市。适于该类土壤生长的代表性竹类如贵州刚竹*Phyllostachys guizhouensis* C. S. Chao & J. Q. Zhang、毛环水竹*P. aurita* J. L. Lu、毛金竹*P. nigra* (Lodd. ex Lindl.) Munro var. *henonis* (Mitford) Stapf ex Rendle.、笼笼竹*Fargesia conferta* Yi、棉花竹*F. fungosa* Yi、威宁箭竹*F. weiningensis* Yi & L. Yang、梵净山玉山竹*Yushania complanata* Yi、窄叶玉山竹*Y. angustifolia* Yi & J. Y. Shi、雷公山玉山竹*Y. leigongshanensis* Yi & C. H. Yang，等。其中的毛金竹常用于饲喂圈养的大熊猫。

6.1.4.3 棕壤系列

棕壤系列为中国东部湿润地区发育在森林下的土壤。包括黄棕壤、棕壤、灰棕壤和棕色灰化土等土壤类型。

（1）黄棕壤

该土壤分布北起秦岭–淮河南的大巴山和长江，西至青藏高原东南边缘，东至长江下游地带，是亚热带落叶阔叶林杂生常绿阔叶林下发育的弱富铝化、黏化、酸性土壤，分布于长江下游，界于黄、红壤和棕壤地带之间，土壤性质兼有黄、红壤和棕壤的某些特征。海拔1600～2200m的黄棕壤又称山地黄棕壤。适于该类土壤生长的代表性竹类如毛竹*Phyllostachys edulis* (Carr.) H. de Lehaie、早竹*P. violascens* (Carr.) A. & C. Riv.、粉绿竹*P. viridi-glaucescens* (Carr.) A. & C. Riv.、乌哺鸡竹*P. vivax* McClure、实肚竹*P. nidularia* 'Farcta'、红后竹*P. rubicunda* Wen、中华业平竹*Semiarundinaria sinica* Wen等。其中的毛竹、早竹、乌哺鸡竹和黄秆乌哺鸡竹*Phyllostachys vivax* 'Aureocaulis'（图6-21）等，均见用于饲喂圈养的大熊猫。

（2）棕壤

棕壤又名棕色森林土，是指发育于湿润条件下的针叶树林或针叶、阔叶混交林地下发育的中性至微酸性的土壤。该土壤类型主要分布于暖温带的辽东半岛和山东半岛和山东的中、南部等地以及黄棕壤、褐土区的垂直带上，特点是在腐殖质层以下具棕色的淀积黏化层，土壤矿物风化度不高，二氧化硅／氧化铝比值3.0左右，黏土矿物以水云母和蛭石为主，并有少量高岭石和蒙脱石，盐基接近饱和。该类土壤竹类植物分布较少，且主要为栽培竹类，仅见于山东半岛。如黄槽竹*Phyllostachys aureosulcata* McClure、小叶光壳竹*P. microphylla* G. H. Lai、灰竹*P. nuda* McClure、绿皮黄筋竹*P. sulphurea* 'Houzeauana'、阔叶箬竹*Indocalamus latifolius* (Keng) McClure等。生长于该土壤上的黄槽竹（图6-22）、灰竹、阔叶箬竹等均见用于饲喂圈养的大熊猫。

▲ 图6-21 黄秆乌哺鸡竹

▲ 图6-22 黄槽竹

（3）暗棕壤

暗棕壤也称灰棕壤，又名暗棕色森林土，是指在温带湿润季风气候和针阔混交林下发育形成的土壤。该土壤表层腐殖质积聚，全剖面呈中至微酸性反应，盐基饱和度60%～80%，剖面中部黏粒和铁锰含量均高于其上下两层的淋溶土。暗棕壤分布很广，是东北地区占地面积最大的一类森林土壤，在全国其他山区的垂直带谱中棕壤之上也广泛分布有暗棕壤。比如分布于四川盆地边缘山地海拔2200～2800m处的暗棕壤，又称为山地暗棕壤（灰棕壤）。该类土壤竹类植物分布更少，如产于四川雷波，拉米山岳上部冷杉林下的白背玉山竹*Yushania glauca* Yi & T. L. Long、马边药子山冷杉林下的马边巴山木竹*Bashania abietina* Yi & L. Yang、万源、通江山地中上部至顶部、成片原生或生于灌丛间的具耳箬竹*Indocalamus auriculatus* (H. R. Zhao & Y. L. Yang) Y. L. Yang、重庆巫溪海拔2200～2400m的荒山或灌丛间的巫溪箬竹*I. wuxiensis* Yi等。其中的马边巴山木竹是四川马边彝族自治县野生大熊猫四季采食的主要竹种。

（4）棕色灰化土

棕色灰化土也称漂灰土，是指发育于寒温带低温潮湿气候和针叶林植被下的一种强酸性、底层有铁铝淀积的土壤。主要分布于大兴安岭中北部和青藏高原东南边缘山区。该土壤在强酸性条件下，有机酸使土体发生螯合淋溶和淀积作用，形成棕色灰化土。海拔2800～3500m的棕色灰化土又称山地棕色灰化土。该类土壤竹类植物比较罕见，如生于四川木里海拔2600～3000m峡谷中上部坡地云南松和栎林下的木里箭竹*Fargesia muliensis* Yi和海拔3000～3500m的高山栎或冷杉林下的马箭竹*Fargesia erecta* Yi，以及会理贝母山海拔3000～3200m长苞冷杉林下的马利箭竹*Fargesia mali* Yi、生于马边海拔2600～3000m峨眉冷杉林下的熊竹*Yushania ailuropodina* Yi。其中的熊竹是四川马边彝族自治县野生大熊猫四季采食的主要竹种。

6.1.4.4 褐土系列

褐土系列是在中性或碱性环境中进行腐殖质累积形成的土壤类型，石灰的淋溶和淀积作用较明显，残积–淀积黏化现象均有不同程度的表现。该系列包括褐土、黑垆土和灰褐土。竹类分布仅见于褐土。

褐土又称褐色森林土，分布于中国暖温带东部半湿润、半干旱地区，形成于中生夏绿林下，其特点为腐殖质层以下具褐色黏化层、风化度低，含有较多水云母和蛭石等黏土矿物，石灰聚积以假菌丝形状出现在黏化层之下。褐土经长期土类堆积覆盖和耕作影响，在剖面上部形成厚达30～50cm以上的熟化层，主要分布于陕西的关中地区。该类土壤竹类植物分布很少，且均为栽培竹类，如曲秆竹*Phyllostachys flexuosa* (Carr.) A. & C. Riv.、变竹*P. glauca* McClure var. *variabilis* J. L. Lu、毛环竹*P. meyeri* McClure、巴山木竹*Bashania fargesii* (E. G. Camus) Keng f. & Yi等。生长于该土壤上的巴山木竹被用于饲喂圈养的大熊猫。

6.1.4.5 岩性土系列

岩性土包括紫色土、石灰土、磷质石灰土、黄绵土（黄土性土壤）和风沙土。这类土壤性状仍保持母岩或成土母质特征。岩性土上有竹类分布的仅紫色土。

紫色土是指紫红色岩层上发育的土壤。以四川盆地的丘陵地区分布最广，在南方诸省盆地中只有零星分布。该土壤类型矿质养分丰富，有机质含量1.0%左右，土壤肥沃，农业利用价值很高。其发育程度较同地区的红、黄壤为迟缓，尚不具脱硅富铝化特征，呈中性至微碱性，pH值为7.5～8.5，石灰含量随母质而异，盐基饱和度达80%～90%。适于该类土壤生长的代表性竹类如慈竹*Neosinocalamus affinis* (Rendle) Keng f.、大琴丝竹*N. affinis*‘Flavidorivens’（图6-23）、金丝慈竹*N. affinis*‘Viridiflavus’、绿秆花慈竹*N. affinis*‘Striatus’、硬头黄竹*Bambusa rigida* Keng & Keng f.、梁山慈竹*Dendrocalamus farinosus* (Keng & Keng f.) Chia & H. L. Fung、苦竹*Pleioblastus amarus* (Keng) Keng f.、斑苦竹*P. maculatus* (McClure) C. D.Chu & C. S. Chao等。见有野生大熊猫取食生长于该土壤上的慈竹、大琴丝竹、金丝慈竹、硬头黄竹，还有用苦竹、斑苦竹饲喂圈养的大熊猫。

▲图6-23　大琴丝竹

6.2　生物因素的多样性

生物因素是指大熊猫主食竹生态环境多样性中各种具有生命的活的有机因子的集合。主要包括植物因素、人为因素、动物因素和微生物因素等。

6.2.1　植物因素的多样性

6.2.1.1　竹类分布类型的多样性

分布类型多样性的实质，是经纬度格局对物种多样性影响的结果。在中国典型森林生态系统中，乔木层物种的丰富度与纬度相关性最强，即随纬度升高，物种丰富度呈显著下降趋势。比如通过对我国木本植物和种子植物的物种丰富度与纬度分布规律的研究，发现其物种丰富度的变化规律随纬度的升高而降低；在热带的西双版纳和尖峰岭地区，稀有物种和中间物种个体数量较多，物种多样性指数整体较高（陈圣宾，2011；吴安驰等，2018）。因此竹类生态的多样性，首先表现在其在广阔分布地域上经纬度格局的差异变化上。

中国竹类植物的自然分布很广，横跨大江南北，西至西藏吉隆（约东经85°）、北至甘肃兰州（约北纬36°）、东和南均达沿海各地，涵盖了台湾省、香港特别行政区在内的21个有竹子分布的省（自治区、直辖市）和特区。由于不同区域的海拔、气候、土壤、地形、河流等生境因子的综合状态不同，适应各类生境的竹林状况也会呈现明显差异。这样一来，中国竹类分布与其所处的生态环境就构成了相互印证的关系（易同培等，2008；史军义等，2012，2020）。

（1）丛生竹区

丛生竹区北起浙江温州雁荡山南部、福建戴云山到两广南岭以南，西到四川西南部、云南和西藏东南部，主要是中亚热带和南亚热带地区，1月平均气温在4℃等温线以南。土壤类型主要是砖红壤、赤红壤、红壤和黄壤。该区域丛生竹种类丰富，主要有箣竹属*Bambusa* Reetz. corr. Schreber、单竹属*Lingnania* McClure、牡竹属*Dendrocalamus* Nees、绿竹属*Dendrocalamopsis* (Chia & H. L. Fung) Keng f.、慈笋竹属*Schizostachyum* Nees、单枝竹属*Bonia* Balasa、梨藤竹属*Melocalamus* Benth.、空竹属*Cephalostachyum* Munro、泰竹属*Thyrsostachys* Gamble、新小竹属*Neomicrocalamus* Keng f.、慈竹属*Neosinocalamus* Keng f.、香竹属*Chimonocalamus* Hsueh & Yi，亚高山有少量箭竹属*Fargesia* Franch.和玉山竹属*Yushania* Keng f. 竹种分布。散生竹少，秆小型至中型，常见有大节竹属*Indosasa* McClure、少穗竹属*Oligostachyum* Z. P. Wang & G. H. Ye、唐竹属*Sinobambusa* Makino ex Nakai、酸竹属*Acidosasa* C. D. Chu & C. S. Chao、苦竹属*Pleioblastus*

Nakai、箬竹属*Indocalamus* Nakai等。东南沿海地区平原、丘陵，在沿江、沿海岸边多为人工栽培的竹林植被，野生丛生竹林很少，西部丛生竹除农庄栽培较多外，也常见有面积大小不等的野生竹林或竹木混交林。根据不同大气环流影响所形成的降水量季节分配差异，丛生竹区可分为2个亚区。两亚区的分界线大体以云南、广西交界的南盘江口到文山一线划分。a. 东南季风丛生竹亚区：受太平洋暖湿气流影响，四季降水量分配相对均匀，冬春季节有一定数量的降水，无明显干湿季节之分。本亚区的竹种主要是箣竹属、单竹属、绿竹属等大、中型种类，也有藤本类竹种如薄篾竹属*Schizostachyum* Nees、悬竹属*Ampelocalamus* S. L. Chen, T. H. Wen & G. Y. Sheng等；b. 西南季风丛生竹亚区：这个亚区由于受西风环流与印度洋南亚季风、太平洋东南季风的交替控制，干湿季十分明显。每年10月间，西风带向南移动，其南支西风急流来自秉性干燥温暖西亚的广大热带、亚热带地区，形成干季。到次年5月，随着西风带的迅速北撤，南支西风突然消失，而来自印度洋和孟加拉湾热带洋面的西南季风和来自太平洋南海的东南季风推进，挟带大量水气，形成雨季。适应这一气候类型的竹种主要为牡竹属*Dendrocalamus* Nees、梨藤竹属*Melocalamus* Benth、空竹属*Cephalostachyum* Munro、泰竹属*Thyrsostachys* Gamble、薄竹属*Leptocanna* Chia & H. L. Fung、香竹属*Chimonocalamus* Hsueh & Yi，还有散生竹大节竹属*Indosasa* McClure，以及大量的亚高山箭竹属*Fargesia* Franch.和玉山竹属*Yushania* Keng f. 竹种。其中的箭竹属（图6-24）和玉山竹属（图6-25）是大熊猫最为重要的主食竹类。

▲ 图6-24　青川箭竹

▲ 图6-25　空柄玉山竹

（2）散生竹区

本区北界为我国竹子分布的北界，东临渤海、黄海、东海，南界为丛生竹区的北线，西界为亚高山竹区和混合竹区的东界线，是我国最大的竹区。区内分布的主要竹类为散生竹，以刚竹属*Phyllostachys* Sieb. & Zucc.种类最多，乃该属分布的中心。此外也有复轴混生型竹种的苦竹属、唐竹属、箬竹属、井冈寒竹属*Gelidocalamus* Wen、赤竹属*Sasa* Makino & Shibata、少穗竹属、茶秆竹属*Pseudosasa* Makino ex Nakai等。还有特产的短穗竹属*Brachystachyum* Keng 以及有较多种的倭竹属*Shibataea* Makino ex Nakai。该区可分以下2个亚区：

①降水性散生竹亚区

位于散生竹区的南半部，以灌溉性散生竹区的南界为本亚区的北界，西部是北起甘肃白龙江下游的武都，向东经成县到陕西太白县，沿秦岭山脊向东到河南熊耳山、伏牛山经信阳入安徽沿淮河水系进江苏宝应、兴化为界。南界为丛生竹区的北界，西界是混合竹区。该亚区地域广阔，气候差别很大。例如北界边缘的安徽佛子岭、金寨到河南固始、信阳一线，年平均气温14.5℃，极端最低气温-20.5～-12.2℃，而南岭南坡年平均气温19.1～20.4℃，极端最低气温只有-6.2～-4.9℃。年降水量1100～1750mm之间，但武夷山区可达2000mm。毛竹*Phyllostachys edulis* (Carr.) H. de Lehaie是本亚区栽培最广泛的笋材两用经济竹种，并有大面积人工纯毛竹林。桂竹*P. bambusoides* Sieb. & Zucc.、台湾桂竹*P. makinoi* Hayata、淡竹*P. glauca* McClure、毛金竹*P. nigra* (Lodd. ex Lindl.) Munro var. *henonis* (Mitford) Stapf ex Rendle的栽培也较广泛。著名笋用竹种有早竹*P. praecox* C. D. Chu & C. S. Chao、雷竹*P. praecox* 'Prevernalis'、乌哺鸡竹*P. vivax* McClure、红哺鸡竹*P. iridescens* C. Y. Yao & C. Y. Chen、白哺鸡竹*P. dulcis* McClure、红壳雷竹*P. incarnata* Wen以及高产笋量的角竹*P. fimbriligula* Wen。其他散生竹的种类也较多。观赏竹种也很丰富，如紫竹*P. nigra* (Lodd. ex Lindl.) Munro、花毛竹*P. edulis* 'Huamozhu'、龟甲竹*P. edulis* 'Kikko-chiku'、圣音毛竹*P. edulis* 'Tubaeformis'、罗汉竹*P. aurea* Carr. ex A. & C. Riv.、金镶玉竹*P. aureosulcata* 'Spectabilis'、筠竹*P. glauca* 'Yunzhu'、黄秆乌哺鸡*P. vivax* 'Aureocaulis'。地被竹种也不少，如铺地竹*Pleioblastus argenteostriata* E. G. Camus、菲黄竹*S. auricoma* E. G. Camus、鹅毛竹*Shibataea chinensis* Nakai、狭叶倭竹*S. lanceifolia* C. H. Hu等。该亚区中分布的毛竹、桂竹、淡竹、毛金竹、紫竹、龟甲竹、罗汉竹（图6-26）、黄秆乌哺鸡竹，均见用于饲喂圈养的大熊猫。

▲图6-26 罗汉竹

②灌溉性散生竹亚区

该亚区位于降水性散生竹亚区的北部。其西界为混合竹区的东界，南界是降水性散生竹亚区的北界，从秦岭北坡经西安到山西太行山达北京为该亚区北界。气温和降水是影响竹子自然分布的主要因素，一些散生竹在冬季能抵御-20℃以下的低温，但不能忍受这个季节的干冷气候。为创造竹子的适生环境，在秦岭以北的黄河流域栽培竹子，必须在冬、春季及发笋期施行人工灌水，竹子才能正常生长。适应本亚区生长的竹种不多，主要为刚竹属*Phyllostachys* Sieb. & Zucc.的一些竹种。例如毛竹、桂竹、斑竹*P. bambusoides* 'Lacrima-deae'、淡竹、变竹*P. glauca* 'variabilis'、筠竹*P. glauca* 'Yunzhu'、曲秆竹*P. flexuosa* (Carr.) A. & C. Riv.等。此外，孝顺竹*Bambusa multiplex* (Lour.) Raeuschel ex J. A. & J. H. Schult.是丛生竹中比较耐寒的竹种，筇竹*Qiongzhuea tumidinoda* Hsueh & Yi是四川、云南中山地区的特产竹种，它们在西安楼观台森林公园引栽成功，巴山木竹*Bashania fargesii* (E. G. Camus) Keng f. & Yi还可以引栽到北京。该亚区中分布的毛竹、桂竹、淡竹、孝顺竹，均见用于饲喂圈养的大熊猫；位于四川南部的筇竹（图6-27），则是雷波、马边一带野生大熊猫的重要主食竹种。

（3）混合竹区

这个竹区的地理范围基本上是四川盆地，西界与亚高山竹区相连，北界起甘肃白龙江下游碧口，经广元、米仓山、大巴山、巫山为东界，在长江以南以四川、贵州分界，到合江沿赤水河，直到四川宜宾和云南五莲峰北部向北至大相岭东坡，西界与亚高山竹区相衔接。四川盆地四面环山，地形特殊，气候条件有许多特点。盆地北部有秦岭和大巴山的双重阻挡，冬季北方寒流入侵相对较小。巫山海拔较低，加上江面仅有海拔100m的长江口，东南沿海的太平洋暖湿气流容易进入重庆和四川。印度洋热带气流顺横断山脉河谷从南方北上，对盆地气候也有一定影响。因而，四川盆地的气候较相同纬度的湖北、安徽都要高。据统计，四川盆地年均气温比这两省高2℃，1月均温高2～6℃，1月平均最低气温高2～6℃。年均温等于或低于5℃的日数少20d以上，等于0℃的日数少10d以上，平均气温等于或低于5℃的开始日期晚出现20d左右，平均气温等于或低于5℃的终止日期早出现30～40d，形成冬天较短而温湿的气候。盆地内部土壤主要为紫色土，黄壤较少，肥力较高。盆周边缘山地土壤垂直分布明显，海拔700～1600m为山地黄壤，1600～2200m为山地黄棕壤，海拔2200～2800m为山地灰棕壤，海拔2800～3500m为山地棕色灰化土。植被属亚热带湿润性常绿阔叶林区，以壳斗科、樟科树种为主组成常绿阔叶林，以马尾松、柏木、杉木组成亚热带针叶林。盆周山地随海拔升高，水热条件和土壤类型发生了变化，植被也相应产生了不同的垂直带谱，即常绿阔叶林带–常绿–落叶阔叶混交林带–针叶–阔叶混交林带–亚高山针叶林带–高山灌丛草甸带。该竹区的气候特点是既适于喜温暖湿润的丛生竹生长，也适宜于相对耐寒的散生竹生长。常见的丛生竹为慈竹*Neosinocalamus affinis* (Rendle) Keng f.和硬头黄竹*Bambusa rigida* Keng & Keng f.，长江河谷沿岸常见高大的车筒竹*B. sinospinosa* McClure，还有特产的牛儿竹*B. prominens* H. L. Fung & C. Y. Sia、锦竹*B. subaequalis* H. L. Fung & C. Y. Sia、伴黄竹*B. changningensis* Yi & B. X.Li.和冬竹*Dendrocalamus inermis* (Keng & Keng f.) Yi。散生竹主要为刚竹属*Phyllostachys* Sieb. & Zucc.的毛竹*P. edulis* (Carr.) H. de Lehaie、篌竹*P. nidularia* Munro、水竹*P. heteroclada* Oliv.、毛金竹*P. nigra* (Lodd. ex Lindl.) Munro var. *henonis* (Mitford) Stapf ex Rendle、桂竹*P. bambusoides* Sieb. & Zucc.、苦竹属*Pleioblastus* Nakai的斑苦竹*P. maculatus* (McClure) C. D. Chu & C. S. Chao以及特产竹种月月竹*Menstruocalamus sichuanensis* (Yi) Yi。盆周山区有多种亚高山竹种，如箭竹属*Fargesia* Franch.、玉山竹属*Yushania* Keng f.和巴山木竹属*Bashania* Keng f. & Yi竹类。其中，见有野生大熊猫大量取食位于四川西部的箭竹属（图6-28）、玉山竹属植物，也有极少取食慈竹、硬头黄竹的现象；更多竹类是用于饲喂圈养的大熊猫。

▲ 图6-27　箭竹

▲ 图6-28　拐棍竹

（4）亚高山竹区

我国西部青藏高原南部和东南部地势高，海拔多在1500～1800m以上，一些喜温性竹种不能生长，取而代之的是种类丰富的喜湿耐寒竹种。这一竹区北界是西起西藏吉隆喜马拉雅山麓河谷到聂拉木、亚东、错那、米林、林芝、易贡，向南连接横断山脉的云南德钦，进入四川雅江观音桥，向东折入黑水，北上若尔盖东部与甘肃迭部南面、宕昌、岷县、永登，东入宁夏隆德和泾源的六盘山区接陇山，这也是我国竹子自然分布的北线，往北仅有个别城市有少量人工引种栽培的竹子。南界从西藏的吉隆南部开始，沿喜马拉雅山国境线一侧至错那东南、波密、察隅北部,云南贡山、丽江,四川盐源、西昌、布拖，沿大凉山、大相岭与混合竹区的西界相连接，入陕西勉县，越秦岭相接于本区的东部。西藏林芝海拔3001m，年均气温8.5℃，7月年均气温15.5℃，1月平均气温0.2℃，极端最低气温–15.3℃，年降水量654.1mm，全年平均相对湿度66%；四川马尔康海拔2664m，年均气温8.6℃，7月年均气温16.4℃，1月平均气温–0.8℃，极端最低气温–17.5℃，年降水量760.9mm，全年平均相对湿度61%。这种气候条件适宜于亚高山竹类生长，特别是在云、冷杉或松林下竹类是常见的下木之一。该区箭竹属种类较多，拉萨罗布林卡有西藏箭竹*Fargesia macclureana* (Bor) Stapleton栽培，巴山木竹*Bashania fargesii* (E. G. Camus)Keng f. & Yi在本区东部分布普遍，兰州园林上广泛栽培本种竹子，西宁有矮箭竹*Fargesia demissa* Yi栽培，其次有玉山竹属*Yushania* Keng f.竹种。少数刚竹属*Phyllostachys* Sieb. & Zucc.竹类也见有栽培，如拉萨市罗布林卡就栽培有毛金竹*P. nigra* (Lodd. ex Lindl.) Munro var. *henonis* (Mitford) Stapf ex Rendle，且生长较好。该区最有特色的是大熊猫主食竹的生态环境。现存大熊猫栖息地一般山岭纵横，地形崎岖，从北到南，有东北向的秦岭山系，西北东南向的岷山山系和邛崃山系，南北向的相岭山系、凉山山系和大雪山山系，加上各山系中不同走向的山岭高峰鳞次栉比，高低各异，相互交织，形成网络，许多山峰在海拔3500～4500m之间，个别山峰更高，例如岷山山脉的主峰雪宝顶高达5588m，邛崃山脉的主峰四姑娘山高达6250m，大雪山山脉主峰贡嘎山高达7556m，为四川境内最高的山峰，秦岭顶峰太白山高达3767m，其与附近河谷的相对高差达2000m以上，形成山高谷深的特殊地貌。大熊猫分布区内河流与其支流形成树枝状水系。由于新构造运动强烈，地壳的迅速上升，河流下切剧烈，因而多形成"V"形河谷。河流降比大，河道强烈弯曲。除秦岭山系北坡周至县渭河中游南岸的黑水河支流属黄河水系外，其他岷江中、上游，雅砻江中游，安宁河上游，大渡河中游，青衣江中、上游，马边河上游、白龙江、白水江中上游，涪江上游，沱江上游以及汉水上游北岸的支流湑水河、酉水河、金水河和蒲河上游均为长江水系。结合太平洋或印度洋季风的影响，使得山地的气候变成"一山分四季，十里不同天"的情形，气候和土壤垂直带谱极其明显，形成了繁杂多样的生境，成为最明显的物种形成和分化中心，这也是导致大熊猫及大熊猫主食竹物种多样性的丰富度极高的重要原因。该区分布着大面积的大熊猫喜食的不同种类的箭竹属*Fargesia* Franch. emend. Yi、玉山竹属*Yushania* Keng f.、巴山木竹属*Bashania* Keng f. & Yi、方竹属*Chimonobambusa* Makino和筇竹属*Qiongzhuea* Hsueh & Yi竹类，还有少量刚竹属*Phyllostachys* Sieb. & Zucc.和箬竹属*Indocalamus* Nakai竹类。该区竹类均属野生大熊猫或圈养大熊猫的主食竹类。

6.2.1.2 竹林生长阶段的多样性

这里所说竹林生长阶段的多样性，是指竹林在不同生长阶段所呈现的状态、功能及其对生态环境变化贡献的多种多样。

6

大熊猫主食竹生态的多样性

（1）幼龄林

这里是指大熊猫主食竹林的幼龄阶段，是竹林尚未完全郁闭前的时期。从出苗到成林，该阶段会因竹种的不同而有较大差异，需要持续5～10年时间。由于幼龄竹林地下茎尚在发育阶段，林冠的水平郁闭尚未完成，林冠与林冠之间并不相互衔接，整个竹林的生态稳定性相对较差，其固土保水、调节气候、净化空气、涵养水源以及维护生态平衡、为其他生物提供庇护的作用相对较弱，竹林景观和竹林环境相对来说还不健全、不完整，自然也不够美观。所以，处于该阶段的竹林应当严加保护，最好不要开发利用。比如1984年岷山、邛崃山冷箭竹*Bashania faberi* (Rendle) Yi开花后形成的幼龄竹林（图6-29、图6-30）。

▲ 图6-29　冷箭竹幼龄林　　　　　　　▲ 图6-30　大熊猫穿越冷箭竹幼龄林

（2）成熟林

这里是指大熊猫主食竹林从郁闭到老熟的生长阶段。这一阶段持续时间最长，也会因竹种的不同而有较大差异，需要30～80年时间不等。该阶段竹林已完成发育，林冠完全郁闭，林相整齐、群落稳定、生长茂盛、生机勃勃，其固土保水、调节气候、净化空气、涵养水源以及维护生态平衡、为其他生物提供庇护的功能成熟，竹林景观完整，竹林环境优美。所以，处于该阶段的竹林可以在不影响其正常生长的前提下，进行科学合理地开发和利用。目前处于我国四川、陕西、甘肃大熊猫分布区以及周边地区的绝大多数大熊猫主食竹均属此类情形（图6-31）。

（3）老熟林

这里是指竹林老化、逐渐开花、结实直到完全枯死的阶段。该阶段也会因竹种的不同而不同，持续时间为2～5年不等。竹林一旦进入老熟期，长势明显衰弱，竹叶逐渐稀疏，竹秆逐渐枯黄，在其生态环境中的各项功能逐渐丧失，竹林逐渐开花、结子、死亡。该阶段的出现属于竹林生长的自然规律，它标志着竹林本生长周期的结束，同时也预示着下一个生长周期的到来。正如20世纪80年代初的岷山、邛崃山发生冷箭竹*Bashania faberi* (Rendle) Yi开花前几年的竹林情形（图6-32）。

▲ 图6-31　冷箭竹成熟林　　　▲ 图6-32　冷箭竹老熟林（少数开花）　　　▲ 图6-33　岷江冷杉–冷箭竹林

6.2.2　竹类伴生植物的多样性

这里所说的伴生植物主要是指同时生长于同一大熊猫主食竹林环境中的植物建群种、优势种或伴生种（辞海编撰委员会，1981）。

6.2.2.1　建群种

指在一定生态环境中，某一植物群落内形成群落环境、决定群落特性的主要植物种。它往往以较多的个体占据了上层空间或控制着土壤的形态。比如在硬头黄竹林Form. *Bambusa rigida*的天然纯林或近纯林环境中，硬头黄竹即为建群种；在岷江冷杉–冷箭竹林Gr. ass. *Abies faxoniana–Bashania faberi*天然林中（图6-33），岷江冷杉*Abies faxoniana*即为建群种，其对冷箭竹*Bashania faberi* (Rendle) Yi的生长，以及维护整个生态系统的平衡，起着极为重要的作用。硬头黄竹林和冷箭竹均为野生大熊猫主食竹。

6.2.2.2　优势种

指在一定生态环境中，某一植物群落的各个层次中占据优势的植物，其作用仅次于建群种。比如在以篌竹林Form. *Phyllostachys nidularia*为优势的天然混交竹林环境中，篌竹即是优势种；在岷江冷杉–华西箭竹林Gr. ass. *Abies faxoniana– Fargesia nitida*天然混交竹中（图6-34）；岷江冷杉*Abies faxoniana*属于乔木层的优势种（也是建群种），华西箭竹林*Fargesia nitida*属于灌木层的优势种。篌竹和华西箭竹均为野生大熊猫主食竹。

▲ 图6-34　岷江冷杉–华西箭竹林　　　　　▲ 图6-35　岷江冷杉+糙皮桦–冷箭竹林

6.2.2.3 伴生种

指在一定生态环境中，伴生竹林生长的植物物种。伴生种又称附属种，是构成（含竹）植物群落的固有植物物种，在竹林群落中经常存在，但并不起主导作用。伴生种既不是建群种，也不是优势种，但在某些情况下，对于生态环境具有优化或指示作用。比如在岷江冷杉+糙皮桦–冷箭竹林Gr. ass. *Abies faxoniana+Betula utilis–Bashania faberi*的天然混交竹林环境中（图6-35），糙皮桦*Betula utilis*即为伴生种，因为它既是其所处生态环境中的主要构成乔木，在群落中经常存在，又对其所在生态环境，甚至植被型具有优化和指示作用，还对其中的大熊猫主食竹——冷箭竹林，具有掩蔽和保护作用。

6.2.3 人为因素的多样性

6.2.3.1 生产性因素

生产性因素主要指林业生产（如竹林采伐、森林采伐）、农业生产（如毁林开荒、农田扩耕）、牧业生产（如放牧、饲养）（图6-36）、副业生产（如采竹、采笋、采药、捕猎）等（图6-37），它们既是竹类生态多样性的影响因素，也是竹类生态多样性的构成因素。

▲ 图6-36　放牧活动

▲ 图6-37　采笋活动

6.2.3.2 建设性因素

建设性因素主要是指在大熊猫主食竹区进行的村庄建设、道路建设、水利建设、输电线路建设等，对其环境多样性的影响。这些项目建设，不仅会永久性占用大熊猫主食竹的生态环境空间，还会永久性改变大熊猫主食竹生态环境的原有平衡状态。因而，它们既是大熊猫主食竹生态环境多样性的影响因素，也是大熊猫主食竹生态环境多样性的构成因素。

6.2.3.3 娱乐性因素

娱乐性因素主要是指在大熊猫主食竹区开展旅游、登山、狩猎、垂钓、训练、野营等活动，对大熊猫主食竹环境多样性的影响。这些项目建设和活动举办，均需要占用大熊猫主食竹生态环境的一定空间，同时还会对项目建设和活动举办地的周边的大熊猫主食竹生长环境造成扰动。

6.2.4 动物因素的多样性

6.2.4.1 食竹动物

食竹动物是以竹为食。食竹动物的存在与否、动物物种、数量多少、活动范围、食量大小以及取食方式等，对于大熊猫主食竹生态环境的多样性，均会造成不同程度的影响。比如大熊猫、小熊猫、竹鼠以及许多食竹昆虫等。

（1）与大熊猫争食

动物若以大熊猫主食竹为食，必然会与大熊猫争夺有限的可食竹源；食竹动物数量越多，要求食物资源就越丰富，否则无法承载。

（2）与大熊猫争空间

食竹动物不仅取食竹类，还需利用竹林环境作为栖息场所，这就必然使得有限的竹林空间变得更加拥挤。

（3）动物不同，影响不同

不同种类的食竹动物，其活动范围、食量、取食方式也会不同，必然对其所在环境的竹类生态多样性状态造成不同影响。

6.2.4.2 伴生动物

伴生动物是与大熊猫相伴而生的动物。伴生动物虽然不一定直接采食大熊猫主食竹，但他们的存在与否、数量多少、动物物种、活动范围、活动强度、活动方式等，对于大熊猫主食竹生态环境的多样性也会造成不同程度的影响，这是不言而喻的事实（图6-38、图6-39）。

▲ 图6-38 活动于冷箭竹林中的川金丝猴　　▲ 图6-39 活动于冷箭竹林中的水鹿

6.2.5 微生物因素的多样性

竹林中的微生物分为两大类：一类是以竹为生的微生物，另一类是伴竹而生的微生物。

6.2.5.1 以竹为生的微生物

以竹为生的微生物主要是指以竹类植物作为养料的寄生性、半寄生性，甚至腐生性菌类，比如竹菌 *Engleromyces goetzi*（又称竹燕窝、竹球菌、肉球菌、竹生、竹荷包、竹包、竹宝等），竹黄 *Shiraia bambusicola*（又称竹花、天竹花、淡竹花、竹参、竹茧、竹三七、血三七、竹赤斑菌、竹赤团子和赤团子等）（陈艺萌等，2013），竹荪 *Dictyophora indusiata*（又称竹笙、竹参等）。比如，竹菌会对硬头黄竹

Bambusa rigida Keng & Keng f.的正常生长造成影响；竹黄会对雷竹*Phyllostachys violascens*'Prevernalis'、苦竹*Pleioblastus amarus* (Keng) Keng f.的正常生长造成影响。

6.2.5.2　伴竹而生的微生物

伴竹而生的微生物，它们不一定以竹子为养料，但喜欢在竹林环境中生长，比如大蝉草*Cordyceps cicada*、蝉棒束孢*Isaria cicadae*、细脚棒束孢*I. tenuipes*、球孢白僵菌*Beauveria bassiana*、布氏白僵菌*B. brongniartii*、多座线虫草（小蝉草）*Ophiocordyecps sobolifera*、拟细线虫草*O. gracilioides*、柱孢绿僵菌*Metarhizium cylindrospora*等（张晓瑶等，2013）。比如，球孢白僵菌会影响毛竹*Phyllostachys edulis* (Carr.) H. de Leh.等多种大熊猫主食竹生态环境的形象和品质。

7

大熊猫主食竹
植被的多样性

———

植被是指覆盖地表的植物群落的总称。人们常常依据植物所处经纬度格局的不同、生长环境的不同、群落构成的不同，以及环境光照、温度、雨量的不同，将其划分为不同的植被类型。根据中国植被类型分类系统，中国的植被型被分为针叶林、阔叶林、灌丛和灌草丛、草原和稀树草原、荒漠植被、冻原、高山稀疏植被、草甸、沼泽和水生植被等10大植被型组、29个植被型、92个植被亚型（吴征镒，1983）。

所谓竹类植被，是指在群落结构、群落组成、群落生态外貌、群落地理分布等特征均十分相似，并具有较大面积规模的竹类植物，以及参与构建该植被的建群乔木树种所组成的森林植被类型的总称。中国的竹类植被的多样性十分丰富，有的几乎完全由竹类植物构成，有的则由竹类植物与其他植物共同构成，尤其是在亚热带和热带地区，竹林常常混生于各种常绿阔叶的森林植物之中，在林内形成显著的层片，对于群落的动态演替起着明显的作用。

中国竹类植被的多样性是中国植被多样性的重要组成部分，同时也是中国竹类多样性的重要组成部分，其中自然包括大熊猫主食竹植被的多样性。根据大熊猫主食竹植被的构成状态，可将其分为单优竹林植被和竹木混交植被两大类型。

7.1 单优竹林植被的多样性

单优竹林植被，是指由竹类植物为主要优势种群落构成的森林植被类型的总称。单优竹林除天然的竹类群落以外，由于一些竹类的用途广、经济价值高，还被人类培育发展成许多栽培群落。因此，各类单优竹林是我国的重要经济植被资源，其中自然包括各种大熊猫主食竹植被资源。

按照中国植被类型分类体系，单优竹林植被属于阔叶林植被型组、竹林植被型，再分为温性竹林、暖性竹林和热性竹林3个植被亚型，以及5个群系组、36群丛组（表7-1）（吴征镒，1983；陈灵芝，2014）。

表7-1　单优竹林植被类型一览表

植被型组	植被型	植被亚型	群系组	群丛组
阔叶林	竹林	温性竹林	山地竹林	包括箬竹林、华箬竹林、华西箭竹林、玉山竹林、拐棍竹林和短穗竹林等6个群丛组
		暖性竹林	丘陵山地竹林	包括筇竹林、方竹林、毛竹林、桂竹林、毛金竹林、水竹林、台湾桂竹林、灰竹林、刚竹林、斑竹林、唐竹林、苦竹林和摆竹林等13个群丛组
			河谷平原竹林	包括车筒竹林、硬头黄竹林、孝顺竹林和慈竹林等4个群丛组
		热性竹林	丘陵山地竹林	包括泰竹林、茶秆竹林、梨藤竹林和山骨罗竹林等4个群丛组
			河谷平原竹林	包括泡竹林、单竹林、麻竹林、龙竹林、牡竹林、箣竹林、青皮竹林、撑篙竹林和薄竹林等9个群丛组

7.1.1 温性竹林植被亚型

该植被亚型主要分布于亚热带海拔较高的山地，海拔多在1500m以上，特别是四川、云南、西藏山地较为普遍，有些种类甚至分布到海拔3000m以上。其生境特点是：气温比较低；多云雾，空气湿润，紫外线辐射强；土壤多为山地草甸土。

该植物亚型只有一个山地竹林群系组，群落结构比较简单，林高比较低矮，常与山顶矮林或灌丛交错分布。

7.1.1.1 山地竹林群系组

该竹林植被主要分布在各地山地地带。在中国植被类型分类体系中，代表性竹林包括：箬竹属的箬竹林Form. *Indocalamus tessellatus*和华箬竹林Form. *Sasa sinica*，箭竹属的华西箭竹林和拐棍竹林，玉山竹属的斑壳玉山竹林，以及短穗竹属*Brachystachyum* Keng的短穗竹林Form. *Brachystachyum densiflorum*等6个群丛组（吴征镒，2008）。其中的华西箭竹林、拐棍竹林、玉山竹林即可归为大熊猫主食竹单优竹林植被。

由于该植被类型分类体系过于宏观，不利于在大熊猫主食竹研究与保护实践中的实际应用。山地竹林群系组中实际含有大量野生大熊猫主食竹林植被，这里也是野生大熊猫的主要栖息地。根据多年来各地学者对大熊猫主食竹植被的大量研究成果，作者对山地竹林群系组的大熊猫主食竹单优植被做了进一步细化，共归结出28个单优竹林群丛组，其中丛生竹类26个，混生竹类2个。

（1）丛生竹类

①箭竹属*Fargesia* Franch. emend. Yi

1）贴毛箭竹林Form. *Fargesia adpressa*

2）油竹子林Form. *Fargesia angustissima*（图7-1）

3）短鞭箭竹林Form. *Fargesia brevistipedis*

4）紫耳箭竹林Form. *Fargesia decurvata*

5）缺苞箭竹林Form. *Fargesia denudata*

6）龙头箭竹林Form. *Fargesia dracocephala*

7）牛麻箭竹林Form. *Fargesia emaculata*

8）丰实箭竹林Form. *Fargesia ferax*

9）华西箭竹林Form. *Fargesia nitida*

10）团竹林Form. *Fargesia obliqua*

11）少花箭竹林Form. *Fargesia pauciflora*

12）秦岭箭竹林Form. *Fargesia qinlingensis*

13）拐棍竹林Form. *Fargesia robusta*

14）青川箭竹林Form. *Fargesia rufa*

15）糙花箭竹林Form. *Fargesia scabrida*

16）箭竹林Form. *Fargesia spathacea*

17）细枝箭竹Form. *Fargesia stenoclada*

▲ 图7-1　油竹子单优植被

▲ 图7-2　斑壳玉山竹单优植被

②玉山竹属 *Yushania* Keng f.

18) 熊竹林 Form. *Yushania ailuropodina*

19) 短锥玉山竹林 Form. *Yushania brevipaniculata*

20) 空柄玉山竹林 Form. *Yushania cava*

21) 大风顶玉山竹林 Form. *Yushania dafengdingensis*

22) 白背玉山竹林 Form. *Yushania glauca*

23) 雷波玉山竹林 Form. *Yushania leiboensis*

24) 石棉玉山竹林 Form. *Yushania lineolata*

25) 马边玉山竹 Form. *Yushania mabianensis*

26) 斑壳玉山竹林 Form. *Yushania maculata*（图7-2）

（2）混生竹类

箬竹属 *Indocalamus* Nakai

1) 巴山箬竹林 Form. *Indocalamus bashanensis*

2) 阔叶箬竹林 Form. *Indocalamus latifolius*（图7-3）

7.1.2 暖性竹林植被亚型

该植被亚型主要分布于亚热带常绿阔叶林区低山丘陵地带，即黄河流域以南、长江流域到岭南山地，相当于北纬25°～37°之间，属于散生竹、丛生竹混生区域，从平原到山地均有分布，是我国竹林面积最大、竹类资源最丰富的地区，其中尤以毛竹林分布面积最大，仅浙江、江西、湖南三省的毛竹林合计，就占全国毛竹林总面积的60%左右，也是我国竹子生产的重要基地。其生境特点是：气候温暖湿润，年平均气温在15～20℃，最冷月平均气温4～10℃；年降水量1000～2000mm之间；土壤为山地红壤、黄壤或河流冲积土，土层一般比较深厚肥沃。

该植被亚型包括丘陵山地竹林群系组和河谷平地竹林群系组2个群系组，群落结构和种类组成相对单纯。

7.1.2.1 丘陵山地竹林群系组

该竹林植被主要分布在各地的丘陵地带，既有天然竹林，也有人工栽培竹林。代表性竹林包括：筇竹属 *Qiongzhuea* Hsueh & Yi的筇竹林 Form. *Qiongzhuea tumidinoda*，刚竹属的桂竹林、斑竹林 Form. *Phyllostachys bambusoides* 'Lacrimadeae'、毛竹林、毛金竹林、水竹林、台湾桂竹林 Form. *Phyllostachys makinoi*、灰竹林、刚竹林，方竹属的方竹林，唐竹属的唐竹林，

▲ 图7-3　阔叶箬竹单优植被

苦竹属的苦竹林，以及大节竹属*Indosasa* McClure的摆竹林Form. *Indosasa acutiligulata*等13个群丛组。丘陵山地竹林群系组中实际含有的野生大熊猫主食竹林植被也相当丰富，这里也是野生大熊猫的重要栖息地。根据多年来各地学者对大熊猫主食竹植被的大量研究成果，作者对丘陵山地竹林群系组的大熊猫主食竹单优植被做了进一步细化，共归结出18个单优竹林群丛组，其中散生竹类9个，混生竹类9个。

（1）散生竹类

①刚竹属*Phyllostachys* Sieb. & Zucc.

1）桂竹林Form. *Phyllostachys bambusoides*

2）蓉城竹林Form. *Phyllostachys bissetii*

3）毛竹林Form. *Phyllostachys edulis*（图7-4）

4）水竹林Form. *Phyllostachys heteroclada*

5）篌竹林Form. *Phyllostachys nidularia*

6）毛金竹林Form. *Phyllostachys nigra* var. *henonis*

7）灰竹林Form. *Phyllostachys nuda*

8）刚竹林Form. *Phyllostachys sulphurea* var. *viridis*

②唐竹属*Sinobambusa* Makino ex Nakai

9）唐竹林Form. *Sinobambusa tootsik*

（2）混生竹类

①方竹属*Chimonobambusa* Makino

1）刺黑竹林Form. *Chimonobambusa neopurpurea*

2）方竹林Form. *Chimonobambusa quadrangularis*

3）八月竹林Form. *Chimonobambusa szechuanensis*

4）天全方竹林Form. *Chimonobambusa tianquanensis*

5）金佛山方竹林Form. *Chimonobambusa utilis*

②筇竹属*Qiongzhuea* Hsueh & Yi

6）筇竹林 Form. *Qiongzhuea tumidinoda*

7）三月竹林Form. *Qiongzhuea opienensis*

③苦竹属*Pleioblastus* Nakai

8）苦竹林Form. *Pleioblastus amarus*

9）斑苦竹林Form. *Pleioblastus maculatus*（图7-5）

▲ 图7-4　毛竹单优植被　　　　　▲ 图7-5　斑苦竹单优植被　　　　　▲ 图7-6　慈竹单优植被

7.1.2.2　河谷平地竹林群系组

该竹林植被主要分布在各地的河谷平原地带，而且大多为人工林。代表性竹林包括：箣竹属的孝顺竹林、硬头黄竹林、车筒竹林Form. *Bambusa sinospinosa*，以及慈竹属的慈竹林等4个群丛组。河谷平地竹林群系组中实际含有的野生大熊猫主食竹林植被较少，并且主要作为圈养大熊猫的饲喂竹种。根据多年来各地学者对大熊猫主食竹植被的大量研究成果，作者对河谷平地竹林群系组的大熊猫主食竹单优植被做了进一步细化，共归结出5个单优竹林群丛组，其中丛生竹类3个，混生竹类2个。

（1）丛生竹类

①箣竹属*Bambusa* Retz. corr. Schreber

1）孝顺竹林Form. *Bambusa multiplex*

2）硬头黄竹林Form. *Bambusa rigida*

②慈竹属*Neosinocalamus* Keng f.

3）慈竹林Form. *Neosinocalamus affinis*（图7-6）

（2）混生竹类

箬竹属*Indocalamus* Nakai

1）巴山箬竹林Form. *Indocalamus bashanensis*

2）阔叶箬竹林Form. *Indocalamus latifolius*

7.1.3　热性竹林植被亚型

该植被亚型主要分布于北热带和南亚热带范围的丘陵山地，包括台湾、福建、广东、广西、贵州、云南和西藏南部地区的河谷平地和丘陵山地，包括天然林和大量人工栽培的竹林，多由丛生竹类所组成。其生境特点是：水热条件丰富，年平均温度在20～24℃，最冷月平均温度在10℃以上；年降水量为1000～2000mm，局部地区达3000mm以上；土壤为砖红壤性土、砖红壤性红壤，或山地红壤及河流冲积土等。

该植被亚型同样包括丘陵山地竹林群系组和河谷平地竹林群系组2个群系组，群落结构和种类组成也比较简单。

7.1.3.1　丘陵山地竹林群系组

该竹林植被主要分布在亚热带南部和热带的丘陵山地地带。代表性竹林包括：泰竹属*Thyrsostachys* Gamble的泰竹林Form. *Thyrsostachys siamensis*，梨藤竹属 *Melocalamus* Benth.的梨藤竹林Form. *Melocalamus* *compactiflorus*，篾箬竹属*Schizostachyum* Nees的山骨罗竹林Form. *Schizostachyum hainanense*，以及茶秆竹属*Pseudosasa* Makino ex Nakai的茶秆竹林Form. *Pseudosasa amabilis*等4个群丛组。

该群系组中虽有面积规模较大的单优竹林植被，但可供大熊猫取食的植被数量很少，且仅用于饲喂圈养大熊猫，共计有丛生竹类3个群丛组。

（1）丛生竹类

①箣竹属*Bambusa* Retz. corr. Schreber

1）孝顺竹林Form. *Bambusa multiplex*

②牡竹属*Dendrocalamus* Nees

2）麻竹林Form. *Dendrocalamus latiflorus*

3）勃氏甜龙竹林Form. *Dendrocalamus brandisii*（图7-7）

▲ 图7-7 勃氏甜龙竹单优植被

7.1.3.2 河谷平地竹林群系组

该植被亚型主要分布于亚热带南部和热带的的河谷平地。代表性竹林包括：箣竹属的箣竹林Form. *Bambusa blumeana*、青皮竹林Form. *Bambusa textilis*、撑篙竹林Form. *Bambusa pervariabilis*，牡竹属*Dendrocalamus* Nees的龙竹林Form. *Dendrocalamus giganteus*、麻竹林Form. *Dendrocalamus latiflorus*、牡竹林Form. *Dendrocalamus strictus*，泡竹属*Pseudostachyum* Munro的泡竹林Form. *Pseudostachyum polymorphum*，单竹属*Lingnania* McClure的单竹林Form. *Lingnania chungii*，以及薄竹属*Leptocanna* Chia & H. L. Fung的薄竹林Form. *Leptocanna chinensis*等9个群丛组。

该群系组中虽有面积规模较大的单优竹林植被，但可供大熊猫取食的植被数量极少，且仅用于饲喂圈养的大熊猫，共计有丛生竹类2个群丛组。

（1）丛生竹类

①箣竹属*Bambusa* Retz. corr. Schreber

1）孝顺竹林Form. *Bambusa multiplex*

②牡竹属*Dendrocalamus* Nees

2）麻竹林*Dendrocalamus latiflorus*（图7-8）

▲ 图7-8　麻竹单优植被

7.2　竹木混交植被的多样性

　　这里所指的竹木混交植被，是指以建群乔木类树种与其伴生竹类植物共同构成的植被类型的总称。按照中国植被类型分类体系，竹木混交植被分为针叶林和阔叶林2个植被型组、11个植被型、23个植被亚型、44个群系组和180多个群丛组（表7-2）。由于竹木混交植被类型太过繁杂多样，不再赘述，此处只做概略介绍（钱崇澍等，1956；吴征镒，1983；易同培等，2010；宋永昌等，2004，2011，2017）。

表7-2　竹木混交植被类型一览表

植被型组	植被型	植被亚型	群系组	群丛组数
针叶林	寒温性针叶林	寒温性常绿针叶林	云杉、冷杉林 圆柏林	>37个
	温性针叶林	温性常绿针叶林	温性松林	>12个
	暖性针叶林	暖性常绿针叶林	暖性松林 油杉林 杉木林 银杉林 柏木林	>8个
	温性针阔叶混交林	温性针阔叶混交林	岷江冷杉、红桦林 云南铁杉林 华山松、槭类林 铁杉林 巴山冷杉林	>10个

（续）

植被型组	植被型	植被亚型	群系组	群丛组数
阔叶林	落叶阔叶林	典型落叶阔叶林	栎林 落叶阔叶杂木林	>26个
		山地杨桦林	桦木林	
		河岸落叶阔叶林	温性河岸落叶阔叶林	
	常绿、落叶阔叶混交林	落叶、常绿阔叶混交林	落叶、常绿栎类混交林	>21个
		山地常绿、落叶阔叶混交林	青冈、落叶阔叶混交林 木荷、落叶阔叶混交林 水青冈、常绿阔叶混交林 石栎、落叶阔叶混交林	
		石灰岩常绿、落叶阔叶混交林	青冈、榆科混交林	
	常绿阔叶林	典型常绿阔叶林	栲类林 青冈林 石栎林 润楠林 木荷林	>45个
		季风常绿阔叶林	栲、厚壳桂林 栲、木荷林	
		山地常绿阔叶苔藓林	栲类苔藓林 青冈苔藓林	
		山顶常绿阔叶矮曲林	杜鹃矮曲林 吊钟花矮曲林	
	硬叶常绿阔叶林	山地硬叶栎类林	山地硬叶栎类林 河谷硬叶栎类林	>9个
	竹林	温性竹林 暖性竹林	温性竹林 暖性竹林	>2个
	季雨林	落叶季雨林	落叶季雨林	>11个
		半常绿季雨林	半常绿季雨林	
		石灰岩季雨林	石灰岩季雨林	
	雨林	湿润雨林	湿润雨林	>9个
		季节雨林	季节雨林	
		山地雨林	山地雨林	

7.2.1 针叶林植被型组

这里所说的针叶林植被型组，是指以针叶树为建群种与其伴生竹类植物共同组成的森林群落的总称，包括我国各种有竹林分布的针叶树纯林、针叶树混交林，以及以针叶树为主的针阔叶混交林。

针叶林植被型组包括寒温性针叶林、温性针叶林、暖性针叶林和温性针阔叶混交林共4个含有竹林分布的植被型（吴征镒，1983；陈灵芝，2014）。

7.2.1.1 寒温性针叶林植被型

这里所说的寒温性针叶林植被型，是指以寒温性针叶树为建群种与其伴生竹类植物共同组成的森林群落的总称。在我国，其建群针叶树主要为冷杉属Abies、云杉属Picea、落叶松属Larix植物。该植被型主要分布于高海拔山地，但在不同地区，其海拔高度的范围有所不同。在秦岭和大巴山一带，其分布的海拔高度在2800～3300m之间；在青藏高原东缘及南缘的洮河、白龙江、岷江、金沙江、大渡河、怒江、澜沧江及雅鲁藏布江流域山地地区，其分布的海拔高度在3000～4300m之间；在台湾地区，其分布的海拔高度明显较低，仅在2000～3000m。该类针叶林及其伴生竹类均能适应寒冷、干燥，或潮湿的气候。该植被型只有寒温性常绿针叶林一个含竹林分布的植被亚型。

其中与大熊猫主食竹关系密切的代表性植被包括：长苞冷杉-峨热竹林Gr. ass. *Abies georgei–Bashania spanostachya*（图7-9），长苞冷杉-马骆箭竹林Gr. ass. *Abies georgei–Fargesia maluo*，长苞冷杉-清甜箭竹林Gr. ass. *Abies georgei–Fargesia dulcicula*，长苞冷杉-露舌箭竹林Gr. ass. *Abies georgei–Fargesia exposita*，峨眉冷杉-冷箭竹林Gr. ass. *Abies fabri–Bashania faberi*（图7-10），峨眉冷杉-短锥玉山竹林Gr. ass. *Abies fabri–Yushania brevipaniculata*，峨眉冷杉-熊竹林Gr. ass. *Abies fabri–Yushania ailuropodina*，峨眉冷杉-大风顶玉山竹林Gr. ass. *Abies fabri–Yushania dafengdingensis*，峨眉冷杉-马边巴山木竹林Gr. ass. *Abies fabri–Bashania abietina*，峨眉冷杉-白背玉山竹林Gr. ass. *Abies fabri–Yushania glauca*，峨眉冷杉+油麦吊云杉+云南铁杉-马边巴山木竹林Gr. ass. *Abies fabri+Picea brachytyla* var.complanata+*Tsuga dumosa–Bashania abietina*，峨眉冷杉+糙皮桦-冷箭竹林Gr. ass. *Abies fabri+Betula utilis–Bashania faberi*，岷江冷杉-华西箭竹林Gr. ass. *Abies faxoniana–Fargesia nitida*，岷江冷杉-短锥玉山竹林Gr. ass. *Abies faxoniana–Yushania brevipaniculata*，岷江冷杉-冷箭竹林Gr. ass. *Abies faxoniana–Bashania faberi*，岷江冷杉-缺苞箭竹林Gr. ass. *Abies faxoniana–Fargesia denudata*，岷江冷杉-团竹林Gr. ass. *Abies faxoniana–Fargesia obliqua*，巴山冷杉-巴山木竹林Gr. ass. *Abies fargesii–Bashania fargesii*，巴山冷杉-华西箭竹林Gr. ass. *Abies fargesii–Fargesia nitida*（图7-11），秦岭冷杉-巴山木竹林Gr. ass. *Abies chensiensis–Bashania fargesii*，秦岭冷杉-龙头箭竹林Gr. ass. *Abies chensiensis–Fargesia dracocephala*，黄果冷杉-华西箭竹林Gr. ass. *Abies ernestii–Fargesia nitida*，鳞皮冷杉-牛麻箭竹林Gr. ass. *Abies squamata–Fargesia emaculata*，川滇冷杉-九龙箭竹林Gr. ass. *Abies forrestii–Fargesia jiulongensis*，麦吊云杉-冷箭竹林Gr. ass. *Picea brachytyla–Bashania faberi*，麦吊云杉+青杆-缺苞箭竹林Gr. ass. *Picea brachytyla+Picea wilsonii–Fargesia denudata*，川西云杉-牛麻箭竹林Gr. ass. *Picea balfouriana–Fargesia emaculata*，川西云杉-九龙箭竹林Gr. ass. *Picea balfouriana–Fargesia jiulongensis*，紫果云杉-缺苞箭竹林Gr. ass. *Picea purpurea–Fargesia denudata*，紫果云杉-方枝柏-缺苞箭竹林Gr. ass. *Picea purpurea–Sabina saltuaria–Fargesia denudata*，云杉-缺苞箭竹林Gr. ass. *Picea asperata–Fargesia denudata*，云杉-华西箭竹林Gr. ass. *Picea asperata–Fargesia nitida*，四川红杉-华西箭竹林Gr. ass. *Larix mastersiana–Fargesia nitida*（图7-12），四川红杉-冷箭竹林Gr. ass. *Larix mastersiana–Bashania faberi*，红杉-冷箭竹林Gr. ass. *Larix potaninii–Bashania faberi*，高山松-华西箭竹林Gr. ass. *Pinus densata–Fargesia nitida*，红桧-玉山竹林Gr. ass. *Chamaecyparis formosensis–Yushania niitakayamensis*等37个以上的植物群丛组（卧龙自然保护区管理局等，1987；易同培等，2008，2010；王金锡等，1993）。

▲ 图7-9　长苞冷杉-峨热竹林　　　　　　▲ 图7-10　峨眉冷杉-冷箭竹林

▲ 图7-11　巴山冷杉-华西箭竹林　　　　　▲ 图7-12　四川红杉-华西箭竹林

7.2.1.2　温性针叶林植被型

这里所说的温性针叶林植被型，是指以温性针叶树为建群种与其伴生竹类植物共同组成的森林群落的总称。主要分布区为我国暖温带平原、丘陵及低山的针叶林分布地区。其建群针叶树主要为松属*Pinus*、柳杉属*Cryptomcria*及侧柏属*Platydadus*植物。该植被型分布区的生境特点是：年平均气温8～14℃，≥10℃的积温3200～4500℃；气候温和干燥或潮湿，四季分明，冬季寒冷；中性或石灰性褐色土与棕色森林土以及偏酸性、中性的山地黄棕壤与山地棕色土。该植被型只有温性常绿针叶林一个含竹林分布的植被亚型。

其中与大熊猫主食竹关系密切的代表性植被群落包括：铁杉-龙头箭竹林Gr. ass. *Tsuga chinensis-Fargesia dracocephala*，铁杉+岷江冷杉-冷箭竹林Gr. ass. *Tsuga chinensis+Abies faxoniana-Bashania faberi*，铁杉+麦吊云杉-短锥玉山竹林Gr. ass. *Tsuga chinensis+Picea brachytyla-Yushania brevipaniculata*，铁杉+红桦-冷箭竹林Gr. ass. *Tsuga chinensis+Betula albo-sinensis-Bashania faberi*（图7-13），铁杉+四川红杉+房县槭-拐棍竹林 Gr. ass. *Tsuga chinensis +Larix mastersiana+Acer franchetii-Fargesia robusta*，油松-华西箭竹林Gr. ass. *Pinus tabulaeformis-Fargesia nitida*，油松-毛龙头箭竹林Gr. ass. *Pinus tabulaeformis-Fargesia decurvata*，油松-龙头箭竹林Gr. ass. *Pinus tabulaeformis-Fargesia dracocephala*，油松-秦岭箭竹林Gr. ass. *Pinus tabulaeformis-Fargesia qinlingensis*，华山松-巴山木竹林Gr. ass. *Pinus armandi-Bashania fargesii*，华山松-糙花箭竹林Gr. ass. *Pinus armandi-Fargesia scabrida*，华山松-缺苞箭竹林Gr. ass. *Pinus armandi-Fargesia denudata*等12个以上的植物群丛组（易同培等，2008，2010）。

7.2.1.3 暖性针叶林植被型

这里所说的暖性针叶林植被型，是指以暖性常绿针叶树为建群种与其伴生竹类植物共同组成的森林群落的总称。主要分布区为我国亚热带东部和西部平原、丘陵及低山的针叶林分布地区。其中，松属*Pinus*的马尾松*Pinus massoniana*分布，北从秦岭、伏牛山、淮河一带，南到广西百色、广东雷州半岛北部，西界为四川青衣江流域，海拔700～1500m；云南松*Pinus yunnanensis*的分布为云南、贵州、广西西部以及四川西部、西藏东部地区，海拔1500～1800m，最高可达2600m；油杉属*Keteleeria*的油杉*Keteleeria fortunei*则在东、西部亚热带地区各有分布。该植被型一般为常绿阔叶林被破坏后形成的次生林。既有大面积的天然林，也有数量可观的人工林。该植被型分布区的生境特点是：年平均气温13～21℃，≥10℃的积温4000～7000℃；年降水量800～1000mm，气候温和干燥或潮湿，四季分明，冬季寒冷；由于气候和母岩的不同，林下土壤有红壤、黄壤、黄褐壤和黄棕壤（陈灵芝，2014）。该植被型只有暖性常绿针叶林一个含竹林分布的植被亚型。

其中与大熊猫主食竹关系密切的代表性植被群落包括：马尾松-黄条篌壳竹林Gr. ass. *Pinus massoniana-Phyllostachys hirtivagina* f. *luteovittata*，马尾松-胜利箬竹林Gr. ass. *Pinus massoniana-Indocalamus victorialis*，云南松-木里箭竹林Gr. ass. *Pinus yunnanensis-Fargesia muliensis*，云南松-昆明实心竹林Gr. ass. *Pinus yunnanensis-Fargesia yunnanensis*，油杉-滑竹林Gr. ass. *Keteleeria fortunei-Yushania polytricha*，杉木-显耳玉山竹林Gr. ass. *Cunninghamia lanceolata-Yushania auctiaurita*，银杉-金佛山方竹林Gr. ass. *Cathaya argyrophylla-Chimonobambusa utilis*（图7-14），柏木-丰都镰序竹林Gr. ass. *Cupressus funebris-Drepanostachyum fengduense*等8个以上的植物群丛组（易同培等，2008，2010）。

▲ 图7-13 铁杉+红桦-冷箭竹林

▲ 图7-14 银杉-金佛山方竹林

7.2.1.4 温性针阔叶混交林植被型

这里所说的温性针阔叶混交林植被型，是指以温性针叶和阔叶乔木树为建群种与其伴生竹类植物共同组成的森林群落的总称。主要分布于我国西南地区。该植被型又分为两个植被亚型，一个是水平地带性植被亚型，在中温带气候条件下的温带典型针叶与落叶阔叶混交，也就是红松*Pinus koraiensis*与阔叶树组成的针阔混交林；另一个是亚热带地区的中山上部，作为山地垂直带类型出现的亚热带山地针叶与阔叶混交林，主要是铁杉*Tsuga chinensis*与阔叶树组成的针阔混交林。该植被型只有温性针阔叶混交林一个含竹林分布的植被亚型。

其中与大熊猫主食竹关系密切的代表性植被群落包括：岷江冷杉+红桦+糙皮桦–缺苞箭竹林Gr. ass. *Abies faxoniana* +*Betula albo-sinensis*+*Betula utilis*–*Fargesia denudata*，云南铁杉+房县槭+糙皮桦–三月竹林Gr. ass. *Tsuga dumosa*+*Acer franchetii*+*Betula utilis*–*Qiongzhuea opienensis*，华山松+槭类+千金榆+山杨–巴山木竹林Gr. ass. *Pinus armandi*+*Acer* spp.+*Carpinus cordata*+*Populus davidiana*–*Bashania fargesii*，华山松+红桦+鹅耳枥–冷箭竹林Gr. Ass. *Pinus armandi*+*Betula albo-sinensis*+*Carpinus* spp.–*Bashania faberi*，油松+铁杉+华椴+槭类+山杨–龙头箭竹林Gr. ass. *Pinus tabulaeformis*+*Tsuga chinensis*+*Tilia chinensis*+*Acer* spp.+*Populus davidiana*–*Fargesia dracocephala*，铁杉+槭类+糙皮桦+香桦–冷箭竹林Gr. ass. *Tsuga chinensis*+*Acer* spp.+*Betula utilis*+*Betula insignis*–*Bashania faberi*（图7-15），铁杉+槭类+糙皮桦+香桦–短锥玉山竹林Gr. ass. *Tsuga chinensis*+*Acer* spp.+*Betula utilis*+*Betula insignis*–*Yushania brevipaniculata*；铁杉+青榨槭–短锥玉山竹林Gr. Ass. *Tsuga chinensis*–*Acer davidii*–*Yushania brevipaniculata*，巴山冷杉+红桦+糙皮桦–龙头箭竹林Gr. ass. *Abies fargesii*+*Betula albo-sinensis*+*Betula utilis*–*Fargesia dracocephala*，油松+华山松+锐齿槲栎–秦岭箭竹林Gr. ass. *Pinus tabulaeformis*+*Pinus armandi*+*Quercus aliena* var. *acutecerrata*–*Fargesia qinlingensis*等约10个以上植物群丛组（易同培等，2008，2010）。

▲ 图7-15　铁杉+槭类+糙皮桦+香桦–冷箭竹林

7.2.2　阔叶林植被型组

这里所说的阔叶林植被型组，是指以阔叶乔木树为建群种与其伴生竹类植物共同组成的森林群落的总称，广泛分布于我国温暖而湿润和半湿润的区域。随着由北到南水热等自然条件的差异变化，阔叶林森林群落的丰富度也有很大变化。一般来说，植物种类越来越多，群落结构越来越复杂。

阔叶林植被型组分为落叶阔叶林、常绿落叶阔叶混交林、常绿阔叶林、硬叶常绿阔叶林、季雨林和雨林共6个含有竹林分布的植被型，但与大熊猫主食竹有关联的植被型组只有前3个。

7.2.2.1 落叶阔叶林植被型

这里所说的落叶阔叶林植被型，是指以落叶阔叶乔木树为建群种与其伴生竹类植物共同组成的森林群落的总称，是我国北方温带地区阔叶林中主要的森林植被类型。其构成群落的乔木全都是冬季落叶的阳性阔叶树种，林下灌木也是冬季落叶的种类，林内的草本植物到了冬季，地上部分枯死或以种子越冬。所以，在寒冷的冬季，整个群落中的植物都处于休眠状态；春季气温逐渐上升，树木的鳞芽开始萌发，形成新叶、花蕾，并借春风授粉。整个群落生机蓬勃，季相全新；进入夏季，是群落的旺盛生长季节，整个群落葱绿，林内逐渐荫蔽，果实和种子逐渐成熟；秋季是落叶阔叶林群落的生长末期，随着阵阵秋风，树叶变色而脱落，草木地上部分全部枯死。落叶阔叶林的一个重要特征，就是其季相随着一年四季的进程而发生有规律的变化，且表现非常明显。组成我国落叶阔叶林群落的乔木树种多为壳斗科Fagaceae植物，如栎属*Quercus*、栗属*Castanea*、水青冈属*Fagus*，其次是桦木科Betulaceae的桦属*Betula*、鹅耳枥属*Carpinus*、桤属*Alnus*、榆属*Ulmus*，杨柳科Salicaceae的杨属*Populus*等。该植被型具有典型落叶阔叶林、山地杨桦林和河岸落叶阔叶林等3个含竹林分布的植被亚型。

其中与大熊猫主食竹有关联的代表性植被群落包括：红桦–拐棍竹林Gr. ass. *Betula albo-sinensis–Fargesia robusta*（图7-16），红桦+疏花槭–拐棍竹林Gr. ass. *Betula albo-sinensis+Acer laxiflorum–Fargesia robusta*，红桦+糙皮桦–龙头箭竹林Gr. ass. *Betula albo-sinensis+Betula utilis–Fargesia dracocephala*，红桦+华椴–缺苞箭竹林Gr. ass. *Betula albo-sinensis+Tilia chinensis–Fargesia denudata*，华椴–鄂西玉山竹林Gr. ass. *Tilia chinensis–Yushania confusa*，珙桐–拐棍竹林Gr. ass. *Davidia involucrata–Fargesia robusta*，水青树–拐棍竹林Gr. ass. *Tetracentron sinense–Fargesia robusta*，水青树–冷箭竹林Gr. ass. *Tetracentron sinense–Bashania faberi*，连香树–拐棍竹林Gr. ass. *Cercidiphyllum japonicum–Fargesia robusta*，连香树+华西枫杨–拐棍竹林Gr. ass. *Cercidiphyllum japonicum+Pterocarya insignis–Fargesia robusta*，野核桃–油竹子林Gr. ass. *Juglans cathayensis–Fargesia angustissima*（图7-17），野核桃–拐棍竹林Gr. ass. *Juglans cathayensis–Fargesia robusta*，野核桃–短锥玉山竹林Gr. ass. *Juglans cathayensis–Yushania brevipaniculata*，水青树+领春木–八月竹林Gr. ass. *Tetracentron sinense+Euptelea pleiosperma–Chimonobambusa szechuanensis*，连香树+水青树–八月竹林Gr. ass. *Cercidiphyllum japonicum+Tetracentron sinense–Chimonobambusa szechuanensi*s，珙桐–八月竹林Gr. ass. *Davidia involucrata–Chimonobambusa szechuanensis*，珙桐–雷波玉山竹林Gr. ass. *Davidia involucrata–Yushania leiboensis*，亮叶水青冈+水青冈–巴山木竹林Gr. ass. *Fagus lucida+Fagus longipetiolata–Bashania fargeii*，亮叶水青冈+水青冈–青川箭竹林Gr. ass. *Fagus lucida+Fagus longipetiolata–Fargesia rufa*，亮叶水青冈+水青冈–糙花箭竹竹林Gr. ass. *Fagus lucida+Fagus longipetiolata–Fargesia scabrida*，糙皮桦–冷箭竹林Gr. ass. *Betula utilis–Bashania faber*i（图7-18），藏刺榛+灯台树–细枝箭竹林Gr. ass. *Corylus ferox* var. *thibetica+Cornus controversa–Fargesia stenoclada*，辽东栎–巴山木竹林Gr. ass. *Quercus wutaishanica–Bashania fargesii*，锐齿槲栎–秦岭箭竹林Gr. ass. *Quercus aliena* var. *Acuteserrata–Fargesia qinlingensis*，水青冈–苦竹林Gr. ass. *Fagus longipetiolata–Pleioblastus amarus*，包石栎–华西箭竹林Gr. ass. *Lithocarpus cleistocarpus–Fargesia nitida*等26个以上的植物群丛组（易同培等，2008，2010）。

▲图7-16　红桦-拐棍竹林　　　▲图7-17　野核桃-油竹子林　　　▲图7-18　糙皮桦-冷箭竹林

7.2.2.2　常绿落叶阔叶混交林植被型

这里所说的常绿落叶阔叶混交林植被型，是指以落叶阔叶与常绿阔叶树为建群种与其伴生竹类植物共同组成的森林群落的总称。该植被型属于落叶阔叶林与常绿阔叶林之间的过渡类型，广泛分布于我国北起秦岭-淮河一线、直至遍及整个亚热带地区，是亚热带北部典型植被类型之一。这一类型的森林群落一般无明显的优势种，林冠郁茂、参差不齐，多呈波状起伏，因有落叶阔叶树的存在，同样具有较明显的季相变化，在落叶树的落叶季节，林冠呈现一种季节性的间断现象，每年秋天，群落外貌色彩丰富多样。群落南部结构也很丰富，乔木层常可分为2～3个亚层，最高的一层常由落叶乔木树种组成，第2和第3亚层则以常绿阔叶树为主，并且常绿阔叶树总是在落叶阔叶树之下。该植被型的典型分布地，是在我国北亚热带的丘陵和低山地区。该地域冬季气温虽低，但绝对低温却相对稍高，因而较喜湿的落叶阔叶树与较耐寒的常绿阔叶树均能生长，并在同一地段上混交成林。组成我国常绿落叶阔叶混交林群落的落叶乔木树种多为苦槠*Castanopsis sclerophylla*、青冈*Cyclobalanopsis glauca*、冬青*Ilex chinensis*、水青冈*Fagus longipetiolata*以及一些栎属*Quercus*植物；常绿乔木树种有木荷*Schima superba*、巴东栎*Quercus engleriana*、包石栎*Lithocarpus cleistocarpus*、多脉青冈*Cyclobalanopsis multinervis*等。该植被型具有落叶、常绿阔叶混交林，山地常绿、落叶阔叶混交林和石灰岩常绿、落叶阔叶混交林等3个含竹林分布的植被亚型。

其中与大熊猫主食竹有关联的代表性植被群落包括：青冈+光皮桦-拐棍竹林Gr. ass. *Cyclobalanopsis glauca+Betula luminifera-Fargesia robusta*（图7-19），曼青冈+光皮桦-油竹子林Gr. ass. *Cyclobalanopsis oxyodon+Betula luminifera-Fargesia angustissima*，曼青冈+光皮桦-拐棍竹林Gr. ass. *Cyclobalanopsis oxyodon+Betula luminifera-Fargesia robusta*，曼青冈+五裂槭-拐棍竹林Gr. ass. *Cyclobalanopsis oxyodon+Acer oliverianum-Fargesia robusta*，曼青冈+疏花槭-拐棍竹林Gr. ass. *Cyclobalanopsius oxyodon+Acer laxiflorum-Fargesia robusta*，曼青冈+巴东栎+四川木莲-三月竹林Gr. ass. *Cyclobalanopsis oxyodon+Quercus engleriana+ Manglietia szechuanica-Qiongzhuea opienensis*，巴东栎+华鹅耳枥-短锥玉山竹林Gr. ass. *Quercus engleriana+Carpinus cordata* var. *chinensis-Yushania brevipaniculata*，巴东栎+千筋树-拐棍竹林Gr. ass. *Quercus engleriana+Carpinus fargesiana-Fargesia robusta*，巴东栎+水青冈-短锥玉山竹林Gr. ass. *Quercus engleriana+Fagus longipetiolata-Yushania brevipaniculata*，包石栎+峨眉栲+珙桐+香桦-青川箭竹林Gr. ass. *Lithocarpus cleistocarpus+Castanopsis platyacantha+Davidia involucrata+Betula insignis-Fargesia rufa*，包石栎+峨眉栲+珙桐+香桦-糙花箭竹林Gr. ass. *Lithocarpus cleistocarpus+Castanopsis platyacantha+Davidia involucrata*+*Betula insignis*–*Fargesia scabrida*，包石栎+香桦+扇叶槭–冷箭竹林Gr. ass. *Lithocarpus cleistocarpus*+*Betula insignis*+*Acer flabellatum*–*Bashania faberi*,石栎–苦竹林Gr. ass. *Lithocarpus glaber*–*Pleioblastus amarus*，多脉青冈–倭形竹林Gr. ass. *Cyclobalanopsis multinervis*–*Indosasa shibataeoides*，青冈–阔叶箬竹林Gr. ass. *Cyclobalanopsis glauca*–*Indocalamus latifolius*，水青冈–箬竹林*Fagus longipetiolata*–*Indocalamus tessellatus*，包石栎–大节竹林Gr. ass. *Lithocarpus cleistocarpus*–*Indosasa crassiflora*，包石栎–水竹林Gr. ass. *Lithocarpus cleistocarpus*–*Phyllostachys heteroclada*，包石栎–毛金竹林Gr. ass. *Lithocarpus cleistocarpus*–*Phyllostachys nigra* var. *henonis*，小叶青冈–方竹林Gr. ass. *Cyclobalanopsis myrsinaefolia*–*Chimonobambusa quadrangularis*，小叶青冈–箬叶竹林Gr. ass. *Cyclobalanopsis myrsinaefolia*–*Indocalamus longiauritus*等21个以上的植物群丛组（易同培等，2008，2010）。

▲ 图7-19　青冈+光皮桦–拐棍竹林

7.2.2.3　常绿阔叶林植被型

　　这里所说的常绿阔叶混交林植被型，是指以常绿阔叶乔木树为建群种与其伴生竹类植物共同组成的森林群落的总称。该植被型是分布在我国亚热带地区中，具有代表性的森林植被类型。森林外貌四季常绿，呈深绿色，上层树冠呈半圆球形，林冠整齐一致。在我国常绿阔叶林中，壳斗科、樟科、山茶科、木兰科是其基本的组成部分，也是鉴别亚热带常绿阔叶林的一个重要标志。随着常绿阔叶林向南分布，水热条件逐渐变好，常绿阔叶林的主要组成渐成壳斗科中的栲属和石栎属中喜暖的树种，在生境偏湿的地区，樟科树种有所增加。在热带地区，常绿阔叶林是山地垂直带上的重要类型。中山上部因海拔增高而气温变低，湿度增大，常绿阔叶林普遍是偏湿性的类型。而在迎风坡上，生境极为潮湿，林内大小树木枝干以及林下地面均密被苔藓，成为常绿阔叶林中一种特殊的标志性现象。组成我国常绿阔叶森林群落的常绿阔叶树种多为锥属*Castanopsis*、水青冈属*Fagus*、柯属*Lithocarpus*、润楠属*Machilus*、杜鹃花属*Rhododendron*植物。该植被型具有典型常绿阔叶林、季风常绿阔叶林、山地常绿阔叶苔藓林和山顶常绿阔叶矮曲林等4个含竹林分布的植被亚型。

其中与大熊猫主食竹有关联的代表性植被群落包括：白楠–油竹子林Gr. ass. *Phoebe neurantha–Fargesia angustissima*（图7-20），油樟–白夹竹林Gr. ass. *Cinnamomum longepaniculatum–Phyllostachys nidularia*，山楠–拐棍竹林Gr. ass. *Phoebe chinensis–Fargesia robusta*，曼青冈–拐棍竹林Gr. ass. *Cyclobalanopsis oxyodon–Fargesia robusta*，曼青冈+刺叶栎–拐棍竹竹Gr. ass. *Cyclobalanopsis oxyodon+Quercus spinosa–Fargesia robusta*，峨眉栲+华木荷–八月竹林Gr. ass. *Castanopsis platyacantha+Schima sinensis–Chimonobambusa szechuanensis*，峨眉栲–八月竹林Gr. ass. *Castanopsis platyacantha–Chimonobambusa szechuanensis*，峨眉栲–方竹林Gr. ass. *Castanopsis platyacantha–Chimonobambusa quadrangularis*，峨眉栲–丰实箭竹林Gr. ass. *Castanopsis platyacantha–Fargesia ferax*，青冈栎–方竹林Gr. ass. *Cyclobalanopsis glauca–Chimonobambusa quadrangularis*，包石栎–八月竹林Gr. ass. *Lithocarpus cleistocarpus–Chimonobambusa szechuanenis*，包石栎–三月竹林Gr. ass. *Lithocarpus cleistocarpus–Qiongzhuea opienensis*，包石栎–丰实箭竹林Gr. ass. *Lithocarpus cleistocarpus–Fargesia ferax*，滇青冈–岩斑竹林Gr. ass. *Cyclobalanopsis glaucoides–Fargesia canaliculata*，滇青冈–扫把竹林Gr. ass. *Cyclobalanopsis glaucoides–Fargesia fractiflexa*，高山栲–扫把竹林Gr. ass. *Castanopsis delavayi–Fargesia fractiflexa*，川滇高山栎–华西箭竹林Gr. ass. *Quercus aquifolioides–Fargesia nitida*，巴东栎–丰实箭竹林Gr. ass. *Quercus engleriana–Fargesia ferax*，野桂花–短锥玉山竹林Gr. ass. *Osmanthus yunnanensis–Yushania brevipaniculata*，野桂花–丰实箭竹林Gr. ass. *Osmanthus yunnanensis–Fargesia ferax*，苦槠–林仔竹林Gr. ass. *Castanopsis sclerophylla–Oligostachyum nuspiculum*，南岭栲–紫竹林Gr. ass. *Castanopsis fordii–Phyllostachys nigra*，峨眉栲–金佛山方竹林Gr. ass. *Castanopsis platyacanha–Chimonobambusa utilis*，峨眉栲–华西箭竹林Gr. ass. *Castanopsis platyacanha–Fargesia nitida*，米槠–箬竹林Gr. ass. *Castanopsis carlesii–Indocalamus tessellatus*，元江栲–元江箭竹林Gr. ass. *Castanopsis orthacantha–Fargesia yuanjiangensis*，细叶青冈–阔叶箬竹林Gr. ass. *Cyclobalanopsis gracilis–Indocalamus latifolius*，曼青冈–阔叶箬竹林Gr. ass. *Cyclobalanopsis oxyodon–Indocalamus latifolius*，金毛石栎–赤竹林Gr. ass. *Lithocarpus chrysocomus–Sasa longiligulata*，刺斗石栎–苦竹林Gr. ass. *Lithocarpus chrysocomus–Pleioblastus amarus*，刺斗石栎–云南方竹林Gr. ass. *Lithocarpus chrysocomus–Chimonobambusa yunnanensis*，红楠–箬竹林Gr. ass. *Machilus thunbergii–Indocalamus tessellatus*，红楠–华箬竹林Gr. ass. *Machilus thunbergii–Sasa sinica*，小果润楠–抱鸡竹林Gr. ass. *Machilus microcarpa–Yushania punctulata*，木荷–箬竹林Gr. ass. *Schima superba–Indocalamus tessellatus*，桂林栲–箬叶竹林Gr. ass. *Castanopsis chinensis–Indocalamus longiauritus*，红锥栲–短节方竹林Gr. ass. *Castanopsis hystrix–Chimonobambusa brevinoda*，瓦山栲–红壳箭竹林Gr. ass. *Castanopsis ceratacantha–Fargesia porphyrea*，薄片青冈–墨脱方竹林Gr. ass. *Cyclobalanopsis lamellosa–Chimonobambusa metuoensis*，猴头杜鹃–具耳巴山木竹林Gr. ass. *Rhododendron simiarum–Bashania auctiaurita*，杜鹃–盘县玉山竹林Gr. ass. *Rhododendron simsii–*

Yushania panxianensis（图7-21），猴头杜鹃-毛玉山竹林Gr. ass. *Rhododendron simiarum-Yushania basihirsuta*，猴头杜鹃-林仔竹林Gr. ass. *Rhododendron simiarum-Oligostachyum nuspiculum*，猴头杜鹃-金平玉山竹林Gr. ass. *Rhododendron simiarum-Yushania bojieiana*，秀雅杜鹃-伏牛山箭竹林Gr. ass. *Rhododendon concinnum-Fargesia funiushanensis*，云锦杜鹃-武夷山玉山竹林Gr. ass. *Rhododendron fortunei-Yushania wuyishanensis* 等45个以上的植物群丛组（易同培等，2008，2010）。

关于阔叶林植被型组中的竹林植被部分，已列入"单优竹林植被多样性"一节，此处不再讨论。

▲ 图7-20　白楠-油竹子林　　　　　▲ 图7-21　杜鹃-盘县玉山竹林

7.3　大熊猫栖息地主要植被的多样性

大熊猫栖息地主要植被均属竹木混交植被，也是以建群乔木类树种与其伴生竹类植物共同构成的植被类型，理所当然是遵从中国植被类型的分类体系。但需特别强调的是，这类植被是与大熊猫主食竹关系最为密切的部分，因为该类植被的共同特点，就是其灌木层优势种皆为大熊猫常年采食的竹类植物，所不同的只是上层乔木植被的差异。在这里，乔木层的优势树种便成了其所代表植被类型的指示物种。因此，通常只要能辨识上层乔木优势树种，便可知晓该植被类型的大致情况（国家林业和草原局，2021）。

7.3.1　各省大熊猫栖息地植被

7.3.1.1　四川省

四川省大熊猫栖息地植被可以分为自然植被和栽培植被两大类型。其中自然植被可以分为4个植被型组、13个植被型、21个植被亚型、33个群系组；栽培植被可以分为2个植被型、6个植被亚型、13个群系组。

大熊猫栖息地植被型组中分布面积最大的是阔叶林，分布面积为748582hm²，占大熊猫栖息地面积的36.93%；其次是针叶林，面积为710846hm²，占大熊猫栖息地面积的35.06%。

大熊猫栖息地植被型中分布面积最大的是寒温性针叶林，分布面积为593.382hm²，占大熊猫栖息地面积的29.27%；其次是落叶阔叶林480256hm²，占大熊猫栖息地面积的23.69%。

大熊猫栖息地群系组中分布面积最大的是云冷杉林，面积为585.335hm²，占大熊猫栖息地面积的28.87%；其次为桦木林，面积为205627hm²，占大熊猫栖息地面积的10.14%。

7.3.1.2　陕西省

陕西省大熊猫栖息地植被可以分为自然植被和栽培植被两大类型。其中自然植被可以分为4个植被型组、12个植被型、16个植被亚型、23个群系组；栽培植被可以分为2个植被型、2个植被亚型。

大熊猫栖息地植被型组中分布面积最大的是阔叶林，分布面积为198190hm^2，占栖息地面积的54.96%；其次是针叶林，分布面积为150088hm^2，占栖息地面积的41.62%。

大熊猫栖息地植被型中分布面积最大的是落叶阔叶林，分布面积为194949hm^2，占栖息地面积的54.06%；其次是温性针阔混交林，分布面积为95776hm^2，占栖息地面积的26.56%。

大熊猫栖息地群系组中分布面积最大的是栎林，面积为91741hm^2，占大熊猫栖息地面积的25.44%；其次是落叶阔叶杂木林，分布面积为64405hm^2，占大熊猫栖息地面积的17.86%。

7.3.1.3　甘肃省

甘肃省大熊猫栖息地植被自然植被可以分为4个植被型组、8个植被型、13个植被亚型、15个群系组。

大熊猫栖息地植被型组中分布面积最大的是针叶林，面积为83083hm^2，占栖息地面积的44.01%；其次是阔叶林，面积为70866hm^2，占栖息地面积的37.54%。

栖息地植被型中分布面积最大的是寒温性针叶林，面积为76769hm^2，占栖息地面积的40.67%；其次是落叶阔叶林，面积为70144hm^2，占栖息地面积的37.16%。

栖息地群系组中分布面积最大的是云杉冷杉林，面积为75698hm^2，占大熊猫栖息地面积的40.10%；其次为栎林，面积为37893hm^2，占大熊猫栖息地面积的20.07%。

7.3.2　各山系大熊猫栖息地植被

7.3.2.1　秦岭山系

秦岭山系大熊猫栖息地的植被型分布面积最大的是落叶阔叶林，分布面积为203688hm^2，占该山系大熊猫栖息地面积的54.77%；其次是温性针阔叶混交林，分布面积为95776hm^2，占该山系大熊猫栖息地面积的25.75%。秦岭山系植被群系组有29类，分布最多的群系组有：栎林92945hm^2，占该山系大熊猫栖息地面积的24.99%；落叶阔叶杂木林70272hm^2，占该山系大熊猫栖息地面积的18.89%，松、栎针阔混交林49268hm^2，占该山系大熊猫栖息地植被面积的13.25%（国家林业和草原局，2021）。

7.3.2.2　岷山山系

岷山山系大熊猫栖息地的植被型分布面积最大的是寒温性针叶林，分布面积为338858hm^2，占该山系大熊猫栖息地面积的34.89%；其次是落叶阔叶林，分布面积为315526hm^2，占该山系大熊猫栖息地面积的32.48%。岷山山系植被群系组有43类，分布最多的群系组有：云冷杉林333464hm^2，占该山系大熊猫栖息地面积的34.33%；桦木林125622hm^2，占该山系大熊猫栖息地面积的12.93%；栎林111488hm^2，占该山系大熊猫栖息地面积的11.48%。

7.3.2.3　邛崃山山系

邛崃山山系大熊猫栖息地的植被型分布面积最大的是寒温性针叶林，分布面积为198569hm^2，占该山系大熊猫栖息地面积的28.83%；其次是落叶阔叶林，分布面积为136465hm^2，占该山系大熊猫栖息地面积的19.81%。邛崃山山系植被群系组有44类，分布最多的群系组有：云冷杉林195925hm^2，占该山系大熊猫栖息地面积的28.45%；桦木林62573hm²，占该山系大熊猫栖息地面积的9.08%；铁杉针阔叶混交林54705hm²，占该山系大熊猫栖息地面积的7.94%。

7.3.2.4 大相岭山系

大相岭山系大熊猫栖息地的植被型分布面积最大的是常绿阔叶林，分布面积为27805hm²，占该山系大熊猫栖息地面积的22.63%；其次是栽培森林植被，分布面积为24362hm²，占该山系大熊猫栖息地面积的19.83%。大相岭山系植被群系组有36类，分布最多的群系组有：栲类林21357hm²，占该山系大熊猫栖息地面积的17.38%；云冷杉林14963hm²，占该山系大熊猫栖息地面积的12.18%；人工杉林11494hm²，占该山系大熊猫栖息地面积的9.35%。

7.3.2.5 小相岭山系

小相岭山系大熊猫栖息地的植被型分布面积最大的是寒温性针叶林，分布面积为45170hm²，占该山系大熊猫栖息地面积的37.84%；其次是落叶阔叶林，分布面积为18122hm²，占该山系大熊猫栖息地面积的15.18%。小相岭山系植被群系组有35类，分布最多的群系组有：云冷杉林45151hm²，占该山系大熊猫栖息地面积的37.83%；铁杉针阔叶混交林10773hm²，占该山系大熊猫栖息地面积的9.03%；山地中生性落叶阔叶灌丛10001hm²，占该山系大熊猫栖息地面积的8.38%。

7.3.2.6 凉山山系

凉山山系大熊猫栖息地的植被型分布面积最大的是寒温性针叶林，分布面积为72129hm²，占该山系大熊猫栖息地面积的23.85%；其次是常绿阔叶林，分布面积为68558hm²，占该山系大熊猫栖息地面积的22.67%。凉山山系植被群系组有40类，分布最多的群系组有：云冷杉林71506hm²，占该山系大熊猫栖息地面积的23.65%；栲类林63264hm²，占该山系大熊猫栖息地面积的20.92%；人工云冷杉林29104hm²，占该山系大熊猫栖息地面积的9.63%。

8

大熊猫主食竹
群落的多样性

生物群落是指生存在一起并与一定的生存条件相适应的所有生物，即在相同时间内聚集在同一地段上的各物种种群的集合，包括动物、植物、微生物等各个物种的种群，共同组成的生态系统中有生命的部分。组成群落的各种生物种群不是任意地拼凑在一起的，而是有规律组合在一起，才能形成一个稳定的群落。在森林中，对群落结构和群落环境的形成有着明显控制作用的植物，称为优势种。优势种常常是那些个体数量多，投影盖度大，生物量大，体积大、生活力较强的乔木、灌木或地被种类；由优势种构成的植被层称为优势层；优势层中的优势种叫做建群种。由于群落在空间上有垂直成层现象，一般可以分为乔木层、灌木层、草本层和地被层，因此在每一层中还会有这一层的优势种。

竹类群落，是指在相同时间、相同地点聚集在一起，并相互关联、相互影响、相互作用、相互发展的竹类植物的集合。这里重点讨论的是竹类群落中与大熊猫关系密切的中国竹类群落中较为特殊的部分，也是竹类植被分类中的最小分类单位——群丛组。所谓群丛组，就是指按照竹类群落的内部特性、外部特征及其动态规律所划分的同类、同质竹种的集合。群丛组是竹类群落的基本分类单位，在这里被看作是竹林群落的同义语，习惯上称作XX竹林。竹林群落（群丛组）是由竹林优势层的优势种组成。比如适应共同生存环境的毛竹个体组成的群落（群丛组），称为毛竹林Form. *Phyllostachys edulis*；由箣竹个体组成的群落（群丛组），称为箣竹林Form. *Bambusa blumeana*等。划分大熊猫主食竹群落（群丛组）的目的主要有两个：一个是为竹类保护、竹类调查、竹类造林、竹类经营和竹类规划设计提供科学依据；另一个是对不同地点、不同功能、不同竹种、不同年龄的竹林实施分类管理。

吴征镒在《中国植被》一书中，共记录了中国竹类丛生竹、散生竹和混生竹共36个竹林群落（群丛组）（吴征镒，1983）。而根据多年来对大熊猫主食竹持续不断的深入研究，实践证明，我国大熊猫主食竹的群落多样性十分丰富，可以大致概括为散生竹群落、丛生竹群落和混生竹群落三大类型，共计54个不同的大熊猫主食竹林群落（群丛组）。

8.1 散生竹群落的多样性

散生竹指地下茎单轴型竹类。其母竹秆基上的侧芽只可以长成根状茎，即竹鞭。竹鞭细长，在地下能作长距离横走，具节和节间，节上有鳞片状退化叶和鞭根。每节通常有一枚鞭芽，交互排列，有的鞭芽抽长成新竹鞭，在土中蔓延生长；有的鞭芽发育成笋，出土长成新竹，其秆稀疏散生，形成成片的竹林。

散生大熊猫主食竹包括10个主要竹林群落（群丛组）：

8.1.1 刚竹属*Phyllostachys* Sieb. & Zucc.

8.1.1.1 桂竹林Form. *Phyllostachys bambusoides*

桂竹林是我国散生竹类分布较广的竹林群落（群丛组）之一，黄河流域及以南各省，从海拔较低平原地区到海拔较高（1600m）的低山地区广泛分布。原产我国，日本早有引栽，欧美及朝鲜均有引栽。属于比较稳定的竹林类型，林相整齐，耐寒、耐旱，多呈纯林或与常绿阔叶林混交生长。以河南桐柏的桂竹林为例，其分布区位于河南、湖北交界处，地理坐标在东经113°00′～113°49′、北纬32°17′～32°43′之间，属北亚热带季风型大陆性温湿气候，四季分明，雨量充沛；年平均气温15℃，一月平均气温2℃，7月平均气温28℃；年平均降水量1168mm，无霜期231d，年日照时数平均2027h。境内地貌以浅山、丘陵为主。

▲ 图8-1 桂竹林

▲ 图8-2 蓉城竹林

该竹林群落（群丛组）以桂竹*P. bambusoides* Sieb. & Zucc.（又称斑竹、五月季竹）为优势种，其秆高5～15（20）m，直径3～10（15）cm，节间长达40cm，幼时亮绿色，秆壁厚约5mm；小枝具叶2～4，叶片长5.5～15cm，宽1.5～2.5cm。笋期5月下旬，属大型散生优质用材竹种；林相整齐、美观，适于营造风景竹林，在白竹园寺森林公园，桂竹林作为重要风景竹广被栽培，也在当地城市公园、小区、庭院绿化中普遍使用；竹秆通直，材质细密，可用于造纸和制作柄具；笋味苦，但焯水后仍可食用（图8-1）。

桂竹林在有大熊猫分布的四川西部、陕西南部和甘肃南部均有分布，其垂直分布可达海拔1600m，是野生大熊猫天然采食的下线竹种；在国内外多家动物园，均见用该竹饲喂圈养的大熊猫。

8.1.1.2 蓉城竹林Form. *Phyllostachys bissetii*

蓉城竹林主要分布于浙江、四川等地。在四川则位于雅安市，主要分布于四川盆地西缘山地（东经103°04′、北纬30°10′），是从青藏高原向成都平原的过渡地带。本区属中亚热带湿润季风气候，年均温16.2℃，最冷月（1月）均温6.1℃，最热月（7月）均温25.4℃，年日照时数1005h，年降水量1250～1800mm。地带性植被为亚热带常绿阔叶林。蓉城竹林分布在海拔650～1580m的山地林间，土壤为山地黄壤，厚度为40cm，土壤pH值6.3（宋会兴等，2011）。

该竹林群落（群丛组）以蓉城竹*P. bissetii* McClure为优势种，其秆高5～7m，直径达4cm；节间长达25（30）cm，幼时被白粉，有白色短硬毛，微粗糙，秆壁厚约4mm；秆环隆起，略高于箨环。小枝具叶2，叶片长7～11cm，宽1.2～1.6cm。笋期4月中下旬。蓉城竹是重要的笋材两用竹种，也是大熊猫的主食竹之一，具有较高的经济价值和生态价值（图8-2）。

在四川宝兴蜂桶寨自然保护区，蓉城竹为野生大熊猫天然取食的主要竹种之一。该竹1941年伴随大熊猫，先后由中国四川引入欧洲、美国和俄罗斯栽培。在国内外多家动物园，均见以该竹饲喂圈养的大熊猫。

8.1.1.3 毛竹林Form. *Phyllostachys edulis*

毛竹林是我国栽培历史最悠久、用途最广、分布最广、生产潜力最大、经济价值最大、开发和研究最深入的优良经济竹种。东起台湾，西至云南、四川，南到广东、广西中部，北达陕西、河南南部均有分布。从平原（浙江，海拔不足100m）到中山（云南，海拔1600m以上）均能生长。其中，以长江流域各省分布面积较大。毛竹林多分布在亚热带湿润气候区，气候温暖湿润，年均温16～20℃，年降水量1000～2000mm，相对湿度80%以上；土层深度在50cm以上，肥沃、湿润、排水和透气性良好的酸性砂质土或砂质壤土，既需要充裕的水湿条件，又不耐积水淹浸；基岩为板岩、页岩、花岗岩、砂岩等；适宜土壤为厚层肥沃酸性红壤、红黄壤或黄壤。毛竹林分立竹株数在1500～4200株/hm²；平均胸径11.6cm，最粗20cm；平均高18m，最高22.5m；平均单株材积35.1kg，竹材产量37545～215925kg/hm²，林冠郁闭度在0.5～0.9。结构单一，林相整齐，常呈纯林状态或与常绿阔叶林混交生长。

该竹林群落（群丛组）以毛竹*P. edulis* (Carr.) H. de Lehaie为优势种，其秆高20m以上、直径20cm以上；节间长达40cm，秆壁厚约10mm；秆环不明显或在细秆中隆起。小枝具叶2～4，叶片长4～11cm，宽0.5～1.2cm。毛竹身形伟岸、秆体通直、林相整齐，材质坚韧、可加工性好，可培育用材林、笋用林、纸浆林、观赏林、生态林、风景林、防护林等，具有较高的生态价值和经济价值，现已发展出数量广大的人工纯林，成为我国竹产业的支柱型林种（图8-3）。

在国内外多家动物园，均见用毛竹竹笋、竹枝或竹叶饲喂圈养的大熊猫。

8.1.1.4 水竹林Form. *Phyllostachys heteroclada*

水竹林广泛分布于黄河流域及以南各地，产量高、用途广，属重要经济竹种，且对水土条件要求不高，在各种土壤类型中均能生长，如在陕西南部海拔1200m以下的河旁、山谷等地均有分布；在云南主要分布于滇东北，面积5699hm²。以云南昭通海子坪省级自然保护区天然水竹林为例，其分布区位于东经104°39′～104°45′、北纬27°51′～27°54′之间，属乌蒙山系，总面积2782hm²。保护区海拔1230～1709m，相对高差不大，地势较缓，坡度15°～28°。区内气候温暖湿润，年平均温度约19℃，年降水量900～1600mm，相对湿度85%，灾害性天气很少，无霜期321d. 土壤是发育在紫色砂岩上的紫色土，pH值4.5～5.0，土壤厚度15～60cm（陈冲等，2007；郑进炬等，2008）。

该竹林群落（群丛组）以水竹*P. heteroclada* Oliv.为优势种，水竹是分布较广的刚竹属植物，其秆高4～8（10）m，直径2～4（5）cm，节间长可达38cm。小枝具叶（1）2（3），叶片长5.5～12.5cm，宽1～1.7cm。笋期5月。多与常绿阔叶林混交生长。水竹篾性好，表皮致密平滑，纤维柔软坚韧，节稀、长且平，宜编制各种竹器，笋食用，是天然的绿色生态食品（图8-4）。

在四川天全、宝兴、泸定和康定等地，常见野生大熊猫冬季垂直下移时采食本竹种；在国内多家动物园，均见采用该竹喂食圈养的大熊猫。

8.1.1.5 篌竹林Form. *Phyllostachys nidularia*

篌竹林广泛分布于我国浙江，安徽，江苏，四川，湖南，江西，贵州，广西，河南，山西，陕西等黄河及长江流域以南各省，有面积大小不等片状原生或人工篌竹林分布，总面积超过13000hm²，浙江西北和安徽南部山区为其主要分布区。以四川华蓥山为例，它突起于四川盆地底部，绵延325km，最高峰海拔1704m，是川东平行岭谷主体山脉；山体顶部为可溶性石灰岩，经雨水溶蚀后多成狭长形槽谷，最长达

▲ 图8-3 毛竹林　　　　▲ 图8-4 水竹林　　　　▲ 图8-5 篌竹林

70km，上有峰丛、溶洞、暗河分布。两侧为硬砂岩，形成陡峻的单面山地貌形态。这里有我国集中分布面积较大的一片篌竹林，遍及广安市的前锋、华蓥、邻水3个区市县9个乡镇36个村和4个国有林场，海拔在500～1600m之间，有"川东竹海"之称（陈玉华，2004）。

该竹林群落（群丛组）以篌竹 P. nidularia Munro为优势种，其秆高达10m，直径5cm；节间长达30cm。小枝具叶1（2）枚，叶片长4～13cm，宽1～2cm，笋期4～5月。篌竹适应性较强能耐干旱和水湿。在浙江天目山区，篌竹分布于海拔800～1500m；在中国西部的四川、贵州，可达1800～2000m；在陕西秦岭，河南桐柏山、伏牛山区，分布高度为海拔1000m左右。篌竹竹材柔韧，整秆极适宜用来做菜架和篱笆等，也可制作农具；笋味鲜美，鲜食或加工成笋干均佳；广泛用于生态建设和城乡园林绿化（图8-5）。

在四川芦山、荥经、邛崃、崇州、都江堰和彭州等地，篌竹是野生大熊猫冬季下移时经常觅食重要竹种；在国内外多家动物园，篌竹也是饲喂圈养大熊猫的重要常备竹种。

8.1.1.6　毛金竹林Form. *Phyllostachys nigra* var. *henonis*

毛金竹林主要分布于黄河流域及以南各省。日本、欧洲各国早有引栽。一般生长在海拔1400m以下的丘陵山地，土壤比较耐寒冷、耐瘠薄，适应性较强。适宜生长在沟谷、湿润而排水良好的地方；平原地区常栽培于村落附近。多呈纯林或与常绿阔叶林混交生长。

以湖北省神农架自然保护区的毛金竹林为例，其分布区属于北亚热带季风气候类型，为亚热带气候向温带气候过渡区域。年均气温无霜期因海拔不同相差很大；全年辐射103.7kcal/m²，全年日照时数1858.3h，日照时数及总辐射量随着海拔的增高而减少；年降水量在800～2500mm之间，水量随海拔的增高而增加；春夏之交常有冰霜发生，一般从9月底至次年4月底为冰霜期；区内平均年蒸发量500～800mm。全年80%的时间盛行东南风。

该竹林群落（群丛组）以毛金竹 P. nigra (Lodd. ex Lindl.) Munro var. henonis (Mitford) Stapf ex Rendle（又称金竹）为优势种，其特征与紫竹近似，秆5～15m，直径2～6cm；节间长25～30cm；小枝具叶2～3；叶耳不明显，叶片长7～10cm，宽0.7～1cm；不同之处在于其秆始终淡绿色，高可达18m；箨鞘顶端极少有深褐色微小斑点。该竹集材用、笋用和观赏于一身：秆供建筑、农具、家具、竿具等用；材质坚韧，可用于劈篾编织各种竹器；笋可食用；中药竹沥、竹茹多产自本竹种。

在四川荥经、甘肃的白水江自然保护区，毛金竹是大熊猫冬季下移时采食的重要竹种；在国内外多家动物园，均见用毛金竹饲喂圈养的大熊猫（图8-6）。

8.1.1.7 灰竹林Form. *Phyllostachys nuda*

灰竹林主要分布于浙江、江苏、安徽、江西、福建、台湾、湖南、山东等省，其中以浙江、江苏为多，陕西南部地区亦有分布。分布高度多在海拔600～800m，在安徽黄山可达海拔1300～1700m，多生长在向阳山坡，耐寒、耐旱、耐瘠薄土壤，常与常绿阔叶林混交生长。以浙江西北部杭州市临安区、浙皖两省交界处的天目山灰竹林为例，其分布区地处中亚热带北缘，属季风型气候类型，温暖湿润，光照充足，雨量充沛，四季分明。年均降水量1613.9mm，降水日158d，无霜期年平均为237d，受台风、寒潮和冰雹等灾害性天气影响较多。境内以丘陵山地为主，立体气候明显；年平均气温随海拔升高由16℃降至9℃，年温差7℃。在海拔50～1000m之间，均见有灰竹林的分布。

该竹林群落（群丛组）以灰竹*P. nuda* McClure（又称石竹或净竹）为优势种，其秆高6～9m，直径约2～4cm；常于基部呈"之"字形曲折；节间长达30cm，幼时被白粉，秆壁厚；秆环很隆起，高于箨环；小枝具叶2～4，叶片长8～16cm，下面灰绿色，次脉4～5对。笋期4～5月。竹秆通直，秆材致密坚韧，可供劈篾编制竹器。还是优质笋用竹，笋肉厚味美，产区叫"石笋"，是加工"天目笋干"的主要原料（图8-7）。

在国内外多家动物园，均见用灰竹饲喂圈养的大熊猫。

8.1.1.8 刚竹林Form. *Phyllostachys sulphurea* var. *viridis*

刚竹林主要分布于黄河至长江流域及福建一带，其中以江苏、浙江、四川比较普遍，河南、山东、河北、陕西、山西均有引栽。美国、法国有栽培。常见于海拔300m以上的丘陵、低山山坡和沟谷两旁。刚竹林是我国散生竹类分布较广的单优竹林群落之一，也是长江下游各省区重要的观赏和用材竹种之一。竹林抗性强，能耐–18℃的低温，适应酸性土至中性土，但pH值8.5左右的碱性土及含盐0.1%的轻盐土亦能生长，但忌排水不良。林相整齐，多呈纯林或与常绿阔叶林混交生长。

该竹林群落（群丛组）以刚竹*P. sulphurea* (Carr.) A. & C. Riv. var. *viridis* R. A. Young为优势种，散生竹，秆高6～15m，直径4～10cm；节间长20～45cm，初时微被白粉，秆壁厚约5mm；秆每节分枝2；小枝具叶2～5，叶片长6～13cm，宽1.1～2.2cm。笋期5月中旬。竹秆挺秀，枝叶青翠，适于营造风景竹林或城市公园、街道、小区、庭院栽培观赏；秆供建筑或作农具柄等用；笋味微苦，但可食用（图8-8）。

在国内外多家动物园，均见用刚竹饲喂圈养的大熊猫。

▲ 图8-6　毛金竹林

▲ 图8-7　灰竹林

▲ 图8-8　刚竹林

8.1.2 唐竹属*Sinobambusa* Makino ex Nakai

唐竹林Form. *Sinobambusa tootsik*

唐竹林主要分布于我国广东、广西、江西、四川、贵州、浙江、福建等省区。日本、美国、欧洲及越南北部早有引种栽培。广泛生长于海拔40～1500m的丘陵山地或沿溪谷周围土壤较肥厚的区域。唐竹常呈纯林，常与常绿阔叶林混交生长，或与唐竹属的其他种类构成混交林，如沟槽唐竹*Sinobambusa sulcata* W. T. Lin & Z. M. Wu（广东）、南丹唐竹*S. nandanensis* Wen（广西）、花箨唐竹*S. striata* Wen（江西）、肾耳唐竹*S. nephroaurita* C. D. Chu & C. S. Chao（四川）、独山唐竹*S. dushanensis* (C. D. Chu & J. Q. Zhang) Wen（贵州）等。以四川泸州为例，唐竹分布区气候温和，四季分明；年平均气温17.1～18.5℃；年平均降水量748.4～1184.2mm；平均日照时数1200～1400h；无霜期300～358d。

▲ 图8-9　唐竹林

该竹林群落（群丛组）以唐竹*S. tootsik* (Sieb.) Makino为优势种，其秆高5～12（15）m，直径2～6（10）cm，节间长30～40（80）cm；老秆有纵肋纹，具分枝的一侧扁平并具沟槽；秆每节通常分枝3，有时多达5～7枚，枝环很隆起；小枝具叶3～6（9），叶片长6～22cm，宽1～3.5cm。该竹生长密集、挺拔，姿态潇洒，常作庭园观赏之用；笋可食用，但味苦，具有清热解毒功效有清热去毒功效，唐竹笋以下部甜、上部苦的竹笋为优；秆节间较长，过去常用作吹火管或搭棚架、筑篱笆等用（图8-9）。

在国内外多家动物园，均见用唐竹饲喂圈养的大熊猫。

8.2 丛生竹群落的多样性

丛生竹指地下茎合轴型竹类。其母竹秆基上的侧芽直接出土成笋，长成新竹，次年新竹秆基部的侧芽又发生下一代新竹，如此不断重复，形成由母竹和一系列新竹的秆基和秆柄所构成的地下茎系统。这种类型的地下茎不具备能在地下无限横走的根状茎，但其秆柄在长度上有所差异。其中秆柄短缩，其所形成的新竹距离老竹很近，竹秆密集成丛，秆基堆集成群，具有这种形态特征的竹子，称为合轴丛生亚型，亦即通称的丛生竹，如箣竹属*Bambusa* Retz. corr. Schreber、慈竹属*Neosinocalamus* Keng f.、箭竹属*Fargesia* Franch.等。有的竹类母竹秆柄细长，形成假竹鞭，能在地下延伸一段距离（长可达50～100cm），由假竹鞭先端的顶芽出土成竹，地面竹秆散生，称为合轴散生亚型，如玉山竹属*Yushania*。其中有些母竹秆基的芽既可萌发为具极短秆柄的顶芽出土成秆的小竹丛，也可萌发成延伸较长的秆柄而使地面秆散生的合轴混合型地下茎，使地面秆散生兼小丛生，如生于湿地或沼泽的空柄玉山竹*Yushania cava* Yi（易同培等，2008）。

丛生竹一般分布于丘陵、平地、溪流两岸，以及路旁、水旁、村旁、宅旁地带，海拔通常不超过300m，也有一些可达1000m以上，玉山竹属分布海拔甚至更高。多数丛生竹对水热条件要求较高，一般要求年平均温度18～21℃，1月平均温度8℃以上，极端温度-5℃以上（除玉山竹属外）。年降水量在1000～1400mm以上。

丛生大熊猫主食竹包括30个主要竹林群落（群丛组）：

8.2.1 箣竹属*Bambusa* Retz. corr. Schreber

8.2.1.1 孝顺竹林Form. *Bambusa multiplex*

主要分布于我国东南、西南直至长江中下游地区。多生长在丘陵坡地、河溪两岸，以及村落附近。最北可分布到陕西西安周至区的楼观台。以四川纳西孝顺竹林为例，其分布区属亚热带湿润性季风气候区，四季分明，气候温和，雨量充沛；年平均气温18.1℃，极端最高气温为37.6℃，极端最低气温为1.7℃；年总降水量909.4mm；年日照时数1050.5h；海拔在230～963m之间，南高北低，平坝、丘陵、低山兼有；土壤为冲积沙质土壤及宅旁深厚肥沃土壤。孝顺竹林主要分布于沿河两岸、山谷台地和村庄、水塘附近，为重要造纸原料基地。多呈纯林状态。

该竹林群落（群丛组）以孝顺竹*B. multiplex* (Lour.) Raeuschel ex J. A. & J. H. Schult.（又称凤尾竹、坟竹）为优势种，丛生竹，秆高（2）4～6（7）m，直径2～4（5）cm，节间长30～50cm；秆分枝始于第二至第三节，各节多枝簇生，主枝稍粗长；小枝具叶5～12，叶片长5～16cm，宽0.7～1.6cm。该竹是丛生竹中最耐寒的一个种，也是我国丛生竹中分布最广的一个种。秆材柔韧，纤维长度在2.5mm以上，为优良造纸原料，劈篾用于编织各种竹器及竹工艺品。用秆所削刮成的竹绒是填塞木船缝隙的最佳材料。竹叶供药用，有解热、清凉和治疗流鼻血之效。孝顺竹的许多变异类型，如小琴丝竹*B. multiplex* (Lour.) Raeuschel ex J. A. & J. H. Schult. f. *alphonse-karr* (Mitford) Sasaki ex Keng f.、凤尾竹*B. multiplex* (Lour.) Raeuschel ex J. A. & J. H. Schult. f. *fernleaf* (R. A. Young) Yi等，属于著名观赏竹类，园林栽培甚广（图8-10）。

在四川盆地可栽培到海拔1500m或川西南达2200m，大熊猫冬季垂直下移时，常见在村宅旁或沟河沿岸采食该竹种；在国内外多家动物园，见用该竹饲喂圈养的大熊猫。

8.2.1.2 硬头黄竹林Form. *Bambusa rigida*

硬头黄竹林主要分布于四川、重庆、贵州北部、云南东北部和东南部；湖南、福建、江西及两广地区普遍栽培；生长于河岸、丘陵、平坝及村庄附近。多生长在河流两岸冲积沙质土壤上，丘陵、平坝及村庄附近的黄壤和红壤上也能生长。在四川、重庆等地，广泛分布于金沙江下游、大渡河下游、岷江下游、沱江流域、涪江中下游、嘉陵江中下游、渠江流域、乌江下游及长江上游的广大地区，生于海拔550m以下的河流两岸、山脚平地机村庄附近，是该区域仅次于慈竹的第二大竹林类型。以四川宜宾硬头黄竹林为例，其分布区属中亚热带湿润季风气候，低丘、河谷兼有南亚热带的气候属性。具有气候温和、热量丰足、雨量充沛、光照适宜、无霜期长、冬暖春早、四季分明的特点。年平均气温18℃左右；年平均降水量1000～1650mm，5～10月为雨季，降水量占全年的81.7%，主汛期为7～9月，降水量更集中，占全年总降水量的51%；年平均日照时数为1000～1130h，无霜期334～360d。

该竹林群落（群丛组）以硬头黄竹*Bambusa rigida* Keng & Keng f.（也称黄竹）为优势种，其秆高7～12m，直径3.5～6cm；节间长30～45cm；分枝常自秆基部第三、四节开始，每节多枝簇生，主枝较粗长；叶片长7.5～18cm，宽1～2cm。其秆通直，可作撑篙、担架、棚舍、家具等；秆壁厚，是主要造纸原料；材质坚硬，只能劈粗篾编制箩筐等竹器；竹笋可供食用，但味苦（图8-11）。

在四川，冬季寒冷天气，见有大熊猫垂直下移觅食时采食本竹种（易同培等，1998）。

▲ 图8-10　孝顺竹林　　　　　　　　　　　　　　　　　　▲ 图8-11　硬头黄竹林

8.2.2　镰序竹属*Drepanostachyum* Keng f.

钓竹林Form. *Drepanostachyum breviligulatum*

　　钓竹林主要分布于我国四川盆地西北部，青藏高原向四川盆地过渡的东缘地带，长江的二级支流涪江的上游地区，属于盆周山区的典型山地地貌景观。以四川平武为例，地处东经103°50′～104°58′、北纬31°59′～33°02′之间。东邻青川县，南连北川县，西界松潘县，北靠甘肃省，东南接江油市，西北倚九寨沟县。域内山地主要由近南北走向的岷山山脉、近东西走向的摩天岭山脉和近北东至南西走向的龙门山脉组成，海拔1000m以上的山地占幅员面积的94.33%。地势西北高、东南低，西北部为极高山、高山，向东南渐次过度为中山、低中山和低山。西北部最高处岷山主峰雪宝顶海拔5588m，东南部最低处涪江二郎峡椒园子河谷海拔600m，两地高差近5000m。属北亚热带山地湿润季风气候，气候温和，降水丰沛，日照充足，四季分明，具有云多、雾少、阴天多的特点。多年平均气温14.7℃，最高值15.1℃，最低值13.9℃。极端最高温37℃，极端最低温-7℃。多年平均降水量866.5mm，最高值1161.4mm，最低值397.3mm。多年平均日照时数1376h，多年平均无霜期252d。由于地势起伏突出，高差悬殊，气候要素随着海拔高度的变化而呈垂直分布。低山河谷地带属北亚带山地湿润性季风气候，低中山地带属山地温暖带气候，中山地带属寒温带气候，高山地带属亚寒带气候，极高山地带属寒带气候。

　　该竹林群落（群丛组）以钓竹*D. breviligulatum* Yi为优势种，其秆高3～6m，直径0.5～1.5（2）cm，梢部作弧形长下弯可达地面；全干共有25～34节，节间长18～20（32）cm，圆筒形，秆壁厚1.5～2mm，髓锯屑状；箨环很隆起呈一厚木栓质圆脊，并向下翻卷呈浅碟状，灰黄色或灰褐色，无毛；秆环平或稍隆起，初为紫色；节内高1.5～4mm。秆芽3枚，紧密结合为笔架形。秆分枝低，每节上除具多数纤细枝条外，有时还具粗壮主枝1～3枚，其长可达5m，直径3～5.5mm，作攀缘状，在无主枝时，常在纤细枝条间具有肥大的笋芽。笋绿色而先端带紫色；箨鞘迟落，短于或稍短于节间长度，长三角形，革质，长（5.5）12～27cm，宽2.4～4.8mm；叶片狭披针形，纸质，长（4）6～10.5cm，宽0.65～1cm（在萌发枝条上长达26cm，宽32cm，次脉多达8对），基部楔形，上面绿色，无毛，下面淡绿色，被灰白色短柔毛，次脉（2）3～4对，小横脉明显（图8-12）。

钓竹是野生大熊猫冬季下移时觅食的主要竹种，钓竹林常成片野生于海拔450～1200m江岸峭壁上或陡坡地上。

8.2.3 箭竹属*Fargesia* Franch. emend. Yi

8.2.3.1 贴毛箭竹林Form. *Fargesia adpressa*

贴毛箭竹林主要分布于我国四川九龙、冕宁等地，生于海拔2360～2700m的山地阔叶林下或缓坡地灌丛中，其垂直分布上限可达亚高山暗针叶林边缘。以四川九龙为例，位于四川省西部，甘孜藏族自治州东南部，贡嘎山西南，处在雅安、凉山、甘孜三市州的结合部。境内地势起伏，北高九龙县街道南低，高差悬殊。北部山岳海拔高程在3600～5500m之间，最高达6010m；谷地一般亦在2000～3200m；南部小金乡萝卜丝沟与雅砻江汇合处仅1440m，高差达4570m。由于河流切割深度大，山势陡峭，坡度多在30°～60°之间，主要河流支流下游大部分为悬崖峭壁。

该竹林群落（群丛组）以*F. adpressa* Yi为优势种，其秆高4～6m，直径（1.5）2～3cm，梢端直立；全秆具20～28节，节间长35～40（60）cm，圆筒形，淡绿色，幼时被白粉（尤以节间上部最明显），无毛或稀在节下方具棕色刺毛，纵细线棱纹微可见，老时具明显的灰色蜡质，秆壁厚2～3mm，髓呈锯屑状；箨环稍隆起，褐色，无毛；秆环平或微隆起，淡绿色；节内高5～10mm，有白粉。秆芽长卵形，上部粗糙，边缘密生灰色纤毛。秆的第6～7节即高2m左右开始分枝，枝条在秆每节上为多数，簇生，约作35°锐角开展，长16～55cm，直径1～2.5mm，具5～8节，节间长1～14cm，直径1～2.5mm，无毛，被白粉。笋紫色或紫绿色。笋略有苦味，但能食用；秆为造纸原料，亦可劈篾编织竹器。

在四川九龙、冕宁，贴毛箭竹分布于海拔2360～2700m的山地阔叶林下或缓坡地灌丛中，其垂直分布上限可达亚高山暗针叶林边缘，为野生大熊猫天然采食的重要主食竹种。

8.2.3.2 油竹子林Form. *Fargesia angustissima*

油竹子林主要分布于我国四川北川、汶川、都江堰、崇州、大邑等县市的盆壁山区，生于海拔800～1900m河岸边的陡坡地灌丛间或形成纯竹林，有时可生于石灰岩峭壁上，是难得的崖生竹种。以汶川为例，位于四川省中部，四川盆地西北部边缘的阿坝藏族羌族自治州，东邻彭州市、都江堰市，南接崇州、大邑县、芦山县，西界宝兴县与小金县，西北至东北分别与理县、茂县相连。地理坐标位于东经102°51′～103°44′、北纬30°45′～31°43′之间。年均气温13.5（北部）～14.1℃（南部），无霜期247～269d，降水量528.7～1332.2mm，日照时数1693.9～1042.2h，适宜各类动植物生长。域内地势由北向东南倾斜。东北为龙门山脉，西南为邛崃山系。西部多分布海拔3000m以上的高山，最高峰四姑娘山海拔为6250m；东南部漩口地区的岷江出口处海拔仅780m。岷江过境，杂谷脑河、草坡河、郫溪河为县境岷江三大支流。属青藏高原亚湿润气候区，年均气温13.5℃，年降水量500mm。

该竹林群落（群丛组）以油竹子*F. angustissima* Yi为优势种，其秆高4～7m，直径1～2cm，梢端微弯曲；全秆共有15～20节，节间长28～35cm，圆筒形，绿色，无毛，幼时被白粉，纵细线肋纹极显著，中空，秆壁厚1.5～2.5mm，髓为锯屑状；箨环隆起，褐色，无毛；秆环微隆起或隆起；节内高2～3mm，平滑，无毛。秆芽长卵形，贴生，边缘被纤毛。秆的第6～12节开始分枝，每节枝条5～10枚，纤细，上举或斜展，长24～60cm，直径1～2mm，无毛，具细线棱纹。笋紫色或紫绿色，笋期6月；笋味甜，供食用；秆材质地柔韧，宜劈篾编织竹器或作竿具（图8-13）。

在野生大熊猫的自然分布区，油竹子是大熊猫觅食的主食竹种之一，尤其在冬季垂直下移期间，更是大熊猫不可多得的主要食竹。

8.2.3.3 短鞭箭竹林Form. *Fargesia brevistipedis*

短鞭箭竹林主要分布于我国四川天全，生于海拔1250m左右的阔叶林下。以天全为例，位于四川盆地西缘，二郎山东麓，邛崃山脉南段，康巴文化线东端，属邛崃山脉南支夹金山山岭的南段和二朗山山顶的北段。地理坐标东经102°16′～102°55′、北纬29°49′～30°21′。东与芦山县、雨城区接壤，南连荥经县，西接泸定县、康定县，北邻宝兴县。域内地貌呈深中切割，地势西北高，东南低。西北部多为中高山地，占全县总面积的86.7%，最高处月亮湾岗，海拔5150m；东南部为低山、河谷丘陵区和河谷冲击平坝区，占全县总面积13.3%，最低点多功乡飞仙关桥下，海拔600m，中间地带多为丘陵，河谷两侧有少数小平坝。属亚热带季风气候，温暖多雨，年平均气温15.3℃，1月平均气温5℃，8月平均气温23.7℃，年平均降水量达1576.1mm。

该竹林群落（群丛组）以短鞭箭竹*F. brevistipedis* Yi为优势种，其秆高4～5m，直径1.2～2cm，梢端外倾；

▲ 图8-12 钓竹林 　　　　　　　　　　▲ 图8-13 油竹子林

全秆具27～33节，基部节间长2～5cm，中部节间长28～35（40）cm，圆筒形，分枝一侧无沟槽，绿色，无毛，幼时被白粉，平滑，无纵细线棱纹，髓呈锯屑状，秆壁厚1.5～2（3）mm；箨环隆起，紫色或紫褐色，初时被黄褐色短硬毛；秆环平或在分枝节上稍肿起；节内高2～6mm，在分枝节上者向下稍变细。秆芽长卵形，贴生，初时有白粉，边缘被白色纤毛。秆的第7～9节开始分枝，枝条在秆的每节上（5）7～10（12）枚，斜展，长25～55（70）cm，直径1～2.5mm，具6～13节，节间淡绿色或紫色，其节上可再分次级枝。笋期5月。

在四川天全野生大熊猫的自然分布区，短鞭箭竹是大熊猫冬季垂直下移时采食的主要竹种。

8.2.3.4 紫耳箭竹林Form. *Fargesia decurvata*

紫耳箭竹林主要分布于我国陕西南部、甘肃南部、湖北西部、湖南西北部和重庆南部，生于海拔1150～2200m的阔叶林下或荒坡地。以陕西佛坪为例，位于汉中地区东北部。地理坐标为东经107°41′～108°10′、北纬33°16′～33°45′。地处秦岭山脉中段南坡山峦腹地，总体地形西北高、东南低。县境北界秦岭主脊自西而东有黄桶梁、光头山，为南北坡分水岭，亦为长江流域与黄河流域的分水岭；东有天花山、老庵子;西有烂店子梁、观音山；中部有鳌山、文观庙梁蜿蜒伸展，接连娘娘山主峰，形成低山和中山的高程差异，县东西两半以山相隔，汇集为金水、椒溪两个水系。蒲河系为过境水，与椒溪交于三河口。三条河道纵贯佛坪县。山体多呈中切峡谷，沟壑纵横，群峰四起。河沟两岸分布大小不等的洪积、冲积、淤积台地，地势较平坦，为基本农田的分布区。域内气候属暖温带气候，有显著的山地森林小区气候特征，成为特殊的亚热带北缘山地暖温带湿润季风气候。由于东西向秦岭主脊的屏障作用，使县境气候明显区别北坡，为中国南北气候分界线地带。气候温和，夏无酷暑，冬无严寒，春季冷暖反复交替，气温回升缓慢，雨少偏旱;夏季多洪，秋季多淋；冬季雪雨稀少，较干燥。

该竹林群落（群丛组）以紫耳箭竹*F. decurvata* J. L. Lu为优势种，其秆高1.5～3m，直径0.5～1.5cm；全秆共20～30节，节间长（3～5）15～20cm，圆筒形，绿色，幼时微被白粉，无毛，老时黄色，中空直径1.5～3mm，秆壁厚3～5mm，髓呈锯屑状；箨环显著隆起呈圆脊，高于秆环，褐色，无毛；秆环隆起，光亮；节内高1.5～2.5mm，无毛，有光泽。秆芽1枚，长卵形，紫红色，被微毛，边缘生短纤毛。枝条在秆每节上5～12枚，斜展，长10～40cm，直径1～1.7mm，无毛，微被白粉，其节上可再分次级枝（图8-14）。

在陕西佛坪自然保护区和长青自然保护区，该竹是野生大熊猫的重要主食竹种之一。

8.2.3.5 缺苞箭竹林Form. *Fargesia denudata*

缺苞箭竹林分布于我国甘肃南部文县、武都和四川北部青川、平武、松潘、北川等县；在四川平武王朗、青川唐家河，以及甘肃白水江等自然保护区内，大面积生于海拔1900～3200（3600）m的针阔叶混交林或暗针叶林下。以文县为例，位于甘肃省最南端，与四

▲ 图8-14 紫耳箭竹林

川、陕西交界处，地处秦巴山地，是甘肃的南大门。东南与四川青川、平武县接壤，西邻四川九寨沟县和甘南藏族自治州，北接市辖区武都区。地理坐标为东经104°16′16″～105°27′29″、北纬32°35′43″～33°20′36″。文县西高东低，地处内陆腹地，属秦巴山地，构造复杂。最高海拔4187m，最低海拔550m，山地约占总面积的90%。文县自东向西由亚热带丘陵区向高山峻岭、深山峡谷区展布，形成西高东低的地形。海拔高程550～4187m之间。属亚热带向暖温带过渡区，为亚热带北缘山地气候，垂直气候差异明显，形成了亚热带、温带、寒带叠次镶嵌的不同气候类型区。年平均气温5～15℃，无霜期260d左右，降水量400～1000mm，年平均日照时数1200～1800h，无霜期250～310d。具有夏无酷暑，冬无严寒的气候特点。

该竹林群落（群丛组）以缺苞箭竹*F. denudata* Yi为优势种，其秆高3～5m，直径0.6～1.3cm；全秆具25～35节，节间长15～18（25）cm，圆筒形，光滑，纵细线棱纹不发育，绿色，幼时微被白粉，无毛，中空，秆壁厚2～3mm，髓为锯屑状；箨环隆起，褐色，无毛，高于秆环或与秆环近相等；秆环平或在分枝节上稍隆起至隆起，节内高2～3mm，光亮。秆芽1枚，卵圆形或长卵形，贴生。秆每节上枝条4～15枚，纤细，下垂，长15～45（50）cm，直径1～1.5mm，紫色，无毛，其节上可再分次级枝。笋淡绿色，笋味甜，较脆嫩，供食用；秆劈篾可编织竹器（图8-15）。

▲ 图8-15 缺苞箭竹林

该竹是大熊猫常年采食的重要竹种，其自然分布区也是大熊猫种群密度较高的地区之一。

8.2.3.6 龙头箭竹林Form. *Fargesia dracocephala*

龙头箭竹林主要分布于我国湖北西部、四川北部、陕西南部和甘肃南部，生于海拔1500～2200m的阔叶林或铁杉林下。以文县为例，见缺苞箭竹林。

该竹林群落（群丛组）以龙头箭竹*F. dracocephala* Yi为优势种，其秆高3～5m，直径0.3～2cm；全秆具25～32节，节间长15～18（24）cm，圆形，绿色，幼时被白粉，无毛，平滑，有光泽，中空小或近于实心，髓呈锯屑状，秆壁厚4～5mm；箨环显著隆起呈圆脊状，高于微隆起的秆环，褐色，无毛；秆环微隆起，有光泽；节内高2～4mm。秆芽1枚，阔卵形或长卵形，贴生，褐色或淡黄褐色，有灰色微毛，边缘生有灰色纤毛。秆每节分枝节上7～14枚，斜展，长13～35cm，直径1～2mm，常具黑垢，实心。小枝具叶3～4；叶片披针形，纸质，长5～12cm，宽5.5～13mm；次脉3～4对，小横脉清晰，边缘仅一侧具小锯齿。笋期5月（图8-16）。

在甘肃文县白水江自然保护区及陕西佛坪自然保护区内，该竹是野生大熊猫的重要主食竹种之一。

8.2.3.7 牛麻箭竹林Form. *Fargesia emaculata*

牛麻箭竹林分布于我国四川康定，生于海拔2860～3800m的亚高山暗针叶林下。康定市坐落在群山层叠的峡谷之中，两岸峰峦夹峙。折多河、雅拉河浪卷雪山之水穿域而过。域内地形复杂多样，大雪山脉之折多山将市境分为东西两大部，并由此形成地貌、气候、生产方式和文化习俗的强烈差异。东部为高山峡谷，属亚热带气候，这里桃红柳绿，物产富饶，有"康巴江南"之誉；西部为山原地貌，属高原型大陆气候，这里牛羊遍野，寺塔林立，是藏区风情的典型代表。域内气候属高原河谷气候，寒冷干燥，日照多，辐射强，年日照时数超过2000h，年平均气温5.6℃，最高气温31.7℃，最低气温极值–28.9℃，年平均降水量636.5mm。

该竹林群落（群丛组）以牛麻箭竹*F. emaculata* Yi为优势种，其秆高2.5～3.5m，直径8～12mm，梢部直立；全秆共有20～28节，节间长18～20（25）cm，基部节间长5～11cm，圆筒形，初时密被白粉，节下方通常具黄褐色小刺毛，老后变为黄色或橘红色，纵向细肋通常较明显，中空，秆壁厚2～3mm，髓为锯屑状；箨环隆起，褐色，无毛；秆环平或微隆起；节内高2～4mm，平滑，无毛，初时被白粉。秆芽长卵形，贴生，上部被短柔毛，边缘密生灰色纤毛。秆的第6～7接始分枝，每节上枝条10～17枚，簇生，纤细。小枝具叶3～4；叶片狭披针形，薄纸质，长（1.5）2.5～7cm，宽（2）3～7.5mm；次脉2或3对，小横脉不清晰，叶缘一侧稍有小锯齿。笋期7月。

在野生大熊猫的自然分布区，牛麻箭竹是大熊猫的天然主食竹种之一。

8.2.3.8 丰实箭竹林Form. *Fargesia ferax*

丰实箭竹林主要分布于我国四川康定、泸定、石棉、冕宁、雷波、越西、甘洛、布拖等地，即北自折多山东坡，经由大相岭至小相岭而进入南端的大凉山，生于海拔1700～3200m的阔叶林、冷杉林下或灌丛间。以泸定为例，位于四川省西部二郎山西麓，甘孜藏族自治州东南部，界于邛崃山脉与大雪山脉之间，大渡河由北向南纵贯全境，属川西高山高原最深陷之峡谷区。地理坐标为东经101°46′～102°25′、北纬29°54′～30°10′。域内山体呈南北走向，高山耸立，谷深壁陡，沟壑交错，许多山峰都在4000m以上，其中西南与康定县接壤之贡嘎山是其主峰，海拔7556m，为全省最高峰，被誉为"蜀山之王"。二郎山海拔3437m。境内平坝、台地、山谷、高山平原、冰川俱全。泸定地处四川盆地到青藏高原过渡带上，受东南、西南季风和青藏高原冷空气双重影响，气候垂直差异明显，海拔1800m以下地区属亚热带季风气候，为有名的干热河谷地区，冬季干燥温暖，季均温度7.5℃；夏季温凉湿润，季均温度22.7℃；年平均气温16.5℃，年平均无霜期279d，年均降水量664.4mm。

该竹林群落（群丛组）以丰实箭竹*F. ferax* (Keng) Yi为优势种，其秆高4～10m，直径2～5cm，梢端直立；全秆共有29～35节，节间长25～30（50）cm，秆壁厚2～5mm，髓丰富。秆每节分枝6～17枚。小枝具叶（2）3～5；叶片狭披针形，薄纸质，长3.6～10cm，宽3～6.5mm，次脉2～3对，小横脉常不发育，边缘仅一侧具小锯齿。笋期6月底至7月，微有苦味，但仍可食用；秆用途广，既可用于编织竹器，也可用于造纸（图8-17）。

在野生大熊猫的自然分布区，丰实箭竹（除布拖以外）是大熊猫觅食的重要主食竹种。

▲ 图8-16 龙头箭竹林　　　　　　　　　　　　▲ 图8-17 丰实箭竹林

8.2.3.9 华西箭竹林 Form. *Fargesia nitida*

华西箭竹林主要分布于江西、湖北、广西、贵州、四川、云南，及陕西、甘肃和西藏南部，常出现在海拔2000m以上的山坡和山顶，在四川若尔盖、九寨沟、松潘、黑水、茂县、理县、汶川、卧龙，以及甘肃文县、迭部等地，华西箭竹生于海拔2400～3200m的针阔叶混交林、暗针叶林或明亮针叶林下，形成大面积的灌木竹林层片；在湖北神农架，华西箭竹多见于2500～3000m之间的山坳和山坡地带。以九寨沟为例，位于四川省阿坝藏族羌族自治州，东临甘肃省文县，北与甘肃省舟曲县、迭部县交界，西接若尔盖县，南同平武县、松潘县接壤。地理坐标为东经103°27′～104°26′、北纬32°53′～33°43′。地处青藏高原向四川盆地过渡地带，域内河谷纵横，地势西北高东南低，以高山为主，另有部分山原和平坝，地形呈阶次变化，地质背景复杂，碳酸盐分布广泛，褶皱断裂发育，新构造运动强烈，地壳抬升幅度大，多种营力交错复合，造就了多种多样的地貌，发育了大规模喀斯特作用的钙化沉积，以植物喀斯特钙化沉积为主导。九寨沟海拔1900～3100m，以高原钙化湖群、钙化瀑群和钙化滩流等水景为主体的奇特风貌。属高原湿润气候，山顶终年积雪。气候冬长夏短，夏无酷暑，冬无严寒，春秋温凉；按海拔高度分为暖温带半干旱、中温带和寒温带季风气候；年平均气温12.7℃，春季平均气温在9～18℃之间，夏季平均气温19～22℃，秋季气候宜人，但昼夜温差很大，冬季较寒冷，气温多在0℃以下；年平均降水量550mm，年平均日照时数1600h，年平均相对湿度65%。

该竹林群落（群丛组）以华西箭竹 *F. nitida* (Mitford) Keng f. ex Yi为优势种，其秆高2～4（5）m，直径1～2cm，节间长11～20（25）cm，秆壁厚2～3mm。秆芽长卵形，贴生，近边缘粗糙，边缘具灰色纤毛。秆每节上枝条（5）15～18枚，长20～45cm，直径1.5～2mm，有时呈紫色，无毛。小枝具叶（1）2～3；叶片线状披针形，纸质，长3.8～7.5（9.5）cm，宽6～10mm，先端渐尖，基部楔形，下面灰绿色，无毛，次脉3（4）对。笋紫色，笋期4月底至5月（图8-18）。

华西箭竹为野生大熊猫的重要主食竹种之一。在四川卧龙国家级大熊猫自然保护区，华西箭竹的生长、分布范围直接关系到大熊猫的活动和生存（潘红丽等，2010）。1981—1984年，华西箭竹曾大面积全面开花，现竹林已完全恢复正常，林冠整齐。

8.2.3.10 团竹林Form. *Fargesia obliqua*

团竹林主要分布于中国四川的北川、松潘、茂县、平武交界的亚高山地区，以及甘肃迭部、文县；海拔2400～3300（3700）m的暗针叶林或针阔叶混交林下生长有大面积的本竹种。以北川羌族自治县为例，位于四川盆地西北部，东接江油市，南邻安州区，西靠茂县，北抵松潘、平武。地理坐标为东经104°26′15″～104°29′10″、北纬31°35′00″～31°38′02″。地势西北高，东南低，全境皆山，峰峦起伏，沟壑纵横，山脉大致以白什、外白为界，其西属岷山山脉，其东属龙门山脉，境内插旗山的最高峰海拔4769m，最低点香水渡海拔540m，相对高差4229m。溪流众多，分别汇集于涪江、苏保河、平通河、安昌河，顺山势自西北向东南奔流出境。县境气候属北亚热带湿润季风气候类型，气候温和，降水丰沛，雨热同季，干湿分明。年平均气温15.6℃，年平均降水1002.7mm，年平均无霜期276d。

该竹林群落（群丛组）以团竹*F. obliqua* Yi为优势种，其秆高2～4m，直径0.5～1.2cm，直立，有时作"之"字形曲折；全秆具22～33节，节间长18～24（28）cm，秆壁厚1.5～3.5mm。秆芽卵形或三角状卵形，灰色，贴生。秆的第6～7节开始分枝，每节上枝条（1）3（5）枚，斜展，长17～32cm，直径0.8～2mm。小枝具叶2～3（4）枚；叶片长圆状披针形，纸质，长（4）6.5～9（12）cm，宽（9）12～18mm，次脉4对，小横脉不甚明显，边缘具小锯齿而略粗糙。笋期7月（图8-19）。

在野生大熊猫的自然分布区，团竹是大熊猫的重要主食竹种；2004年下半年开始全面开花，现已基本恢复成林。

▲图8-18　华西箭竹林

▲图8-19　团竹林

8.2.3.11 少花箭竹林Form. *Fargesia pauciflora*

少花箭竹林主要分布于我国四川西南部和云南东北部，生于海拔2000～3200m的阔叶林或云南松林下，也见于灌丛间。在四川雷波、马边交界的山区，少花箭竹林是在筇竹林的垂直分布之上和峨眉玉山竹的垂直分布之下。以雷波为例，位于四川省西南边缘的凉山彝族自治州，东南隔江与云南省永善县相望，北与宜宾、乐山地区相邻，西接美姑县，西南紧连昭觉县、金阳县。地处横断山脉东段小凉山，金沙江北岸。地理坐标介于东经103°10′～103°52′、北纬27°49′～28°36′之间。域内由南北向构造带，溪沟纵贯全境，由近南北向的压性或压扭性断裂及与之平行的褶皱组成，最高海拔4076m，最低海拔380m。属亚热带山地立体气候，四季分明，垂直变化明显，多年平均气温12.2℃，无霜期271d，降水量850mm，日照时数1225h。

▲ 图8-20　少花箭竹林

该竹林群落（群丛组）以少花箭竹 *F. pauciflora* (Keng) Yi为优势种，其秆高（2）4～6m，直径1～3（4）cm；节间长35～40（60）cm，圆筒形，但在具分枝的一侧基部微扁，幼时密被白粉，具纵细线肋纹，秆壁厚2～4（6）mm。秆芽长卵形。秆每节上枝条多达10枚；小枝具叶2～3；叶片长（6.5）9～14cm，宽7～12mm，下面基部被灰色或灰褐色柔毛，次脉2～3（4）对，小横脉不甚清晰。笋期5月下旬至7月。笋食用，肉嫩、味鲜美；秆材可编织竹器或造纸（图8-20）。

在四川雷波、马边等地，少花箭竹是野生大熊猫的主要采食竹种。

8.2.3.12 秦岭箭竹林Form. *Fargesia qinlingensis*

秦岭箭竹林主要分布于我国陕西南部；生于海拔1065～3000m的阔叶林或华山松林、青杆林、秦岭冷杉林或太白冷杉林等纯林或针阔叶混交林下。以佛坪为例，位于汉中地区东北部。地理坐标为东经107°41′～108°10′、北纬33°16′～33°45′。地处秦岭山脉中段南坡山峦腹地，总体地形西北高、东南低。县境北界秦岭主脊自西而东有黄桶梁、光头山，为南北坡分水岭，亦为长江流域与黄河流域的分水岭；东有天花山、老庵子;西有烂店子梁、观音山；中部有鳌山、文观庙梁蜿蜒伸展，接连娘娘山主峰，形成低山和中山的高程差异，县东西两半以山相隔，汇集为金水、椒溪两个水系。蒲河系为过境水，与椒溪交于三河口。三条河道纵贯佛坪县。山体多呈中切峡谷，沟壑纵横，群峰四起。河沟两岸分布大小不等的洪积、冲积、淤积台地，地势较平坦，为基本农田的分布区。域内气候属暖温带气候，有显著的山地森林小区气候特征，成为特殊的亚热带北缘山地暖温带湿润季风气候。由于东西向秦岭主脊的屏障作用，使县境气候明显区别北坡，为中国南北气候分界线地带。气候温和，夏无酷暑，冬无严寒，春季冷暖反复交替，气温回升缓慢，雨少偏旱;夏季多洪，秋季多淋；冬季雨雪稀少，较干燥。

该竹林群落（群丛组）以秦岭箭竹 *F. qinlingensis* Yi & J. X. Shao为优势种，其秆高1～3.3m，直径0.4～0.9cm，梢端微弯；节间长4～16cm，秆壁厚1～2mm。秆芽1枚，长卵形，密被灰褐色柔毛，边缘具浅褐色纤毛。秆每节分枝4～10枚，长14～40cm，直径0.8～1.5mm，常呈紫绿色，斜上举，无毛。小枝具叶（3）4～5（7）枚；叶片披针形或狭披针形，纸质，无毛，长2～9cm，宽4～10mm，基部楔形，次脉3（4）

对，小横脉清晰，边缘具小锯齿。笋期5～6月，笋淡绿色（图8-21）。

在佛坪自然保护区和长青自然保护区内，该竹是野生大熊猫的主食竹种之一；也见有用该竹饲喂圈养的大熊猫。

8.2.3.13 拐棍竹林Form. *Fargesia robusta*

拐棍竹林主要分布于四川盆地西缘山地，遍布彭州、都江堰、汶川、崇州、大邑、邛崃等市县，大面积生于海拔1200～2800m的中山地区的阔叶林下、暗针叶林下、灌丛中或组成纯竹林。以都江堰为例，地处中亚热带季风湿润气候区，年均气温15.2℃，年均降水量近1200mm，年均无霜期280d。这里四季分明，夏无酷暑，最热的7、8月平均气温为24℃左右，平均最高气温仅28℃。冬无严寒，最冷的1月平均气温为4.6℃，平均最低气温在1℃左右。气候温凉而湿润，多为湿度大，云雾多的山地环境。竹林生于山地黄壤、黄棕壤或褐色土壤上的阔叶林下或针叶林下，长势旺盛，覆盖度大，单位面积上立竹度较高，适于坡地、台地、溪岸土层深厚的酸性土，陡坡地生长较差。

该竹林群落（群丛组）以拐棍竹*F. robusta* Yi为优势种，其秆高3～5（8）m，直径1～3cm；节间长15～28（30）cm，圆筒形，幼时被白粉，平滑，秆壁厚3～5mm；秆芽卵形或长卵形，贴生，近边缘具微毛，边缘具灰色纤毛。秆每节上枝条（5）15～20枚；小枝具叶2～4，叶片披针形或线状披针形，长（6）8～14（22）cm，宽6～14（23）mm，次脉4～5（7）对，小横脉较明显，边缘具小锯齿。笋紫红色，笋期4月底至5月。笋食用，笋期5月，产区有大量鲜笋供应市场；秆劈篾，供编制竹器；地下茎分枝似龙头，故常以连蔸之秆制作拐杖（图8-22）。

在野生大熊猫的自然分布区，拐棍竹是大熊猫的重要主食竹种之一；在国内外多个动物园，均见用该竹饲喂圈养的大熊猫。英国1982年从中国引入栽培，以后德国等一些欧洲国家相继引栽。

▲ 图8-21 秦岭箭竹林　　　　　▲ 图8-22 拐棍竹林

8.2.3.14　青川箭竹林Form. *Fargesia rufa*

青川箭竹林分布于我国四川青川、平武、北川、茂县，陕西汉中和甘肃文县，垂直分布海拔1600～2300（2600）m，生于山麓或山坡下部的阔叶林下或灌丛中；欧洲和美国有引栽。以青川为例，位于中国中西部交接地带、四川盆地北部边缘白龙江下游四川、甘肃、陕西三省结合部位，素有"鸡鸣三省""金三角"之称。地理坐标为东经104°36′～105°38′、北纬32°12′～32°56′。地形略呈新月状，以中山地形为主，兼有低中山、低山、丘陵、台地、谷地、小平坝。境内地势西北高而东南低，最高海拔3837m，最低海拔491m。山峦重叠、溪河密布，较大的江河有白龙江、青竹江、乔庄河。土壤类型多样，按垂直分布规律为黄壤–黄棕壤–暗棕壤–亚高山草甸土，其中黄壤为基带土壤，分布于海拔1500m以下地区，以上为黄棕壤，带幅900～1000m；

▲ 图8-23　青川箭竹林

海拔在2200～2300m的为暗棕壤，带幅700～900m；海拔在3200～3400m的为亚高山草甸土类，带幅在900～1200m；海拔在3700m以上为裸岩、石坡。境内气候差异较大，属亚热带温润季风气候，春迟、夏短、秋凉、冬长。年平均气温13.7℃，>10℃积温平均为5028℃，>19℃积温为4247℃，气温从东至西逐渐降低。年平均降水量约1000mm，降水量在900mm左右。年无霜期243d，空气湿度69%～85%。

该竹林群落（群丛组）以青川箭竹*F. rufa* Yi为优势种，其秆高2.5～3.5m，直径0.8～1cm；全秆具28～35节，节间长15～17（20）cm，秆壁厚1.5～3.2mm。秆芽1枚，卵形或长卵形，贴生。秆每节分枝（2）6～16枚，簇生，斜展，长20～66cm，直径1～2mm，无毛，节上可再分次级枝。小枝具叶2（4）；叶片线状披针形，纸质，长6～10cm，宽6～8mm，先端渐尖，基部楔形，下面淡绿色，基部初时被灰白色微毛，次脉（2）3对，小横脉略明显，边缘具小锯齿。笋期6月。秆劈篾可编织竹器（图8-23）。

在野生大熊猫的自然分布区，青川箭竹是大熊猫取食的主要竹种之一；在国内外多家动物园，均见用该竹饲喂圈养的大熊猫。

8.2.3.15　糙花箭竹林Form. *Fargesia scabrida*

糙花箭竹林主要分布于我国四川松潘、平武、青川、江油和甘肃文县等地，在四川青川唐家河和甘肃白水江自然保护区，生于海拔1550～2600m的阔叶林下。以松潘为例，位于四川省阿坝藏族羌族自治州东北部，东接平武县，南依茂县，东南与北川县相邻，西及西南紧靠红原县、黑水县，北与九寨沟县、若尔盖县接壤。地理坐标介于东经102°38′～104°15′、北纬32°06′～33°09′之间。松潘县地貌东西差异明显，以中山为主；地形起伏显著，相对高差比较大，最低处白羊乡棱子口海拔为1080m，最高处岷山主峰雪宝顶海拔5588m。域内气候具有按流域呈明显变化的特点，小气候多样且灾害性天气活动频繁。涪江流域湿润多雨、四季分明；岷江流域少部分地区干旱少雨，大部分地区则寒冷潮湿，冬长无夏、春秋相连、四季不明。各地降水分布不均，但干雨季分明，雨季降水量占全年降水量的72%以上，年平均气温5.7℃，年极端最低气温为−21.1℃，年平均降水量720mm。

▲ 图8-24　糙花箭竹林

该竹林群落（群丛组）以糙花箭竹F. scabrida Yi为优势种，其秆高1.8～3.5（6）m，直径0.5～1（1.5）cm；全秆共有16～22（30）节，节间长17～20（25）cm，秆壁厚2～4mm。秆每节上枝条3～8枚，长10～25cm，直径1～2mm。小枝具叶（1）2～3（5）枚；叶片披针形，长（4）12～18cm，宽（5）11～18mm；次脉（3）4～5对，小横脉稍明显，边缘具小锯齿。笋期4月底至5月初。笋味淡甜，宜于食用；秆为藤蔓农作物支柱，或编织竹器（图8-24）。

在野生大熊猫的自然分布区，糙花箭竹是大熊猫常年采食的主要竹种。

8.2.3.16　箭竹林 Form. *Fargesia spathacea*

主要分布于云南、四川、重庆、湖北和甘肃南部山区，生长海拔1600～3000m。在重庆，则主要分布于城口、万源、开县、巫溪等县。以城口箭竹林为例，其分布区海拔1600～2400m，属北亚热带山地气候，具有山区立体气候的特征。特点是：气候温和，雨量充沛，日照较足，四季分明，冬长夏短。春季气温回升快，但不稳定，常有"倒春寒"天气出现；夏季降水集中，7、8月多干旱，伏前、伏后多洪涝；秋季降温快，多连阴雨天气；冬季时间较长、气温低。年均气温13.8℃；年均日照时数1534h；平均无霜期234d；年均降雨日166d；年均降水量1261mm。竹林生于山地黄棕壤和棕壤土之上的阔叶林下、暗针叶林下或荒坡灌丛间，亦常见有大面积纯竹林。该竹耐寒力较强，适应范围广，在石灰岩、陡岩上也能生长。

该竹林群落（群丛组）以箭竹F. spathacea Franchet为优势种，其秆高1.5～4（6）m，直径0.5～2（4）cm；节间长15～18（24）cm，圆筒形，幼时无白粉或微敷白粉，秆壁厚2～3.5mm；秆每节上枝条多达17枚；小枝具叶2～3（6），叶片长（3）6～10（13.5）cm，宽（3）5～7（13）mm。笋期5月。笋质脆嫩，供食用；秆为编制竹器原料或供建筑用（图8-25）。

在甘肃文县，箭竹是野生大熊猫的重要主食竹种之一。其最大特点是耐寒、耐旱、耐瘠薄。有纯林，也有混交林。

▲图8-25　箭竹林

▲图8-26　慈竹林

8.2.4　慈竹属*Neosinocalamus* Keng f.

慈竹林Form. *Neosinocalamus affinis*

慈竹林主要分布于四川盆地，甘肃南部、陕西南部、湖北西部、湖南西部、贵州和云南也有分布。生于海拔1200m（云南可达海拔1800m）以下的平原、丘陵、山麓的江河沿岸及村庄附近。四川成都是慈竹林栽培历史最长、分布最集中、最密集、最普遍的区域，在东经102°54′～104°53′、北纬30°05′～31°26′的范围内，几乎随处可见。这里地处四川盆地边缘地区，以深丘和山地为主，海拔大多在1000～3000m之间，最高处大邑县双河乡海拔为5364m，相对高度在1000m左右；东部属于四川盆地盆底平原，是成都平原的腹心地带，主要由第四系冲击平原、台地和部分低山丘陵组成，土层深厚，土质肥沃，开发历史悠久，垦殖指数高，地势平坦，海拔一般在750m左右，最低处金堂县云台乡仅海拔387m。由于成都市东、西高低悬殊，热量随海拔高度急增而锐减，所以出现东暖西凉两种气候类型并存的格局，而且，在西部盆周山地，山上山下同一时间的气温可以相差好几度，甚至由下而上呈现出暖温带、温带、寒温带、亚寒带、寒带等多种气候类型，冬季湿冷、春旱、无霜期较长，四季分明，热量丰富。年平均气温在16℃左右，冬季最冷月（1月）平均气温为5℃左右，年平均降水量为900～1300mm，全年无霜期为278d，年平均日照时数为1042～1412h。成都地貌类型可分为平原、丘陵和山地。土壤类型有水稻土、潮土、紫色土、黄壤、黄棕壤等。慈竹喜温暖湿润气候及深厚肥沃土壤，不耐干旱、低温、大风、冰雪，当春季极度低温达–3℃以下时，笋芽及当年生竹秆会遭受冻害、甚至冻死。慈竹林多呈纯林状态，也有与阔叶乔木混生现象（图8-26）。

该竹林群落（群丛组）以慈竹*N. affinis* (Rendle) Keng f.为优势种，其秆高8～13m，直径3～8（10）cm，梢端弧形弯曲作钓丝状长下垂；全秆具32节左右，节间圆筒形，深绿色，中部最长者达60cm，基部最短者达15～30cm，秆壁厚3～6mm。秆芽1枚，扁桃形，常紫色，贴秆，周围常具紧贴的灰白色绒毛。秆分枝较高，通常始于秆的第15节左右，枝条在秆的每节上为多数，簇生，无明显粗壮主枝。小枝具叶6～11枚；叶片披针形，纸质，较薄，长8～28cm，宽1.2～4cm，先端渐尖，基部圆形或阔楔形，上面深绿色，无毛，下面灰绿色，被微毛，次脉4～10对，小横脉不清晰，边缘具小锯齿而粗糙。笋期7～8月，笋墨绿色，可食用。慈竹秆壁薄、节间长，材质坚韧，是我国西南地区普遍栽培的编制篾用竹，作造纸原料，亦可编制各种家具、农具、竹缆、竹索，是世界闻名的四川都江堰水利工程中编制"石笼"的关键材料；园林中常有栽培，是享誉中外的"川西林盘"景观的重要构成元素。

自然状态下，在冬季大雪封山、食物亏缺季节，有见大熊猫垂直下移觅食时采食本竹种。

8.2.5 玉山竹属*Yushania* Keng f.

8.2.5.1 熊竹林Form. *Yushania ailuropodina*

熊竹林主要分布于四川马边彝族自治县，位于四川盆地西南边缘小凉山区，地处乐山市南面，生于海拔2600～3000m的峨眉冷杉林下。其东北邻沐川，西北交峨边彝族自治县，东部与宜宾市屏山县接壤，南部和西部分别与凉山彝族自治州的雷波和美姑毗连。地理坐标为东经103°14′～103°49′、北纬28°25′～29°04′。域内属山地地貌，地势由西南向东北倾斜。山脉多半近于南北走向，峰峦重叠，岭谷相间。东部有黄连山、五指山，南面有麻捏姑、茶条山，西部有黄茅埂、鸡公山，北部有药子山、大花埂。黄茅埂是大小凉山的分界线，其主峰大风顶为全县最高点，海拔4042m，最低处为石梁乡雷打石的马边河河面，海拔448m。属中亚热带季风气候带。由于地形复杂，受季风影响和山地地形的制约，立体气候明显，在不同的海拔高度，日照、气温、积温、降雨、霜雪状况均有明显的差别。年平均气温17.1℃，最冷月（1月）平均气温7.6℃，最热月（7月）平均气温25.4℃。年平均降水量976.0mm，年平均相对湿度80%，年平均无霜期314d，年平均日照时数942.3h。

该竹林群落（群丛组）以熊竹*Y. ailuropodina* Yi 为优势种，其秆高3～4（5）m，直径0.8～1.5cm，梢头直立；全秆具20～25节，节间一般长22～26cm，最长达36cm，基部节间长约10cm，秆壁厚2～3mm，髓锯屑状；节内高4～6mm。秆芽1枚，长卵形，贴秆着生，边缘生纤毛。秆从第5～8节开始分枝，每节上6～10分枝，开展或直立，长30～75cm，直径1～2.5mm，小枝纤细下垂。小枝具叶2～4（5）枚；叶片线状披针形，长4～7.5cm，宽5～7mm，下面淡绿色，基部楔形，两面均无毛，次脉2对，小横脉较清晰。笋期6月中下旬。笋褐紫色，笋味甜；秆划篾供编织竹器用。

在四川马边大风顶自然保护区，熊竹是野生大熊猫的重要主食竹种。

8.2.5.2 短锥玉山竹林Form. *Yushania brevipaniculata*

短锥玉山竹林主要分布于我国四川的平武、北川、安县、茂县、绵竹、什邡、彭州、汶川、都江堰、崇州、邛崃、芦山、宝兴、天全、泸定、荥经、洪雅、峨眉山、峨边等县市，位于四川西部的中山至亚高山地带，大相岭东北坡，瓦屋山西坡，海拔1800～3400m，多为阔叶林或亚高山暗针叶林下的主要灌木层片，林窗地也可形成小片纯竹林。以荥经为例，位于雅安市中部，地理坐标为东经102°20′～102°56′、北纬29°29′～29°56′。地形为西南高、东北低，地貌类型主要是褶皱、断层作用形成的构造地貌。野牛山是最高峰，海拔3666m。中山区（海拔1000～3500m）面积较大，占全县总面积的84%。属亚热带季风气候。在地形上由于高低相差悬殊，垂直变化大，具有山地气候特征。气温总体偏低，年均气温12.4～15.3℃，年均降水量1000～2000mm不等。

该竹林群落（群丛组）以短锥玉山竹 *Y. brevipaniculata* (Hand.–Mazz.) Yi为优势种，其秆高2～2.5（4）m，直径5～10（15）mm；全秆共有（15）18～25节，节间长20～25（32）cm，秆壁厚2.5～3mm，髓为锯屑状。秆常于第6～7节开始分枝，每节枝条3～8枚，斜展，稍短略下垂，长达70cm，具（3）5～8节，节间长1.5～12cm，直径1～2.5mm。小枝具叶（2）3（6）；叶片披针形，长7～12cm，宽8～16mm，次脉（3）4（5）对，边缘具细锯齿。笋期6～8月，笋紫绿色或紫色，常有淡绿色纵条纹。笋可食用；秆材供编制竹器（图8-27）。

在四川卧龙、马边、宝兴、天全等自然保护区，本种是野生大熊猫的常年主要采食竹种之一。

▲ 图8-27　短锥玉山竹林

8.2.5.3　空柄玉山竹林Form. *Yushania cava*

空柄玉山竹林主要分布于我国四川的冕宁、石棉一带，生于海拔2000～2600m的低洼沼泽地上，常见伴生灌木为柳树。以冕宁为例，位于东经101°38′～102°25′、北纬28°05′～29°02′之间，东邻越西、喜德，南接西昌、盐源，西连九龙、木里，北毗石棉。地处青藏高原东缘，属横断山脉北东段牦牛山区，地貌以山地为主。属亚热带季风气候，具有气候温和、雨热同季、雨量充沛、日照充足、立体差异明显等气候特点。居长江上游，河流属雅砻江水系，北部属大渡河水系，主要河流有安宁河、雅砻江、南垭河（图8-28）。

该竹林群落（群丛组）以空柄玉山竹 *Y. cava* Yi为优势种，其秆高3.5（6）m，直径0.6～1.5（2）cm；全秆共有20～28节，节间长14～25（34）cm，秆壁厚1.5～2.5mm，髓初为层片状，以后变为锯屑状；节内高3.5～4.5mm。秆每节分枝4～9枚，上举，基部常紧贴主秆，长15～26cm，直径1～1.8mm，基

▲ 图8-28　空柄玉山竹林

部通常四棱形。小枝具叶2～3（5）；叶片线状披针形，纸质，较厚，长3.3～5cm，宽4.5～6mm，次脉（2）3对，小横脉清晰。笋期5～6月，笋淡绿色，笋味甜，食用佳品；秆材劈篾供编织各种竹器。

在野生大熊猫的自然分布区，空柄玉山竹是大熊猫的重要主食竹种。

8.2.5.4 大风顶玉山竹林Form. *Yushania dafengdingensis*

大风顶玉山竹林主要分布于我国四川马边大风顶国家级自然保护区，生于海拔2200～2600m的峨眉冷杉林下。以马边大风顶自然保护区为例，位于四川省乐山市马边彝族自治县境内，地理坐标为东经103°14′～103°24′、北纬28°25′～28°44′。地势由西南向东北倾斜，境内峰峦重叠，岭谷相间。地质构造属马边西部地区扬子准地台西缘，康滇地轴北段，凉山褶皱带，呈南北纵向平列，构成横断山系的一部分。断裂构造发育，河流切割深，地形起伏大。黄茅埂是大小凉山的分界线，其主峰大风顶海拔4042m。其中山区，即海拔1200～3500m的地区，山体高大，沟深谷狭，石灰岩分布较多，在流水作用下，岩溶地形发育，溶洞奇特；其亚高山区，即海拔3500～4042m的地区，冰冻时间长，主要分布有亚高山草甸土。由于地势高度相差大，立体气候明显，冬季长而寒冷，夏季短而温凉，四季分明。保护区雨日多达240d左右，年降水量1800～2000mm；冬季雨少，夏季雨多，占全年的62%。年平均日照时数为960.8h，比同纬度的华东地区少50%，是全国低值区之一。主要河流有大院子河和挖黑河，是岷江流域马边河的发源地之一。土壤以山地黄壤为主。

该竹林群落（群丛组）以大风顶玉山竹*Y. dafengdingensis* Yi为优势种，其秆高2～3（4）m，直径1.2～1.6（2）cm，梢端直立；全秆具12～16节，节间长18～22（32）cm，基部间节长5～10cm，秆壁厚2.5～5mm，髓为锯屑状；节内高4～9mm。秆芽1枚，长椭圆状卵形，贴生。秆从第6～7节开始分枝，每节上仅具1枚枝条，粗与主秆相若，或在秆上部节上者较细小。小枝具叶3～4（6）；叶片长圆状披针形，长（4.5）12～18cm，宽（1.2）2～3.7cm，次脉（4）5～7（8）对，小横脉细密，组成长方格子状，边缘具小锯齿。笋期6月中下旬至7月上旬，笋淡绿色带紫色，笋味淡甜，可食用（图8-29）。

在马边大风顶自然保护区，该竹为野生大熊猫的重要主食竹种。

8.2.5.5 白背玉山竹林Form. *Yushania glauca*

白背玉山竹林主要分布于我国四川雷波，生于海拔2500～3200m的冷杉林下。以雷波为例，位于四川省西南边缘的凉山彝族自治州，东南隔江与云南省永善县相望，北与宜宾、乐山相邻，西接美姑县，西南紧连昭觉县、金阳县。地处横断山脉东段小凉山，金沙江下游北岸的两省（四川、云南）、四市州（凉山、乐山、宜宾、昭通）、七县（屏山、绥江、马边、美姑、昭觉、金阳、永善）结合部。地理坐标为东经103°10′～103°52′、北纬27°49′～28°36′。域内由南北向构造带，溪沟纵贯全境，由近南北向的压性或压扭性断裂及与之平行的褶皱组成，最高海拔4076m，最低海拔380m。属亚热带山地立体气候，四季分明，垂直变化明显，多年平均气温12.2℃，无霜期271d，降水量850mm，日照时数1225h。

该竹林群落（群丛组）以白背玉山竹*Y. glauca* Yi & T. L. Long为优势种，其秆高3～6（7）m，粗1.1～1.7cm，直立；全秆约有27节，节间长约26（33）cm，基部间节长3～5cm，秆壁厚2.5～5mm，髓初为环状，后期为锯屑状；节内高3～5mm，无毛，平滑；秆芽光亮，卵状长圆形或长卵形，贴生，有白粉，边缘有灰白纤毛。枝条在秆上每节为3～5枚或在后期可增多，直立或斜展，长30～55（150）cm，直径2～5（7）mm；小枝具叶（1）2～3（5）；叶片披针形，长（4）7～13.5cm，宽（7）11～17mm，次脉3～5对，小横脉细密，形成近于正方格形，叶缘有毛状小锯齿。笋期5月中下旬，笋淡绿色，无毛，有紫色斑点。

在四川雷波野生大熊猫的自然分布区，白背玉山竹为其天然觅食的主食竹种之一。

8.2.5.6　雷波玉山竹林Form. *Yushania leiboensis*

雷波玉山竹林主要分布于我国四川雷波，生于海拔1600～1700m的山地阔叶林下。以雷波为例，位于四川省西南边缘的凉山彝族自治州，东南隔江与云南省永善县相望，北与宜宾、乐山地区相邻，西接美姑县，西南紧连昭觉县、金阳县。地处横断山脉东段小凉山，金沙江下游北岸的两省（四川、云南）、四市州（凉山、乐山、宜宾、昭通）、七县（屏山、绥江、马边、美姑、昭觉、金阳、永善）结合部。地理坐标为东经103°10′～103°52′、北纬27°49′～28°36′。域内由南北向构造带，溪沟纵贯全境，由近南北向的压性或压扭性断裂及与之平行的褶皱组成，最高海拔4076m，最低海拔380m。属亚热带山地立体气候，四季分明，垂直变化明显，多年平均气温12.2℃，无霜期271d，降水量850mm，日照时数1225h。

该竹林群落（群丛组）以雷波玉山竹*Y. leiboensis* Yi为优势种，其秆高1～1.5m，直径3～4mm，梢头直立；全秆具12～15节，节间长（2.5）7～11（13）cm，秆壁厚1～1.5mm，髓初时呈环状；节内高2～3mm，有光泽。秆芽长卵形，贴生，边缘具灰白色纤毛。秆之第2～4节开始分枝，在秆下部各节具1分枝，上部节上者2～4（7）分枝，枝条长12～35cm，粗1～1.5mm，幼时亦具紫色小斑点。小枝具叶（4）5～7；叶片线状披针形，纸质，较硬，长7～11.5cm，宽4.5～7mm，次脉不明显，2～3对，小横脉组成长方形，边缘具小锯齿。笋期5月，笋淡绿色带紫色，背面被紫色贴生极短小硬毛，笋味甜（图8-30）。

在野生大熊猫的自然分布区，雷波玉山竹是大熊猫冬季下移时觅食的重要竹种。

▲ 图8-29　大风顶玉山竹林

▲ 图8-30　雷波玉山竹林

8.2.5.7　石棉玉山竹林Form. *Yushania lineolata*

石棉玉山竹林主要分布于我国四川石棉、冕宁等地，生于海拔2400～3150m的阔叶林或松林下，也见于灌丛中或组成纯竹林。以石棉为例，位于青藏高原横断山脉东部，大渡河中游，雅安市西南部，东邻汉源县、甘洛县，南接越西县、冕宁县，西交九龙县、康定县，北连泸定县。地理坐标为东经101°55′～102°34′、北纬28°51′～29°32′。域内地形西南高，东北低，最高的神仙梁子主峰海拔5793m，是雅安市最高点。山地约占98%，森林覆盖率68.53%。属中纬度亚热带季风气候为基带的山地气候。受地形影响，气候垂直分布明显，大渡河谷对水汽来源和风速、风向影响较大，形成以下气候特征：①年均温度偏高的亚热带气候；②平均降水量偏少的季风气候；③夏雨集中、夜雨多、少暴风、无秋绵雨；④冬春干旱、山风强烈，夏秋多雨、无酷暑；⑤气温随高度降低、降水随高度增加变化显著。年平均气温17.1℃，最热月份为8月，平均气温24.7℃，最冷月份为1月，平均气温8℃；年平均降水量777.4mm，年平均日照时数为1245.6h，年平均无霜期326d。

该竹林群落（群丛组）以石棉玉山竹 *Y. lineolata* Yi为优势种，其秆高3.5m，直径9～15mm；全秆具约36节，节间长16～24cm，秆壁厚2～3mm，髓锯屑状；节内高4～5mm，初时密被白粉。秆芽长卵形，贴生。秆每节生5～7枝，枝条基部贴秆，长5～50cm，直径1～3mm。小枝具叶（1）2～3；叶片披针形，长（3.5）6.5～9.5cm，宽4～11mm，次脉3或4对，小横脉微清晰，叶缘一侧具小锯齿。笋期6～7月，笋味甜，可食用；秆可作围篱、搭建苗圃荫棚或劈篾编织竹器。

在野生大熊猫的自然分布区，石棉玉山竹为其主食竹种之一。

8.2.5.8　马边玉山竹林Form. *Yushania mabianensis*

马边玉山竹林主要分布于我国四川南部马边和雷波，生于海拔1430～1900m的阔叶林下或灌丛间。以马边为例，其东北邻沐川，西北交峨边彝族自治县，东部与宜宾市屏山县接壤，南部和西部分别与凉山彝族自治州的雷波和美姑毗连。地理坐标为东经103°14′～103°49′、北纬28°25′～29°04′。域内属山地地貌，地势由西南向东北倾斜。山脉多半近于南北走向，峰峦重叠，岭谷相间。东部有黄连山、五指山，南面有麻捏姑、茶条山，西部有黄茅埂、鸡公山，北部有药子山、大花埂。黄茅埂是大小凉山的分界线，其主峰大风顶为全县最高点，海拔4042m，最低处为石梁乡雷打石的马边河河面，海拔448m。属中亚热带季风气候带。由于地形复杂，受季风影响和山地地形的制约，立体气候明显，在不同的海拔高度，日照、气温、积温、降雨、霜雪状况均有明显的差别。年平均气温17.1℃，最冷月（1月）平均气温7.6℃，最热月（7月）平均气温25.4℃。年平均降水量976.0mm，年平均相对湿度80%，年平均无霜期314d，年平均日照时数942.3h。

该竹林群落（群丛组）以马边玉山竹 *Y. lineolata* Yi为优势种，其秆高1～2m，直径0.4～0.8cm；全秆约具13节，节间一般长17～19cm，最长达27cm，基部节间长5～6cm，秆壁厚约2mm，髓初时为片状分隔，后变为锯屑状；节内高2.5～4mm，光滑。秆芽卵状长圆形，贴生，具灰白色短硬毛及长缘毛。枝条在秆下部节上为1枚，直立，粗达5mm，在秆上部者每节可达3（4）枚，斜展，粗1.5～2mm，均可在节上再分次级枝。小枝具叶3～5枚；叶片披针形或线状披针形，纸质，长（7）9～16（20）cm，宽（1）1.4～2.2（2.8）cm，次脉（5）6对，小横脉清晰，边缘仅一侧密生小锯齿。笋期9月，笋食用；秆作篱笆、扫帚；叶和小枝为牛、羊饲料（图8-31）。

在四川马边和雷波的天然林区，马边玉山竹是野生大熊猫冬季垂直下移时觅食的重要竹种。

8.2.5.9　斑壳玉山竹林Form. *Yushania maculata*

斑壳玉山竹林主要分布于我国四川西南部和云南东北部，生于海拔（1800）2200～3500m的疏林下或灌丛间，亦可形成纯竹林。以冕宁为例，位于东经101°38′～102°25′、北纬28°05′～29°02′之间，东邻越西、喜德，南接西昌、盐源，西连九龙、木里，北毗石棉。地处青藏高原东缘，属横断山脉北东段牦牛山区，地貌以山地为主。属亚热带季风气候，具有气候温和、雨热同季、雨量充沛、日照充足、立体差异明显等气候特点。居长江上游，河流属雅砻江水系，北部属大渡河水系，主要河流有安宁河、雅砻江、南垭河。

该竹林群落（群丛组）以马边玉山竹Y. *lineolata* Yi为优势种，其秆高2～3.5m，直径0.8～1.5cm；全秆具17～24节，节间长30（40）cm，基部节间长10～15cm，秆壁厚2～3mm，髓锯屑状；节内高4～9mm。秆芽1枚，长椭圆状卵形，贴生，初时有白粉，边缘密生淡黄色纤毛。秆从第7～12节开始分枝，每节上枝条7～12枚，直立或斜展，长达70cm，直径1～2mm。小枝具叶3～5；叶片线状披针形，长9～13（15）cm，宽9～11mm，次脉4对，叶缘初时具小锯齿。笋期5月下旬至7月上旬，笋棕紫色，笋食用；秆作篱笆、扫帚；叶和小枝为牛、羊饲料（图8-32）。

在四川冕宁，斑壳玉山竹为野生大熊猫的主食竹种之一。

▲ 图8-31　马边玉山竹林　　　　　　　　　▲ 图8-32　斑壳玉山竹林

8.3　混生竹群落的多样性

混生竹指地下茎复轴型，即兼有单轴型和合轴型地下茎特点的竹类。其母竹秆基上的侧芽既可长成细长的根状茎，在地中横走，并从竹鞭节上的侧芽抽笋长成新竹，秆稀疏散生，又可以从母竹秆基的侧芽直接萌发成笋，长成密丛的竹秆（易同培等，2008）。

混生大熊猫主食竹包括14个主要竹林群落（群丛组）：

8.3.1　巴山木竹属*Bashania* Keng f. & Yi

8.3.1.1　冷箭竹林Form. *Bashania faberi*

冷箭竹林主要分布于我国四川的峨边、峨眉山、洪雅、宝兴、天全、泸定、康定、汶川、茂县、大邑、崇州、都江堰、彭州、北川等地，云南东北部和贵州（梵净山）也有分布。常大面积生于海拔2300～3500m的亚高山暗针叶林或明亮针叶林下，有的在当风的山脊上会形成单一的冷箭竹纯林。以四川卧龙国家级大熊猫自然保护区为例，位于四川省阿坝藏族羌族自治州汶川县西南部，邛崃山脉东南坡，距四川省会成都

130km。地理坐标为东经102°52′～103°24′、北纬30°45′～31°25′。保护区始建于1963年，面积达20万hm²，1979年加入联合国教科文组织"人与生物圈"保护区网，2006年列入《世界自然遗产名录》，是中国最早建立的以保护大熊猫等珍稀野生动植物和高山森林生态系统为主的综合性国家级自然保护区。区内分布着100多只大熊猫，因而以"熊猫之乡"享誉中外。除此以外，还有被列为国家级重点保护的其他珍稀濒危动物金丝猴、羚牛等共有56种，其中属于国家一级重点保护的野生动物共有12种，二级保护动物44种。另据统计，卧龙的植物有近4000种，其中高等植物1989种，在种子植物中，裸子植物20种，被子植物1604种。被列为国家级保护的珍贵濒危植物达24种，其中一级保护植物有珙桐、连香树、水清树，二级保护植物9种，三级保护植物13种。区内地势由西南向东北倾斜，最高峰为四姑娘山，海拔6250m，附近高于5000m的山峰有101座。溪流众多。年平均气温8.9℃，最高温度29.2℃，最低温度-8.5℃，年平均降水量931mm。

该竹林群落（群丛组）以冷箭竹*B. faberi* (Rendle) Yi为优势种，其秆高1～2.5（3）m，直径3～6（10）mm；全秆具（10）14～21（25）节，节间长15～18（20）cm，秆壁厚1.5～3mm，髓初时为层格状，以后层格消失。节内高2～3mm。秆芽长卵形，紧贴主秆。秆的第4～6节开始分枝，每节上枝条初时为3枚，以后为多数，上举，长20～35cm，直径1～2mm。小枝具叶（2）3；叶鞘长2～4cm；叶片线状披针形，纸质，基部圆形，长4～9cm，宽（4）8～11（14）mm，下面灰绿色，两面均无毛，次脉3～4（5）对，小横脉明显，组成稀疏长方形，边缘具小锯齿而粗糙。笋期5～8月；笋紫红色或淡绿色而先端带紫红色，无毛，有紫色小斑点。秆可盖茅屋、作毛笔杆等用；也是山区水土保持的重要竹种（图8-33）。

在野生大熊猫的自然分布区，冷箭竹是大熊猫最重要的主食竹种，除秦岭山系外，其他五大山系均有分布。

8.3.1.2 巴山木竹林Form. *Bashania fargesii*

巴山木竹林主要分布于我国甘肃南部、陕西南部、湖北西部、重庆东北部、四川东北部至西部，生于海拔1100～2500m的山地，形成大面积纯林或生长在疏林下，北京、河南、甘肃等地城市园林中均有栽培。以陕西佛坪为例，位于汉中地区东北部。地理坐标为东经107°41′～108°10′、北纬33°16′～33°45′。地处秦岭山脉中段南坡山峦腹地，总体地形西北高、东南低。县境北界秦岭主脊自西而东有黄桶梁、光头山，为南北坡分水岭，亦为长江流域与黄河流域的分水岭；东有天花山、老庵子;西有烂店子梁、观音山；中部有鳌山、文观庙梁蜿蜒伸展，接连娘娘山主峰，形成低山和中山的高程差异，县东西两半以山相隔，汇集为金水、椒溪两个水系。蒲河系为过境水，与椒溪交于三河口。三条河道纵贯佛坪县。山体多呈中切峡谷，沟壑纵横，群峰四起。河沟两岸分布大小不等的洪积、冲积、淤积台地，地势较平坦，为基本农田的分布区。域内气候属暖温带气候，有显著的山地森林小区气候特征，成为特殊的亚热带北缘山地暖温带湿润季风气候。由于东西向秦岭主脊的屏障作用，使县境气候明显区别北坡，为中国南北气候分界线地带。气候温和，夏无酷暑，冬无严寒，春季冷暖反复交替，气温回升缓慢，雨少偏旱；夏季多洪，秋季多淋；冬季雪雨稀少，较干燥。

该竹林群落（群丛组）以巴山木竹*B. fargesii* (E. G. Camus) Keng f. & Yi为优势种，其秆高（2）5～8（13）m，直径2～4（6.5）cm，梢头稍弯；全秆具（14）18～20（31）节，节间长35～50（76）cm，秆壁厚2～8mm；节内高6～12mm；分枝始于秆的中上部，每节上枝条初时为3枚，以后可增多，上举，直径3～7mm。小枝具叶（1）4～6；叶片质地较坚韧，长圆状披针形，先端渐尖，基部圆形或阔楔形，左右不对称，长10～20（30）cm，宽1～2.5（7.5）cm，次脉5～8（11）对，小横脉不甚明显，叶缘具细锯齿。笋期4月下旬至5月底，笋紫绿色，可食用。秆材供造纸或作竿具、编织、建筑等用（图8-34）。

在陕西佛坪、周至、太白山、长青和甘肃白水江，以及四川唐家河等自然保护区内，巴山木竹是野生大熊猫常年觅食的重要天然主食竹种；在国内外多家动物园，均见用该竹饲喂圈养的大熊猫。

▲图8-33　冷箭竹林

▲图8-34　巴山木竹林

8.3.1.3　峨热竹林Form. *Bashania spanostachya*

峨热竹林主要分布于四川西南部海拔3200～3900m的长苞冷杉或杜鹃林下，常形成纯林，但秆矮小，高仅50～100cm。在四川石棉栗子坪和冕宁冶勒自然保护区有大面积分布。以石棉为例，位于四川省雅安市，地处青藏高原横断山脉东部，大渡河中游，雅安市西南部，东西最大横距60km，南北最大纵距76.5km。幅员面积2678km²。石棉县属中纬度亚热带季风气候为基带的山地气候。受地形影响，气候垂直分布明显，大渡河谷对水汽来源和风速、风向影响较大。石棉县山地约占98%，森林覆盖率68.53%，地形西南高，东北低，神仙梁子主峰海拔5793m，是雅安市最高点。地质构造上位于三大断裂交汇带，轻微地震较频繁。该区属中纬度亚热带季风气候为基带的山地气候。受地形影响，气候垂直分布明显，大渡河谷对水汽来源和风速、风向影响较大，形成以下气候特征：①年均温度偏高的亚热带气候；②平均降水量偏少的季风气候；③夏雨集中、夜雨多、少暴风、无秋绵雨；④冬春干旱、山风强烈，夏秋多雨、无酷暑；⑤气温随高度降低、降水随高度增加变化显著。以县城为例：多年平均气温17.1℃、降水量777.4mm，年日照时数为1245.6h，无霜期平均326d，年蒸发量1573mm，最热月份为8月，平均气温24.7℃，最冷月份为1月，平均气温为8℃。

该竹林群落（群丛组）以峨热竹*B. spanostachya* Yi为优势种，其秆高1～3.5m，直径6～12mm；节间长13～18（24）cm，圆筒形，但在具分枝一侧中部以下扁平，初时微被白粉，秆壁厚3～4mm；箨环稍隆起；秆环平或在分枝节上鼓起。秆每节上枝条2～3（5）枚，直立。箨鞘宿存，短于节间，背面无毛或被灰黄色贴生小刺毛，边缘偶见淡黄色短纤毛；箨耳缺失，鞘口无继毛或偶见两肩各具1～2枚长4～6mm的直立继毛；箨舌弧形，高约1mm；箨片直立或有时秆上部者开展，三角形或披针形，全缘。小枝具叶2～4；叶耳无，鞘口两肩初时各具1～2（4）枚长2～5mm的继毛；叶舌截平，高约0.5mm；叶片长（2.2）3.3～6.7cm，宽4～7.5mm，次脉2～3对。笋期5月。花期5月（图8-35）。

在四川石棉栗子坪自然保护区和冕宁冶勒自然保护区内，本种是野生大熊猫的天然采食竹种。

8.3.2 方竹属*Chimonobambusa* Makino

8.3.2.1 刺黑竹林Form. *Chimonobambusa neopurpurea*

刺黑竹林主要分布于我国陕西南部、湖北西部、重庆及四川，垂直分布海拔800～1500m，福建厦门有引栽。以四川都江堰为例，位于成都平原西北边缘，地处岷江出山口，横跨川西龙门山地带和成都平原岷江冲积扇扇顶部位。地理坐标为东经103°25′～103°47′、北纬31°44′～31°02′。境内地势西北高，东南低，由高山、中山到低山再到平原逐级降低，海拔592～4582m，相对高差3900m。属四川盆地中亚热带湿润气候区。最冷月平均气温4.6℃，最热月平均气温24.4℃。年平均降水量为1243.80mm。降水量年内分配不均，年际总量变化不大；在空间分布上不均匀，由东南向西北，幅度在1100～1800mm之间；年平均最大相对湿度80%，最小相对湿度75%；年晴天日数120d，阴天日数95d，雾天日数7d，年平均日照时数1016.9h。境内河流均属岷江水系，可分为三种类型：①岷江及其在境内的支流等常年性自然河；②都江堰灌溉渠等人工河；③山溪等季节性自然河。岷江是境内主要河流，全长47km。域内有动物300余种，其中主要野生动物资源有一类保护动物12种，包括已记录的大熊猫50～70只，是大熊猫的重要分布中心之一。植被垂直带谱明显、完整，代表了横断山北段系列。已记录该区内的的高等植物有3012种，被中国科学院列为全国生物多样性"五大基地"之一。其中，保存了许多第三纪甚至更古老的原始科属和孑遗植物，如有稀有国家一级保护植物1种、二级10种。

该竹林群落（群丛组）以刺黑竹*C. neopurpurea* Yi为优势种，其秆高4～8m，直径1～5cm；全秆具30～40节，节间长10～18（25）cm，秆壁厚3～5mm（基部节间有时为实心）；节内高1.5～2.5mm，中上部以下各节具一圈多达24枚的气生根刺。秆芽3枚，细瘦，卵形或锥形，贴生，各覆以数枚鳞片。秆分枝较高，通常始于第11节；每节上枝条3枚，斜展或水平开展，长25～45cm，具8～12节，节间长4～6cm，每节可再分次级枝。小枝具叶2～4；叶片线状披针形，纸质，长5～19cm，宽0.5～2cm，次脉4～6对，小横脉明显，组成长方形，边缘具小锯齿。笋期8月中旬至10月上旬，笋暗褐色或紫褐色，具灰色斑点；著名笋用竹种，也是优美的园林观赏竹种（图8-36）。

在野生大熊猫的自然分布区，刺黑竹是大熊猫冬季下移时觅食的主食竹种；也是国内多家动物园饲喂圈养的大熊猫主食竹种。

8.3.2.2 方竹林Form. *Chimonobambusa quadrangularis*

方竹林主要分布于我国江苏、安徽、浙江、江西、福建、台湾、湖南、广西、贵州、四川和云南，香港、广州有栽培；日本有分布；欧美一些国家有引栽。在四川峨眉山、峨边、马边、洪雅、崇州、都江堰等县市，向西可延伸至秦岭南坡；生于海拔900～1700m的中山地带。以四川崇州为例，位于成都平原西部，地理坐标为东经103°07′～103°49′、北纬30°30′～30°53′。属四川盆地亚热带湿润季风气候，年平均气温15.9℃，最热月7月平均气温为25℃，最冷月1月平均气温为5.4℃，温差为19.7℃。年平均日照时数1161.5h，年平均降水量1012.4mm，雨日和雨量均为夏多冬少，春季为176.1mm，夏季为588.0mm，秋季218.4mm，冬季为29.9mm。风向频率以静风最多，占全年的37%；其次是北风，占9%。年平均风速为1.3m/s。平均无霜期为285d。年平均雪日3d，且雪量较小。主要灾害性天气为连续性阴雨、洪涝、干旱、大风、冰雹、寒潮、霜冻等。崇州森林覆盖率为42.1%，分为高山水杉涵养区，中山用材、经济林区，丘陵薪炭、经济林区和平坝路旁综合区。崇州森林植被类型丰富，树种繁多，共有65科300余种。其中属国家保护的珍贵稀有树木5种：即红豆树、水杉、珙桐、罗汉松和紫檀。野生动物种类繁多，哺乳类、鸟类、鱼类、两栖类、爬行类、昆虫类以及软体类、节肢类、环节类等动物达数百种，珍稀动物有金丝猴、岩驴、獐子、扭角羚、大熊猫、小熊猫。此外，还有罕见的大鲵和雪豹等。

该竹林群落（群丛组）以方竹C. quadrangularis (Fenzi) Makino为优势种，其秆高3～8m，直径1～4cm；全秆具35～40节，节间一般长约13cm，最长达22cm，常呈钝四方形，少有近于圆形，浊绿色，秆壁厚3～4（5）mm；节内高0.8～2mm，中部以下各节内环列一圈发达的气生根刺，其数目可多达21枚。秆芽每节上3枚，卵形或锥形，其中间1枚粗壮。秆每节上枝条3枚，其长达1m，直径4mm。小枝具叶2～5；叶片长圆状披针形，薄纸质，长9～29cm，宽1～2.7cm，次脉4～7对，小横脉清晰存在，边缘具小锯齿而粗糙。笋期9月下旬至10月中旬，笋淡绿黄色，为优质笋用竹种，笋肉质而厚，脆嫩，鲜食、腌食或作笋干均可；秆作手杖、钓鱼竿等；竹林林相整齐，枝叶舒展，常作园林栽培观赏（图8-37）。

在有野生大熊猫分布的方竹林区，该竹是大熊猫冬季下移时取食的主要竹种；在国内外多家动物园，常见用该竹竹秆或竹笋饲喂圈养的大熊猫。

▲图8-35　峨热竹林　　　　▲图8-36　刺黑竹林　　　　　　▲图8-37　方竹林

8.3.2.3　八月竹林Form. *Chimonobambusa szechuanensis*

八月竹林主要分布于我国四川西部（峨边、金口河、峨眉山、洪雅、荥经等）和云南西部（陇川），生于海拔（1400）1700～2400（3000）m的常绿阔叶林、常绿落叶阔叶混交林或亚高山暗针叶林下。以峨眉山市为例。位于四川西南部的乐山市中区以西，地处四川盆地西南边缘东北与川西平原接壤地带，其西南连接大小凉山是盆地到高山的过渡地带。地貌类型多样，地势起伏大，海拔在386～3099m之间。属亚热带湿润性季风性气候，年平均气温17.2℃，年均降水量1555.3mm。土地肥沃，自然资源丰富。据统计，共有动物2300余种，其中珍稀特产及经济种类有27种，鸟类有265种。在著名世界自然文化遗产胜地峨眉山，从九老洞至洗象池一带的阔叶林中，八月竹是灌木层片的主要原生优势种，一年四季郁郁葱葱，让游人尽享大自然的美景。

该竹林群落（群丛组）以八月竹 *C. szechuanensis* (Rendle) Keng f.为优势种，其秆高2～5m，直径1～3cm，直立；全秆具32～35节，节间圆筒形或基部数节间略呈方形，初时绿色或绿色带紫色，老时变为黄绿色，长（5）18～22cm，秆壁厚3～7mm，较坚硬；节内高约2mm，无毛，秆下部各节内具或多或少的气生根刺，其刺的数目4～13。秆芽每节上通常3枚，其下部秆节上可少至1枚，卵形或圆锥形，各覆以多枚鳞片。枝条在秆每节上通常3枚，主枝长30～50（80）cm，直径1.5～4mm，每节上具次生枝2枚。小枝具叶（1）2～3；叶片狭披针形，薄纸质至纸质，长18～20cm，宽1.2～1.5cm，次脉4～6对，小横脉明显，边缘一侧具小锯齿，另一侧近于平滑。笋期9月，笋紫红色或紫绿色；优质笋用竹种，产区每年有大量鲜笋和笋干面市（图8-38）。

在有野生大熊猫分布的八月竹林区，该竹是大熊猫常年采食的主要竹种；在国内外多家动物园，均见用该竹饲喂圈养的大熊猫。

8.3.2.4 天全方竹林Form. *Chimonobambusa tianquanensis*

天全方竹林主要分布于我国四川天全，生于海拔1500m左右的阔叶林下。天全县位于四川盆地西缘，二郎山东麓，邛崃山脉南段，康巴文化线东端。地理坐标为东经102°16′～102°55′、北纬29°49′～30°21′。县境东与芦山县、雨城区接壤，南连荥经县，西接泸定县、康定县，北邻宝兴县。境内地貌呈深中切割，地势西北高，东南低。西北部多为中高山地，占全县总面积的86.7%，最高处月亮湾湾岗，海拔5150m；县境东南部为低山、河谷丘陵区和河谷冲击平坝区，占全县总面积13.3%，最低点是多功乡飞仙关桥下，海拔仅600m，中间地带多为丘陵。天全在地理上属邛崃山脉南支夹金山山岭的南段和二朗山山顶的北段，与宝兴县交界的山王岗至泸定县渣口石一线是高山区和中山区的分界线；老场乡鹅婆山到紫石乡拐向东南抓老山一线是中山区和低山区的分界线。域内属亚热带季风气候，温暖多雨，年平均气温15.3℃，1月平均气温5℃，8月平均气温23.7℃，年平均降水量达1576.1mm。自然土壤有水稻土、潮土、紫色土、黄壤、高山寒漠土等多种类型。

该竹林群落（群丛组）以天全方竹 *C. tianquanensis* Yi为优势种，其秆高（3）5～7m，直径（1.2）1.5～3cm，梢头直立；全秆具35～40（45）节，节间圆筒形，但分枝一侧具2纵脊和3纵沟槽，长14～15（18）cm，秆壁较坚韧，厚2.5～5mm，髓笛膜状；节内高约2mm，在秆下部各节内具一圈（2）4～15枚气生根刺，其刺长1～1.5mm。秆芽在秆之每节上3枚，扁卵形，各具多枚鳞片。秆之第12节左右开始分枝，每节上分枝3枚，斜展，长（25）40～65cm，直径（1.5）3～4mm，枝环显著隆起。小枝具叶2～3（4）；叶片线状披针形，纸质，长10～15cm，宽1.3～1.8cm，下面灰白色，两面均无毛，次脉4～5对，小横脉组成长方形，边缘一侧有小锯齿。笋期8月下旬至9月中旬，笋淡黄绿色，为食用佳品；秆材为造纸原料（图8-39）。

在有野生大熊猫分布的天全方竹林区，常见大熊猫下移活动时采食该竹；在国内多家大熊猫养殖基地，均见采用该竹饲喂圈养的大熊猫。

▲ 图8-38　八月竹林

▲ 图8-39　天全方竹林

8.3.2.5　金佛山方竹林Form. *Chimonobambusa utilis*

金佛山方竹林主要分布于我国重庆、四川、贵州、云南等地，大多为天然林，近年来也陆续发展了许多人工林。以重庆南川区的金佛山最为集中，面积最大，数量最多。南川位于重庆南部，地处渝黔、渝湘经济带交汇点，属重庆城市发展新区，东南与贵州省道真、正安、桐梓县接壤，东北与武隆县为邻，北接涪陵区，西连巴南区、綦江区。南川处于四川盆地东南边缘与云贵高原过渡地带，属典型的喀斯特地质地貌，境内多山，地势呈东南向西北倾斜。以雷石公路为界，以南属大娄山脉褶皱地带，呈中山地貌；以北系川东平行岭谷区，呈台地低山地貌；沿线为低山漕坝地带。境内最高点为金佛山风吹岭，海拔2251m，最低点为骑龙鱼跳岩，海拔340m。垂直气候明显。属于亚热带湿润季风气候区，具有冬短、春早、夏长，雨热同季、气候垂直变化明显的特点。年平均气温16.6℃，年平均日照1273h，年平均降水量1185mm，无霜期为305d。金佛山是世界自然遗产、国家AAAAA级旅游景区、国家级风景名胜区、国家森林公园、国家级自然保护区。其典型的喀斯特地质地貌，较为完整地保持了古老而又不同地质年代的原始自然生态。在四川南川的金佛山风景区，海拔1400～2500m的常绿阔叶林下，茂密的金佛山方竹林是一道靓丽的自然景观；在云南省的镇雄县境内，也分布着大面积的天然金佛山方竹林（郑艳等，2007）。

该竹林群落（群丛组）以金佛山方竹*C. utilis* (Keng) Keng f. 为优势种，其秆高5～7（10）m，直径2～3.5（5）cm；节间长20～30cm，圆筒形，或下部节间略呈四方形；秆壁厚4～7mm；秆中下部各节内具发达的气生根刺。秆每节上枝条3枚。小枝具叶1～3；叶片披针形，长14～19cm，宽1.2～3cm，下面灰绿色，次脉5～7对。笋期8月中旬至9月中旬或稍晚；金佛山方竹因产优质竹笋而闻名天下，其笋蛋白质含量12%，脂肪0.4%，粗纤维8%，还含有丰富的氨基酸、钙、铁、硒、锌等多种微量元素和维生素B_1、B_2、C等，不仅笋质优异、清香脆嫩、味美适口，食之还有助于人体肠胃蠕动、促进消化。在其分布区及其周边适生区域，已经作为林业产业发展的重点经济竹种（图8-40）。

在我国重庆、四川成都、都江堰等多家动物园或大熊猫养殖基地，均见用金佛山方竹饲喂圈养的大熊猫。

8.3.3 筇竹属*Qiongzhuea* Hsueh & Yi

8.3.3.1 三月竹林Form. *Qiongzhuea opienensis*

三月竹林主要分布于我国四川马边和峨边，生于海拔（800）1500～2300m的常绿阔叶林带、常绿落叶阔叶混交林带的林下，少量生于亚高山针阔叶林或暗针叶林下。以马边为例，其东北邻沐川，西北交峨边彝族自治县，东部与宜宾市屏山县接壤，南部和西部分别与凉山彝族自治州的雷波和美姑毗连。地理坐标为东经103°14′～103°49′、北纬28°25′～29°04′。域内属山地地貌，地势由西南向东北倾斜。山脉多半近于南北走向，峰峦重叠，岭谷相间。东部有黄连山、五指山，南面有麻捏姑、茶条山，西部有黄茅埂、鸡公山，北部有药子山、大花埂。黄茅埂是大小凉山的分界线，其主峰大风顶为全县最高点，海拔4042m，最低处为石梁乡雷打石的马边河河面，海拔448m。属中亚热带季风气候带。由于地形复杂，受季风影响和山地地形的制约，立体气候明显，在不同的海拔高度，日照、气温、积温、降雨、霜雪状况均有明显的差别。年平均气温17.1℃，最冷月（1月）平均气温7.6℃，最热月（7月）平均气温25.4℃。年平均降水量976.0mm，年平均相对湿度80%，年平均无霜期314d，年平均日照时数942.3h。

该竹林群落（群丛组）以三月竹*C. opienensis* Hsueh & Yi为优势种，其秆高2～7m，直径1～5.5cm；全秆具30～40节，节间长18～20（25）cm，圆筒形或有时基部数节间略呈四方形，秆壁厚5～8mm；节内高2.5～4mm。秆至第12节开始分枝，每节上枝条3枚，枝长50～120cm，直径2～3.5mm，其每节上可分次级枝。小枝具叶1～2；叶片披针形，纸质，长7.5～17cm，宽1.3～1.6cm，次脉4～5对，小横脉不甚清晰，边缘一侧具小锯齿，另一侧粗糙或近于平滑。笋期4～5月，笋紫褐色。笋味甜，是最宜鲜食的山蔬珍品；秆作豆架、家具、农具或烤烟秆等用，也是造纸原料（图8-41）。

在有野生大熊猫的三月竹林区，该竹是大熊猫的重要主食竹种。

▲ 图8-40　金佛山方竹林

▲ 图8-41　三月竹林

8.3.3.2　筇竹林 Form. *Qiongzhuea tumidinoda*

筇竹林为西南地区所特有，主要分布于我国四川南部（雷波、马边、峨边、叙永、筠连）和金沙江下游的云南东北部（大关、绥江、永善、威信、彝良、镇雄），属于四川盆地向云贵高原东北缘过渡的中山地带。生于海拔1500～2200（2600）m的山地阔叶林下，其上限为箭竹林分布地，下限与方竹林相接，总面积达23500hm²。欧美部分国家有引栽。仍以马边为例，其东北邻沐川，西北交峨边彝族自治县，东部与宜宾市屏山县接壤，南部和西部分别与凉山彝族自治州的雷波和美姑毗连。地理坐标为东经103°14′～103°49′、北纬28°25′～29°04′。域内属山地地貌，地势由西南向东北倾斜。山脉多半近于南北走向，峰峦重叠，岭谷相间。东部有黄连山、五指山，南面有麻捏姑、茶条山，西部有黄茅埂、鸡公山，北部有药子山、大花埂。黄茅埂是大小凉山的分界线，其主峰大风顶为全县最高点，海拔4042m，最低处为石梁乡雷打石的马边河河面，海拔448m。属中亚热带季风气候带。由于地形复杂，受季风影响和山地地形的制约，立体气候明显，在不同的海拔高度，日照、气温、积温、降雨、霜雪状况均有明显的差别。年平均气温17.1℃，最冷月（1月）平均气温7.6℃，最热月（7月）平均气温25.4℃。年平均降水量976.0mm，年平均相对湿度80%，年平均无霜期314d，年平均日照时数942.3h。具有阴凉湿润，冬冷夏凉，常年多雾、多雨，空气湿度大，热量不足的特点。土壤以黄壤、黄棕壤、紫色土为主，成土母岩为玄武岩、花岗岩和紫色页岩，土层湿润深厚，较疏松，林下腐殖层深厚、潮湿（董文渊等，2002；王丽等，2012）。

该竹林群落（群丛组）以筇竹*C. tumidinoda* Hsueh & Yi为优势种，其秆高2.5～6m，直径1～3cm，梢部直立；全秆具22～32节，节间一般长15～20cm，最长达25cm，基部节间长8～10cm，圆筒形或在具分枝的一侧扁平并有2纵脊和3纵沟槽，基部数节间几为实心，向秆上部的节间逐渐中空，秆壁厚5～10mm，髓为笛膜状。秆芽3，并列，不贴秆。秆每节上枝条3枚斜上至开展，长20～70cm，直径1.5～3mm，基部节间三棱形，近于实心，次级枝纤细。小枝具叶2～4；叶片狭披针形，长5～14cm，宽0.6～1.2cm，先端细长渐尖，基部狭窄或截形，下面灰绿色，两面均无毛，次脉2～4对，小横脉清晰，组成长方格子状，边缘具斜上的小锯齿。笋期4月下旬至5月中旬，笋紫红色或紫色带绿色。筇竹属于优质笋用竹种，笋肉肥厚脆嫩，味美，每年有大量笋制品畅销国内外；秆材是造纸原料；秆节特别膨大，秆形特殊而优美，常做乐器或工艺品用竹；也是珍贵的园林观赏用竹（图8-42）。

在四川雷波、马边的大熊猫自然保护区，筇竹为野生大熊猫的重要主食竹种；在国内外多家动物园，该竹也被用于饲喂圈养的大熊猫。

▲ 图8-42　筇竹林

8.3.4 箬竹属*Indocalamus* Nakai

8.3.4.1 巴山箬竹林Form. *Indocalamus bashanensis*

巴山箬竹林主要分布于我国陕西南部、甘肃南部、重庆东北部和四川东北部，四川都江堰有引栽。生于海拔500～1220m的山地林缘、林中空地或灌木林地。以文县为例，见缺苞箭竹林。

该竹林群落（群丛组）以巴山箬竹*I. bashanensis* (C. D. Chu & C. S. Chao) H. R. Zhao & Y. L. Yang为优势种，其秆高1～2.6m，直径5～14mm；全秆具6～11节，全株被白粉呈粉垢状；节间长25～30（45）cm，圆筒形，但在分枝一侧基部扁平或具沟槽；秆壁厚1.5～3.5mm，髓呈锯屑状；秆环隆起或在分枝节上者极隆起圆脊状；节内高3～14mm。秆芽1枚，卵状披针形，贴生，具缘毛。分枝较低，通常始于第3～4节，枝条在秆的每节上1枚，上举，约与主秆呈35°交角，长0.5～1.5m，直径与主秆近相等。小枝具叶（3）6～9；叶片长圆状披针形或带状长圆形，纸质，长25～35cm，宽4.5～8.5cm，次脉11～13对，小横脉组成正方格状，边缘具小锯齿。笋期7～8月，笋墨绿色（图8-43）。

在陕西南部和甘肃南部，大熊猫在冬季下移避寒时见有采食巴山箬竹；在陕西秦岭，有见用该竹直接饲喂圈养大熊猫。

8.3.4.2 阔叶箬竹林Form. *Indocalamus latifolius*

阔叶箬竹林主要分布于我国陕西南部、山东、江苏、安徽、浙江、江西、福建、湖北、湖南、广东、重庆、四川。阔叶箬竹为箬竹属分布最广的一种。以陕西佛坪为例，位于汉中地区东北部。地理坐标为东经107°41′～108°10′、北纬33°16′～33°45′，地处秦岭山脉中段南坡山峦腹地，总体地形西北高、东南低。县境北界秦岭主脊自西而东有黄桶梁、光头山，为南北坡分水岭，亦为长江流域与黄河流域的分水岭；东有天花山、老庵子;西有烂店子梁、观音山；中部有鳌山、文观庙梁蜿蜒伸展，接连娘娘山主峰，形成低山和中山的高程差异，县东西两半以山相隔，汇集为金水、椒溪两个水系。蒲河系为过境水，与椒溪交于三河口。三条河道纵贯佛坪县。山体多呈中切峡谷，沟壑纵横，群峰四起。河沟两岸分布大小不等的洪积、冲积、淤积台地，地势较平坦，为基本农田的分布区。域内气候属暖温带气候，有显著的山地森林小区气候特征，成为特殊的亚热带北缘山地暖温带湿润季风气候。由于东西向秦岭主脊的屏障作用，使县境气候明显区别北坡，为中国南北气候分界线地带。气候温和，夏无酷暑，冬无严寒，春季冷暖反复交替，气温回升缓慢，雨少偏旱;夏季多洪，秋季多淋；冬季雪雨稀少，较干燥。

该竹林群落（群丛组）以阔叶箬竹*I. latifolius* (Keng) McClure为优势种，其秆高1～2m，直径5～15mm；全秆具8～11（16）节，节间长15～25（35）cm，基部节间长3～5cm，圆柱形，但分枝一侧基部具浅纵沟槽，中空较小或近于实心；节内高2～4mm。秆芽1枚，长圆状披针形，微被白粉，无毛，边缘初时生短纤毛。秆的第3节以上开始分枝，枝条在每节上1枚，直立或上举，与主秆呈30°～35°锐角开展，长20～40cm，直径与竹秆近于相等或较小。小枝具叶1～3片或更多；叶片长圆状披针形，纸质，长10～45cm，宽2～9cm，次脉6～13对，小横脉明显，组成长方形或正方形，边缘具小锯齿而显著粗糙。笋期4～5月，笋墨绿色。秆可作竹筷和毛笔杆；叶可作斗笠、船篷或包裹粽子；植株密集，叶大，美观，常培植于庭园供观赏（图8-44）。

在陕西秦岭地区，阔叶箬竹是大熊猫常年在低海拔地区采食的竹种之一；在陕西佛坪和威海市刘公岛国家森林公园，均见用该竹饲喂圈养的大熊猫。

▲ 图8-43　巴山箬竹林　　　　　　　　　　▲ 图8-44　阔叶箬竹林

8.3.5　苦竹属*Pleioblastus* Nakai

8.3.5.1　苦竹林Form. *Pleioblastus amarus*

主要分布于我国江苏、安徽、浙江、江西、福建、湖南、湖北、四川、贵州、云南等省区，西可达陕西秦岭南、北部。广泛栽培或原生于1000m以下的低海拔山坡地或丘陵山谷地带。在福建山区以自然野生居多，或散生于乔木林下，闽中尤溪一带有大面积分布；在位于四川省与陕西省交界的大巴山区，苦竹林可分布到海拔1200～2400m，常呈纯林或与一些杉类、桦木类乔木树种混交生长。适于温暖湿润气候，稍耐寒，适应性强，喜肥沃，土层疏松、深厚、湿润的砂质土壤。其竹秆通直，立竹密度大，每亩可达3100～9600株，属笋材两用竹，是其分布区鼓励发展的重要经济竹种。以四川乐山苦竹林为例，其分布区地处北纬29°附近，属中亚热带气候带，具有四季分明的特点，气候湿润，雨量丰沛，水热同季，无霜期长。年平均气温在16.5～18.0℃之间，年平均无霜期长达300d以上，年平均霜日4.2～9.4d；年平均降水量在800～1000mm，局部地区可达1500mm以上；夏秋季雨量占全年的80%左右，冬春季只占20%。

该竹林群落（群丛组）以苦竹*P. amarus* (Keng) Keng f.（又称伞柄竹）为优势种，其秆高3～5m，直径1.5～2cm；节间长27～29cm，圆筒形，但在分枝一侧下半部微扁平，节下方一圈白粉环明显，秆壁厚约6mm；秆环隆起，高于箨环；秆每节分枝5～7枚，上举；小枝具叶3～4，叶片长4～20cm，宽1.2～2.9cm。笋期6月。优质笋用竹，味苦但有特色，不少人偏爱；竹秆挺拔，林相美观，适于生态建设和城市园林绿化；材质坚硬，适合作伞柄、菜架、旗竿、帐竿等；该竹亦常用于中药，如苦竹叶、苦竹笋、苦竹茹、苦竹沥、苦竹根等（图8-45）。

在四川成都多家动物园或大熊猫养殖基地，均见用苦竹饲喂圈养的大熊猫。

8.3.5.2　斑苦竹林Form. *Pleioblastus maculatus*

斑苦竹林主要分布于江苏、江西、福建、广东、广西、重庆、四川、贵州、云南等地区；安徽、陕西有栽培。生于低海拔的山区或农家栽培。以重庆缙云山国家级自然保护区的斑苦竹林为例，其分布区属亚热带季风湿润性气候，雨量充沛，四季分明，有春早、夏热、秋短、冬迟特征。年平均气温18.2℃，最高气温44.3℃，最低气温-3.1℃；土壤以三迭纪须家河组厚层石英砂岩、炭质页岩和泥质砂岩为母质风化而成的酸性黄壤及水稻土。山麓地区为侏罗纪紫色砂页岩夹层上发育的中性或微石灰性黄壤化紫色土；岩层为砂、泥页岩相间组合，上层为厚砂页岩，下层为泥页岩，泥页岩积水，岩层越厚，积水越多（刘庆等，1995）。

该竹林群落（群丛组）以斑苦竹 *P. maculatus* (McClure) C. D.Chu & C. S. Chao为优势种，其秆高4～9（12）m，直径（1.5）3～6（7）cm；节间长30～40（86）cm，圆筒形；秆每节分枝3～5枚，直立或上举；小枝具叶3～5，叶片长10～20cm，宽1.5～2.5cm；笋期4月下旬至6月。秆作各种竿具或篱笆；幼秆被厚白粉，竹冠窄圆柱形，美观，为重要的观赏竹种；笋食用，味稍苦，但有回甜味，深受当地群众喜爱。目前四川、重庆地区将斑苦竹作为重要经济竹种加以发展，并营造了大面积的笋用斑苦竹林（图8-46）。

在四川卧龙自然保护区的正河岸边坡地上，见有野生大熊猫采食斑苦竹；在国内外多家动物园，均见用该竹饲喂圈养的大熊猫。

▲ 图8-45　苦竹林

▲ 图8-46　斑苦竹林

9

大熊猫主食竹
物种的多样性

关于对大熊猫主食竹的认知，应该是从1869年发现大熊猫就开始的，至今已有大约150年的历史。但是，真正现代意义上的大熊猫主食竹科学研究工作，则是在新中国诞生之后，也就是从20世纪50年代才开始的。据权威报道，对于全国范围内的大熊猫主食竹，先后进行过至少3次比较系统的调查研究工作。

第一次是从20世纪80年代开始，到2010年以前，其调查结果由易同培等分别发表在《大熊猫主食竹种的分类和分布》《大熊猫主食竹种及其生物多样性》等文中，其中记录了之前已公开报道的大熊猫主食竹11属、64种、1变种、3变型。其中，箣竹属*Bambusa* Retz. corr. Schreber 1种，巴山木竹属*Bashania* Keng f. & Yi 6种，方竹属*Chimonobambusa* Makino 6种，镰序竹属*Drepanostachyum* Keng f. 2种，箭竹属*Fargesia* Franch. emend. Yi 25种，箬竹属*Indocalamus* Nakai 2种，慈竹属*Neosinocalamus* Keng f. 1种、3变型，刚竹属*Phyllostachys*Sieb. & Zucc. 5种、1变种，苦竹属*Pleioblastus* Nakai 1种，筇竹属*Qiongzhuea* Hsueh & Yi 5种，玉山竹属*Yushania* Keng f. 10种。

第二次是2010—2018年以前，其调查结果由史军义等发表在《大熊猫主食竹增补竹种整理》一文中，该文首先依据《国际栽培植物命名法规（International Code of Nomenclature for Cultivated Plants, ICNCP）》，将第一次记录的慈竹属中的3个变型——黄毛竹、大琴丝竹和金丝慈竹，修订为*Neosinocalamus affinis*'Chrysotrichus'、*N. affinis*'Flavidorivens'和*N. affinis*'Viridiflavus'3个栽培品种，以便为后来使用的大熊猫主食竹品种名提供了借鉴。与此同时，新记录了大熊猫主食竹7属（有重复）、13种、4栽培品种。其中，方竹属2种、4栽培品种，箭竹属2种，箬竹属4种，月月竹属*Menstruocalamus* Yi 1种，刚竹属2种，茶秆竹属*Pseudosasa* Makino ex Nakai 1种，玉山竹属1种。

第三次是近年来随着《大熊猫主食竹图志》和《大熊猫主食竹生物多样性研究》编撰工作的推进，对全国的大熊猫（包括野生和圈养）主食竹，又先后进行了较为系统的补充调查，新发现不同属的大熊猫主食竹30种、12栽培品种，其中，箣竹属3种、4栽培品种，方竹属1种，绿竹属*Dendrocalamopsis* (Chia & H. L. Fung) Keng f. 2种，牡竹属*Dendrocalamus* Nees 3种，箭竹属2种，刚竹属16种、8栽培品种，苦竹属2种，唐竹属*Sinobambusa* Makino ex Nakai 1种。

因此，到目前为止，可确认为大熊猫主食竹的竹类植物总共有16属、107种、1变种、19栽培品种，计127种及种下分类群。其中，箣竹属4种、4栽培品种，巴山木竹属6种，方竹属9种、4栽培品种，绿竹属2种，牡竹属3种，镰序竹属2种，箭竹属29种，箬竹属6种，月月竹属1种，慈竹属1种、3栽培品种，刚竹属23种、1变种、8栽培品种，苦竹属3种，茶秆竹属1种，筇竹属5种，唐竹属1种，玉山竹属11种。在所有这些大熊猫主食竹中，可归为野生大熊猫主食竹的竹类植物有13属、79种、1变种、3栽培品种；可归为圈养大熊猫主食竹的有11属53种、1变种、16栽培品种。当然，二者有相当部分的属种有重复现象。

需要说明的是，这里主要汇集了在中国有分布、且比较常用的大熊猫食用竹类及其附图，而不包括国外动物园借展大熊猫期间临时使用的竹子，该类竹子仅在本章文后列举了相关名录。《大熊猫主食竹图志》一书已对各大熊猫主食竹分类群配发了比较丰富的照片，受篇幅所限，本书就不再在配图部分过多加以表现，特予说明。

9.1 箣竹属

Bambusa Retz. corr. Schreber

Bambusa Retz. corr. Schreber in Gen. Pl. 1: 236. 1789 & in ibid. 2: 828. 1789, nom. cons.; Keng & Wang in Fl. Reip. Pop. Sin. 9 (1): 48. 1996; T. P. Yi in Sichuan Bamb. Fl. 32. 1997, & in Fl. Sichuan. 12: 6. 1998; D. Ohrnb., The Bamb. World. 250. 1999; Yi & al. Icon. Bamb. Sin. 87. 2008, & in Clav. Gen. Spec. Bamb. Sin. 29. 2009. —— *Bambos* A. L. Retz., Obser. Bot. 5: 24. 1788.

Type: ***Bambusa arundinacea*** (Retz.) Willd.

箣竹属又称簕竹属。

乔木状、少灌木状竹类。地下茎合轴型。秆丛生，梢部通直；节间圆筒形，秆壁常较厚；箨环隆起；秆环较平。秆每节分枝数枚至多枚，具明显粗壮主枝，秆下部分枝节上所生的小枝可短缩为硬刺或软刺，但也有无刺者。箨鞘革质或软骨质，早落或迟落；箨耳宽大，少不明显；箨舌或高或低；箨片宽大，直立，在秆箨上宿存或脱落。叶枝通常具数叶；叶片小型，纸质，小横脉不明显。花序为续次发生；假小穗单生或数枚至多枚簇生于花枝各节；小穗含2至多朵小花，顶端1或2朵小花不孕，或小穗上下两端的小花均为不完全花，基部有1至数枚具芽苞片；小穗轴有关节，成熟后易折断；颖片1～3，有时缺失；外稃具多脉，各孕性小花的外稃几近等长；内稃近等长于外稃，背部具2脊；鳞被2或3，边缘常生纤毛；雄蕊6，花丝分离；子房具柄，顶端被毛，花柱或长或短，柱头3，稀1或2，羽毛状。颖果常呈圆柱形，顶部被毛，具腹沟。笋期在夏秋两季。

箣竹属物种多样性十分丰富。全世界的箣竹属植物100余种，主要分布在亚洲、非洲的热带和亚热带地区。中国连同引种在内的已知有73种、14变种、14变型和4个杂交种（其中部分变种、变型或杂交竹已根据最新颁布的《国际栽培植物命名法规》修订为栽培品种），主产华南和西南地区。

自然生存状态下，发现寒冷季节大熊猫下移时采食该属竹类，亦有圈养大熊猫投喂该属竹种，已记录大熊猫采食本属竹类有4种、4栽培品种。

 孝顺竹（中国植物志） 坟竹（重庆秀山），箭竹（重庆巴南），西凤竹（四川宜宾、贵州赤水），观音竹、界竹（四川长宁、云南腾冲），凤凰竹（中国竹类植物志略），蓬莱竹（台湾植物志）

Bambusa multiplex (Lour.) Raeuschel ex J. A. & J. H. Schult. in Roem. & Schult., Syst. Veg. 7 (2): 1350. 1830; Keng f. in Techn. Bull. Nat'l. For. Res. Bur. China no.8: 17. 1948; Flora of Guangzhou. 774. 1956; S. Suzuki, Ind. Jap. Bamb. 102, 103. (pl.17), 339, 1978; Soderstrom & Ellis in Smithon. Contrib. Bot. no. 72: 36. ff. 23, 24. 1988; 1991; Yi & al. Icon. Bamb. Sin. 126. 2008, & in Clav. Gen.Spec. Bamb.Sin. 40. 2009; Shi & al. in The Ornamental Bamb. in China 292. 2012; D. Ohrnb., The Bamb. World, 266. 1999; Amer. Bamb. Soc. in Bamb. Species Source

List no. 35: 8. 2015. ——*Arundinaria glaucescens* (Willd.) Beauv. Ess. Agrost. 144, 152. 1812; Munro in Trans. Linn. Soc. 26: 22. 1868. ——*Arundo multiplex* Lour. Fl. Cochinch. 2: 58, 1790; E. G. Camus, Bambus 132. 1913. ——*B. dolichomerithalla* Hayata, Icon. pl. Form. 6: 146. f. 55. 1916, p. p. (quoad spec. Yusuiko, B. Hayata. flores & folia); Fl. Taiwan 5: 751. pl. 1504. 1978, p. p. (quoad flores tantum). ——*B. glaucescens* (Willd.) Sieb. ex Munro in 1. c. 26: 89. 1868; Holttum in Kew Bull. 1956 (2): 207. 1956. & in Gard. Bull. Singapore 16: 67. 1958; Bamboos in Hongkong 37. 1985; Chia & al. in Guihaia 8 (2): 124. 1988; Bamboos in China 20. 1988. ——*B. multiplex* var. *multiplex* Keng & Wang. in Flora Reip. Pop. Sin. 9 (1): 109. pl. 26. 1–15. 1996. ——*B. nana* Roxb. Hort. Beng. 25. 1814, nom nud. & Fl. Ind. ed. 2. 2: 199. 1832, nom. subnud; Munro in 1. c. 26: 89. 1868; Gamble in Ann. Roy. Bot. Gard. Calcutta 7 (1): 40. pl. 38. 1896. & in Hook. f. Fl. Brit. Ind. 7: 390. 1897; E. G. Camus, Bambus. 121. 1913; R. Chen, Illustr. manual of Chinese trees and shrubs (supplement). 85. 1937. ——*Leleba dolichomerithalla* (Hayata) Nakai in J. Jap. Bot. 9: 16. 1933. ——*Ludolfia glaucescens* Willd. in Mag. Neuesten Entdeck. Ges. Naturk. 2: 320. 1808.

秆高4～6（10）m，直径2～4cm，梢端直立或略呈弓形；全秆具25～35节，节间长30～50cm，基部节间长8～13cm，圆筒形，绿色，平滑，幼时薄被白粉，上半部被白色或棕色小刺毛（节下尤密），毛脱落后留有细凹痕，秆壁厚2.5～5mm，髓呈锯屑状；箨环窄，灰色，无毛，残存有少部分鞘基；秆环平或在分枝节上稍隆起；节内高5～10mm，淡绿色。秆芽1枚，长圆形、阔卵形或有时菱状卵形，先端有尖头，边缘上部具纤毛。秆分枝始于第二至第六节，枝条在秆每节上4～24枚，斜展，长18～55（110）cm，直径1～2.5（4）mm，具4～6（10）节，节间长3～11（21）cm，无毛。笋淡灰绿色；箨鞘迟落，软骨质，较硬脆，长三角形或长圆状三角形，长7～16cm（为节间长度的2/5～1/2），宽7～14cm，解箨时灰色，背面无毛，纵脉纹细密，小横脉不发育，初时薄被白粉，先端不对称的拱形，边缘无纤毛；箨耳很小或不明显，边缘具少量继毛；箨舌圆弧形，灰色，高1～1.5mm，边缘全缘或不规则短齿裂；箨片直立，易脱落，三角形或长三角形，长（2）4～15cm，宽2.5～6cm，背面无毛或于基部被暗棕色小刺毛，腹面脉间具小刺毛，粗糙，边缘平滑，基部宽度与箨鞘顶端近等宽。小枝具叶（3）5～12（17）；叶鞘长2～4（5）cm，无毛，纵脉纹稍明显，上部纵脊明显，边缘无纤毛；叶耳肾形，边缘具2～7枚波曲细长继毛；叶舌近截平形，淡绿色，高约0.5mm，边缘微齿裂；叶柄长约1mm，背面初时被微毛；叶片披针形，纸质，较薄，长5～16cm，宽0.7～1.6cm，先端渐尖，基部楔形，上面绿色，下面粉绿色，密被灰白色短柔毛，次脉（3）4～5对，小横脉不清晰，边缘一侧具小锯齿，另一侧锯齿更细小。花枝无叶或其小枝上有时覆有叶鞘，长达70cm，其节间长达17cm。假小穗单生或数枚簇生于花枝的每节上，淡绿色；小穗含（3）5～7（12）朵小花，各小花微作两侧疏松排列，长2～5（6）cm，宽约6mm；小穗轴节间长2～4mm，径直，无毛，上部较粗，顶端边缘具微毛；颖（或苞片）2至数枚，稻草色，覆瓦状排列，其间常具腋芽（此种小穗即假小穗），向上逐渐增大，最上部一枚长8～12mm，具多脉；外稃长圆形兼披针形，纸质（边缘为膜质），绿色，但上部为紫褐色，无毛，长10～16（20）mm（最下部小花者长约8mm，此为一中性小花），先端渐尖，具多脉；内稃较外稃稍短1～2mm，狭长披针形，先端渐尖，在其尖端生有一束呈小笔毫状的纤毛，背部具2脊，脊上部有微毛而略粗糙，脊间较宽，具4脉，脊外两侧各具3脉；鳞被3枚，无毛或边缘稍被疏生微毛，上部透明质，基部具脉纹，两侧者呈半卵形，长2.5～3mm，后方1枚细长披针形，长3～5mm；花药紫色，长6～7mm，顶端具笔毫状小刺毛，成熟后伸出花外，花丝长8～10mm；子房具柄，全长2mm，幼时狭长圆形，嗣后为倒圆锥形或金字塔形，黄棕色，微生小刺毛，花柱1枚，长约1mm，柱头2～4（6）枚，长约5mm，羽毛状。颖果长倒卵形或倒卵状椭圆形，长5～6mm，直径1.5～2mm，成熟时淡紫色，近顶端有灰白色微毛，顶端有1枚宿存花柱，腹面扁平，果皮薄，胚乳白色。笋期8～9月。花期4～10月；10月亦有果实成熟。

秆材柔韧，纤维长度在2.5mm以上，为优良造纸原料，劈篾用于编织各种竹器及竹工艺品。用秆所削刮成的竹绒是填塞木船缝隙的最佳材料；竹叶供药用，有解热、清凉和治疗流鼻血之效；观赏价值高，庭园栽培甚广，亦可栽培作绿篱。

在四川盆地可栽培到海拔1500m或川西南达2200m，大熊猫冬季为避寒而垂直下移时，常见在村宅旁或沟河沿岸采食该竹种；在中国南京市红山森林动物园、美国圣地亚哥动物园、马来西亚国家动物园、泰国曼谷动物园和清迈动物园等，见用该竹饲喂圈养的大熊猫。

分布于中国长江流域，为丛生竹中分布最广的一个竹种，从东南部至西南部均有分布或栽培，也是丛生竹中最耐寒的一个种，最北可露地栽培到陕西周至楼观台。

耐寒区位：8～10区。

9.1.1a 小琴丝竹（中国植物志）

***Bambusa multiplex* 'Alphonse-Karr'**, R. A. Young in USDA Agr. Handb. no. 193: 40. 1961; Keng & Wang in Flora Reip. Pop. Sin. 9 (1): 112. 1996; Amer. Bamb. Soc. in Bamb. Species Source List no. 35: 8. 2015. ——*B. alphonso-karri* Mitf. ex Satow in Trans Asiat. Soc. Jap. 27: 91. pl. 3. 1899.; 竹内叔雄, 竹的研究 (中译本). 110. 1957. ——*B. alphonso-karrii* Mitford, Bamb. Gard., 55, 216. 1896. ——*B. glaucescens* 'Alphonse Karr', Crouzet, 1981: 51; Chia

& But in Photologia 52 (4): 258. 1982. ——*B. glaucescens* 'Alphonso-Karrii', Hatusima, Woody Pl. Jap., 1976: 316. ——*B. glaucescens* f. *alphonso-karri* (Mitf.) wen in J.Bamb. Res. 4 (2): 16. 1985. ——*B. glaucescens* (Lam.) Munro ex Merr. f. *alphonso-karrii* (Mitford ex Satow) Hatusima in Fl. Ryukyus .854. 1971. ——*B. multiplex* 'Alphonse Karr', R. A. Young in Nation. Hort. Mag. 25, 1946: 260, 264. ——*B. multiplex* 'Alphonso-Karrii', D. Ohrnb., The Bamb. World. 267. 1999. ——*B. multiplex* f. *alphonso-karri* (Mitford ex Satow) Nakai in Rika kyoiku 15: 67. 1932; Yi & al. in Icon. Bamb. Sin. 128. 2008, & in Clav. Gen.Spec. Bamb. Sin. 39. 2009; Shi & al. in The Ornamental Bamb. in China. 290. 2012. ——*B. multiplex* var. *normalis* Sasaki f. *alphonso-karri* Sasaki, Cat. Gov. Herb. (Form.) 68. 1930. ——*B. multiplex* f. *alphonso-karri* (Mitf.) Sasaki ex Keng f. in Techn. Bull. Nat'l. For. Res. Bur. China no. 8: 17. 1948; Flora Illustr. Plant. Prima. Sinica. Gramineae. 57, pl. 39. 1959; Bamboos in Guangxi and cultivation, 40, pl. 22. 1987. ——*B. nana* f. *alphonso-karrii* (Mitford ex Satow) Makino ex Kawamura, 1907: 2. ——*B. nana* var. *alphonso-karrii* (Mitford ex Satow) Makino ex Kawamura, 1907: 287. ——*B. nana* var.

alphonsokarri (Satow) Marliac ex E. G. Camus, Bambus. 121. 1913. ——*B. nana* Roxb. var. *normalis* Makino ex Shirosawa f. *alphonso-karri* (Mitf. ex Satow) Makino ex Shirosawa, Icon. Bamb. Jap. 56. pl. 9. 1912. ——*B. nana* var. *norrnalis* f. *alphonso-karrii* Makino in S. Honda, Descr. Prod. For. Jap., 1900: 37. ——*Leleba multiplex* (Lour.) Nakai f. *alphonso-karri* (Mitford ex Satow) Nakai in J. Jap. Bot. 9: 14. 1933.

与孝顺竹特征相似，主要区分在于其秆和分枝的节间黄色，色泽鲜明，具不同宽度的绿色纵条纹，秆箨新鲜时绿色，具黄白色纵条纹。叶偶尔有几条黄白色条纹。抗冻，可耐-10℃。

用途同孝顺竹，但更具观赏价值，适于公园、小区、庭院栽培观赏。

在广州番禺长隆野生动物园、华南珍稀野生动物物种保护中心、澳大利亚阿德莱德动物园等，均见有用该竹饲喂圈养的大熊猫。

分布于中国四川、广东、台湾；日本、欧洲、美国有引栽；几乎所有热带国家（南亚、东南亚、东亚）均有栽培。

耐寒区位：8～10区。

9.1.1b 凤尾竹（本草纲目） 西凤竹、箭竹（重庆江津、四川江安）

***Bambusa multiplex* 'Fernleaf'**, Amer. Bamb. Soc. in Bamb. Species Source List no. 35: 8. 2015; R. A. Young in USDA Agr. Handb. no. 193: 40. 1961; S. L. Zhu & al., A Comp. Chin. Bamb. 46. 1994; Fl. Taiwan. 5: 755. 1978; Keng & Wang

in Fl. Reip. Pop. Sin. 9 (1): 113. 1996; Fl. Yunnan. 9: 18. 2003. ——*B. floribunda* (Buse) Zoll. & Maur. ex Steud., Syn. Pl. Glum. 1: 330. 1854. ——*B. glaucescens* (Willd.) Sieb. ex Munro cv. Fernleaf (R. A. Young) Chia & But in Phytologia. 52 (1): 258. 1982; But & al., Bamboos in Hongkong 38. 1985; Chia & al., Chinese bamboos 22. 1988. ——*B. multiplex* (Lour.) Raeuschel ex J. A. & J. H. Schult. f. *fernleaf* (R. A. Young) Yi in J. Sichuan For. Sci. Techn. 28 (3): 17. 2007; Yi & al. Icon. Bamb. Sin. 129. 2008, & in Clav. Gen. Spec. Bamb. Sin. 40. 2009; Shi & al. in The Ornamental Bamb. in China. 291. 2012. ——*B. multiplex* var. *elegans* (Koidz.) Muroi ex Sugimoto, New Keys Jap. Trees. 457. 1961; S. Suzuki. Ind. Jap. Bambusas. 104, 105 (pl. 18), 340. 1978. ——*B. multipex* var. *fernleaf* R. A. Yung in Nat'l. Hort. Mag. 25: 261. 1946; T. P. Yi in Sichuan Bamb. Fl. 53. pl. 9: 13. 1997, & in Fl. Sichuan. 12: 28. pl. 9: 13. 1998. ——*B. multiplex* var. *nana* (Roxb.) Keng f. in Techn. Bull. Nat'l. For. Res. Bur. China no. 8: 17. 1948, non B. nana Roxb. 1832; Flora Illustr. Plant. Prima. Sinica. Gramineae. 57, pl. 38. 1959; Bamboos in Guangxi and cultivation, 41. 1987. ——*B. nana* Roxb. in Hort. Beng. 25. 1814. n. n.; & Fl. Ind. 2: 190. 1832; E. G. Camus, Les Bambus. 121. 1913; Makino & Nemoto, Fl. Jap. 1317. 1931. ——*B. nana* Roxb. var. *gracillima* Makino ex E. G. Camus, Bambus. 121. 1913, non Kurz 1866. ——*B. multiplex* (Lour.) Raeuschel ex J. A. & J. H. Schult. var.

nana (Roxb.) Keng f. in Nat'l. For. Res. Bur. China, Techn. Bull. No. 8: 17. 1948; Y. L. Keng, Fl. Ill. Pl. Prim. Sin. Gramineae 57. fig. 38. 1959. ——*Ischurochloa floribunda* Buse ex Miq., Fl. Jungh. 390. 1851. ——*Leleba elegans* Koidz. in Act. Phytotax. Geobot. 3: 27. 1934. ——*Leleba floribunda* (Buse) Nakai in J. Jap. Bot. 9 (1): 10. fig. 1. 1933.

与孝顺竹特征相似，主要区分在于其植株稍小，秆高3～6m；小枝稍下弯，具叶9～13，羽状排列，形似凤尾；叶片长3.3～6.5cm，宽4～7mm。

著名观赏竹，供园林栽培、制作绿篱或盆景。

在美国圣地亚哥动物园和泰国清迈动物园等，有用该竹饲喂圈养的大熊猫。

中国华东、华南、西南以至台湾、香港均有栽培。

耐寒区位：8～10区。

硬头黄竹（中国植物志） 黄竹（四川宜宾、泸定），硬头黄（四川、贵州）

Bambusa rigida Keng & Keng f. in J. Wash. Acad. Sci. 36 (3): 81. f. 2. 1946; Y. L. Keng, Fl. Ill. Pl. Prim. Sin. Gramineae 55. fig. 36. 1959; Bamboos in Guangxi and cultivation 37, pl. 21. 1987; Fl. Guizhou. 5: 280. pl. 90: 3–5. 1988; Icon. Arbo. Yunn. Inferus 1374. fig. 640: 1–9. 1991; S. L. Zhu & al., A Comp. Chin. Bamb. 53. 1994; Keng & Wang in Fl. Reip. Pop. Sin. 9 (1): 90. pl. 22. 1–11. 1996; T. P. Yi in Sichuan Bamb. Fl. 63. pl. 14. 1997, & in Fl. Sichuan. 12: 39. pl. 14. 1998; D. Ohrnb., The Bamb. World. 274. 1999; Fl. Yunnan. 9: 10. 2003; Li D. Z., Wang Z. P., Zhu Z. D. & al. in Fl. China 22: 24. 2006；Yi & al. InIcon. Bamb. Sin. 140. 2008; Clav. Gen. Spec. Bamb. Sin. 35. 2009; Shi junyi & al. in The Ornamental Bamb. in China 280. 2012.

秆高7～12（15）m，直径3.5～6（7）cm，梢端微外倾；全秆具35～46节，节间长28～38（45）cm，平滑，初时被丰富白粉，尤以箨鞘所包裹的部分为甚，无毛，秆基部第一节箨环上方具一圈灰白色绢毛，中空直径较小，秆壁厚0.5～1.5cm，髓为锯屑状；箨环灰色，无毛，有鞘基残留物；秆环平；节内高3～12mm。秆芽1枚，扁卵形，贴生，淡黄绿色，边缘具灰白色纤毛。分枝习性较高，枝条在秆的每节上5～21枚，斜展，通常有主枝1枚，其长1.5～3.5m，具12～20节，节间长5～30cm，直径6～12mm。笋淡绿色，有时具少数黄白色纵条纹，上部有时微敷白粉；箨鞘早落，灰色，革质，长度为其节间的1/3～1/2，长12～21cm，宽17～29cm，背部除基部近边缘处有棕色少数小刺毛外，其余无毛，纵脉纹密，小横脉不发育，内面极平滑而光亮，顶端截平形或略呈隆起的圆弧形；箨耳不等称，稍皱褶，边缘具波曲继毛，大耳卵形，长约2.5cm，宽1.5cm，小耳卵形或近圆形，大小约为大耳的2/3；箨舌拱形，高2～4mm，几呈啮蚀状或具细齿，边缘初时密生短纤毛；箨片直立，易脱落，卵状三角形至卵状披针形，长3～19cm，宽2.5～9cm，纵脉纹明显，背面贴生极稀疏棕色小刺毛，腹面基部密生棕色小刺毛，基部圆形收窄后向两侧外延而与箨耳相连，其相连部分3～4mm，基部宽度约为箨鞘顶端宽的2/5，边缘近基部被短纤毛。小枝具叶（3）5～9枚；叶鞘长2.5～7cm，无毛，上部具纵脊；叶耳椭圆形，边缘具少数继毛；叶舌截平形，高1mm；叶柄长2～4mm，背面被微毛；叶片线状披针形，长7.5～18（24）cm，宽1～2（2.7）cm，先端渐尖，基部楔形，上面深绿色，平滑无毛或有时近基部被疏毛，下面灰绿色，密被短柔毛，次脉4～9对，小横脉不存在，边缘具细锯齿或其一缘平滑。花枝无叶或最初可具叶长达40cm，每节上半轮生状着生5～21枚假小穗。小穗淡绿色，微呈扁圆柱状，长2～4cm，直径3～4mm，含5～9（10）朵小花；小穗轴节间扁平，长2～4mm，无毛，上端较粗，断节后略呈杯状，边缘具不显著的微毛；苞片和颖相似，3～5枚，三角形至卵状披针形，淡绿色，干后变为灰色，长1～4（6）mm，宽1～3mm，自下而上逐渐增大，无毛，具多脉，常于背面具1脊；外稃卵状披针形，长9.5～10.5（15）mm，宽2.5～3（8）mm，无毛，具11～15脉，中脉较明显，边缘膜质，无纤毛；内稃等长于外稃或较外稃稍短，乳白色，背部具2脊，脊上生有短纤毛，脊间宽1～2mm，具4～5脉，先端钝尖，边缘膜质，无纤毛；鳞被3枚，倒卵状披针形，长约3mm，白色而先端为紫红色，透明膜质，基部具纵脉纹，上端边缘生有细长的纤毛；雄蕊6枚，花药淡红色或后期变为淡黄色，长3.5～4.2（6）mm，基部呈尾状，顶端生有小刺毛，花丝细长白色，开花时将花药送出而悬垂于花外；子房倒卵形，长1～1.5mm，直径0.3～1.2mm，淡绿色，遍体被白色小刺毛，基部具长约1mm的柄，顶端生1枚长约1mm被微毛的花柱，柱头3枚，不等距着生，长不及1mm，羽毛状。果实未见。笋期8月。花期4～11月。

秆主要用作造纸原料。笋可食用。

在四川，冬季寒冷天气，见有大熊猫垂直下移觅食时采食本竹种。

分布于四川、重庆、贵州北部、云南东北部和东南部。广泛栽培于河岸、丘陵、平坝及村庄附近，四川泸定等地可栽培在海拔1500m左右的山地。广东广州、福建厦门有引栽。

耐寒区位：9～10区。

9.1.3 佛肚竹（中国植物志）

Bambusa ventricosa McClure in Lingnan Sci. J. 17 (1): 57. pl. 5. 1938; Keng in Fl. Ill. Pl. Prim. Sin. Gramineae 58. fig. 40. 1959; Bambooguide in Hong Kong 52. 1985; Yi & al. in Icon. Bamb. Sin. 111. 2008, & in Clav. Gen. Spec. Bamb. Sin. 32. 2009; Shi & al. in The Ornamental Bamb. in China 278. 2012. ——*B. tuldoides* 'Ventricosa', D. Ohrnb., The bamboos of the world. 278. 1999. ——*Leleba ventricosa* (McClure) W. C. Lin in Inform. Taiwan For. Res. Inst. 150.: 1305. f. 1. 1963.

正常秆高达10m，直径5cm，梢尾部略下垂，下部稍"之"字形曲折；节间长30～35cm，幼时无白粉，平滑无毛，秆下部箨环上下具灰白色绢毛环，秆壁厚6～12mm；箨环无毛。秆基部第三、四节上开始分枝，常1～3枝，其上小枝有时短缩为软刺，中上部各节具多枝，主枝3，粗长。畸形秆高5m，直径稍细，节间短缩并在下部肿胀呈瓶状，长达6cm；常具单枝，其节间明显肿胀。箨鞘早落，干时纵肋隆起，背面无毛，先端近于对称的宽拱形或截形；箨耳不相等，边缘具缝毛，大耳宽5～6mm，小耳宽3～5mm；箨舌高0.5～1mm，边缘具很短流苏状毛；箨片直立，卵形或卵状披针形，基部稍心形收窄，宽度稍窄于箨鞘顶端。小枝具叶（5）7～11；叶耳卵形或镰形，边缘具缝毛；叶舌近截形；叶片长9～18cm，宽1～2cm，下面密被短柔毛。假小穗单生或数枚簇生于花枝各节，线状披针形，稍扁，长3～4cm；先出叶宽卵形，长2.5～3mm，具2脊，脊上被短纤毛，先端钝；具芽苞片1或2片，狭卵形，

长4～5mm，具13～15脉，先端急尖；小穗含两性小花6～8朵，其中基部1或2朵和顶生2或3朵小花常为不孕性；小穗轴节间形扁，长2～3mm，顶端膨大呈杯状，其边缘被短纤毛；颖常无或仅1片，卵状椭圆形，长6.5～8mm，具15～17脉，先端急尖；外稃无毛，卵状椭圆形，长9～11mm，具19～21脉，脉间具小横脉，先端急尖；内稃与外稃近等长，具2脊，脊近顶端处被短纤毛，脊间与脊外两侧均各具4脉，先端渐尖，顶端具一小簇白色柔毛；鳞被3，长约2mm，边缘上部被长纤毛，前方两片形状稍不对称，后方1片宽椭圆形；花丝细长，花药黄色，长6mm，先端钝；子房具柄，宽卵形，长1～1.2mm，顶端增厚而被毛，花柱极短，被毛，柱头3，长约6mm，羽毛状。

普遍盆栽、地栽或庭院种植，用于园林观赏。

在美国圣地亚哥动物园、澳大利亚阿德莱德动物园、马来西亚国家动物园、新加坡动物园等，均见该竹用于饲喂圈养的大熊猫。

分布于中国南方各地；日本、泰国、越南等有栽培。

耐寒区位：10区。

 龙头竹（台湾植物志） 泰山竹（中国植物志），牛角竹（云南金平）

Bambusa vulgaris Schrader ex Wendland in Coll. Pl. 2: 26. pl. 27. 1810; Gamble in Ann. Bot. Gard. Calcutta 7: 43. pl. 40. 1896. & in Hook. f., Fl. Brit. Ind. 7: 391. 1897; E. G. Camus, Bambus. 122. pl. 76. f. A. 1913; W. C. Lin in Quart. J. Chin. For. 3 (2): 48. 1967 & in Bull. Taiwan For. Res. Inst. no. 248: 77. f. 34. 1974; Fl. Taiwan 5: 765. pl. 1512. 1978; Bamboos in Hongkong 53. 1985; Bamboos in Guangxi and cultivation, 32, f. 18. 1987; Soderstrom & Ellis in Smithson. Contrib. Bot. no. 72: 39. ff. 25–28. 1988; Chia & C. Y. Sia in Guihaia 8 (1): 58. 1988; Keng

& Wang in Flora Reip. Pop. Sin. 9 (1): 96. pl. 24: 1–3.1996; D. Ohrnb., The Bamb. World. 278. 1999; Yi & al. in Icon. Bamb. Sin. 149. 2008, & in Clav. Gen. Spec. Bamb. Sin. 35. 2009. ——*Arundarbor bambos* Kuntze in Rev. Gen. Pl., 2: 760. 1891. ——*A. blancoi* (Steudel) Kuntze in Rev. Gen. Pl., 2: 761. 1891. ——*A. fera* Rumphius in Herb. Amboin., 4: 16. 1743; Kuntze in Rev. Gen. Pl. 2: 761. 1891. ——*A. monogyna* (Blanco) Kuntze in Rev. Gen. Pl. 2: 761. 1891. ——*Bambos arundinacea* Retz.in Obs. Bot. 24. 1788. ——*Bambusa auriculata* Kurz ex Cat. Hort. Bot. Calc. 1864: 79. —— *B. arundinacea* var. *picta* Moon, 1824: 26. ——*B. arundinacea* (Retz.) Willd, Sp. Pl. ed. 4. 245. 1789.—— *B. fera* Miquel in Fl. Nederl. Ind., 3, 3: 418. 1857. ——*B. humilis* Reichenbach ex Ruprecht in Bamb. Monogr., 1839: 50. ——*B. madagascariensis* Hort. ex A. & C. Rivière in Bull. Soc. Acclim. sér. 3, 5, 1878: 631. ——*B. surinamensis* Rupr. in Bamb. Monogr. 139. pl. 11. f. 49. 1839. & in Mem. Acad. Imp. Sci. St. Petersb. VI. 3: 229. pl. 11. 1840.——*B. thouarsii* Kunth, Rev. Gram. 323. pl. 73, 74. 1830.——*B. vulgaris* var. *genuina* Maire & Weiller ex Maire. 1952: 356. ——*Leleba vulgaris* (Schrader ex Wendland) Nakai in J. Jap. Bot. 9 (1): 17. 1933.

秆高8～15m，直径5～9cm，下部径直或稍"之"字形曲折；节间长20～30cm，初时稍被白粉，贴生淡棕色刺毛；秆基部数节节内具短气生根，并在箨环上下具灰白色绢毛。秆下部开始分枝，每节多枝簇生，主枝较粗长。箨鞘早落，背面密被棕黑色刺毛，先端弧拱形，但在与箨耳连接处弧形下凹；箨耳发达，近等大，长圆形或肾形，斜升，宽8～10mm，边缘具弯曲继毛；箨舌高3～4mm，边缘细齿裂，具极短细缘毛；箨片直立或外展，易脱落，宽三角形或三角形，背面疏被棕色小刺毛，腹面密被棕色小刺毛，基部稍圆形收窄，其宽度约为箨鞘顶端的1/2，近基部边缘具弯曲细继毛。叶鞘初时疏被棕色糙硬毛；叶耳如存在时常为宽镰形，边缘继毛少数或缺失；叶舌全缘；叶片长10～30cm，宽1.3～2.5cm，无毛，基部近圆形，稍不对称。假小穗数枚簇生于花枝各节；小穗稍扁，狭披针形至线状披针形，长2～3.5cm，宽4～5mm，含小花5～10朵，基部托以数片具芽苞片；小穗轴节间长1.5～3mm；颖1或2片，背面仅于近顶端被短毛，先端具硬尖头；外稃长8～10mm，背面近顶端被短毛，先端具硬尖头；内稃略短于外稃，具2脊，脊上被短纤毛；鳞被3，长2～2.5mm，边缘被长纤毛；花药长6mm，顶端具一小簇短毛；花柱细长，长3～7mm，柱头短，3枚。

秆作建筑、造纸或农业等用材。

在美国圣地亚哥动物园和马来西亚国家动物园，均有见用引栽的该竹饲喂圈养的大熊猫。

分布于云南南部。多生于低海拔地区河边或疏林中。广西、广东、香港、福建有引栽。亚洲热带地区和非洲马达加斯加岛有分布。

耐寒区位：10区。

9.1.4a 黄金间碧竹（中国植物志） 青丝金竹（广东）

***Bambusa vulgaris* 'Vittata'**, McClure ap. Swallen in Fieldiana Bot. 24 (2), 1955: 60; Hatusima in Woody Pl. Jap., 1976: 315; McClure in Agr. Handb. USDA. no. 193: 46. 1961; Keng & Wang in Flora Reip. Pop. Sin. 9 (1): 97.1996; American Bamboo Society. *Bamboo Species Source List* no. 35: 11. 2015.——*Arundarbor striata* (Loddiges ex Lindley) Kuntze in Rev. Gen. Pl., 2: 761. 1891. ——*B. striata* Loddiges ex Lindley in Penny Cycl., 3, 1835: 357. ——*B. variegate* Hort. ex A. & C. Rivière in Bull. Soc. Acclim. sér. 3, 5, 1878: 640.——*B. vulgaris* 'Striata', Hatusima in Woody Pl. Jap., 1976: 315; D. Ohrnb., The Bamb. World. 279. 1999. ——*B. vulgaris* f. *striata* (Loddiges ex Lindley) Muroi in Sugimoto in New Keys Jap. Tr., 1961: 457. ——*B. vulgaris* var. *striata* (Loddiges ex Lindley) Gamble in Ann. Roy. Bot. Gard. Calcutta 7, 1896: 44, pl. 40, fig. 4–5. ——*B. vulgaris* Schrader ex Wendland f. *vittata* A. & C. Riv. 1982: 467; Yi in J. Sichuan For. Sci. Techn. 28 (3): 17. 2007; Yi & al. in Icon. Bamb. Sin. 149. 2008, & in Clav. Gen. Spec. Bamb. Sin. 36. 2009; Shi & al. in The Ornamental Bamb. in China. 283. 2012. ——*B. vulgaris* var. *striata* (Loddiges ex Lindley) Gamble in Ann. Roy. Bot.Gard. Calcutta 7, 1896: 44, pl. 40 fig. 4–5; Beadle in L. H. Bailey 1914: 448. ——*B. vulgaris* Schrader ex Wendland var. *vittata* A. & C. Riv. in Bull. Soc. Acclim. III. 5: 640. 1878.

与龙头竹特征相似，不同之处在于其秆黄色，具绿色纵条纹，箨鞘新鲜时绿色，具黄色纵条纹。

竹丛高大，竹型美观，色彩艳丽，属于著名大型丛生观赏竹，深受人们的喜爱，尤其适于公园、小区、风景区栽培观赏。

在澳门动物园有见用该竹喂养大熊猫"开开""心心"，在广东华南珍稀野生动物物种保护中心、广州番禺长隆野生动物园、香港海洋公园和台湾台北动物园，以及美国圣地亚哥动物园和澳大利亚阿德莱德动物园，均见用该竹饲喂圈养的大熊猫。

福建、台湾、广东、香港、海南、广西、云南南部有栽培。

耐寒区位：10区。

9 大熊猫主食竹物种的多样性

187

9.1.4b　大佛肚竹（香港竹谱）

Bambusa vulgaris '**Wamin**', Keng & Wang in Flora Reip. Pop. Sin. 9 (1): 97. 1996; D. Ohrnb. in The bamboos of the world. 280. 1999; Amer. Bamb. Soc. in Bamb. Species Source List no. 35: 11. 2015. —— *B. vulgaris* Schrader ex Wendland f. *waminii* Wen in J. Bamb. Res. 4 (2): 16. 1985; Yi & al. in Icon. Bamb. Sin. 150. 2008, & in Clav. Gen. Spec. Bamb. Sin. 35. 2009; Shi & al. in The Ornamental Bamb. in China 282. 2012.

与龙头竹特征相似，不同之处在于其秆绿色或有时为淡黄绿色，下部各节间极度短缩，并在各节间基部大幅肿胀呈佛肚状。

竹丛紧凑，竹秆畸变，形态独特，属于著名丛生异型观赏竹，是观赏竹中之上品，深受人们的喜爱，园林中常见栽培，尤其适于盆栽或制作竹盆景。

在香港海洋公园、美国圣地亚哥动物园和澳大利亚阿德莱德动物园，均见用该竹饲喂圈养的大熊猫。

分布于中国华南以及浙江、福建、台湾、四川西南部、云南南部等；泰国有栽培。

耐寒区位：10～11区。

9.2　巴山木竹属

Bashania Keng f. & Yi

Bashania Keng f. & Yi in J. Nanjing Univ. (Nat. Sci. ed.) 1982 (3): 722. 1982; D. Ohrnb., The Bamb. World, 39. 1999; Yi & al. in Icon. Bamb. Sin. 646. 2008, & in Clav. Gen. Spec. Bamb. Sin. 186. 2009. ——*Omeiocalamus* Keng f. in J. Bamb. Res. 1 (1): 9, 18. 1982, nom. nud. in tabl. & clav. Sinice.

Type: *Bashania fargesii* (E. G. Camus) Keng f. & Yi

灌木状或小乔木状竹类。地下茎复轴型。秆散生兼小丛生，直立；节间圆筒形或在秆中上部的分枝一侧下部微扁平，秆壁厚，中空小或近实心，髓薄膜状或粉末状；箨环显著；秆环微隆起。秆芽体扁，长卵形，贴生；秆每节上枝条初时3枚，后因次生枝发生可为多枝。直立或上举。箨鞘迟落或宿存，革质；箨耳缺失或不明显；箨舌截形；箨片直立，平直或有波曲。小枝具叶数枚；叶耳不明显，鞘口具波曲继毛；叶舌发达；叶片质地坚韧，基部斜形而不对称，次脉数对，小横脉清晰。圆锥花序或稀总状花序，顶生；小穗含小花数朵至多朵，细长圆柱形，侧生者几无柄，顶生小花不孕，呈芒柱状；小穗轴具绒毛，脱节于颖之上及诸小花之间；颖片2，不等长，先端芒尖；外稃具7脉及稀疏小横脉，先端具芒状小尖头；内稃背部具2脊，先端针芒状2齿裂；鳞被3，不等大，上缘具纤毛；雄蕊3，花丝分离；子房卵圆形，柱头2，羽毛状。颖果。染色体2n = 48。笋期在初夏。花期在夏季。

全世界的巴山木竹属植物约11种，产于东亚。中国包括引种在内的有10种。

自然生存状态下，本属植物中的冷箭竹、巴山木竹、宝兴巴山木竹、马边巴山木竹、峨热竹和秦岭木竹等6种是大熊猫的重要主食竹种；亦有见国内外多家动物园用巴山木竹饲喂圈养的大熊猫。

 马边巴山木竹（中国竹类图志） 箭竹（四川马边）

Bashania abietina Yi & L.Yang in J. Bamb. Res. 17 (4):1. f. 1.1998; Yi & al. in Icon. Bamb. Sin. 648. 2008, & in Clav. Gen. Sp. Bamb. Sin. 186. 2009; T. P. Yi & al. in J. Sichuan For. Sci. Tech. 31 (4): 8, 15. 2010.

地下茎复轴型，竹鞭节间长（2.5）3～7cm，直径5.5～7mm，圆筒形，中空直径1.5～2.5mm，淡黄色，平滑，无毛，每节上具根或瘤状突起（0）

1～4枚，鞭箨长于节间。秆高1.5～2.5m，直径8～13mm；全秆具15～21节，节间长（7）13～18（23）cm，圆筒形，但在具分枝一侧下部显著扁平，淡黄绿色，平滑，初时仅节下微被白粉，无毛，无紫色小斑点，秆壁厚2.5～3.5mm，髓初时层片状；箨环隆起，紫色，隆起，无毛；秆环平或分枝节上隆起，低于箨环；节内高1.5～3mm。秆芽1枚，长圆形或长卵形，贴生，边缘有灰白色纤毛。秆之第5～7节开始分枝，每节上枝条仅1枚，直立，长22～55（75）cm，具12～22节，节间长2～55mm，直径4～6mm，中空。笋紫色；箨鞘宿存，三角状长圆形，淡黄色，为节间长度的2/3～4/5，软骨质，背面下部被白色小刺毛，纵细线棱纹明显，小横脉不发育，边缘上部密生白色纤毛；箨耳小，紫色，长圆形，早落，边缘继毛3～9条，长约6mm；箨舌圆弧形，稀截平形，紫色，高0.5～1mm，边缘初时生纤毛；箨片直立，稀外翻，长三角形或披针形，长2～7（20）mm，宽1.5～2.5mm，无毛，常内卷。小枝具叶3～5；叶鞘长3.2～4.5cm，淡绿色，无毛，边缘无纤毛；叶耳长圆形，紫色，边缘继毛5～7枚，长4～6mm；叶舌斜截平形，绿色或紫色，高约0.7mm；叶柄淡绿色，长1～1.5mm，无毛；叶片线状披针形，纸质，长6～8.5（11）cm，宽8～10（12）mm，基部楔形，下面灰绿色，两面均无毛，次脉（3）4对，小横脉组成正方形，边缘具小锯齿。花枝未见。笋期4月下旬至5月上旬。

笋味淡甜，供食用。

在其自然分布区，该竹是野生大熊猫四季采食的主要竹种。

分布于中国四川马边的药子山，生于海拔2500～3200m的冷杉林下。

耐寒区位：9区。

9.2.2 秦岭木竹（中国竹类图志） 木竹（陕西佛坪）

Bashania aristata Y. Ren, Y. Li & G. D. Dang in Novon 13 (4): 473. f. 1. 2003; Yi & al. in Icon. Bamb. Sin. 648. 2008, & in Clav. Gen. Sp. Bamb. Sin. 186. 2009; T. P. Yi & al. in J. Sichuan For. Sci. Tech. 31 (4): 7, 14. 2010.

秆高3～5m，直径（1）2～3（4）cm，直立；节间长25～40cm，圆筒形，分枝一侧稍扁平，秆壁厚；箨环显著，初时具棕色小刺毛；秆环微隆起；节内高6～12mm。秆每节上枝条初时为3枚，以后由于次级枝发生可增多。幼笋墨绿色；箨鞘迟落，短于节间，背面被紫黑色或深黄褐色刺毛，毛脱落后留有瘤基和小凹痕；箨耳新月形，边缘具多数直立而波曲的继毛；箨舌高约2mm，具多数缘毛；箨片披针形，直立或外展，不易脱落，腹面基部被易脱落的微毛。小枝具叶4～6；叶耳缺失；叶舌高1.5～4mm，被微毛，上缘具不规则齿裂；叶片长7～17cm，宽1～2.3cm，下面被很稀疏的短柔毛，次脉常为6对，边缘具细锯齿。圆锥花序长达9cm，宽3～4cm，主轴及分枝被白色微毛。笋期5月。

在其自然分布区，该竹是野生大熊猫常年取食的重要天然主食竹种。

分布于中国陕西佛坪、洋县、镇巴，生于海拔1100～1600m的山地栎林或油松、栎树混交林下，量少，且混生于巴山木竹林中。

耐寒区位：8区。

9.2.3 宝兴巴山木竹（四川林业科技） 箭竹（四川宝兴）

Bashania baoxingensis Yi in J. Sichuan For. Sci. Techn. 21 (2): 13. f. 1. 2000, & in J. Bamb. Res. 19 (1): 9. f. 1. 2000; Yi & al. in Icon. Bamb. Sin. 650. 2008, & in Clav. Gen. Sp. Bamb. Sin. 186. 2009; T. P. Yi & al. in J. Sichuan For. Sci. Tech. 31 (4): 7, 14. 2010.

地下茎复轴型，竹鞭节间长0.8～4cm，直径3.5～7mm，圆柱形，淡黄色，节下有时被微白粉一圈，中空度很小，每节生根或瘤状突起（0）1～4枚；鞭芽尖卵形，贴生。秆高2～2.5m，直径0.6～1.0cm，梢端直立；全秆具11～15节，节间长（8）20～30（38）cm，圆筒形，在具芽或分枝一侧中部以下扁平，绿色，无白粉或有时节下稍有一圈白粉，初时有时在上部被灰黄色下向小刺毛并稍粗糙，平滑，无纵细线棱纹，秆壁厚2.5～3.5mm，髓锯屑状；箨环隆起，被下向黄褐色刺毛；秆环隆起；节内高2～6mm，在分枝节上向下显著变细。秆芽1枚，卵状长圆形，边缘被褐色纤毛。秆之第3～4节开始分枝，每节上枝条（1）3（4）枚，斜展，长30～50cm，直径1.2～3.5mm，基部节间三棱形，中空度较小，每节上均可发生次级枝。箨鞘宿存，约为节间长度的3/5，长圆状三角形，厚纸质至软骨质，淡黄色，背面被棕色瘤基刺毛，纵脉纹密而明显，小横脉不发育，具棕色刺毛状缘毛；箨耳及鞘口繸毛缺失；箨舌高0.5～2mm，截平形或圆弧形，有时上部箨上者边缘具长达6mm的繸毛；箨片长三角形、线状披针形或披针形，外翻，稀直立，长0.2～2.2（5.5）mm，边缘常内卷。小枝具叶2（3）；叶鞘长4.2～10cm，被微毛，纵脉纹不明显，无缘毛；叶耳微小，淡绿紫色，初时具3～5枚长2～12mm的灰色繸毛；叶舌圆弧形，淡绿紫色，高0.5～2mm，边缘初时密生长3～8mm的灰色繸毛；叶柄长2～5（7）mm，无毛；叶片线状披针形或披针形，纸质，长9～15cm，宽1.8～3.8cm，基部楔形或狭楔形，下面淡绿色，两面均无毛，次脉7～9对，小横脉组成方格状，边缘具小锯齿而粗糙。花、果未见。笋期4月下旬至5月上旬。

在其自然分布区，该竹是野生大熊猫冬季下移时取食的主要竹种。

分布于中国四川宝兴，垂直分布海拔1500m左右，生于灌丛间。

耐寒区位：9区。

 冷箭竹（峨眉植物图志） **麦秧子**（四川通称）

Bashania faberi (Rendle) Yi in J. Bamb. Res. 12 (2): 52. 1993; T. P. Yi in Sichuan Bamb. Fl. 310. pl. 125. 1997, & in Fl. Sichuan.12: 285. pl. 101. 1998; D. Ohrnb., The Bamb. World, 40. 1999; Yi & al. in Icon. Bamb. Sin. 651. 2008, & in Clav. Gen. Sp. Bamb. Sin. 186. 2009; T. P. Yi & al. in J. Sichuan For. Sci. Tech. 31 (4): 8, 14. 2010. ——*B. auctiaurita* Yi in Bull. Bot. Res. 6 (4) 1986. ——*B. fangiana* (A. Camus) Keng f. & Wen in J. Bamb. Res. 4 (2): 17. 1985; Keng & Wang in Fl. Reip. Pop. Sin. 9 (1): 618. 1996. ——*Arundinaria faberi* Rendle in J. Linn. Soc. Lond. Bot. 36: 435. 1904; C. S. Chao & al. in J. Bamb. Res. 13 (1): 7. 1994; Fl. Yunnan. 9: 168. 2003; Sylva Sinica 4: 5396. pl. 3010: 11–17. 2004; Li D. Z., Wang Z. P., Zhu Z. D. & al. in Fl.China 22: 114. 2006. ——*A. fangiana* (A. Camus) Hand.–Mazz. in Symb. Sin. 7: 1273. 1936; A. Camus in Icon. Pl. Omeien. 1 (2): pl. 54. 1944. ——*A. racemosa* Munro subsp. *fangiana* A. Camus in J. Arn. Arb. 11: 192. 1930; W. P. Fang, Icon. Omei. 1 (2): pl. 54. 1944; C. S. Chao & al. in Act. Phytotax. Sin. 18 (1): 29. 1980; C. S. Chao & C. D. Chu in J. Nanjing Techn. Coll. For. Prod. 1980 (3): 26. 1980. ——*Gelidocalamus fangianus* (A. Camus) Keng f. & Wen in J. Bamb. Res. 2 (1): 20. 1983; 中国竹谱90页, 1988. ——*Sinarundinaria faberi* (Rendle) Keng ex Keng f. in Nat'l. For. Res. Bur. China, Techn. Bull. no. 8: 13. 1948; Y. L. Keng, Fl. Ill. Pl. Prim. Sin. Gramineae 24. fig. 15. 1959. ——*S. fangiana* (A. Camus) Keng ex Keng f. in Nat'l. For. Res. Bur. China, Techn. Bull. no. 8: 13. 1948; 中国主要植物图说·禾本科24页, 图15. 1959; 竹的种类及栽培利用183页, 1984.

地下茎节间长（0.8）2～5.5cm，直径3～5（8）mm，圆筒形或在具芽一侧基部扁平，淡黄色，无毛，光亮，有的中空，每节上生根或瘤状突起2～5枚；鞭芽1枚，淡黄色，无毛，贴生或先端不贴生，边缘通常无纤

毛。秆径直，高1～2.5（3）m，直径3～6（10）mm；全秆具（10）14～21（25）节，节间长15～18（20）cm，圆筒形，但在具分枝一侧基部轻微扁平，初时微被白粉或仅节下被白粉，常有紫色小斑点，纵细线棱纹不明显，秆壁厚1.5～3mm，髓初时为层格状，以后层格消失；箨环隆起，无毛；秆环平或微隆起，低于箨环。节内高2～3mm。秆芽长卵形，紧贴主秆。秆的第4～6节开始分枝，每节上枝条初时为3枚，以后为多数，上举，长20～35cm，直径1～2mm。笋紫红色或淡绿色而先端带紫红色，无毛，有紫色小斑点；箨鞘宿存，厚革质，三角状长圆形，常短于节间，背面无毛，纵脉纹明显，小横脉稍可见，边缘具纤毛；箨耳微小或缺失，鞘口两肩初时各具数枚紫色繸毛；箨舌截平，绿色，高约0.5mm；箨片外翻，三角状线形或线状披针形，绿色或先端带紫红色，长4～40mm，宽1～3mm，无毛。小枝具叶（2）3；叶鞘长2～4cm，无毛，纵脉纹明显，上部无纵脊，边缘初时具纤毛；叶耳微小或无，鞘口两肩初时各具数枚长5～7mm的紫色绢曲状繸毛；叶舌截平，高约0.5mm；叶柄长1～2mm，无毛；叶片线状披针形，纸质，基部圆形，长4～9cm，宽（4）8～11（14）mm，下面灰绿色，两面均无毛，次脉3～4（5）对，小横脉明显，组成稀疏长方形，边缘具小锯齿而粗糙。总状花序生于具叶小枝顶端，具3～5枚小穗，或有时具8～9枚小穗而组成圆锥花序，长10～13cm，序轴及其分枝无毛；小穗柄长8～22mm，微扁，绿色，无毛，腋间有瘤枕；小穗含（4）5～6朵小花，极稀可多达10朵小花，紫红色，长2～4.5cm；小穗轴节间长3～5mm，具花一侧扁平，被白色柔毛（中部以上的毛尤密而长）；颖2枚，第一颖锥形或三角状卵形，长约2mm，具1脉，无毛，第二颖卵状披针形或披针形，长5～8mm，先端长渐尖，除脊上有时疏生小硬毛外，其余无毛，具1或3脉；外稃卵状披针形，长9～14mm，具7脉，被微毛，先端针芒状；内稃长7～12mm，背部具2脊，脊上生小纤毛，脊间具1脉，先端具2尖齿；鳞被3，前方2片宽大，卵形，长1～1.5mm，后方1片狭窄，披针形，长约1mm；雄蕊3，花药紫红色，长（4）5～6mm，先端具2钝头，基部箭镞形，花丝白色，细长；子房椭圆形，无毛，长约1mm，花柱在下部为1枚，上部分裂为2枚，或有时其中另一花柱稍上方分裂为2而形成3枚柱头，白色，羽毛状，长（1）2～3mm。颖果囊果状，长圆形，腹面微弧形弯曲，先端具宿存花柱1枚，喙状，紫褐色或褐色，长6～7mm，直径1.5～2mm，具浅腹沟，果皮薄，易与种子相分离，胚乳白色。笋期5～8月。花期5～8月；果期9月。

秆可盖茅屋、作毛笔杆等用；也是山区水土保持的重要竹种。

在四川峨边、马边、峨眉山、洪雅、宝兴、天全、泸定、康定、汶川、茂县、大邑、崇州、都江堰、彭州、北川等地，该竹是大熊猫活动范围内最重要的主食竹种。

分布于中国四川盆地西部山区、云南东北部和贵州（梵净山），本种常大面积生于海拔2300～3500m的亚高山暗针叶林或明亮针叶林下，有的在当风的山脊上常形成单一的冷箭竹纯林。

耐寒区位：9区。

巴山木竹（中国植物志） 木竹（甘肃、陕西、重庆、四川），风竹（陕西、重庆），篌竹（湖北、重庆）

Bashania fargesii (E. G. Camus) Keng f. & Yi in J. Nanjing Univ. (Nat. Sci. ed.) 1982 (3): 725. fig. 1. 1982, & in J. Bamb. Res. 1 (2): 37. 1982；T. P. Yi in J. Bamb. Res. 4 (1): 17. 1985; S. L. Zhu & al., A Comp. Chin. Bamb. 213. 1994; Keng & Wang in Fl. Reip. Pop. Sin. 9 (1): 613. pl. 186. 1996; T. P. Yi in Sichuan Bamb. Fl. 304. pl. 122. 1997, & in Fl. Sichuan. 12: 276. pl. 98. 1998; D. Ohrnb., The Bamb. World, 40. 1999; Yi & al. in Icon. Bamb. Sin. 653. 2008, & in Clav. Gen. Sp. Bamb. Sin. 186. 2009; T. P. Yi & al. in J. Sichuan For. Sci. Tech. 31 (4): 7, 14. 2010. ——*Arundinaria fargesii* E. G. Camus in Lecomte, Not. Syst. 2: 244. 1812; & Les Bam. 47. pl. 4. fig. A. 1913; C. S. Chao & al. in Acta Phytotax. Sin. 18 (1): 28. 1980; & in Bamb. Res. 1981: 12. 1981; C. S. Chao & al. in J. Bamb. Res. 13 (1): 6. 1994; Li D. Z., Wang Z. P., Zhu Z. D. & al. in Fl. China 22: 113. 2006. ——*A. fargesii* var. *grandifolia* E. G. Camus in Les Bambus. 198. 1913. ——*A. dumetosa* Rendle in Sargent, Pl. Wils. 2: 63. 1914. ——*Indocalamus fargesii* (E. G. Camus) Nakai in J. Arn. Arb. 6 (3): 148. 1925; Y. L. Keng, Fl. Ill. Pl. Prim. Sin. Gramineae 14. fig. 4. 1959. —— *Indocalamus scariosus* McClure in Lingnan Univ. Sci. Bull. No. 9: 27. 1940; P. C. Keng in Natl. For. Res. Bur. China, Techn. Bull. No. 8: 12. 1948; Fl. Tsinling. 1 (1): 58. fig. 54. 1976. ——*I. dumetosus* (Rendle) Keng f. in Techn. Bull. Nat'l. For. Res. Bur. China No. 8: 12. 1948.

地下茎复轴型，竹鞭节间长（1）3～5cm，直径5～15（20）mm，有小的中空或几实心，节上生根或瘤状突起3～5（7）；鞭芽卵圆形或长卵形，淡黄色，贴生，边缘初时生纤毛。秆直立，散生兼小丛生，高（2）5～8（13）m，直径2～4（6.5）cm，梢头稍弯；全秆具（14）18～20（31）节，节间长35～50（76）cm，圆筒形，但在具分枝一侧稍扁平，幼时被白粉，细线肋明显，无毛，中空，秆壁厚2～8mm，髓膜质，袋状；箨环隆起，较厚，最初生有棕色小刺毛；秆环窄脊状微隆起；节内高6～12mm，向下明显变细。秆芽1枚，长圆形，灰黄色，无毛，贴生，边缘纤毛微弱；分枝始于秆的中上部，每节上枝条初时为3枚，以后可增多，上

举，直径3～7mm。笋紫绿色，无斑纹，被棕色刺毛；箨鞘迟落，稍短于节间，三角状长方形，革质，迟落，新鲜时绿色，干后为淡黄色，背面贴生棕色瘤基小刺毛，刺毛脱落后常在鞘的表面留有瘤基和凹痕，纵脉纹在上部明显，边缘密生棕色长刺毛；箨耳缺失，鞘口继毛易脱落；箨舌截形，高2～4mm；箨片直立，披针形，幼时绿色，长（1.4）3～5cm，宽5～10mm，腹面基部被微毛，边缘具易脱落的小刺状纤毛。小枝具叶（1）4～6；叶鞘长5～8cm，被瘤基小刺毛和微毛，外侧边缘具纤毛；叶耳不明显，鞘口两肩具曲折易脱落的继毛；叶舌发达，隆起，高（1.5）2～4mm，被微毛；叶柄长1～1.5cm，上面初时密被锈色柔毛，后变无毛，被白粉；叶片质地较坚韧，长圆状披针形，先端渐尖，基部圆形或阔楔形，左右不对称，下面淡绿色，幼时具细柔毛，长10～20（30）cm，宽1～2.5（7.5）cm，次脉5～8（11）对，小横脉不甚明显，叶缘具细锯齿。圆锥花序幼时较紧密，长5～10（15）cm，宽2～3cm，生于叶枝顶端，基部为叶鞘所覆盖或以后花序可伸出，花序分枝的腋部具瘤枕，主轴和分枝（或小穗柄）均被褐色微毛，在花枝下方各节还生有具叶侧枝，唯其叶片较质薄而形小（长5～10cm，次脉4～5对，叶片下面被灰色微毛）；小穗成熟后带紫黑色，侧生者几无柄，细长圆柱形，长2～2.8cm，直径约4mm，含4～7朵小花，顶生小花不孕而成芒柱状；小穗轴节间长2～3.5mm，扁平，被毡状绒毛，先端变粗并生有白色髯毛；颖2枚，卵状披针形，先端芒刺状，第一颖长3～6mm，具1～3脉，第二颖长6～8mm，具5～7脉，背面中脉及边缘均生有柔毛，小横脉稀疏，较明显；外稃长圆形间披针形，基盘钝，被白色微毛，第一朵小花者长可达13mm，具7脉及稀疏小横脉，先端具芒状小尖头；内稃长5～6mm（结实时长至10mm），背部具2脊，几无毛，仅先端被微毛和具2尖齿，后者亦可呈芒状；鳞被3，边缘疏生小纤毛；雄蕊3，花药长4～5mm；子房卵圆形，柱头2，长约2.5mm，羽毛状。颖果长约1cm，微弯，具腹沟，先端具喙。笋期4月下旬至5月底。花期3月下旬至4（5）月；果实5月下旬成熟。

笋食用。秆材供造纸或作竿具、编织、建筑等用。

在陕西佛坪、周至、太白山、长青和甘肃白水江，以及四川唐家河等自然保护区内，该竹是野生大熊猫常年觅食的重要天然主食竹种；在北京、陕西秦岭、西安、甘肃兰州、河北石家庄、成都大熊猫繁育基地、都江堰基地和南京市红山森林动物园，以及俄罗斯莫斯科动物园和荷兰欧维汉动物园，均见用该竹饲喂圈养的大熊猫。

分布于中国甘肃南部、陕西南部、湖北西部、重庆东北部、四川东北部至西部，生于海拔1100～2500m的山地，形成大面积纯林或生长在疏林下，北京、河南、甘肃等地城市园林中均有栽培。

耐寒区位：6～9区。

9.2.6 峨热竹（中国植物志）

Bashania spanostachya Yi in Acta Bot. Yunnan. 11 (1): 35. f. 1. 1989; S. L. Zhu & al., A Comp. Chin. Bamb. 213. 1994; Keng & Wang in Fl. Reip. Pop. Sin. 9 (1): 619. 1996; T. P. Yi in Sichuan Bamb. Fl. 308. pl. 124. 1997, & in Fl. Sichuan. 12: 281. pl. 100. 1998; D. Ohrnb., The Bamb. World, 40. 1999; Yi & al. in Icon. Bamb. Sin. 653. 2008, & in Clav. Gen. Sp. Bamb. Sin. 186. 2009; T. P. Yi & al. in J. Sichuan For. Sci. Tech. 31 (4): 7, 14. 2010. ——*Arundinaria spanostachya*（Yi）D.

Z. Li in Novon 15: 600. 2005; Li D. Z., Wang Z. P., Zhu Z. D. & al. in Fl. China 22: 114. 2006.

地下茎节间长1.1～5.8cm，直径3.5～6.8mm，淡黄色，无毛，圆筒形，但具芽一侧扁平，中空，每节上生根或瘤状突起4～5枚；鞭芽卵圆形，淡黄色，贴生，边缘通常无纤毛。秆高1～3.5m，直径6～12mm，梢端直立；全秆约具27节，节间长13～18（24）cm，基部节间长8cm左右，圆筒形，但在具分枝一侧中部以下扁平，绿色，初时微被白粉，具紫色小斑点，无毛，光滑，不具纵细线棱纹，中空，秆壁厚3～4mm，髓初为环状，后变为锯屑状；箨环稍隆起，无毛；秆环平或在分枝节上鼓起；节内高1.5～3mm。秆芽小，三角状卵形或线形，贴秆，边缘生纤毛。秆每节上枝条2～3（5）枚，基部贴秆，直立，纤细，长4～22cm，直径1～2mm，无毛，绿色或紫色。笋灰绿色带紫色；箨鞘宿存，革质，黄色，三角状长圆形，约为节间长度的3/5，先端短三角形，背面无毛或被灰黄色贴生小刺毛，纵脉纹明显，小横脉不发育，边缘偶见淡黄色短纤毛；箨耳缺失，鞘口无继毛或偶见两肩各具1～2枚长4～6mm的直立灰色继毛；箨舌弧形，紫色，高约1mm；箨片直立或有时秆上部者开展，三角形或披针形，灰绿色带紫色或紫色，无毛，纵脉纹明显，长1.2～4.5cm，宽5～7.5mm，全缘。小枝具叶2～4；叶鞘长1.7～4.2cm，绿紫色，无毛，无缘毛；叶耳无，鞘口两肩初时各具1～2（4）枚长2～5mm的径直继毛；叶舌截平形，紫色，无毛，高约0.5mm；叶柄绿紫色，长0.8～1.5mm；叶片线状披针形，长（2.2）3.3～6.7cm，宽4～7.5mm，次脉2～3对，下面淡绿色，两面均无毛，边缘仅一侧有小锯齿。花枝长（5）10～15cm，具叶，仅在基部节上可再分次生枝。总状花序由2～3枚小穗组成，顶生，基部具1枚叶片极度退化叶鞘增长的总苞，花序轴无明显的节，微呈波状曲折，无毛；小穗柄纤细，无毛，长2～6mm（顶生者长可达11mm），基部无苞片，腋间无瘤状腺体；小穗含4～6朵小花，长1.8～3cm，直径2～2.5mm，紫色；小穗轴节间扁平，长3.5～5mm，宽约0.5mm，具白色小硬毛；颖2枚，无毛，第一颖三角状锥形，微小，长1～1.6mm，纵脉纹不明显，第二颖卵状披针形，长3～9mm，先端芒状，具3～5脉，小横脉不明显；外稃卵状披针形，纸质，紫色，无毛或有白色贴生小硬毛，长7～10mm，先端芒状，具5～7脉，小横脉不发育；内稃长5～6.5mm，背部具2脊，脊上通常无纤毛，脊外两侧各具1脉，无毛，先端2齿裂；鳞被3，白色，边缘有纤毛，前方2片长约0.8mm，后方1片长约0.4mm；雄蕊3，花药紫色，长3.5～4.5mm，先端具2尖头，基部箭镞形；子房卵圆形，淡黄色，长约0.6mm，无毛，花柱1，柱头3，羽毛状。颖果长椭圆形或椭圆形，长4.5～6.5mm，直径1.5～2mm，紫褐色，无毛，腹面弧形弯曲，具腹沟，先端具长约0.5mm的宿存花柱，果皮薄，胚乳丰富，填满整个果实。笋期5月。花期5月；果实10月成熟。

笋味淡，可食用。秆作刷把或扫帚。

在四川冕宁冶勒自然保护区和石棉栗子坪自然保护区内，该竹是野生大熊猫的重要主食竹种。

分布于四川西南部，常生于海拔3200～3900m的长苞冷杉或杜鹃林下，也形成大面积的纯竹林。

耐寒区位：9区。

9.3 方竹属

Chimonobambusa Makino

Chimonobambusa Makino in Bot. Mag. Tokyo 28: 153. 1914; ex Nakai J. Arn. Arb. 6: 151. 1925. —— *Tetragonocalamus* Nakai in J. Jap. Bot. 9: 86. 1933, p. p. ——*Oreocalamus* Keng in Sunyatsenia 4 (3–4): 146. 1940; Keng & Wang in Flora Reip. Pop. Sin. 9 (1): 324. 1996; D. Ohrnb., The Bamb. World, 177. 1999; Li D. Z., Wang Z. P., Zhu Z. D. & al. in Flora of China. 22: 152. 2006; Yi & al. in Icon. Bamb. Sin. 259. 2008. & in Clav. Gen. Spec. Bamb. Sin. 76. 2009.

Type: *Chimonobambusa marmorea* (Mitford) Makino

方竹属又名寒竹属。

灌木状或少小乔木状竹类。地下茎复轴型。秆散生兼小丛生，直立；节间短，长度通常在20cm以内，圆筒形或基部数节间略呈四方形，分枝一侧扁平，并通常具2纵脊和3浅沟槽，中部以下各节或至少在基部数节上各具多枚为一圈的刺状气生根，中空；秆环平或隆起。秆芽3，锥形，贴秆。秆每节3分枝，枝环显著隆起，并具扣盘状关节。箨鞘早落、迟落或宿存，纸质或革质，背面有斑纹圆斑或无；箨耳缺失；箨片极为缩小，长在1cm以内，直立，三角形或锥形。小枝具1～3（5）叶；叶鞘常被柔毛；叶片披针形，小横脉明显。花枝重复分枝，无叶或稀具少数叶；具花小枝基部常覆以一组由下向上逐渐增大的苞片；假小穗在花枝每节上单生或2～3枚簇生，常紫色；小穗含花少数至多数，无柄或顶生小穗以花枝节间充作小穗柄（2）3～6（7）朵；小穗轴间无毛或稀具短柔毛；颖1～3，逐渐增大；外稃顶端尖锐，具数条纵脉；内稃背部具2脊，少长于或略短于外稃，无毛；鳞被3；雄蕊3，花丝分离，花药黄色；子房无毛，花柱1，极短，从近基部分裂为2枚羽毛状柱头。果实不为稃片所全包而外露，果皮厚，呈坚果状。笋期秋季。花果期夏秋季。

全世界的方竹属植物约29种、1变种、5变型（其中部分变种、变型已根据最新颁布的《国际栽培植物命名法规》修订为栽培品种），中国全产，主要分布于秦岭以南各地区及西藏东南部。日本、越南、缅甸有引种栽培。

本属为山地竹类，自然生存状态下，是大熊猫常年采食的主食竹种，亦有圈养大熊猫饲喂该属植物。到目前为止，已记录大熊猫采食本属竹类有9种、4栽培品种。

狭叶方竹（南京林产工业学院学报） 线叶方竹（竹子研究汇刊），刺竹（重庆黔江）

Chimonobambusa angustifolia C. D. Chu & C. S. Chao in J. Nanjing Techn. Coll. For. Prod. 1981(3): 36. fig. 5. 1981; 广西竹种及其栽培137页. 图73. 1987; C. J. Hsueh & W. P. Zhang in Bamb. Res. 7 (3): 8. 1988; Fl. Guizhouensis 5: 312. pl. 102: 6–8. 1988; T. H. Wen in J. Amer. Bamb. Soc. 11 (1–2): 31. 1994; S. L. Zhu & al., A Comp. Chin, Bamb. 158. 1994; Fl. Reip. Pop. Sin. 9 (1): 343. 1996; T. P. Yi in Sichuan Bamb. Fl. 144. pl. 47. 1997, & in Fl. Sichuan. 12:126. pl. 42. 1998; D. Ohrnb., The Bamb. World, 178. 1999; Li D. Z., Wang Z. P., Zhu Z. D. & al. in Flora of China. 22: 158. 2006; Yi & al. in Icon. Bamb. Sin. 265. 2008, & in Clav. Gen. Sp. Bamb. Sin. 78. 2009. ——*C. linearifolia* W. D. Li & Q. X. Wu in J. Bamb. Res. 4 (1): 47. fig. 3. 1985.

竹鞭节间长0.6～3.3cm，直径3.5～8
（10）mm，圆柱形，淡黄色，无毛，平滑、
光亮，实心，每节上具根或瘤状突起1～3
枚；鞭芽卵圆形，肥厚，黄色，无毛，边
缘无纤毛或具灰白色短纤毛。秆高2～5m，
直径1～2cm，梢端直立；全秆具20～25
节，节间长10～15cm，最长达18cm，基部
节间长约6cm，圆筒形，或下部节间略呈
四方形，但在分枝一侧下部具明显2纵脊和

3纵沟槽，绿色，平滑，幼时密被白色柔毛和稀疏刺毛，毛脱落后留有瘤基而略粗糙，髓为笛膜状；箨环稍
隆起，灰色，初时被淡褐色纤毛；秆环稍平坦或在分枝节上甚隆起，光亮；节内高2～3mm，秆下部各节内
具6～12枚尖锐的气生根刺。秆芽3枚，贴生。秆的第3～10节起始分枝，每节上枝条3枚，长达40cm，直径
1.5～2.5mm，节间长1～7cm，实心。笋褐紫色，具灰白色斑点；箨鞘早落，长为节间长度的1/3～1/2，革
质或厚纸质，紫褐色，有灰白色或淡黄色圆斑，斑点，下部具稀疏淡黄色柔毛及小刺毛，小横脉紫色，组
成长方格状，具黄色密缘毛；箨耳及鞘口繸毛缺失；箨舌圆弧形或在中央三角状突出，灰色或紫色，高约
0.5mm；箨片锥状三角形或锥形，长2～8（12）mm，宽0.6～1.1mm，边缘生短纤毛。小枝具叶1～3（4）；
叶鞘淡绿色，无毛，纵脉纹及上部纵脊明显，边缘无纤毛或初时具短纤毛；无叶耳，鞘口繸毛少数，直立，
长3～5mm；叶舌低矮，紫色；叶片线状披针形或线形，基部楔形或宽楔形，上面绿色，下面淡绿色，长
6～15cm，宽0.5～1.2cm，次脉3～4对，小横脉组成长方形，边缘一侧小锯齿较密，另一侧稀疏或近于平
滑。花枝具叶或无叶，长20～33cm，节间长0.7～7.5cm，较纤细，直径1～2（3）mm，斜展；具花小枝长
3～6cm，直立或开展，基部具一组3～5枚逐渐较大紫褐色有纤毛而排列紧密的鳞片，其上各节具1枚大型
苞片，每节上具1枚假小穗，稀具2～3枚。假小穗无柄，或顶生假小穗具长5～11mm的花枝节间的假小穗
柄，纤细，径直，平滑无毛。小穗紫色或绿紫色，含2～8朵小花，长1.5～7cm，直径约1.5mm，较细瘦，成
熟时稍作两侧压扁；小穗轴从颖以上逐节断落，节间长2～8mm，着小花一侧扁平，无毛；颖3～4枚，卵状
披针形，纸质，长4～8mm，具（7）9～11脉，上部疏生小横脉，先端具尖头，无毛；外稃卵状披针形，长
5～8mm，具7～9（11）脉，无毛，具小横脉，先端渐尖，边缘无纤毛；内稃常短于外稃，但有时在成熟小
花中与外稃等长或稍长于外稃，先端具2齿，背部具明显2纵脊，脊间具1～2条不明显的纵脉，脊外各具不
明显的1脉或2脉，无毛；鳞被3枚，卵圆形，透明膜质，脉纹明显，长约1mm，上部边缘常具纤毛；雄蕊3，
花药黄色，长3.5～4.5mm；子房长圆形，长约1mm，无毛，有光泽，花柱短，柱头2，长约1.5mm，白色，
羽毛状。颖果长圆形或椭圆形，坚果状，果皮较厚，绿色或紫绿色，长约5mm，直径约2.5mm。笋期9月。
花期较长，春夏开始开花，直至12月初还繁盛不衰。

该种在甘肃南部和陕西秦岭山区是大熊猫觅食的主食竹种，亦有见用该竹饲喂圈养的大熊猫。

分布于甘肃南部、陕西南部、湖北西部、重庆、四川、贵州、广西。生于海拔700～1400m的小溪边或
阔叶林下。

耐寒区位：8～9区。

9.3.2 **刺黑竹**（中国植物志） 牛尾竹、牛尾笋（四川都江堰、峨边），刺竹子（四川马边、甘肃文县），白竹（四川马边）

Chimonobambusa neopurpurea Yi in J. Bamb. Res. 8 (3): 22. f. 2. 1989, nom. nud.; & Act. Bot. Yunnan. 14 (2): 137. 1992; S. L. Zhu & al., A Comp. Chin. Bamb. 161. 1994; Keng & Wang in Fl. Reip. Pop. Sin. 9 (1): 329. pl. 90: 1–9. 1996; T. P. Yi in Sichuan Bamb. Fl. 136. pl. 43. 1997, & in Fl. Sichuan. 12: 117. pl. 39. 1998; D. Ohrnb., The Bamb. World, 182. 1999; Yi & al. in Icon. Bamb. Sin. 274. 2008, & in Clav. Gen. Sp. Bamb. Sin. 76. 2009; T. P. Yi & al. in J. Sichuan For. Sci. Tech. 31(4): 3, 9. 2010; Shi & al. in Ornamental Bamb. in China 357. 2012. ——*C. purpurea* Hsueh & Yi in J. Yunnan For. Coll. 1982 (1): 36. f. 2. 1982, p. p. quoad. specim. Yi, T. P. 74802 (Typus), 75394, 75402, 75413; 中国竹谱57页. 1988; Hsueh & W. P. Zhang in Bamb. Res. 7 (3): 5. 1988; J. X. Shao & J. Z. Sun in J. Bamb. Res. 8 (2): 62. 1989; Li D. Z., Wang Z. P., Zhu Z. D. & al. in Flora of China. 22: 155. 2006.

地下茎细瘦，节间长1.5～3cm，直径3～5mm，圆筒形或在具芽一侧沟槽，有小的中空，每节具瘤状突起或根1～3枚；鞭芽卵形或短圆锥形，宽2～3mm。秆直立，高4～8m，直径1～5cm；全秆具30～40节，节间长10～18（25）cm，绿色，无毛，无白粉，光滑，圆筒形或基部数节略呈方形，秆壁厚3～5mm（基部节间有时为实心）；箨环隆起，初时密被黄棕色刺毛；秆环稍隆起；节内高1.5～2.5mm，中上部以下各节具一圈多达24枚的气生根刺。秆芽3枚，细瘦，卵形或锥形，贴生，各覆以数枚鳞片。秆分枝较高，通常始于第11节，每节上枝条3枚，斜展或水平开展，长25～45cm，具8～12节，节间长4～6cm，每节可再分次级枝。笋暗褐色或紫褐色，具灰色斑点，背面被棕色或黄棕色刺毛，笋箨中部以上边缘具黄棕色纤毛；箨鞘宿存，长于节间，薄纸质至纸质，三角形或长三角形，长14～19cm或过之，基部宽3～8cm或更宽，背面紫褐色，具灰白色斑块，被稀疏棕色或黄棕色小刺毛，此毛基部较密，纵脉纹显著，有明显的小横脉，中部以上边缘具缘毛；箨耳无，鞘口无继毛，或具少数几条继毛；箨舌膜质，圆拱形，高约0.8mm，边缘微有纤毛；箨片微小，直立，锥状，长1～3mm，基部与箨鞘顶端无明显关节相连。小枝具叶2～4；叶鞘长3.5～4.5cm，无毛，边缘无纤毛；叶耳缺失，鞘口两肩无继毛，或有少数几条继毛；叶舌截平形，高约0.5mm；叶柄长1～3mm，无毛；叶片线状披针形，纸质，长5～19cm，宽0.5～2cm，先端长渐尖，基部楔形，下面淡绿色，无毛或有时基部具灰黄色柔毛，次脉4～6对，小横脉明显，组成长方形，边缘具小锯齿。花枝无叶或少数花枝顶端具1叶，稀具2叶，长5～15cm，基部围以一组逐渐增大、紫色的鳞片；具花小枝每节具假小穗1～6枚，无宿存枝箨。假小穗柄缺失，稀在顶生假小穗具长达5mm的假小穗柄；小穗绿紫色，含5～10朵小花，长3.3～7cm，直径约1.5mm；小穗轴节间长5～10mm，具花一侧扁平，无毛；颖或苞片3～5枚，逐渐增大，腋间具无毛或脊上被微毛的先出叶；外稃长6.5～8mm，具5`7脉，先端锐尖；内稃稍长于外稃，脊间及脊外两侧的纵脉不明显，脊上被白色微毛，先端浅2裂；鳞被3，膜质透明，长约1.5mm，前方2片卵状披针形，后方1片稍小，披针形，边缘无纤毛或稀上部边缘有极少纤毛；花药黄色，长4～5mm；子房椭圆形，长1～2mm，无毛，花柱极短，柱头2枚，羽毛状。成熟果实未见。笋期8月中旬至10月上旬。花期5月。

著名笋用竹种，也是优美的园林观赏竹种。

在其自然分布区，见有大熊猫冬季向低海拔地带下移时觅食该竹种；在四川卧龙、都江堰大熊猫养殖基地，以及辽宁大连森林动物园，均见有用该竹饲喂圈养的大熊猫。

产中国陕西南部、湖北西部、重庆及四川，垂直分布海拔800～1500m，福建厦门有引栽。

耐寒区位：9区。

9.3.2a 都江堰方竹（园艺学报）

***Chimonobambusa neopurpurea* 'Dujiangyan Fangzhu'**, J. Y.Shi & al. in Acta Hort. Sin. 41(6): 1283. 2014;World Bamb. Ratt. 15(6): 45. 2017; J. Y.Shi in International Cultivar Registration Report for Bamboos（2013–2014）. 2015.

该竹为刺黑竹*C. neopurpurea* Yi一栽培品种。其特征与刺黑竹相似，不同之处在于产笋时间更长，笋期为6月中旬至10月上旬，长达120d，比刺黑竹（笋期8月中旬至9月）笋期长约70d，在方竹属各类竹种中产笋时间最长。阳坡有春秋二次发笋现象。

在四川都江堰熊猫乐园和熊猫谷，均见用该竹饲喂圈养的大熊猫。

中国四川省都江堰市和贵州省花溪区有人工栽培。

耐寒区位：9区。

9.3.2b 条纹刺黑竹（四川林业科技）

***Chimonobambusa neopurpurea* 'Lineata'**, J. Y. Shi & al. in World Bamb. Ratt. 15 (6): 45. 2017.——*C. neopurpurea* Yi f. *lineata* Yi & J. Y. Shi in J. Sichuan For. Sci. Techn. 35 (1): 18. Fig. 1, 2, 2014; Yi & al. Icon. Bamb. Sin II. 38. 2017.

该竹为刺黑竹*C. neopurpurea* Yi一变型，后根据《国际栽培植物命名法规（ICN CP）》修订为栽培品种。其特征与刺黑竹相似，不同之处在于其新秆下部节间为淡紫绿色，具浅绿色纵条纹以及秆箨短于其节间长度。

园林栽培供观赏；笋供食用。

在四川都江堰，见有大熊猫冬季向低海拔地带下移时觅食该竹；因其常混生于刺黑竹林中，亦见有用该竹饲喂圈养的大熊猫。

仅中国四川省都江堰市有少量栽培，常见于刺黑竹林中。

耐寒区位：9区。

9.3.2c 紫玉（世界竹藤通讯）

***Chimonobambusa neopurpurea* 'Ziyu'**, Yao Jun & al. in World Bamb. Ratt. 16 (3): 38–40. 2018.

该竹为刺黑竹 *C. neopurpurea* Yi一栽培品种，其特征与刺黑竹相似，不同之处在于全秆及分枝呈淡紫、紫红至紫色，笋亮灰色。

该竹在四川成都地区分别作为优质观赏竹、笋用竹。

在四川都江堰熊猫乐园和熊猫谷，均见用该竹饲喂圈养的大熊猫。

仅中国四川省成都市和都江堰市有少量栽培。

耐寒区位：9区。

9.3.3 刺竹子（云南林学院学报） 方竹（四川古蔺），米汤竹（四川雅安）

Chimonobambusa pachystachys Hsueh & Yi in J. Yunnan. For. Coll. 1982 (1): 33. f. 1. 1982; Hsueh & W. P. Zhang in Bamb. Res. 7 (3): 9. 1988; 中国竹谱56页. 1988; 云南树木图志下册, 1470页, 图695. 1991; Keng & Wang in Fl. Reip. Pop. Sin. 9 (1): 340. pl. 93: 7–11. 1996; D. Ohrnb., The Bamb. World, 183. 1999; Li D. Z., Wang Z. P., Zhu Z. D. & al. in Flora of China. 22: 158. 2006; Yi & al. in Icon. Bamb. Sin. 274. 2008, & in Clav. Gen. Sp. Bamb. Sin. 76. 2009; T. P. Yi & al. in J. Sichuan For. Sci. Tech. 31 (4): 3, 9, 2010.

秆高3~6m，直径1~3cm；节间长15~18（20）cm，基部节间略呈四方形或圆筒形，幼时密被黄褐色短柔毛，节间上部还有黄棕色小刺毛，此毛脱落后存有少量瘤基而粗糙，秆壁厚6~11mm；箨环初时被褐色小刺毛；秆环在分枝节上隆起；秆分枝以下各节内具多枚气生根刺。秆每节上枝条3枚。箨鞘早落或有时迟落，短于节间，背面具灰白色小斑块，上部疏被黄褐色小刺毛或有时无毛，具缘毛；箨舌高约1mm；箨片锥形，长3~4mm。小枝具叶（1）2~3（4）；叶鞘口继毛少数；叶舌高约1mm；叶片长6~18cm，宽1.1~2.1cm，下面稍被短柔毛或无毛，次脉（4）5（6）对，具小横脉。花枝常单生于顶端具叶的分枝各节上，基部托以3~4枚向上逐渐增大的苞片，或反复分枝呈圆锥状排列；假小穗在花枝的每节为1 (3)枚，侧生者无柄，仅有1线形的先出叶而无苞片；小穗有颖1或2片，含小花4~6朵；外稃纸质，背面无毛或有微毛，先端锐尖头；内稃薄纸质，较其外稃略短，先端钝，无毛；花药紫色；子房倒卵形，花柱短，近基部分裂为2柱头，羽毛状。颖果倒卵状椭圆形，果皮厚。笋期9月。

秆可供农用，幼竿加工可制纸和竹麻；笋可食。

在四川成都、雅安和陕西秦岭，有见用该竹喂食圈养大熊猫。

分布于中国四川古蔺、叙永、长宁、峨眉、雅安、乐山、雷波、都江堰、崇州，贵州绥阳、沿河，云南东北部，生于海拔1000~2000m的常绿阔叶林下。

耐寒区位：9区。

Chimonobambusa quadrangularis (Fenzi)
Makino in Bot. Mag. Tokyo 28: 153. 1914; Nakai in
J. Arn. Arb. 6: 151. 1925; 陈嵘, 中国树木分类学
83页. 图61. 1937; 牧野富太郎, 日本植物图鉴875
页, 图2624. 1940; Fl. Ill. Pl. Prim. Sin. Gramineae
93. fig. 63. 1959; Icon. Corm. Sin. 5: 38. fig. 6906.
1976; 江苏植物志, 上册149页. 图232. 1977; Issuke
Tsubai, Illus. Jap. Bamb. 24. f. xlii. 1977; Fl. Taiwan
5: 741. pl. 1501. 1978; 观赏树木学 (增订版) 210页.

图75. 1981; Hsueh & Yi in J. Yunnan For. Coll. 1982 (1): 32. 1982; X. Jiang & Q. Li in Bamb. Res. 2 (1): 45. 1983;
竹的种类及栽培利用82页, 图27. 1984; 香港竹谱57页, 1985; 广西竹种及其栽培138页. 图74. 1987; 中国竹谱
58页. 1988; Hsueh & W. P. Zhang in Bamb. Res. 7 (3): 11. 1988; Fl. Guizhouensis 5: 310. pl. 102: 1–3. 1988; T. H.
Wen in J. Amer. Bam. Soc. 11 (1–2): 40. fig. 18. 1994; Keng & Wang in Fl. Reip. Pop. Sin. 9 (1): 340. pl. 93: 1–6.
1996; T. P. Yi in Sichuan Bamb. Fl. 152. pl. 51. 1997, & in Fl. Sichuan. 12: 134. pl. 45. 1998; D. Ohrnb., The Bamb.
World, 183. 1999; Li D. Z., Wang Z. P., Zhu Z. D. & al. in Flora of China. 22: 158. 2006; Yi & al. in Icon. Bamb.
Sin. 277. 2008, & in Clav. Gen. Sp. Bamb. Sin. 79. 2009; T. P. Yi & al. in J. Sichuan For. Sci. Tech. 31(4): 3, 10.
2010; Shi & al. in Ornamental Bamb. in China 357. 2012. ——*Bambusa quadrangularis* Fenzi in Bull. Soc. Tosc.
Ort. 5: 401. 1880; Mitford in Garden 46: 547. 1894. & Bamb. Gard. 89. 1896. ——*Arundinariaquadrangularis*
(Fenzi) Makino in Bot. Mag. Tokyo. 9: 71. 1895. & in ibid. 14: 63. 1900; D. McClintock in Plantsman Issue 1 (1):
44. 1979. ——*Phyllostachys quadrangularis* (Fenzi) Rendle in J. Linn. Soc. 36: 443. 1904. ——*Chimonobambusa
angulata* Nakai in Rika Kyoiku 15 (6): 67. 1932. ——*Tetragonocalamus angulatus* Nakai in J. Jap. Bot. 9 (2): 86.
89. f. 10. 1933; S. Suzuki, Index Jap. Bambusac. 17 (f. 15) 98, 99 (pl. 15), 339. 1978. ——*T. quadrangularis* Nakai
in J. Jap. Bot. 9 (2): 90. 1933, pro syn. sub. *T. angulato* (Munro) Nakai, nom. invalid.

地下茎节间长2～5.3cm，直径5～8mm，圆筒形，淡黄色，无毛，具明显的纵细线棱纹，中空直径
1.5～2mm，每节上具瘤状突起或根3～4枚；鞭芽锥形或卵形，贴生或不贴生。秆直立，高3～8m，直径
1～4cm；全秆具35～40节，节间一般长约13cm，最长达22cm，常呈钝四方形，少有近于圆形，浊绿色，幼
时密被下向黄褐色瘤基小刺毛，毛脱落后留有瘤基而显著粗糙，秆壁厚3～4（5）mm；箨环初时被黄褐色
绒毛及小刺毛；秆环稍平坦或在分枝节上甚隆起；节内高0.8～2mm，中部以下各节内环列一圈发达的气
生根刺，其数目可多达21枚。秆芽每节上3枚，卵形或锥形，其中间1枚粗壮。秆每节上枝条3枚，其长达
1m，直径4mm，圆筒形或在次级枝上为半圆筒形，无毛或基部节间有时具瘤基硬毛，有微小中空。笋淡绿
黄色，具紫色条纹，笋鞘先端微外展；箨鞘早落，短于节间，长三角形，厚纸质兼革质，背面常有紫色条
纹，无毛或有时在中上部贴生极稀疏瘤基小刺毛，纵脉纹多数，小横脉紫色，在鞘上部或近边缘处与纵脉

组成方格状，具缘毛；箨耳及鞘口两肩继毛缺失；箨舌极不发达，或在秆下部的箨上者败育；箨片微小或退化，存在时为锥状，长3～5mm。小枝具叶2～5；叶鞘长3.5～6.5cm，革质，无毛，外侧边缘被灰白色纤毛；叶耳缺失，鞘口继毛直立，易脱落；叶舌低矮，截平形，背面被小硬毛，边缘具细纤毛；叶片长圆状披针形，薄纸质，狭披针形，长9～29cm，宽1～2.7cm，基部楔形，稀近圆形，下面淡绿色，初时被柔毛，次脉4～7对，小横脉清晰存在，边缘具小锯齿而粗糙。花枝无叶或稀在顶端具1～2叶，初时基部具一组约6枚排列紧密的紫褐色逐渐较长的鳞片，在其每节上均有1枚疏松包围纸质长7～22mm的苞片，有时苞片上具1退化的缩小叶；具花小枝每节生有1枚或稀2枚假小穗。假小穗柄缺失，或顶生假小穗具长6～16mm纤细的假小穗柄；小穗长2～6.8cm，细瘦，直径约1mm，绿紫色，含4～13朵小花；小穗轴节间长3～6mm，无毛，着生花的一侧扁平；颖2枚，膜质，第一颖长4～5mm，具3脉，第二颖长5～6mm，具3（5）脉；二者相距约1mm；外稃长6～8mm，具3～5脉，先端长锐尖，无毛；内稃长5～7mm，先端钝尖或浅裂，背部具2脊，无毛；鳞被3枚，膜质，白色，前方2片半卵形，后方1片披针形，长1～1.5mm，上部边缘具纤毛；雄蕊3枚，花药黄色，长3～4mm；子房椭圆形，长约1mm，无毛，花柱极短，柱头3枚，试管刷状。厚皮质颖果椭圆形，绿紫色，长5～7mm，直径约3mm，有腹沟，花柱基部常宿存，果皮较厚，新鲜时厚约1mm，相似坚果状。笋期9月下旬至10月中旬。花果期9月。

笋肉质而厚，脆嫩，为优质笋用竹种，鲜食、腌食或作笋干均可；竹株四季常青，节上有短刺一圈，供园林栽培观赏。

该竹为大熊猫最喜食的竹种之一。在四川峨眉山、峨边、马边、洪雅、崇州、都江堰等县市分布于海拔900～1700m的中山地带，该竹是野生大熊猫冬季下移时取食的主食竹种；在成都、都江堰、雅安、汶川卧龙的大熊猫养殖基地，以及山东济南动物园、辽宁大连森林动物园等，常见用该竹饲喂圈养的大熊猫；在泰国清迈动物园和俄罗斯莫斯科动物园，亦见有用该竹饲喂圈养的大熊猫。

分布于中国江苏、安徽、浙江、江西、福建、台湾、湖南、广西和四川，香港、广州有栽培；日本有分布；欧美一些国家有引栽。

耐寒区位：9～10区。

9.3.4a 青城翠（世界竹藤通讯） 表竹（四川崇州）

***Chimonobambusa quadrangularis* 'Qingchengcui'**, J. X. Wu & al. in World Bamb. Ratt. 16 (1): 39. 2018.

该竹为方竹 *C. quadrangularis* (Fenzi) Makino一栽培品种。其特征与方竹相似，不同之处在于秆基部的气生根特别发达，竹笋上半部呈明显翠绿色，翠绿部分占笋长的1/2左右，整体色彩艳丽。

笋质脆嫩、口感更佳，大熊猫和人均喜食用。

在四川成都、都江堰大熊猫基地，见用该竹喂食圈养大熊猫。

仅在中国四川的都江堰、崇州有栽培。

耐寒区位：9区。

Chimonobambusa rivularis Yi in J. Bamb. Res. 8 (3): 18. f. 1. 1989; T. P. Yi in Sichuan Bamb. Fl. 156. pl. 52. 1997, & in Fl. Sichuan. 12: 136. pl. 46. 1998; D. Ohrnb., The Bamb. World, 186. 1999; Yi & al. in Icon. Bamb. Sin. 278. 2008, & in Clav. Gen. Sp. Bamb. Sin. 77. 2009; T. P. Yi & al. in J. Sichuan For. Sci. Tech. 31 (4): 3, 10. 2010.

地下茎节间长1.2～4.6cm，直径6～11mm，圆筒形，淡黄色或暴露于地面者为绿色，光亮，无毛，中空，每节上具瘤状突起或根3～7枚；鞭芽短圆锥形，肥厚，淡黄色或灰白色，芽鳞边缘具短纤毛。秆高2.5～5m，直径1.2～2cm；全秆具30～38节，节间长10～12（15）cm，圆筒形或基部数节间略呈四方形，绿色，无白粉，被白色或灰黄色瘤基小刺毛，毛脱落后留有小瘤基而粗糙，纵细线棱纹不发育，中空，秆壁厚3～6mm，髓呈笛膜状；箨环淡黄色，密被黄色或淡黄色短小刺毛；秆环稍平或在分枝节上隆起，无毛；节内高1～1.5mm，绿色，无毛，中部以下各节内具2～15枚径直或向下弯曲的气生根刺一圈。秆芽3枚，锥形，贴生，各覆以一组无毛的鳞片。秆每节上枝条3枚，近于平展，长20～45cm，直径2.5～3mm，无毛，光滑，枝环显著隆起。笋紫红色，有淡黄白色条纹；箨鞘早落，长三角形，长于节间，厚纸质，灰白色，有时具紫色纵条纹，背面有极少白色或淡黄色小刺毛，初时具白色短缘毛；箨耳及鞘口两肩缝毛缺失；箨舌截平形，褐紫色，无毛，高约1mm，口部无纤毛；箨片直立，长三角形或线状披针形，长4～20mm，宽1.2～2mm，无毛，纵脉纹明显，边缘全缘。小枝具叶1～2（3）；叶鞘长2～3.5cm，淡绿色带紫色，无毛，边缘无纤毛；叶耳缺失，鞘口两肩初时有时各具1～3枚长约1mm直立灰白色缝毛；叶舌圆弧形，高约0.5mm，口部无纤毛；叶柄长2～3.5mm，淡绿色，无毛；叶片线状披针形，纸质，长7～11cm，宽0.8～1.3（1.6）cm，先端长渐尖，基部楔形或阔楔形，上面绿色，下面灰绿色，次脉（3）4（5）对，边缘仅一侧具小锯齿。花枝具正常大小的叶或无叶，长8～45cm。假花序生花于枝各节上，长2.5～4cm，基部具一组逐渐增大有明显纵脉纹无毛的苞片，分枝腋间具有小型先出叶。假小穗无柄或极短的柄；小穗淡绿紫色，长1.2～4.1cm，直径2～3mm，含3～6朵小花，微扁；小穗轴逐节断落，节间长3～8mm，无毛，淡绿色，具花的一侧扁平；颖与苞片相似，通常2～5枚，长2.5～9.5mm，向上逐渐增大，具11脉，先端具小尖头，无毛，边缘生纤毛；外稃长（4）9～11mm，具11～13脉，先端短尖，无毛，边缘无纤毛；内稃短于外稃，长8～10mm，通常紫红色，背部具2脊，脊上无毛或有小纤毛，脊间宽1～1.3mm，具不明显3脉，脊的两侧各具2～3脉，先端具极短2尖头；鳞被3枚，白色而先端紫红色，长约2mm，前方2片阔卵形，后方1片线状披针形，基部纵脉纹不明显，边缘上部具稀疏短纤毛；雄蕊3枚，花药紫色或偶为黄色，长5～6mm，基部箭镞形，先端具2尖头，花丝白色，细长而在开花时使花药下垂；子房椭圆形，淡绿色，无毛，光亮，长约1.5mm，花柱极短，柱头2枚，白色，羽毛状。果实未见。笋期9月下旬至10月上旬。花期3月下旬。

笋供食用。秆材为造纸原料。

中国四川邛崃特产，生于海拔1100～1500m的溪沟坡地阔叶林下或组成纯竹林。大熊猫冰雪季节从高海拔向低海拔垂直下移时见有采食本竹种。

耐寒区位：9区。

9.3.6 **八月竹**（中国植物志） 冷竹、油竹（四川峨眉山），刺竹子、瓦山方竹（四川雅安），箆竹（四川叙永）

Chimonobambusa szechuanensis (Rendle) Keng f. in Techn. Bull. Nat'l. For. Res. Bur. China No. 8: 15. 1948；Hsueh & Yi J. Yunnan For. Coll. 1982 (1): 40. 1982; 竹的种类及栽培利用84页. 1984; T. P. Yi in J. Bamb. Res. 4 (1): 40. 1982; J. J. N. Campbell. & Z. S. Qin in J. Amer. Bamb. Soc. 4 (1–2): 15. 1985 "1983"；C. J. Hsueh & W. P. Zhang in Bamb. Res. 7 (3): 10. 1988; 中国竹谱59页. 1988; T. H. Wen in J. Amer. Bamb. Soc. 11 (1–2): 45. fig. 20. 1994; S. L. Zhu & al., A Comp. Chin. Bamb. 163. 1994; Keng & Wang in Fl. Reip. Pop. Sin. 9 (1): 335. pl. 92: 1–3. 1996; D. Ohrnb., The Bamb. World, 186. 1999; T. P. Yi in Sichuan Bamb. Fl. 160. pl. 54. 1997, & in Fl. Sichuan. 12: 139. pl. 47. 1998; Li D. Z., Wang Z. P., Zhu Z. D. & al. in Fl. China 22: 157. 2006; Yi & al. in Icon. Bamb. Sin. 278. 2008, & in Clav. Gen. Sp. Bamb. Sin. 78. 2009; T. P. Yi & al. in J. Sichuan For. Sci. Tech. 31 (4): 3, 10, 2010. ——*Arundinaria szechuanensis* Rendle in Sargent, Pl. Wils. 2: 64. 1914. ——*Oreocalamus szechuanensis* (Rendle) Keng in Sunyatsenia 4 (3–4): 147. 1940; Keng f. in J. Bamb. Res. 3 (1): 22. 1984; Keng f. & C. H. Hu in J. Nanjing Univ. (Nat. Sci. ed.) 22 (3): 415. 1986; T. H. Wen in J. Bamb. Res. 5 (2): 19. 1986.

地下茎入土深15～20cm，节间长2～4cm，直径5～8mm，圆筒形，具芽一侧有沟槽，中空狭小，每节上具瘤状突起或根3～5枚；鞭芽卵形，直径约4mm，覆以褐色有光泽的鳞片。秆高2～5m，直径1～3cm，直立；全秆具32～35节，节间圆筒形或基部数节间略呈方形，初时绿色或绿色带紫色，老时变为黄绿色，平滑无毛，亦无白粉，长（5）18～22cm，秆壁厚3～7mm，较坚硬，箨环无毛；秆环较平，但在分枝节上者微隆起；节内高约2mm，无毛，秆下部各节内具或多或少的气生根刺，其刺的数目4～13。秆芽每节上通常3枚，其下部秆节上可少至1枚，卵形或圆锥形，各覆以多枚鳞片。枝条在秆每节上通常3枚，主枝长30～50（80）cm，直径1.5～4mm，光亮，无毛，实心，每节上具次生枝2枚。笋紫红色或紫绿色，无毛或有时初时被稀疏小刺毛，上部笋箨具缘毛；箨鞘短于节间，早落，厚纸质至薄革质，长圆状三角形或长三角形，暗褐色，背面无毛，无斑块，略显光泽，具紫色纵条纹，上部具缘毛；箨耳缺失，鞘口两肩具数条易脱落的紫色缝毛；箨舌紫色，膜质，高约1mm；箨片锥形或三角形，长1～3mm。小枝具叶（1）2～3；

叶鞘长2.5～4cm，无毛，边缘无纤毛或初时上部具灰白色短纤毛；叶耳缺失，鞘口两肩各具数条易脱落长3～5mm的紫色或紫绿色缝毛；叶舌高1～1.5mm，紫色；叶柄长1.5～3mm，淡绿色，无毛；叶片狭披针形，薄纸质至纸质，长18～20cm，宽1.2～1.5cm，下面灰绿色，先端细长渐尖，基部楔形或阔楔形，次脉4～6对，小横脉明显，边缘一侧具小锯齿，另一侧近于平滑。笋期9月；花期4月；果期5～6月。

在四川峨边、金口河、马边、洪雅、荥经等地为大熊猫常年天然采食的主要竹种；在四川成都、都江堰、雅安大熊猫养殖基地以及俄罗斯莫斯科动物园，均见用该竹饲喂圈养大熊猫。

分布于中国四川西部和云南西部（陇川），生于海拔（1400）1700～2400（3000）m的常绿阔叶林、常绿落叶阔叶混交林或亚高山暗针叶林下。

耐寒区位：9区。

9.3.6a 卧龙红（竹子学报）

Chimonobambusa szechuanensis 'Wolonghong' J. Y. Huang & al. in J. Bamb. Res. 41（1）: 17, 2022, & in Cert. Int. Reg. Bamb.Cult., No.WB–001–2022–056. 2021.

该竹为八月竹*Chimonobambusa szechuanensis*（Rendle）Keng f. 的栽培品种，其特征与八月竹相似，不同之处在于其竹秆和枝条在生长的过程中会逐渐变为紫红色。

该竹仅少量栽培于中国四川省卧龙自然保护区。位于四川卧龙自然保护区的中国大熊猫保护研究中心核桃坪基地用该竹饲喂大熊猫。

 天全方竹（竹子研究汇刊） 刺竹（四川天全）

Chimonobambusa tianquanensis Yi in J. Bamb. Res. 19 (1): 11. f. 2. 2000, & in J. Sichuan For. Sci. Techn. 21 (2): 15. f. 2. 2000; Yi & al. in Icon. Bamb. Sin. 279. 2008, & in Clav. Gen. Sp. Bamb. Sin. 78. 2009; T. P. Yi & al. in J. Sichuan For. Sci. Tech. 31 (4): 3, 9, 2010.

地下茎复轴型，竹鞭节间长（1.2）2.5～4.5cm，直径4.5～6.5mm，圆筒形，在具芽一侧常有纵沟槽，有小中空，每节上具瘤状突起或根3～5枚；鞭芽近圆形，贴生，边缘生有纤毛。秆高（3）5～7m，直径（1.2）1.5～3cm，梢头直立；全秆具35～40（45）节，节间圆筒形，但分枝一侧具2纵脊和3纵沟槽，长14～15（18）cm，绿色或淡绿色，无白粉，幼时上部密被灰白色瘤基小刺毛，此毛脱落后留有粗糙的瘤基，秆壁较坚韧，厚2.5～5mm，髓笛膜状；箨环隆起，狭窄，初时被灰黄色小刺毛；秆环不明显或在分枝节上隆起，常为紫色；节内高约2mm，在秆下部各节内具一圈（2）4～15枚气生根刺，其刺长1～1.5mm。秆芽在秆之每节上3枚，扁卵形，各具多枚鳞片，被小硬毛。秆之第12节左右开始分枝，每节上分枝3枚，斜

9
大熊猫主食竹物种的多样性

展，长（25）40～65cm，直径（1.5）3～4mm，节间无毛，几实心，枝环显著隆起。笋淡黄绿色；箨鞘早落，长于节间，长三角形，薄革质，解箨时为淡灰黄色，先端短三角形，背面初时被极稀疏淡黄色瘤基小刺毛，无斑点，纵脉纹显著，上部小横脉清晰，边缘无纤毛或初时有时具稀疏纤毛；箨耳及鞘口继毛均缺失，箨舌截平形或近圆形，淡黄褐色，高约0.8mm；箨片直立，三角形或线状三角形，较箨鞘顶端微窄，长2.5～9mm，宽1～1.5mm，两面纵脉纹明显。小枝具叶2～3（4）；叶鞘长3～4.5cm，边缘上部一侧有小纤毛；叶耳缺失，鞘口两肩初时常具3～5枚长1mm径直黄褐色继毛；叶舌近圆弧形，紫色，高约0.5mm，边缘有细齿裂；叶柄长1.5～5mm，淡绿色；叶片线状披针形，纸质，先端长渐尖，基部楔形或阔楔形，长10～15cm，宽1.3～1.8cm，下面灰白色，两面均无毛，次脉4～5对，小横脉组成长方形，边缘一侧有小锯齿。花未见。笋期8月下旬至9月中旬。

笋为食用佳品，秆材为造纸原料。

在其自然分布区，常见野生大熊猫下移活动时常采食该竹；在成都、都江堰、雅安大熊猫养殖基地，均见采用该竹饲喂圈养大熊猫。

中国四川天全特产，生于海拔1500m左右的阔叶林下。

耐寒区位：9区。

 金佛山方竹（中国竹类植物志略）

Chimonobambusa utilis (Keng) Keng f. in Techn. Bull. Nat'l. For. Res. Bur. China no. 8: 15. 1948; 中国主要植物图说·禾本科94页. 图64. 1959; Hsueh & Yi in J. Yunnan For. Coll. 1982 (1): 36. 1982; F. C. Zhou & S. J. Yi in Bamb. Res. 1 (1): 64. 1982; X. Jiang & Q. Li in ibid. 2 (1): 45. 1983; 竹的种类及栽培利用83页, 图28. 1984; J. J. N. Campbell & Z. S. Qin in J. Amer. Bamb. Soc. 4 (1–2): 15. 1985"1983"; Hsueh & W. P. Zhang in Bamb. Res. 7 (3): 8. 1988; 云南树木图志下册, 1470页, 图694. 1991; Keng & Wang in Flora Reip. Pop. Sin. 9 (1): 338. pl. 92: 11–13. 1996; D. Ohrnb., The Bamb. World. 187. 1999; Li D. Z., Wang Z. P., Zhu Z. D. & al. in Fl. China 22: 158. 2006; Yi & al. in Icon. Bamb. Sin. 281. 2008, & in Clav. Gen. Sp. Bamb. Sin. 79. 2009; T. P. Yi & al. in J. Sichuan For. Sci. Tech. 31(4): 3, 10, 2010. ——*Oreocalamus utilis* Keng in Sunyatsenia 4 (3–4): 148, pl. 37. 1940; Keng f. in J. Bamb. Res. 3(1): 22. 1984. & in ibid. 5 (2): 19. 1986.

秆高5～7（10）m，直径2～3.5（5）cm；节间长

20～30cm，圆筒形，或下部节间略呈四方形，幼时密被黄褐色短硬毛和稀疏灰黄色瘤基小刺毛，毛脱落后留有少量瘤基而粗糙，或有时不留瘤基而稍平滑，秆壁厚4～7mm；箨环被褐色绒毛；秆环平或隆起；秆中下部各节内具发达的气生根刺。秆每节上枝条3枚。箨鞘迟落，短于节间，背面具明显的淡白色斑块，无毛或仅基部具白色微绒毛，具小缘毛；箨舌高0.5～1.2mm；箨片锥状三角形，长4～7mm。小枝具叶1～3；叶鞘口继毛稀少或缺；叶舌高1～2mm；叶片披针形，长14～19cm，宽1.2～3cm，下面灰绿色，次脉5～7对。花枝常着生于顶端具叶的分枝之各节，基部托以4～5片向上逐渐增大的苞片；假小穗通常以1枚稀可较多地生于花枝各节之苞腋，侧生者仅有一片线形的先出叶而无苞片；小穗含4～7朵小花，长25～45mm，枯草色或深褐色；小穗轴节间长4～6mm，无毛；颖1～3片，长6～9mm，具7～9纵肋；外稃卵状三角形，长10～12mm，先端锐尖，无毛；内稃长8～10mm，先端钝圆或微下凹，脊间具2～4脉，脊外至边缘具1或2脉；鳞被长椭圆状披针形，或近外稃一侧之2片呈对称的半卵圆形，长2～3mm，边缘无毛或其上部具纤毛；花药长5～6mm；子房卵圆形，无毛，花柱短，近基部即二裂，柱头羽毛状，长2.5mm；果皮厚1.5～2.5mm，呈坚果状，椭圆形，长1～1.5cm，直径6～8mm，新鲜时绿色，干燥后呈铅色，浸泡酒精中保存则转变为红褐色。笋期8月中旬至9月中旬或稍晚。花期4月。

笋质优异，口感脆嫩，特色美味，山珍良品；在重庆金佛山风景区的常绿阔叶林下，高大而茂密的金佛山方竹是一道靓丽的自然景观。

在重庆，四川成都、都江堰和广安华蓥山等多家动物园或大熊猫养殖基地，均见用该竹饲喂圈养的大熊猫。

分布于中国重庆、四川、贵州、云南。

耐寒区位：9区。

9.3.9 **蜘蛛竹**（四川林业科技） 八月竹（四川峨边）

Chimonobambusa zhizhuzhu Yi in J. Sichuan For. Sci. Techn. 32 (1): 11. f. 1–4. 2011; Yi & al. in Icon. Bamb. Sin. II 42. 2017.

地下茎复轴型，竹鞭节间长（1.2）2～4.5（5.5）cm，直径0.5～1cm，圆柱形，淡黄色，无毛，实心，每节上具瘤状突起或根0～3枚；鞭芽半圆形或短锥状，光亮。秆高（3.5）5～6m，直径2.5～3.5cm，共具40～45节，梢端直立；节间圆筒形，长（7）11～16cm，具芽或分枝一侧扁平，并具4纵脊和3沟槽，初时灰绿色，密被灰色瘤基小硬毛，很粗糙，秆壁厚3～7mm；箨环狭窄，褐色，初时被灰色小刺毛；秆环稍隆

起；节内高1～1.5mm；气生根刺在每节上环生（5）14～25枚，长1.5～2mm。秆芽3枚，锥形。秆每节上3分枝，长50～80cm，直径（2）3～4mm。笋紫褐色，具淡黄白色晕斑；箨鞘早落，薄革质，短于节间长度，背面紫褐色，被淡黄白色斑块，具明显隆起纵肋纹，被极稀疏淡黄色小刺毛，边缘密生长纤毛；箨耳和鞘口两肩继毛缺失；箨舌弧形，紫褐色，高约0.5mm；箨片直立，长三角状锥形，长4～5mm，宽1～2mm，紫色，无毛。小枝具叶1～2（3）枚；叶鞘长(2.5) 3～3.5cm，无毛，边缘亦无纤毛；叶耳及鞘口继毛缺失或稀具1～2枚纤弱继毛；叶舌紫色，无毛，近截平形，高约0.5mm；叶柄长1～2mm；叶片线形或线状披针形，长15～ 22cm，宽1.4～2.4cm，先端长渐尖，基部楔形，上面绿色，下面灰绿色，无毛，次脉5～6对，小横脉清晰，组成长方形，边缘具小锯齿或近于平滑。花枝未见。笋期9月。

笋味甜，食用佳品。

在四川，是小凉山地区大熊猫的重要主食竹，尤其大熊猫在冬季随海拔高度垂直下移时，尤其喜爱觅食该竹。

分布于中国四川峨边、马边，生于海拔1000～1300m的常绿落叶阔叶混交林下或落叶阔叶林下。

耐寒区位：9区。

9.4　绿竹属

Dendrocalamopsis (Chia & H. L. Fung) Keng f.

Dendrocalamopsis (Chia & H. L. Fung）Keng f. in J. Bamb. Res. 2 (1): 11. 1983；Yi & al. in Icon. Bamb. Sin. 172. 2008. & in Clav. Gen. Spec. Bamb. Sin. 54. 2009.——*Bambusa* Retz. subgen. *Dendrocalamopsis* Chia & H. L. Fung in Act. Phytotax. Sin.18 (2)：214. 1980; Keng & Wang in Flora Reip. Pop. Sin. 9 (1): 137. 1996.

Type: ***Dendrocalamopsis oldhami*** (Munro) Keng f.

乔木状竹类。地下茎合轴型。秆高大，丛生，梢端稍弯拱至长下垂；节间圆筒形，秆壁较厚；箨环隆起；秆环平。秆芽1枚，大型，贴秆；秆每节分枝多数枚，簇生，主枝粗壮。箨鞘革质或软骨质，早落至迟落，顶端截形或两肩宽广；箨耳较显著；箨片通常直立，亦可外翻，基部宽度为箨鞘顶端的1/2，稀为1/3。叶枝具多叶；叶片大型，但在同一具叶小枝上也常混生有较小的叶片，小横脉稍可见。假小穗单生或簇生于花枝各节，通常较短，体圆或两侧扁，先端尖锐；苞片1～5，具腋芽，上方1～2片无腋芽；小穗含5～12朵小花，排列紧密，顶端小花常不孕；小穗轴节间短，坚韧，成熟后不易折断，故致整个小穗脱落；颖片1～2；外稃具多脉，先端渐尖；内稃窄于外稃，背部具2脊，脊上和边缘具纤毛；鳞被3，常卵状披针形，基部具脉纹，边缘上部具纤毛；雄蕊6，花丝分离，花药隔伸出呈小尖头状，并具小刺毛；子房密被小刺毛，横切面上有3维管束，花柱1，稀2，柱头3，稀2或1，羽毛状。颖果。笋期在秋季。

绿竹属植物种类较少，全世界约有11种，中国产10种、1变种、3变型（其中部分变种、变型已根据最新颁布的《国际栽培植物命名法规（ICNCP）》修订为栽培品种），另1种产缅甸。

到目前为止，全世界已记录有圈养大熊猫饲喂的绿竹属竹类有2种。

Dendrocalamopsis oldhami (Munro) Keng f. in J. Bamb. Res. 2 (1): 12. 1983；广西竹种及其栽培60页. 图33. 1987; S. L. Zhu & al., A Comp. Chin. Bamb. 69. 1994; Keng & Wang in Fl. Reip. Pop. Sin. 9 (1): 141. 1996; Yi & al. in Icon. Bamb. Sin. 180. 2008, & in Clav. Gen.Spec. Bamb. Sin. 54, 2009; Shi & al. in The Ornamental Bamb. in China 310. 2012.——*D. atrovirens* (Wen) Keng f. ex W. T. Lin in Guihaia 10 (1): 15. 1990.——*Bambusa atrovirens* Wen in J. Bamb. Res. 5 (2): 15. 1986.——*B. oldhami* Munro in Trans. Linn. Soc. 26: 109. 1868; Fl. Taiwan 5：757. pl. 1507. 1978; Fl.China 22: 36. 2006.——*Leleba oldhami* (Munro) Nakai in J.Jap. Bot. 9 (1): 16. 1933.——*Sinocalamus oldhami* (Munro) McClure in Lingnan Univ. Sci. Bull. No 9: 67. 1940；P. F. Li in Sunyatsenia 6 (3–4): 216. 1946; Keng f. in Techn. Bull. Nat'l. For. Res. Bur. China No. 8: 18. 1948; Y. L. Keng, Fl. Ill. Pl. Prim. Sin. Gramineae 72. fig. 49a, 49b. 1959; Keng f. in J.Nanjing Univ. (Biol.) 1962 (1): 37. 1962.

地下茎合轴型。秆丛生，高6～12m，直径3～9cm；节间长20～35cm，稍"之"字形曲折，幼时被白粉，秆壁厚4～12mm。秆分枝高，每节枝条多数，簇生，3主枝粗壮。箨鞘脱落性，先端近截形，背面无毛或被或疏或密的褐色刺毛，边缘无纤毛或在上部有纤毛；箨耳近等大，椭圆形或近圆形，边缘生纤毛；箨舌高约1mm，全缘或波状；箨片直立，三角形，基部截形并收窄，宽度约为箨鞘顶端的1/2。小枝具叶6～15；叶鞘初时被小刺毛；叶耳半圆形，继毛棕色；叶舌低矮；叶片长15～30cm，宽3～6cm，下面被柔毛，次脉9～14对，小横脉较清晰，边缘粗糙或有小刺毛。花枝无叶；假小穗下部绿色，上部红紫色，两侧扁，长2.7～3cm，宽7～10mm，单生或丛生于花枝每节上；苞片3～5，上方1或2片腋内无芽；小穗含小花5～9；小穗轴脱节于颖下；颖片1，卵形，长9～10mm，宽8mm，边缘具纤毛，具多脉，有小横脉；外稃卵形，长约17mm，宽13mm，无毛或有微毛，具约31脉，有小横脉，具缘毛；内稃长约13mm，两面被毛，顶端尖，背部具2脊，脊间具3～5脉，脊外两侧各具2脉，脉间具小横脉，边缘和脊上具显著纤毛；鳞被3，卵状披针形，长约3.5mm，脉纹明显，边缘具纤毛；雄蕊6，花丝分离，花药长约8mm；子房卵形，长约2mm，被粗毛，柱头3，羽毛状。笋期5～11月。花期多在夏、秋季。

著名笋用竹种，宜鲜食，也可加工制笋干或罐头；笋味美，笋期长，产量高，商品开发价值较大；秆供建筑或劈篾编制竹器，也用于造纸；台湾以该竹秆刮取竹茹用做中药材清热除烦。

在中国台湾台北动物园和香港海洋公园，美国圣地亚哥动物园、泰国清迈动物园和澳大利亚阿德莱德动物园等，均见用该竹饲喂圈养的大熊猫。

产于浙江南部、福建、广东、广西、海南，台湾普遍栽培。

耐寒区位：9～11区。

9.4.2 **吊丝单**（植物分类学报） 沙河吊丝单（中国竹类植物图志）

Dendrocalamopsis vario-striata (W. T. Lin) Keng f. in J. Bamb. Res. 2 (1): 13. 1983; ; S. L. Zhu & al., A Comp. Chin. Bamb. 71. 1994; Keng & Wang in Fl. Reip. Pop. Sin. 9 (1): 138. pl. 33. 1996; Yi & al. In Icon. Bamb. Sin. 183. 2008, & in Clav. Gen. Sp. Bamb. Sin. 54. 2009. —— *Bambusa vario-striata* (W. T. Lin) Chia & H. L. Fung in Act. Phytotax. 18 (2): 215. 1980; Fl. China 22: 35. 2006.——*Sinocalamus vario-striatus* W. T. Lin in Acta Phytotax. Sin. 16 (1): 66. fig. 1. 1978.

秆高5～12m，直径4～7cm，幼竹梢端弯曲呈钓丝状，成长后稍伸直；节间长达38cm，圆筒形，有时在其下部多少有些肿大，绿色，幼时有淡紫色纵条纹，贴生呈纵行排列的柔毛，此毛脱落后留有淡黄色纵条纹，秆壁厚8～18mm；秆环平；箨环稍隆起；节内在第六节以下被灰白色绢毛环，近基部各节内具气生根。秆分枝较低，始于基部第三节，每节枝条多数，簇生，主枝粗壮。箨鞘脱落性，质地坚韧，先端稍拱形或截形，背面被或疏或密的褐色易脱落的黄褐色刺毛，后变无毛或仅基部仍具刺毛；箨耳近等大，长圆形，边缘繸毛长4～6mm；箨舌拱形或截形，高3～9mm，近全缘或具细齿；箨片直立，卵状三角形或长三角形，先端长渐尖，基部截平，两侧向内稍心形收窄，宽度约为箨鞘顶端的1/2，背面略粗糙，腹面脉间常生小硬毛，边缘下部具小纤毛。小枝具叶7～12；叶鞘长9～10cm，近无毛；叶耳小，半圆形，繸毛稀疏、短小；叶舌高约1mm，截平形，几全缘；叶柄长2～3mm；叶片窄披针形，长13～26cm，宽1.6～3cm，先端渐长尖，基部圆形或楔形，下面被短柔毛，次脉6～10对，无小横脉。假小穗单生或簇生于花枝各节，初时钻状圆柱形，以后两侧微扁，先端尖，长3～5cm或稍更长；苞片3～5，小，膜质，甚脆，腋内具芽；小穗含5或6朵成熟小花，顶端小花常不孕；小穗轴节间长2～3mm，彼此间有关节，质稍坚实，成熟时小穗通常整个脱落，仅在老熟后，各小花才会逐节脱落；颖1片，卵形，长约1cm，先端尖，无毛；外稃长约1.5cm，广卵形，先端钝，但有粗糙小尖头，通常带紫色，无毛，具多脉（约有13条），边缘生纤毛；内稃狭长，于外稃近等长，先端钝或略尖，背部具2脊，脊间宽约3mm，具6脉，脊的中部以上具纤毛；鳞被3，近同形，披针形，长4～5mm，纵脉纹明显，边缘基部无毛，中部以上具显著纤毛；花丝分离，花药长约7mm，药隔伸出呈小尖头，其上生小刺毛；雌蕊长约9mm，子房卵形，长约2.5mm，被小硬毛，有子房柄或无柄，花柱1，长约5mm，柱头3，羽毛状。

优良笋用竹种，秆材也用于建筑或作脚手架。

在广东华南珍稀野生动物物种保护中心、广州番禺长隆野生动物、澳门动物园和香港海洋公园，均见用该竹饲喂圈养的大熊猫。

产于广东，福建、四川、云南有引栽。

耐寒区位：10区。

9.5　牡竹属

Dendrocalamus Nees

Dendrocalamus Nees in Linnaea 9: 476. 1834. ——*Patellocalamus* W.T. Lin，in J. S. China Agr. Univ 10 (2): 45. 1989; Keng & Wang in Flora Reip. Pop. Sin. 9 (1): 152. 1996; D. Ohrnb., The Bamb. World, 282. 1999; Li D. Z., Wang Z. P., Zhu Z. D. & al. in Flora of China. 22: 39. 2006; Yi & al. in Icon. Bamb. Sin. 184. 2008. & in Clav. Gen. Spec. Bamb. Sin. 58. 2009. ——*Sellulocalamus* W. T. Lin，in J. S. China Agr. Univ. 10 (2): 43. 1989.

Type: *Dendrocalamus strictus* (Roxb.) Nees

乔木状竹类。地下茎合轴型。秆丛生，直立，梢端通常下垂；节间圆筒形，秆壁厚，甚至秆基部节间近于实心；箨环隆起；秆环平；节内通常被密绒毛。秆每节分枝多数，有明显主枝或否。箨鞘脱落性，革质；箨耳不明显或缺失；箨舌明显；箨片通常外翻。小枝具多数叶；叶耳缺失或不明显；叶舌发达；叶片通常大型。花枝一般无叶，长大下垂而呈圆锥状；假小穗数枚至多枚生于花枝及其分枝各节，多枚时常密集呈头状或球形；苞片1~4，最上方1片腋内常无芽；小穗卵形或锥状，含小花1至数朵，顶生小花常不孕；小穗轴很短，无关节，不在各花间逐节断落，仅脱节于颖之下；颖1~3，卵圆形，先端急尖或具小尖头，具多脉；外稃宽大；内稃背部具2脊，或仅具1小花的小穗及多枚小花小穗的最上1朵小花的内稃无2脊；鳞被缺失，或有时具退化鳞被1~3；雄蕊6，花丝分离；子房具短柄或无柄，球形或卵形，被柔毛，花柱1，柱头1，稀2或3，羽毛状。果囊果状或坚果状。笋期多在夏末至初秋。花期多在春末和夏季。

全世界的牡竹属植物约有46种以上，分布于亚洲热带和亚热带地区。中国产牡竹属植物37种、3变种、8变型、1杂交种（其中部分变种、变型、杂交种已根据最新颁布的《国际栽培植物命名法规（ICNCP）》修订为栽培品种），主要分布于南部和西南地区，其中尤以云南为多。

到目前为止，全世界已记录有圈养大熊猫饲喂的牡竹属竹类3种。

麻竹（竹谱详录） 甜竹（广东），南竹、龙竹（云南麻栗坡），斑竹（四川米易、会东）

Dendrocalamus latiflorus Munro in Trans. Linn. Soc. 26: 152. pl. 6. 1868; Gamble in Ann. Roy. Bot. Gard. Calcutta 7：131. pl. 117. 1896. & in Hook. f., Fl. Brit. Ind. 7: 407. 1897; Brandis, Ind. Trees 678. 1906; E. G. Camus, Les Bambus. 160. 1913; E. G. & A. Camus in Lecomte, Fl. Gen. Ind.–Chin. 7: 635. f. 47–1. 1923; Fl. Taiwan 5: 774. pl. 1516. 1978; Chia & H. L. Fung in Acta Phytotax. Sin. 18 (2): 215. 1980; Paul P. H. But & al., Hong Kong Bamb. 62. 1985; Hsueh & D. Z. Li in Journ. Res. Bamb. 7 (4): 13. 1988; Icon. Arbo.Yunn.Inferus 1401. fig. 652. 1991; S. L. Zhu & al., A Comp. Chin. Bamb. 72. 1994; Keng & Wang in Flora Reip. Pop. Sin. 9 (1): 162. 1996; T. P. Yi in Sichuan Bamb. Fl. 87. pl. 24. 1997, & in Fl. Sichuan. 12: 66. pl. 24. 1998; Fl. Yunnan. 9: 46. pl. 10: 1–8. 2003; Li D. Z., Wang Z. P., Zhu Z. D. & al. in Flora of China. 22: 45. 2006; Yi & al.in Icon. Bamb. Sin. 198. 2008, & in Clav. Gen. Sp. Bamb. Sin. 60. 2009; Amer. Bamb. Soc. in Bamb. Species Source List no. 35: 15. 2015. —— *Bambusa latiflora* (Munro) Kurz in Journ. Asiat.

Soc. Bengal. 42: 250. 1873, pro syn. sub. *B. calostachya* Kurz. —— *Sinocalamus latiflorus* (Munro) McClure in Lingnan Univ. Sci. Bull. no. 9: 67. 1940; Keng f. in Techn. Bull. Nat'l. For. Res. Bur. China No. 8: 18. 1948; Y. L. Keng, Fl. Ill. Pl. Prim. Sin. Gramineae 65. fig. 43a. 43b. 1959; Keng f. in Journ. Nanjing Univ. (Biol.) 1962 (1): 32. 1962; Fl. Hainan. 4: 360. 1977.

地下茎合轴型。秆丛生，秆高15～25m，直径15～30cm，梢端弧形长下垂；节间长45～60cm，幼时被白粉，秆壁厚1～3cm；节内具一圈棕色绒毛环。秆分枝高，每节枝条多数，簇生，1主枝粗壮。箨鞘早落，背面稍被小刺毛，顶端宽约3cm；箨耳小，长约5mm，宽约1mm；箨舌高1～3mm，边缘微齿裂；箨片外翻，卵形或披针形，长6～15cm，宽3～5cm，腹面被淡棕色小刺毛。小枝具叶7～13；叶鞘初时被黄棕色小刺毛；叶耳无；叶舌高1～2mm，边缘微齿裂；叶片长15～35（50）cm，宽2.5～7（13）cm，基部圆形，下面中脉上具小锯齿，初时脉上被短柔毛，次脉7～15对，小横脉略明显。花枝无叶或具叶，节间密被黄褐色细柔毛，各节上着生多枚假小穗；苞片1～4，位于上方的腋内无芽；小穗卵形，扁，红色或暗紫色，长1.2～1.5cm，宽7～13mm，含小花6～8；小穗轴无关节，脱节于颖下；颖片2或更多，广卵形或广椭圆形，长约5mm，宽4mm，两面被微毛，边缘具纤毛，具多脉；外稃似颖，长12～13mm，宽7～16mm，无毛，具29～33脉，有小横脉；内稃长圆状披针形，长7～11mm，宽3～4mm，两面被毛，背部脊间具2～3脉，脊外两侧各具2脉，边缘和脊上密生纤毛；鳞被缺失；雄蕊6，花丝分离，花药长5～6mm；子房扁球形或宽卵形，长约7mm，具柄，有腹沟，上部被白色微毛，花柱密被白色微毛，柱头1或偶2，羽毛状。果卵球形，囊果状，长8～12mm，径4～6mm，皮薄。笋期5～11月。花期多在夏秋季。

栽培广泛的笋用竹种，笋期长，产量高，商品价值大；笋味甜美，可制笋干、罐头及多种食品；这些食品远销日本和欧美等国；秆可用于修造建筑或劈篾编制竹器；还有许多地方用于风景区、城市绿化或庭园栽植观赏。

在中国广东华南珍稀野生动物物种保护中心、广州番禺长隆野生动物园、香港动物园、香港海洋公园、以及泰国清迈动物园，常用该竹饲喂圈养的大熊猫。

产于中国福建、台湾、广东、香港、广西、海南、贵州、云南、浙江南部、江西南部、四川南部与西南部；越南、缅甸、泰国亦有分布。

耐寒区位：10～11区。

9.5.2 **勃氏甜龙竹**（中国植物志） 甜龙竹、甜竹（云南植物志），哈醋（云南江城、哈尼语），勃氏麻竹（南京大学学报）

Dendrocalamus brandisii (Munro) Kurz in Prelim. Rep. For. Veg. Pegu. App. B. 94. 1875 (in clav.). & For. Fl. Brit. Burma 2: 560. 1877; Gamble in Ann. Roy. Bot. Gard. Calcutta 7: 90. pl. 79. 1896. & in Hook. f., Fl. Brit. Ind. 7: 407. 1897; Brandis, Ind. Trees 678. 1906; E. G. Camus, Bambus. 157. 1913; E. G. & A. Camus in Lecomte, Fl. Gen. Ind.–Chin. 7: 629. 1923; Hsueh & D. Z. Li in j. Bamb. Res. 8 (1): 30. 1989; Icon. Arbo.Yunn.Inferus 1407. fig. 658.

1991; S. L. Zhu & al., A Comp. Chin. Bamb. 81. 1994; Keng & Wang in Flora Reip. Pop. Sin. 9 (1): 189. 1996; D. Ohrnb., The Bamb. World, 284. 1999;Fl. Yunnan. 9: 52. pl. 9: 1–9. 2003; Yi & al. in Icon. Bamb. Sin. 192. 2008. & in Clav. Gen. Spec. Bamb. Sin. 62. 2009; Amer. Bamb. Soc. in Bamb. Species Source List no. 35: 15. 2015. —— *Arundarbor brandisii (*Munro) Kuntze in Rev. Gen. Pl. 2: 761. 1891. ——*Bambusa brandisii* Munro in Trans. Linn. Soc. 26: 109. 1868. ——*Sinocalamus brandisii* (Munro) Keng f. in J. Nanjing Univ. (Biol.) 1962 (1): 35. 1962.

秆高10～15m，直径10～12cm，梢端下垂至长下垂；节间长34～43cm，幼时被纵行排列的白色绒毛，秆壁厚约3cm；节内及箨环下方均具一圈灰白色或棕色绒毛环，秆下部数节节内具气生根。秆分枝较高，每节多数，主枝1或有时无主枝，其余枝条较细，能向外翻包围在秆四周。箨鞘早落，红棕色至鲜黄色，背面被白色短柔毛；箨耳小；箨舌高约1cm，边缘具深齿裂；箨片外翻或近直立，基部宽度为箨鞘口部的1/3～1/2。叶鞘贴生白色小刺毛；叶舌高1.5～2mm；叶片长23～30cm，宽2.5～5cm，下面具柔毛，次脉10～12对。花枝鞭状，节间长2.5～3.8cm，一侧扁平，密被锈色柔毛；花枝各节丛生假小穗5～25枚，成簇团时其球径为1.3～1.8cm；小穗卵圆形，略具微毛，长7～9mm，宽4～5mm，紫褐色，先端钝，含2～4朵小花；颖片1～2，长约4mm，宽3.5mm，具10脉，先端具小尖头；外稃类似颖片，长5～6mm，具16～20脉；内稃背部具2脊，脊上生纤毛，脊间宽约1.6mm，具3脉，先端尖或具2尖头；鳞被常缺失，但有时为1或2片，存在时呈披针形或匙形，基部具3脉，具缘毛；花药成熟时能伸出小花外，绿黄色，短而宽（长约3mm），先端具药隔伸出的小尖头或具笔毫状微毛，花丝短，初时较粗；子房卵圆形，遍体生毛茸，花柱长约3mm，柱头1或2，紫色，羽毛状。颖果卵圆形，长1.5～5mm，上部被毛，先端具喙，果皮硬壳质。

笋可鲜食，为良好的笋用竹。秆供建筑等用，但劈篾性能差。

在中国广东华南珍稀野生动物物种保护中心、广州番禺长隆野生动物园、澳门动物园、香港海洋公园，以及泰国清迈动物园等，常用该竹饲喂圈养的大熊猫。

产于中国云南南部至西部，广东、福建有引栽；缅甸、老挝、越南、泰国有分布；印度有引栽。

耐寒区位：10～11区。

9.5.3 **马来甜龙竹**（竹子研究汇刊） 菲律宾巨单竹（台湾植物志），高舌竹（香港竹谱）

Dendrocalamus asper (J. A. & J. H. Schult.) Backer ex Heyne, Nutt. Pl. Ned.–Ind. ed. 2. 1: 301. 1927; Backer, Handb. Fl. Java Afl. 2: 279. 1928; Holttum in Gard. Bull. Singapore 16: 100. 1958; Backer, Fl. Java 3：238. 1968; Gilliland, Rev. Fl. Malay. 3: 27. 1971; Peixi B. & al., Hong Kong Bamb. 58. 1985; Hsueh & D. Z. Li in Journ. Bamb. Res. 8 (1): 31. 1989; Icon. Arbo. Yunn. Inferus 1405. fig. 656. 1991; S. L. Zhu & al., A Comp. Chin. Bamb. 78. 1994; Keng & Wang in Fl. Reip. Pop. Sin. 9 (1): 193. pl. 49: 1–2. 1996; Fl. Yunnan. 9: 51. 2003; Fl. China 22: 43. 2006; Yi & al. in Icon. Bamb. Sin. 189. 2008, & in Clav. Gen. Sp. Bamb. Sin. 62. 2009. ——*Bambusa aspera* J. A. & J. H. Schult., Syst. Veg. 7: 1352. 1830. ——*Gigantochloa aspera* (Schult. f.) Kurz in Ind. For. 1: 221. 1876; McClure in Field. Bot. 24, pt. 2: 141. 1955; Fl. Taiwan 5: 770. pl. 1514. 1978.

秆高15～20m，直径6～10（12）cm，梢端长下垂；节间长30～50cm，幼时贴生淡棕色小刺毛，被薄白粉；秆环平；节内及箨环下方均具一圈淡棕色绒毛环，秆基部数节上具气生根。秆分枝高，每节多数，主枝粗壮。箨鞘早落，革质，新鲜时淡绿色，背面贴生灰白色至棕色小刺毛，干后纵肋显著隆起，先端圆拱形；箨耳狭长形，长约2cm，宽7mm，波状皱褶，末端稍扩大为近圆形，边缘具数条长达6mm的波曲继毛；箨舌突起，高7～10mm，边缘具长3～5mm的棕色继毛；箨片披针形，外翻，基部两侧向内收窄，波状皱褶。小枝具叶7～13；叶鞘初时贴生小刺毛，后变为无毛；叶耳微小，具数条继毛；叶舌截平形，高约2mm，全缘或边缘细齿裂；叶片披针形至长圆状披针形，长（10）20～30（35）cm，宽（1.5）3～5cm，下面被柔毛，次脉7～11对，小横脉稍明显，边缘一侧粗糙，另一侧稍粗糙；叶柄长2～7mm。花枝无叶，长达50cm，每节着生假小穗少数至多数枚；小穗扁，长6～9mm，宽4mm，含4～5朵小花，及另一顶生退化小花；颖1或2片，卵状披针形；外稃宽卵形，愈在上方者愈长，最长达8mm，背部具细毛，边缘上部生纤毛；内稃与外稃约等长，背部具2脊，脊间具1～3脉，脊外每侧具1或2脉，脊上和边缘生纤毛，最上方小花的内稃较退化，脊上无纤毛，但脊间被糙毛；鳞被缺失；花药长3～5mm（上方小花的最长），先端尖头短，无毛；子房及花柱均被毛，柱头1，羽毛状。

笋质细嫩，味道鲜美，蔬食佳品。秆为造纸原料，常有栽培供观赏。

在中国广东番禺长隆野生动物园、华南珍稀野生动物物种保护中心、泰国清迈动物园和马来西亚国家动物园，均见用该竹饲喂圈养的大熊猫。

中国云南、香港、台湾均有栽培。菲律宾、马来西亚、印度尼西亚、泰国、老挝、缅甸有分布和栽培；美国有引栽。

耐寒区位：10～12区。

9.6 镰序竹属

Drepanostachyum Keng f.

Drepanostachyum Keng f. in J. Bamb. Res. 2 (1): 15. 1983, & in ibid. 5 (2): 28. 1986; Keng & Wang in Fl. Reip. Pop. Sin. 9 (1): 372. 1996; T. P. Yi in Fl. Sichuan. 12: 160. 1998; D. Ohrnb., The Bamb. World. 128. 1999; Yi & al. Icon. Bamb. Sin. 385. 2008, & in Clav. Gen. Spec. Bamb. Sin. 120. 2009.——*Patellocalamus* W. T. Lin in J.South China Agr. Univ.10 (2): 45. 1989.

Type: *Drepanostachyum falcatum* (Nees) Keng f.

灌木状或藤本竹类。地下茎合轴型。秆丛生，细长，下部直立，上端垂悬或平卧地面；节间圆筒形，秆壁通常较薄；箨环具箨鞘基部残留物而甚隆起；秆环平或微隆起。秆芽通常为三峰笔架形，贴生。秆每节多分枝，主枝常与主秆同粗，有时可取代主秆，侧枝纤细，较短，常不分次级枝。箨鞘迟落，上部常长瓶颈状收缩；箨舌截形、钝圆拱形或锥状，边缘细齿裂或撕裂，具缘毛；箨耳微小或缺失，鞘口继毛存在或否；箨片直立或外翻，易脱落。小枝具叶5~12；叶舌较高，常齿裂；叶耳微小或显著，鞘口继毛发达，放射状；叶片小型至中型，小横脉不明显。花枝无叶；小穗（1）2~10枚簇生在秆上端或其枝条各节；小穗柄波状曲折，形成镰伞、伞房、圆锥或总状花序，在每一簇生花序基部均具1枚前出叶和一组3~5枚逐渐增大的苞片；小穗含小花2~5朵，疏松排列，顶生花常不孕；颖2，纵脉显著隆起；外稃纵脉与颖同样极为隆起，先端尖锐或微凹而于中央伸出1小芒；内稃稍短于外稃或二者近等长，稀内稃稍较长，背部具2脊，先端常具2裂齿；鳞被3；雄蕊3，花丝分离；子房长圆形，花柱简短，柱头2，帚刷状。颖果，成熟时全为稃片所包裹而不裸出，具腹沟。笋期春季。花果期夏季或可延至初秋。

全世界的镰序竹属植物约18种。中国产15种、1变型，主产西南部。另4种产于不丹、印度东北部和尼泊尔。

本属竹种为藤本状竹类，崖生性，常生长在沿溪河两岸陡峭坡地瘠薄土壤上或石缝间，外观呈悬挂状，是石灰岩地区和假山绿化最理想的竹种。

到目前为止，在自然生存状态下，已记录大熊猫采食本属竹类有2种。

9.6.1 钓竹（四川竹类植物志） 坝竹（四川平武、剑阁、广元）

Drepanostachyum breviligulatum Yi in J. Bamb. Res. 12 (4): 42. f. 1. 1993; T. P. Yi in Sichuan Bamb. Fl. 183. pl. 64. 1997, & in Fl. Sichuan. 12: 163. 1998; T. P. Yi in Icon. Bamb. Sin. 388. 2008, & in Clav. Gen. Sp. Bamb. Sin. 120. 2009; T. P. Yi & al. in J. Sichuan For. Sci. Tech. 31 (4): 4, 11, 2010.

地下茎合轴型，秆柄长约1.5cm，直径6~10mm，具7~10节，节间长0.5~1.5mm，淡黄色，实心。秆密丛生，斜倚，高3~6m，直径0.5~1.5（2）cm，梢部作弧形长下弯可达地面；全干共有25~34节，节间长18~20（32）cm，圆筒形，具隆起的细线状纵肋，绿色，无毛，亦无白粉，秆壁厚1.5~2mm，髓锯屑状；箨环很隆起，呈一厚木栓质圆脊，并向下翻卷呈浅碟状，灰黄色或灰褐色，无毛；秆环平或稍隆起，初为紫色；节内高1.5~4mm。秆芽3枚，紧密结合为笔架形，具3个三角状尖端，其中央1枚尖端较两侧者为宽

大，贴秆，边缘上部初时有短纤毛。秆分枝低，每节上除具多数纤细枝条外，有时还具粗壮主枝1～3枚，其长可达5m，直径3～5.5mm，作攀缘状，在无主枝时，常在纤细枝条间具有肥大的笋芽。笋绿色而先端带紫色；箨鞘迟落，短于或稍短于节间长度，长三角形，革质，长（5.5）12～27cm，宽2.4～4.8mm，背面常被稀疏灰色或灰黄色贴生瘤基小刺毛，纵脉纹显著隆起，小横脉仅上部稍可见，边缘通常无纤毛；箨耳及鞘口继毛缺失，或初时具继毛；箨舌紫色，截平形，高1～2mm，边缘初时被纤毛；箨片外翻，紫绿色，三角形、线形或线状披针形，长0.8～9cm，宽2.5～7mm，无毛，边缘紫色，有小锯齿。小枝具叶（2）4～6（9）；叶鞘长（2.2）3～3.8cm，淡绿色而先端带紫色，初时被灰色柔毛，边缘上部初时具纤毛；叶耳微小，紫色，具4～6枚长2.5～4（6）mm的紫褐色较直的放射状继毛；叶舌圆拱形，紫色，高约1mm，继毛长0.5～1mm；叶柄长1～2mm；叶片狭披针形，纸质，长（4）6～10.5cm，宽0.65～1cm（在萌发枝条上长达26cm，宽32cm，次脉多达8对），基部楔形，上面绿色，无毛，下面淡绿色，被灰白色短柔毛，次脉（2）3～4对，小横脉明显，边缘具稀疏小锯齿。花枝未见。笋期8月。

生态绿化、护岸护坡竹种。

在四川平武、北川，见有野生大熊猫冬季下移时觅食该竹。

分布于中国四川盆地西北部、甘肃南部和贵州北部，成片野生于海拔450～1200m江岸峭壁上或陡坡地上。

耐寒区位：9区。

羊竹子（中国植物志）　岩竹子（四川汉源），绵竹（四川叙永）

Drepanostachyum saxatile (Hsueh & Yi) Keng f. ex Yi in J. Bamb. Res. 12 (4): 46. 1993; S. L. Zhu & al., A Comp. Chin. Bamb. 172. 1994; Keng & Wang in Fl. Reip. Pop. Sin. 9 (1): 378. pl. 104. 1996; T. P. Yi in Sichuan Bamb.Fl. 181. pl. 63. 1997, & in Fl. Sichuan. 12: 161. pl. 55. 1998; T. P. Yi in Icon. Bamb. Sin. 400. 2008, & in Clav. Gen. Sp. Bamb. Sin. 121. 2009; T. P. Yi & al. in J. Sichuan For. Sci. Tech. 31 (4): 4, 11. 2010. —— *Sinocalamus saxtilis* Hsueh & Yi in J. Yunnan. For. Coll. 1982 (1): 69. f. 1. 1982. ——*Neosinocalamus saxatilis* (Hsueh & Yi) Keng f. & Yi in J. Bamb. Res. 2 (2): 14. 1983. —— *Ampelocalamus saxatilis* (Hsueh & Yi) Hsueh & Yi in J. Bamb. Res. 4 (2): 7. 1985; 云南树木图志下册，1288页，图594，1991.

秆密丛生，高3～6m，直径0.5～1.5cm，梢部在幼时作弧形下垂，后斜倚而不直立；全秆共有22～30节，基部数节间长5～12cm，中部节间长22～53cm，圆筒形，深绿色，稍粗糙，具显著的细线状纵肋，初时微粗糙，秆壁厚1.5～2mm，

髓为锯屑状；箨环显著隆起呈一厚木栓质圆脊，并向下翻卷呈浅盘状，无毛，具箨基残留物；秆环平或稍有隆起，节内高2～3mm。秆芽扁桃形，顶端常有3个尖头，其中中间1枚尖头最长，芽鳞灰褐色，无毛。通常于秆的第6～12节开始分枝，枝条在秆每节上（6）10～15枚，倾斜而先端下垂，主枝在每节上常为1枚，粗壮而修长，侧枝纤细，长20～35cm，直径约1.5mm，其节上不再分生次级枝；常在枝条间具笋芽。箨鞘迟落，长三角形，长度约为节间的1/2，厚纸质，幼时墨绿色或紫绿色，解箨时变为黄褐色，有时在上部具紫色晕斑，背面无毛或具稀疏棕黑色小刺毛，纵脉纹明显而隆起，小横脉在上部两侧可见，鞘缘具长2～3mm的纤毛；箨耳及鞘口䍁毛均无；箨舌截平形或中央微凹，高约1mm，边缘初时具纤毛；箨片外翻，线形或线状披针形，无毛，长0.4～4.5cm，宽2～3（10）mm，纵脉纹显著，先端渐尖，基部收缩，与箨鞘顶端略有关节相连接，易从该处脱落，两侧常内卷。小枝具叶4～10；叶鞘长3～8cm，边缘密生灰色纤毛。叶耳明显，具多数灰黄色或紫色长3～8mm的放射状䍁毛；叶舌极发达，弧形隆起，紫色，口部具不整齐细裂缺，并作䍁毛状，包括䍁毛在内高2～5mm；叶柄长3～4mm；叶片披针形，纸质，长8～18cm，宽1～2.2cm，先端尖锐，基部渐狭为楔形或阔楔形或楔圆形，下面淡绿色，基部常被灰白色短柔毛，次脉4～6对，小横脉明显，组成极稀疏的狭长方形，边缘具小锯齿。花枝未见。笋期8月底至9月。

幼秆经水泡捶绒后可编织草鞋。

在四川金口河，见有大熊猫冬季垂直下移时觅食本竹种。

分布于中国四川金口河、汉源、叙永和云南威信，生于海拔600～1500m的溪河沿岸、沟谷地悬崖上或陡坡地岩石缝中。

耐寒区位：9区。

9.7 箭竹属

Fargesia Franch. emend. Yi

Fargesia Franch.in Bull. Linn. Soc. Paris 2: 1067. 1893; emend. T. P. Yi in J. Bamb. Res.7 (2): 1. 1988; Keng & Wang inFl. Reip. Pop. Sin. 9 (1): 387. 1996;T. P. Yi in Fl. Sichuan. 12: 172. 1998; D. Ohrnb., The Bamb. World. 131. 1999; Yi & al. Icon. Bamb. Sin. 415. 2008, & in Clav. Gen. Spec. Bamb. Sin. 127. 2009. ——*Sinarundinaria* Nakai in J. Jap. Bot. 11 (1): 1. 1935, sinefl. descry., nom. invalid.

Typus: *Fargesia spathacea* Franch.

灌木状或小乔木状高山竹类。地下茎合轴型，秆柄粗短，前端直径大于后端，节间长常在5mm 以内，其间长度与粗度之比小于1，实心，在解剖上无内皮层，通常无气道。秆丛生或近散生，直立；节间圆筒形，空心或近实心，维管束呈开放型或半开放型；秆环平至稍隆起，通常较箨环为低。秆芽1枚，长卵形，贴生，或具多芽并组成半圆形，不贴秆。秆每节数分枝至多分枝，无主枝或少有较粗壮主枝。箨鞘迟落或宿存，稀早落，纸质至革质，短于、近等于或长于节间；箨耳缺失或明显；箨片三角状披针形或带形，直立或外翻，脱落性，稀宿存。小枝具叶数枚；叶片小型至中型，小横脉明显或不明显。圆锥或总状花序生于具叶小枝顶端，花序紧缩或开展，下方具一组由叶鞘扩大成的或大或小的佛焰苞，致使花序从佛焰苞开口一侧露出，或花序位于此种佛焰苞上方；小穗柄长；小穗细长，含小花数朵；小穗轴易逐节断落；颖2；

外稃先端具小尖头或芒状，具数脉，小横脉通常明显；内稃等长或略短于外稃，背部具2脊，先端具2裂齿；鳞被3，具缘毛；雄蕊3，花丝分离，花药黄色；子房椭圆形，花柱1或2，柱头2～3，羽毛状。颖果。染色体2n=48。笋期夏秋季。花果期多在夏季。

全世界的箭竹属植物110余种，除总花箭竹F. racemosa (Munro) Yi产于尼泊尔东部和印度东北部、黄连山箭竹F. fansipanensis Nguyen产于越南北部，以及缅甸北部似应有分布（未见报道）外，有104种产自中国，尤以云南、四川的种类最多，属亚热带中山或亚高山竹种，在中国西南部生态旅游区、红色旅游区、森林公园和自然保护区内大面积成片生长，或与其他乔灌木树种组成特殊的自然生态景观，四季常青，景观美丽。欧洲以及美国、日本等各国园林中都有引栽，个别种已栽培到北欧三国的北极圈地区。

本属植物有许多为珍稀哺乳动物大熊猫的重要主食竹种，已记录大熊猫采食本属竹类有28种。

Ⅰ.圆芽箭竹组 Sect. *Ampullares* Yi

Sect. *Ampullares* Yi in J. Bamb. Res. 4 (1): 19. 1985. ——Set. *Sphaerogemma* Yi in ibid. 7 (2): 16. 1988. nom. illeg. Superfl; Yi & al. in Icon. Bamb. Sin. 423. 2008, & in Clav. Gen. Sp. Bamb. Sin. 127. 2009.

灌木状。秆芽半圆形、卵圆形或锥形，肥厚，系由数枚乃至10余枚密集的小芽组合而成的复合芽，不贴秆而生或稀可贴生；髓呈锯屑状；秆环显著隆起或隆起，通常高于箨环；枝环通常亦隆起。秆箨早落；箨耳无。总状花序顶生，排列紧密，紫色，含多数小穗，从一组常稍长于花序的佛焰苞开口一侧露出。颖果。

到目前为止，全世界已记录大熊猫采食本组竹类有5种。

9.7.1 岩斑竹（中国植物志）

Fargesia canaliculata Yi in J. Bamb. Res. 4 (1): 19. f. 1. 1985; D. Ohrnb. in Gen. Fargesia 19. 1988; S. L. Zhu & al., A Comp. Chin. Bamb. 175. 1994; Keng & Wang in Fl. Reip. Pop. Sin. 9 (1): 397. pl. 107: 6, 7. 1996; T. P. Yi in Sichuan Bamb. Fl. 197. pl. 69. 1997, & in Fl. Sichuan. 12: 176. pl. 59. 1998; D. Ohrnb., The Bamb. World. 133. 1999; Li D. Z., Wang Z. P., Zhu Z. D. & al. in Fl. China 22: 78. 2006; Yi & al. in Icon. Bamb. Sin. 428. 2008, & in

Clav. Gen. Sp. Bamb. Sin. 127. 2009; T. P. Yi & al. in J. Sichuan For. Sci. Tech. 31 (4): 4, 11. 2010.

地下茎合轴型；秆柄粗短，前端直径远大于后端，长5～15cm，直径1.4～3cm，具11～29节，节间长3～8mm，实心；鳞片三角形，黄色，有光泽，无毛，上部纵脉纹明显，顶端具1小尖头，边缘有棕色纤毛。秆丛生或近丛生，高3～5m，直径1～2cm，梢端直立；全秆具32～36节，节间长8～20（25）cm，圆筒形，但在具分枝一侧有明显的纵沟（在中部以下或有时贯穿整个节间），幼时粉绿色，被白粉，其节下方白粉尤密，无毛，平滑，极坚硬，实心或近实心，如有小的中空时，则髓呈海绵状；箨环稍隆起，无毛；秆环显著隆起，高于箨环，幼时深紫色；节内高3～6mm，平滑。秆芽为多枚芽组合成的复合芽，卵圆形，不贴秆，上部微粗糙，边缘有灰色纤毛。秆通常于第8～9节开始分枝，每节分枝5～7枚，较纤细，常作35°锐角开展，长15～85cm，具5～13节，节间长1～8cm，直径1～5mm，每节可再分次级枝。笋紫红色，被棕色刺毛；箨鞘早落，长于节间，长三角形，长17～39cm，基部宽3.5～8.5cm，灰黄色，下半部革质，上半部为纸质，背面疏生棕色刺毛，纵脉纹明显，上部有小横脉，边缘密生棕色纤毛；箨耳和鞘口继毛俱缺；箨舌高约1mm；箨片外翻，线状披针形，长1.5～12cm，宽1.5～2.5mm，淡绿色或紫绿色，无毛，纵脉纹明显，基部较箨鞘顶端为窄，并有关节相连接，常内卷，边缘常具小锯齿。小枝具叶2～3；叶鞘长2～2.8cm，紫绿色，无毛，纵脉纹及上部纵脊明显，边缘无纤毛或稀具灰色短线毛；叶耳和鞘口继毛俱缺；叶舌高约1mm，紫色，无毛；叶柄长1～2mm；叶片狭披针形兼线状披针形，纸质，长2.5～8cm，宽2.5～5mm，先端渐尖，基部楔形，下面灰绿色，两面均无毛，次脉2（3）对，小横脉很清晰，边缘一侧具小锯齿，另一侧平滑。总状或圆锥状花序，生于具叶小枝顶端，疏松，长6～10（15）cm，具（3）5～8（12）小穗，叶鞘不延伸，叶正常或偶有脱落。花序轴扁平，两面均粗糙，脊上具毛，多数在花序柄基部具1枚苞片；苞片披针形，长0.5～1.0mm，光滑无毛。花序柄纤细，长10～15mm，扁平，被灰色柔毛。小穗紫绿色，长2.5～4.0cm，宽3～4mm，具3～5朵小花；末级小花通常不育，较小；小穗轴间节间长8～12mm，扁平，下部被稀疏柔毛，上部膨大被浓密柔毛。颖2，狭披针形，纸质，背面粗糙，先端有小尖头乃至芒状；第一颖长4～6mm，宽约1mm，3～5脉；第二颖长6～8mm，宽约1.5mm，5脉。外稃卵状披针形，纸质，长10～12mm，紫绿色，背面粗糙，具5脉，先端芒状，有微锯齿，长约2mm，边缘平滑。内稃略短于外稃，薄纸质，长8～10mm，具2脊，脊间具纤毛，顶端钝，2裂，具明显柔毛。鳞被3，膜质，透明，三角形，长约3mm；上部边缘具纤毛。雄蕊3；花药黄色，长4～5mm。子房长卵形，光滑无毛，长约3mm；柱头2，羽毛状。笋期6月。

笋味美，供食用。秆材坚硬，为造纸原料，也可作竹筷、农具等用。

在四川冕宁、九龙，本种是野生大熊猫的重要主食竹种之一。

分布于中国四川西南部，在雅砻江中下游及其支流海拔2200～2650m的沿岸坡地上常见自然生长，组成纯林或混生于灌丛中。

耐寒区位：8区。

9.7.2 **扫把竹**（中国植物志）

Fargesia fractiflexa Yi in J. Bamb. Res. 4 (1): 22. f. 3. 1985；D. Ohrnb. in Gen. Fargesia 33. 1988；Icon. Arb. Yunnan. Inferrus 1310；S. L. Zhu & al., A Comp. Chin. Bamb. 179. 1994；Keng & Wang in Fl. Reip. Pop. Sin. 9 (1): 402. pl. 109: 1–5. 1996；T. P. Yi in Sichuan Bamb. Fl. 204. pl. 73. 1997, & in Fl. Sichuan.12:183. pl. 62. 1998；D. Ohrnb., The Bamb. World. 135. 1999；Yi & al. in Icon.

Bamb. Sin. 430. 2008; Clav. Gen. Sp. Bamb. Sin. 128. 2009; T. P. Yi & al. in J. Sichuan For. Sci. Tech. 31 (4): 4, 11. 2010. ——*Drepanostachyum fractiflexum* (T. P. Yi) D. Z. Li in Fl. Yunnan. 9: 145. 2003; Li D. Z., Wang Z. P., Zhu Z. D. & al. in Fl. China 22: 97. 2006.

秆柄长3～20cm，直径0.7～2cm，具12～60节，节间长1～10mm，无毛，有光泽，实心；鳞片三角形，交互作覆瓦状紧密排列成2行，淡黄白色，光亮，上半部有纵脉纹明显，边缘生有纤毛。秆丛生，高2～3（4.5）m，直径0.6～1.2cm，常略作"之"字形曲折；全秆共有21～36节，节间长12～15（20）cm，基部数节间长3～7cm，圆柱形，实心或几实心，幼时被白粉或稀可无白粉，绿色、灰绿色或紫色，老时黄色或黄绿色，细纵肋不甚明显，髓为锯屑状；箨环隆起，褐色或灰褐色，无毛；秆环隆起乃至显著隆起，幼时常为紫色；节内高1～3mm，幼时带紫色，无毛。秆芽5～11枚组合成半圆形复合芽，贴生，长4～8mm，宽6～12mm，灰白色至灰褐色，微粗糙，边缘生白色短纤毛。秆的每节分枝5～17枚，纤细，簇生，斜展，长13～40cm，直径1～1.5mm，无毛，幼时常有白粉，淡绿色或紫色，节上一般不再分生次级枝。笋紫红色，具黄褐色刺毛；箨鞘早落至迟落，暗紫色至淡黄白色，薄革质，向顶端逐渐变为更薄，长三角形，长11～25cm，宽2～5cm，先端逐渐变狭窄，顶端宽2～4mm，背面被极稀疏黄褐色刺毛，纵脉纹显著，小横脉在上半部不明显或明显，常无缘毛；箨耳和鞘口继毛俱缺；箨舌舌状突出，常具细小裂缺，深紫色至暗褐色，无毛，高1～3mm；箨片线状披针形，外翻，长2～8cm，宽1～1.5mm，先端渐尖，基部不收缩，无毛，边缘微粗糙，常内卷。小枝具叶3～5；叶鞘长2～3cm，淡绿色或暗绿色，无毛，边缘常具黄褐色短纤毛；叶耳无，鞘口两肩无继毛或偶有1～2条继毛；叶舌截平形或圆弧形，紫色或淡绿色，无毛，高1～1.5mm；叶柄长1～2mm，微被白粉质；叶片狭披针形，纸质，长（5）7～13cm，宽7～12mm，先端长渐尖，基部楔形，下面灰绿色，两面均无毛，次脉3～4对，小横脉不甚清晰，边缘一侧具小锯齿，另一侧近于平滑。花枝未见。笋期7～9月。

可供扎制扫把和劈篾编织背篓、撮箕等用。

在四川泸定，常见有野生大熊猫采食本竹种。

分布于中国四川西南部、云南东北部至西北部。生于海拔1380～3200m的荒坡、陡岩上或针阔叶混交林下。

耐寒区位：8～9区。

9.7.3 墨竹（四川天全）

Fargesia incrassata Yi in J. Bamb. Res. 19 (1): 16. f. 4. 2000, & in J. Sichuan For. Sci. Techn. 21 (2): 17. f. 4. 2000; Yi & al. in Icon. Bamb. Sin. 431. 2008, & in Clav. Gen. Sp. Bamb. Sin. 128. 2009; T. P. Yi & al. in J. Sichuan For. Sci. Tech. 31 (4): 5, 11. 2010.

秆柄长9～15cm，直径0.7～1.1cm，具19～28节，节间长4～10mm，淡黄色，无毛，光亮，实心；鳞片三角形，交互作覆瓦状紧密排列成2行，革质，被微毛，边缘无纤毛。秆丛生或近散生，高3～4m，直径0.6～1cm，有的略作"之"字形曲折，梢端直立；全秆具20～25节，节间长15～20（25）cm，圆筒形，无

沟槽，绿色，无毛，幼时密被白粉，老时变为浅灰色，细纵肋明
显，秆壁厚1.7～2mm，髓为锯屑状；箨环肥厚而显著隆起，紫
褐色或褐色，无毛；秆环平或在分枝节上肿胀，淡绿色；节内高
1.5～2mm，常被白粉。秆芽多枚组合成半圆形、卵形或长卵形，
贴生，边缘初时被灰白色纤毛。秆的第7节左右开始分枝，每节分
枝9～15枚，开展或近于水平开展，长8～35cm，粗1～1.5mm，常
被白粉，几实心。箨鞘迟落，三角状长圆形，革质，紫绿色，背
面被稀疏灰黄色瘤基小刺毛，约为节间长度的3/5，长7～15cm，
先端短三角形，纵脉纹明显，小横脉不发育，通常无缘毛；箨耳
和鞘口继毛同缺；箨舌截平形或微作圆弧形，紫色，高0.5～1mm；
箨片外翻，线状三角形或线形，长0.5～4.5cm，宽1～2mm，较
箨鞘顶端稍窄，边缘具小锯齿。小枝具叶3～5；叶鞘长（2.5）

3.5～5cm，淡绿色或紫绿色，边缘通常无纤毛；叶耳无，鞘口两
肩各具5～7枚灰色直立继毛；叶舌斜截平形或近圆弧形，紫色，高
约0.5mm；叶柄长1.5～2.5mm，初时被微毛；叶片线状披针形，纸质，长11～14（16.5）cm，宽12～15mm，
先端长渐尖，基部楔形，下面灰绿色，基部初时具灰黄色短柔毛，次脉3～4对，小横脉组成长方格子状，
边缘具小锯齿。花枝未见。笋期5月。

秆用于制作毛笔杆。

在四川天全，该竹与短鞭箭竹一样，同为野生大熊猫的重要主食竹种。

分布于中国四川天全，生于海拔1350～1600m的阔叶林下。

耐寒区位：8区。

 膜鞘箭竹（四川竹类植物志） 岩斑竹（四川冕宁）

Fargesia membranacea Yi in Acta Yunnan. Bot. 14 (2): 135. f. 1. 1992; T. P. Yi in Sichuan Bamb. Fl. 204. pl.

72. 1997, & in Fl. Sichuan. 12: 182. pl. 61: 7–10. 1998; D. Ohrnb., The Bamb. World, 138. 1999; Yi & al. in Icon.

Bamb. Sin. 431. 2008, & in Clav. Gen. Sp. Bamb. Sin. 128. 2009; T. P. Yi & al. in J. Sichuan For. Sci. Tech. 31 (4): 4,

11. 2010. ——*Drepanostachyum membranaceum* (Yi) D. Z. Li in Novon 15: 600. 2005; Li D. Z., Wang Z. P., Zhu Z.

D. & al. in Fl. China 22: 97. 2006.

秆密丛生，高1.4～2m，直径0.5～1cm，梢端劲直；节间长13～15（18）cm，圆筒形，平滑，绿色，无
白粉，秆壁厚1.8～3mm，中空直径很小，常小于秆壁厚度，髓呈锯屑状；箨环隆起，无毛；秆环圆脊状隆
起；节内高1～1.5mm。秆芽半圆形，由5～7枚组成复合芽，贴生。秆每节枝条13～33枚，长15～32cm，直
径约1mm，节上一般可再分次级枝。笋紫色，有棕色刺毛；箨鞘宿存，紫色或淡紫色，带状三角形，远长
于节间，下部薄革质或纸质，上部带状狭窄，膜质，小横脉清晰，顶端宽1.5～2mm，背面纵脉纹明显，有

稀疏棕色贴生瘤基状刺毛，边缘具黄褐色纤毛；箨耳及鞘口继毛缺失；箨舌三角状圆弧形，高1~2mm，边缘初时有继毛；箨片开展或直立，线形，较箨鞘顶端为窄。小枝具叶4~5枚；叶鞘边缘初时密生黄褐色短纤毛；叶耳及鞘口两肩继毛缺失；叶舌三角状圆弧形，高1~1.5mm；叶片线状披针形，纸质，长4~9（10）cm，宽3~6（7）mm，基部楔形，下面灰绿色，两面均无毛，次脉2（3）对，小横脉明显，组成长方格子状。笋期8月。

全秆供制作扫把用。

在其自然分布区，该竹为野生大熊猫主要食竹之一。

分布于中国四川冕宁，生于海拔2360m左右的悬崖边。

耐寒区位：9区。

细枝箭竹（中国植物志）丛竹（四川彭州、安州），观音竹（四川什邡）

Fargesia stenoclada Yi in J. Bamb. Res. 8 (2): 30. f. 1. 1989; S. L. Zhu & al., A Comp. Chin. Bamb. 186. 1994; Keng & Wang in Fl. Reip. Pop. Sin. 9 (1): 404. pl. 110: 1–4. 1996; T. P. Yi in Sichuan Bamb. Fl. 199. pl. 70. 1997, & in Fl. Sichuan. 12: 178. pl. 60. 1998; D. Ohrnb., The Bamb. World, 146. 1999; Li D. Z., Wang Z. P., Zhu Z. D. & al. in Fl. China 22: 78. 2006; Yi & al. in Icon. Bamb. Sin. 433. 2008, & in Clav. Gen. Sp. Bamb. Sin. 128. 2009; T. P. Yi & al. in J. Sichuan For. Sci. Tech. 31 (4): 4, 11. 2010.

秆柄长4~8cm，具10~20节，节间长3~6mm，直径8~18（20）mm，淡黄色，无毛；鳞片三角形，黄色，交互紧密排列成2行，无毛，光亮，上部纵脉纹明显，先端具小尖头，边缘无纤毛。秆密丛生，高2.5~5.5m，直径1~1.7cm，梢端直立；全秆具24~30节，节间长20~25（30）cm，基部节间长3~5cm，圆筒形，初时绿色，以后变为灰白色至黄色，幼时微被白粉，有光泽，平滑，秆壁厚3~4（5）mm；箨环窄，稍隆起，褐色，无毛；秆环稍隆起或在分枝节上隆起，光滑；节内高2~3mm，常较节间为浓绿。秆芽半圆形，由明显的5~9枚组合而成复合芽。秆每节上枝条（1）10~40枚，斜展，长（4）12.5~45cm，具3~12节，节间长0.2~7cm，直径约1mm而近等粗，常为紫红色，无毛，在其每节上一般不再分次生枝，或稀在基部第1~2节可再分次生枝。笋绿紫色，有白色小硬毛；箨鞘早落，短于节间，长约为节间长度的1/2~3/5，三角状长圆形，薄革质，黄色，长8~14.5cm，基部宽2.7~5.5cm，先端长圆形，背面被灰白色至灰黄色开展的长刚毛，纵脉纹明显，小横脉不发育，边缘密被灰白色至灰黄色长纤毛；箨耳和鞘口继毛俱缺；箨舌圆弧形或近截平形，淡褐色，无毛，高0.5（1）mm，全缘或有时微有裂缺；箨片直立，有时微皱折，三角形或线状三角形，长2~47mm，宽1~4.5mm，基部与箨鞘顶端近等宽，纵脉纹明显，常内卷，边缘下部有时具纤毛。小枝具叶1~2枚；叶鞘长1.2~3.2cm，淡绿色，无毛，纵脉纹及上部纵脊明显，边缘生纤毛；叶耳缺，鞘口两肩各具3～5枚直立灰白色长0.5～2mm的继毛；叶舌截平形，淡绿色，无毛，高约0.4mm，全缘；叶柄长约1mm，淡绿色，无毛；叶片线状披针形，薄纸质，长（2.5）4～9.4cm，宽（4）5～9mm，先端渐尖，基部楔形，两侧对称，下面淡绿色，两面均无毛，次脉2～3对，小横脉不清晰，边缘仅一侧小锯齿稍明显。花枝未见。笋期4月下旬至5月中旬。

笋质脆嫩、清香可口，是无污染的蔬食佳品。

在四川成都彭州、德阳什邡、绵竹和绵阳安州等地，该竹是野生大熊猫的主食竹种之一。

分布于中国四川成都平原西部边缘山区的彭州、什邡、绵竹和安州，生于海拔1650～1900m的阔叶林下或灌木林中。

耐寒区位：9区。

Ⅱ.箭竹组 Sect. *Fargesia*

Sect. *Fargesia* Yi & al. in Icon. Bamb. Sin. 423. 2008, & in Clav. Gen. Sp. Bamb. Sin. 127. 2009.

灌木状或小乔木状。秆芽单一，长卵形，扁平，其先出叶内含有不明显的少数芽，紧贴秆表面；髓呈锯屑状，稀为海绵状；秆环平或稍隆起，通常低于箨环；枝环平。秆箨宿存或迟落，稀早落；箨耳存在或缺失。圆锥或总状花序，顶生，排列紧密或疏松，基部具一组由叶鞘显著扩大和稍增大的佛焰苞；花序排列紧密、短缩者，其佛焰苞宽大而与花序近等长，整个花序从佛焰苞开口一侧露出，花序长大、排列疏松者，佛焰苞则稍有扩大而远短于花序，致使花序位于一组佛焰苞上方。颖果。

到目前为止，全世界已记录大熊猫采食本组竹类有22种。

9.7.6 贴毛箭竹（中国植物志） 空心竹（四川九龙）

Fargesia adpressa Yi in J. Bamb. Res. 4 (2): 26. f. 8. 1985; T. P. Yi, l. c. 9 (1): 30. fig. 2. 1990; D. Ohrnb. in Gen. *Fargesia* 42. 1988; S. L. Zhu & al., A Comp. Chin. Bamb. 174. 1994; Keng & Wang in Fl. Reip. Pop. Sin. 9 (1): 450. pl. 126: 1–11. 1996; T. P. Yi in Sichuan Bamb. Fl. 233. pl. 88. 1997, & in Fl. Sichuan. 12: 207. pl. 71: 13–14. 1998; D. Ohrnb., The Bamb. World, 132. 1999; Li D. Z., Wang Z. P., Zhu Z. D. & al. in Fl. China 22: 90. 2006; Icon. Bamb. Sin. 438. 2008; Clav. Gen. Sp. Bamb. Sin. 139. 2009; T. P. Yi & al. in J. Sichuan For. Sci. Tech. 31 (4): 6, 12. 2010.

秆柄长5～9cm，直径1～3cm，具10～18节，节间长2～10mm；鳞片三角形，交互紧密排列，革质，淡黄褐色，光亮，上部纵条纹明显，先端具一小尖头，边缘具灰色纤毛。秆丛生，高4～6m，直径（1.5）2～3cm，梢端直立；全秆具20～28节，节间长35～40（60）cm，圆筒形，淡绿色，幼时被白粉（尤以节间上部最明显），无毛或稀在节下方具棕色刺毛，纵细线棱纹微可见，老时具明显的灰色蜡质，秆壁厚2～3mm，髓呈锯屑状；箨环稍隆起，褐色，无毛；秆环平或微隆起，淡绿色；节内高5～10mm，有白粉。秆芽长卵形，上部粗糙，边缘密生灰色纤毛。秆的第6～7节即高2m左右开始分枝，枝条在秆每节上为多数，簇生，约作35°锐角开展，长16～55cm，直径1～2.5mm，具5～8节，节间长1～14cm，直径1～2.5mm，无毛，被白粉。笋紫色或紫绿色，密被棕色伏贴刺毛；箨鞘宿存，淡黄色，革质至软骨质，三角状长圆形，短于节间，长17～35cm，宽8～10cm，上部三角形，顶端宽7～10mm，背面密被贴生棕色刺毛，微被白粉，纵脉纹仅在近顶端明显，小横脉不发育，边缘初时具棕色纤毛；箨耳无或稀具微小箨耳，鞘口两肩各具数条径直长5～10mm的褐色繸毛；箨舌紫色，圆弧形或截平形，口部有不整齐缺裂，无毛，高1～2mm；箨片外翻，线状披针形，长1.8～20cm，宽3～4mm，新鲜时淡绿色或淡紫绿色，干后变为灰褐色，内面基部微粗糙，纵脉纹明显，小横脉不发育，常内卷。小枝具叶3～4（5）；叶鞘长3.5～6cm，无毛，微被白粉，边缘无纤毛；叶耳无，鞘口两肩各具4～8条长2～7mm径直或先端弯曲的淡黄色繸毛；叶舌近圆弧形，紫褐色，口部初时具短纤毛，高约1mm；叶柄长1.5～2mm，背面初时具灰色柔毛；叶片线状披针形，纸质，长（4）10～15cm，宽（5）9～14mm，先端长渐尖，基部楔形，上面基部微被白粉，下面灰绿色，疏被灰色柔毛（基部较密），基部微有白粉，次脉3～5对，小横脉不甚清晰，边缘仅一侧具小锯齿。花枝长15～60cm，节上可再分次级花枝。总状花序由（5）7～9枚小穗组成，或少有为圆锥花序，其所含小穗多达22枚（序轴下部分枝上的小穗可多至6枚），排列紧密，生于具1（2）叶片或叶片全部脱落的小枝顶端，基部为膨大的叶鞘所包藏，或少有略露出，整个花序开初由叶鞘开口的一侧伸出，致使所有小穗通常偏向于一侧，主轴及其分枝初时具疏柔毛，在其分枝或小穗柄下方常托以小形或往上则变为丝状的苞片；小穗柄直立或上举，初时具灰黄色疏柔毛或微毛，近轴面扁平，长3～10mm，腋间具瘤枕；小穗深紫色或紫色带淡绿色，含（3）5（7）朵小花，长1.7～2.7cm，直径约2mm；小穗轴节间近轴面扁平，长3～4mm，具灰白色疏柔毛或微毛，顶端杯状，边缘具灰白色纤毛；颖2枚，纸质，彼此相距极短，先端渐尖，纵脉纹上具微毛，第一颖线状披针形，长4～7mm，宽1～1.5mm，具1～3脉，第二颖卵状披针形，长8～9mm，宽2～2.5mm，具5～7脉，小横脉略可见；外稃与颖同质，卵状披针形，先端渐尖，纵脉纹上部具微毛，基盘无毛，长8～15.5mm，宽2～4mm，具9～11脉，边缘无纤毛；内稃较外稃甚短，长5.5～10mm，先端2齿裂，背部具2脊，脊上和齿尖有纤毛，脊间宽约1mm，具2脉，脊外每侧具2脉；鳞被3，披针形，几等大，长约1mm，基部纵脉纹稍明显，边缘具纤毛；雄蕊3枚，花药黄色，长5～6mm；子房椭圆形，光亮，无毛，长约1.5mm，花柱1，顶端叉分为2，顶生羽毛状柱头。果实未见。笋期7月。花期5月，但可延续至11月。

笋略有苦味，但能食用；秆为造纸原料，亦可劈篾编织竹器。

在其自然分布区，该竹为野生大熊猫天然采食的主食竹种之一。

分布于中国四川九龙、冕宁，生于海拔2360～2700m的山地阔叶林下或缓坡地灌丛中，其垂直分布上限可达亚高山暗针叶林边缘。

耐寒区位：9区。

 油竹子（中国植物志） 水竹子、空林子（四川北川）

Fargesia angustissima Yi in J. Bamb. Res. 4 (2): 21. f. 4. 1985; D. Ohrnb. in Gen. Fargesia 15. 1988; S. L. Zhu & al., A Comp. Chin. Bamb. 175. 1994; Keng & Wang in Fl. Reip. Pop. Sin. 9(1): 437. pl. 121: 1–8. 1996; T. P. Yi in Sichuan Bamb. Fl. 228. pl. 85. 1997, & in Fl. Sichuan. 12: 204. pl. 70: 8–9. 1998; D. Ohrnb., The Bamb. World, 133. 1999; Li D. Z., Wang Z. P., Zhu Z. D. & al. in Fl. China 22: 85. 2006; Yi & al. in Icon. Bamb. Sin. 443. 2008,

& in Clav. Gen. Sp. Bamb. Sin. 135. 2009; T. P. Yi & al. in J. Sichuan For. Sci. Tech. 31 (4): 5, 12. 2010.

秆柄长1～3cm，直径7～25mm，具9～18节，节间长1.5～2.5mm；鳞片三角形，交互紧密排列，淡黄色，无毛，有光泽，上部纵脉纹明显，边缘初时具纤毛。秆密丛生，高4～7m，直径1～2cm，梢端微弯曲；全秆共有15～20节，节间长28～35cm，圆筒形，绿色，无毛，幼时被白粉，纵细线肋纹极显著，中空，秆壁厚1.5～2.5mm，髓为锯屑状；箨环隆起，褐色，无毛；秆环微隆起或隆起；节内高2～3mm，平滑，无毛。秆芽长卵形，贴生，边缘被纤毛。秆的第6～12节开始分枝，每节枝条5～10枚，纤细，上举或斜展，长24～60cm，直径1～2mm，无毛，具细线棱纹。笋紫色或紫绿色，疏生棕色刺毛；箨鞘宿存，淡黄褐色，下半部革质，上半部纸质并收窄而呈带状，远长于节间，背面上半部疏被棕色刺毛，稀无毛，纵脉纹极明显，上半部小横脉清晰，边缘幼时密生长纤毛；箨耳无，鞘口两肩各具灰白色继毛3～5条，长5～7mm；箨舌截平形或下凹，紫色，无毛，高约1mm；箨片外翻，线形，长4～10cm，宽1.5～3mm，新鲜时淡绿色，无毛，纵脉纹明显，小横脉可见或不发育，基部有关节与箨鞘顶端相连接，较箨鞘顶端为窄，内卷或平直，边缘常具小锯齿。小枝具叶3～5；叶鞘长2.3～3.2cm，近顶端被微毛或无毛，边缘初时密生灰褐色纤毛；叶耳无，鞘口两肩各具继毛5～8条，长2～3mm；叶舌微凹，紫色或淡绿色，高约0.5mm，外叶舌具灰白色柔毛；叶柄长1～2mm，背面初时被灰白色柔毛；叶片狭披针形，纸质，长（1.7）3.4～9.5cm，宽3～7mm，先端渐尖，基部楔形，下面淡绿色，基部被灰白色柔毛，次脉2（3）对，小横脉明显，边缘具小锯齿。笋期6月。花期3～4月。

笋味甜，供食用；秆材质地柔韧，宜劈篾编织竹器或作竿具。

在其自然分布区，该竹是野生大熊猫天然觅食的主食竹种之一，尤其在冬季垂直下移期间，更是不可多得的主要食竹。

分布于中国四川北川、卧龙、汶川、都江堰、崇州、大邑等县市的盆周山区，生于海拔800～1900m河岸边的陡坡地灌丛间或形成纯竹林，有时可生于石灰岩峭壁上，是难得的崖生竹种。

耐寒区位：9区。

 短鞭箭竹（中国竹类图志）

Fargesia brevistipedis Yi in J. Bamb. Res. 19 (1): 14. pl. 3. 2000, & in J. Sichuan For. Sci. Techn. 21 (2): 16. pl. 3. 2000; Yi & al. in Icon. Bamb. Sin. 444. 2008, & in Clav. Gen. Sp. Bamb. Sin. 140. 2009; T. P. Yi & al. in J.

9

大熊猫主食竹物种的多样性

225

Sichuan For. Sci. Tech. 31 (4): 6, 12. 2010.

秆柄长3.5～5cm，直径1.2～1.4cm，具17～22节，节间长2～3（5）mm，干后常微具棱；鳞片三角形，交互紧密排列成2行，革质，黄色，上部具纵条纹，先端有短尖头，边缘无纤毛。秆密丛生，高4～5m，直径1.2～2cm，梢端外倾；全秆具27～33节，基部节间长2～5cm，中部节间长28～35（40）cm，圆筒形，分枝一侧无沟槽，绿色，无毛，幼时被白粉，平滑，无纵细线棱纹，髓呈锯屑状，秆壁厚1.5～2（3）mm；箨环隆起，紫色或紫褐色，初时被黄褐色短硬毛；秆环平或在分枝节上稍肿起；节内高2～6mm，在分枝节上者向下稍变细。秆芽长卵形，贴生，初时有白粉，边缘被白色纤毛。秆的第7～9节开始分枝，枝条在秆的每节上（5）7～10（12）枚，斜展，长25～55（70）cm，直径1～2.5mm，具6～13节，节间淡绿色或紫色，其节上可再分次级枝。箨鞘迟落至宿存，紫色，软骨质，背面无毛或被稀疏贴生黄褐色瘤基小刺毛，三角状长圆形，被白粉，约为节间长度的2/3，先端短三角形，底部初时具黄褐色硬毛，背面纵脉纹显著，小横脉败育，边缘密生暗黄色或黄褐色纤毛；箨耳无，鞘口两肩繸毛缺失；箨舌截平形或微作圆弧形，紫褐色，高1～1.5mm，边缘无纤毛；箨片外翻，线形或秆下部者线状三角形，淡绿色，无毛，长1.4～16cm，宽2.5～5.5mm，较箨鞘顶端窄，边缘具微小锯齿或近于平滑。小枝具叶（3）5（6）；叶鞘长2.5～4cm，紫色或淡绿色，边缘无纤毛；叶耳无，鞘口两肩繸毛4～8条，长5～6mm，淡黄色；叶舌截平形，紫色，高约0.5mm；叶柄长1～2mm，淡绿色，初时被灰色短柔毛；叶片线形或线状披针形，纸质，长（5.5）6.5～11.5cm，宽5～8.5mm，先端长渐尖，基部楔形，下面淡灰绿色，基部初时被灰色短柔毛，次脉3～4对，小横脉组成长方形，边缘具小锯齿而粗糙。花果未见。笋期5月。

在其自然分布区，野生大熊猫冬季垂直下移时采食该竹种。

分布于中国四川天全，生于海拔1250m左右的阔叶林下。

耐寒区位：9区。

9.7.9 **紫耳箭竹**（四川竹类植物志） 毛龙头竹（中国植物志），龙头竹（重庆丰都），箭竹、实竹子（甘肃成县、徽县、两当县）

Fargesia decurvata J. L. Lu in J. Henan Agr. Coll. 1981 (1): 74. pl. 6. 1981; S. L. Zhu & al., A Comp. Chin. Bamb. 177. 1994; Keng & Wang in Fl. Reip. Pop. Sin. 9 (1): 471. pl. 132: 16–17. 1996; T. P. Yi in Sichuan Bamb. Fl. 242. pl. 92. 1997, & in Fl. Sichuan. 12: 216. pl. 72: 7–9. 1998; D. Ohrnb., The Bamb. World, 134. 1999; Li D. Z., Wang Z. P., Zhu Z. D. & al. in Fl. China 22: 93. 2006; Yi & al. in Icon. Bamb. Sin. 452. 2008, & in Clav. Gen. Sp. Bamb. Sin. 143. 2009; T. P. Yi & al. in J. Sichuan For. Sci. Tech. 31 (4): 6, 12. 2010.——*F. aurita* Yi in J. Bamb. Res. 4 (2): 22. pl. 6. 1985; D. Ohrnb. in Gen. Fargesia 16. 1988.

大熊猫主食竹生物多样性研究

秆柄长10～15cm，直径1～2cm，具18～25节，节间长4～13mm，淡黄色，无毛；鳞片三角形，交互作覆瓦状排列为2行，淡黄色，光亮，无毛，上部纵脉纹明显，长1.8～3cm，宽2.5～3.5cm，边缘一般无纤毛。秆丛生或近于散生，高1.5～3m，直径0.5～1.5cm；全秆共20～30节，节间长（3）15～20cm，圆筒形，绿色，幼时微被白粉，无毛，老时黄色，中空直径1.5～3mm，秆壁厚3～5mm，髓呈锯屑状；箨环显著隆起呈圆脊，高于秆环，褐色，无毛；秆环隆起，光亮；节内高1.5～2.5mm，无毛，有光泽。秆芽1枚，长卵形，紫红色，被微毛，边缘生短纤毛。枝条在秆每节上5～12枚，斜展，长10～40cm，直径1～1.7mm，无毛，微被白粉，其节上可再分次级枝。箨鞘早落，革质，淡黄褐色，长圆状三角形或长三角形，略短于节间，先端短三角形，背面被淡黄色或黄褐色刺毛，纵脉纹明显，小横脉不发育，边缘常无纤毛；箨耳及鞘口继毛缺失；箨舌微作三角状突出，紫色，无毛，高约1mm，边缘初时具灰白色短纤毛；箨片直立，三角形或线状三角形，不易脱落，长1.1～2.4（5.4）cm，宽5～8mm，基部与箨鞘顶端等宽，无毛，具纵脉纹，边缘具小锯齿。小枝具叶（2）4～5；叶鞘长2.3～3.3cm，淡绿色或紫绿色，无毛，边缘具黄褐色纤毛；叶耳近圆形，紫色，边缘具灰黄色继毛4～5条，长2～5mm；叶舌圆弧形，紫色紫红色，无毛，高约1mm；叶柄长1.5～4mm，淡绿色，幼时两面被灰白色柔毛；叶片披针形，纸质，长7～14.5cm，宽6～15.5mm，基部楔形，上面绿色，初时中脉两侧被灰白色柔毛，下面淡绿色，基部中脉两侧被灰白色柔毛，次脉3～4对，小横脉清晰，边缘具小锯齿。花果未见。笋期4月底至5月初。

在陕西佛坪和长青自然保护区等地，该竹是野生大熊猫的重要主食竹种之一。

分布于中国陕西南部、甘肃南部、湖北西部、湖南西北部和重庆南部，生于海拔1150～2200m的阔叶林下或荒坡地。

耐寒区位：9区。

 缺苞箭竹（中国植物志） 五枝竹、紫箭竹、空林子（四川平武），黄竹子（四川平武、北川），团竹（四川松潘），空林子、箭竹子、黄竹子（甘肃文县）

Fargesia denudata Yi in J. Bamb. Res. 4 (1): 20. f. 2. 1985；D. Ohrnb. in Gen. Fargesia 26. 1988；S. L. Zhu & al., A Comp. Chin. Bamb. 178. 1994；Keng & Wang in Fl. Reip. Pop. Sin. 9 (1): 410. pl. 112: 5–13. 1996；T. P. Yi in Sichuan Bamb. Fl. 210. pl. 76. 1997, & in Fl. Sichuan. 12: 187. pl. 64: 1–12. 1998；D. Ohrnb., The Bamb. World, 134. 1999；Li D. Z., Wang Z. P., Zhu Z. D. & al. in Fl. China 22: 79. 2006；Yi & al. in Icon. Bamb. Sin. 453. 2008, & in Clav. Gen. Sp. Bamb. Sin. 129. 2009；T. P. Yi & al. in J. Sichuan For. Sci. Tech. 31 (4): 5, 12. 2010.

秆柄长4～13cm，直径7～10mm，具12～24节，节间长2～8mm，光亮，无毛；鳞片三角形，交互作覆瓦状紧密排列，淡黄褐色，光亮，上部纵脉纹明显，长0.8～1.4cm，宽1～1.5cm，边缘上部具棕色短纤毛。秆丛生或近散生，高3～5m，直径0.6～1.3cm；全秆具25～35节，节间长15～18（25）cm，圆筒形，光滑，纵细线棱纹不发育，绿色，幼时微被白粉，无毛，中空，秆壁厚2～3mm，髓为锯屑状；箨环隆起，褐色，无毛，高于秆环或与秆环近相等；秆环平或在分枝节上稍隆起至隆起，节内高2～3mm，光亮。秆芽1枚，卵圆形或长卵形，贴生。秆每节上枝条4～15枚，纤细，下垂，长15～45（50）cm，直径1～1.5mm，紫色，无

9
大熊猫主食竹物种的多样性

毛，其节上可再分次级枝。笋淡绿色，微被白粉，无毛；箨鞘早落，近长圆形，革质，淡黄色，约为节间长度的2/3，先端近圆弧形，有时不对称，背面无毛，纵脉纹明显，小横脉不发育，边缘无纤毛；箨耳和鞘口繸毛均缺；箨舌截平形，紫色，无毛，高约0.7mm；箨片在秆下部者三角形，上部者线形或线状三角形，外翻，长0.8～5.5cm，宽1.5～6mm，无毛基部不收缩，不易脱落，纵脉纹显著，平直或在秆上部者微内卷，边缘平滑。小枝具叶2～5；叶鞘长1.5～2.5cm，绿紫色，无毛，边缘无纤毛；叶耳及鞘口繸毛俱缺；叶舌截平形或圆弧形，紫色，无毛，高约1mm；叶柄长1～2mm；叶片线状披针形或披针形，长（3）7～11cm，宽4～10mm，先端渐尖，基部楔形或阔楔形，下面淡绿色，次脉3～4对，小横脉明显，边缘平滑或幼时具稀疏微锯齿。花枝长15～55cm，各节通常可再分具花小枝，不具叶片或在上部1～3（4）枚叶鞘所扩大成的紫色佛焰苞上方具有发育的叶片。顶生总状花序从一组佛焰苞最上面一枚开口处露出，长1.5～2.5cm，宽1～1.3cm，紧密排列5～10枚小穗，呈扇形，最上方的佛焰苞等长或略长于花序。小穗柄无毛或初时被微毛，偏向穗轴之一侧，长约1mm（顶生小穗可长达2mm），下方不具苞片；小穗含花2～4，紫色或紫绿色，长1～1.5cm；小穗轴节间长0.5～1mm，上部具微毛；颖片2，纸质，狭长披针形，上部被微毛，先端渐尖或具芒状尖头，第一颖长6～8mm，宽约1mm，具3脉，第二颖长7～9mm，宽约1.5mm，具不明显的5脉；外稃卵状披针形，先端具芒状尖头，被微毛，长9～12mm，具（5）7脉；内稃狭窄，长6～10mm，幼时被微毛，先端具2齿裂，背部具2脊，脊上有小齿，脊间纵脉纹不发育，宽约1mm；鳞被3，狭窄，椭圆形，长约0.5mm，纵脉纹明显，上部边缘生纤毛；雄蕊3，花药黄色，长约3.5mm，花丝分离；子房椭圆形，无毛，长2～3mm，花柱1枚，有时具微毛，柱头3，羽毛状，长约1mm。颖果长椭圆形，紫褐色，平滑无毛，长3～4mm，径约1mm，腹面稍作弧形，具腹沟，先端具残存花柱。笋期7月。花期6月；果期9月。

笋味甜，较脆嫩，供食用；秆劈篾可编织竹器。

该竹是大熊猫常年采食的重要竹种，其自然分布区也是大熊猫种群密度较高的地区之一。

分布于中国甘肃南部文县、武都和四川北部青川、平武、松潘、北川等县；在四川平武王朗、青川唐家河，以及甘肃白水江等自然保护区内，大面积生于海拔1900～3200（3600）m的针阔叶混交林或暗针叶林下。

耐寒区位：6～7区。

 龙头箭竹（中国植物志） 龙头竹（植物研究），碧口箭竹（甘肃文县）

Fargesia dracocephala Yi in Bull. Bot. Res. 5 (4): 127. f. 4. 1985; T. P. Yi in J. Bamb. Res. 9 (1): 32. fig. 3. 1990; D. Ohrnb. in Gen. *Fargesia* 27. 1988; S. L. Zhu & al., A Comp. Chin. Bamb. 178. 1994; Keng & Wang in

Fl. Reip. Pop. Sin. 9 (1): 469. pl. 132: 1–13. 1996; T. P. Yi in Sichuan Bamb. Fl. 240. pl. 91. 1997, & in Fl. Sichuan. 12: 214. pl. 74. 1998; D. Ohrnb., The Bamb. World, 134. 1999; Li D. Z., Wang Z. P., Zhu Z. D. & al. in Fl. China 22: 93. 2006; Yi & al. in Icon. Bamb. Sin. 454. 2008, & in Clav. Gen. Sp. Bamb. Sin. 142. 2009; T. P. Yi & al. in J. Sichuan For. Sci. Tech. 31 (4): 6, 12. 2010.

秆柄长8～20cm，直径1～2cm，具14～30节，节间长5～12mm，淡黄色，平滑，无毛，有光泽；鳞片三角形，交互排列为2行，革质，淡黄色或黄褐色，无毛，光亮，先端渐尖或具一小头，上半部纵脉纹较明显，长1.5～2.5cm，宽3～4cm，边缘通常无纤毛。秆丛生或近散生，直立，高3～5m，直径0.3～2cm；全秆具25～32节，节间长15～18（24）cm，圆形，绿色，幼时被白粉，无毛，平滑，有光泽，中空小或近于实心，髓呈锯屑状，秆壁厚4～5mm；箨环显著隆起呈圆脊状，高于微隆起的秆环，褐色，无毛；秆环微隆起，有光泽；节内高2～4mm。秆芽1枚，阔卵形或长卵形，贴生，褐色或淡黄褐色，有灰色微毛，边缘生有灰色纤毛。秆每节分枝节上7～14枚，斜展，长13～35cm，直径1～2mm，常具黑垢，实心。箨鞘迟落，革质，淡红褐色，长圆状三角形或长圆形，短于节间，先端稍呈三角形或仅圆弧形，背面被灰黄色刺毛或近无毛，纵脉纹明显，小横脉不发育，边缘上部初时有黄褐色刺毛；箨耳几无，鞘口无继毛或有时具棕色短继毛；箨舌截平形，紫色，高约1mm，边缘初时有短纤毛；箨片直立或外翻，三角形或线状披针形，平直，狭于或远狭于箨鞘顶端宽度，长0.7～4.5cm，宽2～5mm，纵脉纹明显，边缘近于平滑。小枝具叶3～4；叶鞘长2.5～3.5cm，无毛，边缘常具灰色或褐色短纤毛；叶耳长圆形，紫色，长约1mm，先端具3～5条黄褐色长1～3mm直立或微弯曲的继毛；叶舌截平形，紫色，无毛，高约1mm；叶柄长1～3mm；叶片披针形，纸质，长5～12cm，宽5.5～13mm，下面淡绿色，两面均无毛，基部楔形，次脉3～4对，小横脉清晰，边缘仅一侧具小锯齿。花枝长11～35cm，各节可再分具花小枝。顶生总状花序或简单圆锥花序具（2）3（4）叶片，紧密排成小扇形或头状，从扩大成佛焰苞的开口一侧伸出，长1.8～2.5cm，宽0.5～2.5cm，最上部的1枚佛焰苞短于花序，下部分枝常具小型苞片，序轴被灰白色微毛；小穗柄偏于一侧，长0.5～1.5mm，被灰白色微毛；小穗淡绿色或紫绿色，长1～1.5cm，含1～3朵小花；小穗轴节间长0.5～3mm，无毛，扁平；颖2枚，纸质，具灰白色微毛，先端针芒状长渐尖，第一颖长4～7mm，披针形，具3～5脉，第二颖长6～11mm，卵状披针形，具7～9脉；外稃卵状披针形，长9～15mm，先端针芒状长渐尖，具7～9脉；内稃长5～10.5mm，先端2裂，背部具2脊，脊上生有纤毛，脊间宽约1mm；鳞被3，后方1片狭窄，长约1mm，前方2片披针形，长约1.5mm，边缘生纤毛；雄蕊3枚，花药黄色或黄色带紫色，长5～6mm；子房椭圆形，无毛，长约1mm，花柱1，柱头3枚，稀疏羽毛状。果实未见。笋期5月。花期5～10月。

在甘肃文县白水江自然保护区及陕西佛坪自然保护区内，该竹是野生大熊猫的重要主食竹种之一。

分布于中国湖北西部、四川北部、陕西南部和甘肃南部，生于海拔1500～2200m的阔叶林或铁杉林下。

耐寒区位：8～9区。

9.7.12 **清甜箭竹**（四川竹类植物志） 波马（彝语译音，四川冕宁）

Fargesia dulcicula Yi in J. Bamb. Res. 11 (2): 9. f. 2. 1992; T. P. Yi in Sichuan Bamb. Fl. 230. pl. 87. 1997, & in Fl. Sichuan. 12: 207. pl. 71: 13–14. 1998; D. Ohrnb., The Bamb. World, 135. 1999; Li D. Z., Wang Z. P., Zhu Z. D. & al. in Fl. China 22: 92. 2006; Yi & al. in Icon. Bamb. Sin. 454. 2008, & in Clav. Gen. Sp. Bamb. Sin. 141. 2009; T. P. Yi & al. in J. Sichuan For. Sci. Tech. 31 (4): 6, 12. 2010.

秆柄长8～10cm，直径1.8～2.5cm，具10～12节，节间长8～12mm，淡黄色，无毛，实心；鳞片三角形，革质，黄色，无毛，上部纵脉纹明显，先端具尖头，边缘初时具短纤毛。秆丛生，高3～4m，直径1～1.8cm，直立；全秆20～25节，节间一般长20～25cm，最长达30cm，基部节间长约7cm，圆筒形，但分枝一侧基部有小沟槽，绿色，无毛，幼时节下微敷白粉，平滑，无纵细线棱纹，秆壁厚2.5～4.5mm，髓呈锯屑状；箨环隆起，通常无毛或初时（笋期）有白色小刺毛，褐色；秆环平或在分枝节上稍肿起；节内高2.5～4.5mm，光亮。秆芽1枚，长卵形，贴生，边缘具灰白色纤毛。秆的第7～8节开始分枝，枝条在秆每节上8～10枚，斜展，长23～75cm，直径1～3mm，节间长0.5～13cm，绿色，无毛，中空。笋深紫色，有淡黄色斑点及稀疏小刺毛；箨鞘迟落，约为节间长度的1/3，三角状长圆形，革质，长10～20cm，宽4～7.2cm，先端短三角形，宽8～12mm，背面有稀疏灰白色或淡黄色贴生的小刺毛及淡黄色斑点，纵脉纹明显，小横脉不发育，边缘无纤毛；箨耳缺失，鞘口两肩各具6～12条紫色或淡黄褐色长5～7mm直立或开展略弯曲的继毛；箨舌截平形或圆弧形，紫色，高1～2mm，口部初时有淡黄色短纤毛，有时上部外卷；箨片外翻，三角状线形或线状披针形，长1.5～9cm，宽2～3mm，绿色或绿色带紫色，无毛，纵脉纹明显，边缘全缘。小枝具叶4～5枚；叶鞘紫色，无毛，长3～8cm，纵脉纹及上部纵脊明显，边缘无纤毛；叶耳缺失，两肩各有1～6条淡黄色或淡紫色的开展波曲的继毛；叶舌圆弧形，淡绿色，无毛，高1～1.5mm，边缘常有裂缺，无缘毛；叶柄长1～2mm，初时被面有微毛；叶片披针形，纸质，长4.5～10.5cm，宽6～11mm，先端长渐尖，基部楔形，上面绿色，下面淡绿色，两面均无毛，次脉3～4对，小横脉明显，组成长方形，边缘具小锯齿。花枝未见。笋期7月。

笋新鲜时其味淡甜，可食用；秆作围篱、竿具或划篾编织竹器。

在其自然分布区，该竹为野生大熊猫的主食竹种之一。

分布于中国四川冕宁，生于海拔约3550m的山坡顶部暗针叶林下或杂灌丛间。

耐寒区位：9区。

9.7.13 **雅容箭竹**（四川竹类植物志） 丛竹、笼竹（四川冕宁）

Fargesia elegans Yi in Act. Bot. Yunnan. 14 (2): 136. fig. 2. 1992; T. P. Yi in Sichuan Bamb. Fl. 216. pl. 79. 1997, & in Fl. Sichuan. 12: pl. 65: 8–9. 1998; Li D. Z., Wang Z. P., Zhu Z. D. & al. in Fl. China 22: 84. 2006; Yi & al. in Icon. Bamb. Sin. 457. 2008, & in Clav. Gen. Sp. Bamb. Sin. 134. 2009.

秆柄长2～4.5cm，直径0.8～1.5cm，具9～17节，节间长1.5～3.5mm，黄色或黄褐色，实心；鳞片三角形，交互覆瓦状排列，淡黄色，光亮，先端纵脉纹明显，顶端有小尖头，边缘初时有短纤毛。秆密丛生，高2～3.5m，直径0.5～1cm；梢部直立；全秆共有28～35节，节间圆筒形，长10～12cm，最长达15cm，基部节间长3～5cm，无毛，幼时敷有白粉，纵细线棱纹明显，秆壁厚3～4mm，中空度直径1～1.5mm，较秆壁厚度为小，髓为锯屑状；箨环隆起，黄褐色或褐色，无毛；秆环平或稍隆起；节内高1～1.5mm。秆芽1枚，长卵形，贴生，淡白色，近边缘具白色微毛，边缘具白色短纤毛。秆的第12节左右开始分枝，枝条在秆每节上6～11枚，斜展，长15～25cm，直径1～2mm，常有黑垢，节上可再分次级枝。箨鞘宿存，长圆状三角形，长于节间，中部以下厚纸质或薄革质，上部质地较薄，纸质或膜质，紫色，有淡黄色小斑点，长13～18cm，宽2～3.2cm，先端短三角形，顶端宽4～6mm，背面纵脉纹明显，小横脉在上部可见，无毛或稀具贴生淡黄色瘤基小刺毛，边缘无纤毛；箨耳和鞘口两肩繸毛缺失；箨舌斜截平形，紫色，无毛，高0.6～1mm；箨片在秆下部者直立，上部者开展或有时外翻，线状披针形，绿色，长1.5～5.5cm，宽1.2～3.5mm，无毛，纵脉纹明显，小横脉清晰，有时内卷，边缘初时有小锯齿。小枝具叶3～5枚；叶鞘长1.7～2.2cm，紫色，无毛，纵脉纹明显，上部纵脊不明显，边缘无纤毛；叶耳及鞘口两肩繸毛缺失；叶舌圆弧形，紫色，无毛，高约0.6mm；叶柄长1～2mm；叶片线状披针形，长3.2～6cm，宽3.8～6mm，先端渐尖，基部楔形，上面绿色，下面淡绿色，两面均无毛，次脉2（3）对，小横脉组成长方格子状，边缘一侧有小锯齿，另一侧近于平滑。花序未见。笋期8月。

秆劈篾用于编制农具或生活用具等。

在其自然分布区，该竹是野生大熊猫的主食竹种。

分布于中国四川冕宁的锦屏，生于海拔2740m左右的林下或小溪沟边灌丛中。

耐寒区位：9区。

 牛麻箭竹（中国植物志） 油竹、箭竹（四川康定），牛麻（藏语译音，四川康定）

Fargesia emaculata Yi in J. Bamb. Res. 4 (2): 29. f. 11. 1985; D. Ohrnb. in Gen. Fargesia 30. 1988; S. L. Zhu & al., A Comp. Chin. Bamb. 178. 1994; Keng & Wang in Fl. Reip. Pop. Sin. 9 (1): 475. pl. 134: 6–8.1996; T. P. Yi in Sichuan Bamb. Fl. 247. pl. 95. 1997, & in Fl. Sichuan. 12: 221. pl. 75: 8–9. 1998; D. Ohrnb., The Bamb. World, 135. 1999; Li D. Z., Wang Z. P., Zhu Z. D. & al. in Fl.

China 22: 94. 2006; Yi & al. in Icon. Bamb. Sin. 457. 2008, & in Clav. Gen. Sp. Bamb. Sin. 143. 2009; T. P. Yi & al. in J. Sichuan For. Sci. Tech. 31 (4): 6, 13. 2010.

秆柄长7～14cm，直径1～2cm，具13～19节，节间长（3）5～8mm；鳞片三角形，交互紧密排列，黄色间有紫色，无毛，光亮，上部有纵脉纹，先端具一小尖头，边缘初时生有淡黄色纤毛。秆丛生，高2.5～3.5m，粗8～12mm，梢部直立；全秆共有20～28节，节间长18～20（25）cm，基部节间长5～11cm，圆筒形，初时密被白粉，节下方通常具黄褐色小刺毛，老后变为黄色或橘红色，纵向细肋通常较明显，中空，秆壁厚2～3mm，髓为锯屑状；箨环隆起，褐色，无毛；秆环平或微隆起；节内高2～4mm，平滑，无毛，初时被白粉。秆芽长卵形，贴生，上部被短柔毛，边缘密生灰色纤毛。秆的第6～7节始分枝，每节上枝条10～17枚，簇生，纤细，作25°～35°锐角开展，长10～45cm，直径约1mm，常呈紫红色，无毛或幼时在节下方有时可具小刺毛，初时有白粉，实心或几实心。笋灰绿色带紫色，被棕色贴生的刺毛；箨鞘宿存，黄色或灰黄色，三角状长圆形，革质，短于节间，先端三角状，背面被棕色刺毛，纵向脉纹及上部小横脉均明显，边缘上部密生黄褐色纤毛；箨耳无，鞘口通常无继毛或在两肩偶有1～3条径直的灰白色继毛；箨舌圆拱形，淡绿色，高约1mm，边缘生短纤毛；箨片直立或在秆上部箨上者外翻，线状披针形，长8～85mm，宽1.5～4mm，基部较箨鞘顶端稍窄，无毛，纵脉纹明显，边缘常生灰白色短纤毛。小枝具叶3～4；叶鞘长1.7～3.3cm，紫色，无毛，边缘无纤毛；叶耳及鞘口继毛均缺；叶舌圆拱形或近截形，淡绿色，无毛或微粗糙，高约1mm；叶柄长1～1.5mm，微被白粉；叶片狭披针形，薄纸质，长（1.5）2.5～7cm，宽（2）3～7.5mm，基部广楔形，下面淡绿色，两面均无毛，次脉2或3对，小横脉不清晰，叶缘一侧稍有小锯齿。花枝未见。笋期7月。

在其自然分布区，该竹是野生大熊猫天然采食的主食竹种之一。

分布于中国四川康定，生于海拔2860～3800m的亚高山暗针叶林下。

耐寒区位：8区。

 9.7.15 **露舌箭竹**（四川竹类植物志） 约马(彝语译音，四川冕宁)

Fargesia exposita Yi in J. Bamb. Res. 11 (2): 12. f. 3. 1992; T. P. Yi in Sichuan Bamb. Fl. 249. pl. 95. 1997, & in Fl. Sichuan. 12: 222. pl. 77: 6–7. 1998; D. Ohrnb., The Bamb. World, 135. 1999; Li D. Z., Wang Z. P., Zhu Z. D. & al. in Fl. China 22: 95. 2006; Yi & al. in Icon. Bamb. Sin. 457. 2008, & in Clav. Gen. Sp. Bamb. Sin. 143. 2009; T. P. Yi & al. in J. Sichuan For. Sci. Tech. 31 (4): 6, 13. 2010.

秆柄长（1.5）2～5.5cm，直径（0.8）1～2cm，具11～23节，节间长1.5～6mm，黄色，无毛；鳞片三角形，革质，淡黄色，光亮，上部有纵脉纹明显，先端具尖头，边缘初时生有白色纤毛。秆丛生，高3～4.5（5）m，直径0.8～1.6（2.5）cm，梢端直立；全秆具22～27节，节间长20～23（35）cm，基部节间长4～5cm，圆筒形，无毛，幼时微被白粉，干后有纵细线棱纹，秆材厚3～4mm，髓呈锯屑状；箨环隆起，灰褐色，无毛；秆环平或在分枝节上肿起；节内高1.5～3mm。秆芽卵形，贴生，边缘具灰白色纤毛。秆的第10～13节开始分枝，每节上有枝条7～15枚，斜展，长20～65cm，直径1～2.5mm，幼时有白粉，后变为黑垢，中空。笋紫红色或紫红绿色，有淡黄色斑点和开展的灰白色小刺毛；箨鞘革质，早落，约为节间长度的3/5，长圆状三角形，先端短三角形或长三角形，秆上部者两肩稍高起，背面具灰白色或淡黄色开展的瘤基状小刺毛，纵脉纹明显，小横脉不发育，边缘具淡黄色或灰色纤毛；箨耳缺失，肩毛缺失或有2～3枚长约lmm的灰色直立继毛；箨舌较箨片基部为宽，常露出在箨鞘顶端两侧，紫色，截平形或秆上部者凹陷，无缘毛，高0.5～lmm；箨片直立或开展，紫色或绿色，三角形或三角状线形，较箨舌为窄，长1.5～4.5cm，宽1.2～2.3mm，无毛，纵脉纹明显，边缘常有微锯齿。小枝具叶3～6枚；叶鞘长2.3～3.6cm，淡绿色或紫绿色，无毛，边缘无纤毛；叶耳及鞘口两肩继毛缺失；叶舌紫色或绿色，圆弧形或斜截平形，高约0.5mm，外叶舌具灰白色短柔毛；叶柄长1～1.5mm，紫绿色，无毛；叶片线状披针形，纸质，长4～9.5cm，宽4～8mm，先端渐尖，基部楔形，下面淡绿色，无毛，次脉（2）3对，小横脉明显，组成长方形，边缘具小锯齿。花枝未见。笋期7月。

笋味淡，可食用；秆可劈篾供编织竹器。

在冕宁冶勒自然保护区，该竹是野生大熊猫的重要主食竹种。

分布于中国四川冕宁，生于海拔2750～2800m的山地灌丛间或林下。

耐寒区位：9区。

9.7.16 **丰实箭竹**（中国主要植物图说•禾本科） 油竹（四川康定），山竹子（四川泸定、石棉），笼笼竹（四川冕宁），马（彝语译音，四川昭觉），白马（彝语译音，四川雷波）

Fargesia ferax (Keng) Yi in J. Bamb. Res. 2 (1): 39. 1983; D. Ohrnb. in Gen. Fargesia 32. 1988; S. L. Zhu & al., A Comp. Chin. Bamb. 179. 1994; Keng & Wang in Fl. Reip. Pop. Sin. 9 (1): 433. pl. 120: 1–9. 1996; T. P. Yi in Sichuan Bamb. Fl. 224. pl. 83. 1997, & in Fl. Sichuan.12: 199. pl. 68. 1998; D. Ohrnb., The Bamb. World, 135. 1999; Li D. Z., Wang Z. P., Zhu Z. D. & al. in Fl. China 22: 85. 2006; Yi & al. in Icon. Bamb. Sin. 485. 2008, & in Clav. Gen. Sp. Bamb. Sin. 135. 2009; T. P. Yi & al. in J. Sichuan For. Sci. Tech. 31 (4): 5, 12. 2010. ——*Arundinaria ferax* Keng in Sinensia 7 (3): 408. 1936. ——*Sinarundinaria ferax* (Keng) Keng f. in Nat'l. For. Res. Bur. China, Techn. Bull. No. 8: 13. 1948.

秆柄长4～7cm，直径2.2～4cm，具15～23节，节间长3～8mm；鳞片三角形，交互紧密排列，黄褐色，无毛，光亮，上部具纵脉纹，边缘常无纤毛。秆丛生，高4～10m，直径2～5cm，梢端直立；全秆共有29～35节，节间长25～30（50）cm，圆筒形，绿色，幼时微被白粉，无毛，或节下有时被棕色刺毛，纵细肋很显著，中空，秆壁厚2～5mm，髓丰富，初时海绵状，后变为锯屑状；箨环隆起，黄褐色或褐色，无毛；秆环平；节内高6mm，平滑，初时微有白粉。秆芽长卵形，贴生上部密生灰白色柔毛，边缘密生灰白色纤毛。秆每节分枝6～17枚，簇生，常作25°锐角开展，长20～80cm，直径1～3mm，紫色，无毛，中空度极小。笋淡绿色，有紫色斑块，密生棕色短刺毛；箨鞘宿存，黄褐色，革质，三角形或长三角形，远长于节间，先端线状三角形狭窄，顶端宽3～6mm，背面被瘤基贴生棕色刺毛，纵脉纹明显，小横脉不发育，边缘初时密生棕色刺毛；箨耳无，鞘口两肩各具繸毛4～13条，长2～7mm；箨舌高约1mm，下凹，无毛；箨片外翻，线状披针形，新鲜时灰绿色，无毛，长1～19cm，宽1～3.5mm，较箨鞘顶端为窄，纵脉纹明显，常内卷，边缘通常平滑。小枝具叶（2）3～5；叶鞘长2.6～4cm，紫色或紫绿色，无毛，边缘具黄褐色短纤毛或无纤毛；叶耳无，鞘口两肩各具繸毛3～6条，长1～3mm；叶舌微凹，淡绿色，口部无繸毛，高约1mm，外叶舌初时具灰白色柔毛；叶柄长1～2mm，初时被灰白色或灰黄色柔毛；叶片狭披针形，薄纸质，长3.6～10cm，宽3～6.5mm，先端渐尖，基部楔形，下面淡绿色，基部被灰白色短柔毛，次脉2～3对，小横脉常不发育，边缘仅一侧具小锯齿。总状花序疏松地具3～6枚小穗；小穗柄细长，平滑，长10～22mm，弯曲或作波状曲折，能自叶鞘的侧旁伸出；小穗淡绿色或紫色，含2～7朵小花，长14～28mm，各小花互作覆瓦状排列，顶生小花不发育；小穗轴节间粗短，长2～3mm，无毛或向顶端生有小微毛；颖2枚，膜质，先端尖锐或渐尖，第一颖较窄，长5～11mm，具3～5脉，第二颖长9～15mm，具9脉，除近边缘处外，均多少有些短柔毛；外稃卵状披针形，先端具一渐尖的尖头，生有短柔毛，具9脉，其脉间尚有小横脉，基盘贴生白色或灰白色的髯毛（长约1mm），第一外稃连同其尖端在内长11～16mm；内稃长9～10mm，先端具2齿，背部的2脊间凹陷成一纵沟，脊上生纤毛；鳞被3枚，长约2mm，前方的2枚稍呈半圆卵形，后方1枚为狭披针形，下部具纵脉纹，上部生纤毛；雄蕊3枚，花药黄棕色，长约7mm；子房红棕色，长约1.5mm，先端延伸为2枚长约1mm的花柱，其基部彼此相连，柱头作羽毛状，长3～4mm。花期4月。果实未见。笋期6月底至7月。

笋微有苦味，但仍可食用；秆用途广，既可用于编织竹器，也可用于造纸。

在其自然分布区，除布拖以外，该竹均为大熊猫觅食的重要主食竹种。

分布于中国四川康定、泸定、石棉、冕宁、雷波、越西、甘洛、布拖等地，即北自折多山东坡，经由大相岭至小相岭而进入南端的大凉山，生于海拔1700～3200m的阔叶林、冷杉林下或灌丛间。

耐寒区位：9区。

 九龙箭竹（中国植物志） 冷竹（四川九龙）

Fargesia jiulongensis Yi in J. Bamb. Res. 4 (2): 22. f. 5. 1985; D. Ohrnb. in Gen. Fargesia 40. 1988; Keng & Wang in Fl. Reip. Pop. Sin. 9 (1): 440. pl. 122: 6, 7. 1996; T. P. Yi in Sichuan Bamb. Fl. 230. pl. 85. 1997, & in Fl. Sichuan. 12: 206. pl. 70: 1–7. 1998; D. Ohrnb., The Bamb. World, 136. 1999;Li D. Z., Wang Z. P., Zhu Z. D. & al. in Fl. China 22: 86. 2006; Yi & al. in Icon. Bamb. Sin. 466. 2008, & in Clav. Gen. Sp. Bamb. Sin. 135. 2009; T. P. Yi & al. in J. Sichuan For. Sci. Tech. 31 (4): 5, 12. 2010.

秆柄长4～6.5cm，直径1～2cm，具15～18节，节间长2～5mm；鳞片三角形，交互紧密排列，黄褐色或黄色，无毛，有光泽，上部纵脉纹明显，边缘密生黄褐色纤毛。秆丛生，高3～5m，粗1～2cm；全秆具22～29节，节间长20～30cm，质地较脆性，圆筒形，稀在分枝节间基部微扁平或具浅沟，无毛，初时被白粉，平滑，无纵细线棱纹，中空，秆壁厚2.5～3.5mm，髓初为海绵状，后渐变为锯屑状；箨环隆起至显著

234

隆起，褐色，无毛；秆环较平或微隆起，通常较箨环为低；节内高1～2mm，平滑，光亮。秆芽半圆形或卵圆形，贴生，上部及两侧具短柔毛，边缘生纤毛。秆的第8～9节开始分枝，每节分枝5～15，簇生，长15～60cm，直径1～2mm，初时有白粉，紫色，无毛。笋淡紫红绿色或紫红色，密被棕色刺毛；箨鞘早落，灰黄色，下半部革质，上半部纸质，长三角形或长三角状长圆形，长于节间，先端渐狭成长三角形，背部密生黄褐色刺毛，纵向脉纹明显，边缘具棕色刺毛；箨耳及鞘口继毛俱缺；箨舌截形，舌状突出，紫绿色，高1.5～7mm，上缘具稀疏纤毛；箨片线状披针形，外翻，灰绿紫色，长6～40mm，宽1.5～2.5mm，两面基部均有微毛，纵脉纹显著，其基部较箨鞘顶端为窄，两者间有关节相连接，常内卷。小枝具叶(2)3～5；叶鞘长2～5cm，初时上部沿纵脊有灰黄色柔毛，边缘具黄褐色短纤毛；叶耳及鞘口继毛俱缺；叶舌截形，紫色，口部具继毛，高约1mm；叶柄长1～2mm，背面密被灰色或灰黄色柔毛；叶片狭披针形，纸质，长5.5～13cm，宽4～9mm，先端渐尖，基部楔形，下面淡绿色，基部密被灰色柔毛，次脉3或4对，小横脉可见，边缘具小锯齿。花果未见。笋期7月。

笋可食用；秆劈篾供编织竹器。

在其自然分布区，该竹是野生大熊猫天然取食的竹种之一。

分布于中国四川九龙，生于海拔2800～3400m的云杉、冷杉林下。

耐寒区位：8区。

 马骆箭竹（四川竹类植物志） 马骆（彝语译音，四川冕宁）

Fargesia maluo Yi in J. Bamb. Res. 11 (2): 6. f. 1. 1992；T. P. Yi in Sichuan Bamb. Fl. 212. pl. 77. 1997, & in Fl. Sichuan. 12: 190. pl. 64: 13–14. 1998；D. Ohrnb., The Bamb. World, 137. 1999；Yi & al. in Icon. Bamb. Sin. 471. 2008, & in Clav. Gen. Sp. Bamb. Sin. 130. 2009；T. P. Yi & al. in J. Sichuan For. Sci. Tech. 31 (4): 5, 12. 2010.

秆柄长5～10cm，直径1.2～2.3cm，具11～22节，节间长2.5～10mm，淡黄色，无毛，实心；鳞片三角形，革质，黄色，无毛，上部具不甚明显的纵脉纹，先端具短尖头，边缘初时具淡黄色纤毛。秆丛生，高3～4.5m，直径1～2cm，直立；全秆约有25节，节间长20～25（32）cm，圆筒形，绿色，无毛，节下微被白粉，无纵细线肋纹，秆壁厚3～4mm，髓呈锯屑状；箨环隆起，灰褐色，无毛；秆环稍肿起；节内高1.5～2mm，有时被白粉。秆芽1枚，长卵形，贴生，边缘有灰白色纤毛。分枝始于秆的第6～8节，枝条在秆每节上4～11枚，上升或开展，长（8）15～40cm，直径1～3mm，节间常为紫色。笋新鲜时绿色或绿色带紫色，无毛，微有白粉；箨鞘早落，革质，三角状长圆形，约为节间长度的4/5，先端近圆弧形，常有5～7mm的短颈状收缩，歪斜，背面无毛，微有白粉，纵脉纹明显，上部小横脉稍明显，边缘初时具灰白色短纤毛；箨耳及鞘口两肩继毛缺失；箨舌拱形，绿色有紫色边缘，无毛，高约1mm，无缘毛；箨片外翻，三角状披针形或线状披针形，绿色或绿色稍带紫色，无毛，长0.6～5.5cm，宽1.5～2.5mm，边缘近于平滑。小枝具叶（1）2枚；叶鞘长2～3.6cm，紫色，无毛，边缘无纤毛；叶耳及鞘口两肩继毛缺失；叶舌圆弧形，紫色，无毛，高0.5～0.8mm，无缘毛；叶柄长1～1.5mm，紫色或绿紫色，上面被白粉，无毛；叶片线状披针形，纸质，长2.8～6cm，宽4.5～7mm，先端渐尖，基部楔形，下面淡绿色，两面均无毛，次脉2～3对，小横脉组成长方形，边缘具细小锯齿。花枝未见。笋期7月。

笋味淡，可食用；秆劈篾可编织竹器。

在其自然分布区，该竹为野生大熊猫的主食竹种之一。

分布于中国四川冕宁县拖乌乡阳落沟，生于海拔3600m的山顶部暗针叶林下。

耐寒区位：9区。

神农箭竹（竹子研究汇刊） 窝竹（竹子研究汇刊），小龙竹（湖北神农架）

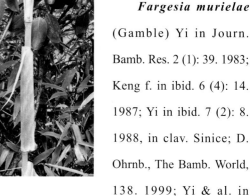

Fargesia murielae (Gamble) Yi in Journ. Bamb. Res. 2 (1): 39. 1983; Keng f. in ibid. 6 (4): 14. 1987; Yi in ibid. 7 (2): 8. 1988, in clav. Sinice; D. Ohrnb., The Bamb. World, 138. 1999; Yi & al. in Icon. Bamb. Sin. 473. 2008. & in Clav. Gen. Spec. Bamb. Sin. 129. 2009. ——*Arundinaria murielae* Gamble ex Bean in Kew Bull. Misc. Inform. 1920: 344. 1920; Keng & Wang in Flora Reip. Pop. Sin. 9 (1): 409. 1996; ——*Sinarundinaria murielae* (Gamble) Nakai in J. Bot. 11 (1): 1. 1935; Soderstrom in Brittonia 31 (4): 495. 1979.

秆高1～5m，直径0.5～1.4cm；节间长15～23cm，圆筒形，幼时微被白粉，秆壁厚1.5～2.5mm；髓呈锯屑状；箨环隆起；秆环平或稍隆起；节内高4～5mm，幼时被白粉。秆芽1枚，长卵形，边缘密生灰色或灰黄色短纤毛。秆每节上枝条3～10枝簇生，直径1～1.5mm，节间实心。箨鞘迟落乃至宿存，革质，长圆形，先端圆，背面无毛或稀上部近边缘处偶有灰色小刺毛，边缘初具黄褐色短纤毛；箨耳和鞘口继毛均缺；箨舌圆拱形或近截形，无毛，极低矮，高仅0.5～1mm；箨片外翻，三角形、长三角形或线形，基部远较箨鞘顶端为窄。小枝具叶1～2（6）；叶鞘长2.8～3.5cm，边缘无纤毛；叶耳无，鞘口继毛1～5枚，长1～3mm；叶舌截形，无毛，高约1mm；叶片长6～10cm，宽8～12mm，基部阔楔形或近圆形，下表面灰绿色，两面均无毛，次脉3～4对，小横脉可见，叶缘之一侧具小锯齿而略粗糙，另一侧则近于平滑。笋期5月。

笋供食用。

在秦岭，该竹是大熊猫在高海拔区域的大熊猫主食竹；在奥地利美泉宫动物园和芬兰艾赫泰里动物园，均见用从中国引种的神农箭竹饲喂圈养的大熊猫。

分布于中国湖北神龙架林区，是神农架垂直分布最高的一种竹子，海拔高度为2800～3000m；欧洲庭园中普遍引种栽培。在秦岭中段的陕西平河梁国家级自然保护区、长安光头山及柞水牛背梁自然保护区等地，广泛分布有神农箭竹。

耐寒区位：8区。

Fargesia nitida (Mitford) Keng f. ex Yi in J. Bamb. Res. 4 (2): 30. 1985; D. Ohrnb. in Gen. Fargesia 47. 1988; S. L. Zhu & al., A Comp. Chin. Bamb. 181. 1994; Keng & Wang in Fl. Reip. Pop. Sin. 9 (1): 428. pl. 118: 1–14. 1996; T. P. Yi in Sichuan Bamb. Fl. 221. pl. 82. 1997, & in Fl. Sichuan. 12: 197. pl. 67. 1998; D. Ohrnb., The Bamb. World, 140. 1999; Li D. Z., Wang Z. P., Zhu Z. D. & al. in Fl. China 22: 83. 2006; Yi & al. in Icon. Bamb. Sin. 473. 2008, & in Clav. Gen. Sp. Bamb. Sin. 133. 2009; T. P. Yi & al. in J. Sichuan For. Sci. Tech. 31 (4): 5, 12. 2010. ——*Arundinaria nitida* Mitford in Gard. Chron. ser. Ⅲ. 18: 186. f. 33. 1895, & Bamb. Gard. 73. 1896. ——*Sinarundinaria nitida* (Mitford) Nakai in J. Jap. Bot. 11: 1. 1935; Y. L. Keng, Fl. Ill. Pl. Prim. Sin. Gramineae 22. fig. 12. 1959, quoad nom.

秆柄长10～13cm，直径1～2cm，具15～20节，节间长4～12mm；鳞片三角形，交互紧密排列成2行，幼时黄色而边缘带紫色，老后变为黄褐色，无毛或位于前端者上部近边缘有时具极稀疏的灰色小刺毛，光亮，上半部及近边缘具明显的纵脉纹，先端具一小尖头，边缘通常无纤毛。秆丛生或近散生，高2～4（5）m，直径1～2cm，梢端径直或为弯曲；全秆计25～35节，节间长11～20（25）cm，圆筒形，绿色或黄绿色，幼时被白粉，无毛，光滑，纵细线棱纹不发育，中空，秆壁厚2～3mm，髓锯屑状；箨环隆起，较秆环为高，褐色，无毛；秆环稍隆起或隆起。节内高1.5～2.5mm。秆芽长卵形，贴生，近边缘粗糙，边缘具灰色纤毛。秆每节上枝条（5）15～18枚，簇生，上举，长20～45cm，直径1.5～2mm，有时呈紫色，无毛。笋紫色，被极稀疏灰色小硬毛或无毛；箨鞘宿存，革质，三角状椭圆形，紫色或紫褐色，通常略长于节间，背面无毛或初时疏被灰白色小硬毛，纵脉纹明显，小横脉不发育，边缘常无纤毛；箨耳及鞘口继毛俱缺；箨舌圆弧形，紫色，高约1mm，边缘初时密生短纤毛；箨片外翻，或位于秆下部者直立，三角形或线状披针形，淡绿色，干后平直，长5～50mm，宽2～6mm，纵脉纹明显，边缘无锯齿或有微锯齿在秆上部者常有关节与箨鞘顶端相连接而易脱落。小枝具叶（1）2～3；叶鞘长2.2～2.8（4）cm，常为紫色，无毛，边缘上部常密生灰褐色纤毛；叶耳无，鞘口无继毛或初时有微弱灰白色继毛；叶舌截平形或圆弧形，紫色，初时口部有白色短纤毛，高约1mm；叶柄长1～1.5mm；叶片线状披针形，纸质，长3.8～7.5（9.5）cm，宽6～10mm，先端渐尖，基部楔形，下面灰绿色，无毛，次脉3（4）对，小横脉较清晰，边缘近于平滑或一侧具微锯齿。花枝长达44cm，各节一般可再分生具花小枝，不具叶片或其上部1～3枚鞘状的紫褐色佛焰苞上具发育的长2.5～7cm的叶片。总状花序顶生，从佛焰苞开口一侧伸出，紧密排列7～10枚小穗，长2.5～4cm，宽11.5cm，其下托以数枚佛焰苞，最上面1枚佛焰苞等长或稍长于花序；小穗柄无毛或幼时偶有微毛，全部偏于穗轴的一侧，长1～2mm，在中部以下常具1枚小形苞片，不分裂或处于穗轴下部者深2裂；小穗含2～4朵小花，呈小扇形，长11～15mm，紫色或绿紫色；小穗轴节间长1.5～2mm，无毛或有时被微毛；颖2枚，细长披针形，纸质，先端渐尖或具芒状尖头，上部生微毛而粗糙，第一颖长8～11mm，宽约1mm，具3脉，第二颖长10～13mm，宽约1.5mm，具5脉；外稃质地坚韧，卵状披针形，先端锥状或具芒状尖头，第一外稃长11～15mm，具5～7（9）脉，被微毛；内稃长6.5～12mm，先端2齿裂，被微毛，脊上有小锯齿；鳞被3，后方的1片极窄，长约1mm，前方的2片披针形，长约1.5mm，宽约0.5mm，顶端生纤毛，下部具脉纹；雄蕊3，花药黄色，长4～7mm；子房椭圆形，无毛，长约1.5mm，花柱1枚，柱头3枚，长1～1.5mm，羽毛状。颖果卵状，黄褐色至深褐色，无毛，长4～6mm，直径1.1～1.8mm，先端具1枚长约1mm的宿存花柱，具浅腹沟。笋期4月底至5月，在四川卧龙野牛沟见有7月初出笋现象。花期5～8月；果期8～9月。

除甘肃的宕昌、迭部外，该竹是其分布区内野生大熊猫的重要主食竹种；该竹曾于1981—1984年大面积同时开花死亡，竹种成熟坠落后又长出新苗，再度形成竹林，现已全面恢复旺盛生长期。在四川卧龙中国大熊猫保护研究中心和苏格兰爱丁堡动物园，均见用该竹饲喂圈养的大熊猫。

分布于中国四川若尔盖、九寨沟、松潘、黑水、茂县、理县、汶川等县及甘肃宕昌、文县、迭部；生于海拔2400～3200m的针阔叶混交林、暗针叶林或明亮针叶林下，形成大面积的灌木竹林层片。

耐寒区位：6～7区。

9.7.21 团竹（中国植物志）

Fargesia obliqua Yi in Acta Yunnan. Bot. 8 (1): 48. f. 1. 1986; D. Ohrnb. in Gen. Fargesia 51. 1988; S. L. Zhu & al., A Comp. Chin. Bamb. 182. 1994; Keng & Wang in Fl. Reip. Pop. Sin. 9 (1): 418. pl. 114: 20, 21. 1996; T. P. Yi in Sichuan Bamb. Fl. 208. pl. 75. 1997, & in Fl. Sichuan. 12: 187. pl. 63:13–16. 1998; D. Ohrnb., The Bamb. World, 144. 1999; Li D. Z., Wang Z. P., Zhu Z. D. & al. in Fl. China 22: 80. 2006; Yi & al. in Icon. Bamb. Sin. 478. 2008, & in Clav. Gen. Sp. Bamb. Sin. 131. 2009; T. P. Yi & al. in J. Sichuan For. Sci. Tech. 31 (4): 5, 11. 2010.

秆柄长2.5～5（6.5）cm，具12～14节，节间长1.5～6（7）mm，直径6～10（16）mm；鳞片三角形，

交互紧密排列，淡黄褐色，无毛，先端具一小尖头。秆丛生，高2～4m，直径0.5～1.2cm，直立，有时作"之"字形曲折；全秆具22～33节，节间长18～24（28）cm，圆筒形，绿色，无毛，幼时微被白粉，秆壁厚1.5～3.5mm，髓呈锯屑状；箨环隆起，灰色，无毛，在不分枝节上者高于秆环，在分枝节上者与秆环近等高；秆环稍隆起，或在分枝节上隆起；节内高1.5～2mm。秆芽卵形或三角状卵形，灰色，贴生。秆的第6～7节开始分枝，每节上枝条（1）3（5）枚，斜展，长17～32cm，直径0.8～2mm。箨鞘宿存，长约为节间长度之半，革质，长圆形或三角状长圆形，先端圆拱形，背面无毛，纵脉纹明显，边缘密生小纤毛；箨耳及鞘口继毛均无；箨舌圆弧形，高约1mm，略呈"山"字形或偏斜，紫色，无毛；箨片直立，三角形或三角状披针形，长1.1～7.2cm，宽3.5～6mm，基部与箨鞘顶端等宽，无明显关节相连接，不易脱落，无毛，纵脉纹明显，边缘具小锯齿或近于平滑。小枝具叶2～3（4）枚；叶鞘长2.6～4cm，无毛，背部通常无纵脊，边缘常无纤毛；叶耳及鞘口继毛均缺；叶舌斜截平形，紫色，无毛，高约0.7mm；叶柄长2～4mm，紫色；叶片长圆状披针形，纸质，长（4）6.5～9（12）cm，宽（9）12～18mm，无毛，下面灰白色，先端长渐尖，基部略呈圆形，两侧明显不对称，次脉4对，小横脉不甚明显，边缘具小锯齿而略粗糙。笋期7月。

在其自然分布区，该竹是野生大熊猫的重要主食竹种；2004年下半年开始全面开花，现已基本恢复成林。

分布于中国四川的北川、松潘、茂县、平武交界的亚高山地区以及甘肃迭部、文县；海拔2400～3300（3700）m的暗针叶林或针阔叶混交林下生长有大面积的本竹种。

耐寒区位：8区。

 小叶箭竹（四川竹类植物志） 丛竹、笼竹（四川冕宁）

Fargesia parvifolia Yi in J. Bamb. Res. 10 (2): 15. fig. 1. 1991; T. P. Yi in Sichuan Bamb. Fl. 214. pl. 78. 1997, & in Fl. Sichuan. 12: 191. pl. 65: 1–7. 1998; D. Ohrnb., The Bamb. World, 144. 1999; Yi & al. in Icon. Bamb. Sin. 482. 2008, & in Clav. Gen. Sp. Bamb. Sin. 129. 2009.

秆柄长4.5～7.5cm，直径1.5～2.5cm，具13～16节，节间长2～8mm，淡黄色，无毛，光亮，平滑；鳞片三角形，交互排列成2行，淡黄色，无毛，上部具纵脉纹，先端具小尖头，边缘无纤毛。秆丛生，直立，高4～5.5m，直径1.5～2cm；全秆具24～29节，节间长24（33）cm，基部节间长约5cm，圆筒形，无沟槽，绿色，无毛，幼时被白粉，纵细线棱纹不明显，中空，秆壁厚1.5～3.5mm，髓呈锯屑状；箨环隆起，灰黄色，无毛；秆环稍隆起；节内高1.5～3mm。秆芽长卵形，贴生，被白粉，边缘具淡黄色短纤毛。秆的第7～11节开始分枝，每节枝条7～17枚簇生，斜展或上升，长22～45cm，直径1～2mm，紫色或黄色。箨鞘迟落，长圆形，革质，约为节间长度的1/2，基部宽3.5～6cm，先端截圆形，两侧不对称，宽1.8～3cm，上部一侧有时微波状皱褶，背面无毛，被白粉，纵脉纹明显，边缘初时具短纤毛；箨耳和鞘口两肩继毛俱缺，或偶在每侧各具1～2条长1～2mm之继毛；箨舌高约0.8mm，圆弧形或斜截平形，紫褐色，无毛，口部亦无纤毛；箨片外翻，线状披针形，有时皱褶，远较箨鞘顶端为窄，内卷，长1.5～6.5cm，宽1.5～2mm，无毛，纵脉纹明显，边缘初时有微锯齿。小枝具叶（1）2（3）；叶冬季凋落；叶鞘长（1.2）2.2～3.2cm，紫色或紫绿色，无毛，背部纵脊不明显或稍明显，纵脉纹明显，边缘无纤毛；叶耳和鞘口继毛缺失；叶舌圆弧形或近截平形，紫色，无毛，高约0.5mm；叶柄长约1mm，紫色；叶片线状披针形，纸质，长（2.5）3.5～6.5cm，宽3～7mm，先端渐尖，基部楔形，下面淡绿色，两面均无毛，次脉2（3）对，小横脉组成长方格子状，边缘有微锯齿。花、果待考。笋期8月。

秆材供建筑或劈篾编织竹器等用。

在其自然分布区，该竹为野生大熊猫常年采食的重要主食竹种。

分布于中国四川冕宁锦屏。生于海拔3360m左右的暗针叶林下。

耐寒区位：9区。

少花箭竹 笼竹 （竹子研究汇刊），箭竹（四川西昌）

Fargesia pauciflora (Keng) Yi in J. Bamb. Res. 4 (2): 25. 1985 & in Bull. Bot. Res. 5(4): 125. 1985, in nota; Sichuan Bamb.Fl. 199. pl.70.1997, & in Fl. Sichuan. 12: 178. pl. 60. 1998; Li D. Z., Wang Z. P., Zhu Z. D. & al. in Fl. China 22: 90. 2006; T. P. Yi & al. in J. Sichuan For. Sci. Tech. 31 (4): 4, 11. 2010; Yi & al. in Icon. Bamb. Sin. 433. 2008, & in Clav. Gen. Sp. Bamb. Sin. 128. 2009. —— *Arundinaria pauciflora* Keng in J. Wash. Sci. 26: 397. 1936. ——*Sinarundinaria pauciflora* (Keng) Keng f. in Techn. Bull. Nat'l. For. Res. Bur. China no. 8: 14. 1948.

秆高 (2) 4～6m，直径1～3(4) cm；节间长35～40（60）cm，圆筒形，但在具分枝的一侧基部微扁，幼时密被白粉，具纵细线肋纹，秆壁厚2～4（6）mm；箨环隆起，初时密被黄褐色刺毛；秆环平。秆芽长卵形。秆每节上枝条多达10枚。箨鞘宿存或迟落，三角状长圆形，短于节间，背面无毛或有极稀疏的黄褐色刺毛，边缘密生黄褐色刺毛；箨耳无或鞘口两肩继毛俱缺；箨舌高1～2.5mm，边缘具微裂齿；箨片外翻，线状披针形，边缘常具小锯齿。小枝具叶2～3；叶耳及鞘口两肩继毛均缺；叶舌高不及1mm；叶柄背面被微毛；叶片长（6.5）9～14cm，宽7～12mm，下面基部被灰色或灰褐色柔毛，次脉2～3（4）对，小横脉不甚清晰。总状花序常仅含3小穗，不外露或最后为短伸出，长2～3cm；小穗柄直立，无毛，长2～4mm，常托以长2～3mm之苞片；小穗含4或5朵小花，长16～21mm，略呈紫色；小穗轴节间粗壮，长2.5～4mm，背面贴生短柔毛，顶端边缘具纤毛；颖无毛或有时向顶端具小纤毛，第一颖卵形，急尖，长3～4mm，具1～3脉，第二颖先端突尖，长6～7.5mm，具7～9脉；外稃卵状披针形，渐尖，具7～9脉，有小横脉呈网状，无毛或在脉上生有微毛，第一外稃长8～12mm，基盘被白色短柔毛；内稃狭窄，长7～8mm，在脊之上部具纤毛；鳞被卵形，长1.5～2mm，具缘毛；花药长约5mm，最后露出；柱头2或3，羽毛状，长2～3mm。笋期5月下旬至7月。花期4月。

笋食用，肉嫩、味鲜美；秆材可编织竹器或造纸。

240

在四川雷波、马边交界的山区的筇竹垂直分布之上和短锥玉山竹垂直分布之下，本种是野生大熊猫的主要采食竹种；分布区内的村寨栽培较广。

分布于中国四川西南部和云南东北部；生于海拔2000～3200m的阔叶林或云南松林下，也见于灌丛间。

耐寒区位：9区。

秦岭箭竹（中国植物志） 松花竹（陕西佛坪）

Fargesia qinlingensis Yi & J. X. Shao in J. Bamb. Res. 6 (1): 42. f. 1. 1987. & in ibid. 7 (2): 10. 1988, in clav. Sinice.; S. L. Zhu & al., A Comp. Chin. Bamb. 183. 1994; Keng & Wang in Fl. Reip. Pop. Sin. 9 (1): 427. pl. 118: 15, 16. 1996; D. Ohrnb., The Bamb. World, 145. 1999; Li D. Z., Wang Z. P., Zhu Z. D. & al. in Fl. China 22: 83. 2006; Yi & al. in Icon. Bamb. Sin. 486. 2008, & in Clav. Gen. Sp. Bamb. Sin. 133. 2009; T. P. Yi & al. in J. Sichuan For. Sci. Tech. 31 (4): 5, 12. 2010.

秆柄长3～9cm，直径4～12mm。秆丛生，高1～3.3m，直径0..4～0.9cm，梢端微弯；节间长4～16cm，圆筒形，光滑，无毛，幼时被较多的白粉，中空，秆壁厚1～2mm，髓呈环状；箨环隆起，无毛；秆环平或在具分枝的节上稍隆起；节内高2（5）mm。秆芽1枚，长卵形，密被灰褐色柔毛，边缘具浅褐色纤毛。秆每节分枝4～10枚，长14～40cm，直径0.8～1.5mm，常呈紫绿色，斜上举，无毛。笋淡绿色；箨鞘迟落或宿存，初时紫绿色，后变为灰褐色，薄革质，三角状长圆形，上部稍偏斜，远长于节间（连同箨片可长过节间的1倍），背面疏被棕色刺毛，或稀无毛，纵脉纹明显，有小横脉，边缘具易脱落的浅褐色纤毛；箨耳镰形，易脱落，边缘继毛（7）9～13（16）条，长4～5mm，褐色，直立或微弯曲；箨舌灰褐色，截平形或微凹，偏斜，高约1.5mm，边缘撕裂，具直立浅褐色长2～4mm之继毛；箨片长0.5～9cm，宽1.5～4mm，平直，较箨鞘顶端为窄，秆下部箨上者三角形，直立，中上部者线形或线状披针形，外翻，初时基部被微毛。小枝具叶（3）4～5（7）枚；叶鞘长2.5～6cm，无毛，纵脉纹明显，有小横脉，边缘无纤毛；叶耳椭圆形，紫色或淡紫褐色，边缘有9～11（15）枚长2～3mm浅褐色直立或弯曲的继毛；叶舌弧形，高约1mm，边缘生灰白色短纤毛；叶片披针形或狭披针形，纸质，无毛，长2～9cm，宽4～10mm，基部楔形，次脉3（4）对，小横脉清晰，边缘具小锯齿。总状花序顶生。小穗紫色；鳞被3；雄蕊3，花药黄色；子房椭圆形，无毛，花柱1，柱头2，羽毛状。果实未见。笋期5～6月。花期5月。

在佛坪、长青自然保护区内，该竹是野生大熊猫的主食竹种之一；也见有用该竹饲喂圈养的大熊猫。

分布于中国陕西南部；生于海拔1065～3000m的阔叶林或华山松林、青杆林、秦岭冷杉林或太白冷杉林等纯林或针阔叶混交林下。

耐寒区位：8区。

Fargesia robusta Yi in J. Bamb. Res. 4 (2): 28. fig. 10. 1985; D. Ohrnb. in Gen. Fargesia 59. 1988; S. L. Zhu & al., A Comp. Chin. Bamb. 183. 1994; Keng & Wang in Fl. Reip. Pop. Sin. 9 (1): 472. pl. 133: 1–14. 1996; T. P. Yi in Sichuan Bamb. Fl. 245. pl. 94. 1997, & in Fl. Sichuan.12: 219. pl. 76. 1998; D. Ohrnb., The Bamb. World, 145. 1999; Li D. Z., Wang Z. P., Zhu Z. D. & al. in Fl. China 22: 94. 2006; Yi & al. in Icon. Bamb. Sin. 487. 2008, & in Clav. Gen. Sp. Bamb. Sin. 143. 2009; T. P. Yi & al. in J. Sichuan For. Sci. Tech. 31 (4): 6, 13. 2010.

秆柄长9～20cm，直径1～3cm，具10～32节，节间长5～13mm，实心；鳞片三角形，交互紧密排列为2行，黄色，无毛，光亮，纵脉纹明显，先端具一小尖头，边缘常无纤毛。秆丛生或近散生，高（2）3～5（7）m，直径1～3cm；全秆共有30～42节，节间长15～28（30）cm，圆筒形，绿色或黄绿色，幼时被白粉，平滑，无毛，中空，秆壁厚3～5mm，髓呈锯屑状；箨环显著隆起呈圆脊状，木质，褐色，无毛；秆环微隆起或隆起；节内2.5～5mm，无毛。秆芽卵形或长卵形，贴生，近边缘具微毛，边缘具灰色纤毛。枝条在秆每节上(5)15～20枚，簇生，斜展或近平展，长（20）40～60cm，具（4）6～12节，节间长1～9cm，直径1～2mm，无毛。笋紫红色，被黄褐色刺毛；箨鞘早落或迟落，革质，三角状椭圆形，淡黄色或黄褐色，常略短于节间，背面被黄色或黄褐色刺毛，此毛在基部较密，纵脉纹明显，小横脉不发育，边缘常无纤毛；箨耳无或偶具极微小箨耳，鞘口无继毛或幼时两肩各具2～8条长2～4（20）mm的黄褐色弯曲继毛；箨舌截平形，紫色，高1～2mm，边缘初时密生纤毛；箨片直立或秆上部者外翻，三角形或线状披针形，淡绿色，干后平直，长8～50（110）mm，宽2～6mm，无毛，纵脉纹明显，边缘初时有小锯齿，易脱落。小枝具叶2～4；叶鞘长2.5～4.5cm，常为紫色，无毛，边缘上部常密生灰褐色纤毛；叶耳无，鞘口具7～12条长1～4mm直立灰白色继毛；叶舌截平形，紫色，无毛，高约1mm；叶片披针形或线状披针形，长（6）8～14（22）cm，宽6～14（23）mm，纸质，基部楔形，下面灰绿色，无毛或有时基部被灰色微柔毛，次脉4～5（7）对，小横脉较明显，边缘具小锯齿。花枝长达30cm，其具花小枝常在1～4枚鞘状紫褐色佛焰苞上具长4～13cm的发育叶片。总状花序顶生，排列紧缩，从佛焰苞开口的一侧伸出，具5～11枚小穗，长2～4cm，宽1～2cm，其下具数枚佛焰苞，最上面的1枚佛焰苞等长于花序或超过花序长度；小穗柄长1.5～2mm，偏于穗轴一侧，无毛，下方常托有1枚分裂或不分裂的小型苞片；小穗含2～3（4）朵小花，长（6）12～15mm，淡绿色或绿紫色；小穗轴节间无毛，长1～2mm；颖2枚，先端渐尖或具芒状尖头，其上部脉上被微毛，第一颖披针形，长7～10mm，宽约1mm，具3脉，第二颖卵状披针形，长9～13mm，宽约2.5mm，具5脉；外稃卵状披针形，先端针芒状尖头，长12～17mm，具5～7（9）脉，有沿脉上有微毛；内稃长7～13mm，先端具2齿裂，脊间宽约1mm，脊上生有小锯齿而略粗糙；鳞被3，长1～2mm，紫色，纵脉纹明显，先端具长柔毛，上部边缘生有白色纤毛，前方2片半卵形，后方1片卵状披针形；雄蕊3枚，花药黄色，长4～7mm，成熟时外露；子房椭圆形，无毛，长约1mm，花柱1，柱头3枚，羽毛状，长1～2mm。果实未见。笋期4～5月。花期6～8月。

笋食用；秆材可编织竹器。

在其自然分布区，该竹为野生大熊猫的重要主食竹种；在中国大熊猫保护研究中心、苏格兰爱丁堡动物园、俄罗斯莫斯科动物园和芬兰艾赫泰里动物园等，均见用该竹饲喂圈养的大熊猫。

分布于中国四川彭州、都江堰、汶川、崇州、大邑、邛崃等县（市），生于海拔（1200）1700～2800m的阔叶林下、暗针叶林下、灌丛中或组成纯竹林；英国1982年从中国引入栽培，德国等一些欧洲国家相继引栽。

耐寒区位：9区。

 青川箭竹（中国植物志） 箭竹（四川平武、甘肃文县），油竹子（四川北川）

Fargesia rufa Yi in J. Bamb. Res. 4 (2): 27. f. 9. 1985; D. Ohrnb. in Gen. Fargesia 60. 1988; S. L. Zhu & al., A Comp. Chin. Bamb. 184. 1994; Keng & Wang in Fl. Reip. Pop. Sin. 9 (1): 419. pl. 115: 1–5. 1996; T. P. Yi in Sichuan Bamb. Fl. 216. pl. 80. 1997, & in Fl. Sichuan. 12: 192. pl. 66: 15–16. 1998;

D. Ohrnb., The Bamb. World, 145. 1999; Li D. Z., Wang Z. P., Zhu Z. D. & al. in Fl. China 22: 81. 2006; Yi & al. in Icon. Bamb. Sin. 489. 2008, & in Clav. Gen. Sp. Bamb. Sin. 131. 2009; T. P. Yi & al. in J. Sichuan For. Sci. Tech. 31 (4): 5, 12. 2010.

秆柄长（6）10～18cm，直径4～15mm，具11～20节，节间长（2.5）7～14mm；鳞片三角形，交互作覆瓦状紧密排列成2行，淡黄色，光亮，无毛，上部半部纵脉纹明显，长1.4～3.2cm，宽2～3.2cm，边缘初时有短纤毛。秆丛生，高2.5～3.5m，直径0.8～1cm；全秆具28～35节，节间长15～17（20）cm，圆筒形，绿色，光滑，无毛，幼时微敷白粉，成长后有白色蜡质层，中空，秆壁厚1.5～3.2mm，髓薄，紧贴内壁；箨环明显脊状隆起，褐色，幼时有时上部被棕色刺毛；秆环稍隆起或在分枝节上隆起，无毛；节内高1～3mm，有光泽。秆芽1枚，卵形或长卵形，贴生，灰白色，微粗糙，边缘具灰白色短纤毛。秆每节分枝（2）6～16枚，簇生，斜展，长20～66cm，直径1～2mm，无毛，节上可再分次级枝。箨鞘迟落，红褐色，革质，远长于节间，长三角形，先端长三角形，背面纵脉纹显著，疏生棕色刺毛，边缘密被棕色纤毛；箨耳及鞘口继毛均无；箨舌截平形或下凹，褐色，高约1mm，边缘常具灰白色小纤毛；箨片外翻，线状披针形，易脱落，较箨鞘顶端为窄，长1.4～6.2cm，宽1～2.6mm，基部不收缩，平直，无毛，两面纵脉纹显著，

9

大熊猫主食竹物种的多样性

边缘有小锯齿而略粗糙。小枝具叶2（4）；叶鞘淡绿色，长2.2～3.8cm，无毛，边缘具灰色纤毛；叶耳无，鞘口每边继毛4～6条，长1～1.5mm；叶舌圆弧形，紫褐色，无毛，高约1mm；叶柄长1～1.5mm；叶片线状披针形，纸质，长6～10cm，宽6～8mm，先端渐尖，基部楔形，下面淡绿色，基部初时被灰白色微毛，次脉（2）3对，小横脉略明显，边缘具小锯齿。花序未见。笋期6月。

秆劈篾可编织竹器。

在其自然分布区，该竹是野生大熊猫取食的主要竹种之一；在奥地利美泉宫动物园、美国华盛顿国家动物园、苏格兰爱丁堡动物园、芬兰艾赫泰里动物园等，均见用该竹饲喂圈养的大熊猫。

分布于中国四川青川、平武、北川、茂县，陕西汉中和甘肃文县，垂直分布海拔1600～2300（2600）m，生于山麓或山坡下部的阔叶林下或灌丛中；欧洲和美国有引栽。

耐寒区位：9区。

9.7.27 糙花箭竹（中国植物志） 黄竹、空心竹、空林子（四川青川），木竹（四川平武、青川），岩巴竹（四川松潘），实竹子、箭竹、水竹子（甘肃文县）

Fargesia scabrida Yi in J. Bamb. Res. 4 (2): 24. fig. 7. 1985; D. Ohrnb. in Gen. Fargesia 61. 1988; S. L. Zhu & al., A Comp. Chin. Bamb. 184. 1994; Keng & Wang in Fl. Reip. Pop. Sin. 9 (1): 416. pl. 114: 1–10. 1996; T. P. Yi in Sichuan Bamb. Fl. 206. pl. 74. 1997, & in Fl. Sichuan. 12: 185. pl. 63: 1–12. 1998; D. Ohrnb., The Bamb. World, 145. 1999; Li D. Z., Wang Z. P., Zhu Z. D. & al. in Fl. China 22: 61. 2006; Yi & al. in Icon. Bamb. Sin. 490. 2008, & in Clav. Gen. Sp. Bamb. Sin. 131. 2009; T. P. Yi & al. in J. Sichuan For. Sci. Tech. 31 (4): 5, 11. 2010.

秆柄长4.5～26cm，直径0.6～1.6cm，具12～35节，节间长3～16mm，淡黄色或黄褐色，平滑，无毛，有光泽，实心；鳞片三角形，交互排列，淡黄色，无毛，光亮，纵脉纹在上半部明显，长2.2～2.6cm，宽2～2.4cm，边缘初时具灰色短纤毛。秆丛生或近散生，高1.8～3.5（6）m，直径0.5～1（1.5）cm；全秆共有16～22（30）节，节间长17～20（25）cm，圆筒形，绿色，老时黄色，幼时无白粉或微有白粉，有光泽，中空，秆壁厚2～4mm；箨环隆起，宽而厚，常显著呈一圆脊，初时被灰色小刺毛；秆环平或在分枝节上稍隆起，有光泽；节内高3～11mm，光亮。秆芽长卵形，贴生，表面微粗糙，边缘具灰色或淡红色纤毛。秆每节上枝条3～8枚，直立或上举，长10～25cm，直径1～2mm，无毛，几实心。箨鞘宿存，革质，淡红褐色，三角状长圆形，为节间长度的1/3～1/2，先端近圆弧形，背面疏被灰色或灰黄色小刺毛，纵脉纹明显，小横脉败育，边缘密被小刺毛；箨耳无，或偶具微小箨耳及鞘口继毛；箨舌圆弧形，高约1mm，边缘有灰色短纤毛；箨片直立，稀在秆上部者外翻，三角形或线状三角形，灰色，无毛，长1.4～4.7cm，宽4～5mm，与箨鞘顶端等宽，纵脉纹略可见，边缘常有稀疏小刺毛。小枝具叶（1）2～3（5）枚；叶鞘长2.2～4.2cm，紫褐色，无毛，边缘具灰黄色纤毛；叶耳无或偶有小形椭圆形叶耳，鞘口每侧继毛5～12条，长1～4mm；

叶舌微凹或截平形，褐色，口部有短纤毛，高约1mm，外叶舌具灰色纤毛；叶柄长2～3mm，初时被灰白色柔毛；叶片披针形，长（4）12～18cm，宽（5）11～18mm，基部阔楔形，纸质，下面灰白色，疏生白色短柔毛，但其基部常密被灰黄色柔毛，次脉（3）4～5对，小横脉稍明显，边缘具小锯齿。花枝长10～45cm，各节可再分生次级花枝，节上可具宿存枝箨。圆锥花序稍开展，生于具叶小枝顶端，长（5）8～14cm，基部为一组稍扩大的叶鞘所包藏，全花序共具6～12枚小穗，常偏向一侧而下垂，花序轴及分枝被微毛，每分枝具2～3枚小穗。小穗柄纤细，微弯或波曲，长5～27mm，被灰色微毛，腋间无瘤状腺体；小穗含花5～7，形扁，紫色，长（1.5）2～2.5（3）cm，直径2～6mm，顶生小花通常不孕；小穗轴节间长1～2mm，扁平，被微毛，顶端膨大，边缘密生白色纤毛；颖片2，有短硬毛而粗糙，第一颖长三角形，长6～7mm，宽1.5～3mm，先端骤尖或钝头渐尖，具9～11脉，第二颖卵状椭圆形，长10～12mm，宽2.5～4mm，先端芒状，具9～11脉，小横脉不发育；外稃披针形，纸质，先端针芒状，被短硬毛，长（9）12～20mm，宽（1.5）3～4mm，具9～11脉，小横脉不发育，上部边缘具纤毛；内稃短于外稃，长9～11mm，背部具2脊，脊上生纤毛，脊间宽约1.5mm，无毛，纵脉纹不发育，先端裂成2小尖头；鳞被3，膜质透明，长1～1.5mm，下部具纵脉纹，边缘疏生短纤毛；雄蕊3，花丝分离，花药黄色，长6～8mm，先端具2尖头；子房长椭圆形，无毛，长1～3.5mm，花柱2或3，柱头3，羽毛状，长约2mm。果实末见。笋期4月底至5月初。花期5～12月。

笋味淡甜，宜于食用；秆为藤蔓农作物支柱或编织竹器。

在其自然分布区，该竹是大熊猫常年采食的主要竹种。

分布于中国四川松潘、平武、青川、江油和甘肃文县等地，在四川青川唐家河和甘肃白水江自然保护区，生于海拔1550～2600m的阔叶林下。

耐寒区位：7～8区。

9.7.28 箭竹（竹子研究汇刊） 法氏竹（中国竹类植物志略），华桔竹（种子植物名称），龙头竹（四川城口）

Fargesia spathacea Franch. in Bull. Linn. Soc. Paris 2: 1067. 1893; E. G. Camus, Bambus. 55. pl. 80. f. A. 1913; Nakai in Journ. Arn. Arb. 6: 52. 1925; Keng f. in Techn. Bull. Nat'l. For. Res. Bur. China No.8: 15. 1948; 中国主要植物图说·禾本科28页, 图18. 1959; 中国竹谱87页, 1988; Yi in Journ. Bamb. Res. 7(2): 10. 1988, in clav. Sinice; Keng & Wang in Fl. Reip. Pop. Sin. 9 (1): 425. pl. 117, 1–14. 1996; D. Ohrnb., The Bamb. World, 146. 1999;

Yi & al. In Icon. Bamb. Sin. 494. 2008, & in Clav. Gen. Sp. Bamb. Sin. 133. 2009. ——*Thamnocalamus spathaceus* (Franch.) Soderstrom in Brittonia 31: 495. 1979.

秆高1.5～4（6）m，直径0.5～2（4）cm；节间长15～18（24）cm，圆筒形，幼时无白粉或微敷白粉，秆壁厚2～3.5mm；箨环隆起，初时被灰白色短刺毛；秆环平或稍隆起。秆芽卵圆形或长卵形。秆每节上枝条多达17枚。箨鞘宿存或迟落，稍短或近等长至长于节间，长圆状三角形，背面被棕色刺毛，边缘初时具纤毛；箨耳及鞘口两肩继毛均缺失；箨舌高约1mm，幼时边缘密生纤毛；箨片外翻或位于秆下部者直立，三角形或线状披针形，腹面基部被微毛。小枝具叶2～3（6）；叶耳微小，紫色，边缘有4～7枚长1～5（6）mm的继毛；叶舌高约1mm；叶柄常有白粉；叶片长（3）6～10（13.5）cm，宽（3）5～7（13）mm，次脉3～4（5）对，小横脉略明显。圆锥花序从一组佛焰苞开口一侧露出，含小穗8～14枚，最上面的一片佛焰苞通常较花序为长，位于花序下部的分枝处常具一枚小型苞片，穗轴和小穗柄被灰白色微毛，小穗柄偏向穗轴一侧，长1～5.5mm；小穗含花2～3，长1.3～2.5cm，紫色或紫绿色；小穗轴节间长1.5～3mm，被微毛；颖片2；外稃卵状披针形，长11～16（20）mm，被短硬毛；内稃短于外稃，被微毛，先端2齿裂；鳞被3；雄蕊3，花丝分离，花药黄色；子房长椭圆形，花柱1，柱头2，羽毛状。颖果椭圆形，长5～7mm，直径2.2～3mm，先端具宿存花柱，基部具腹沟。笋期5月。花期4～5月。

产于湖北西部、重庆东北部、四川东部和陕西南部。本种在海拔1300～2400m的山上部和顶部，常大面积遍生于阔叶林、针阔叶混交林或暗针叶林下。有纯林，也有混交林。其最大特点是耐寒、耐旱、耐瘠薄。

在甘肃文县，箭竹是野生大熊猫的重要主食竹种之一。

9.7.29 **昆明实心竹**（中国植物志） 实心竹（四川冕宁），黄竹（四川米易、德昌、会理、西昌、冕宁、攀枝花），马（彝语译音，四川昭觉），满子（彝语译音，四川会理），云南箭竹（云南植物志）

Fargesia yunnanensis Hsueh & Yi in Bull. Bot. Res. 5 (4): 125. fig. 3. 1985; D. Ohrnb. in Gen. Fargesia 72. 1988; Icon. Yunn. Inferus 1350. fig. 629. 1991; S. L. Zhu & al., A Comp. Chin. Bamb. 187. 1994; Keng & Wang in Fl. Reip. Pop. Sin. 9 (1): 463. pl. 130: 1-11.1996; T. P. Yi in Sichuan Bamb. Fl. 237. pl. 90. 1997, & in Fl. Sichuan. 12: 212. pl. 73. 1998; D. Ohrnb., The Bamb. World, 147. 1999; Fl. Yunnan. 9: 109. pl. 26: 1-9. 2003; Li D. Z., Wang Z. P., Zhu Z. D. & al. in Fl. China 22: 89. 2006; Yi & al. in Icon. Bamb. Sin. 503. 2008, & in Clav. Gen. Sp. Bamb.

Sin. 139. 2009; T. P. Yi & al. in J. Sichuan For. Sci. Tech. 31 (4): 6, 12. 2010. ——*Sinarundinaria yunnanensis* (Hsueh & Yi) Hsueh & D. Z. Li in J. Bamb. Res. 6 (2): 21. 1987. ——*Yushania yunnanensis* (Hsueh & Yi) Keng & Wen in J. Bamb. Res. 6 (4): 16. 1987.

秆柄长12～35cm，直径2.5～7cm，具18～30节，节间长5～16mm，在解剖上其皮层有通气，但无内皮层；鳞片三角形，交互紧密排列，黄褐色，有光泽，初时背面有时具块状密被的灰黄色至棕色，贴生小刺毛，上半部纵脉纹较明显，初时边缘密生灰黄色纤毛。秆丛生或近散生，高4～7（10）m，直径3～5（6）cm，梢部直立；全秆共有19～42节，节间长28～36（50）cm，圆筒形或在具分枝的一侧基部微扁平，初时淡绿色，老后变为灰白色，有光泽，无白粉或微被白粉，无毛或在节下方疏生棕色刺毛，秆老后变为灰绿色，纵脉细线棱纹不发育，基部节间为实心，向上则空腔逐渐增大，髓为锯屑状；箨环隆起至显著隆起，灰褐色，无毛，常有基部残存物；秆环平或微隆起，有光泽；节内高2～4mm，无毛，有光泽或有时具黑垢。秆芽长卵形，贴生，近边缘密被灰黄色小硬毛，边缘密生灰黄色纤毛。秆的第3～8节开始分枝，每节上枝条6～25枚，半轮生状，常作20°～30°锐角开展，长40～160cm，直径1.5～5（10）mm，微被白粉（以后常变为黑垢），纵细线棱纹不发育。笋灰绿色，有紫色条纹，常被白粉，疏生或块状密被而紧贴的棕色刺毛；箨鞘宿存或迟落，淡黄色或黄白色，革质，三角状长圆形，新鲜时常具紫色纵条纹，略短于节间，背面无毛或偶有密集块状贴生的棕色小刺毛，纵脉纹不发育或仅上部可见，边缘常无缘毛；箨耳及鞘口繸毛俱缺；箨舌截平形，紫色，无毛，高1～2mm，边缘具细裂刻；箨片外翻，线状披针形，紫绿色或绿色而边缘带紫色，长4～12cm，宽5～5.5mm，腹面基部微粗糙，纵脉纹不甚明显，边缘平滑，有时内卷。小枝具叶（3）4～6（7）；叶鞘长4.5～6cm，淡绿色或有时带紫色，无毛，偶于近顶端微被白粉质，纵脉纹不甚明显，边缘常无纤毛；叶耳及鞘口繸毛俱缺；叶舌截平形，淡绿色或紫绿色，无毛，高约1mm；叶柄长2～3mm，淡绿色或带紫色，初时下面被灰色或灰黄色短柔毛；叶片披针形，长（8）13～19cm，宽（8）12～18mm，先端渐尖，基部楔形，下面灰白色，基部中脉两侧被灰白色柔毛，次脉4～5对，小横脉不清晰，边缘具小锯齿。花枝具叶，长达23cm，节上可再分具花小枝。圆锥花序顶生，开展，由13～23枚小穗组成，长7～12cm，基部露出或为略扩大的叶鞘所包围，序轴有时具微毛或短柔毛，基部节上有长柔毛，分枝有时被微毛或短柔毛，腋间具瘤状腺体及长柔毛，下部分枝基部托具长纤毛的苞片或向花序上部则变为多数纤毛，各分枝具2～6枚小穗；小穗柄无毛或有时被微毛，长1～12mm，基部具被长纤毛的或向上则变为纤毛的小苞片；小穗紫色或绿紫色，长1.6～2.5cm，直径约8mm，含4～5朵小花；小穗轴节间长约4mm，宽0.5～0.8mm，扁平，向先端具白色贴生小硬毛，顶端边缘密生纤毛；颖2枚，披针形，无毛，先端渐尖，第一颖长9～10mm，具5～7脉及稀疏小横脉，第二颖长10～12mm，具7～9脉，脉间有小横脉；外稃披针形，纸质，无毛，先端渐尖，长8～12mm，具7～9脉，有小横脉，基盘具白色长纤毛；内稃长7.5～11.5mm，先端具钝的浅2齿裂，脊间有时向前端具贴生灰白色小硬毛，脊上向前端有白色纤毛，两侧各具3脉；鳞被3，倒卵状披针形，白色，上部边缘有纤毛，前方2片长1～1.5mm，后方1片长0.5～1mm；雄蕊3枚，花药黄色，长4.5～6.5mm，两侧及先端有短柔毛，花丝被微毛；子房椭圆形，淡黄色，无毛，长约0.5mm，花柱1，长约1mm，顶生2枚白色羽毛状长2～3mm的柱头。果实未见。笋期7～9月。花期9月。

笋味鲜美，系食用佳品。秆材具有较高的生物量，为造纸原料，也是作柄具、秆具、抬杠以及体育器

9

大熊猫主食竹物种的多样性

材的用料。

在四川冕宁，见有野生大熊猫冬季垂直下移时采食本竹种。

分布于中国四川西南部和云南北部。海拔1650～2430m，常栽培于村落附近、房前屋后和寺庙周围，也野生于云南松或阔叶林下。

耐寒区位：8～9区。

9.8 箬竹属

Indocalamus Nakai

Indocalamus Nakai in J. Arn. Arb. 6: 148. 1925; Keng & Wang in Fl. Reip. Pop. Sin. 9 (1): 676. 1996; D. Ohrnb., The Bamb. World, 44. 1999; Li D. Z., Wang Z. P., Zhu Z. D. & al. in Fl. China 22: 135. 2006; Yi & al. in Icon. Bamb. Sin.688. 2008, & in Clav. Gen. Sp. Bamb. Sin. 200. 2009.

Lectotype: *Indocalamus sinicus* (Hance) Nakai.

灌木状或小灌木状竹类。地下茎复轴型。秆散生间小丛生；节间圆筒形，在节下方常具一圈白粉，秆壁通常较厚；秆环常隆起。秆芽1枚，长卵形，贴秆；秆每节1分枝，个别种秆上部节上可增至2～3枚，其直径与主秆相若，直立。秆箨宿存，长于或短于节间，背面被毛或无毛；箨耳和继毛存在或缺失；箨舌通常低矮；箨片宽大或狭窄，直立，少外翻。叶耳和继毛存在或缺失；叶片大型，次脉多数条，具小横脉，干后平展或波状曲皱。圆锥或总状花序，生于叶枝下方各节的小枝顶端，花序分枝紧密或疏松开展；小穗含数朵至多朵小花；颖2（3），先端渐尖或尾状；外稃长圆形或披针形，基盘密被绒毛，具数条纵脉；内稃稍短于外稃，稀可等长，先端具2齿或为一凹头，背部具2脊，脊间和脊两者上部被微毛；鳞被3；雄蕊3，花丝分离；花柱2（3），上部具羽毛状柱头。颖果。笋期春夏，稀在秋季。

全世界的箬竹属植物约34种，特产中国，分布于长江流域以南各地。

秆细小，直立，叶大，小枝具数叶，密集生长，颇具观赏价值。

本属植物中，有见大熊猫冬季下移时取食该属竹种；亦见采用该属植物饲喂圈养的大熊猫。到目前为止，已记录有大熊猫采食的箬竹属植物有6种。

 巴山箬竹（中国竹类图志） 大叶竹、簝竹（甘肃文县），簝叶竹（重庆开县、城口，四川通江、青川），簝府子（四川通江）

Indocalamus bashanensis (C. D. Chu & C. S. Chao) H. R. Zhao & Y. L. Yang in Acta Phytotax. Sin. 23 (6): 465. 1985; & in J. Nanjing Univ. (Nat. Sci. ed.) 26 (2): 284, 287. 1990; S. L. Zhu & al., A Comp. Chin. Bamb. 228. 1994; Keng & Wang in Fl. Reip. Pop. Sin. 9 (1): 688. 1996; T. P. Yi in Sichuan Bamb. Fl. 335. pl. 136. 1997, & in Fl. Sichuan. 12: 308. pl. 110: 8–10. 1998; D. Ohrnb., The Bamb. World, 44. 1999; Li D. Z., Wang Z. P., Zhu Z. D. & al. in Fl. China 22: 141. 2006; Yi & al. in Icon. Bamb. Sin. 695. 2008, & in Clav. Gen. Sp.

Bamb. Sin. 203. 2009.

地下茎节间长（1）2～6cm，直径4～7mm，圆筒形，无沟槽，黄色或淡黄色，无毛，稍具光泽，常有细线棱纹，中空度小，每节具瘤状突起或根2～3枚；鞭箨淡黄色或初时略带紫色，远长于节间，排列疏松，纵脉纹显著，先端具尖头；鞭芽卵形，淡黄色，具光泽，近边缘处粗糙，贴生。秆直立，高1～2.6m，直径5～14mm；全秆具6～11节，全株被白粉呈粉垢状；节间长25～30（45）cm，圆筒形，但在分枝一侧基部扁平或具沟槽，绿色，幼时上部密被灰白色至灰黄色小刺毛或节下方具平出刺毛，毛脱落后留有凹痕，节下方具一环粉垢状物，无纵细线棱纹，中空度较大，秆壁厚1.5～3.5mm，髓呈锯屑状；秆环隆起，褐色，无毛，具箨鞘基部残存物；秆环隆起或在分枝节上者极隆起圆脊状；节内高3～14mm，无毛。秆芽1枚，卵状披针形，贴生，具缘毛。分枝较低，通常始于第3～4节，枝条在秆的每节上1枚，上举，约与主秆呈35°交角，长0.5～1.5m，直径与主秆近相等，毛被与主秆相似。笋墨绿色，无斑纹；箨鞘宿存，三角状长圆形，革质，淡黄色，为节间长度的1/3～2/5，先端短三角形，顶端宽5～8mm，背面除上部外均密被棕色贴生瘤基刺毛，刺毛脱落后常在鞘的表面留有瘤基而粗糙，纵脉纹通常不明显，小横脉亦不发育；边缘无纤毛；箨耳和鞘口䍁毛俱缺；箨舌截平形或近圆弧形，褐色，无毛，略被粉垢，边缘后期微有裂缺，高2～3.5mm；箨片外翻或外倾，狭披针形，长1～5cm，宽2～4.5mm，先端渐尖，基部近楔形收缩，远较箨鞘顶端为窄，两面纵脉纹明显，均无毛，边缘稍粗糙。小枝具叶（3）6～9；叶鞘长8～13cm，新鲜时常带紫色，常被粉垢，边缘无纤毛或有时具极微弱纤毛；叶耳和鞘口䍁毛缺失；叶舌截平形或近圆弧形，紫色，无毛，高1.5～2.5mm；叶柄长8～10mm，无毛；叶片长圆状披针形或带状长圆形，纸质，长25～35cm，宽4.5～8.5cm，先端渐尖，基部楔形或阔楔形，下面灰白色，两面均无毛，次脉11～13对，小横脉组成正方格状，边缘具小锯齿。花枝未见。笋期7～8月。

在陕西南部和甘肃南部，大熊猫在冬季下移避寒时见有采食本竹种；在陕西秦岭，有见用该竹直接饲喂圈养大熊猫。

分布于中国陕西南部、甘肃南部、重庆东北部和四川东北部，四川都江堰有引栽。生于海拔500～1220m的山地林缘、林中空地或灌木林地。

耐寒区位：6～9区。

毛棕叶（中国竹类图志）

Indocalamus chongzhouensis Yi & L.Yang in J. Bamb. Res. 23 (2): 13–15. fig.1. 2004; Yi & al. inIcon. Bamb. Sin. 696. 2008, & in Clav. Gen. Sp. Bamb. Sin. 205. 2009.

地下茎复轴型，竹鞭节间长1～1.5cm，直径4～7mm，圆柱形，淡黄色，光滑，无毛，实心或几实心，每节具瘤状突起或根0～3枚；鞭芽卵圆形，贴生。秆高2～3.5m，直径8～15mm；全秆具9～13节，梢头直立；节间长（8.5）25～45（50）cm，圆筒形，在分枝或具芽一侧中部以下具1沟槽，幼时密被灰黄色或灰色小硬毛及上部被开展棕色刺毛，节下方无白粉环，无纵细线棱纹，秆壁厚2.5～4mm，髓呈锯屑状；箨环新鲜时深紫色，无毛；秆环隆起或显著脊状隆起，初时紫色，光亮；节内高4～10mm，向下明显变细。秆芽1枚，卵状长三角形，边缘具黄褐色长纤毛。秆之第3～4节开始分枝，每节分枝1枚，枝条直立或斜展，长达1.2m，直径4～8mm。笋绿色，有深紫色斑点；箨鞘宿存，革质，三角状长圆形，短于节间，顶端偏斜，背面灰色，有深紫色小斑块或无小斑块，密被黄褐色开展长达3mm的瘤基刺毛，纵脉纹不明显，边缘无纤毛；箨耳新月形，紫色，长8～13mm，宽2.5～3.5mm，边缘具长7～15mm径直继毛；箨舌紫色，高约1mm，中央突起，边缘密生直立长5～18mm的继毛；箨片外翻或外展，披针形，绿色，无毛，长1.3～6cm，宽3～5（13）mm，边缘具小锯齿。小枝具叶3～7（8）；叶鞘长12～16cm，密被黄褐色和灰色短硬毛或老时无毛，边缘生黄褐色长纤毛；叶耳新月形，长4～8mm，宽2～3mm，边缘具径直长8～15mm的继毛；叶舌紫色，高约2mm，边缘密生直立灰白色长1.2～2cm的继毛；叶片长圆形，长20～37cm，宽4.5～8cm，上面绿色，无毛，下面灰绿色，被微毛，先端渐尖，基部楔形，次脉10～11对，小横脉组成长方格形，边缘具细锯齿。花枝未见。笋期9月。

在其自然分布区，见有大熊猫在寒冷季节下移时采食本竹种；在成都各大熊猫养殖基地，均有见用该竹饲喂圈养的大熊猫。

分布于中国四川崇州，生于海拔920～1100m的山下部或溪沟边。

耐寒区位：9区。

Indocalamus emeiensis C. D. Chu & C. S. Chao in Acta Phytotax. Sin. 18 (1): 25. f. 1. 1980; Y. L. Yang & H. R. Zhao in J. Nanjing Univ. (Nat. Sci. ed.) 26 (2): 284, 287. 1990; S. L. Zhu

& al., A Comp. Chin. Bamb. 228. 1994; Keng & Wang in Fl. Reip. Pop. Sin. 9 (1): 699. pl. 214: 1–3. 1996; T. P. Yi in Sichuan Bamb. Fl. 327. pl. 131. 1997, & in Fl. Sichuan. 12: 299. pl. 106: 8–10. 1998; D. Ohrnb., The Bamb. World, 45. 1999; Li D. Z., Wang Z. P., Zhu Z. D. & al. in Fl. China 22: 139. 2006; Yi & al. in Icon. Bamb. Sin. 698. 2008, & in Clav. Gen. Sp. Bamb. Sin. 205. 2009; T. P. Yi & al. in J. Sichuan For. Sci. Tech. 31 (4): 8, 15. 2010.

地下茎节间长2～5cm，直径3～6mm，圆柱形，无毛，实心或几实心，每节具瘤状突起或根（0）2～3枚；露地鞭箨紫色，有时具少数灰白色斑块，被黄褐色小刺毛，具鞭箨耳及边缘纤毛，鞭箨片外翻；鞭芽卵圆形，肥大，光亮贴生。秆高2～3m，直径6～10mm，梢端直立；节间长28～35（45）cm，基部者长8～10cm，圆筒形，在分枝中部以下具纵沟槽，绿色，幼时上部被开展长达2.5mm的棕色刺毛，节下方微被一圈白粉，中空，秆壁厚1.5～2.5mm；箨环隆起，初时紫色，无毛；秆环脊状隆起；节内高2～6mm，向下逐渐变细。秆芽三角状卵形，光亮，边缘具黄褐色纤毛。秆每节分枝1枚，直立，其直径与主秆相若。笋褐紫色；箨鞘宿存，革质，长为节间长度的1/3～1/2，三角状长圆形，顶端歪斜，背面紫褐色，有灰白色小斑块，被稀疏棕色贴生瘤基刺毛，纵脉纹较清晰，边缘密生黄褐色纤毛；箨耳新月形，紫色，长6～9mm，宽2～3.5mm，边缘具长6～13（20）mm径直或略微屈曲的放射状继毛；箨舌中央拱出，绿色或紫绿色，高1～1.5mm，比箨片基部宽2倍；箨片披针形，新鲜时绿色，无毛，外翻，长2～6cm，宽3～6（10）mm，边缘具小锯齿。小枝具叶（5）7～9（10）片；叶鞘长7～13cm，无毛或幼枝叶鞘具黄褐色硬毛，光亮，背部具明显纵脊，纵脉纹不明显，边缘具灰白色短纤毛；叶耳新月形，褐色，长6～10mm，宽2.5～3.5mm，边缘具长6～12mm的黄褐色继毛；叶舌极为发达，初时紫绿色，具直立继毛，连继毛在内共高7～13mm；叶柄长3～15mm，无毛；叶片长圆形或长圆状披针形，长（10）16～33（40）cm，宽（1.7）3.5～5（6.5）cm，上面绿色，下面灰绿色，两面均无毛，先端渐尖，基部楔形或阔楔形，次脉不明显，隐约可见8～10对，小横脉组成长方形，边缘具小锯齿而稍显粗糙。花枝未见。笋期9月。

叶片宽大，适宜作船篷、斗篷和包裹粽子等用；笋及幼秆箨鞘上具明显的灰白色斑点，花色很美观，具有很高的观赏价值，适宜庭园和风景区栽培。

在其自然分布区，见有野生大熊猫在寒冷季节下移时觅食本竹种。

分布于中国四川峨眉山、宝兴，生于海拔1000～3120m的山地阔叶林下，或组成纯竹林，或有少量栽培。

耐寒区位：9区。

Indocalamus latifolius (Keng) McClure in Sunyatsenia 6 (1): 37. 1941; Y. L. Keng, Fl. Ill. Pl. Prim. Sin. Gramineae 15. fig. 6. 1959; Fl. Tsinling. 1 (1): 58. fig. 52. 1976; Icon. Corm. Sin. 5: 28. fig. 6885. 1976; Y. L. Yang & H. R. Zhao in J. Nanjing Univ. (Nat. Sci. ed.) 26 (2): 285, 288. 1990; S. L. Zhu & al., A Comp. Chin. Bamb. 230. 1994; Keng & Wang in Fl. Reip. Pop. Sin. 9 (1): 689. pl. 211: 1–3. 1996; T. P. Yi in Sichuan Bamb. Fl. 337. pl. 137. 1997, & in Fl. Sichuan. 12: 310. pl. 111. 1998; D. Ohrnb., The Bamb. World, 47. 1999; Li D. Z., Wang Z. P., Zhu Z. D. & al. in Fl. China 22: 141. 2006; T. P. Yi & al. in Icon. Bamb. Sin. 703. 2008, & in Clav. Gen. Sp. Bamb. Sin. 203. 2009. ——*Arundinaria latifolia* Keng in Sinensia 6 (2): 147. fig. 1. 1935. ——*Indocalamus migoi* (Nakai ex Migo) Keng f. in Clav. Gen. Sp. Gram. Prim. Sin. app. Nom. Syst. 152. 1957; Y. L. Keng, Fl. Ill. Pl. Prim. Sin. Gramineae 16. fig. 7. 1959. —— *Sasmorpha latifolia* (Keng) Nakai ex Migo in J. Shanghai Sci. Inst. 3 (4) (Sep. Print 17): 163. 1939. ——*S. migoi* Nakai ex Migo in J. Shanghai Sci. Inst. 3 (4) (Sep. Print 17): 163. 1939.

竹鞭节间长1.2～5cm，直径（2.5）3～6mm，圆筒形，无沟槽，淡黄色，无毛，近于平滑，鞭箨环具鞭箨鞘基部残留物，每节上生根或瘤状突起1～4枚；鞭芽卵圆形，贴生，边缘初时生短纤毛。秆直立，高1～2m，直径5～15mm；全秆具8～11（16）节，节间长15～25（35）cm，基部节间长3～5cm，圆柱形，但分枝一侧基部具浅纵沟槽，绿色，具微白粉，幼时节间上部被棕色刺毛，无纵细线棱纹，中空较小或近于实心；箨环隆起，褐色，无毛；秆环稍隆起，或在分枝节上者隆起，光亮；节内高2～4mm，在分枝节上者向下逐渐变细，无毛，平滑。秆芽1枚，长圆状披针形，微被白粉，无毛，边缘初时生短纤毛。秆的第3节以上开始分枝，枝条在每节上1枚，直立或上举，与主秆呈30°～35°锐角开展，长20～40cm，直径与竹秆近于相等或较小。笋墨绿色，被棕色刺毛；箨鞘宿存，三角状长圆形，革质，淡黄褐色至褐色，短于或等长于节间，长8～12cm，基部宽1.5～3.3cm，先端短三角状，顶端宽3～6mm，背面被棕色瘤基小刺毛或白色柔毛，此毛在顶端处较少，纵脉纹不明显，无小横脉，边缘有纤毛；箨耳缺或小不明显，鞘口有短继毛；箨舌截形，紫褐色，高0.5～2mm，具纤毛；箨片线形或狭披针形，直立或外翻，长达4cm，宽2mm，远较箨鞘顶端为窄，无毛，边缘初时稍具微锯齿。小枝具叶1～3片或更多；叶鞘长8～11cm，淡黄色或枯草色，无毛，纵脉纹不明显或在其上部明显，上部纵脊不明显或有时较短而明显，边缘无纤毛；叶耳鞘口继毛缺失；叶舌紫色，截形，无毛，高1～3mm，先端无毛或稀具继毛；叶柄长2～6（8）mm，淡绿色，无毛；叶片长圆状披针形，纸质，长10～45cm，宽2～9cm，先端渐尖，基部楔形或阔楔形，上面绿色，无毛，下面灰白色或灰白绿色，被微毛，次脉6～13对，小横脉明显，组成长方形或正方形，边缘具小锯齿而显著粗糙。圆锥花序长6～20cm，其基部为叶鞘所包裹，花序分枝上升或直立，花序主轴密生微毛，下部分支常有1枚形小的苞片；小穗常带紫色，几呈圆柱形，长2.5～7cm，含5～9朵小花；小穗轴节间长4～9mm，密被白色柔毛；颖2枚，通常质薄，具微毛或无毛，但上部和边缘生绒毛，第一颖长5～10mm，具不明显的5～7脉，第二颖长8～13mm，具7～9脉；外稃先端渐尖呈芒状，具11～13脉，脉间小横脉明显，具微毛或近于无毛，第一外稃长13～15mm，基盘密生白色长约1mm之柔毛；内稃长5～10mm，脊间宽约1mm，贴生小微毛，近顶端生有小纤毛；鳞被3，膜质透明，长2～3mm；花药紫色或黄带紫色，长4～6mm；柱头2，长1～1.5mm，羽毛状。果实未见。笋期4～5月。花期1～8月。

秆作竹筷和毛笔杆；叶作斗笠、船篷或包裹粽子；植株密集，叶大，美观，常培植于庭园供观赏。

在陕西秦岭地区，该竹为大熊猫常年在低海拔地区采食的竹种之一；在陕西佛坪和威海市刘公岛国家森林公园，均见用该竹喂食圈养的大熊猫。

分布于中国陕西南部、山东、江苏、安徽、浙江、江西、福建、湖北、湖南、广东、重庆、四川。该竹为箬竹属分布最广的一种。

耐寒区位：7～10区。

 箬叶竹（中国竹类植物志略） 长耳箬（种子植物名称）

Indocalamus longiauritus Hand.–Mazz. in Anzeig. Akad. Wiss. Math. Naturw, Wien 62: 254. 1925; Keng & Wang in Fl. Reip. Pop. Sin. 9 (1): 695. pl. 213: 1–7. 1996; D. Ohrnb., The Bamb. World, 47. 1999; Li D. Z., Wang Z. P., Zhu Z. D. & al. in Fl. China 22: 138. 2006; Yi & al. in Icon. Bamb. Sin. 707. 2008, & in Clav. Gen. Sp. Bamb. Sin. 201. 2009. ——*Arundinaria longiauritus* (Hand.–Mazz.) Hand. –Mazz., Sym. Sin. 7: 1271. 1936.

秆高达1m，直径8mm；节间长可达55cm，被白毛，节下方被贴生淡棕色带红色的毛环；秆环较箨环略高。箨鞘宿存，基部具木栓状隆起的环，或具棕色长硬毛环，背面贴生褐色瘤基刺毛或无毛，有时被白色微毛；箨耳大，镰形，宽1～6mm，继毛放射状，长约1cm；箨舌截形，高0.5～1mm，边缘具继毛或无继毛；箨片长三角形或卵状披针形，直立，基部近圆形收缩。叶耳镰形，边缘具放射状继毛；叶舌截形，高1～1.5mm，背部具微毛，边缘生继毛；叶片长10～35.5cm，宽1.5～6.5cm，下面灰白色，无毛或被微毛，次脉5～12对，小横脉形成长方格子状。圆锥花序细长，长8～15.5cm，花序轴密生白色毡毛；小穗长1.5～3.7cm，淡绿色或成熟时为枯草色，含4～6朵小花；小穗轴节间长6.8～7.2mm，呈扁棒状，有纵棱，密被白色绒毛，顶端截平；颖2，先端渐尖成芒状，第一颖长3～5mm（包括芒尖长1mm在内），3～5脉，第二颖长6～8mm（包括芒尖长1.2mm在内），7～9脉；外稃长圆形兼披针形，先端有芒状小尖头，第一外稃长10～14mm（包括芒尖长2～2.5mm及基盘长0.2～0.5mm在内），11～13脉；第一内稃长7～10mm，脊上生有纤毛；花药长约5mm；柱头2，羽毛状。颖果长椭圆形。

笋期4～5月。花期5～7月。

秆通直，可作毛笔杆或竹筷；叶片可制斗笠、船蓬等防雨用品的衬垫材料。

在湖南长沙和陕西秦岭，有见用该竹饲喂圈养的大熊猫。

分布于中国河南、湖南、江西、贵州、广东、福建。

耐寒区位：8～10区。

9.8.6 **半耳箬竹**（中国植物志） 簝叶竹（四川都江堰）

Indocalamus semifalcatus (H. R. Zhao & Y. L. Yang) Yi in J. Bamb. Res. 19 (1): 26. 2000; Yi & al. in Icon. Bamb. Sin. 707. 2008, & in Clav. Gen. Sp. Bamb. Sin. 201. 2009; T. P. Yi & al. in J. Sichuan For. Sci. Tech. 31 (4): 15. 2010. ——*Indocalamus longiauritus* Hand.–Mazz. var. *semifalcatus* H. R. Zhao & Y. L. Yang in Acta Phytotax. Sin. 23 (6): 464. 1985; Keng & Wang in Fl. Reip. Pop. Sin. 9 (1): 697. pl. 213: 8–11. 1996; T. P. Yi in Sichuan Bamb. Fl. 329. 1997, & in Fl. Sichuan. 12: 303. 1998; D. Ohrnb., The Bamb. World, 47. 1999; Li D. Z., Wang Z. P., Zhu Z. D. & al. in Fl. China 22: 139. 2006.

地下茎节间长0.8～3cm，直径（3）5～8mm，圆柱形，有光泽，节下具一圈灰色蜡粉，中空直径约1mm，每节生根或具瘤状突起1～3枚；鞭芽卵圆形，黄褐色，贴生。秆高1.5～2.7m，直径7～11mm；全秆具8～13节，节间长22～30（36）cm，基部节间长（2）7～9cm，圆筒形，但在分枝一侧基部扁平或具浅沟槽，绿色，初时密被灰白色至淡黄褐色刺毛，节下方被一圈灰白色至紫褐色蜡粉，中空度较大，秆壁厚约2mm，髓为锯屑状；箨环隆起，无毛，淡褐色；秆环微隆起至隆起，或在分枝节上者隆起较甚而高于箨环；节内高6～8mm，无毛，有光泽，在分枝节上者向下变细。秆芽长卵形，贴生。枝条在秆的每节上1枚，直立或上举，长25～45cm，具3～7节，节间长达16cm，与主秆近相等，枝箨宿存。笋紫褐色；箨鞘宿存，三角状长圆形，远短于节间，革质，干后灰褐色，长8～13cm，宽2～3cm，先端短三角形，顶端宽2～3mm，背面贴生棕色瘤基刺毛，纵脉纹仅在上部明显，小横脉不发育，边缘上部初时具棕色刺毛；箨耳半截镰形，紫色，高约1.5mm，长5～7mm，易脱落，边缘具长5～8mm的继毛；箨舌截平形，背面被微毛，高0.5～0.8mm；箨片卵状披针形，直立，脱落性，先端渐尖，基部圆形，长2～4.5cm，宽4～11mm，两面均具微毛，纵脉纹明显，小横脉在背面显著，边缘具小锯齿。小枝具叶4～8枚；叶鞘长10～13cm，质地坚硬，微被白粉，边缘外侧具黄褐色纤毛；叶耳半截镰形，边缘继毛长5～7mm；叶舌截形，高1.5～2.5mm，边缘生流苏状继毛；叶柄长3～5mm，无毛；叶片披针形，长18～40cm，宽3～8.5cm，基部阔楔形，下面淡绿色，无毛，次脉7～12对，小横脉明显，边缘仅上部具小锯齿。圆锥花序长11～20cm，序轴及其分枝密被灰褐色微毛，下部分枝基部具1枚不分裂或3～4裂的薄质苞片；小穗柄长2～23mm，被灰色短柔毛，但在其上部的毛被较密且颜色更深，近轴一侧平坦；小穗长3～8cm，紫色，含花6～17朵；小穗轴节间长3～5mm，扁压，被白色绒毛；颖2枚，上部被微毛，边缘具纤毛，第一颖长3～8mm，纵脉纹不明显，第二颖长8～10mm，具7～9脉；外稃先端渐尖，无毛或上半部具微毛，长8～12mm，具7～9脉，基盘密被白色绒毛；内稃长7～8mm，脊间具2脉，贴生微毛，顶端具小纤毛；鳞被3，长2～2.5mm，上部紫色，具微毛，前方2片半圆状卵形，后方1片长圆状披针形，边缘疏生纤毛；花药紫色，长5～6mm；子房狭长圆形，棕色，无毛，长约3mm，花柱极短，柱头2，长约3mm，羽毛状。颖果长圆形，棕色至棕紫色，无毛，具腹沟，先端尖，长约7mm，直径约1.5mm。笋期8～9月。花期4～6月；果期6～7月。

叶片大型，常用于包裹粽子。

在四川都江堰，见有野生大熊猫冬季下移时采食本竹种；亦见有采用该竹饲喂圈养的大熊猫。

分布于中国四川西部、福建和广西，垂直分布海拔可达1500m，常见于水肥条件充裕的山坡下部溪流两岸，亦栽培于村宅旁、公园、寺庙或沟渠边。

耐寒区位：9区。

9.9 月月竹属

Menstruocalamus Yi

Menstruocalamus Yi in J. Bamb. Res. 11 (2): 38. 1992. & Bamb. Fl. Sichuan 284. 1997; Yi & al. in Icon. Bamb. Sin. 615. 2008, & in Clav. Gen. Sp. Bamb. Sin. 177. 2009.

Type: *Menstruocalamus sichuanensis* (Yi) Yi

灌木状竹类。地下茎复轴型。秆散生间小丛生，直立；节间圆筒形或在具分枝一侧中下部扁平，幼时节下方微被一圈白粉或无白粉，秆壁中等厚度；箨环初时具黄棕色刺毛；秆环微隆起至隆起；节内有时在秆基部第1～3节上有一圈瘤状突起。秆芽3。秆每节上枝条开始3枚，后期可多达11枚。箨鞘宿存，三角状长椭圆形，背面被棕色或黄棕色刺毛，此毛在基部尤密，边缘上半部生纤毛；箨耳无，鞘口缝毛缺失或有时鞘口两肩各具2～3枚易脱落的缝毛；箨舌低矮，截平形；箨片直立或开展，有时外翻，锥形或三角状锥形，边缘具细锯齿。小枝具叶（2）3～4（6）；叶耳无，鞘口有缝毛；外叶舌被纤毛；叶片披针形，次脉5～7对，小横脉明显。花枝无叶或着生于具叶小枝顶端；真花序排成总状或简单圆锥状，具小穗1～8枚，序轴常被短柔毛；小穗柄压扁，基部具苞片；小穗基部无前出叶，细瘦，略弯垂，紫绿色，含小花（4）8～15（25）；小穗轴节间扁平，无毛或有时上部被短柔毛，顶部密生纤毛；颖片1（2），具多脉；外稃卵状披针形，具7～11脉，小横脉不清晰；内稃上部被微毛，背部具2脊，先端微2裂；鳞被3；雄蕊3，花丝分离，花药紫色、黄色或黄紫色；子房纺锤形，无柄，花柱2，柱头2，羽毛状。颖果狭长圆形，成熟时不全为稃片所包藏而部分露出，基部具脐，有明显的腹沟，果皮甚厚；胚乳白色，填满整个果实内部；胚作90°弯曲。笋期长，7月至翌年1月。花期很长，几乎全年均可见开花竹株，但多在4～6月；果期多在5～6月。

全世界的月月竹属植物仅1种，也属大熊猫野外采食竹种，产于中国四川和重庆。

9.9.1 月月竹（中国竹类图志）

Menstruocalamus sichuanensis (Yi) Yi in J. Bamb. Res. 11 (1): 40. f. 1. 1992; S. L.Zhu & al., A Comp. Chin. Bamb. 221. 1994; Keng & Wang in Fl. Reip. Pop. Sin. 9 (1): 240. 1996, in nota.; Yi & al. in Icon. Bamb. Sin. 615–618. 2008, & in Clav. Gen. Sp. Bamb. Sin. 177. 2009. ——*Sinobambusa sichuanensis* Yi in Bull. Bot. Res. 2（4）: 105. fig. 4. 1982. ——*Chimonobambusa sichuanensis* (Yi) Wen in Juorn. Bamb. Res. 6 (3): 33. 1987.

竹鞭节间长1～4（5.5）cm，直径4～8mm，圆筒形，近于实心，光滑无毛，具鞭箨，节上具瘤状突起或根2（3）枚；鞭芽圆锥形，芽鳞褐色。秆高2～5m，直径0.8～2cm，梢端直立；全秆具17～25节，节间长17～30（43）cm，圆筒形，具芽一侧基部或分枝一侧下部1/2～3/5处扁平，绿色，幼时节下微被一圈白粉或无白粉，无毛，老秆纵细线棱纹略明显，秆壁厚1.5～3mm，髓呈锯屑状；箨环隆起，但不强烈增厚为木栓质状物，初时具一圈下向生长的黄棕色刺毛，老后脱落；秆环微隆起至隆起；节内高2～3mm，有光泽，有时在基部1～3节上有一圈瘤状突起。秆芽3，贴生，具1枚共同的前出叶。枝条初时3枚，后期因次生枝发生可多达11枚，斜展至近于平展，无明显主枝，长达80cm，直径2～4mm。笋紫绿色或紫色，具黄棕色刺毛；箨鞘宿存，三角状长椭圆形，短于节间，长10～20cm，基底宽3～5cm，先端三角形，顶端宽2～3mm，薄革质，黄褐色，背面被棕色或黄棕色刺毛（基底一圈尤密），纵脉纹明显，小横脉不发育，边缘上半部具灰褐色纤毛；箨耳缺失，鞘口两肩无继毛或有时各具2～3枚易脱落的继毛；箨舌截平形，高约1mm，口部无纤毛或有时具长约0.5mm的纤毛；箨片直立或秆上部者开展，有时外翻，锥形或三角状锥形，长0.5～1.2（3.5）cm，宽1.5～2.5mm，纵脉纹略显著，两面均稍粗糙，边缘具细锯齿，不内卷。小枝具叶（2）3～4（6）枚；叶鞘长3.5～8.5cm，纵脉纹及上半部纵脊明显，边缘初时具纤毛；叶耳缺失，鞘口两肩具长5～12mm灰白色弯曲的继毛；叶舌截平形，无毛，高1～1.5mm，外叶舌具灰白色纤毛，边缘无继毛；叶柄长3～5mm；叶片披针形，长10～26cm，宽1.5～3cm，纸质至厚纸质，无毛，上面绿色，下面淡绿色，先端渐尖，基部楔形或阔楔形，次脉5～7对，小横脉明显，组成长方形，边缘具细锯齿。花枝无叶或着生于具叶小枝顶端，基部为一组苞片所包围。真花序排列成总状或有时在其下部分枝上具2枚小穗而成为简单圆锥花序，顶生，疏松开展，具1～8枚小穗，穗轴常具短柔毛；小穗柄压扁，无毛或具短柔毛，长2～15mm，基部托以苞片；小穗含（4）8～15（25）朵小花，长（3）8～10（14.5）cm，较细瘦，略下垂，紫褐色、紫色或紫绿色，成熟时枯草色；小穗轴节间长3～12mm，扁平，无毛或有时上部具短纤毛，顶端膨大，边缘密生纤毛；颖1（2）枚，卵状披针形，纸质，无毛，先端芒尖，边缘具短纤毛，第一颖长4～8mm，宽约2.5mm，具3～7脉，

第二颖长6～11mm，宽3～4mm，具7～11脉；外稃卵状披针形，纸质，长8～13mm，宽3～4mm，具7～11脉，小横脉不清晰，先端具芒状尖头，无毛或上部具灰白色微毛，边缘具小纤毛，小穗基部外稃内的小花退化而败育；内稃长3～10mm，等长或略短于外稃，上部具灰白色微毛，先端微2裂，具笔毫状簇毛，背部具2脊，脊上通常无纤毛；鳞被3，卵形、倒卵状披针形或长椭圆状披针形，长2～2.5mm，宽约1mm（前方的2片较宽大），膜质透明，两侧有时带紫色，下半部具纵脉纹，边缘上半部具纤毛；雄蕊3，花丝长6～8mm，伸出花外，花药长5～6mm，紫色、黄色或黄紫色，先端渐尖，基部箭簇状叉开，孔裂；子房纺锤形，长1.5～2mm，无柄，光滑无毛，花柱2，长约0.5mm，柱头长约2mm，白色，羽毛状。颖果，新鲜时绿色带紫色、紫色带绿色或绿色，干后暗褐色，狭长圆形，微弯，无毛，有光泽，长7～9mm，直径1.5～2.5mm，成熟时露出，不为稃片全包，具宽约1mm的腹沟，先端具宿存花柱，果皮较厚，内含饱满淀粉质胚乳，胚作90°弯曲。笋期长，7月至翌年1月均可发笋；笋味甜。花期很长，几乎全年均可见到开花竹株，但盛期在4～6月；果熟期多在5～6月。

在四川绵竹、都江堰和马边大熊猫分布区内，见有野生大熊猫冬季垂直下移时采食该竹种。

分布于中国重庆永川、梁平和四川西部绵竹、新都、都江堰、乐山、马边。生于海拔400～1200m的平原、丘陵或山地，也常见栽培于公园、宅旁，或盆栽作观赏；陕西西安楼观台森林公园有引栽，基本能适应关中平原的冬季低温。

耐寒区位：9区。

9.10 慈竹属

Neosinocalamus Keng f.

Neosinocalamus Keng f. in J. Bamb. Res. 2 (2): 12. 1983; Keng & Wang in Fl. Reip. Pop. Sin. 9 (1): 131. 1996; T. P. Yi in Sichuan Bamb. Fl. 76. 1997, & in Fl. Sichuan. 12: 54. 1998; Yi & al. in Icon. Bamb. Sin. 166. 2008 & in Clav. Gen. Spec. Bamb. Sin. 52. 2009. ——*Sinocalamus* McClure in Lingnan Univ. Sci. Bull. no. 9: 66. 1940, p. p.; Y. L. Keng, Fl. Ill. Pl. Prim. Sin. Gramineae 63. 1959, p. p.

Type: *Neosinocalamus affinis* (Rendle) Keng f.

乔木状竹类。地下茎合轴型。秆单丛生，梢端纤细，钓丝状长下垂；节间圆筒形，初时被小刺毛，秆壁较薄；箨环隆起；秆环平；节内及箨环下具一圈绒毛环。秆芽1枚，扁桃形，常紫色，贴秆；秆每节分枝多数枚，簇生，无明显粗壮主枝。箨鞘早落至迟落，革质或软骨质，鞘口顶端穹形至下凹或呈"山"字形，背面被棕色刺毛；箨耳及鞘口繸毛缺失；箨舌边缘流苏状；箨片三角形至卵状披针形，外翻，基部宽度为箨鞘顶端的1/3～1/2。小枝具叶数枚至10余枚；叶耳及鞘口繸毛缺失；叶舌截形；叶片宽大，中型，纸质，小横脉不清晰。

花枝修长，无叶，弯曲下垂；花序为续次发生；假小穗1～4枚生于花枝各节，成熟时古铜色或棕紫色；先出叶有时仅具1脊；苞片2或3，上方1片无腋芽和次生假小穗；小穗含3～6朵小花，棕紫色或紫红色，两侧压扁，上方小花渐小而不孕，无小穗柄，成熟时小穗整体脱落；小穗轴节间粗短，形扁，成熟后不易在诸花间折断；颖1至多片，向上逐渐增大，阔卵形，具多脉；外稃宽大，阔卵形，具不明显多脉，顶端圆或

9

大熊猫主食竹物种的多样性

具小尖头；内稃远狭于外稃而略短，背部具2脊，脊上生纤毛，顶端2短齿裂；鳞被1～4，膜质，长圆形兼披针形，基部具脉纹，边缘上部具纤毛；雄蕊6，有时可较少，花丝分离，花药黄色，细长形；雌蕊被长柔毛，子房有柄，被毛，花柱1，柱头2～4，长短不一，羽毛状。果实囊果状，纺锤形，具浅腹沟，顶端被短柔毛；果皮薄，黄褐色，易与种子分离。染色体2n =72。笋期在秋季。

全世界的慈竹属植物为2种，11个栽培品种，全为中国特产。主要分布于四川、重庆、云南、贵州、甘肃、陕西、河南、湖北、湖南等地，福建、广东亦有少量分布。

自然生存状态下，发现大熊猫在野外有取食本属植物行为，已记录大熊猫采食本属竹类有1种、3栽培品种。

9.10.1 慈竹（中国植物志） 钓鱼慈（四川江安），大竹子（甘肃文县）

Neosinocalamus affinis (Rendle) Keng f. in J. Bamb. Res. 2 (2): 12 1983; T. P. Yi in J. Bamb. Res. 4 (1): 13. 1985; Icon. Arb. Yunn. Inferus 1384. fig. 647. 1991; S. L. Zhu & al., A Comp. Chin. Bamb. 64. 1994; Keng & Wang in Fl. Reip. Pop. Sin. 9 (1): 132. pl. 32. 1996; T. P. Yi in Sichuan Bamb. Fl. 76. pl. 20. 1997, & in Fl. Sichuan. 12: 54. pl. 20. 1998; Yi & al. In Icon. Bamb. Sin. 168. 2008, & in Clav. Gen. Sp. Bamb. Sin. 52. 2009. ——*N.* 'Affinis', Keng & Wang in Flora Reip. Pop. Sin. 9 (1): 133. 1996; Shi & al. in For. Res. 27 (5): 703. 2014, in World Bamb. Ratt. 16 (1): 46. 2018. ——*Bamhusa emeiensis* Chia & H. L. Fung in Act. Phytotax. Sin. 18 (2): 214. 1980. & in ibid. 20 (4): 512. 1982; 中国竹谱11页. 1988; Fl. Guizhou. 5: 278. pl. 92. 1988; D. Ohrnb., The Bamb. World, 260. 1999; Fl. Yunnan. 9：26. Pl. 4: 11–19. 2003; Li D. Z., Wang Z. P., Zhu Z. D. & al. in Fl. China 22: 34. 2006; Amer. Bamb. Soc. in Bamb. Species Source List no. 35: 7. 2015. ——*Dendrocalamus affinis* Rendle in J. Linn. Soc. Bot. 36: 447. 1904. ——*D. textilis* Xia, Chia & C. Y. Xia in Act. Phytotax. Sin. 31 (1): 63. 1993. ——*Lingnania affinis* (Rendle) Keng f. in Act. Phytotax. Sin. 19 (1): 141. 1981. ——*Sinocalamusaffinis* (Rendle) McClure in Lingnan Univ. Sci. Bull. No. 9: 67. 1940; W. P. Fang in Icon. Pl. Omei. 1 (2): Pl. 52. 1944; Y. L. Keng, Fl. Ill. Pl. Prim. Sin. Graminea 75. fig. 52a, 52b. 1959. Keng f. in J. Nanjing Univ. (Biol.) 1962 (1): 39. 1962.

地下茎合轴型。秆丛生，秆高8～13m，直径3～8（10）cm，梢端弧形弯曲作钓丝状长下垂；全秆具32节左右，节间圆筒形，深绿色，中部最长者达60cm，基部最短者达15～30cm，被秆鞘覆盖的部分光滑无毛，上部未被覆盖部分贴生长约2mm的灰色或灰褐色小刺毛，该小刺毛脱落后留有一小凹痕或有一小疣点，无白粉或偶见微敷白粉，中空度大，秆壁厚3～6mm，髓呈锯屑状；箨环隆起，残存箨鞘基部的遗

留物，有时在秆基部数节的箨环下具紧密贴生宽5～8mm的灰白色绒毛一圈；秆环平，光滑，无毛；节内高6～11mm。秆芽1枚，扁桃形，常紫色，贴秆，周围常具紧贴的灰白色绒毛。秆分枝较高，通常始于秆的第15节左右，枝条在秆的每节上为多数，簇生，无明显粗壮主枝。笋墨绿色；箨鞘革质或软骨质，迟落性，革质，较坚脆，长圆状三角形，长16～30cm，基部宽14～26cm，背面除原被覆盖的三角形区无刺毛外，其余均密被贴生的棕黑色刺毛；箨耳及鞘口两肩继毛缺失；箨舌显著，连同流苏状的继毛在内全高10～15mm；箨片外翻，卵状披针形，在秆基部的箨鞘上者较小，向上则逐渐增大，长2～16cm，宽1.2～5cm，先端渐尖，基部收缩而略呈圆形，背面中部疏生小刺毛，内面具多数纵脉纹，密生白色小刺毛，边缘粗糙而略内卷。叶在每小枝上6～11枚；叶鞘长3～9cm，无毛，纵脉纹及上部纵脊明显，边缘具纤毛；叶耳及鞘口继毛缺失；叶舌截形，有时具浅裂齿，褐色或棕色，高1～1.5mm；叶柄长2～3mm，下面被微毛；叶片披针形，纸质，较薄，长8～28cm，宽1.2～4cm，先端渐尖，基部圆形或阔楔形，上面深绿色，无毛，下面灰绿色，被微毛，次脉4～10对，小横脉不清晰，边缘具小锯齿而粗糙。花枝修长，无叶，柔软下垂，节间无毛或有时在幼嫩时具灰褐色绒毛。假小穗紫褐色，无柄，长8～15mm，通常2～4枚生于一节；小穗含4～6朵小花；小穗轴节间长1～2mm，略扁，无毛或稀具灰褐色绒毛；颖2枚或多数枚，向上逐渐增大，长2～6mm，具多脉；外稃长6～12mm，阔卵形，具多脉，顶端具小尖头，有光泽，边缘具纤毛；内稃长7～9mm，背部具2脊，脊上生纤毛，脊间无毛，先端具2浅裂；鳞被3～4片，长圆形兼披针形，有时先端可分叉，长2～4mm，基部具脉纹，边缘上部具纤毛；雄蕊6，有时可较少，花丝分离，花药黄色，顶端具小刺毛或无毛，长3～6.5mm，花丝白色，长4～7mm，成熟时露出花外；子房椭圆形，长约1mm，密被白色长丝状毛，具短柄，花柱被微毛，柱头2枚，稀3枚，羽毛状。果实囊果状，纺锤形，黄棕色，长6～7.5mm，直径3～4mm，上部具灰白色微毛，具浅腹沟；果皮薄，易与种子相分离。笋期7～8月。花期很长，多在4～7月。

秆广泛用于造纸、建筑、家具、农具等。笋可食用，笋壳即箨鞘用于制作锅盖或作布鞋底的衬垫物。竹丛秀美婀娜，因而产区各地也大量用于城乡园林绿化。

自然状态下，在冬季大雪封山、食物亏缺季节，有见大熊猫垂直下移觅食食物时采食本竹种。

主产于中国的四川盆地及其周边盆壁低山地区，通常栽培于海拔1500m以下的村旁、宅旁、水旁、路旁、沟旁或田边地角以及一些立地条件较好的林地上。长期以来，川西平原庭院周围常以慈竹为主形成了一种特殊的自然生态景观——林盘，它对于成都市"田园城市"建设具有重要作用。云南、贵州以及甘肃南部、陕西南部、湖北西部和湖南西部也有分布；在四川西南部和云南高原，本种可栽植到海拔1800m的平地或坡地。也见于与乔木树种组成的第二林层中。

耐寒区位：9区。

9.10.1a 黄毛竹（中国植物志）

Neosinocalamus affinis 'Chrysotrichus', J. H. Xiao in S .L. Zhu & al., Compend. Chin. Bamb., 1994: 64; Keng & wang in Fl. Reip. Pop. Sin. 9 (1): 135. 1996; Shi & al. in For. Res. 27 (5): 703. 2014, & in World Bamb. Ratt. 16 (1): 46. 2018; J. Y. Shi in Int. Cul. Regist. Rep. Bamboos (2013–2014): 23. 2015 .——*N. affinis* (Rendle) Keng f. f. *chrysotrichus* (Hsueh & Yi) Yi in J. Bamb. Res. 4 (1): 13. 1985; Yi & al. in Icon. Bamb. Sin. 171. 2008; & in Clav. Gen. Spec. Bamb. Sin. 32. 2009. ——*Bambusa emeiensis* f. *chrysotricha* (Hsueh & Yi) Ohrnber in Bamb.

World Introd. ed. 4: 18. 1997; D. Ohrnb., The Bamb. World, 260. 1999.——*B. emeiensis*'Chrysotrichus', Amer. Bamb. Soc. in Bamb. Species Source List no. 35: 7. 2015. ——*Sinocalamus affinis* (Rendle) McClure f. *chrysotrichus* Hsueh & Yi in J. Yunnan For. Coll. (1): 68. 1982.

与慈竹特征相似，不同之处在于其幼秆节间密被铁锈色刺毛，并间敷有白粉。

适于生态营建、园林绿化；篾性较慈竹更为柔韧，为制作竹绳索的理想材料。

四川成都双流、都江堰、崇州均有栽培。见有大熊猫冬季垂直下移觅食时采食该竹。

耐寒区位：9区。

9.10.1b 大琴丝竹（中国竹类图志）

***Neosinocalamus affinis* 'Flavidorivens'**, J. H. Xiao in S. L. Zhu & al., Compend. Chin. Bamb. 1994: 65; Shi & al. in Shi & al. in For. Res. 27 (5): 704. 2014, & in World Bamb. Ratt. 16 (1): 46. 2018; J. Y. Shi in Int. Cul. Regist. Rep. Bamboos (2013–2014): 23. 2015. ——*N. affinis* (Rendle) Keng f. f. *flavidorivens* (Hsueh & Yi) Yi in J. Bamb. Res. 4 (1): 14. 1985. ——*N. affinis* (Rendle) Keng f. f. *flavidorivens* (Yi) Yi, Yi & al. in Icon. Bamb. Sin. 171. 2008. & in Clav. Gen. Spec. Bamb. Sin. 52. 2009; Shi & al. in The Ornamental Bamb. in China. 308. 2012. ——*Sinocalamus affinis* var. *tlavidorivens* Yi, 1963: 72. ——*S. affinis* (Rendle) McClure f. *flavidorivens* Hsueh & Yi in J. Yunnan For. Coll. (1): 68. 1982.——*Bambusa emeiensis* f. *tlavidorivens* (Yi) Ohrnberger in Bamb. World Introd. ed. 4: 18. 1997; D. Ohrnb., The Bamb. World, 260. 1999.——*B. emeiensis*'Flavidorivens', Amer. Bamb. Soc. in Bamb. Species Source List no. 35: 7. 2015.

与慈竹特征相似，不同之处在于其秆节间淡黄色，但有宽窄不等的深绿色纵条纹；叶片有时亦具淡黄色纵条纹。

适于风景区、公园、小区栽培观赏，竹种园建设。

在四川成都、乐山，冬季大熊猫垂直下移觅食物时，见有在村庄附近采食本栽培竹种。

中国四川成都、乐山、西充、营山、宜宾和重庆梁平、垫江均有栽培。

耐寒区位：9区。

9.10.1c 金丝慈竹（中国竹类图志）

***Neosinocalamus affinis* 'Viridiflavus'**, J. H. Xiao in S. L. Zhu & al., Compend. Chin. Bamb., 1994: 65; Shi & al. in For. Res. 27 (5): 704. 2014, &in World Bamb. Ratt. 16 (1): 46. 2018；J. Y. Shi in Int. Cul. Regist. Rep. Bamboos (2013–2014): 23. 2015. ——*N. affinis* (Rendle) Keng f. f. *viridiflavus* (Yi) Yi, Yi in Joun. Bamb. Res. 4 (1): 13. 1985; Yi & al. Icon. Bamb. Sin. 171. 2008. & in Clav. Gen. Spec. Bamb. Sin. 52. 2009. ——*N. affinis*'Striatus', J.H. Xiao in S. L. Zhu & al. In Compend. Chin. Bamb., 1994: 65. ——*Sinocalamus afñnis* f. *viridiflavus* (Yi) Hsueh

& Yi in J. Yunnan For. Coll. no. 1: 68. 1982. ——*S. affinis* var. *viridiflavus* Yi in Sichuan Sheng Guan Xian Linyexuexiao Jiaoxue Cankaoziliao (Guan Xian For. School Sichuan Prov., Teach. Ref. Man.), 1, 1963: 72. ——*Bambusa emeiensis* f. *viridiflava* (Yi) Ohrnberger in Bamb. World Introd. ed. 4: 18. 1997; D. Ohrnb., The Bamb. World, 260. 1999. ——*B. emeiensis* 'Viridiflavus', Amer. Bamb. Soc. in Bamb. Species Source List no. 35: 7. 2015.

与慈竹特征相似，不同之处在于其秆节间绿色，但在具芽或分枝一侧有淡黄色细纵条纹。

适于生态建设以及庭院、风景区、小区栽培观赏。

冬季大熊猫垂直下移觅食食物时，见有在村庄附近采食本栽培竹种。

中国四川成都、邛崃、丹棱和重庆梁平均有栽培；福建福州、华安，广东广州等地有引栽。

耐寒区位：9区。

9.11 刚竹属

Phyllostachys Sieb. & Zucc.

Phyllostachys Sieb. & Zucc. in Abh. Akad. Munchen. 3: 745. 1893 (1894?), nom. cons. —— *Sinoarundinaria* Ohwi ex Mayebara in Florula Austrohigoensis 86. 1931; Keng & Wang in Flora Reip. Pop. Sin. 9 (1): 243. 1996; D. Ohrnb., The Bamb. World, 193. 1999; Li D. Z., Wang Z. P., Zhu Z. D. & al.in Flora of China. 22: 163. 2006; Yi & al. in Icon. Bamb. Sin. 305. 2008. & in Clav. Gen. Spec. Bamb. Sin. 89. 2009.

Type: **Phyllostachys bambusoides** Seib. & Zucc.

乔木或灌木状竹类。地下茎为单轴散生，偶可复轴混生。秆圆筒形；节间在分枝的一侧扁平或具浅纵沟，后者且可贯穿节间全长，髓呈薄膜质封闭的囊状，易与秆的内壁相剥离；秆环多少明显隆起，稀可不明显。秆每节分2枝，一粗一细，在秆与枝的腋间有先出叶，有时在此2枝之间或粗枝的一侧再生出第三条显著细小的分枝，秆下部的节最初偶可仅分1枝。秆箨早落；箨鞘纸质或革质；箨耳不见乃至大形；箨片在秆中部的秆箨上呈狭长三角形或带状，平直或波状或皱缩，直立至外翻。末级小枝具(1)2～4(7)叶，通常为2或3叶；叶片披针形至带状披针形，下表面（即离轴面）的基部常生有柔毛，小横脉明显。花枝甚短，呈穗状至头状，通常单独侧生于无叶或顶端具叶小枝的各节上（如生于具叶嫩枝的顶端、新生的开花植株或同一花枝再度开花时，则此等花序及小穗之变化极大，均不宜用作分类的依据），基部的内侧托以极小的先出叶，后者之上还有2～6片逐渐增大的鳞片状苞片，苞片之上方是大型的佛焰苞2～7片，在此佛焰苞内各具1～7枚假小穗，唯花枝下方的1至数片佛焰苞内可不生假小穗而有腋芽，花枝中不具假小穗的佛焰苞则常早落，致使花枝下部裸露而呈柄状，其腋芽于花枝上部的佛焰苞及其腋内的小穗枯谢后，还可继续发育成新的次生花枝或假小穗；佛焰苞的性质在许多方面与秆箨或枝箨相似，纸质或薄革质，宽广，多脉，有或无叶耳及鞘口繸毛，叶舌截平或弧形，有时两侧多少下延，具呈叶状至锥状的缩小叶（即退化的小形绿色叶片）；假小穗的基部近花枝的一侧常有一膜质具2脊的先出叶，有时此先出叶偏于假小穗基部的一侧时则背部仅有1脊，先出叶上方还有呈颖状的苞片，苞腋内亦可再具芽或次生假小穗；小穗含1～6朵小花，上部小花常不孕；小穗轴通常具柔毛，脱节于颖之上与诸孕花之间，常呈针棘状延伸于最上小花的内稃之后，此延伸部分通常无毛，其顶端有时尚有不同程度退化小花的痕迹；颖0～1(3)片，其大小及质地多变化，广披针形至线状披针形，5至多脉，背部常有脊，先端锥尖，有时也有极小的缩小叶；外稃披针形至狭披针形，先端渐尖，呈短芒状或锥状，7至多脉，背脊不明显；内稃等长或稍短于其外稃，背部具2脊，先端分裂成2芒状小尖头；鳞被3，稀可较少，椭圆形、线形或线状披针形，位于两侧者其形不对称，均有数条不明显的细脉纹，上部边缘生细纤毛；雄蕊3，偶可较少，花丝细长，开花时伸出花外，花药黄色；子房无毛，具柄，花柱细长，柱头3,偶可较少，羽毛状。颖果长椭圆形，近内稃的一侧具纵向腹沟。笋期3～6月，相对地集中在5月。

全世界的刚竹属植物约69种、7变种、76变型，计150多种及种下分类群（其中部分变种、变型已根据最新颁布的《国际栽培植物命名法规》修订为栽培品种），中国几乎全产。除东北、内蒙古、青海、新疆外，全国各地均有自然分布或成片栽培的竹园。欧美各国从中国引进栽培多种刚竹属植物。

自然生存状态下，发现大熊猫在野外有取食本属植物，亦有圈养大熊猫饲喂该属植物，已记录大熊猫采食本属竹类有23种、1变种、6栽培品种。

9.11.1 罗汉竹（中国竹类植物图志） 人面竹（李衎，竹谱详录）

Phyllostachys aurea Carr. ex A. & C. Riv., in Bull. Soc. Acclim. Ser. 3, 5: 716 (Les Bamb. 262). Fig. 36, 37. 1878; E. G. Camus, Les Bambus. 64. pl. 33. t. B. 1913; Nakai in Journ. Jap. Bot. 9: 18. fig. 3. 1933; McClure in Agr. Handb. USDA no. 114: 15. fig. 8, 9. 1957; Fl. Taiwan 5: 723. pl. 1489，1978; C. P. Wang & al. in Act. Phytotax. Sin. 18 (2): 170. 1980; Fl. Guizhou. 5: 298. 1988; Icon. Arb. Yunn. Inferus 1453. fig. 683. 1991; S. L. Zhu & al., A Comp. Chin. Bamb. 109. 1994; Keng & Wang in Fl. Reip. Pop. Sin. 9 (1): 255. pl. 67: 5–7. 1996; T. P. Yi in Sichuan Bamb. Fl. 114. pl. 34. 1997, & in Fl. Sichuan. 12:97. pl. 33: 1–5. 1998; Fl. Yunnan. 9: 195. pl. 46: 1–2. 2003; Li D. Z., Wang Z. P., Zhu Z. D. & al. in Fl. China 22: 168. 2006; Yi & al. In Icon. Bamb. Sin. 314. 2008, & in Clav. Gen. Sp. Bamb. Sin. 99. 2009; Ma & al. The Genus *Phyllostachys* in China. 75. 2014.——*P. bambusoides* Sieb. & Zucc. var. aurea (Carr. ex A. & C. Riv.) Makino in Bot. Mag. Tokyo 11: 158. 1897. & in ibid. 14: 64. 1900; Y. L. Keng, Fl. Ill. Prim. Sin. Gramineae 102. fig. 71. 1959. ——*P. formosana* Hayata, Icon. Pl. Formos. 6: 140. fig. 50. 1916. ——*P. reticulata* (Rupr.) K. Koch. var. *aurea* Makino in l. c. 26: 22. 1912.——*Bambusa aurea* Hort. ex A. & C. Riv. in Bull. Soc. Acclim. Ser. 3, 5: 716. 1878. non Sieb. ex Miq. 1866.

秆高5～12m，直径2～5cm；节间长15～30cm，幼时被白粉，无毛，绿色或淡黄绿色，基部或有时中部节间极度短缩，缢缩或肿胀，或其节交互倾斜，中下部正常节间的上端也常明显膨大，秆壁厚4～8mm；箨环初时被白色短毛；秆环隆起与箨环等高或稍高。箨鞘背面黄绿色或淡褐黄色带紫色，有褐色小斑点或小斑块，底部有白色短毛；箨耳及鞘口繸毛缺失；箨舌截平形或微拱形，淡黄绿色，边缘具细长纤毛；箨片开展或外折，狭三角形或带状，下部多皱曲，绿色，两边黄色。小枝具叶2～3；叶耳和鞘口繸毛早落或缺失；叶舌极矮；叶片狭长披针形或披针形，长6～12cm，宽1～1.8cm，下面基部有毛或全无毛。花枝穗状，长3～8cm；佛焰苞5～7片，长15～18mm，各具数条鞘口繸毛，缩小叶卵形或窄披针形，每片佛焰苞腋内具假小穗1～3枚；小穗含小花1～4朵，上部者不孕；小穗轴节间无毛；颖片0～2；外稃与颖相似但较长，长15～20mm，具多脉，近边缘密被柔毛；内稃等长于外稃或较短，脊上具纤毛，脊间具2～3脉，脊外两边各具2～5脉；鳞被3，被微毛，长3.5～5mm；雄蕊3，花丝分离，花药长10～12mm；柱头2，羽毛状。颖果线状披针形，长10～14mm，直径1.5～2mm，顶端具宿存花柱基部。笋期5月。

笋味美，蔬食佳品；常栽培供观赏；

在美国华盛顿国家动物园、圣地亚哥动物园及孟菲斯动物园、英国苏格兰爱丁堡动物园、奥地利美泉宫动物园、比利时天堂动物园、澳大利亚阿德莱德动物园、芬兰艾赫泰里动物园、日本神户王子动物园、韩国爱宝乐动物园等，均见采用从中国引种的罗汉竹饲喂圈养的大熊猫。

分布于中国黄河流域以南各地区，福建闽清、浙江建德、重庆梁平有野生罗汉竹林；世界各地广泛引种栽培。

耐寒区位：7～9区。

黄槽竹（植物分类学报）

Phyllostachys aureosulcata McClure in Journ. Wash. Acand. Sci. 35: 282. f. 3. 1945. in Agr. Hand. USDA no. 114: 18. f. 10, 11. 1957: Z. P. Wang & al. in Act. Phytotax. Sin. 18 (2): 180. 1980; S. L. Zhu & al., A Comp. Chin. Bamb. 109. 1994; Keng & Wang in Fl. Reip. Pop. Sin. 9 (1): 283. pl. 76: 5–7. 1996; Li D. Z., Wang Z. P., Zhu Z. D. & al. in Fl.China 22: 174. 2006; Yi & al. In Icon. Bamb. Sin. 315. 2008, & in Clav. Gen. Sp. Bamb. Sin. 101. 200; Ma & al. The Genus *Phyllostachys* in China. 78. 2014.

秆高达9m，直径4cm，在小径竹的基部有2～3节常"之"字形曲折；节间长达39cm，分枝一侧的沟槽为黄色，其他部分为绿色或黄绿色，幼时被白粉和柔毛，毛脱落后手触秆表面后微觉粗糙；秆环高于箨环。箨鞘背面紫绿色，常具淡黄色纵条纹，散生有褐色小斑点或无斑点，被薄白粉；箨耳由箨片基部两侧延伸而成，或与箨鞘顶端相连，淡黄色带紫色或紫褐色，边缘具繸毛；箨舌截形或拱形，紫色，较宽，边缘具白色短纤毛；箨片直立或开展，或在秆下部箨鞘上者外翻，淡绿黄色或紫绿色，三角形或三角状披针形，平直或波状。小枝具叶2～3；叶耳微小或无，鞘口繸毛短；叶舌伸出；叶柄长3～4mm，叶片长约12cm，宽1.4cm。花枝穗状，长8.5cm，基部约有4片逐渐增大的鳞片状苞片；佛焰苞4或5片，无毛或疏生短柔毛，无叶耳和鞘口𫐠毛，缩小叶锥状，每片佛焰苞内具5～7枚假小穗，但最下面的1枚佛焰苞内常无假小穗。小穗含1～2朵小花；小穗轴具毛；颖1～2片，具脊；外稃长15～19mm，在中上部被柔毛；内稃稍短于外稃，上半部具柔毛；鳞被长3.5mm，边缘生纤毛；花药长6～8mm；柱头3，羽毛状。笋期4月中旬至5月上旬。花期5～6月。

园林栽培供观赏。

美国华盛顿国家动物园、圣地亚哥动物园、孟菲斯动物园、亚特兰大动物园、英国苏格兰爱丁堡动物园、比利时天堂动物园和芬兰艾赫泰里动物园等，均见用从中国引栽的黄槽竹饲喂圈养的大熊猫。

分布于中国北京、浙江；美国、英国有引栽。

耐寒区位：7～9区。

9.11.2a　黄秆京竹（南京大学学报）

***Phyllostachys aureosulcata* 'Aureocarlis'**, Keng & Wang in Flora Reip. Pop. Sin. 9 (1): 286. 1996. ——P. aureosulcata McClure f. aureocaulis Z. P. Wang & N. X. Ma in Journ Nanjing Univ. (Nat. Sci. ed.) 1983 (3): 493. 1983; D. Ohrnb., The Bamb. World, 199. 1999; Yi & al. in Icon. Bamb. Sin. 315. 2008. & in Clav. Gen. Spec. Bamb. Sin. 102. 2009; Ma & al. The Genus Phyllostachys in China. 80. 2014.

与黄槽竹特征相似，不同之处在于其秆节间全为黄色，或仅基部的1、2节间上有绿色纵条纹；叶片有时也有淡黄色条纹。

建植竹种园；秆色鲜丽，园林栽培供观赏。

在奥地利美泉宫动物园、苏格兰爱丁堡动物园、芬兰艾赫泰里动物园、奥地利美泉宫动物园等，均见有用该竹饲喂圈养的大熊猫。

分布于中国江苏、浙江、北京；美国、欧洲有引种栽培。

耐寒区位：7～9区。

9.11.2b　金镶玉竹（江苏植物志）

***Phyllostachys aureosulcata* 'Spectabilis'**, New Roy. Hort. Soc. Dict. Gard. 3: 564. 1992; C. Younge, Bamboepark Schellinkh. 1992: 10; Keng & Wang in Flora Reip. Pop. Sin. 9 (1): 285. 1996; Amer. Bamb. Soc. in Bamb. Species Source List no. 35: 24. 2015; J. Y. Shi in Int. Cul. Regist. Rep. Bamb. (2013–2014): 23. 2015. ——P.

spectabilis C. D. Chu & C. S. Chao in Acta Phytotax. Sin. 18 (2): 180. 1980; 江苏植物志,上册160页. 图256, (tandum in Sinice. descr.). ——P. aureosulcata McClure f. spectabilis C. D. Chu & C. S. Chao in Act. Phytotax. Sin. 18 (2): 180. 1980; 中国竹谱65页. 1988; T. P. Yi in Sichuan Bamb.

Fl. 110. pl. 32. 1997, & in Fl. Sichuan. 12: 93. pl. 32. 1998; Yi & al. in Icon. Bamb. Sin. 316. 2008, & in Clav. Gen. Spec. Bamb. Sin. 102. 2009; Ma & al. The Genus Phyllostachys in China. 81. 2014.

与黄槽竹特征近似，不同之处在于其秆金黄色，但具绿色纵条纹。

秆色美丽，园林栽培供观赏。

在英国苏格兰爱丁堡动物园、奥地利美泉宫动物园、荷兰欧维汉动物园和芬兰艾赫泰里动物园，均见用引栽的金镶玉竹饲喂圈养的大熊猫。

分布于中国北京、江苏，浙江、四川有引栽；英国有引栽。

耐寒区位：7～9区。

桂竹（中国植物志） 刚竹（中国主要植物图说·禾本科），斑竹（四川、甘肃通称），五月季竹（中国竹类植物图志）

Phyllostachys bambusoides Sieb. & Zucc. in Abh. Akad. Wiss. München. 3: 746. pl. 5. fig. 3. 1843 (1844?); Munro in Trans. Linn. Soc. 26: 36. 1868; Gamble in Ann. Bot. Gard. Culcutta 7: 27. pl. 27. 1896; McClure in Agr. Handb. USDA no. 114: 20. ff. 12, 13. 1957; Y. L. Keng, Fl. Ill. Pl. Prim. Sin. Gramineae 99. 1959, p.p.; Icon. Corm. Sin. 5: 39. fig. 6908. 1976; Fl. Tsinling. 1 (1): 63. fig. 56. 1976; Fl. Taiwan. 5: 725. fig. 1490. 1978; S.

Suzuki, Ind. Jap. Bambusae 13 (f. 3–1, 2.), 74, 75 (pl. 13)，336. 1978；C. P. Wang & al. Act. Phytotax. Sin. 18 (2): 181. 1980; Fl. Guizhou. 5: 296. 1988; Icon. Arb. Yunn. Inferus 1463. fig. 691. 1991; S. L. Zhu & al., A Comp. Chin. Bamb. 112. 1994; Keng & Wang in Fl. Reip. Pop. Sin. 9 (1): 292. pl. 80. 1996; T. P. Yi in Sichuan Bamb. Fl. 105. pl. 30. 1997, & in Fl. Sichuan. 12: 87. pl. 30. 1998; D. Ohrnb., The Bamb. World, 199. 1999; Fl. Yunnan. 9: 203. pl. 5–14. 2003; Yi & al. in Icon. Bamb. Sin.317. 2008, & in Clav. Gen. Spec. Bamb. Sin. 99, 103. 2009; Ma & al. The Genus Phyllostachys in China. 82. 2014. ——*P. bambusoides* Sieb. & Zucc. f. zitchiku Makino in Bot. Mag. 14: 63. 1900.——*P. pinyanensis* Wen in Bull. Bot. Res. 2 (1): 67,f. 6. 1982.——*P. reticulata* (Ruprecht) K. Koch in Dendrologie 2 (2): 356. 1873; Li D. Z., Wang Z. P., Zhu Z. D. & al. in Fl.China 22: 176. 2006.

地下茎（竹鞭）节间长2.5～7cm，直径1～2.6cm，坚硬，淡黄色，实心、近于实心或有小的中空，具芽一侧有纵沟，每节有根或瘤状突起8～21枚；鞭芽1枚，三角状卵形或卵圆形，淡黄褐色，光亮，边缘具纤毛。秆高达20m，直径15cm；全秆共35～55节，节间长达42cm，幼时亮绿色，无毛，无白粉，老秆于节下有稍明显的白粉环，秆壁厚约5mm；箨环狭窄，无毛；秆环稍高于箨环；节内高3～4mm，老时微被白粉质。分枝习性高，枝条长达1.3m，直径1.2cm。笋暗红色至黑褐色；箨鞘革质，三角状长圆形，通常短于节间，背面黄褐色，有时带绿色或紫色，具较密的紫褐色斑块、小斑点和脉纹，疏生褐色刺毛，边缘初时生短纤毛；箨耳紫褐色，镰形，有时无箨耳，边缘通常具长10～15mm、初时黄绿色或黄色带紫色的继毛；箨舌拱形，淡褐色或带绿色，边缘具纤毛；箨片长达26cm，宽达12mm，无毛，外翻，带状，平直或偶在顶部微皱曲，两侧紫色，边缘黄色，微粗糙。小枝具叶2～4；叶鞘无毛，上部边缘具纤毛；叶耳半圆形，黄绿色或暗绿色，繸毛放射状；叶舌伸出，高2～3mm；叶片长5.5～15cm，宽1.5～2.5cm，上面深绿色，下面粉绿色，近基部有短柔毛，次脉（4）5～6对，小横脉显著，边缘具小锯齿。花枝具缩小叶片，穗状，长5～8cm，偶可长达10cm，基部具3～5片逐渐增大的鳞片状苞片；佛焰苞6～8片，叶耳小型或近于无，繸毛通常存在，短，缩小，叶圆卵形至线状披针形，基部收缩为圆形，上部渐尖呈芒状，每片佛焰苞腋内具1枚或有时2枚、稀可3枚的假小穗，但基部1～3片的苞腋内无假小穗而苞片早落。小穗披针形，长2.5～3cm，含1～2（3）朵小花；小穗轴呈针状延伸于最上孕性小花的内稃后方，其顶端常有不同程度的退化小花，节间除针状延伸的部分外，均具细柔毛；颖1（2）片或缺失，状如佛焰苞；外稃披针形，具多脉，长2～2.5cm，被稀疏微毛，先端渐尖呈芒状；内稃狭披针形，稍短于外稃，除2脊外，背部无毛或常于先端有微毛；鳞被3，菱状长圆形，长3.5～4mm，边缘生纤毛；雄蕊3，花药长11～14mm，成熟时悬垂于花外；子房近三角状，长约2mm，有极短子房柄，花柱细长，柱头3枚，羽毛状。果实未见。笋期多在5月中下旬。花期4～6月或更长。

材用竹种；笋味稍苦，水煮清水漂后可食用；常见园林绿化用竹。

在有大熊猫分布的四川西部、陕西南部和甘肃南部均有分布，其垂直分布可达海拔1600m，是野生大熊猫天然采食的下线竹种；在国内多家动物园以及美国圣地亚哥动物园、奥地利美泉宫动物园、比利时天堂动物园、日本神户王子动物园、韩国爱宝乐园动物园、泰国清迈动物园等，均见用该竹饲喂圈养的大熊猫。

分布于中国黄河流域及以南各地；本种是日本最早从中国引栽的竹种，现栽培较广；欧美各国及韩国也有引栽。

耐寒区位：7～9区。

9.11.4 **蓉城竹**（中国植物志） 白夹竹（中国竹类植物图志）

Phyllostachys bissetii McClure in J. Arn. Arb. 37: 180. fig.1. 1956. & in Agr. Handb. USDA No. 114. 25. ff. 14. 15. 1957; C. P. Wang & al. Act. Phytotax. Sin. 18 (2): 181. 1980; S. L. Zhu & al., A Comp. Chin. Bamb. 115. 1994; Keng & Wang inFl. Reip. Pop. Sin. 9 (1): 286. pl. 77: 1–3. 1996; T. P. Yi in Sichuan Bamb. Fl. 108. pl. 31. 1997, & in Fl. Sichuan. 12: 90. pl. 31. 1998; Li D. Z., Wang Z. P., Zhu Z. D. & al. in Fl. China 22: 174. 2006; Yi & al. in Icon. Bamb. Sin. 321. 2008, & in Clav. Gen. Sp. Bamb. Sin. 102. 2009; Ma & al. The Genus Phyllostachys in China. 43. 2014.

竹鞭节间长2～4cm，直径7～10mm，具芽一侧有纵沟槽，淡黄色，无毛，有较小中空，每节生根或瘤状突起5～12枚；鞭芽卵圆形或卵状锥形，边缘无纤毛或初时被纤毛。秆高5～7m，直径达4（5）cm；全秆具30~42（50）节，节间长达35cm，幼时被白粉，有白色短硬毛，微粗糙，秆壁厚约4mm；箨环稍隆起，褐色，无毛；秆环隆起，略高于箨环；节内高3~5mm。分枝习性较高，始于第13~20节，枝条长达135cm，直径3~6（9）cm，有小的中空或近于实心。笋淡紫绿色或紫红绿色，微被白粉，无毛，无斑点；箨鞘早落，背面暗绿色至淡绿色，并微带紫色，先端有时具乳白色纵条纹，被白粉，无毛或秆下部箨鞘有时具柔毛，无斑点或在上部具极微小斑点，边缘具纤毛；箨耳绿色或绿色带紫色，镰形或微小，或不存在，有或无继毛；箨舌截平或拱形，紫色，宽于箨片基部而常露出，边缘生纤毛；箨片直立，深绿色或深绿色带紫色，狭三角形或三角状披针形，平直或波状，基部较宽。小枝具叶1~2（3）；叶鞘紫绿色或绿色，无毛，上部纵脊不发育，边缘初时生纤毛；叶耳和鞘口继毛易脱落；叶舌截平形或近圆弧形，紫色，背面被短柔毛，边缘初时密生短纤毛；叶片披针形，纸质稍厚，长（5）8~12cm，宽1.2~1.8cm，先端渐尖，基部楔形或有时近圆形，下面灰绿色，初时被白色短柔毛，其毛在基部较密，次脉5~7对，小横脉不甚清晰，约可见及组成长方格子状，边缘具小锯齿。花枝呈短穗状，长2~5cm，基部托以4~8枚逐渐增大的苞片。佛焰苞4~6片，无叶耳及鞘口继毛，变态叶微小，披针形至锥形，每片佛焰苞内具1~2（3）枚假小穗；小穗含2~3（4）朵小花，长约1.4mm，淡绿色，密被灰色开展柔毛，顶生1朵小花通常败育；小穗轴易逐节折断，绿色，无毛，节间长1~1.5mm；颖缺失或1枚，无毛，纵脉纹明显，边缘密生短纤毛；外稃披针形，长10~15mm，纸质，密被开展的灰色柔毛，具7~9脉，先端锥状渐尖，边缘密生灰色纤毛；内稃长8~10mm，密被灰色柔毛，背部具2脊，先端2裂呈芒状；鳞被1~3，披针形、长圆形或菱状卵形，长1~1.5（2）mm，不等大，脉纹明显，边缘上部具纤毛；雄蕊3，花药黄色，长4~6mm，花丝细长，伸出花外；子房倒锥形或倒卵状椭圆形，具柄，无毛，有光泽，长约1.5mm，花柱1，无毛，长2.5~3.5mm，柱头3枚，有时1或2枚，羽毛状。颖果倒卵状椭圆形，长3.5~4.5mm，直径约1.5mm，淡黄褐色，无毛，光亮，具腹沟，顶端具宿存花柱。笋期4月中下旬。花期甚长，多在5~8月；果期7月。

笋材两用竹种。

在四川宝兴蜂桶寨自然保护区，本种是野生大熊猫天然取食的主要竹种之一。该竹1941年伴随大熊猫，先后由四川成都引入欧洲、美国和俄罗斯栽培。在美国华盛顿国家动物园、苏格兰爱丁堡动物园、奥地利美泉宫动物园、荷兰欧维汉动物园、芬兰艾赫泰里动物园和俄罗斯莫斯科动物园，均见以此引栽的蓉城竹饲喂圈养的大熊猫。

分布于中国浙江、四川，在四川成都及其西北部山区垂直分布海拔500~1200m；美国有引栽。

耐寒区位：9区。

9.11.5 白哺鸡竹（植物分类学报）

Phyllostachys dulcis McClure in J. Wash. Acad. Sci. 35 (9)：285, fig. 2. 1945. & in Agr. Handb. USDA No. 114: 30. ff. 20. 21. 1957; Z. P. Wang & al. in Act. Phytotax. Sin. 18 (2): 182. 1980; Keng & Wang in Flora Reip. Pop. Sin. 9 (1): 291. 1996; D. Ohrnb., The Bamb. World, 207. 1999; Yi & al. in Icon. Bamb. Sin. 322. 2008. & in Clav. Gen. Spec. Bamb. Sin. 103. 2009; Ma & al. The Genus Phyllostachys in China. 91. 2014.

秆高6～10m，直径4～6cm；节间长约25cm，幼时被薄白粉，老秆灰绿色，常具淡黄色或橙红色细条纹和斑块；秆环高于箨环。箨鞘背面淡黄色或乳白色，稍带绿色或上部略带紫红色，有时具紫色纵条纹，具稀疏小斑点和刺毛，边缘绿褐色；箨耳绿色或绿色带紫色，卵形或镰形，边缘具繸毛；箨舌拱形，淡紫褐色，边缘具短纤毛；箨片外翻，带状，皱曲，紫绿色，边缘淡绿黄色。小枝具叶2～3；叶耳和鞘口繸毛存在；叶舌长伸出；叶片长9～14cm，宽1.5～2.5cm，下面被柔毛。笋期4月下旬。

笋用竹种。

在奥地利美泉宫动物园、比利时天堂动物园，均见用该竹饲喂圈养的大熊猫。

分布于中国江苏、浙江；美国早有引栽。

耐寒区位：8区。

毛竹（中国植物志） 楠竹（四川、贵州、云南通称），孟宗竹（台湾）

Phyllostachys edulis (Carr.) H. de Leh. in Le Bambou 1: 39. 1906; 陈嵘, 中国树木分类学78页. 图58, 1937, & in Nat'l Hort. Mag. 25: 45. 1946; C. S. Chao & S. A. Renv. in Kew Bull. 43: 420. 1988; R. A. Young in Wash. Acad. Sci. 37: 345. 1937. & in Nat'l Hort. Mag. 25: 45. 1946; C. S. Chao & S. A. Renv. in Kew Bull. 43: 420. 1988. ——*P. edulis* (Carr.) H de Leh. f. edulis, Ma & al. The Genus *Phyllostachys* in China. 92. 2014. ——*P. heterocycla* (Carr.) Matsumura Shokubutsu in mei-i, 1895: 213; Mitford in Bamb. Gard. 1896: 160. ——*P. heterocycla* f. *pubescens* (H. de Leh.) D. McClink in Kew Bull. 38: 185. 1983.——P. heterocycla (Carr.) Mitford var. pubescens (Mazel) Ohwi. Fl. Jap. 77. 1953; Yi & al. in Icon. Bamb. Sin. 327. 2008. & in Clav. Gen. Spec. Bamb. Sin. 97. 2009. ——*P. macroculmis* var. edulis Simonson ex A.V. Vasil'ev in Trans in Sukhumi Bot. Gard. 9: 23. 1956. ——*P. mitis* Bean in Gard. Chron. ser. 3, 15, 1894: 238, 369; not P. mitis A. & C. Rivière, 1878. ——*P. pubescens* Mazel ex H. de Leh., Bamb. 1: 7. 1906; McClure in J. Arn. Arb. 37: 189. 1956, & in Agr. Handb. USDA No.114: 51. ff. 40, 41. 1957; 中国主要植物图说·禾本科89页. 图65. 1959; 华东禾本科植物志39页, 图10. 1962; 江苏植物志, 上册152页. 图233. 1977; Fl. Taiwan 5: 733. pl. 1495. 1978;

S. Suzuki, Ind. Jap. Bambusac. 10 (f. 1), 12 (f. 2), 70, 71 (pl. 1), 336, 1978; 广西竹种及其栽培119页. 图63. 1987; 云南树木图志下册, 1460页, 图687. 1991; Keng & Wang in Flora Reip. Pop. Sin. 9 (1): 275. 1996. ——*P. pubescens* f. *lutea* Wen in Bull. Bot. 2 (1): 79. 1982. ——

Bambusa mitis hort. ex Carrière in Rev. Hort. 1866: 380.

竹鞭节间长(2) 3～6cm，直径1～3cm，无毛，具光泽，实心或近于实心，具芽一侧有深沟槽，每节生根或瘤状突起8～17枚；鞭芽卵圆形或卵状锥形，芽鳞边缘具灰褐色纤毛。秆高达20m以上，直径超过20cm，梢端后期略弯曲；节间长达40cm，圆筒形，但在分枝一侧具沟槽或具1脊和2纵沟槽，灰绿色或粉绿色，幼时密被灰白色柔毛和厚白粉，老后节下有白粉环，秆壁厚约达10mm或更厚，髓为笛膜状；箨环隆起，初时被黄褐色刺毛；秆环不明显或在细秆中隆起；节内高4～6mm，微被白粉质。枝条2枚，斜展，长达1.3m，直径达1.2cm，初时被小硬毛，实心或近于实心。笋紫褐色至黑褐色，密被毛；箨鞘近等长或略长于节间，背面密被棕色刺毛，具黑褐色至黑色斑点，纵脉纹显著，边缘密生棕色长纤毛；箨耳小或有时不发育，继毛发达，长达3cm；箨舌强隆起，弓形，边缘具长达3cm紫色或后期变为淡黄色的纤毛；箨片外翻，绿色或绿紫色，长三角形或披针形，有皱曲，长达20cm，宽20mm，被小刺毛，边缘下部疏生小刺毛，上部则变为纤毛。小枝具叶2～4；叶鞘长2～3.2cm，无毛或初时上部被灰色微毛，边缘上部具小纤毛；叶耳不明显，鞘口继毛初时为紫色，长3～6mm；叶舌隆起，高1～2.5mm，边缘无纤毛或具2～5枚径直纤毛；叶柄长达4mm，无毛或初时被微毛；叶片线状披针形，较薄，长4～12cm，宽0.5～1.2cm，下面基部沿中脉两侧被灰白色短柔毛，次脉3～6对，小横脉组成长方格子状，边缘一侧密生小锯齿，另一侧近于平滑。花枝穗状，长4～7cm，基部具4～6片逐渐较大的鳞片状苞片，有时花下方尚有1～3片近于正常发育的叶，此时花枝呈顶生状；佛焰苞10余片，常偏于一侧，呈整齐的覆瓦状排列，下部数片不孕而早落，缩小叶小，披针形或锥状，每片孕性佛焰苞腋内具假小穗1～3枚；小穗含小花1；小穗轴延生于最上方小花的内稃背部，呈针状，节间具短柔毛；颖片1，长15～28mm，顶端常具锥状如佛焰苞的缩小叶，被毛，边缘具纤毛；外稃长22～24mm，上部及边缘被毛；内稃稍短于外稃，中部以上被毛；鳞被3，披针形，长约5mm，宽约1mm；雄蕊3，花丝分离，长约4cm，花药长约12mm；柱头3，羽毛状。颖果长椭圆形，长4.5～6mm，直径1.5～1.8mm，顶端具宿存花柱基部。笋期5月。花期5～8月。

毛竹是中国分布广，栽培历史悠久，经济价值大的笋材两用竹种。秆供建筑、家具、竹材胶合板、竹材镟切装饰板和劈篾编织竹器、工艺品等用；竹篼亦是制作工艺品的良好材料；枝梢作扫帚；笋鲜食，也可加工成即食笋、玉兰片、笋干和罐头笋等，笋衣也是蔬菜；箨鞘为编织麻袋、地毯、鞋垫和造纸原料。毛竹林地可种植竹荪、羊肚菌等食用真菌；毛竹还是重要的风景用竹，目前中国各地开发的竹海风景区，大多属于毛竹分布区。

在中国浙江杭州野生动物世界、浙江德清县珍稀野生动物繁殖研究中心、江苏苏州太湖湿地世界、广东广州动物园、湖南长沙动物园、安徽合肥动物园、福建福州大熊猫研究中心、武汉市动物园、南昌市动物园、南京市红山森林动物园、阆中熊猫科普馆、大连森林动物园、上海动物园、上海市野生动物园、威海市刘公岛国家森林公园、潍坊金宝乐园和台湾台北动物园，以及奥地利的美泉宫动物园、日本神户王子动物园、泰国清迈动物园、比利时天堂动物园、韩国爱宝乐动物园和澳大利亚阿德莱德动物园等，均见用该竹竹笋、竹枝或竹梢饲喂圈养的大熊猫。

分布于中国自秦岭、汉水流域至长江流域以南和台湾省，黄河流域一些地区有栽培；日本、欧美各国均有引栽。

耐寒区位：8～10区。

9.11.6a 龟甲竹（并坪竹类图谱）

***Phyllostachys edulis* 'Kikko-chiku'**, G. H. Lai in J. Anhui Agr. Sci. 40 (8): 4623. 2012; Ma & al. The Genus *Phyllostachys* in China. 106. 2014; J. Y. Shi in Int. Cul. Regist. Rep. Bamb. (2013–2014): 24. 2015. ——*P. edulis* (Carr.) H. de Lehaie f. *heterocycla* (Carr.) Makino ex A.V. Vasil'ev in Trans. Sukhumi Bot Gard. 9: 23. 1956; Yi in J. Sichuan For. Sci. Techn. 36 (2): 2015. ——*P. edulis* '*Heterocycla*', J. P. Demoly in Bamb. Ass Europ. Bamb. EBS Sect. Fr. no. 8: 23. 1991; D. Ohrnb., The Bamb. World, 210. 1999; Amer. Bamb. Soc. in Bamb. Species Source List no. 35: 26. 2015. ——*P. edulis* 'Kikko', J. P. Demoly in Bamb. Assoc. Europ. Bamb. EBS Sec t. Fr. no. 8:23. 1991. ——*P. edulis* (Carr.) H. de Leh. var. heterocycla (Carr.) H. de Leh. in Bamb.1: 39. 1906; Makino in Bot. Mag. Tokyo 26: 22. 1912. ——*P. heterocycla* (Carr.) Mitford in Bamb. Gard. 160. 1896; Z. P. Wang & G. H. Ye. in J. Nanjing Univ. (Nat. Sci. ed.) 1983 (3): 493. 1983; 中国竹谱69页. 1988; Yi & al. in Icon. Bamb. Sin. 326. 2008. & in Clav. Gen. Spec. Bamb. Sin. 98. 2009. ——*P. heterocycla* 'Heterocycla', Murata in Kitamura & Murata Col. Ill. Woody Pl. Jap. 2: 362. 1979. ——*P. mitis* var. *heterocycla* (Carrière) Makino in Bot. Mag. Tokyo 13: 267. 1899. ——*P. pubescens* 'Heterocycla', Brennecke in J. Amer. Bamb. Soc. 1 (1): 8. 1980; Keng & Wang in Flora Reip. Pop. Sin. 9 (1): 276. 1996. ——*P. pubescens* var. biconvexa Nakai in J. Jap. Bot. 9 (1): 29. 1933. ——*P. heterocycla* 'Kikko-chiku', Mitford ex Ohwi in Fl. Jap. rev. ed. 1965: 136. ——*P. heterocycla* 'Kikku-chiku', A. H. Lawson in Bamb. Gard. Guide, 1968: 160. ——*P. heterocycla* 'Kiko', Crouzet in Bamb. 1981: 75–76. ——*P. pubescens* Mazel ex H. de Leh. var. heterocycla (Carr.) H. de Leh., Bamb. 1: 39. 1906; 中国主要植物图说·禾本科99页. 图66. 1959; 江苏植物志，上册153页. 1977; S. Suzuki, Ind. Jap. Bambusac. 13 (f. 1–3), 70, 71 (pl. 1), 336. 1978. ——*P. pubescens* 'Heterocycla', Martin & J. P. Demoly in Bul. Assoc. Parcs Bot. France 1: 10. 1979. ——*P. pubescens* 'Kikko', Crouzet in Allg. Kat. Bambous. German Ed. [1996]: 82. ——*Bambusa heterocycla* Carr. in Rev. Hort. 49: 354. f. 80. 1878.

与毛竹特征相似，不同之处在于其秆中部以下的一些节间极度短缩并一侧肿胀，相邻的节交互倾斜而于一侧彼此上下相接或近于相接，呈明显龟甲状。

属优质观赏竹，可盆栽、庭院或公园栽培供观赏。

在马来西亚国家动物园、日本神户王子动物园，均见用该竹饲喂圈养的大熊猫。

分布于中国浙江、四川；法国、日本有引载。

耐寒区位：8～10区。

Phyllostachys glauca McClure in J. Arn. Arb., 37: 185. f. 6. 1956. & in Agr. Handb. USDA no. 114: 36. ff. 26, 27. 1957; 华东禾本科植物志307页. 图331.1962; 江苏植物志, 上册156页.图242. 1977; 中国竹谱68页. 1988; 云南树木图志下册, 1455页,图685. 1991;

Keng & Wang in Flora Reip. Pop. Sin. 9 (1): 260. pl. 69: 1–3. 1996; D. Ohrnb., The Bamb. World, 214. 1999; Li D. Z., Wang Z. P., Zhu Z. D. & al. in Fl. China 22: 169. 2006; Yi & al. in Icon. Bamb. Sin. 260. 2008. & in Clav. Gen. Spec. Bamb. Sin. 92. 2009; Amer. Bamb. Soc. in Bamb. Species Source List no. 35: 27. 2015.

秆高达12m，直径5cm；节间长达40cm，幼时密被白粉，秆壁厚约3mm；秆环与箨环等高。箨鞘背面淡紫褐色或淡紫绿色，另有不同深浅颜色的纵条纹，具紫色脉纹及稀疏小斑点；箨耳及鞘口繸毛缺失；箨舌截形，暗紫褐色，高2～3mm，先端具裂齿，边缘有短纤毛；箨片开展或外翻，线状披针形或带状，平直或有时微皱曲，紫绿色，近边缘黄色。小枝具叶2～3枚；叶耳和鞘口繸毛早落；叶舌紫褐色；叶片长7～16cm，宽1.2～2.5cm，下面中脉两侧略有柔毛。花枝穗状，长达11cm，基部有3～5片逐渐增大的鳞片状苞片；佛焰苞5～7片，无毛或一侧疏生柔毛，鞘口繸毛有时存在，数少，短细，缩小叶狭披针形至锥状，每苞内有2～4枚假小穗，但其中常仅1或2枚发育正常，侧生假小穗下方所托的苞片披针形，先端有微毛。小穗长约2.5cm，狭披针形，含1或2朵小花，常以最上端一朵成熟；小穗轴最后延伸成刺芒状，节间密生短柔毛；颖不存在或仅1片；外稃长约2cm，常被短柔毛；内稃稍短于外稃，脊上生短柔毛；鳞被长4mm；花药长12mm；柱头2，羽毛状。笋期4月中旬至5月底。花期6月。

笋食用；秆劈篾供编织竹器。

在中国上海野生动物园、南京红山森林动物园、济南动物园、临沂动植物园、陕西秦岭等，均见用该竹喂食圈养的大熊猫；在美国的孟菲斯动物园，亦见用引栽的淡竹饲喂圈养的大熊猫。

分布于中国黄河和长江流域各地区；美国有引栽。

耐寒区位：7～9区。

Phyllostachys heteroclada Oliv. in Hook. Icon. Pl. 23 (ser. 3.): pl. 2288. 1894; Z. P. Wang & al. in Act. Phytotax. 18 (2): 187. 1980; 广西竹种及其栽培132页. 图71. 1987; Fl. Guizhou. 5: 303. pl. 98: 4–7. 1988; Icon. Arb. Yunnan Inferus 1467. fig. 692: 4–6 (p. p). 1991; S. L. Zhu & al., A Comp. Chin. Bamb. 122. 1994; Keng &

Wang in Fl. Reip. Pop. Sin. 9 (1): 306. pl. 84. 1996; T. P. Yi in Sichuan Bamb. Fl. 128. pl. 41. 1997, & in Fl. Sichuan. 12: 109. pl. 37: 1–16. 1998；D. Ohrnb., The Bamb. World, 215. 1999; Fl. Yunnan. 9: 205. 2003; Li D. Z., Wang Z. P., Zhu Z. D. & al. in Fl.China 22: 179. 2006; Yi & al. in Icon. Bamb. Sin. 355. 2008, & in Clav. Gen. Sp. Bamb. Sin. 107. 2009; Ma & al. The Genus Phyllostachys in China 46. 2014. ——*P. cerata* McClure in Lingnan Univ. Sci. Bull. no. 9: 41. 1940. ——*P. congesta* Rendle in J. Linn. Soc. Bot. 36: 438. 1904; E. G. Camus，Les Bamb. 62. pl. 31. fig. C. 1913; Y. L. Keng, Fl. Ill. Pl. Prim. Sin. Gramineae 108, fig. 78 (p.p.). 1959; Icon. Corm. Sin. 5: 42. fig. 6913. 1976; 陈嵘, 中国树木分类学81页.1937; 中国主要植物图说·禾本科108页, p. p. 图78. 1959; 华东禾本科植物志49页, p. p. 图16. 1962; 江苏植物志, 上册158页.图251. 1977. ——*P. dubia* Keng in Sinensia 11 (nos. 5 & 6): 407. 1940. ——*P. cerata* McClure in Lingnan Univ. Sci.Bull. no. 9: 41. 1940. ——*P. purpurata* McClure in Lingnan Univ. Sci. Bull. no. 9: 43. 1940; D. Ohrnb., The Bamb. World, 230. 1999. ——*P. heteroclada* f. *purpurata* (McClure) Wen in Bull. Bot.Res. 2 (1): 78. 1982. ——*P. heteroclada*'Purpurata', Ohmberger Bamb. World Gen. *Phyllostachys*, 1983: 12. ——*P. purpurata* McClure, i. c. 43. 1940.——*P. purpurata* cv. Straigiistem McClure in Agr. Handb. USDA No. 114: 56. 1957; 江苏植物志, 上册159页. 图254. 1977.

地下茎节间长1.5～4cm，直径5～8mm，圆柱形，具芽一侧有纵沟槽，淡黄色，无毛，有小的中空，每节生根或瘤状突起3～9枚；鞭芽圆卵圆形或卵形，淡黄色或黄褐色，有光泽，幼时上端及两侧密被黄褐色小刺毛。秆高2.5～8（10）m，直径0.8～4.5（5.5）cm，径直；全秆具26～35（40）节，中部节间长20～28cm，最长达38cm，幼时绿色或绿色带紫色，被白粉（尤以箨环下最厚密），无毛或有时被灰白色小刺毛，微具晶状小点，老秆箨环下有一圈宽3～6mm的白粉，秆壁厚2.5～5mm；箨环隆起，幼时紫色，无毛，有时具箨鞘基部残留物；秆环较平或在分枝节上者显著隆起，绿色或带紫色，无毛；节内高3～5mm。枝条斜展，长达1m，直径达8mm，节下被白粉，基部节间三棱形，实心。笋绿色或绿褐色，有时具紫色纵条纹，微被白粉，无毛或疏生灰白色小刺毛；箨鞘早落，淡黄灰色，革质，无斑点，长14～36cm，宽5～9cm，先端圆弧形，背面被白粉，无毛或疏生灰白色小刺毛，边缘上部密生褐色或黄褐色纤毛；箨耳较小，卵形、椭圆形或有时短镰形，淡紫色，边缘具数条继毛，在小的箨鞘上无箨耳及继毛，或仅有继毛；箨舌圆弧形或截平形，深紫色，高1～1.5mm，边缘具短纤毛；箨片直立，三角形或狭长三角形，绿色、绿紫色或紫色，舟状内曲，不皱折，无毛，长2.5～13cm，宽8～18mm，边缘初时生小

纤毛。小枝具叶（1）2（3）；叶鞘长1.5～2.5（3.5）cm，淡绿色，无毛，边缘上部疏生纤毛；叶耳无，鞘口继毛长1～3mm，直立；叶舌截平形，高约0.5mm，口部有纤毛；叶柄背面初时被灰色短柔毛；叶片质地较薄，长5.5～12.5cm，宽1～1.8（2）cm，基部楔形或近圆形，下面淡绿色，基部具灰白色柔毛，次脉5～6对，小横脉组成长方格子状，下面淡绿色，基部具灰白色柔毛，次脉5～6对，小横脉组成长方格子状，边缘仅一侧具小锯齿。假花序头状，具假花序2～3枚，长1～2.5cm，生于无叶或具叶小枝顶端，为长1.2～2.2cm的佛焰苞所包，花序轴节间长2～8mm，被灰白色柔毛；苞片如存在时为披针形或狭披针形，长7～13mm，纸质，枯草色，脊上生小纤毛或无毛。小穗长达1.7cm，淡绿色带紫色，含2～5朵小花；小穗轴节间无毛，绿色，长1～1.5mm；颖1至数枚，长1～1.5cm，披针形，先端长尖，纸质，无毛，纵脉纹显著，有时具脊；第一外稃长1～1.3cm，长三角状披针形，有不明显的7～9脉，先端长尖，除基部外密被灰白色小刺毛；鳞被3，倒卵状长圆形或狭长圆形，前方2片长2～2.8mm，后方1片较小，膜质，具紫色脉纹，上部边缘生纤毛；花药黄色，长4～6mm，花丝纤细，长约1.7cm，成熟时伸出花外；子房光滑无毛，有短柄，具腹沟，花柱长约2mm。柱头1～3枚，长2～4mm，羽毛状。颖果倒卵形，淡黄褐色，长3～4.5mm，直径1.5～2mm，先端具一长达2.5mm宿存的花柱。笋期5月。花期5～7月；果实成熟期6～8月。

笋材两用竹种。

在四川天全、宝兴、泸定和康定等地，常见野生大熊猫冬季垂直下移时采食本竹种；在成都、都江堰、雅安等大熊猫养殖基地和峨眉山生物资源试验站、武汉动物园、南京红山森林动物园、大连森林动物园、上海野生动物园、济南动物园、华蓥山大熊猫野化放归培训基地等，均见采用该竹喂食圈养的大熊猫。

分布于中国黄河流域及以南各地，分布区内有原生水竹林，垂直分布可达海拔1500～1600m。

耐寒区位：8～9区。

轿杠竹（中国植物志） 石竹（台湾花莲、兆丰）

Phyllostachys lithophila Hayata, Icon. Pl. Form. 6: 141. f. 51. 1916. & ibid. 7: 95. 1918; W. C. Lin. in Bull. Taiwan For. Res. Inst. No. 69: 97. ff. 40, 41. 1961; Fl. Taiwan 5: 727. pl. 1491. 1978; S. L. Zhu & al., A Comp. Chin. Bamb. 130. 1994; Keng & Wang in Fl. Reip. Pop. Sin. 9 (1): 313. 1996; D. Ohrnb., The Bamb. World, 217. 1999; Fl. Yunnan. 9: 205. 2003; Yi & al. in Icon. Bamb. Sin. 333. 2008, & in Clav. Gen. Sp. Bamb. Sin. 99. 2009.

秆高3～12m，直径4～12cm，幼秆被白粉，以后逐渐变为深绿色而于节下方有粉环；节间长10～40cm，秆壁厚达4～8mm。箨鞘近革质，淡黄色，具暗褐色斑点，疏生细毛；箨耳小或几不明显，具暗褐色继毛；箨舌隆起，绿色带黄色，边缘生纤毛；箨片钻形或

线状披针形，淡黄绿色，微皱曲。末级小枝具叶2～3，有时具4～5叶；叶鞘无毛；叶耳不明显；叶舌突出；叶柄长4～8mm；叶片狭披针形，长8～20cm，宽1.2～2cm。笋期4～5月。

在泰国清迈动物园，有见用引栽的轿杠竹饲喂圈养的大熊猫。

中国台湾特产；泰国有引栽。

耐寒区位：11区。

9.11.10 台湾桂竹（植物分类学报） 桂竹（台湾植物志）

Phyllostachys makinoi Hayata in Icon. Pl. Form. 5: 250. 1915. & in ibid. 6: 142. f. 52. 1916; McClure in Agr. Handb. USDA No. 114: 38. ff. 28, 29. 1957; Y. L. Keng, Fl. Ill. Prim. Sin. Gramineae 103. fig. 72. 1959; Fl. Taiwan 5: 727. pl. 1492. 1978, p. p.; S. Suzuki, Ind. Jap. Bambusac. 14 (f. 4), 76, 77 (pl. 4), 337. 1978; S. L. Zhu & al., A Comp. Chin. Bamb. 131. 1994; Keng & Wang in Fl. Reip. Pop. Sin. 9 (1): 254. pl. 66: 7～12. 1996; Li D. Z., Wang Z. P., Zhu Z. D. & al. in Fl.China 22: 168. 2006; Yi & al. in Icon. Bamb. Sin. 334. 2008, & in Clav. Gen. Sp. Bamb. Sin. 90. 2009; Ma & al. The Genus Phyllostachys in China 119. 2014.

秆高10～20m，直径3～8cm；节间长达40cm，初时被薄白粉，在扩大镜下能见到猪皮状小凹穴或白色微点，秆壁厚达10mm；秆环与箨环等高或秆环稍高。箨鞘背面乳黄色，有时带绿色或褐色，具绿色脉纹，无白粉或微被白粉，无毛，有较密的大小不等的斑点；箨耳及鞘口继毛均不发达或缺失；箨舌微拱形或截形，紫色，边缘具紫红色长纤毛；箨片外翻，带状，平直或微皱，中间绿色，两边橘黄色或绿黄色。小枝具叶2～3；叶耳有时存在，鞘口继毛发达；叶舌拱形，常缺裂，边缘具紫红色纤毛；叶片长8～14cm，宽1.5～2cm，下面初时被毛。假花序穗状，侧生于枝节，基部有一组向上逐渐增大其中上面的呈佛焰苞状的苞片，佛焰苞长17～20mm，具13～15脉，先端生有宽卵形、顶端长渐尖、背部具3～4脉和小横脉的缩小叶，或退化成钻状附着物，口部无耳但生有一些弯曲继毛。每个苞片生有无柄假小穗1～2枚；颖1～2枚，中部具1脊，先端长渐尖，第1颖长8～10mm，近膜质，背部有稀疏短柔毛，第2颖或仅有1颖时长12～15mm，具7脉，背部近先端有稀疏微柔毛，边缘有稀疏细纤毛。每假小穗有小花1枚；外稃长21～23mm，先端有长的锐尖头，有微柔毛；内稃长18～24mm，短于外稃（有时稍长于外稃），背部具2脊，先端2裂，有微柔毛；鳞被3枚，膜质，极狭的线形；柱头3，羽毛状。笋期5月上旬。

笋供食用；秆材致密坚韧，供建筑、造纸、家具、制笛等用。

在中国台湾台北动物园和泰国清迈动物园，见用台湾桂竹或引栽的该竹饲喂圈养的大熊猫。

分布于台湾、福建，江苏、浙江有引栽；泰国。

耐寒区位：9～10区。

美竹（植物分类学报）　黄古竹（江苏植物志），红鸡竹（植物研究），青竹（四川宝兴），画眉竹（四川泸定），金竹（四川会理）

Phyllostachys mannii Gamble in Ann. Roy. Bot. Gard. Calcutta 7: 28. pl. 28. 1896; C. S. Chao & S. A. Renv. in Kew Bull. 43: 417. 1988; S. L. Zhu & al., A Comp. Chin. Bamb. 131. 1994; Keng & Wang in Flora Reip. Pop. Sin. 9 (1): 281. pl. 76: 1–4. 1996; D. Ohrnb., The Bamb. World, 218. 1999; T. P. Yi in Sichuan Bamb. Fl. 112. pl. 33. 1997, & in Fl. Sichuan. 12: 95. pl. 33：6–7. 1998; Fl. Yunnan. 9: 202. pl. 48: 1–4. 2003; Li D. Z., Wang Z. P.,

Zhu Z. D. & al. in Fl.China 22: 173. 2006; Icon. Bamb. Sin. 334. 2008; Clav. Gen. Sp. Bamb. Sin. 100. 2009. —— *P. assamica* Gamble ex Brandis, Indian Trees 607. 1906.——*P. bawa* E. G. Camus, Les Bamb. 66. 1913. ——*P. decora* McClure in J. Arn. Arb. 37: 182. f. 2. 1956, & in Agr. Handb. USDA 114: 29. ff. 18, 19, 1957; 华东禾本科植物志307页. 图330. 1962; 江苏植物志,上册154页. 图237. 1977; 云南树木图志下册, 1463页, 图690. 1991. C. P. Wang & al. In Act. Phytotax. Sin. 18 (2): 181. 1980; Fl. Xizang. 5: 59. fig. 28. 1987. ——*P. helva* Wen in Bull. Bot. Res. 2 (1): 64. f. 3. 1982. ——*P. mannii* 'Mannii', Amer. Bamb. Soc. in Bamb. Species Source List no. 35: 27. 2015.

地下茎节间长1.5～5.5cm，直径5～8mm，淡黄色，圆柱形，具芽一侧具纵沟槽，中空度小或近于实心，每节生根或瘤状突起（2）5～7（12）枚；鞭芽卵圆形或近圆形，芽鳞光亮，无毛。秆高4～8（10）m，直径（1）2～3.5（6）cm，径直；全秆具（22）28～35（40）节，节间长20～36cm，最长达43cm，基部节间长5～10cm，圆筒形，但在分枝一侧具1纵脊和2纵沟槽，初时淡绿色，无白粉，疏生白毛，老秆节下有白粉环，秆壁厚3～7mm，髓为笛膜状；箨环狭窄，稍隆起，褐色，无毛；秆环与箨环等高或稍高；节内高3～5mm，初时密被白粉。通常于秆的第10～25节开始分枝，枝条长达80（110）cm，直径1～6mm。笋黄绿色，有淡紫色或黄白色纵条纹；箨鞘革质，方状长圆形，早落，先端圆弧形，背面无毛，暗紫色或淡紫色，具淡黄色或淡黄绿色条纹，常疏生紫褐色小斑点，边缘上部具短纤毛；箨耳无或具大小不等的紫色镰形箨耳，大者边缘具紫色长达8mm的弯曲继毛；箨舌高1～2mm，截形或稍拱形，紫色，背面被长毛，边缘具短纤毛；箨片直立或开展，长1.5～6（13）cm，宽6～9（13）mm，淡绿黄色或紫绿色，三角形或三角状带形，平直或波曲至微皱曲，基部不收缩，边缘乳黄色带紫色。小枝具叶1～2（3）；叶鞘黄绿色，边缘初时生短纤毛；叶耳小或不明显，鞘口继毛直立；叶舌高约1mm，具易脱落的继毛；叶片披针形，长7.5～16cm，宽1.3～2.2cm，下面淡绿色，基部被灰白色柔毛，次脉3～5对，小横脉较清晰，边缘仅一侧有小锯齿。假花序穗状，稍紧缩，侧生于枝节，基部有一组向上逐渐增大其中上面的呈佛焰苞状的苞片，佛焰苞长15～17mm，具明显的15～17脉，先端有短尖头，口部既无耳也无继毛。每苞片有无柄假小穗1（稀2）枚；颖2枚，中部具1脊，第1颖长8～9mm，具不明显或稍明显纵脉，先端钝，第二颖长11～12mm，约具7脉，近无毛，先端长渐尖。每个假小穗有小花2枚；外稃长约15mm，先端有长锐尖头，中上部有微柔毛；内稃等长或稍短于外稃，具2脊，中上部有微柔毛，先端2裂；鳞被3枚，膜质，近线状；雄蕊3枚，花

9 大熊猫主食竹物种的多样性

丝长17～23mm，白色，花药淡黄绿色，长约7mm；子房卵形，花柱长11～13mm，柱头3，羽毛状。笋期4～5月。

笋味稍苦，可供食用；秆材坚韧，劈篾可编织竹器，圆竹可做各种竿具。

在四川宝兴、冕宁、泸定等地，均见大熊猫采食本竹种；在陕西秦岭、比利时天堂动物园，均见用该竹饲喂圈养的大熊猫。

分布于中国黄河至长江流域以及直达西藏东南部；印度也有分布；美国有引栽。

耐寒区位：7～9区。

9.11.12 **篌竹**（中国植物志） 白夹竹（四川竹类植物志），花竹（中国主要植物图说·禾本科），刀枪竹、笔笋竹（植物分类学报）

Phyllostachys nidularia Munro in Gard. Chron. new ser. 6: 773. 1876; McClure in Handb. USDA No. 114: 42. ff. 32, 33. 1957; Y. L. Keng, Fl. Ill. Pl. Prim. Sin. Gramineae 107, fig. 77 (4–13). 1959; 华东禾本科植物志48页. p. p. 图15. 1962; Fl. Tsiling. 1 (1): 62. 1976; Icon. Corm. Sin. 5: 41. fig. 6912. 1976; 江苏植物志，上册，157页. 图248. 1977; Z. P. Wang & al. in Act. Phytotax. 18 (2): 185. 1980; 香港竹谱70页. 1985; 广西竹种及其栽培131页. 图70. 1987; 中国竹谱72页. 1988; Fl. Guizhou. 5: 301. pl. 99: 1–3. 1988; Icon. Arb. Yunn. Inferus 1467. fig. 692: 1–3 (p.p). 1991; S. L. Zhu & al., A Comp. Chin. Bamb. 132. 1994; Keng & Wang in Fl. Reip. Pop. Sin. 9 (1): 304. pl. 83: 8–10. 1996; T. P. Yi in Sichuan Bamb. Fl. 125. pl. 39. 1997, & in Fl. Sichuan. 12: 105. pl. 36. 1998; D. Ohrnb., The Bamb. World, 219. 1999; Fl. Yunnan. 9: 205. 2003; Li D. Z., Wang Z. P., Zhu Z. D. & al. in Fl.China 22: 178. 2006; Yi & al. in Icon. Bamb. Sin. 358. 2008. & in Clav. Gen. Spec. Bamb. Sin. 106. 2009 ; T. P. Yi & al. in J. Sichuan For. Sci. Tech. 31 (4): 3, 9. 2010; Ma & al. The Genus Phyllostachys in China. 56. 2014. ——*P. nidularia* Munro f. glabrovagina (McClure) Wen in J. Bamb. Res. 3 (2): 36. 1984; & 4 (2): 17. 1985. ——*P. nidularia* Munro f. vexillaris Wen in Bull. Bot. Res. 2 (1): 74. f. 11. 1982.——*P. nidularia* Munro 'Smoothsheath' McClure in Agr. Handb. U. S. D. A. No.114: 44. 1957.

地下茎坚硬，节间长2～4cm，直径6～12（15）mm，圆柱形，具芽一侧有纵沟槽，淡黄色，每节生根或瘤状突起4～13枚，中空很小而近于实心；鞭芽阔卵形或卵状锥形，淡黄褐色，光亮，先端不贴生，边缘初时被灰黄色短纤毛。秆高达10（16）m，直径5（8）cm，径直；全秆具（30）45～50（55）节，中部节间长20～35节，最长达45～58cm，绿色，无毛，幼时被白粉，秆壁厚2～4mm，髓为笛膜状；箨环隆起，初时具棕色刺毛；秆环同高或稍高于箨环；节内高4～5（7）mm，向下变细。分枝习性较高，通常始于秆的第8～18节，枝条长达110cm，直径4～9mm，基部间三棱形，实心或几实心。笋淡灰绿色，常被白粉，有时具紫色或黄白色纵条纹，被稀疏淡黄褐色小刺毛，笋箨边缘有紫色纤毛；箨鞘早落，稍短于节间长度，长圆形，先端圆弧形，革质，背面绿色，上部具乳白色纵条纹，中下部为紫色纵条纹，上部被白粉，基部密生褐色刺毛，向上部刺毛变稀疏，边缘生纤毛；箨耳由箨片近基部向两侧扩展而成，三角形或镰形，宽大，长达3cm，宽2cm，紫色，有光泽，边缘疏生继毛；箨舌稍拱形或截平形，紫褐色，高1～2.5mm，边缘具微纤毛；箨片直立，宽三角形，绿紫色，舟状内曲，无毛，长3～10cm，宽3～4cm，边缘初时具灰白色短纤毛。小枝具叶1（2）枚；叶鞘长1.7～3cm，无毛，如小枝仅具1叶时，则叶鞘与小枝紧密结合，不易剥离叶片下倾；叶耳和鞘口继毛微弱或均无；叶舌低或不明显，外叶舌发达，边缘有灰白色短纤毛；叶柄长3～10mm，微弯；叶片披针形，长4～13cm，宽1～2cm，质地较坚韧，先端渐尖，基部阔楔形或近圆形，下面灰绿色，有时基部具柔毛，次脉5～7对，小横脉较清晰，组成长方形，边缘仅一侧具小锯齿。花枝具少数叶片。假花序头状，生于小枝下部，长1.5～2cm，基部托有一组约为6枚逐渐增大的苞片，此苞片位于下部者为卵形，坚韧，绿色带深棕色，边缘生纤毛，位于上部者则成有鞘的佛焰苞，宽卵形，长8～12mm，紫色，背部具多脉，顶端具小尖头或缩小叶，边缘具纤毛；假小穗的苞片狭长形，长达1cm，质地薄，顶端渐尖，具脊，脊上生短纤毛或无毛。小穗含2～4朵小花，长8～14mm，顶生小花不孕；小穗轴节间长约2mm，无毛；颖1枚，与苞片相似，长6～10mm；外稃卵状披针形，背面上半部有小硬毛，先端长渐尖或有脊，具9～11脉，第一外稃长7～12mm；内稃长6～9mm，除近基部外均被小硬毛，先端具2齿裂，背部具2脊，脊上生纤毛；鳞被3，卵形或长圆形，长2～3mm，顶端生纤毛；雄蕊3，花药黄色，长约4mm，具蜂窝状花纹，成熟时露出花外；子房三棱形，长1.5mm，基部具柄，先端收缩成长约2mm的花柱，顶生3枚长2～6mm的柱头，其上疏生羽毛。果实待查。笋期4月下中旬至5月中旬。花期4月下旬至8月上旬。

笋材两用竹种；也是优美的园林竹种。

在四川芦山、荥经、邛崃、崇州、都江堰和彭州等地，野生大熊猫冬季下移时常觅食本竹种；在四川成都、卧龙、都江堰、雅安等大熊猫基地、峨眉山生物资源试验站、汶川县三江大熊猫生态教育馆、宝兴县大熊猫文化宣传教育中心、华蓥山大熊猫野化放归培训基地、山东龙口动植物园、辽宁大连森林动物园，以及俄罗斯莫斯科动物园、奥地利维也纳美泉宫动物园，该竹是饲喂圈养大熊猫的重要常备竹种。

分布于中国陕西、河南及长江流域以南各地，有大面积原生篌竹林，垂直分布达海拔1600m；日本早已引栽，欧洲亦有引种。

耐寒区位：8～9区。

9.11.12a **黑秆篌竹**（世界竹藤通讯）

Phyllostachys nidularia 'Heigan Houzhu', M. Wei & al. in World Bamb. Ratt. 17(4): 47. 2019; J. X. Wu, L. S. Ma and J. Yao in Cert. Int. Reg. Bamb. Cult., No. WB–001–2019–041. 2019.

与篌竹特征近似，不同之处在于其秆为灰黑色，是篌竹（栽培型）P. 'Nidularia'的变异植株经进一步分离、培育而成的竹类新品种。

本品种笋味鲜甜、肉质细腻、脆嫩，属于近年来新培育的优质大熊猫主食竹新品种，也可作为发展人类优

质笋用竹的栽培新品种。

在四川成都一些动物园，被用于饲喂圈养的大熊猫。

仅见四川省都江堰市和崇州市有少量人工栽培。

9.11.12b　花篌竹（世界竹藤通讯）

Phyllostachys nidularia 'Huahouzhu', J. Y. Huang & al. in World Bamb. Ratt. 19(2): 72. 2021, & in Cert. Int. Reg. Bamb. Cult., No. WB-001-2021-051. 2021.

与篌竹特征近似，不同之处在于其秆为灰黑色，且基部数节具黄绿色纵条纹，叶绿色具黄色纵条纹，是黑秆篌竹P. nidularia 'Heigan Houzhu'的变异植株经进一步分离、培育而成的竹类新品种。

本品种笋味鲜甜、肉质细腻、脆嫩，属于近年来新培育的优质大熊猫主食竹新品种，也可作为发展人类优质笋用竹的栽培新品种。由于笋形如矛、优雅挺拔、秆色独特、株型美观，还可用于城市园林绿化。

在四川成都一些动物园，被用于饲喂圈养的大熊猫。

仅见四川省崇州市有少量人工栽培。

9.11.13　紫竹（李衎，竹谱详录） **黑竹**（四川通称），**墨竹**（甘肃文县）

Phyllostachys nigra (Lodd. ex Lindl.) Munro in Trans. Linn. Soc. 26: 38. 1968; Y. L. Keng, Fl. Ill. Pl. Prim. Sin. Gramineae 105. fig. 75. 1959; 华东禾本科植物志46页. 图14. 1962; Icon. Corm. Sin. Sin. 5: 41. 1976; 陈嵘, 中国树木分类学81页. 1937; McClure in Agr. Handb. USDA No. 114: 45, ff. 34, 35. 1957; Fl. Tsinling. 1 (1): 64. 1976; 江苏植物志, 上册158页, 图249. 1977; Fl. Taiwan 5: 730. pl. 1493. 1978; S. Suzuki,Ind. Jap. Bambusac. 5 (f. 5-1), 78, 79 (pl. 5), 337. 1978; Z. P. Wang & al. in Act. Phytotax. Sin. 18 (2): 179. 1980; 香港竹谱71页. 1985; 广西竹种及其栽培129页. 图69. 1987; Fl. Guizhou. 5: 299. pl. 98: 1-3. 1988; 中国竹谱73页. 1988; Icon. Arb. Yunn. Inferus 1460. fig. 688. 1991; S. L. Zhu & al., A Comp. Chin. Bamb. 135. 1994; Keng & Wang in Flora Reip. Pop. Sin. 9 (1): 288. 1996; D. Ohrnb., The Bamb. World, 220. 1999; T. P. Yi in Sichuan Bamb. Fl. 120. pl. 37. 1997, & in Fl.

Sichuan. 12: 101. pl. 35: 1-16. 1998; Fl. Yunnan. 9: 200. 2003; Li D. Z., Wang Z. P., Zhu Z. D. & al. in Fl. China 22: 175. 2006; Yi & al. in Icon. Bamb. Sin. 336. 2008. & in Clav. Gen. Spec. Bamb. Sin. 101. 2009; Ma & al. The Genus Phyllostachys in China

61. 2014. ——P. filifera McClure in Lingnan Univ. Sic. Bull. 9: 42. 1940. ——*P. nana* Rendle in J. Linn. Soc. Lond. Bot. 36: 441. 1904. ——*P. nigripes* Hayata, Icon. Pl. Form. 6: 142. f. 53. 1916. ——*P. puberula* (Miq.) Munro var. nigra (Lodd.) H. de Leh. in Act. Congr. Int. Bot. Brux. 2: 223. 1910. ——P. stolonifera Kurz. ined. ex Munro in Trans. Linn. Soc. London 26: 38. 1868. ——*Arundinaria stolonifera* Kurz. ined. ex Cat. Hort. Bot. Calc. 1864: 79, nom. nud.?; Kurz ex Teijsmann & Binnendijk in Cat. Pl. Horto Bot. Bogor., 1866: 19, nom. nud. ——*Bambusa nigra* Lodd. ex Lindl. in Penny Cyclop. 3: 357. 1835. ——*Sinarundinaria nigra* A. H. Lawson in Bamb. Gard. Guide, 1968: 128.

地下茎节间长2~3.5cm，直径1~1.2cm，紫黑色，无毛，具芽一侧有深沟槽，实心或有很小中空，每节上生根或瘤状突起7~12枚；鞭芽卵圆形，淡黄色，贴生或不贴生。秆高4~8（10）m，直径达5cm；节间长25~30cm，幼时被白粉及细柔毛，初时淡绿色，一年生以后逐渐出现紫斑，最后变为紫黑色，无毛，秆壁厚3~5mm，髓呈笛膜状；箨环稍隆起，初时被小刺毛；秆环稍隆起或隆起，高于箨环或二者等高；节内高1~3mm，初时被短柔毛。枝条斜展，长达80cm，直径达4mm，基部节间三棱形或略呈四方形，初时淡绿色，以后变为紫黑色，实心。笋紫红色、淡红褐色或绿色带紫红色；秆箨早落，箨鞘短于节间，长圆形，革质，纵脉纹明显，先端圆形，背面红褐色，无斑点或具极微小不易察觉的深紫斑点，此斑点在箨鞘上部较密集，微被白粉，被较密的刺毛；边缘上部具整齐黄褐色纤毛；箨耳发达，紫黑色，长椭圆形或镰形，微小，边缘具紫黑色弯曲呈放射状的继毛；箨舌拱形或截平形，紫色，与箨鞘顶端等宽，先端微波状，有裂缺，边缘密生长纤毛；箨片直立或开展，无毛，绿色，脉紫色，三角形或三角状披针形，微皱褶或波状，长达6cm。小枝具叶2~3；叶鞘长1.7~3cm，淡黄绿色，边缘通常无纤毛；叶耳不明显或缺失，鞘口初时具继毛3~8枚，易脱落；叶舌截平形，紫褐色，高约1mm；叶柄长2~4mm，背面初时被灰色短柔毛；叶片线状披针形，薄纸质，长7~10cm，宽0.7~13cm，基部楔形或近圆形，上面淡黄绿色，下面灰黄绿色，基部初时被灰黄色短柔毛，次脉3~5对，小横脉组成长方格子状，边缘具小锯齿而粗糙。花枝无叶。假花序穗状，长2~4cm，具数枚假小穗，基部具5~6枚长1.5~18mm、自下而上逐渐较大、排列由紧密到疏松、鳞片状到披针形、通常无毛的苞片。小穗含2~4朵小花，长1.4~2cm，顶生小花不孕；小穗轴节间长约1mm，被灰色短柔毛或无毛；颖2枚，长1~1.4cm，披针形，被微毛；外稃披针形或卵状披针形，密被灰色短柔毛（基部近无毛），长1.2~1.8cm，先端长渐尖，具不明显的多脉；内稃长8~10mm，密被灰色柔毛，背部具2脊，脊间很狭窄，先端2齿裂；鳞被3枚，披针形，前方2片长约2.5mm，后方1片长约1.5mm，边缘上部疏生短纤毛；雄蕊3，花药紫色，基部箭镞形，长6~7mm，花丝细长，白色；子房细圆柱形，淡黄色，无毛，长约1mm，花柱1枚，长约2mm，柱头3，自不相等距离处发出，试管刷状。果实未见。笋期4月。花期5~10月。

著名观赏竹种，地栽或盆栽均可；秆可作工艺品、乐器及手杖。

在中国上海野生动物园、温岭长屿硐天熊猫乐园、香港海洋公园，有见用该竹饲喂圈养的大熊猫；在美国的华盛顿国家动物园和亚特兰大动物园、苏格兰爱丁堡动物园、奥地利美泉宫动物园、比利时天堂动物园、澳大利亚阿德莱德动物园、荷兰欧维汉动物园和芬兰艾赫泰里动物园、韩国爱宝乐园等，亦见用该竹饲喂圈养的大熊猫。

分布于中国湖南南部与广西交界处，至今仍有大片的野生紫竹林，现全国各地均有栽培；印度、日本及欧美国家早有引栽。

耐寒区位：7～10区。

9.11.13a 毛金竹（植物分类学报）金竹（四川通称、甘肃文县），金竹子、岩爬竹（甘肃文县），灰金竹（云南植物志）

Phyllostachys nigra (Lodd. ex Lindl.) Munro var. *henonis* (Mitford) Stapf ex Rendle in J. Linn. Soc. Bot. 36: 443. 1904; Y. L. Keng, Fl. Ill. Pl. Prim. Sin. Gramineae 106. fig. 67. 1959; Icon. Corm. Sin. 5: 41. fig. 6911. 1976; Fl. Tsinling. 1 (1): 64. 1976;江苏植物志,上册158页.1977; S. Suzuki, Ind. Jap. Bambbusac. 15 (f. 6–1), 80. 81 (pl. 6). 338. 1978; Z. P. Wang & al. in Act. Phytotax. Sin. 18 (2): 180. 1980;

T. P. Yi in J. Bamb. Res. 2 (1): 38. 1983; 广西竹种及其栽培130页. 图69–2. 1987; C. S. Chao & S. A. Ren in Kew Bull. 43: 416. 1988; 中国竹谱74页. 1988; Fl. Guizhou. 5: 301. pl. 98: 4–8. 1988; Icon. Arb. Yunn. Inferus 1463. fig. 689. 1991; S. L. Zhu & al., A Comp. Chin. Bamb. 136. 1994；Keng & Wang in Fl. Reip. Pop. Sin. 9 (1): 289. pl. 78: 1–4. 1996; T. P. Yi in Sichuan Bamb. Fl. 122. pl. 38. 1997, & in Fl. Sichuan. 12: 103. pl. 35: 17. 1998; Fl. Yunnan. 9: 202. pl. 47: 10–13. 2003; Li D. Z., Wang Z. P., Zhu Z. D. & al. in Fl. China 22: 175. 2006; Icon. Bamb. Sin. 337. 2008; Clav. Gen. Sp. Bamb. Sin. 101. 2009; T. P. Yi & al. in J. Sichuan For. Sci. Tech. 31 (4): 3, 9. 2010; Ma & al. The Genus Phyllostachys in China 61. 2014. ——*P. nigra* 'Henonis', D. McClintock in Plantsman 1 (1): 48. 1979. ——*P. nigra* f. *henonis* Muroi ex Sugimoto, New Keys Jap. Trees 466. 1961; D. Ohrnb., The Bamb. World, 226. 1999. ——*P. nigra* 'Henon', McClure in J. Arn. Arb. 37: 194. 1956; Amer. Bamb. Soc. in Bamb. Species Source List no. 35: 28. 2015. ——*P. nigra* Munro var. *puberula* (Miq.) Fiori in Bull Tosc. Ort. 42: 97. f. 3, 4, 6, 1917. ——*P. fauriei* Hack. in Bull. Herb. Boiss. 7: 718. 1899. ——*P. henonis* Bean in Gard. Chron. Ill. 15: 238. 1894, nom. nud.: Mitf. Gard. 47:3 1895. & Bamb. Gard. 149. 1896. ——*P. henryi* Rendle in J. Linn. Soc. Bot. 36: 441. 1904. ——*P. nevinii* Hance in J. Bot. Brit. & For. 14: 295. 1876. ——*P. nevinii* var. *hupehensis* Rendle in op. cit. 36: 442. 1904. ——*P. montana* Rendle in 1.c. 36: 441. 1904, ramo foliato excl. ——*P. puberula* (Miq.) Munro in Gard. Chron. new ser. 6: 733. 1876. ——*P. stauntoni* Munro in Trans. Linn. Soc. 26: 37. 1868. ——*Bambusa puberula* Miq. in Ann. Mus. Bot. Ludg. Bat. 2: 285. 1866.

毛金竹为紫竹一变种，与紫竹特征相似，不同之处在于其地下茎节间淡黄色；秆始终淡绿色，高可达18m；箨鞘顶端极少有深褐色微小斑点。该竹现被大量人工栽培，并依据《国际栽培植物命名法规》将其栽培种群修订为*P. nigra* 'Henonis'。

笋为食用佳品；秆供建筑、农具、家具、竿具等用，也可劈篾编织竹器；中药竹沥、竹茹多来自该竹。

在四川荥经、甘肃的白水江自然保护区，大熊猫冬季下移时常采食本竹种；在中国甘肃的白水江自然

280

保护区、美国的亚特兰大动物园、英国苏格兰爱丁堡动物园、奥地利美泉宫动物园、日本神户王子动物园、比利时天堂动物园、韩国爱宝乐动物园和芬兰艾赫泰里动物园等，均见用该竹饲喂圈养的大熊猫。

分布于中国黄河流域以南各地；日本、欧洲各国早有引栽，美国也有栽培。

耐寒区位：7～10区。

9.11.14 灰竹（江苏植物志） 石竹（江苏、浙江、福建）

Phyllostachys nuda McClure in J. Wash. Acad. Sci. 35: 288. fig. 2. 1945. & in Agr. Hand. USDA No. 114: 48. ff. 36, 37. 1957; Fl. Jiangsu. Superus 157. fig. 246. 1977; Fl. Taiwan 5: 730. pl. 1494. 1978; S. L. Zhu & al., A Comp. Chin. Bamb. 136. 1994; Keng & Wang in Fl. Reip. Pop. Sin. 9 (1): 259. pl. 68: 1–5. 1996; Li D. Z., Wang Z. P., Zhu Z. D. & al. in Fl. China 22: 169. 2006; Yi & al. in Icon. Bamb. Sin. 338. 2008, & in Clav. Gen. Sp. Bamb. Sin. 91. 2009; Ma & al. The Genus *Phyllostachys* in China. 124. 2014. ——*P. nuda* 'Nuda', Keng & Wang in Flora Reip. Pop. Sin. 9 (1): 259. 1996. ——*P. nuda* McClure f. *nuda*, Ma & al. The Genus Phyllostachys in China. 124. 2014. ——*P. nuda* f. *lucida* Wen in Bull. Bot. Res. 2 (1): 75. 1982.

秆高6～9m，直径2～4cm，常于基部呈"之"字形曲折；节间长达30cm，幼时被白粉，尤箨环下一圈更浓密，节处常暗紫色，节下方有暗紫色晕斑，秆壁厚；秆环很隆起，高于箨环。箨鞘背面淡绿色或淡红褐色，有紫色纵条纹或紫褐色斑块，被白粉，脉间具稍瘤基状刺毛；箨耳及鞘口继毛缺失；箨舌截形，黄绿色，边缘被短纤毛；箨片外翻，狭三角形或带状，幼时微皱曲，后平直，绿色，有紫色纵条纹。小枝具叶2～4；叶耳和鞘口继毛俱无；叶片长8～16cm，下面灰绿色，次脉4～5对。花枝穗状，长5～9cm，基部有3～5片逐渐增大的鳞片状苞片；佛焰苞5～7片，边缘生柔毛，无叶耳及鞘口继毛，缩小叶小，卵状披针形至锥状，每苞腋有2或3枚假小穗，基部的1或2片佛焰苞常不孕而早落。小穗含1或2朵小花，长2.7～3.5cm，狭披针形；小穗轴最后延伸成针状，节间密生短柔毛；颖不存在或为1片；外稃长2.5～3cm，无毛或仅边缘疏生短柔毛；内稃长2～2.5cm，通常无毛；鳞被3，长约4mm；花药长约1cm；柱头2或3，羽毛状。笋期4～5月。花期5月。

优质笋用竹，笋肉厚，产区称"石笋"，是加工天目笋干的主要原料；秆坚实，多作竹器柱脚，亦作柄材使用。

在美国孟菲斯动物园、奥地利美泉宫动物园、比利时天堂动物园、苏格兰爱丁堡动物园和荷兰欧维汉动物园等，均见用该竹饲喂圈养的大熊猫。

分布于中国的陕西、江苏、安徽、浙江、江西、福建、台湾、湖南等省，山东有引栽；美国早有引栽。

耐寒区位：8～10区。

9.11.15 早园竹（植物分类学报）

Phyllostachys propinqua McClure in J. Wash. Acad. Sci. 35: 289. f. 1. 1945. & in Agr. Handb. USDA No. 114: 49. ff. 38, 39. 1957; 广西竹种及其栽培123页. 图65. 1987; 中国竹谱78页. 1988; 云南树木图志下册, 1458页, 图684. 1991; Keng & Wang in Flora Reip. Pop. Sin. 9 (1): 262. pl. 69: 4–6. 1996; D. Ohrnb., The Bamb. World, 230. 1999; Li D. Z., Wang Z. P., Zhu Z. D. & al. in Fl. China 22: 169. 2006; Yi & al. in Icon. Bamb. Sin. 343. 2008. & in Clav. Gen. Spec. Bamb. Sin. 92. 2009; Amer. Bamb. Soc. in Bamb. Species Source List no. 35: 29. 2015.

秆高达6m，直径4cm；节间长约20cm，基部节间暗紫带绿色，幼时被厚白粉，秆壁厚约4mm；秆环稍隆起与箨环等高。箨鞘背面淡红褐色或黄褐色，还有不同深浅颜色的纵条纹，被紫褐色小斑点和斑块，上部两侧常先变干枯呈淡黄色；箨耳及鞘口繸毛缺失；箨舌拱形，暗褐色，边缘具短纤毛；箨片外翻，披针形或线状披针形，平直，绿色，背面带紫褐色，近边缘黄色。小枝具叶2～3；叶耳和鞘口繸毛常缺失；叶舌长拱形，被微纤毛；叶片长7～16cm，宽1～2cm，下面中脉两侧略有柔毛。假花序穗状，侧生于枝节，基部有一组向上逐渐增大，其中上面的呈佛焰苞状的苞片或仅有一些佛焰苞状的苞片；佛焰苞长20–29mm，具明显的17～19脉，背部通常有稀疏的短柔毛，先端具大小上多变的卵形至钻形缩小叶，口部既无耳也无繸毛。每苞片有无柄的假小穗1～3枚；颖1枚，长15～20mm，中部具1脊，背部具11～13脉，有短柔毛，先端渐尖。每假小穗通常具小花1枚；外稃长23～28mm，质地坚硬，几无脉，近无毛，或稍有脉和微柔毛，先端长渐尖；内稃长20～22mm，近无毛，背部具2脊，先端2裂；鳞被3枚，膜质；雄蕊3枚，花丝长24～33mm，花药黄色，长7～8mm；子房卵形，具长柄，花柱长15～20mm，柱头3，羽毛状。笋期4～5月。

笋味好，食用佳品；秆劈篾供编织竹器，整秆作竿具或柄具；园林栽培供观赏。

在北京动物园、天津动物园、石家庄动物园、济南动物园、陕西秦岭，均见用该竹饲喂圈养的大熊猫。

分布于中国河南、江苏、安徽、浙江、湖北、贵州、广西；美国有引栽。

耐寒区位：7～9区。

Phyllostachys rubromarginata McClure in Lingnan Univ. Sci. Bull. No. 9: 44. 1940. & Agr. Handb. USDA No. 114: 56. ff. 46,47. 1957; S. L. Zhu & al., A Comp. Chin. Bamb. 147. 1994; Keng & Wang in Fl. Reip. Pop. Sin. 9 (1): 263. pl. 70: 1–5. 1996; Li D. Z., Wang Z. P., Zhu Z. D. & al. in Fl.China 22: 177. 2006; Yi & al. in Icon. Bamb. Sin. 344. 2008, & in Clav. Gen. Sp. Bamb. Sin. 90, 109. 2009; Amer. Bamb. Soc. in Bamb. Species Source List no. 35: 29. 2015. ——*P. aristata* W. T. Lin in Act. Phytotax. Sin. 26 (3): 230. fig. 9. 1988. ——*P. rubromarginata* McClure f. castigata Wen in Bull. Bot. Res. 2 (1): 76. 1982. ——*P. shuchengensis* S. C. Li & S. H. Wu in Journ. Anhui Agr. Coll. 1981 (2): 50. 1981. ——*P. subulata* W. T. Lin & Z. M. Wu in Journ. Bamb. Res. 13 (2): 16. fig. 2. 1994.

秆高达10m，直径3.5cm；节间长达35cm或更长，幼时几无白粉，秆壁厚4.5~6mm；箨环初时密生下向的淡黄色细硬毛；秆环稍隆起，与箨环等高。箨鞘背面绿色或淡绿色，无斑点或大笋中有稀疏小斑点，在秆基部的箨鞘上常具紫色或金黄色纵条纹，上部边缘暗紫色，底部密被淡黄色细硬毛；箨耳及鞘口繸毛缺失；箨舌截平或微凹，高不及1mm，暗紫色，背部具长毛，边缘具白色短纤毛；箨片开展或微外翻，带状，平直，绿紫色，基部远窄于箨舌。小枝具叶1~2；叶耳不发达，鞘口繸毛直立，幼秆上的叶可具小叶耳及近放射状繸毛；叶舌紫色，边缘具纤毛；叶柄初时被白色柔毛；叶片披针形，长椭圆形至带状长圆形，长6~17cm，宽1.2~2.2cm，上面沿中脉略粗糙，下面疏被柔毛或近无毛。花枝穗状，长约5cm，基部托以4或5片逐渐增大的鳞片状苞片；佛焰苞5~6片，无叶耳及鞘口繸毛或仅有少数短小的繸毛，缩小叶微小，披针形至锥状，每片佛焰苞内有（1）2~4枚假小穗，如为3或4枚时，则其中有1或2枚形小而发育不良。小穗具1~4朵小花，常托以苞片1片；小穗轴无毛或有柔毛；颖1或2，有时缺；外稃长1.5~2cm，具柔毛；内稃短于其外稃，具柔毛；鳞被长菱形，长约4mm；花药长8~10mm；柱头3，羽毛状。

笋味佳，供食用；秆篾性好，劈篾供编织竹器。

在美国孟菲斯动物园和苏格兰爱丁堡动物园，均见用该竹饲喂圈养的大熊猫。

分布于河南、安徽、浙江、江西、广西和云南。

耐寒区位：8~10区。

Phyllostachys sapida Yi in J. Bamb. Res. 10 (4): 21. fig. 1. 1991; T. P. Yi in Sichuan Bamb. Fl. 118. pl. 36. 1997, & in Fl. Sichuan. 12: 100. pl. 33: 6–7. 1998; D. Ohrnb., The Bamb. World, 233. 1999; Yi & al. in Icon. Bamb. Sin. 345. 2008, & in Clav. Gen. Sp. Bamb. Sin. 92. 2009.

地下茎节间长（1）1.2～5.5cm，直径7～12mm，中空度很小或实心。秆高4～7m，直径1.2～3cm；全秆具30～40节，节间长12～20（26）cm，绿色，无毛，幼时节下微被白粉环，秆壁厚4～10mm，坚韧，髓笛膜状；箨环淡黄褐色，无毛；秆环脊状隆起，高于箨环；节内高2.5～5mm。分枝较低，通常始于第4～7节；枝条约呈45°之斜角开展，长0.6～1m，直径3.5～7mm，各节上可再分次级枝。笋淡棕黄色，有深紫色斑点，无毛；箨鞘早落，短于节间，长三角形，先端弧形变窄，背面无毛，具深紫色斑点，纵脉纹显著隆起，小横脉不发育，边缘具短纤毛；箨耳及鞘口继毛缺失；箨舌截平或微拱形，高0.5～2mm，淡棕黄色，边缘初时具白色短纤毛；箨片外翻，平直，三角形至线状披针形，紫绿色或暗绿色，无毛，长3～35mm，宽1.5～5mm，边缘有微锯齿。小枝具叶1～2；叶鞘长2～3.2cm，无毛；叶耳及鞘口两肩继毛缺失；叶舌高达1mm，边缘具白色短纤毛，外叶舌口部初时有白色纤毛；叶柄长1.5～2.5mm，淡绿色，无毛；叶片线状披针形，纸质，长9～15cm，宽1.4～1.8cm，先端渐尖，基部楔形，下面灰白色，两面均无毛，次脉4～5对，边缘一侧具小锯齿，另一侧平滑或近于平滑。花果待查。笋期5月中下旬。

园林绿化；笋供食用。

在四川彭州银厂沟和宝兴蜂桶寨自然保护区等地，该竹为大熊猫自然采食竹种之一。

分布于中国四川彭州和宝兴。垂直分布海拔700～1600m，生于山地黄壤土上。

耐寒区位：9区。

 金竹（李衎，竹谱详录）

Phyllostachys sulphurea (Carr.) A. & C. Riv. in Bull. Soc. Acclim. Ill. 5: 773. 1878; Mitford. Bamb. Gard. 122. 1896; C. S. Chao & S. A. Renvoize in Kew Bull. 43 (3); 418. 1988; S. L. Zhu & al., A Comp. Chin. Bamb. 147. 1994. ——*P. sulphurea* (Carr.) A. & C. Riv., Keng & Wang in Fl. Reip. Pop. Sin. 9 (1): 253. 1996; Li D. Z., Wang Z. P., Zhu Z. D. & al. In Fl. China 22: 167. 2006; Yi & al. in Icon. Bamb. Sin. 345. 2008, & in Clav. Gen. Spec. Bamb. Sin. 89. 2009; Ma & al. The Genus *Phyllostachys* in China. 136. 2014. ——*P. bambusoides* Sieb. & Zucc. cv. Allgold McClure in Journ. Arn. Arb. 37: 193. 1956. & in Agr. Handb. USDA No. 114: 23. 1957. ——*P. bambusoides* Sieb. & Zucc. var. *castilloni–holochrysa* (Pfitr.) H. de Leh. in Act. Congr. Int. Bot. Brux. 2: 228. 1910.

——*P. bambusoides* Sieb. & Zucc. var. *sulphurea* Makino ex Tsuboi, Illus. Jap. Sp. Bamb. ed. 2: 7. pl. 5. 1916. ——*P. castillonis* Mitford var. Holochrysa Pfitz. in Deut. Dendr. Ges. Mitt. 14: 60. 1905. ——*P. mitis* A. & C. Riv. var.

sulphurea (Carr.) H. de Leh. in l. c. 2: 214. pl. 8. 1907. ——*P. quilioi* A. & C. Riv. var. *casillonis–holochrysa* Regel ex H. de Leh., 1: 118. 1906. ——*P. reticulata* (Rupr.) C. Koch. var. *holochrysa* (Pfitz.) Nakai in Journ. Jap. Bot. 9: 341. 1933. ——*P. reticulata* (Rupr.) C. Koch. var. *sulphurea* (Carr.) Makino in Bot. Mag. Tokyo 26: 24. 1912. ——*P. viridis* (Young) McClure f. *youngii* C. D. Chu & C. S. Chao in Act. Phytotax. Sin. 18 (2): 169. 1980, non *P. viridis* cv. Robert Young McClure 1956. ——*Bambusa sulfurea* Carr. in Rev. Hort. 1873: 379. 1873.

秆高可达8m，直径可达6cm，节间长20～25（35）cm；秆节微隆起，分枝以下秆环不明显，仅见箨环；新秆鲜黄色，有光泽，节间光滑无毛，被稀薄均匀雾状白粉，节下尤多；少数节间有1～2淡绿色纵条纹；节下有一圈不连续、边缘呈缺刻状的淡绿色环；老秆金黄色，少数节间有1～2淡绿色纵条纹。秆箨乳黄色微带紫红色，上部边缘褐色或淡褐色，具深褐色圆斑或点状斑（类似墨迹斑）；箨耳和继毛缺失；箨舌较宽，高2～3mm，初黄绿色，后淡褐色，先端截形或微弧形，有白色短纤毛，有时具淡黄绿色或淡褐色长纤毛；箨片带状，外翻，中间绿色，边缘橘黄色或橘红色；末级小枝具叶2～3枚；叶鞘淡绿色，光滑无毛；叶耳及继毛发达，淡黄绿色；叶舌伸出，淡黄绿色，先端近截形或有缺刻；叶片披针形，长4～10cm，宽1～1.5cm，表面绿色，有时具黄色细纵条纹，背面灰绿色，基部具毛，次脉5～8对，小横脉稍明显。笋期5月中旬至10月上旬。

色彩美丽，园林栽培供观赏；秆可作小型建筑用材和各种农具柄；笋供食用，唯味微苦。

在四川崇州、绵竹、青川、荥经、松潘，陕西洋县、宁陕，该竹是野生大熊猫冬季下移觅食时的主食竹种之一；在法国巴黎动物园和奥地利美泉宫动物园，有见用该竹饲喂园中的大熊猫。

分布于中国浙江、江苏、上海、陕西；日本、荷兰、法国、美国、阿尔及利亚有引种栽培。

耐寒区位：8～9区。

9.11.18a　刚竹（中国植物志）

***Phyllostachys sulphurea* 'Viridis'**, W. Y. Zhang & N. X. Ma in S. L. Zhu & al. In Compend. Chin. Bamb., 1994: 148; Keng & Wang in Flora Reip. Pop. Sin. 9 (1): 251. 1996; J. Y. Shi in Int. Cul. Regist. Rep. Bamb. (2013–2014): 24. 2015. ——*P. chlorina* Wen in Bull. Bot. Res. 2 (1): 61. f. 1. 1982. ——*P. faberi* Rendle in J. Linn. Soc. Bot. 36: 439. 1904. ——*P. meyeri* McClure f. *sphaeroides* Wen in

1. c. 2 (1): 74.1982. ——*P. mitis* A. & C. Riv. in Bull Soc. Acclim. Ill 5: 689. 1878, tantum descr., excl. Syn. ——*P. sulphurea* f. *viridis* (R. A. Young) Ohrnberger in Bambus–Brief no. 2: 10. 1993. ——*P.sulphurea* (Carr.) A. & C. Riv. var. *viridis* R. A. Young in J. Wash. Acad. Sci. 27: 345. 1937; C. S. Chao & S. A. Renv. in Kew Bull. 44: 419. 1988; 中国竹谱82页. 1988; Yi & al. in Icon. Bamb. Sin. 346. 2008. & in Clav. Gen. Spec. Bamb. Sin. 89. 2009; Ma & al. The Genus *Phyllostachys* in China. 137. 2014. ——*P. viridis* (R. A. Young) McClure in Journ. Arn. Arb. 37: 192. 1956. & in Agr. Handb. USDA No.114: 62. f. 50. 1957. ——*P. villosa* Wen in l. c. 2 (1): 71. f. 9. 1982.

与金竹特征近似，不同之处在于其秆高6~15m，直径4~10cm；节间长20~45cm，绿色或淡黄绿色，初时微被白粉，无毛，在扩大镜下能见到猪皮状小凹穴或白色晶体状小点，具分枝的一侧扁平或具浅纵沟，秆髓薄膜状，秆壁厚约5mm；箨环微隆起；秆环在不分枝各节上不明显。秆每节分枝2。箨鞘早落，背面乳黄色或绿黄褐色带灰色，具绿色脉纹，微被白粉，无毛，有淡褐色或褐色圆形斑点或斑块；箨耳及鞘口继毛俱缺失；箨舌拱形或截形，绿黄色，边缘具淡绿色或白色纤毛；箨片外翻，狭三角形至带状，绿色而边缘橘黄色，微皱曲。小枝具叶2~5；叶鞘近无毛或上部被细柔毛；叶耳及鞘口继毛发达；叶片长圆状披针形或披针形，长6~13cm，宽1.1~2.2cm。

秆供建筑或作农具柄等用；笋味微苦，但可食用。

在中国山东的济南动物园、潍坊金宝乐园和河北的保定爱保大熊猫苑，均有见用该竹饲喂园中的大熊猫；在法国巴黎动物园、奥地利美泉宫动物园、新加坡动物园、苏格兰爱丁堡动物园、俄罗斯莫斯科动物园和芬兰艾赫泰里动物园等，均见用该竹饲喂园中的大熊猫。

中国黄河至长江流域及福建均有分布；日本、法国、奥地利、美国有引种栽培。

耐寒区位：7~9区。

9.11.19 乌竹（安徽农学院学报）　毛壳竹（植物分类学报）

Phyllostachys varioauriculata S. C. Li & S. H. Wu in J. Anhui Agr. Coll. 1981 (2): 49. 1981; Keng & Wang in Flora Reip. Pop. Sin. 9 (1): 286. 1996; D. Ohrnb., The Bamb. World, 236. 1999; Yi & al. in Icon. Bamb. Sin. 349. 2008. & in Clav. Gen. Spec. Bamb. Sin. 102. 2009; Ma & al. The Genus *Phyllostachys* in China. 68. 2014. ——*P. hispida* S. C. Li & al. in Act. Phytotax. Sin. 20 (4): 492, 493. f. 1. 1982

秆高3~4m，直径1.1~3cm，表面有不规则细纵沟；节间长达30cm，幼时微被白粉，有毛，粗糙，箨环下方具明显白粉环；秆环隆起，高于箨环。箨鞘薄纸质，暗绿紫色，先端有乳白色或淡紫色放射状条纹，背面密被灰白色小刚毛和白粉，边缘具纤毛，下部秆箨先端具稀疏棕色小斑点；箨耳紫色，镰形或微小，或仅一侧发育，耳缘和鞘口具弯曲继毛；箨舌截平或稍为弧形，暗紫色，边缘流苏状毛紫色或白色；箨片直立，绿紫色，狭三角形或披针形，基部稍窄于箨鞘顶端。小枝具叶2；叶耳微弱，鞘口继毛易脱落；叶舌黄绿色；叶片长5~11cm，宽0.9~1.1cm，下面粉绿色，基部被微毛。笋期4月中旬，暗绿紫色。

用于园林绿化。

在苏格兰爱丁堡动物园、奥地利美泉宫动物园、比利时天堂动物园等，均见用该竹饲喂圈养的大熊猫。

分布于中国安徽舒城，浙江杭州有引栽；欧洲有引栽。

耐寒区位：8区。

Phyllostachys veitchiana
Rendle in J. Linn. Soc. Bot.
36: 443. 1904; E. G. Camus,
Les Bamb. 59. 1913; Keng &
Wang in Fl. Reip. Pop. Sin. 9
(1): 302. pl. 86: 9–10. 1996;

T. P. Yi in Sichuan Bamb. Fl. 128. pl. 40. 1997, & in Fl. Sichuan. 12: 108. pl. 37: 17–19. 1998; Li D. Z.,
Wang Z. P., Zhu Z. D. & al. in Fl.China 22: 178. 2006; Yi & al. in Icon. Bamb. Sin. 363. 2008, & in Clav.
Gen. Sp. Bamb. Sin. 106. 2009; T. P. Yi & al. in J. Sichuan For. Sci. Tech. 31 (4): 3, 9. 2010; Ma & al. The
Genus *Phyllostachys* in China 69. 2014. ——*P. rigida* X. Jiang & Q. Li in J. Sichuan Agr. Coll. 2 (2): 127.
fig. 1. 1984; S. L. Zhu & al., A Comp. Chin. Bamb. 144. 1994.

　　地下茎节间长1.8～4cm，直径6～14mm，淡黄色，无毛，具芽一侧有纵沟槽，中空直径
0.5～3.5mm，每节生根或瘤状突起6～14枚；鞭芽圆卵形，肥厚，淡黄色，先端不贴主轴，芽鳞有光
泽，近边缘处初时被短硬毛。秆高5～8m，直径2～4cm；全秆具35～40（45）节，节间长22～25（30）
cm，圆筒形，深绿色，有光泽，幼时密被白粉，无毛，秆壁厚达6mm，髓笛膜状；箨环初时紫色，后变
为褐色，无毛；秆环显著隆起；节内高3～4mm，在分枝节上向下变细。秆的第13～17节开始分枝，呈
45°～50°锐角开展，长达1.65m，直径5mm，具小的中空或为实心。笋淡绿色，微被白粉质，常具淡紫
色纵条纹，无毛或有时具极稀少的灰白色小硬毛；箨鞘早落，长圆形，革质，短于节间，先端圆弧形，
背面无毛，纵脉纹明显，小横脉在近边缘处可见，边缘上部密生淡黄色短纤毛；箨耳由箨片基部两侧延
展而成，大型，椭圆形或镰形，紫色，先端向下弯曲，边缘有长2～12mm紫色弯曲继毛；箨舌微呈楔或
稍作尖拱形，紫色，高0.7～1mm，边缘初时密生径直灰色纤毛；箨片直立，长三角形或三角状披针形，
淡绿色，有紫红色脉纹，长1～8cm，宽1.2～1.8cm，无毛或有时初时在背面偶见极少灰色小硬毛。每小
枝具叶1～2；叶鞘长2～3.1cm，无毛，如小枝仅具1叶时，其叶鞘与小枝紧密靠合，不易分离，具2叶时，
其下部1枚叶鞘稍长于上部1枚，并易于分离，边缘初时生灰白色纤毛；叶耳缺失，鞘口无继毛或初时两
肩各具1～2枚长约1mm的径直继毛；叶舌淡绿色而边缘带紫色，截平形，高约1mm，边缘具短纤毛，外
叶舌显著，边缘生短纤毛；叶片线状披针形，长8～14cm，宽1.2～1.8cm，先端长渐尖，基部狭楔形或
宽楔形，无毛，下面灰白色，次脉6对，小横脉形成长方形或正方形，边缘具小锯齿。花枝为较紧密的头
状或短穗状，其下托以5～6片逐渐增大的鳞片状苞片，后者薄革质，边缘弥生纤毛；佛焰苞生于花枝下
部者为广卵形，越向枝的上部越窄，叶耳及鞘口继毛缺失，叶舌明显，缩小叶极小，锥状或三角形，每
片佛焰苞腋内具假小穗1或2枚；小穗通常具4或5朵小花；小穗轴易自颖之上及诸小花之间脱落；颖1或2
枚，大小多变化，通常较外稃为狭窄，多少呈膜质，被长柔毛，先端渐尖呈芒状；外稃狭披针形，除基
部外密被长柔毛，有不明显的多脉，背部具脊，先端渐尖呈短芒状，第一朵小花的外稃长12～14mm，其

内稃及雌雄蕊常发育不良而极小，其余小花的内稃短于外稃，具长柔毛，顶端2裂；鳞被匙形，上端具细纤毛；雄蕊3，花丝长达1.2cm，花药黄色，长约6mm；子房三棱形，花柱1，柱头3。笋期5月中旬。花期5～6月。

笋材两用竹种。

在四川宝兴和都江堰，见有大熊猫冬季下移时采食本竹种。

分布于中国湖北西部和四川西部，垂直分布达海拔1500m。

耐寒区位：9区。

9.11.21 早竹（江苏植物志）

Phyllostachys violascens (Carr.) A. & C. Riv., Bull. Soc. Acclim. (sér. 3) 5: 770, f. 42. 1878; Mitford in Garden 47: 3. 1895; Mitford in Bamb. Gard., 1896: 139; McClure ex H. Okamura & al. Ill. Hort. Bamb. Sp. Jap., 1991: 161; D. Ohrnb., The Bamb. World, 236. 1999; Ma & al. The Genus *Phyllostachys* in China. 141. 2014; Yi & al. inIcon. Bamb. Sin. Ⅱ 298. 2017. ——P. praecox C. D. Chu & C. S. Chao in Act. Phytotax. Sin. 18 (2): 176. f. 4. 1980; 江苏植物志，上册156页. 图144. 1977 (tantum in Sinice. descr.)；中国竹谱76页. 1988; 云南树木图志下册，1458页. 1991; Keng & Wang in Flora Reip. Pop. Sin. 9 (1): 273. pl. 73: 1-4. 1996; Yi & al. in Icon. Bamb. Sin. 340. 2008, & in Clav. Gen. Spec. Bamb. Sin. 95. 2009; Amer. Bamb. Soc. in Bamb. Species Source List no. 35: 29. 2015. ——*Bambusa violascens* Carrière in Rev. Hort., 1869: 292.

秆高8～10m，直径4～6cm，幼秆深绿色，密被白粉，无毛，节暗紫色，老秆绿色、黄绿色或灰绿色；部分秆下部数节略曲折；节间较短；长15～25cm，秆壁厚约3mm，中部略缢缩；秆节中度隆起；秆环与箨环均隆起，二者等高，节内高约3mm；新秆深绿色，节部紫色，节间有明显紫色晕斑，密被细块状白粉；老秆灰绿色或黄绿色，具褐色、淡褐色或黄褐色纵条纹，常在沟槽对面一侧稍膨大，节下有粉环，微被粉垢。箨鞘背面褐绿色或淡黑褐色，初时多少被白粉，无毛，具大小不等的斑点和紫色纵条纹；箨耳及鞘口繸毛缺失；箨舌拱形，褐绿色或紫褐色，拱形，两侧明显下延或稍下延，致使箨舌两侧露出甚多，边缘生细纤毛；箨片窄带状披针形，强烈皱曲或秆上部者平直，外翻，绿色或紫褐色。小枝具叶2～3（6）；叶鞘光滑无毛，叶耳和鞘口繸毛缺失；叶片带状披针形，长6～18cm，宽0.8～2.2cm。花枝呈穗状，长4～5（7）cm，基部托以4～6片逐渐增大的鳞片状苞片；佛焰苞5～7片，无毛或疏生短柔毛，无叶耳及鞘口繸毛，缩小叶小形，狭披针形至锥状，每片佛焰苞内生有2枚假小穗；侧生假小穗常不发育，顶生假小穗常含2朵小花，常仅下方的1朵发育；颖1片，被短柔毛；外稃长2.5～2.8cm，背部有短柔毛疏生；内稃长2～2.5cm，背部1/2以上疏生短柔毛；鳞被仅见到1片，长约3mm；花药12～13mm；柱头仅见有2枚。花期

4～5月。笋期3～5月。

笋期早，产量高，笋味美，属优良笋用竹种。

在杭州野生动物世界、宁波雅戈尔动物园，以及比利时天堂动物园等，均见该竹被用于饲喂圈养的大熊猫。

分布于中国江苏、安徽、浙江、江西、湖南、福建；重庆、四川有引栽。

耐寒区位：8～9区。

9.11.21a　雷竹（中国刚竹属）

Phyllostachys violascens 'Prevernalis', Ma & al. The Genus *Phyllostachys* in China. 145. 2014. ——*P. violascens* (Carr.) A. & C. Riv. f. *prevernalis* (S. Y. Chen & C. Y. Yao) Yi & al. inIcon. Bamb. Sin. ‖ 298, 313. 2017. ——P. praecox C. D.

Chu & C. S. Chao f. prevernalis S. Y. Chen & C. Y. Yao in Act. Phytotax. Sin. 18 (2): 177. 1980; D. Ohrnb., The Bamb. World, 229. 1999; Yi & al. in Icon. Bamb. Sin. 342. 2008, & in Clav. Gen. Spec. Bamb. Sin. 95. 2009. ——*P. praecox* 'Prevernalis', Keng & Wang in Flora Reip. Pop. Sin. 9 (1): 273. 1996; Amer. Bamb. Soc. in Bamb. Species Source List no. 35: 29. 2015.

与早竹特征相似，不同之处在于其新秆被少量白粉，径直；节间较长，各节间长短均匀，中部明显缢缩；秆环隆起较高，笋期略早于早竹。

笋期早，产量高，笋味美，属优良笋用竹种，被全国各地适宜气候区广泛引种栽培。

在中国大熊猫保护研究中心以及四川多家大熊猫养殖基地、福州大熊猫研究中心、南京市红山森林动物园、济南动物园、溧阳市天目湖南山竹海，以及俄罗斯莫斯科动物园，均见该竹被用于饲喂圈养的大熊猫。

分布于中国浙江；江苏、安徽、四川有引栽。

耐寒区位：8～9区。

 粉绿竹（植物分类学报）　金竹（江苏植物志）

Phyllostachys viridiglaucescens (Carr.) A. & C. Riv. in Bull. Soc. Acclim. III. 5: 700. 1878; McClure in Agr. Handb. USDA No. 114. 60. ff. 48,49. 1957; 江苏植物志, 上册153页. 图236. 1977; 中国竹谱84页. 1988; Keng & Wang in Flora Reip. Pop. Sin. 9 (1): 295. 1996; D. Ohrnb., The Bamb. World, 237. 1999; Ma & al. The Genus *Phyllostachys* in China 147. 2014. ——*P. viridi-glaucescens* (Carr.) A. & C. Riv., Yi & al. in Icon. Bamb. Sin. 350. 2008. & in Clav. Gen. Spec. Bamb. Sin. 104. 2009. ——*Bambusa viridiglaucescens* Carr. in

Rev. Hort. 1861: 146. 1861. ——*Phyllostachys altiligulata* G. G. Tang & Y. L. Hsu in Journ. Nanjing. Inst. For. 1985 (4): 18. f. 2. 1985.

秆高达8m，直径4～5cm；节间长21～25cm，幼时被白粉；秆环稍高于箨环。箨鞘背面淡紫褐色，有时稍带绿黄色，具暗褐色小斑点，被黄色刺毛；箨耳紫褐色或淡绿色，狭镰形，边缘繸毛长达2cm；箨舌强隆起，紫褐色，边缘具纤毛；箨片外翻，带状，上半部皱曲，中间黄绿色，边缘橘黄色。小枝具叶1～3；叶耳不明显，具繸毛；叶舌伸出；叶片长9.5～13.5cm，宽1.2～1.8cm。花枝穗状，长5.5～8.5cm，具3～5片逐渐增大的鳞片状苞片；佛焰苞4～7片，被柔毛，具小形的叶耳及繸毛，或仅有繸毛少数条，或叶耳及繸毛俱缺，缩小叶披针形，圆卵形乃至锥状，佛焰苞在花枝下部的3～5片为不孕性，其余的腋内则生有1或2枚假小穗。小穗含1或2朵小花；小穗轴具毛，能延伸至上部小花的内稃之后；颖缺或仅1片；外稃长约2.5cm，上半部具柔毛，先端芒状渐尖；内稃稍短于外稃，上半部具柔毛；鳞被长约4mm，狭椭圆形，具纤毛；花药长约12mm；柱头3，羽毛状。笋期4月下旬。

笋供食用；秆作柄具用。

在苏格兰爱丁堡动物园、奥地利美泉宫动物园、比利时天堂动物园、荷兰欧维汉动物园等，均见用该竹饲喂圈养的大熊猫。

分布于中国江苏、浙江、安徽、江西；欧洲有引种栽培。

耐寒区位：8区。

9.11.23 乌哺鸡竹（江苏植物志）

Phyllostachys vivax McClure in J. Wash. Acad. Sci. 35: 292. f. 3. 1945. & in Agr. Handb. USDA No. 114: 65. ff. 52, 53. 1957; 华东禾本科植物志309页. 图334. 1962; 江苏植物志，上册156页. 图243. 1977; 香港竹谱73页. 1985; 中国竹谱85页. 1988; 云南树木图志下册，1458页，图686. 1991; Keng & Wang in Flora Reip. Pop. Sin. 9 (1): 270. 1996; D. Ohrnb., The Bamb. World, 237. 1999; Ma & al. The Genus *Phyllostachys* in China 148. 2014; Yi & al. in Icon. Bamb. Sin. 350. 2008. & in Clav. Gen. Spec. Bamb. Sin. 94. 2009. ——*P. vivax* cv. Vivax, Keng & Wang in Flora Reip. Pop. Sin. 9 (1): 272. 1996. ——*P. vivax* f. *vivax*, Ma & al. The Genus Phyllostachys in China 148. 2014.

秆高5～15m，直径达8cm；节间长25～35cm，幼时被白粉，秆壁厚约5mm；秆环隆起，略高于箨环，常一侧较高。箨鞘背面淡黄绿色带紫色或淡黄褐色，密被黑褐色斑块和斑点，其中部更密，微被白粉；箨耳及鞘口繸毛缺失；箨舌弧形，两侧下延，淡棕色至棕色，边缘具细纤毛；箨片外翻，带状长披针形，强烈皱曲，背面绿色，腹面褐紫色。小枝具叶2～3枚；叶耳和鞘口繸毛存在；叶舌高约3mm；叶片微下垂，长9～18cm，宽1.2～2cm。花枝穗状，基部托以4～6片逐渐增大的鳞片状苞片；佛焰苞5～7片，无毛或疏生短柔毛，叶耳小，具放射状繸毛，缩小叶卵状披针形至狭披针形，长达2.5cm，每片佛焰苞内有1或2枚假小穗。小穗长3.5～4cm，常含2或3朵小花，被疏柔毛；颖1片；外稃长2.7～3.2cm，被极稀疏的柔毛；内稃长2.2～2.6cm，几无毛，背部2脊明显；鳞被狭披针形，长约5mm；花药长12mm；子房无毛，柱头3。笋期4月中下旬。花期4～5月。

优良笋用竹种。

在美国圣地亚哥动物园、奥地利美泉宫动物园、比利时天堂动物园、荷兰欧维汉动物园等，均见用该竹饲喂圈养的大熊猫。

分布于中国江苏、浙江；福建、河南，山东有引栽；美国亦有引栽。

耐寒区位：7～9区。

9.11.23a　黄秆乌哺鸡竹（中国刚竹属）

***Phyllostachys vivax* 'Aureocaulis'**, J. P. Demoly in Bamb. Assoc. Europ. Bamb. EBS Sect. Fr. no. 8: 24. 1991; Amer. Bamb. Soc. Newsl.16 (4): 10. 1995; Keng & Wang in Flora Reip. Pop. Sin. 9(1): 272. 1996; D. Ohrnb., The Bamb. World, 237. 1999; Amer. Bamb. Soc. in Bamb. Species Source List no. 35: 30. 2015; J. Y. Shi in Int. Cul. Regist.

Rep. Bamb. (2013–2014): 24. 2015. ——*P. vivax* McClure f. *aureocaulis* N. X. Ma in J. Bamb. Res. 4 (1): 56. 1985; Keng & Wang in Flora Reip. Pop. Sin. 9 (1): 272. 1996; Yi & al. in Icon. Bamb. Sin. 351. 2008. & in Clav. Gen. Spec. Bamb. Sin. 94. 2009; Ma & al. The Genus *Phyllostachys* in China 149. 2014.

与乌哺鸡竹特征相似，区别在于秆全部为硫黄色，并在秆的中、下部偶有几个节间具1或数条绿色纵条纹。

竹秆色泽鲜艳，属非常美丽的大型观赏竹种；笋食用。

在比利时天堂动物园、芬兰艾赫泰里动物园，均见用该竹饲喂圈养的大熊猫。

分布于中国河南、浙江、四川、广东、广西；比利时、美国有引种栽培。

耐寒区位：8区。

9.12　苦竹属

Pleioblastus Nakai

***Pleioblastus* Nakai** in J. Arn. Arb. 6: 145. 1925, & in Journ. Jap. Bot. 9: 163. 1933; Keng & Wang in Fl. Reip. Pop. Sin. 9 (1): 588. 1996; D. Ohrnb., The Bamb. World, 54. 1999; Li D. Z., Wang Z. P., Zhu Z. D. & al. in Fl.

China 22: 121. 2006; Yi & al. in Icon. Bamb. Sin. 619. 2008, & in Clav. Gen. Spec. Bamb. Sin. 179. 2009. ——
Nipponocalamus Nakai in J. Jap. Bot. 18: 350. 1942; l. c. 26: 326. 1951.

Lectotype: ***Pleioblastus gramineus*** (Bean) Nakai

苦竹属又名大明竹属。

灌木状或小乔木状竹类。地下茎单轴型或复轴型。秆散生或少数种类可密丛生，直立；节间圆筒形或在分枝一侧下部微扁平，节下常具白粉环，中空或稀近实心，髓笛膜状或棉花状；箨环木栓质隆起；秆环平至隆起。秆每节上枝条3～7枚，或秆上部节上可更多，无明显主枝，开展至直立。箨鞘早落、迟落或宿存，厚纸质至革质，背面基部常密被一圈毛茸，边缘具纤毛；箨耳和鞘口繸毛存在或缺失；箨舌截形至弧形；箨片锥形至披针形，基部向内收窄，常外翻。小枝具叶3～5，少数种类可多至13片；叶鞘口部具径直或波曲繸毛；叶片长圆状披针形或狭长披针形，小横脉组成长方形。圆锥花序具少数至多枚小穗，侧生或稀可顶生于叶枝上；小穗细长形或窄披针形，鲜绿色或紫色，有的被白粉，含小花数朵至多朵；小穗轴节间被微毛，顶端杯状，常具短缘毛；颖片2或5，先端锐尖，具缘毛；内稃背部2脊间具沟槽，先端钝，具缘毛；鳞被3，后方1片长约为前方2片的2倍；雄蕊3，花丝分离，花药锥形，黄色；花柱1，柱头3（2），羽毛状。颖果长圆形。笋期5～6月。花期在夏季。

全世界的苦竹属植物50余种，产于中国、日本、朝鲜，越南也有记载。中国有33种，主产长江中下游各地。

本属植物多为材用、笋用或观赏竹种。

到目前为止，见有大熊猫采食下列3种苦竹属植物。

9.12.1 **苦竹**（峨眉植物图志） 伞柄竹（中国树木分类学补编）

Pleioblastus amarus (Keng) Keng f. in Techn. Bull. Nat'l. For. Res. Bur. China No. 8: 14. 1948; 中国主要植物图说·禾本科36页，图25. 1959; 竹的种类及栽培利用161页，图59. 1984; 中国竹谱91页. 1988; 云南树木图志下册，1491页，图708. 1991; Keng & Wang in Fl. Reip. Pop. Sin. 9 (1): 598. pl. 182. 1996; D. Ohrnb., The Bamb. World, 55. 1999; Li D. Z., Wang Z. P., Zhu Z. D. & al. in Fl. China 22: 123. 2006; Yi & al. in Icon. Bamb. Sin. 625. 2008, & in Clav. Gen. Spec. Bamb. Sin. 181. 2009. ——*P. varius* (Keng) Keng f. Clav. Gen. Sp. Gram. Prim. Sin. 9,

52. 1957. ——*Arundinaria amara* Keng in Sinensia 6 (2): 148. f. 2. 1935; W. P. Fang, Icon. Pl. Omei. 1 (2): pl. 52. 1944; 陈嵘, 中国树木分类学(补编) 7页. 1953. ——*A. varia* Keng in 1. c. 6 (2): 150. f. 3. 1935.

秆高3～5m，直径1.5～2cm；节间长27～29cm，圆筒形，但在分枝一侧下半部微扁平，幼时被白粉，节下方一圈白粉环明显，秆壁厚约6mm；箨环厚木栓质隆起，初时密被棕紫褐色刺毛；秆环隆起，高于箨环。秆每节分枝5～7枚，上举。箨鞘革质，绿色，背面被白粉，无毛或被白色至棕紫色细刺毛，边缘密生金黄色纤毛；箨耳不明显或无，具数条直立短继毛；箨舌截形，高1～2mm，边缘具短纤毛；箨片狭长披针形，开展，背面被不明显的短柔毛。小枝具叶3～4；叶耳和鞘口两肩继毛缺失；叶舌紫红色，高约2mm；叶片长4～20cm，宽1.2～2.9cm，下面被白色绒毛，其毛在基部尤多，次脉4～8对，小横脉明显。总状花序或圆锥花序，具3～6小穗，侧生于主枝或小枝的下部各节，基部为1片苞片所包围，小穗柄被微毛；小穗含8～13朵小花，长4～7cm，绿色或绿黄色，被白粉；小穗轴节间长4～5mm，一侧扁平，上部被白色微毛，下部无毛，为外稃所包围，顶端膨大呈杯状，边缘具短纤毛；颖3～5片，向上逐渐变大，第一颖可为鳞片状，先端渐尖或短尖，背部被微毛和白粉，第二颖较第一颖宽大，先端短尖，被毛和白粉，第三、四、五颖通常与外稃相似而稍小；外稃卵状披针形，长8～11mm，具9～11脉，有小横脉，顶端尖至具小尖头，无毛而被有较厚的白粉，上部边缘有极微细毛，因后者常脱落而变为无毛；内稃通常长于外稃，罕或与之等长，先端通常不分裂，被纤毛，脊上具较密的纤毛，脊间密被较厚白粉和微毛；鳞被3，卵形或倒卵形，后方一片形较窄，上部边缘具纤毛；花药淡黄色，长约5mm；子房狭窄，长约2mm，无毛，上部略呈三棱形；花柱短，柱头3，羽毛状。笋期6月。花期4～5月。

本种篾性一般，当地用以编篮筐，竿材还能作伞柄或菜园的支架以及旗竿、帐竿等用。

在四川成都多家动物园或大熊猫养殖基地，均见用该竹饲喂圈养的大熊猫。

分布于中国江苏、安徽、浙江、福建、湖南、湖北、四川、贵州、云南，广泛栽培或原生于低海拔山坡地。

耐寒区位：8～9区。

9.12.2
斑苦竹（中国植物志）苦竹（四川各地通称），光竹（岭南大学学报）

Pleioblastus maculatus (McClure) C. D. Chu & C. S. Chao in Acta Phytotax. Sin. 18 (1): 31. 1980; S. L. Zhu & al., A Comp. Chin. Bamb. 209. 1994; Keng & Wang in Fl. Reip. Pop. Sin. 9 (1): 601. pl. 183. 1996; T. P. Yi in Sichuan Bamb. Fl. 302. pl. 121. 1997, & in Fl. Sichuan. 12: 273. pl. 97. 1998; D. Ohrnb., The Bamb. World, 66. 1999; Li D. Z., Wang Z. P., Zhu Z. D. & al. in Fl. China 22: 122. 2006; Yi & al. in Icon. Bamb. Sin. 639. 2008, & in Clav. Gen. Spec. Bamb. Sin. 181. 2009; T. P. Yi & al. in J. Sichuan For. Sci. Tech. 31 (4): 7, 14. 2010. ——*P. kwangxiensis* W. Y. Hsiung & C. S. Chao in Acta Phytotax. Sin. 18 (1): 32. fig. 5. 1980; W. Y. Hsiung in Bamb. Res. 1: 18. fig. 5. 1981. ——*Arundinaria amara* Keng in Sinensia 6 (2): 148. fig. 2. 1935; Fang W. P. Icon. Pl. Omwei. 1 (2): pl. 52. 1944. ——*A. chinensis* C. S. Chao & G. Y. Yang in J. Bamb. Res. 13 (1): 13. 1994; Fl. Yunnan. 9: 167. 2003. ——*A. maculata* (McClure) C. D. Chu & S. C. Chao in Fl. Guizhouen. 5: 320. pl. 106. 1988. ——*Sinobambusa*

maculata McClure in Lingnan Univ. Sci. Bull. 9: 64. 1940.

地下茎节间长1～4.5cm，直径4～13mm，黄色，无毛，有光泽，圆筒形，具芽一侧无沟槽，有极小的中空或近于实心，每节上生根或瘤状突起0～4枚；鞭芽黄色，卵圆形，贴生，或锥形，不贴生，边缘初时具纤毛。秆高4～9（12）m，直径（1.5）3～6（7）cm，梢尾部直立；全秆具20～31（42）节，节间长30～40（86）cm，基部节间长10～13cm，圆筒形，但在分枝一侧基部微凹，幼时被厚白粉，节下方一圈白粉环更厚，无毛，纵细线棱纹稍明显，秆壁厚3～5（7）mm，髓为锯屑状；箨环厚木栓质圆脊状隆起，初时密被黄褐色长1～2（3）mm上向刺毛；秆环微隆起或肿起；节内高4～7（9）mm，有时密被白粉，向下变细。秆芽锥状卵圆形或卵形，边缘具纤毛，贴生。通常于秆的第6～11节开始分枝，枝条在秆每节上分枝3～5枚，长达80cm，直径达6mm，直立或上举。笋淡黄绿色或淡棕色，具深紫色斑块，像涂了一层油一样光亮；箨鞘早落，长三角形，革质，绿黄色或棕红色略带紫色，短于节间，背面有丰富的油脂而具显著光泽，常具棕色斑点，基部密被下向黄褐色刺毛，纵脉纹明显，边缘通常无纤毛；箨耳缺失或微小，紫褐色，具数条短而易脱落的继毛；箨舌截平形，棕红色，高1～3mm，边缘通常无纤毛；箨片反折而下垂，长2～28cm，宽3～20mm，绿色带紫色，狭条状或线状披针形，近基部被微毛，边缘具细锯齿。小枝具叶3～5；叶鞘长2.5～5cm，无毛，边缘亦无纤毛；叶耳和鞘口两肩继毛缺失；叶舌截形，高1～2mm，背面被粗毛，边缘具短纤毛；叶柄长2～7mm；叶片披针形，长10～20cm，宽1.5～2.5cm，质地较坚韧，下面淡绿色，被微毛，其毛在基部较多，次脉4～6（8）对，小横脉存在，基部楔形或稍圆，边缘具小锯齿。花序基部具4～7枚为一组的苞片。总状花序简短，具1～4枚小穗；一侧扁平，长3～10mm，具小刺毛或近于无毛（在脊上更多），上部被白粉；小穗含6～18朵小花，长6～9cm，圆柱形，粗壮，直径3～4mm，淡绿色或淡绿色带紫色，微被白粉，尤以小穗下部白粉较多；小穗轴节间长4～6mm，下部为外敷所围抱，扁平，绿色，具纵槽，无毛或上部有微毛，在其杯状顶端被微毛，横切面约有3个中空小眼；颖常为3枚，新鲜时被白粉，向上逐渐较大，第一颖长3～5mm，无毛或在顶端生有细毛，具5脉；外稃卵状披针形，长8～13mm，具9～11脉，小横脉存在，顶端锐尖，无毛或上部具短柔毛，近边缘质薄透明，被白粉，尤以下部小穗的外稃白粉较显著，边缘上不密生黄褐色短纤毛；内稃等长或短于外稃，先端钝圆，脊上及顶端均生有纤毛，脊间被白粉，脉纹不明显；鳞被3，前方2片到卵状披针形，长约3mm，后方1片倒卵状披针形，长约2mm，下部具脉纹，上部生纤毛；雄蕊3，花药长6～8mm，黄色，先端具2齿尖；子房椭圆形，长约1mm，无毛，花柱1，长约1.5mm，先端具3枚长约1.5mm的羽毛状白色柱头。颖果长椭圆形，上部向背面弯曲，先端具锐尖头，褐紫色，长约8mm，直径约2mm，无毛，有光泽，腹沟宽约1mm（向上则沟更窄），纵贯颖果长度的4/5。笋期4月下旬至6月。花期4～7月；果期6～8月。

笋食用，味稍苦，但有回甜味，因而斑苦竹鲜笋深受群众喜爱；目前川、渝地区营造了大面积的笋用斑苦竹林；秆作各种竿具或篱笆；幼秆被厚白粉，竹冠窄圆柱形，美观，为重要的观赏竹种。

在四川卧龙自然保护区的正河岸边坡地上，见有野生大熊猫采食本竹种；在中国大熊猫保护研究中心、都江堰、雅安大熊猫基地、成都大熊猫繁育研究基地、杭州野生动物世界、南京市红山森林动物园、峨眉山生物资源试验站、大连森林动物园、济南动物园、临沂动植物园、吉林东北虎园、安阳市人民公园、华蓥山大熊猫野化放归培训基地、遵义动物园、黄山休宁野生动物救护中心、保定爱保大熊猫苑、以及俄罗斯莫斯科动物园等，均见用该竹饲喂圈养的大熊猫。

分布于中国江苏、江西、福建、广东、广西、重庆、四川、贵州、云南等地区，安徽、陕西有栽培，生于低海拔的山区或农家栽培，其垂直分布可达海拔1400（1500）m。

耐寒区位：8～10区。

9.12.3 油苦竹（竹子研究汇刊） 秋竹（福建）

Pleioblastus oleosus Wen in Journ. Bamb. Res. 1 (1): 24. pl. 3. 1982; 云南树木图志下册，1494 页，1991; Keng & Wang in Fl. Reip. Pop. Sin. 9 (1): 602. 1996; D. Ohrnb., The Bamb. World, 68. 1999; Li D. Z., Wang Z. P., Zhu Z. D. & al.

in Fl. China 22: 122. 2006; Yi & al. in Icon. Bamb. Sin. 640. 2008, & in Clav. Gen. Spec. Bamb. Sin. 181. —— *Sinobambusa maculata* McClure in Lingnan Univ. Sci. Bull. 9: 64. 1940. ——*Arundinaria chinensis* C. S. Chao & G. Y. Yang in J. Bamb. Res. 13 (1): 13. 1994; Fl. Yunnan. 9: 167. 2003.

秆高3～5m，直径1～3cm；节间长18～20（26）cm，圆筒形，但在分枝一侧下部具沟槽，幼时无白粉或被少量白粉，老秆光亮；箨环初时被淡棕色刺毛；秆环隆起，高于箨环。秆每节上枝条2～3枚，以后增至4～5枚。箨鞘淡绿色，稍光亮，短于节间，基部被一圈淡棕色刺毛；箨耳和鞘口䍁毛存在或否；箨舌高1～2mm，淡绿色，边缘具短纤毛；箨片直立或外翻，绿色，披针形。小枝具叶3～4；叶耳和鞘口两肩䍁毛缺失，或偶具2条短䍁毛；叶舌微隆起，高约2mm，被微毛；叶片长12～20cm，宽1.3～2.2cm，下面常被微毛，次脉5～7对。圆锥花序侧生；小穗含11～13朵小花，颖2～4片，具5～7脉，先端钝圆而有喙状尖头；外稃近无毛，长12～13mm，宽约6mm，先端急尖；内稃等长于外稃，稍狭，具2脊，先端渐尖，脊上具纤毛；鳞被3，质厚，长约1mm，上半部近菱形，下半部变狭呈柄状，边缘有纤毛；子房圆筒形，柱头2～3，羽毛状。

笋可食用。秆材可供编织或绞口用。

在陕西秦岭，见用当地引栽的该竹饲喂圈养的大熊猫。

分布于中国浙江、江西、福建和云南。

耐寒区位：8～9区。

9.13 茶秆竹属

Pseudosasa Makino ex Nakai

Pseudosasa Makino ex Nakai in J. Jap. Bot. 2 (4): 15. 1920, nom. nud.; Makino ex Nakai in J. Arn. Arb. 6: 150. 1925; Keng & Wang in Fl. Reip. Pop. Sin. 9 (1): 630. 1996; T. P. Yi in Fl. Sichuan. 12: 258. 1998; D. Ohrnb., The Bamb. World, 75. 1999; Li D. Z., Wang Z. P., Zhu Z. D. & al. in Fl. China 22: 115. 2006; Yi & al. in Icon. Bamb. Sin. 595. 2008, & in Clav. Gen. Spec. Bamb. Sin. 52. 2009. ——*Sinocalamus* McClure in Lingnan Univ. Sci. Bull. no. 9: 66.1940, p. p.; Y. L. Keng, Fl. Ill. Pl. Prim. Sin.Gramineae 63. 1959, p. p.

Type: *Pseudosasa japonica* Makino

茶秆竹属又名矢竹属。

灌木状竹类或稀小乔木状竹类。地下茎复轴型。秆散生兼多丛生，直立；节间圆筒形，但在分枝节间一侧基部至中下部具沟槽，秆髓海绵状；秆环平或稍隆起。秆芽1枚；秆每节1~3分枝，秆上部节上分枝可较多，基部贴秆而上举，常无二级分枝。箨鞘宿存或迟落；箨耳和鞘口继毛存在或缺失；箨片直立或开展，早落。小枝具叶数；叶耳存在或否；叶舌低矮或较高；叶片小横脉显著。总状或圆锥花序，生于秆上部枝条的下方各节；小穗具柄，线形，含小花2~10朵或稀更多；小穗轴节间可逐节断落；颖片2；外稃可镰刀状弯曲，具多条纵脉和小横脉，先端尖；内稃背部具2脊，具纵脉，脊间并具小横脉，先端尖；鳞被3；雄蕊3（4或5），花丝分离；花柱1，柱头3，羽毛状并波曲。颖果，具腹沟。笋期在春末至夏初。

全世界的茶秆竹属植物40余种，产于中国、朝鲜、日本和越南。中国有37种，分布于华东地区南部及华南，向北可达秦岭以南。

到目前为止，仅见野生大熊猫采食本属1种竹子。

9.13.1 笔竿竹（植物研究）

Pseudosasa guanxianensis Yi in Bull. Bot. Res. 2 (4): 103. fig. 3. 1982; T. P. Yi, l. c. 15 (3): 4. fig. 2 1996; S. L. Zhu & al., A Comp. Chin. Bamb. 218. 1994; Keng & Wang in Fl. Reip. Pop. Sin. 9 (1): 645. 1996; T. P. Yi in Fl.

Sichuan. 12: 259. 1998; D. Ohrnb., The Bamb. World, 78. 1999; Yi & al. in Icon. Bamb. Sin. 604. 2008, &in Clav. Gen. Sp. Bamb. Sin. 174. 2009. ——*Indocalamus longiauritus* auct. non Hand–Mazz., Anz. Akad. Wiss.Wien, Math.–Naturwiss. Kl. 62: 254. 1925; C. S. Chao & al. in J. Nanjing For. Univ. 17 (4): 6, 8. 1993; G. Y. Yang & al. in J. Bamb. Res. 13 (1): 21. 1994.

竹鞭节间长1～4cm，直径3～7mm，圆筒形，具芽一侧有沟槽或无沟槽，光亮，无毛，中空微小，节不隆起，每节生根或具瘤状突起2～4枚。秆高2～3.5m，直径0.5～1.2cm，梢端径直；全秆具9～15节，节间长（14）25～32（42）cm，圆筒形，在分枝一侧下部微扁平，深绿色，无毛，纵细线棱纹在老秆上略明显，中空，秆壁厚2～3mm，髓呈锯屑状；箨环隆起，初时密被下向棕黑色小刺毛；秆环微隆起至隆起，光亮，无毛；节内高3～5mm，光亮。秆芽1枚，卵形或长椭圆状卵形，贴生，有光泽，边缘密生灰黄色小纤毛。秆每节上枝条3～5（8）枚，上举，无主枝，基部贴秆或不贴主秆，全长20～40cm，具3～6节，节间长1～8cm，直径1～2mm。笋淡绿色或紫绿色，具稀疏棕黑色小刺毛；箨鞘宿存，厚革质至软骨质，较坚脆，灰黄色，三角状长椭圆形，长10～17cm，基底宽3～4.8cm，顶端宽5～11mm，背面无毛或近边缘疏被棕黑色刺毛，略有光泽，纵脉纹不甚明显，小横脉不发育，边缘上部密生棕色纤毛；箨耳椭圆形，暗褐色，长2～3mm，宽1～1.5mm，边缘具淡黄褐色径直长4～15mm的放射状繸毛；箨舌弧形，灰褐色至暗褐色，无毛，高1～1.5mm，边缘密生灰黄色长2～8mm的繸毛；箨片线状披针形，外翻，易脱落，绿色，微弯，长（2）3～5cm，基部宽（3）4～7mm，无毛，纵脉纹较明显，边缘具小锯齿，不内卷。小枝具叶（2）3（4）枚；叶鞘长7～9cm，绿色，无毛，上部纵脉纹及纵脊明显，边缘常无纤毛；叶耳椭圆形或镰形，紫褐色，脱落性，长1～2mm，宽约1mm，边缘密生灰黄色或灰褐色径直或微弯曲长2～5mm的繸毛；叶舌绿色或紫绿色，无毛，高约1mm，幼时口部密生灰黄色长4～7mm的繸毛；叶柄长（3）4～5（8）mm，绿色；叶片披针形，坚纸质，无毛，长（9）14～21cm，宽（2）2.8～4cm，先端渐尖，基部阔楔形至圆形，上面深绿色，下面淡绿色，次脉6～10对，小横脉清晰，边缘具小锯齿。花枝侧生，长15～25cm。总状花序生于具叶小枝顶端，由2～5枚小穗组成，稀下部小穗基部再分出1枚并由7枚小穗组成的简单圆锥花序，长4～8cm，基部为叶鞘所包藏或伸出，序轴被灰白色小硬毛；小穗柄直立，略波状曲折，长1～5mm，被小硬毛，基部具1枚苞片（位于花序上部者常分裂为纤维状）；小穗含8～12朵小花，长2.5～5cm，淡绿色或淡紫褐色；小穗轴节间扁平，长1～5mm，基部被灰白色微毛，顶端边缘密生纤毛；颖2枚（顶生小穗仅具1颖），卵状披针形，不同大，无毛，边缘上部具纤毛，先端具尾状尖头，第一颖长4～7mm，宽2～3mm，具3脉，第二颖长7～11mm，宽2.5～4.5mm，具5～7脉；外稃卵状披针形长9～14mm，宽3.5～5.5mm，具5～9脉，内面小横脉清晰，边缘上部具纤毛；内稃具2脊，长6～10mm，脊间宽约1mm，脊上具纤毛，先端微2裂；鳞被3，菱状卵形，长约2mm，脉纹紫色，上部具纤毛；雄蕊3枚，花药深紫色，长3～4mm，基部叉开，花丝白色，纤细；子房狭卵状椭圆形，长约1mm，无毛，花柱1，柱头2，白色，羽毛状。幼果狭卵状椭圆形，长约4mm，直径1mm，先端有短的宿存花柱，无腹沟。笋期4月。花期5～6月。

在其自然分布区，该竹是野生大熊猫冬季垂直下移时的采食竹种之一。

分布于中国四川都江堰，在海拔1000～1200m的山地黄壤或紫色土的阔叶林下小片原生，或在寺庙周围栽培；福建厦门、华安以及云南昆明有引栽，生长好。

耐寒区位：9区。

9.14 筇竹属

Qiongzhuea Hsueh & Yi

Qiongzhuea Hsueh & Yi in Acta Bot. Yunnan. 2 (1): 91. 1980; Keng & Wang in Flora Reip. Pop. Sin. 9 (1): 348. 1996; Yi & al. in Icon. Bamb. Sin. 348. 2008. & in Clav. Gen. Spec. Bamb. Sin. 82. 2009; L. S. Ma, T. P. Yi & al. in Bull. Bot. Rcs., 29 (5): 615. 2009. ——*Chimonobambusa* Makino in Bot. Mag. Tokyo 28 (329) 1914: 153; D. Ohrnb., The Bamb. World. 177. 1999; Li D. Z., Wang Z. P., Zhu Z. D. & al. in Fl. China 22: 152. 2006. ——C. Sect. Qiongzhuea (Hsueh & Yi) Wen & D. Ohrnb. ex D. Ohrnb., Gen. *Chimonobambusa* 12. 1990.

Type: ***Qiongzhuea tumidinoda*** Hsueh & Yi

灌木状竹类。地下茎复轴型。秆直立；节间圆筒形或有的种基部数节间略呈四方形，在分枝一侧扁平，并通常具2纵脊和3纵沟槽，无白粉，秆壁甚厚或下部节间实心或近实心；秆环平、微隆起或极度隆起呈一锐圆脊。秆芽3，贴秆或不贴秆。秆每节3分枝，枝环强度隆起，小枝纤细。箨鞘早落；箨耳缺失；箨片小，锥形或长三角形，长在1cm以内，直立。小枝具数叶；叶片披针形至狭披针形，小横脉明显。花序续次发生，花序轴各节具枚大型苞片，并着生1至数枚分枝，不再分次生枝，顶端具1枚假小穗，下部为1组小苞片所包被，形似具柄；小穗含小花3～8朵，微作两侧压扁，绿色或紫绿色；小穗轴脱节于颖之上及诸小花之间，节间扁平，无毛，基部微被白粉；颖2或3，常呈苞片状；外稃先端渐尖或长渐尖，无毛，具7～9条纵脉；内稃短于外稃，背部具2脊，先端钝或微裂；鳞被3；雄蕊3，花丝分离，花药黄色；子房无毛，花柱1，稍长，柱头2，羽毛状。厚皮质颖果，成熟时不为稃片所全包而部分外露。染色体2n=48。笋期春末至初夏。花果期夏季。

全世界的筇竹属植物约14种、1变型，我国特产，分布于湖北、湖南、广东、重庆、四川、贵州和云南的中山地带。

本属植物为野生大熊猫常年采食的主食竹种，亦常作为圈养大熊猫饲喂竹种。到目前为止，已记录野生大熊猫采食的本属竹类有5种。

9.14.1

大叶筇竹 雷波大叶筇竹 （中国植物志），小罗汉竹、白罗汉竹（四川马边），冷水竹（四川雷波），库又麦曲（彝语译音，四川马边）

Qiongzhuea macrophylla Hsueh & Yi in Acta Phytotax. Sin. 23 (5): 398～399. f. 1. 1985; T. P. Yi in J. Bamb. Res. 4 (1): 16. 1985; D. Ohrnb. in Gen. *Qiongzhuea* ed. 3. 8. 1989; S. L. Zhu & al., A Comp. Chin. Bamb. 164. 1994; Keng & Wang in Fl. Reip. Pop. Sin. 9 (1): 355. 1996; T. P. Yi in Sichuan Bamb. Fl. 165. pl. 56.1997, & in Fl. Sichuan. 12:145. pl. 49. 1998; Yi & al. in Icon. Bamb. Sin. 288. 2008. & in Clav. Gen. Spec. Bamb. Sin. 82. 2009; T. P. Yi & al. in J. Sichuan For. Sci. Tech. 31 (4): 4, 10. 2010. ——*Q. intermedia* Hsueh & D. Z. Li in Acta Bot. Yunnan. 10 (1): 53. fig. 2. 1988; S. L. Zhu & al., A Comp. Chin. Bamb. 163. 1994. ——*Q. macrophylla* (Wen & D. Ohrnb.) Hsueh & Yi in Taxon 45: 219. 1996. ——*Q. macrophylla* Hsueh & Yi f. *leiboensis* Hsueh & D. Z. Li in Act. Bot. Yunnan. 10 (1): 51. fig. 1. 1988; D. Ohrnb. in Gen. *Qiongzhuea* ed 3. 9. 1989; S. L. Zhu & al., A Comp.

Chin. Bamb. 164. 1994; Keng & Wang in Fl. Reip. Pop. Sin. 9 (1): 356. pl. 97: 15–17. 1996. ——*Chimonobumbusa macrophylla* (Hsueh & Yi) Wen & D. Ohrnb. in Bamboos World Gen. *Chimonobambusa* ed 1. 21. 1990.T. H. Wen in J. Amer. Bamb. Soc. 11 (1–2): 64. fig. 33. 1994; D. Ohrnb., The Bamb. World. 180. 1999; Li D. Z., Wang Z. P., Zhu Z. D. & al. in Fl. China 22: 155. 2006. ——*C. macrophylla* (Hsueh & Yi) Wen & D. Ohrnb. f. *intermedia* (Hsueh & D. Z. Li) Wen & D. Ohrnb. in Gen. *Chomonobambusa* ed. 1. 21. 1990; T. H. Wen in J. Amer. Bamb. Soc. 11 (1–2): 64. fig. 34. 1994. ——*C. macrophylla* (Hsueh & Yi) Wen & D. Ohrnb. f. *leiboensis* (Hsueh & D. Z. Li) Wen & D. Ohrnb. in Gen. *Chimonobambusa* ed. 1. 21. 1990; T. H. Wen in J. Amer. Bamb. Soc. 11 (1–2): 66. fig. 35. 1994; D. Ohrnb., The Bamb. World. 180. 1999. ——*C. macrophylla* (Hsueh & Yi) Wen & D. Ohrnb. var. *leiboensis* (Hsueh & D. Z. Li) D. Z. Li, com. in atat. nov. in Fl. China 22: 156. 2006.

地下茎节间长1～3cm，直径3～10mm，圆筒形或在具芽一侧有纵沟槽，中空，无毛，有光泽，每节具根或瘤状突起2～5枚。秆高（1.5）2.5～3（5）m，直径1～2.1cm，梢端直立；全秆具20（25）节，节间长18～21（26）cm，圆筒形，但在秆上部的分枝一侧扁平而具2纵脊和3纵沟槽，绿色，无毛，亦无白粉，平滑，中空，秆壁厚2.5～3.5mm，髓呈笛膜状；箨环稍隆起，褐色，无毛；秆环极度隆起呈一圆脊，中有环形缝线的关节，状如二盘相扣合，易自其处脆断；节内很高，通常高4～7mm，常在同一节上高低不一，高者位于秆各节的同一侧面，该处秆环更为隆起，低矮者位于相对的一侧面，而秆环较为低平，无毛。秆芽通常3枚，不贴于主秆。秆分枝习性较高，每秆节上枝条3枚，斜展，长15～70cm，直径1.5～2.5mm，绿色，无毛。笋淡绿色，无毛；箨鞘早落，厚纸质，三角状长圆形，较节间为短，先端短三角形，背面无毛，纵脉纹明显，小横脉不发育，边缘上部具黄褐色短纤毛；箨耳缺失，鞘口两肩无繸毛；箨舌截平形，黄褐色或紫褐色，高0.5～1mm；箨片直立，锥形或三角状锥形，长3～9mm，宽1～1.5mm，无毛纵脉纹明显，常内卷。小枝具叶（1）2～3（4）枚；叶鞘长4.5～7.2mm，淡绿色，无毛，纵脉纹及上部纵脊明显，边缘无纤毛或幼时有灰褐色短纤毛；叶耳缺失，鞘口两肩无繸毛；叶舌圆弧形或截平形，紫褐色或淡绿紫色，无毛，高0.5～1mm；叶柄长1.5～4mm，无毛；叶片长圆状披针形，长11～21cm，宽1.6～3.9cm，纸质，下面灰绿色，两面俱无毛，次脉5～8对，小横脉清晰，边缘具小锯齿。花枝未见。笋期4月下旬。

著名优质笋用竹和观赏竹种。

在其自然分布区，该竹为当地野生大熊猫的重要主食竹种。

中国四川特产，仅限于雷波与马边交界的小凉山小部分地区有分布，生于海拔1500～2200m的山地常绿阔叶林下。

耐寒区位：9区。

泥巴山筇竹（四川林业科技） 三月笋、三月竹（四川荥经、汉源）

Qiongzhuea multigemmia Yi in J. Bamb. Res. 19 (1): 18. f. 5. 2000, & in J. Sichuan For.Sci. Techn. 21 (2): 18. f. 5. 2000; Yi & al. Icon. Bamb. Sin. 291. 2008, & in Clav. Gen. Sp. Bamb. Sin. 82. 2009; T. P. Yi & al. in J. Sichuan For. Sci. Tech. 31 (4): 4, 11. 2010.

地下茎复轴型，竹鞭节间长1～4cm，直径5～6mm，圆筒形，无沟槽，有光泽，具小的中空，每节上生根或瘤状突起2～4枚；鞭芽半圆形或卵圆形，贴生，近边缘初时被黄褐色硬毛。秆高1～3m，直径0.5～1.2cm，梢端径直；全秆具18～25节，节间长（5）16～18（22）cm，绿色，无毛，无白粉，圆筒形，但在分枝一侧具2～4纵脊及3～5纵沟槽，或在秆下部具芽一侧仅具1纵脊和2纵沟槽，幼时从节间下部至上部具有由稀疏变密集的暗黄色短硬毛而粗糙，无纵细线棱纹，中空，秆壁厚1～3mm，髓为膜质；箨环隆起，较窄而薄，初时密被灰色或黄褐色短硬毛；秆环稍隆起、隆起或在分枝节上者显著隆起呈一圆脊，秆中上部者常有环形缝合线之关节；节内高1.5～5mm，常有黑垢，分枝节上者向下强烈变细。秆芽在秆每节上（2）5～7枚，组成卵圆形的复合芽，贴生，芽鳞被黄褐色短硬毛。秆每节上枝条（1）3～13枚，细瘦，粗度大致相等，簇生，斜展，长10～25cm，直径1～1.5mm，具4～7节，节间长0.3～7cm，节下初时有一圈厚白粉及微毛，并在以后变为黑垢，中空微小或实心。箨鞘早落，三角状长圆形，厚纸质，约为节间长度的1/2，长6～10cm，宽2.5～4.5cm，先端短三角形，顶端宽2～4mm，背面具淡黄色稀疏贴生瘤基刺毛，纵脉纹明显，小横脉不发育，边缘上部具黄褐色纤毛；箨耳及鞘口两肩繸毛缺失；箨舌截平形或圆弧形，紫褐色或淡黄色，无毛，高约1mm，边缘具细缺刻；箨片直立，三角形，长2.5～8.5mm，宽2～4mm，边缘常内卷。小枝具叶2～4枚；叶鞘长3.5～5cm，淡绿色，无毛，纵脉纹及上部两侧近边缘处小横脉明显，边缘无纤毛或有时外缘密生黄褐色纤毛；叶耳不明显或明显，上端具3～5枚长3～4mm的径直黄褐色繸毛；叶舌近圆弧形或截平形，紫褐色，高0.5～1mm，边缘初具短纤毛，外叶舌显著；叶柄淡绿色，长2～3（4）mm；叶片线状披针形，纸质，长8.5～13cm，宽1.2～1.8cm，先端长渐尖，基部楔形或少数阔楔形，上面深绿色，下面灰白色，两面俱无毛，次脉5（6）对，小横脉清晰，组成正方形和长方形，边缘仅一侧具小锯齿。花枝无叶或有时混杂具叶小枝，簇生于主秆中上部各节上，其节下被微毛及厚白粉；苞片1枚，纸质，无毛，宛如缩小的秆箨，或在花枝上部节上者类似颖片，生于花枝各节上，其腋间具先出叶或芽。假小穗紫绿色，稍作两侧压扁状，长1.5～3cm，宽3～5mm；小穗含4～5朵小花；小穗轴节间长3～5mm，淡绿色，无毛，近轴面扁平；颖1枚，薄纸质，无毛，披针形或卵状披针形，长8～18mm，宽2～4mm，先端渐尖，具11脉；外稃卵状披针形，薄纸质，无毛，先端渐尖或长渐尖，长1～1.4cm，宽3.5～4.5mm，具7～9脉；内稃短于外稃，膜质，长8～11mm，背部具2脊，脊间宽约1mm，具不明显2～4脉，先端2尖头，脊外两侧纵脉不明显；鳞被3，卵状披针形，膜质，几乎等大，长2.5～3mm，纵脉纹明显，初时边缘上部具小纤毛；雄蕊3枚，花丝白色，花药黄色，长4.5～5mm；子房椭圆形或卵状椭圆形，长约2mm，无毛，花柱1，长约1mm，柱头2，羽毛状，长1～3mm。厚皮质颖果，长椭圆形或倒卵状椭圆形，新鲜时紫绿色，有光泽，无毛，长7～11mm，直径2.5～3.5mm，果皮厚约1mm，顶端具宿存花柱，无腹沟。笋期4月下旬。花期5月；果实成熟期7～8月。

优质笋用竹种。秆为造纸原料。

在其自然分布区，该竹为大熊猫的重要主食竹种。

分布于中国四川西部荥经与汉源交界的大相岭地区，在海拔1550～2400m的山上部至顶部，常有单一泥巴山筇竹林，形成一种特有的竹林自然景观，也生于林下或沟边灌木林中。

耐寒区位：9区。

9.14.3 三月竹（中国植物志）

Qiongzhuea opienensis Hsueh & Yi in Acta Bot. Yunnan. 2 (1): 98. f. 4. 1980; D. Z. Li & C. J. Hsueh in Act. Bot. Yunnan. 10 (1): 54. 1988; D. Ohrnb. in Gen. *Qiongzhuea* ed. 3. 10. 1989; S. L. Zhu & al., A Comp. Chin. Bamb. 164. 1994; Keng & Wang in Fl. Reip. Pop. Sin. 9 (1): 350. pl. 95: 1–4. 1996; T. P. Yi in Sichuan Bamb. Fl. 175. pl. 61.1997, & in Fl. Sichuan. 12: 155. pl. 53. 1998; Yi & al. Icon. Bamb. Sin. 293. 2008, & in Clav. Gen. Sp. Bamb. Sin. 83. 2009; T. P. Yi & al. in J. Sichuan For. Sci. Tech. 31 (4): 4, 10. 2010; X. L. Jiang, T. P. Yi & al. in J. Sichuan For. Sci. Tech. 32 (2): 13–15. 2011. ——*Q. opienensis* (Wen & D. Ohrnb.)

Hsueh & Yi in Taxon 45: 220. 1996. ——*Oreocalamus opienensis* (Hsueh & Yi) Keng f. in J. Nanjing Univ. (Nat. Sci. ed.) 22 (3): 416. 1986. ——*Chimonobambusa opienensis* (Hsueh & Yi) Wen & D. Ohrnb. ex D.Ohrnb. in Gen. *Chimonobambusa* 30. 1990; T. H. Wen in J. Amer. Bamb. Soc. 11 (1–2): 76. 1994; D. Ohrnb., The Bamb. World. 180. 1999; Li D. Z., Wang Z. P., Zhu Z. D. & al. in Fl. China 22: 160. 2006.

地下茎节间长2～5cm，直径5～15mm，淡黄色，无毛，圆筒形或具芽一侧有浅沟槽，中空，每节上生根2～9枚；鞭芽圆锥形或卵形，长4～5mm，宽5～7mm，芽鳞暗褐色，有光泽，具黄褐色小硬毛，边缘具黄褐色纤毛。秆高2～7m，直径1～5.5cm；全秆具30～40节，节间长18～20（25）cm，圆筒形或有时基部数节间略呈四方形，分枝一侧具1～2纵脊和2～3纵沟，绿色，无毛，亦无白粉，秆壁厚5～8mm；箨环狭窄，稍隆起，褐色，无毛；秆环稍隆起至隆起；节内高2.5～4mm。秆至第12节开始分枝，每节上枝条2～3枚，枝长50～120cm，直径2～3.5mm，其每节上可分次级枝。笋紫褐色；箨鞘早落，厚纸质至革质，长三角形或三角状长圆形，短于节间长度，背面被稀疏黄褐色小刺毛，纵脉纹显著隆起，小横脉不发育，边缘中上部密生黄褐色纤毛；箨耳及鞘口两肩继毛缺失；箨舌截平形，紫褐色，全缘，无毛，高约1mm；箨片直立，三角形或锥形，长4~6mm，宽2~3mm，两面粗糙，基部与箨鞘顶端无明显关节相连。小枝具叶1~2；叶鞘2.5~4cm，如末级小枝仅具1叶时，则叶鞘与其所包被的小枝完全紧密靠合而不易剥离，如为2叶时，则下部1叶的叶鞘长于上部1叶的叶鞘或2叶鞘近等长，无毛，边上部具短纤毛；叶耳无，鞘口两肩各具2~4枚长3~7mm的直立易脱落的紫色或紫绿色继毛；叶舌在小枝仅具1叶时极低矮，具2叶时高约0.5mm，截平形，无继毛；叶柄长2~3mm，略粗糙；叶片披针形，纸质，长7.5~17cm，宽1.3~1.6cm，先端长渐尖，基部楔形，背面灰绿色，被微毛，次脉4~5对，小横脉不甚清晰，边缘一侧具小锯齿，另一侧粗糙或近于平滑。假小穗绿色或紫绿色，长1.8~4.5cm，粗2~2.5cm；苞片2~3枚，腋内具芽或再具次级假小穗，后者腋内有先出叶；小穗含3~5朵小花，长1.5~3.7cm；小穗轴节间长3~7mm，在具花一侧扁平，绿色或紫色，无毛；颖2~3片，线状披针形，向上逐渐增大，长6~11mm，无毛，先端渐尖；外稃长7~12mm，具7（9）脉，无毛，先端长渐尖；内稃长7~10mm，无毛，脊间纵脉纹不明显，脊外每侧具1脉，先端渐尖；鳞被3，上部紫色，边缘无纤毛，后方1片狭披针形，长1.5mm，前方2片披针形，长约2mm；雄蕊3，花药下垂，紫色，长4.5~5.5mm，基部明显箭镞形，花丝细长，白色；子房椭圆形，长5~2mm，无毛，花柱1，长1.5~2mm，柱头2，白色，羽毛状。果实坚果状，长8~12mm，直径4~6mm，长圆形，绿色，无腹沟，光亮无毛，具宿存稃片，顶端具宿存花柱，果皮厚1~2mm，胚乳白色，胚直。笋期4~5月。花期4月；果期5月。

笋味甜，是无污染、最宜鲜食的山珍蔬食；秆作豆架、家具、农具或烤烟杆等用，也是造纸原料。

在其自然分布区，该竹为野生大熊猫的重要主食竹种。

分布于中国四川马边和峨边，生于海拔（800）1500~2300m的常绿阔叶林带、常绿落叶阔叶混交林带的林下，少量生于亚高山针阔叶林或暗针叶林下。

耐寒区位：9区。

9.14.4 实竹子（中国植物志） 油竹（四川峨边）

Qiongzhuea rigidula Hsueh & Yi in Acta. Phytotax. Sin. 21 (1): 96. f. 2. 1983; T. P. Yi in J. Bamb. Res. 4 (1): 15. 1985; D. Z. Li & C. J. Hsueh in Act. Bot. Yunnan. 10 (1): 54. 1988; D. Ohrnb. in Gen. *Qiongzhuea* ed. 3. 12. 1989; S. L. Zhu & al., A Comp. Chin. Bamb. 164. 1994; Keng & Wang in Fl. Reip. Pop. Sin. 9 (1): 349. 1996; T. P. Yi in Sichuan Bamb. Fl. 177. pl. 62. 1997, & in Fl. Sichuan. 12: 157. pl. 54. 1998; Yi & al. Icon. Bamb. Sin. 295. 2008, & in Clav. Gen. Sp. Bamb. Sin. 83. 2009; T. P. Yi & al. in J. Sichuan For. Sci. Tech. 31 (4): 4, 10. 2010. ——*Q. rigidula* (Wen & D. Ohrnb.) Hsueh & Yi in Taxon 45: 220. 1996. ——*Oreocalamus rigidulus* Hsueh & Yi in Act. Phytotax. Sin. 21 (1): 96, f. 2. 1985; (Hsueh & Yi) Keng f. in J. Nanjing Uinv. (Nat. Sci. ed.) 22 (3): 416. 1986; D. Z. Li & Hsueh in Act. Bot. Yunnan. 10 (1): 54. 1988; D. Ohrnb., Gen. *Qiongzhuea* ed. 3. 12. 1989; Wen & D. Ohrnb. ex D. Ohrnb., Gen. *Chimonobambusa* 42. 1990. ——*Chimonobambusa* rigidula (Hsueh & Yi) Wen & D. Ohrnb.

in Gen. *Chimonobambusa* ed. 1. 42. 1990; T. H. Wen in J. Amer. Bamb. Soc. 11 (1–2): 74. fig. 39. 1994; Li D. Z., Wang Z. P., Zhu Z. D. & al. in Fl. China 22: 186. 2006.

地下茎节间长（1）2～5cm，直径5～10mm，圆筒形，中空直径1～1.5mm，无毛，有光泽，每节上生根或瘤状突起（2）3～5枚；鞭芽卵形或锥形，黄褐色，无毛，有光泽。秆径直，高2～4（6）m，直径1.5～2.5（3）cm；全秆具25～31节，节间长15～18（24）cm，圆筒形或略呈四方形，绿色，光滑，无毛，亦无白粉，秆壁厚4～10mm；箨环狭窄，隆起，褐色，无毛；秆环稍隆起或隆起，光亮；节内高2～4mm。秆芽3，细瘦，钻形，贴生，紫色，无毛。分枝习性颇高，通常始于第10节以上，秆每节通常分枝3枚，长30～60cm，直径2～3mm，斜展。笋紫红色，无毛或有时具稀疏小刺毛；箨鞘早落，黄褐色，长三角形或三角状长圆形，厚纸质至革质，短于节间，长8～12cm，背面无毛或有时具稀疏小刺毛，有光泽，纵脉纹密聚而隆起，小横脉不发育，边缘密生黄褐色纤毛；箨耳及鞘口两肩继毛缺失；箨舌截平形，无毛，高约1mm；箨片直立，三角形或锥形，长3～8mm，宽1～2mm，微粗糙，纵脉纹明显，边缘内卷，易脱落。小枝具叶1～2（3）；叶鞘长3～4cm，淡绿色，无毛，边缘初时生灰色纤毛；叶耳和鞘口继毛缺失；叶舌截平形，紫褐色，无毛，高约1mm，边缘通常无纤毛；叶柄长1～2mm，无毛；叶片披针形，纸质，长7～13cm，宽0.8～1.7cm，先端渐尖，基部楔形，下面灰绿色，两面均无毛，次脉（3）4对，小横脉清晰，组成长方形，边缘仅一侧具小锯齿。花枝无叶或有时在顶端具叶1（2）片，长30～50cm，具花小枝长4～10cm，4～9枚簇生于各节上。假小穗无柄，小穗含3～6朵小花，长1.7～2.5cm，紫色；小穗轴节间长2～5mm，压扁，无毛；颖（或苞片）4～5枚，逐渐增大，长1～6mm，具7～11脉，无毛；外稃长8～14mm，宽4～6.5mm，长卵形，纸质，具9～13脉，无毛，先端渐尖，边缘无纤毛；内稃纸质，长7～12mm，无毛，背部具2脊，脊间宽1～1.5mm，具不明显2脉，脊外两侧各具2脉，先端2浅齿裂，边缘无纤毛；鳞被3枚，披针形或卵状披针形，长1.5～3mm，宽1～1.5mm，紫色，膜质透明，纵脉纹明显，边缘上部具纤毛；雄蕊3枚，花丝白色，花药细长形，紫色，长5～7mm，基部箭镞形；子房椭圆形，长约1mm，无毛，花柱1，较短，柱头2，羽毛状，长约3mm。厚皮质，颖果坚果状，绿色或紫绿色，椭圆形，稀近圆球形，长8～11mm，直径5～7mm，光亮无毛，先端钝圆，无腹沟，常具宿存花柱，果皮厚1～2mm，胚乳白色。笋期9月（盛期在白露前后）。花期1～3月；果实成熟期5月。

优质笋用竹种；秆劈篾供编织各种竹器，同时也是造纸原料。

在其自然分布区，该竹为野生大熊猫的重要主食竹种；在成都各大熊猫养殖基地，有见用该竹饲喂圈养的大熊猫。

分布于中国四川南部沐川、屏山、马边和峨边交界的山区。生于海拔1300～1700m的中山地带阔叶林下、灌丛中或组成纯竹林。

耐寒区位：9区。

9.14.5 筇竹（汉书张骞传） 罗汉竹（四川雷波、马边、筠连、叙永，云南绥江、永善），宝塔竹（四川雷波、叙永）

Qiongzhuea tumidinoda Hsueh & Yi in Acta Bot. Yunnan. 2 (1): 93. f. 1–2. 1980；Keng f. in J. Bamb. Res. 3 (1): 27. 1984；D. Z. Li & Hsueh in Act. Bot. Ynnan. 10 (1): 51. 1988；中国竹谱60页. 1988；D. Ohrnb. in Gen. *Qiongzhuea* ed. 3. 13. 1989；D. Z. Li & C. J. Hsueh in Act. Bot. Yunnan. 10 (1): 51.1988；Icon. Arb. Yunn. Inferus 1480. fig. 701. 1991；S. L. Zhu & al., A Comp. Chin. Bamb. 166. 1994；Keng & Wang in Fl. Reip. Pop. Sin. 9 (1): 356. pl. 97: 1–14. 1996；T. P. Yi in Sichuan Bamb. Fl. 167. pl. 57. 1997, & in Fl. Sichuan. 12: 147. pl. 50. 1998；Icon. Bamb. Sin. 296. 2008；Clav. Gen. Sp. Bamb. Sin. 82. 2009；T. P. Yi & al. in J. Sichuan For. Sci. Tech. 31 (4): 4, 10. 2010. ——*Q. tumidissinoda* (Hsueh & Yi ex D. Ohrnb.) Hsueh & Yi in Taxon 45: 220. 1996；Fl. Yunnan. 9: 190. pl. 45:1–14. 2003. ——*Chimonobambusa tumidissinoda* Hsueh & Yi ex D. Ohrnb. in Gen. *Chimonobambusa* ed. 1. 45. 1990；D. Ohrnb., The Bamb. World. 187. 1999；Li D. Z., Wang Z. P., Zhu Z. D. & al. in Fl. China 22: 156. 2006. ——*C. tumidinoda* (Hsueh & Yi) Wen in J. Bamb. Res. 10 (1): 17. 1991.

地下茎节间长(1.2)2～3.8cm，直径4～15mm，中空甚小，每节上生根3～6枚瘤状突起，其中常有2～3枚发育成根；鞭芽圆锥形，先端下方具淡黄色茸毛；秆基在地表以下各节生根12条左右，呈轮状排列。秆高2.5～6m，直径1～3cm，梢部直立；全秆具22～32节，节间一般长15～20cm，最长达25cm，基部节间长8～10cm，圆筒形或在具分枝的一侧扁平并有2纵脊和3纵沟槽，无毛，无白粉，光滑，基部数节间几乎为实心，向秆上部的节间逐渐中空，秆壁厚5～10mm，髓为笛膜状；箨环甚窄，褐色，初时被棕褐色刺毛；秆环极度隆起呈一圆脊，犹如二盘上下相扣合，通常一侧隆起较甚，相对一侧较平，中有环形缝线浅沟，受外力后易自该处整齐折断；节内在同一节上宽窄不一，通常宽的一边位于秆的同一侧面，该处秆环格外隆起。秆芽3，并列，不贴秆；先出叶革质。秆每节上枝条3枚斜上至开展，长20～70cm，直径1.5～3mm，基部节间三棱形，近于实心，次级枝纤细。笋紫红色或紫色带绿色；秆箨早落，短于节间，通常约为节间长度之半，长三角形或三角状长圆形，稻草色，厚纸质至薄革质，背面纵脉纹细密而显著，小横脉有时可见，脉间被棕色瘤基小刺毛，边缘上部密生淡棕色纤毛；箨耳缺失，鞘口繸毛棕色，长2～3mm；箨舌高1～1.3mm，边缘密生小纤毛；箨片直立，锥形或锥状披针形，无毛，长5～17mm，易脱落。小枝具叶

2～4；叶鞘长2～4mm，淡绿色，无毛，边缘生短小纤毛；叶耳无，鞘口继毛数条，易脱落；叶舌低矮，截平形或圆弧形，紫绿色，无毛；叶柄长1～2mm，无毛；叶片狭披针形，长5～14cm，宽0.6～1.2cm，先端细长渐尖，基部狭窄或截形，下面灰绿色，两面均无毛，次脉2～4对，小横脉清晰，组成长方格子状，边缘具斜上的小锯齿。花枝无叶或有时混杂具叶小枝，长4～45cm，具花枝条纤细，无毛；苞片薄纸质，向上逐渐增大，卵状披针形，先端具短尖头，具纵脉纹，宿存或迟落。假小穗绿色、暗绿色或紫绿色，生于主枝或小枝各节上，较纤细，微作两侧压扁，长3～4.5cm，直径2.5～4mm；小穗含花3～8；小穗轴节间长4～6mm，粗0.2～0.3mm，扁平，无毛，基部微被白粉质；颖2枚，薄纸质，无毛，第一颖卵形，线段尖锐，长3～4mm，第二颖长卵形，具数条纵脉纹，长8～10mm；外稃长卵形，长10～14mm，无毛，有光泽，先端渐尖或长渐尖，纸质，枯草色或褐色，具9脉，小横脉稍明显，近边缘膜质；内稃短于外稃，长8～12mm，无毛，背部具2脊，脊间宽约1mm，具不明显的纵脉，先端钝或微2裂，脊外两侧纵脉亦不明显；鳞被3枚，两侧的2片为菱状卵形，长约2.5mm，后方1片倒披针形，长约1.5mm，膜质，透明，具数条纵脉纹，上部边缘具小纤毛；雄蕊3，花药紫色，长4～8mm，基部箭镞形，花丝白色，长5～10mm，伸出花外；子房倒卵形，长约2.5mm，无毛，花柱1枚，长约1mm，柱头2枚，羽毛状，长约2mm。厚皮质颖果，倒卵状长椭圆形或阔椭圆形，新鲜时墨绿色，光滑无毛，长10～12mm，直径约6mm，顶端具宿存花柱。笋期4月下旬至5月中旬。花期4月；果实成熟期5月。

优质笋用竹种，笋肉肥厚脆嫩，味美，每年有大量笋制品畅销国内外；秆材是造纸原料；秆节特别膨大，秆形特殊而优美，常做乐器或工艺品用竹；也是珍贵的园林观赏用竹。

在四川雷波、马边的大熊猫保护区，该竹为大熊猫的重要主食竹种；在苏格兰爱丁堡动物园和芬兰艾赫泰里动物园等，有用该竹饲喂圈养的大熊猫。

分布于中国四川南部和云南东北部，生于海拔1500～2200（2600）m的山地阔叶林下；欧美部分国家有引栽。

耐寒区位：9区。

9.15 唐竹属

Sinobambusa Makino ex Nakai

Sinobambusa Makino ex Nakai in J. Jap. Bot. 2: 8. 1918; Makino ex Nakai in J. Arn. Arb. 6: 152. 1925；Keng & Wang in Flora Reip. Pop. Sin. 9 (1): 224. 1996; D. Ohrnb., The Bamb. World, 244. 1999; Li D. Z., Wang Z. P., Zhu Z. D. & al. in Flora of China. 22: 147. 2006; Yi & al. in Icon. Bamb. Sin. 247. 2008. & in Clav. Gen. Spec. Bamb. Sin. 72. 2009. ——*Neobambos* Keng ex Keng f. in Techn. Bull. Nat'l. For. Res. Bur. China No. 8: 15. 1948, nom. nud.

Type: *Sinobambusa tootsik* (Sieb.) Makino

灌木状至乔木状竹类。地下茎单轴型或有时复轴型。秆散生或混生，直立；节间圆筒形，但在分枝一侧下半部扁平或偶见具沟槽；箨环隆起，与秆环同高或在分枝节上低于秆环。秆每节3分枝，有时可多至5～7枝，近等粗。箨鞘脱落性，厚纸质至革质，背面基部通常密被刺毛；箨耳发达或缺失；箨舌弧状隆起，全缘；箨片披针形，脱落性。小枝具3～9叶；叶片披针形，小横脉明显。花枝具叶或无叶，总状或圆锥状；假小穗通单生于花枝各节或顶端，侧生者基部具1先出叶；苞片2至数枚，向上逐渐增大，上部1～2片苞腋内具芽，此芽可萌生为次级假小穗；小穗长，含小花可达50朵以上，成熟时小穗轴逐节折断；颖通常缺失，有时1片；外稃具纵脉，通常有小横脉，先端急尖，具小尖头；内稃先端钝圆，背部具2脊，脊上及先端具纤毛；鳞被（2）3枚，具多脉，具缘毛；雄蕊3，有时2或4枚，花丝分离；花柱1，有时2或3，柱头2或3，羽毛状。颖果。笋期在春季至初夏。花期3～4月。

全世界的唐竹属植物约16种、3变种、1变型，中国全产。分布于浙江、江西、福建、台湾、湖南、广东、广西、重庆、四川、贵州、云南等地。越南也有分布。

到目前为止，仅发现大熊猫采食本属竹类1种。

9.15.1　唐竹（中国植物志）　寺竹（香港），疏节竹（中国植物图鉴）

Sinobambusa tootsik (Sieb.) Makino in J. Jap. Bot. 2: 8. 1918; Makino ex Nakai in J. Arn. Arb. 6: 152. 1925; 中国主要植物图说·禾本科91页. 图62. 1959; S. Suzuki, Ind. Jap. Bambusac. 16 (f. 14), 96, 97. (pl. 14), 339. 1978; Fl. Taiwan 5: 739. pl. 1499. 1978; Wen in J. Bamb. Res. 1 (2): 11. pl. 3. 1982; 竹的种类及栽培利用86页. 图 29. 1984; 香港竹谱77页. 1985; 中国竹谱54页. 1988; Keng & Wang in Flora Reip. Pop. Sin. 9 (1): 226. 1996; D. Ohrnb., The Bamb. World, 247. 1999; Li D. Z., Wang Z. P., Zhu Z. D. & al.in Flora of China. 22: 148. 2006;Yi & al. in Icon. Bamb. Sin. 256. 2008. & in Clav. Gen. Spec. Bamb. Sin. 73. 2009. ——*Arundinaria tootsik* (Sieb.) Makino in Bot Mag. Tokyo 14: 62. 1900 & in ibid. 19: 63. 1905 (descr. Jap.); 白泽保美, 日本竹类图谱43页. 1912; E. G. Camus, Bambus. 35, 1913; 贾祖璋、贾祖珊, 中国植物图鉴1185页, 图2074. 1937. ——*A. dolichantha* Keng in Sinensia 7: 418. f. 6. 1936. ——*Bambos tootsik* Sieb. in Syn. Pl. Oecon. Univ. Regni Jap. 5. 1827, nom. nud. —— *Neobambos dolicanthus* (Keng) Keng ex Keng f. in Techn. Bull. Nat'l. For. Res. Bur. China No. 8: 15. 1948. —— *Pleioblastus dolichanthus* (Keng) Keng f. in Clav. Gen. Sp. Gram. Prim. Sin. 154. 1957; 中国主要植物图说·禾本科37页. 图27. 1959. ——*Semiarundinaria okuboi* Makino in J. Jap. Bot. 8: 43. 1933. ——*S. tootsik* (Sieb.) Muroi in Amat. Herb. 10: 210. 1942.

地下茎单轴型。秆散生，高5～12m，直径2～6cm；节间长30～40（80）cm，初时被白粉，在节下尤密，老秆有纵肋纹，具分枝的一侧扁平并具沟槽；箨环木栓质隆起，开初具紫褐色刚毛；秆环隆起，与箨

环同高。秆每节通常分枝3，有时多达5～7枚，枝环很隆起。箨鞘早落，近长方形，先端钝圆，背面初时淡红色，被薄白粉和贴生棕褐色刺毛，基部尤密，边缘有纤毛；箨耳卵形至椭圆形，秆先端者常镰形，表面被绒毛或粗糙，继毛波曲，长达2cm；箨舌高约4mm，拱形，边缘具短纤毛或无毛；箨片绿色，披针形或长披针形，外翻，边缘有稀疏锯齿，边缘略向内收窄后外延。小枝具叶3～6（9）；叶耳不明显，偶见者为卵状而开展，鞘口继毛放射状，长达15mm；叶舌高1～1.5mm；叶片长6～22cm，宽1～3.5cm，下面稍带灰白色，具细柔毛，边缘具细锯齿，次脉4～8对，小横脉可见。假小穗1～3(5)枚，着生在同一花枝上，顶生假小穗具长2～11mm之柄（实为花枝的最末一节间），侧生假小穗无柄，假小穗线状细长，长8～20cm，粗2～3mm，基部托以2至数苞片，向上逐渐增大而与外稃相似，上部1或2片腋内有芽；小穗轴节间长达5～7mm，扁平，上部具微毛；小花长椭圆形，长7～12mm，灰绿色，无毛；外稃卵形，宽7mm，革质兼纸质，先端急尖，具短尖头，边缘生有向上的纤毛，顶端略有微毛，具15脉并有小横脉；内稃椭圆形，与外稃同长或略短，宽4mm，先端钝圆，具2脊，脊上与先端生纤毛，脊间具微弱小横脉，纵脉不明显，脊外至边缘各具2或3脉；鳞被3，膜质，近菱形兼椭圆形或卵形，后方1片鳞被形稍不规则，上部具纤毛，基部近楔状，稍厚，具7～9脉纹，长约2.5mm；花药长4～6mm，淡黄色；子房圆柱形，长1.8～2mm，无毛，花柱1，极短，柱头3，长3～4mm，具多数屈曲丝状毛。笋期4～5月。花期3～4月。

优美的庭园观赏和生态绿化竹种。

在四川都江堰熊猫乐园、台湾台北动物园、日本神户王子动物园和澳大利亚阿德莱德动物园，均见用该竹饲喂圈养的大熊猫。

分布于中国福建、广东、广西；云南昆明园艺世博园有引栽；越南北部有分布；日本、欧洲、美国有引栽。

耐寒区位：9～10区。

9.16 玉山竹属

Yushania Keng f.

Yushania Keng f. in Acta Phytotax. Sin. 6 (4): 355. 1957; Keng & Wang in Fl. Reip. Pop. Sin. 9 (1): 480. 1996; D. Ohrnb., The Bamb. World, 153. 1999; Li D. Z., Wang Z. P., Zhu Z. D. & al. in Fl. China 22: 57. 2006; Yi & al. in Icon. Bamb. Sin. 510. 2008, & in Clav. Gen. Sp. Bamb. Sin. 148. 2009.

Type: *Yushania niitakayamensis* (Hayata) Keng f.

灌木状高山竹类。地下茎合轴型，秆柄细长，前后两端直径近相一致，长20～50cm，直径在1cm以内，节间长5～12mm，其节间长度与粗度之比大于1，实心或少数种为中空，在解剖上有内皮层，常有气道。秆散生，直立，稀斜倚；节间圆筒形，少有在分枝一侧基部稍扁平，空心或近实心，髓锯屑状；箨环隆起；秆环平或微隆起。秆芽1枚，长卵形，贴生。秆每节分枝1枚或数枚多，如为1枚时，其直径通常与主秆近等粗，如为数枚时，则远较主秆细弱，有的种秆下部节上1分枝，粗壮，上部节数分枝，较细瘦。箨鞘迟落或宿存，稀早落，革质或软骨质；箨耳缺失或明显；箨片直立或外翻，脱落性。小枝具叶数枚至10余枚；叶片小型至大型，小横脉通常明显。总状或圆锥花序生于具叶小枝顶端，花序分枝腋间常具瘤状腺体，下方常具一微小苞片；小穗柄细长，有时腋间亦具瘤状腺体，基部有时具苞片；小穗含花2～8（14），圆柱形，紫色或紫褐色，顶生小花常不孕；小穗轴节间脱节于颖之上及诸花之间，节间顶端膨大，具缘毛；颖2；外稃先端锐尖或渐尖，具纵脉；内稃等长或略短于外稃，背部具2脊，先端具2裂齿或微凹；鳞被3，具缘毛；雄蕊3，花丝细长，花药黄色；子房纺锤形或椭圆形，花柱1，很短，柱头2，稀3，羽毛状。颖果长椭圆形，具腹沟。染色体2n =48。笋期夏季。花果期多在春末至夏季。

全世界的玉山竹属植物接近80余种，产于亚洲东部和非洲。其中除 *Y. jaunsarensis* (Gamble) Yi (=*Y. anceps* (Mitford) Li)产于喜马拉雅西北部，*Y. rolloana* (Gamble) Yi产于印度阿萨姆邦，*Y. alpina* (Schum.) Lin 产于非洲刚果、肯尼亚和坦桑尼亚，缅甸玉山竹 *Y. burmanica* Yi产于缅甸东北部等4种外，其余78种均产于中国的亚热带中山、亚高山地带，尤以西南地区的种类最为丰富。

本属植物许多为野生大熊猫主食竹种，已记录大熊猫采食本属竹类有11种。

Ⅰ.短锥玉山竹组 Sect. *Brevipaniculatae* Yi

Sect. Brevipaniculatae Yi in J. Bamb. Res. 14 (2): 4. 1995, nom. nov. ——Sect. Confusae Yi in l. c. 5 (1): 8. 1986. Nom. in errorem & invalidum; Yi & al. in Icon. Bamb. Sin. 516. 2008, & in Clav. Gen. Sp. Bamb. Sin. 148. 2009.

Type: *Yushania brevipaniculatae* Yi

秆通常较粗壮，每节上多分枝，无明显粗壮主枝，其直径远较秆为细弱。圆锥花序或总状花序。

已记录大熊猫采食本组竹类有7种。

熊竹（四川竹类植物志） **马子**（彝语译音，四川马边）

Yushania ailuropodina Yi in J. Bamb. Res. 15 (3): 6. f. 3. 1996; T. P. Yi in Sichuan Bamb. Fl. 261. pl. 102. 1997, & in Fl. Sichuan.12: 235. pl. 80: 1–7. 1998; Li D. Z., Wang Z. P., Zhu Z. D. & al. in Fl. China 22: 67. 2006; Yi & al. in Icon. Bamb. Sin. 517. 2008, & in Clav. Gen. Sp. Bamb. Sin. 155. 2009; T. P. Yi & al. in J. Sichuan For. Sci. Tech. 31 (4): 7, 13. 2010.

秆柄长（10）20～45cm，直径4.5～9mm，具19～50节，节间长4～15mm，实心；鳞片长三角形，纸质，淡黄色，有光泽，远较节间为长，排列较为疏松。秆高3～4（5）m，直径0.8～1.5cm，梢头直立；全秆具20～25节，节间一般长22～26cm，最长达36cm，基部节间长约10cm，圆筒形，平滑，有光泽，无纵细线棱纹，幼时被白粉和紫色小斑点，无毛，中空，秆壁厚2～3mm，髓锯屑状；箨环隆起，褐色，无毛；秆环平或在分枝节上肿起；节内高4～6mm，向下逐渐变细。秆芽1枚，长卵形，贴秆着生，边缘生纤毛。秆的第5～8节开始分枝，每节上6～10分枝，开展或直立，长30～75cm，直径1～2.5mm，小枝纤细下垂。笋褐紫色，密被深紫色斑点或斑块，无毛；箨鞘宿存，密被褐色至深紫色斑点或斑块，软骨质，长圆形，长约

308

为节间长度的1/3～1/2，宽3～5cm，背面无毛，纵脉纹明显，小横脉不发育，边缘无纤毛；箨耳缺失，鞘口两肩无继毛；箨舌截平形，高1～2mm；箨片线状披针形，外翻，长（4）10～40mm，宽1.5～2.5mm，紫色或紫绿色，无毛，干后常内卷。小枝具叶2～4（5）枚；叶鞘长2～3cm，深紫色，无毛，边缘无纤毛；叶耳缺失，鞘口无继毛或偶具1～3枚直立紫色继毛；叶舌截平形，紫色，无毛，高约1mm；叶柄长1～1.5mm，紫色；叶片线状披针形，长4～7.5cm，宽5～7mm，下面淡绿色，基部楔形，两面均无毛，次脉2对，小横脉较清晰，组成长方格子状，边缘初时有小锯齿。花枝未见。笋期6月中下旬。笋味甜；秆划篾供编织竹器用。

在马边大风顶自然保护区，本种为野生大熊猫的重要主食竹种。

分布于中国四川马边，生于海拔2600～3000m的峨眉冷杉林下。

耐寒区位：9区。

9.16.2 **短锥玉山竹**（中国植物志） 峨眉玉山竹（南京大学学报），大箭竹、墨竹（峨眉植物图志），油竹子（四川彭州），箭竹（四川宝兴）

Yushania brevipaniculata (Hand.–Mazz.) Yi in J. Bamb. Res. 5 (1): 44. 1986; D. Ohrnb. in Gen. *Yushania* 12. 1989; S. L. Zhu & al., A Comp. Chin. Bamb. 188. 1994; Keng & Wang in Fl. Reip. Pop. Sin. 9 (1): 489. pl. 136. 1996; T. P. Yi in Sichuan Bamb. Fl. 254. pl. 98. 1997, & in Fl. Sichuan. 12: 227. pl. 78. 1998; D. Ohrnb., The Bamb. World, 156. 1999; Li D. Z., Wang Z. P., Zhu Z. D. & al. in Fl. China 22: 61. 2006; Yi & al. in Icon. Bamb. Sin. 518. 2008, & in Clav. Gen. Sp. Bamb. Sin. 148. 2009; T. P. Yi & al. in J. Sichuan For. Sci. Tech. 31 (4): 6, 13. 2010. ——*Y. chungii* (Keng) Z. P. Wang & G. H. Ye in J. Nanjing Univ. (Nat. Sci. ed.) 1981 (1): 93. 1981; T. P. Yi in J. Bamb. Res. 4 (2): 33. 1985. ——*Aundinaria brevipaniculata* Hand.–Mazz. in Anzeig. Akad. Wiss. Math. Naturw. Wein 57: 237. 1920. ——*A. chungii* Keng in W. P. Fang, Icon. Pl. Omei. 1 (2): pl. 53. 1944. ——*Sinarundinaria brevipaniculata* (Hand.–Mazz.) Keng f. in Nat'l. For. Res. Bur. China, Techn. Bull. No. 8: 13. 1948. ——*S. chungii* (Keng) Keng f. in Nat'l. For. Res. Bur. China, Techn. Bull. no. 8: 13. 1948.

秆柄长达20cm以上，直径5～8mm，具12～32节，节间长3～8mm，圆柱形，无毛，淡黄色，略有光泽，实心；鳞片厚纸质，暗褐色，纵脉纹不甚明显。秆高2～2.5（4）m，直径5～10（15）mm；全秆共有（15）18～25节，节间长20～25（32）cm，圆筒形，幼时密被白粉，并有紫色小斑点，平滑，无毛，老时变为黄色，常有黑垢，中空，秆壁厚2.5～3mm，髓为锯屑状；箨环隆起，褐色，幼时有时具棕色小刺毛；秆环平或微隆起，无毛，有光泽；节内高（2）3～5mm，光亮。秆芽长椭圆形，扁平，贴生，芽鳞边缘具白色纤毛。秆常于第6～7节开始分枝，每节枝条3～8枚，斜

展，稍短略下垂，长达70cm，具（3）5～8节，节间长1.5～12cm，直径1～2.5mm，无毛，常有黑垢。笋紫绿色或紫色，常有淡绿色纵条纹，具贴生的淡黄色刺毛，敷有白粉；箨鞘约为节间长度的1/3，宿存，软骨质，坚脆，长圆形，背面淡黄褐色，具黑褐色斑块，下部疏被淡黄褐色刺毛，纵脉纹略可见，小横脉不发育，顶端圆弧形，宽6～10mm，边缘上部生淡黄褐色纤毛；箨耳发达，抱秆，线形，紫色，繸毛多数条，长7～8mm，放射状排列；箨舌圆弧形，灰褐色，无毛，高达4mm；箨片外翻，狭长披针形或线状披针形，无毛，长2～4.5cm，宽1～2mm，纵脉纹明显。小枝具叶（2）3（6）；叶鞘长3～5cm，上部纵脊不明显，无毛，边缘无纤毛；叶耳线形，褐色，具数枚长2～5mm的淡黄褐色放射状繸毛；叶舌发达，圆弧形，暗褐色，无毛，高1～2mm；叶柄长2～3mm，无毛；叶片披针形，长7～12cm，宽8～16mm，基部楔形或阔楔形，下面淡绿色，两面均无毛，次脉（3）4（5）对，边缘具细锯齿。花枝长达30cm，下部节上可再分一次具花小枝。顶生圆锥花序，具多达20枚以上的小穗，长8～12cm，一次性发生，基部为叶鞘包藏或伸出，分枝无毛，基部托有小苞片，各具2～3枚小穗。小穗柄略波状曲折，长1.5～3cm，腋间具瘤状腺体；小穗含花4～7，长2.5～5cm，紫色或紫黑色；小穗轴节间扁平，长5～8mm，宽约0.5mm，背部被贴生微毛，向顶端则毛更密；颖片2，无毛，先端尖锐或钝圆，第一颖卵形兼长圆形，长2.5～4mm，仅具1脉及数条小横脉，第二颖卵状披针形，长4～7mm，具7～9脉，脉间具小横脉；外稃卵状披针形，纸质，紫色，长9～11mm，具7～11脉，小横脉网状，先端渐尖或具短尖头，无毛，但基盘被灰色或黄褐色长约1mm的短柔毛；内稃长8～9mm，背部具2脊，脊上被微毛（上部并具细刺毛），脊间具纵沟，先端微凹；鳞被3，前方2片斜形或半卵形，后方1片卵形，长约1.5mm，下部具脉纹，上部边缘生纤毛；雄蕊3，花药黄色，长5～6mm，花丝分离；花柱短，柱头2，羽毛状。颖果细长，狭椭圆形或近圆柱形，长5～7mm，直径1.1～1.6mm，紫褐色，光滑无毛，腹部中部常略微弧形弯曲，有纵沟，先端具宿存花柱。笋期6～8月。花期5～8月；果期多在9月。笋可食用；秆材供编制竹器。

在四川平武、北川、安县、茂县、绵竹、什邡、彭州、汶川、都江堰、崇州、邛崃、芦山、宝兴、天全、泸定、荥经、洪雅、峨眉山、峨边等县市，该竹是野生大熊猫常年喜食的重要竹种之一。

分布于中国四川西部中山至亚高山地带，海拔1800～3400m，多为阔叶林或亚高山暗针叶林下的主要灌木层片，林窗地也可形成小片纯竹林。

耐寒区位：9区。

9.16.3 空柄玉山竹（中国植物志）水竹子（四川石棉），莫尼、马兹（彝语译音，四川冕宁）

Yushania cava Yi in J. Bamb. Res. 4 (2): 33. f. 13. 1985; D. Ohrnb. in Gen. Yushania 14. 1989; S. L. Zhu & al., A Comp. Chin. Bamb. 189. 1994; Keng & Wang in Fl. Reip. Pop. Sin. 9 (1): 529. pl. 156: 1–5. 1996; T. P. Yi in Sichuan Bamb.

Fl. 271. pl. 107. 1997, & in Fl. Sichuan. 12: 242. pl. 84. 1998; D. Ohrnb., The Bamb. World, 157. 1999; Li D. Z., Wang Z. P., Zhu Z. D. & al. in Fl. China 22: 63. 2006; Yi & al. in Icon. Bamb. Sin. 520. 2008, & in Clav. Gen. Sp. Bamb. Sin. 150. 2009; T. P. Yi & al. in J. Sichuan For. Sci. Tech. 31 (4): 7, 13. 2010.

地下茎合轴混合型，即秆柄既有全部节间中空、节处无横隔板的伸长类型，其长达42cm，壁厚2～3mm，髓初为层片状，后变为锯屑状，也有整个秆柄很短、节间完全实心的短缩类型，从而形成的地面秆既有小丛生也有散生；鳞片长三角形，淡黄色，疏松排列，无毛，纵脉纹不发育。秆高达3.5（6）m，直径0.6～1.5（2）cm；全秆共有20～28节，节间长14～25（34）cm，圆筒形，或在分枝一侧下半部微扁平并稍有纵脊，淡黄绿色，无毛，平滑，节下方有一圈白粉，秆壁厚1.5～2.5mm，髓初为层片状，以后变为锯屑状；箨环稍明显，褐色，无毛；秆环平或在分枝节上微隆起；节内高3.5～4.5mm，有光泽。秆芽长卵形，贴生，边缘生灰白色纤毛。秆每节分枝4～9枚，上举，基部常紧贴主秆，长15～26cm，直径1～1.8mm，基部通常四棱形，无毛，常有白粉。笋淡绿色，无毛；箨鞘早落，软骨质，黄色，长圆形，短于节间，无毛，先端圆弧形或短三角形，顶端通常偏斜，宽5～8mm，背面纵脉纹较平，小横脉不发育，边缘初时具灰白色纤毛；箨耳缺失，鞘口两肩无继毛，或偶于初时各具2～3条长1～5（6）mm黄褐色直立的继毛；箨舌微下凹，紫色，高1～1.5mm，边缘初时有纤毛；箨片直立，线状三角形或线状披针形，长0.8～6cm，宽2～4mm，秆下部者微皱折，纵脉纹明显，边缘通常平滑。小枝具叶2～3（5）；叶鞘长1.9～3cm，边缘初时被灰色短纤毛；叶耳无，鞘口两肩各具5～7条长1.5～5（7）mm的黄色直立或弯曲的继毛；叶舌近截平形，紫色，无毛，高约0.5mm；叶柄长1～1.5mm，无毛；叶片线状披针形，纸质，较厚，长3.3～5cm，宽4.5～6mm，基部楔形，无毛，下面淡绿色，次脉（2）3对，小横脉清晰，较密，边缘仅一侧具针芒状小锯齿。花果待查。笋期5～6月。

笋味甜，食用佳品；秆材劈篾供编织各种竹器。

在其自然分布区，该竹是野生大熊猫的重要主食竹种。

分布于中国四川石棉、冕宁，生于海拔2000～2600m的低洼沼泽地上，常见伴生灌木为柳树。

耐寒区位：9区。

9.16.4 白背玉山竹（竹子研究汇刊）

Yushania glauca Yi & T. L. Long in J. Bamb. Res. 8 (2): 33. f. 2. 1989; S. L. Zhu & al., A Comp. Chin. Bamb. 191. 1994; Keng & Wang in Fl. Reip. Pop. Sin. 9 (1): 491. pl. 137: 1–7. 1996; T. P. Yi in Sichuan Bamb. Fl. 257. pl. 99. 1997, & in Fl. Sichuan. 12: 230. pl. 79: 11–13. 1998; D. Ohrnb., The Bamb. World, 159. 1999; Li D. Z., Wang Z. P., Zhu Z. D. & al. in Fl. China 22: 61. 2006; Yi & al. in Icon. Bamb. Sin. 525. 2008, & in Clav. Gen. Sp. Bamb. Sin. 148. 2009; T. P. Yi & al. in J. Sichuan For. Sci. Tech. 31 (4): 6, 13. 2010.

秆柄长15～45cm，直径5～12（15）mm，具24～40节，节间长（4）8～22mm，淡黄色，平滑，无毛，有光泽，实心；鳞片长三角形，交互排列较为疏松，淡黄色而近边缘处紫色，无毛，纵脉纹向上逐渐明显，无小横脉，先端有小尖头，边缘无纤毛。秆高3～6（7）m，粗1.1～1.7cm，直立；全秆约有27节，节

间长约26（33）cm，基部节间长3～5cm，圆筒形，但在有分枝一侧的基部微扁平，绿色，幼时密被厚白粉，无毛，纵细线棱纹不发育或不明显，中空，秆壁厚2.5～5mm，髓初为环状，后期为锯屑状；箨环隆起，紫褐色，木栓质，无毛，有灰褐色粉质；秆环稍肿起或在分枝节微隆起，无毛；节内高3～5mm，无毛，平滑，光亮秆芽卵状长圆形或长卵形，贴生，有白粉，边缘有灰白纤毛。枝条在秆之每节为3～5枚或在后期可增多，直立或斜展，长30～55（150）cm，直径2～5（7）mm，无毛，节间幼时密被厚白粉，枝箨背面有紫斑。笋淡绿色，无毛，有紫色斑点；箨鞘宿存，长圆形，软骨质，具紫褐色斑点，纵肋紫色，为其节间长度的1/3～1/2，顶端有时不对称，近圆拱形，边缘无纤毛；箨耳很发达，镰形，紫红色，环抱主秆，边缘具多条放射状开展之继毛；箨舌圆拱形或微拱形，紫色，无毛，高1～4mm；箨片三角形或披针形，直立或上部者开展，无毛，长（0.8）1.5～5.5cm，宽5～15mm，基部两侧延伸，平展，纵脉纹明显，边缘近于平滑。小枝具叶（1）2～3（5）；叶鞘长（2.5）4～6cm，无毛，边缘亦无纤毛；叶耳长圆形或镰形，紫色或淡绿色，边缘具径直黄色或紫色继毛；叶舌歪斜，紫色或淡绿色，无毛，高1～2mm；叶柄长2.5～4（5）mm，初时常有白粉，背面有灰白色短柔毛；叶片披针形，长（4）7～13.5cm，宽（7）11～17mm，基部楔形或阔楔形，下面灰白色，两面均无毛，次脉3～5对，小横脉细密，形成近于正方格形，叶缘有毛状小锯齿。花枝未见。笋期5月中下旬。

在其自然分布区，该竹为野生大熊猫天然觅食的主食竹种之一。

分布于中国四川雷波，生于海拔2500～3200m的冷杉林下。

耐寒区位：9区。

9.16.5 石棉玉山竹（中国植物志） 箭竹（四川石棉），马口（彝语译音，四川冕宁）

Yushania lineolata Yi in J. Bamb. Res. 4 (2): 31. f. 12. 1985; D. Ohrnb. in Gen. *Yushania* 30. 1989; S. L. Zhu & al., A Comp. Chin. Bamb. 192. 1994; Keng & Wang in Fl. Reip. Pop. Sin. 9 (1): 491. pl. 138. 1996; T. P. Yi in Sichuan Bamb. Fl. 259. pl. 100. 1997, & in Fl. Sichuan. 12: 231. pl. 79: 1–10. 1998; D. Ohrnb., The Bamb. World, 160. 1999; Li D. Z., Wang Z. P., Zhu Z. D. & al. in Fl. China 22: 61. 2006; Yi & al. in Icon. Bamb. Sin. 528. 2008, & in Clav. Gen. Sp. Bamb. Sin. 148. 2009; T. P. Yi & al. in J. Sichuan For. Sci. Tech. 31 (4): 6, 13. 2010.

秆柄节间长9～16mm，直径9～10mm，淡黄色，平滑，无毛，实心。秆高达3.5m，粗9～15mm，径直；全秆具约36节，节间长16～24cm，圆筒形，幼时密被白粉，无毛，纵向细肋明显，中空，秆壁厚2～3mm，髓锯屑状；箨环隆起，褐色，幼时密被黄褐色短刺毛；秆环平，无毛；节内高4～5mm，初时密被白粉。

秆芽长卵形，贴生。秆每节生5～7枝，枝条基部贴秆，长5～50cm，直径1～3mm，无毛，有黑垢。箨鞘迟落，软骨质，长圆形，为节间长度的2/3，背面淡黄色，具褐色小斑点，无毛，纵肋明显，顶端圆拱形，边缘具灰黄色纤毛；箨耳镰形，边缘

具多条黄褐色或紫色长4～9mm放射状开展之继毛；箨舌圆拱形，灰色至灰褐色，无毛，高2～3mm；箨片线状披针形，外翻，幼时偶在上部具稀疏小刺毛，宽1.5～3（4）mm，纵脉纹明显，边缘常内卷。小枝具叶（1）2～3；叶鞘长3.1～5cm，无毛，边缘亦无纤毛；无叶耳，鞘口无继毛或两侧各生有4～7条黄褐色直立继毛；叶舌截形或圆拱形，褐色，无毛，高约1mm；叶柄长1.5～2.5mm，无毛；叶片披针形，长（3.5）6.5～9.5cm，宽4～11mm，先端渐尖，基部楔形，上面绿色，无毛，下面淡绿色，无毛或基部略粗糙，次脉3或4对，小横脉微清晰，叶缘一侧具小锯齿。花枝长13～24cm，其下部节上可再分具花小枝。圆锥花序生于具叶小枝顶端，由6～12枚小穗组成，基部包藏或略伸出，分枝无毛，各具2～3枚小穗，在分枝处常托以一小形苞片（上部者分裂为丝状）。小穗柄细长，略呈波状曲折，长6～20mm，直立，无毛，腋间无瘤状腺体；小穗含小花（3）5～6（7），长2.4～4cm，直径约2mm，紫色；小穗轴节间扁平，长4～5mm，背部被微毛，顶端膨大呈杯状，边缘密生纤毛；颖片2，先端边缘具小纤毛，骤尖，此2颖相距极短，第一颖卵形，长1～2mm，宽0.3～1mm，具1脉或有时脉不明显，第二颖卵状披针形，长5～8mm，宽1.5～2mm，具3～5脉，小横脉不发育；外稃卵状披针形，纸质，紫色，先端渐尖或骤尖，无毛或近边缘及顶端被微毛，基盘常具灰色柔毛，长8～11mm，具7～9脉，小横脉长方格子状，边缘具纤毛；内稃长7～9mm，背部具2脊，脊上有纤毛，脊间宽约1mm，无毛，先端裂成2小尖头；鳞被3，前方2片披针形，后方1片线状披针形，长约1mm，纵脉纹明显，边缘通常无纤毛；雄蕊3，花药黄色，长5～6mm；子房椭圆形，无毛，长约0.5mm，花柱1枚，长约1mm，柱头2枚，羽毛状，长约1mm。颖果狭长椭圆形，褐色，无毛，长4.5～5.5mm，直径0.8～1.3mm，腹面中部常弯鼓，先端具浅色长约0.5mm的喙状花柱。笋期5～7月。花期5～6月；果期8月。

笋味甜，食用；秆可作围篱、搭建苗圃荫棚或劈篾编织竹器。

在其自然分布区，该竹为野生大熊猫的主食竹种之一。

分布于中国四川石棉、冕宁，生于海拔2400～3150m的阔叶林或松林下，也见于灌丛中或组成纯竹林。

耐寒区位：9区。

9.16.6 **斑壳玉山竹**（中国植物志） 冷竹、箭竹（四川普格），山竹、苦竹、岩竹（云南巧家），马赛（彝语译音，四川普格）

Yushania maculata Yi in J. Bamb. Res. 5 (1): 33. f. 11. 1986; D. Ohrnb. in Gen. *Yushania* 34. 1989; Icon. Arb. Yunn. Inferus 1431. 1991; S. L. Zhu & al., A Comp. Chin. Bamb. 193. 1994; Keng & Wang in Fl. Reip. Pop. Sin. 9

(1): 507. pl. 145: 1–6. 1996; T. P. Yi in Sichuan Bamb. Fl. 261. pl. 101. 1997, & in Fl. Sichuan. 12: 233. pl. 80: 8–10. 1998; D. Ohrnb., The Bamb. World, 160. 1999; Li D. Z., Wang Z. P., Zhu Z. D. & al. in Fl. China 22: 65. 2006; Yi & al. in Icon. Bamb. Sin. 531. 2008, & in Clav. Gen. Sp. Bamb. Sin. 152. 2009; T. P. Yi & al. in J. Sichuan For. Sci. Tech. 31 (4): 7, 13. 2010.

秆柄长达40cm，具30～50节，节间长3～10mm，直径5～10mm；鳞片三角形至长三角形，厚纸质至革质，淡黄色，无毛，有光泽，交互疏松排列，背面两侧纵脉纹明显而中部平滑，边缘初时有白色纤毛。秆高2～3.5m，直径0.8～1.5cm；全秆具17～24节，节间长30（40）cm，基部节间长10～15cm，圆筒形，幼时密被白粉，具灰色或淡黄色小刺毛，纵肋纹明显，中空，秆壁厚2～3mm，髓锯屑状；箨环隆起，初时密生棕色刺毛；秆环平或在分枝节上微隆起；节内高4～9mm，平滑，光亮。秆芽1枚，长椭圆状卵形，贴生，初时有白粉，边缘密生淡黄色纤毛。秆的第7～12节开始分枝，每节上枝条7～12枚，直立或斜展，长达70cm，直径1～2mm。笋棕紫色，密被棕紫色斑点，疏生黄色小刺毛；箨鞘宿存，软骨质，长椭圆状三角形，长约为节间的1/3，背面密被紫褐色斑点，无毛或在基部疏生棕色小刺毛，纵脉纹明显，小横脉不发育，边缘疏生棕色小刺毛；箨耳无，鞘口两肩各具3～5条长5～10mm直立紫色继毛；箨舌截平形，淡绿色至紫绿色，高1～2.5mm；箨片外翻，线状披针形，长1～3.5mm，宽1～1.5mm，无毛，边缘近于平滑。小枝具叶3～5；叶鞘长4.5～6cm，紫色或紫绿色，无毛，边缘通常无纤毛；叶耳无，鞘口两肩各具3～5条长4～7mm直立紫色继毛；叶舌截平形或微作圆弧形，紫色，无毛，高约1mm；叶柄长1～2mm，常有白粉；叶片线状披针形，长9～13（15）cm，宽9～11mm，无毛，基部楔形，次脉4对，小横脉不清晰，边缘初时具小锯齿。总状花序顶生，紫色，具叶或无叶。小穗总状或圆锥花序生于具叶小枝顶端，花序分枝腋间常具瘤状腺体，下方常具一微小苞片；小穗柄细长，有时腋间亦具瘤状腺体，基部有时具苞片；小穗含花（3）4～7，圆柱形，紫色或紫褐色，顶生小花常不孕；小穗轴节间脱节于颖之上及诸花之间，节间顶端膨大，具缘毛；颖2；外稃先端锐尖或渐尖，具纵脉；内稃等长或略短于外稃，背部具2脊，先端具2裂齿或微凹；鳞被3，具缘毛；雄蕊3，花丝细长，花药黄色；子房纺锤形或椭圆形，花柱1，很短，柱头2，稀3，羽毛状。笋期5月下旬至7月上旬。花期5月下旬至6月。

在四川冕宁，该竹为野生大熊猫的主食竹种之一。

笋食用；秆作篱笆、扫帚；叶和小枝为牛、羊饲料。

分布于中国四川西南部和云南东北部，生于海拔（1800）2200～3500m的疏林下或灌丛间，亦可形成纯竹林。

耐寒区位：9区。

紫花玉山竹（中国植物志） 紫竿玉山竹（竹子研究汇刊），扭翁（藏语译音，四川乡城），必打马（彝语译音，四川冕宁）

Yushania violascens
(Keng) Yi in J. Bamb.
Res. 5 (1): 45. 1986; D.
Ohrnb. in Gen. *Yushania*
47. 1989; Icon. Arb.
Yunn. Inferus 1425. 1991;
Keng & Wang inFl. Reip.

Pop. Sin. 9 (1): 499. pl. 141. 1996; T. P. Yi in Sichuan Bamb. Fl. 264. pl. 103. 1997, & in Fl. Sichuan. 12: 235. pl. 81. 1998; D. Ohrnb., The Bamb. World, 165. 1999; Li D. Z., Wang Z. P., Zhu Z. D. & al. in Fl. China 22: 63. 2006; Yi & al. in Icon. Bamb. Sin. 539. 2008, & in Clav. Gen. Sp. Bamb. Sin. 150. 2009; T. P. Yi & al. in J. Sichuan For. Sci. Tech. 31 (4): 6, 13. 2010. ——*Arundinaria violascens* Keng in J. Wash. Acad. Sci. 26 (10): 396. 1936. ——*Sinarundinaria violascens* (Keng) Keng f. in Nat'l. For. Res. Bur. China, Techn. Bull. No. 8: 14. 1948.

秆柄长18～60cm，直径5～11mm，具32～52节，节间长6～23mm，黄褐色，平滑，无毛，实心；鳞片长三角形，交互疏松排列，淡黄色，无毛，有光泽，微显纵脉纹，长达4.5cm，宽3.5cm，先端具小尖头，边缘具棕色纤毛。秆散生，直立，高1.5～2m，直径0.5～1cm；全秆约具20节，节间长15（28）cm，基部节间长约8cm，中空或有时近于实心，圆筒形，绿色，幼时密被白粉及节间上部疏生黄色或黄褐色小刺毛，细纵肋明显，秆壁厚2～4mm，髓呈锯屑状；箨环隆起，幼时有时具淡黄色小刺毛；秆环平或微隆起；节内高2～3mm，无毛。秆芽1枚，长卵形，贴生，边缘具灰色纤毛。秆每节分枝7～8枚，直立或上举，长达56cm，直径1～2mm，常被白粉，几实心。笋紫绿色或紫色，疏生黄褐色刺毛；箨鞘迟落，革质，绿色或紫色，带状，稀长椭圆形，等于或长于节间，背面疏生淡黄色刺毛，纵脉纹明显，小横脉不发育，边缘初时有刺毛；箨耳小，鞘口两肩各具3～6（8）条长3～8mm的上向继毛；箨舌截平形，深紫色，高约1mm，边缘初时生短纤毛；箨片外翻，稀直立，线状披针形，绿色或紫色，长1.1～6（12）cm，宽1～3mm，较箨鞘顶端为窄，无毛，内面基部微粗糙，边缘有小锯齿，干后常内卷。小枝具叶2（4）；叶鞘长2.1～4.2cm，紫色，无毛，边缘具黄褐色纤毛；叶耳缺，鞘口两肩各具3～5枚淡黄褐色长1～2.5mm的弯曲继毛；叶舌截平形，淡绿色，无毛，高约1mm；叶柄极短，常不及1mm，无毛；叶片披针形，纸质，无毛，长4.5～8.5cm，宽5～7.5（9）mm，下面灰绿色，次脉3～4对，小横脉明显。边缘具小锯齿或一侧近于平滑。总状花序长4～7cm，含3～5枚小穗，花序下方被叶鞘包裹，分枝直立，平滑，长14cm；小穗含5～9朵小花，长2.7～4cm，深紫色；小穗轴节间长4mm，上端渐粗，并在顶端生有柔毛；颖片渐尖（第一颖甚至呈尾尖或稀可为钝圆头），上方具微毛或有时为无毛，第一颖长5～7mm，具（1）3～5脉，第二颖长7～11mm，具7～9脉；外稃长圆状披针形，先端渐尖或具芒尖，遍体生微毛乃至粗糙，具9脉，透光视之有小横脉，第一花外稃长12～15mm，基盘密生长约1mm的茸毛；内稃长9～10mm，先端具2裂齿，生有微毛，脊向先端生有硬纤毛；鳞被3，长约2mm，前方2片半卵形，后方1片窄披针形，基部具脉纹，边缘生有流苏状纤毛；花药黄色，长5～6mm；子房纺锤形，长约2mm，向上渐细为（2）3（4）枚极短的花柱，柱头羽毛状，长约3mm。果实未见。笋期6～7月。花期4～5月。

秆作扫帚。

在四川冕宁拖乌等地，该竹是野生大熊猫采食的重要主食竹种。

分布中国四川西南部和云南北部，生于海拔2400～3400m的林下或灌丛中。

耐寒区位：9区。

‖ 玉山竹组 Sect. *Yushania*

Sect. Yushania Yi in J. Bamb. Res. 5 (1): 8. 1986. quad. Y. confusam tontum, ceteris speciebus excl.; Yi & al. in Icon. Bamb. Sin. 545. 2008, & in Clav. Gen. Sp. Bamb. Sin. 155. 2009.

Type: ***Yushania niitakayamensis*** (Hayata) Keng f.

秆纤细，每节上1分枝，或在秆下部节上1分枝而上部各节上可多至3（5～8）枚，直立或上升，其直径与秆近等粗（至少1分枝时如此）。圆锥花序。

到目前为止，已记录野生大熊猫采食的本组竹类有4种。

9.16.8

鄂西玉山竹（中国植物志） 箭竹（重庆石柱、四川古蔺），风竹（重庆黔江、秀山），烧府子（重庆巫溪），烧火子（重庆城口），油竹（重庆奉节），拐油竹（重庆南川），龙须子（四川万源），华竹（四川筠连、叙永）

Yushania confusa (McClure) Z. P. Wang & G. H. Ye in J. Nanjing Univ. (Nat. Sci. ed.) 1981 (1): 92. 1981; D. Ohrnb. in Gen. *Yushania* 18. 1989; S. L. Zhu & al., A Comp. Chin. Bamb. 189. 1994; Keng & Wang in Fl. Reip. Pop. Sin. 9 (1): 549. pl. 165. 1996; T. P. Yi in Sichuan Bamb. Fl. 278. pl. 111. 1997, & in Fl.Sichuan.12: 248. pl. 87. 1998; D. Ohrnb., The Bamb. World, 157. 1999; Li D. Z., Wang Z. P., Zhu Z. D. & al. in Fl. China 22: 72. 2006; Yi & al. in Icon. Bamb. Sin. 549. 2008, & in Clav. Gen. Sp. Bamb. Sin. 159. 2009; T. P. Yi & al. in J. Sichuan For. Sci. Tech. 31 (4): 7, 13. 2010. ——

Indocalamus confusus McClure in Lingnan Univ. Sci. Bull. 9: 20. 1940. ——*Arundinaria nitida* Mitford ex Stapf in Kew Bull. Misc. Inform. 109: 20. 1896, pro parte quoad spec. sub A. Henry 6832 tantum ceteris exclusis. ——*Sinarundinaria nitida* (Mitford) Nakai in J. Jap. Bot. 11 (1): 1. 1935, pro parte；Y. L. Keng, Fl. Ill. Pl. Prim. Sin. Gramineae 22. fig. 12. 1959; Icon. Corm. Sin. 5: 29. fig. 6887. 1976.

秆柄长（10）20～40cm，直径（2）4～7mm，具（10）16～36节，节间长4～13mm，淡黄色，无毛，有光泽，实心；鳞片长三角形，革质，淡黄色至暗褐色，光亮，纵脉纹不明显或微明显，先端具一小尖头，边缘具纤毛。秆高1～2m，直径2～7（10）mm，梢端稍弯拱；全秆具(12)15～18节，节间长（10）15～33cm，圆筒形或在具分枝一侧基部扁平，通常无毛，幼时被白粉，具紫色小斑点，空腔很小，髓初时为丝状，后期变为锯屑状；箨环隆起，初时具黄色小刺毛；秆环平或微隆起；节内高3～4（5）mm，无毛。秆芽1枚，卵状椭圆形或长椭圆形，贴生，芽鳞有光泽，边缘具纤毛。分枝始于秆的第4～5节，枝条在秆下部每节分枝1或2枚，上部节上者可为3～5枚，直立或上举，长30～40（60）cm，直径（0.5）1～2（3.5）mm，每节上可再分生次级枝。笋紫红色、紫色或紫绿色，常被棕色刺毛；箨鞘宿存，长为间长度的2/5～1/2，革质，长三角形，黄褐色或暗褐色，背面被灰色至棕色刺毛，纵脉纹明显，边缘具纤毛；箨耳缺失，鞘口常具数条长1～2mm的黄褐色继毛；箨舌截平形，紫色或淡绿色，无毛，高约1mm；箨片外翻，线状披针形至线形，新鲜时绿色，长1.2～3.5cm，腹面基部被微毛，边缘具小锯齿，通常内卷。小枝具叶（2）3～5（6）；叶鞘长（2）3～6.5cm，通常无毛，边缘具灰白色纤毛；叶耳无，鞘口每边各具数条长2～5mm的灰黄色继毛；叶舌截平形，高约1mm，无毛；叶柄长1～3mm，背面密被灰色或黄色短柔毛，稀无毛；叶片披针形，长（3）8～13（21.5）cm，宽6～15（21）mm，先端渐尖，基部楔形，上面无毛，下面灰绿色，基部沿中脉被灰黄色短柔毛或微毛，次脉4～5（6）对，小横脉明显，边缘仅一侧具小锯齿。圆锥花序生于具叶小枝顶端，开展，长7～20cm，分枝细长，光滑无毛，腋间有小瘤状腺体，通常在分枝处下方具一小型苞片（有时分裂为纤维状）；小穗柄纤细，开展或略上举，长5～20（30）mm；小穗含（2）4～5（6）朵小花，长22～34mm，绿色或紫色；小穗轴节间长3～5mm，扁平，被白色微毛，顶端膨大成碟状，边缘具灰白色纤毛；颖片2枚，上部具微毛，先端渐尖，边缘具纤毛，第一颖长2.5～8mm，具3～5脉，第二颖长6～9mm，具5～7脉；外稃长圆状披针形或卵状披针形，长8～9mm，先端渐尖，背面有微毛，具7～9脉，边缘具短纤毛；内稃长约8mm，先端裂呈2小尖头，背部具2脊，脊间具2脉，脊上生纤毛；鳞被3，长1～1.5mm，前方2片半卵状披针形，后方1片披针形，膜质，纵脉纹不甚明显，上部边缘生有纤毛；雄蕊3枚，花药黄色，基部箭镞形，长5～6mm；子房卵形，长约1mm，无毛，花柱1枚，长约0.6mm，柱头2枚，白色，羽毛状，长约2.5mm。果实未见。笋期6～9月。花期4～8月。

秆可搭建茅屋及制作毛笔杆、竹筷，粉碎后可制碎料板。

在四川石棉县擦罗和雷波县二宝顶，该竹是野生大熊猫的主要采食竹种。

分布于中国陕西南部、安徽西部、湖北西部、湖南西部、重庆、四川盆周山地、贵州北部和云南东北部，为玉山竹属在我国分布最广的一个种，常成片生于海拔1000～2300m的林下、林中空地或荒坡地，纯竹林或在林中形成灌木层片，稀生于灌丛中。

耐寒区位：9区。

9
大熊猫主食竹物种的多样性

9.16.9 **大风顶玉山竹**（四川竹类植物志） 马解（彝语译音，四川马边）

Yushania dafengdingensis

Yi in J. Bamb. Res. 15 (3): 9. f. 4. 1996; T. P. Yi in Sichuan Bamb. Fl. 273. pl. 109. 1997, & in Fl. Sichuan. 12: 246. pl. 86. 1998; D. Ohrnb., The Bamb. World, 158. 1999; Li D. Z., Wang Z. P., Zhu Z. D. & al. in Fl. China 22: 70. 2006;

Yi & al. in Icon. Bamb. Sin. 550. 2008, & in Clav. Gen. Sp. Bamb. Sin. 157. 2009; T. P. Yi & al. in J. Sichuan For. Sci. Tech. 31 (4): 7, 14. 2010.

秆柄长（13）25～70cm，直径6～11mm，具25～60节，节间长5～20mm，淡黄色，光亮，实心；鳞片三角形或长三角形，薄革质，淡黄色，无毛，纵脉纹明显，先端具小尖头，排列疏松。秆高2～3（4）m，直径1.2～1.6（2）cm，梢端直立；全秆具12～16节，节间长18～22（32）cm，基部节间长5～10cm，圆筒形，但在具分枝一侧中下部扁平，幼时被白粉，尤节下方一圈更密，具紫色小斑点，平滑，无纵细线棱纹，无毛，中空，秆壁厚2.5～5mm，髓为锯屑状；箨环隆起，初时紫色，后变为褐色或黄褐色，无毛；秆环平或在分枝节上隆起；节内高4～9mm。秆芽1枚，长椭圆状卵形，贴生，无毛，边缘初时生纤毛。秆从第6～7节开始分枝，每节上仅具1枚枝条，粗与主秆相若，或在秆上部节上者较细小。笋淡绿色带紫色，无毛；箨鞘宿存，淡黄白色，软骨质，较坚硬，无毛，光亮，长圆形，先端圆形收缩，长度为节间的1/3～1/2，纵脉纹很明显，小横脉不发育，边缘初时生紫色纤毛；箨耳发达，半月形或镰形，紫色，边缘继毛发达，紫色，长达12mm；箨舌近截平形，紫色，无毛，高1～2.5mm；箨片通常直立，长三角形、卵状长三角形或线状披针形，长0.8～2.5cm，宽3～6mm，无毛，边缘近于平滑。小枝具叶3～4（6）；叶鞘长（4）6～10cm，淡绿色或淡绿色带紫色，无毛，边缘亦无纤毛；叶耳很发达，半月形或镰形，紫色，边缘继毛发达，紫色，长达10mm；叶舌截平形，紫色，无毛，高1～1.5mm；叶柄长1～1.5mm，淡绿色，无毛；叶片长圆状披针形，长（4.5）12～18cm，宽（1.2）2～3.7cm，无毛，下面灰绿色，先端渐尖，基部楔形，次脉（4）5～7（8）对，小横脉细密，组成长方格子状，边缘具小锯齿。花枝未见。笋期6月中下旬至7月上旬。

笋味淡甜，可食用。

在马边大风顶自然保护区，该竹为野生大熊猫的重要主食竹种。

分布于中国四川马边大风顶自然保护区，觉罗豁，生于海拔2200～2600m的峨眉冷杉林下。

耐寒区位：9区。

Yushania leiboensis Yi in J. Sichuan For. Sci. Techn. 21 (1): 4. fig. 3. 2000; Yi & al. inIcon. Bamb. Sin. 552. 2008, & in Clav. Gen. Sp. Bamb. Sin. 159. 2009; T. P. Yi & al. in J. Sichuan For. Sci. Tech. 31 (4): 7, 14. 2010.

秆柄长18~40cm，直径3~4mm，具25~35节，节间长3~12mm，淡黄色，实心；鳞片长三角形，交互疏松排列，淡黄色，但上部往往带紫色，无毛，纵脉纹明显，先端具小尖头，边缘无纤毛。秆散生，高1~1.5m，直径3~4mm，梢头直立；全秆具12~15节，节间长（2.5）7~11（13）cm，圆筒形，无毛，幼时微被白粉，有紫色小斑点，平滑，无纵细线棱纹，中空，秆壁厚1~1.5mm，髓初时呈环状；箨环隆起，淡黄褐色，无毛；秆环微肿起或在分枝节上显著肿起，有光泽；节内高2~3mm，有光泽。秆芽长卵形，贴生，边缘具灰白色纤毛。秆之第2~4节开始分枝，在秆下部各节具1分枝，上部节上者2~4（7）分枝，枝条长12~35cm，粗1~1.5mm，幼时亦具紫色小斑点。笋淡绿色带紫色，背面被紫色贴生极短小硬毛，笋味甜；箨鞘宿存，长为节间长度的1/3~1/2，薄革质，长圆状三角形，先端短三角形，暗黄色，无毛，纵脉纹明显，上部具小横脉，边缘无纤毛；箨耳及鞘口继毛均无；箨舌截平形，高1~1.5mm，紫色，边缘具极短灰白色纤毛；箨片外翻，线状三角形，长达8mm，基部较箨鞘顶端窄，长3~8mm，宽约1mm，紫色，无毛。小枝具叶（4）5~7；叶鞘长2~3.2cm，淡绿色，无毛；无叶耳及鞘口继毛；叶舌显著，斜截平形，高1~1.5mm，淡绿色，无缘毛；叶柄长1~1.5mm，淡绿色，无毛；叶片线状披针形，纸质，较硬，长7~11.5cm，宽4.5~7mm，先端细长渐尖，基部楔形，下面淡绿色，两面均无毛，次脉不明显，2~3对，小横脉组成长方形，边缘具小锯齿。花枝未见。笋期5月。

在其自然分布区，该竹是野生大熊猫冬季下移时觅食的重要竹种。

分布于中国四川雷波。生于海拔1600~1700m的山地阔叶林下。

耐寒区位：9区。

Yushania mabianensis Yi in J. Bamb. Res. 5 (1): 47. pl. 17. 1986; Keng & Wang in Fl. Reip. Pop. Sin. 9 (1): 536. pl. 159: 1–6. 1996; T. P. Yi in Sichuan Bamb. Fl. 273. pl. 108. 1997, & in Fl. Sichuan. 12: 244. pl. 85: 1–5. 1998; D. Ohrnb., The Bamb. World, 160. 1999; Li D. Z., Wang Z. P., Zhu Z. D. & al. in Fl. China 22: 68. 2006; Yi &

9
大熊猫主食竹物种的多样性

al. in Icon. Bamb. Sin. 553. 2008, & in Clav. Gen. Sp. Bamb. Sin. 155. 2009.

秆柄长20~35cm，直径3~4（5）mm，具29~38节，节间长4~14mm，淡黄色，无毛，有光泽，实心；鳞片长三角形，疏松排列，淡黄色，上部脉纹明显，边缘初时具纤毛。秆散生，直立，高1~2m，直径0.4~0.8cm；全秆约具13节，节间一般长17~19cm，最长达27cm，基部节间长5~6cm，圆筒形或在秆上部节间分枝一侧基部微扁平，绿色，幼时有幼紫色斑点，节下通常有一圈白粉及灰色至棕色刺毛，后脱落变无毛，平滑，纵细线棱纹不明显，中空，秆壁厚约2mm，髓初时为片状分隔，后变为锯屑状；箨环常在初时密被下向棕色刺毛，微隆起；秆环平或在分枝节上鼓起并高于箨环；节内高2.5~4mm，光滑。秆芽卵状长圆形，贴生，具灰白色短硬毛及长缘毛。枝条在秆下部节上为1枚，直立，粗达5mm，在秆上部者每节可达3（4）枚，斜展，粗1.5~2mm，均可在节上再分次级枝。箨鞘宿存，黄褐色至褐色，革质，三角状长圆形，长约为节间长度的2/5，长5.5~10cm，宽1.2~1.9cm，背面被黄褐色倒向刺毛，纵脉纹在基部以上部位明显，近基部平滑，小横脉不发育，边缘密生纤毛；箨耳镰形，抱秆，繸毛直或微弯，长达5mm；箨舌近截平形，紫色，无毛，高约0.5mm；箨片外翻，线状披针形，长1~2.2cm，宽1.5~2（3）mm，无毛，易脱落。小枝具叶3~5枚；叶鞘长4.5~7cm，无毛或有时具小刺毛，边缘初时有纤毛；叶耳椭圆形或镰形，具长达5（7）mm多至11枚的放射状繸毛；叶舌圆弧形或近截平形，无毛，高1~1.5mm；叶柄长2~3mm，无毛；叶片披针形或线状披针形，纸质，长（7）9~16（20）cm，宽（1）1.4~2.2（2.8）cm，无毛，基部楔形或阔楔形，背面灰绿色，次脉（5）6对，小横脉清晰，边缘仅一侧密生小锯齿。花枝未见。笋期9月。

笋食用；秆作篱笆、扫帚；叶和小枝为牛、羊饲料。

在四川雷波和马边天然林区，该竹是野生大熊猫冬季垂直下移时觅食的重要竹种。

分布于中国四川南部雷波和马边，生于海拔1430~1900m的阔叶林下或灌丛间。

耐寒区位：9区。

9.17 国外圈养大熊猫临时用竹

除上述常见大熊猫主食竹外，还见有少数国外动物园，就近选择或远程购买一些竹类植物，作为大熊猫主食竹的临时代用品，亦发挥了一定作用。据相关记录，这些临时性大熊猫食用竹共有13属、27种、1变种、8栽培品种，计36种及种下分类群，但其准确性尚待进一步考证。

9.17.1 箣竹属*Bambusa* Retz. corr. Schreber

（1）比哈箣竹*Bambusa balcooa* Roxburgh

用竹机构为：澳大利亚阿德莱德动物园。

（2）箣竹*Bambusa blumeana* J. A. & J. H. Schult. f.

用竹机构为：俄罗斯莫斯科动物园。

（3）马来矮竹*Bambusa heterostachya* (Munro) Holttum

用竹机构为：马来西亚国家动物园。

（4）孝顺竹*Bambusa multiplex* (Lour.) Raeuschel ex J. A. & J. H. Schult.

a.金色女神竹*Bambusa multiplex*‘Golden Goddess’

用竹机构为：澳大利亚阿德莱德动物园。

b.小叶琴丝竹*Bambusa multiplex*‘Stripestem Fernleaf’

用竹机构为：澳大利亚阿德莱德动物园。

（5）俯竹*Bambusa nutans* Wall. ex Munro

用竹机构为：新加坡动物园。

（6）青皮竹*Bambusa textilis* McClure

a.崖州竹*Bambusa textilis*‘Gracilis’

用竹机构为：澳大利亚阿德莱德动物园。

（7）青秆竹*Bambusa tuldoides* Munro

用竹机构为：美国圣地亚哥动物园。

9.17.2 绿竹属*Dendrocalamopsis* (Chia & H. L. Fung) Keng f.

吊丝球竹*Dendrocalamopsis beecheyana* (Munro) Keng f.

用竹机构为：美国圣地亚哥动物园。

9.17.3 牡竹属*Dendrocalamus* Nees

（1）麻竹*Dendrocalamus latiflorus* Munro

a.美浓麻竹*Dendrocalamus latiflorus*‘Mei-nung’

用竹机构为：澳大利亚阿德莱德动物园。

（2）吊丝竹*Dendrocalamus minor* (McClure) Chia & H. L. Fung

用竹机构为：澳大利亚阿德莱德动物园。

9.17.4 箭竹属*Fargesia* Franch. emend. Yi

（1）缺苞箭竹*Fargesia denudata* Yi

用竹机构为：俄罗斯莫斯科动物园。

（2）箭竹*Fargesia spathacea* Franch.

用竹机构为：俄罗斯莫斯科动物园。

9.17.5　阴阳竹属*Hibanobambusa* Maruyama & H. Okamura

白纹阴阳竹*Hibanobambusa tranguillans*'Shiroshima'

用竹机构为：苏格兰爱丁堡动物园。

9.17.6　刚竹属*Phyllostachys* Sieb. & Zucc.

（1）桂竹*Phyllostachys bambusoides* Sieb. & Zucc.

a.金明竹*Phyllostachys bambusoides*'Castillonis'

用竹机构为：美国圣地亚哥动物园。

（2）角竹*Phyllostachys fimbriligula* Wen

用竹机构为：奥地利美泉宫动物园。

（3）曲秆竹*Phyllostachys flexuosa* (Carr.) A. & C. Riv.

用竹机构为：比利时天堂动物园。

（4）红壳雷竹*Phyllostachys incarnata* Wen

用竹机构为：俄罗斯莫斯科动物园。

（5）高节竹*Phyllostachys prominens* W. Y. Xiong

用竹机构为：苏格兰爱丁堡动物园。

（6）衢县红壳竹*Phyllostachys rutila* Wen

用竹机构为：奥地利美泉宫动物园。

9.17.7　苦竹属*Pleioblastus* Nakai

川竹*Pleioblastus simonii* (Carr.) Nakai

a.异叶川竹*Pleioblastus simonii*'Heterophyllus'

用竹机构为：奥地利美泉宫动物园。

9.17.8　茶秆竹属*Pseudosasa* Makino ex Nakai

（1）茶秆竹*Pseudosasa amabilis* (McClure) Keng f.

a.薄箨茶秆竹*Pseudosasa amabilis* (McClure) Keng f. var. *tenuis* S. L. Chen & G. Y. Sheng

用竹机构为：奥地利美泉宫动物园。

（2）矢竹*Pseudosasa japonica* (Sieb. & Zucc.) Makino

用竹机构为：奥地利美泉宫动物园。

9.17.9　筇竹属*Qiongzhuea* Hsueh & Yi

三月竹*Qiongzhuea opienensis* Hsueh & Yi

用竹机构为：俄罗斯莫斯科动物园。

9.17.10　赤竹属*Sasa* Makino & Shibata

（1）千岛赤竹*Sasa kurilensis* (Ruprecht) Makino & Shibata

用竹机构为：苏格兰爱丁堡动物园。

（2）津轻赤竹*Sasa tsuboiana* Makino

用竹机构为：苏格兰爱丁堡动物园。

9.17.11　东笆竹属*Sasaella* Makino

椎谷笹*Sasaella glabra* (Nakai) Nakai ex Koidzumi

a.白纹椎谷笹*Sasaella glabra*'Albo-striata'

用竹机构为：苏格兰爱丁堡动物园。

9.17.12　业平竹属*Semiarundinaria* Makino ex Nakai

业平竹*Semiarundinaria fastuosa* (Mitford) Makino

用竹机构为：奥地利美泉宫动物园、比利时天堂动物园。

9.17.13　泰竹属*Thyrsostachys* Gamble

泰竹*Thyrsostachys siamensis* (Kurz ex Munro) Gamble

用竹机构为：马来西亚国家动物园。

10

环境因素对大熊猫主食竹
多样性的影响

既然大熊猫主食竹多样性如此重要，对于大熊猫保护事业起着关键性的作用，那么就应当采取一切行之有效的手段对其加以保护。但保护的前提是，必须首先弄清楚究竟有哪些因素会对大熊猫主食竹多样性的存续和发展产生影响。经过科学家多年来的系统研究和梳理，认为对大熊猫主食竹多样性造成影响的环境因素主要表现在三个方面：一是人为因素的影响，二是生物因素的影响，三是自然因素的影响（王红英等，2015）。

10.1 人为因素的影响

人为因素对于竹类多样性的影响，主要来自林业生产、农业生产、牧业生产、副业生产、交通道路、工业污染、水利建设、水电建设、旅游开发、居民区建设以及其他一些人为活动等（周世强等，2015）。

10.1.1 林业生产

林业生产一般是指林木栽培、林产品采集和竹木采伐等生产活动的总称。包括苗圃生产、用材林（如柏、松、杉、竹等）生产和经济林（如橡胶、油桐等）成林后的产品生产。这里所说的林业生产主要集中针对林业生产中的采伐活动。因为，采伐活动既是森林（含竹林）培育的目的，也是森林（含竹林）利用的手段。森林采伐通常作业范围大，作业强度大，作业频次高，因而对森林（含竹林）生物多样性的扰动大、影响剧烈（彭培好等，2005）。

10.1.1.1 竹林采伐

在环境因素中，对大熊猫主食竹多样性影响最大的莫过于竹林的采伐活动，也就是直接砍伐大熊猫主食竹。由于大熊猫主食竹，尤其是野生大熊猫主食竹，具有每年发笋的特点，所以只能采用择伐方式进行。比如篌竹 *Phyllostachys nidularia* Munro，就要求砍老留幼、砍小留大、砍弱留强、砍密留稀，目的是按人类需要获取可用竹材。但无论采伐规则如何、采伐方式怎样，都意味着对原有竹林环境、竹林生态、竹林植被、竹林群落的剧烈干扰。而且，随着立竹量、蓄积量的大幅度减少，必然对竹子个体或居群的遗传多样性造成极大伤害（刘仕咄等，2009）。

10.1.1.2 森林采伐

森林采伐虽然是针对上层乔木的采伐行为，但由于其作业对象高大笨重、作业手段简单粗暴、作业的振幅大、扰动大、环境影响大，同样会对位于下层的大熊猫主食竹林环境、竹林生态、竹林植被和竹林群落、物种、居群造成极大伤害。

10.1.2 农业生产

农业生产主要表现为在大熊猫主食竹分布区内直接从事农事活动，大都发生在大熊猫主食竹分布区较低的海拔地带。其影响强度与当地的社区自然条件以及人口、经济发展有很大的关系。

10.1.2.1 农田扩耕

农田扩耕多是指为了适应人口增长和经济发展的需要而挤占大熊猫主食竹用地的现象。一方面，农田扩耕会直接砍伐大熊猫主食竹林或破坏大熊猫主食竹林生长环境；另一方面，也会大大缩减大熊猫主食竹林面积；同时，连续分布的农田会导致大熊猫主食竹林分布的不连续和斑块化，从而缩小大熊猫及大熊猫主食竹的生存空间，降低大熊猫及大熊猫主食竹的环境质量。

10.1.2.2　毁林开荒

毁林开荒是指直接毁坏大熊猫栖息地及大熊猫主食竹林，并将毁林地块用于种植农作物、药材或其他经济作物的现象。其对大熊猫及大熊猫主食竹生存的影响，与农田扩耕基本相似（图10-1）。

▲ 图10-1　毁林开荒

10.1.2.3　农药污染

农业生产中为了提高粮食及其他经济作物的产量或产值，必然使用化肥、农药、除草剂、地膜等具有增产或增值效应的生产资料，但这些生产资料会对当地环境造成污染，造成大熊猫及大熊猫主食竹的长势衰弱或竹笋营养品质下降，严重的（比如除草剂的不当使用）将导致大熊猫及大熊猫主食竹林死亡。

10.1.3　牧业生产

这里所说的牧业生产，主要是指将大熊猫主食竹林直接用作牧场或饲料，而非用于大熊猫本身。

10.1.3.1　作为牧场

在大熊猫主食竹分布区的边缘地带，少量放牧牛、羊等家畜，对生长茂盛的大熊猫主食竹林不会造成太大影响，但数量多时，就会不可避免地对其造成干扰、甚至破坏。有的竹子本身就是牛羊饲料，合理利用可以，但如同草原一样，过度放牧就会导致大熊猫主食竹林退化、衰败，严重时甚至导致大熊猫主食竹林死亡（图10-2）。

放牧前1

放牧前2

放牧后1

放牧后2

▲ 图10-2　长期放牧而退化的玉山竹林

采伐迹地

集料索道

现场加工

现场储料

▲ 图10-3　采竹活动

10.1.3.2　作为饲草

适度采割对大熊猫主食竹林的正常生长影响不大，但量大必须控制。

10.1.4　副业生产

副业生产主要表现在采竹、采笋、狩猎、采药等副业活动。

10.1.4.1　采竹

这里所说的采竹，主要是对天然大熊猫主食竹林而言，其目的是竹区群众的生产和生活性利用，因为长期以来，采竹一直都是竹区群众的生产方式和生活习惯。比如，竹区群众常将大熊猫主食竹用于搭建棚架、制作扫帚、菜杆等，只要方法得当、数量合理，这样的采竹和用竹方式对大熊猫主食竹类多样性虽有一定影响，但总的来说影响不大。可是商业性采竹是在竹子资源丰富，地势平缓，生长较好的区域进行，其采竹面积与采竹数量都比较大，对作业区的大熊猫主食竹类多样性必然产生严重影响，所以要严格控制，科学管理（图10-3）。

10.1.4.2　采笋

采笋是大熊猫主食竹分布区群众最普遍、最常见，也是最频繁的一项副业生产活动，因而在不同的大熊猫主食竹分布区均有不同程度的发生。采笋的主要目的是食用或赢得经济收益，所以广受欢迎。但采笋行为会直接影响大熊猫主食竹林生长，采笋方式和采笋强度则直接关系到整个大熊猫主食竹林的林相和长势，轻者对大熊猫主食竹林正常生长带来干扰，重者会对大熊猫主食竹林资源造成破坏（图10-4）。

▲ 图10-4　采笋活动

10.1.4.3　捕猎

经过多年的保护、宣传和严厉打击，已经大大减少了大熊猫主食竹分布区针对各种珍稀野生动物的捕猎行为，但对保护级别较低的野生动物的捕猎现象仍有发生。捕猎行为的发生频次虽然较多，对大熊猫主食竹林生长也有不利影响，但总体来说影响不大。倒是猎人们随意搭建临时居住窝棚、烧火做饭以及乱扔垃圾等，反而给大熊猫主食竹林带来了不利影响。

10.1.4.4　采药

采药是大熊猫主食竹分布区及其周边社区居民的传统生产和生活方式，对大熊猫主食竹林生长干扰较大。其不利影响表现为：一是过度乱采乱挖造成地表植被的破坏；二是挖药人在山上吃住生火，破坏竹林，存在火灾隐患。

10.1.4.5　其他副业活动

其他副业活动主要是指放蜂、割漆、采脂、采剥栓皮，以及采摘野山菌、山野菜、野板栗等林副产品。这些行为不是直接破坏大熊猫主食竹林，而是频繁的人为活动会对竹林带来负面影响，同样存在火灾隐患。

10.1.5　工业污染

工业污染主要是指工业生产所产生的废渣、废气和废水对竹林带来的不利影响。工业污染是大熊猫主食竹类多样性面临的最为严重的威胁之一。其危害特点在于：一是工业生产中排放大量未经处理的水、气、渣等有害废物，会严重破坏大熊猫主食竹分布区的生态平衡和自然环境，对大熊猫主食竹的生长和发展造成极大危害；二是工业"三废"会造成环境污染，直接危及竹区群众的健康，从而给竹类资源的保护和管理造成困扰；三是工业污染具有滞后性，开始不易察觉，一旦发现，已经难于收拾，后果极其严重。

10.1.5.1　废渣

工业废渣主要通过毁坏大熊猫主食竹林林地和污染竹区土壤及地下水两种方式对大熊猫主食竹类多样性造成不利影响。

毁坏竹林林地：在大熊猫主食竹分布区内，大规模开采各类矿藏，会带来大量废石堆积，其直接后果就是造成大片的大熊猫主食竹林被毁。在一些地下的矿产资源较为丰富的地方，由于矿产品种多样，加之矿产资源的经济价值较高、开采效益较好，受到地方政府和当地群众的追捧。采矿采石除占用部分大熊猫主食竹林林地外，还会破坏山体、植被，产生废水、废渣、生活垃圾等，都会对大熊猫主食竹类多样性的保护造成负面影响。由于矿区植被恢复成本高，实施难度大，目前的实际情况是，被损坏的大熊猫主食竹林林地基本上很少进行现地恢复，而是采用异地恢复的方式解决，这就导致了矿区长年岩石裸露，植被稀少，生态环境恢复缓慢的现象。

污染土壤和地下水：在大熊猫主食竹林分布区，如果发生工业有害废渣长期堆存情况，这些废渣经过雨水淋溶，可溶成分就会随着水流从地表向地下渗透。有害物质向土壤迁移转化，容易造成其不断富集，使堆场附近土质酸化、碱化、硬化，甚至发生重金属型污染，进而对大熊猫主食竹区环境造成严重污染。例如，一般在有色金属冶炼厂附近的土壤里，铅含量为正常土壤中含量的10～40倍，铜含量为5～200倍，锌含量为5～50倍。这些有毒物质一方面通过土壤进入水体，削弱大熊猫主食竹林长势，另一方面有毒物质在土壤中发生积累会被大熊猫主食竹林吸收，致使竹体营养品质下降。

10.1.5.2　废气

工业废气包括有机废气和无机废气。有机废气主要包括各种烃类、醇类、醛类、酸类、酮类和胺类等；无机废气主要包括硫氧化物、氮氧化物、碳氧化物、卤素及其化合物等（刘世忠等，2003）。当烧煤的烟囱排放出的二氧化硫酸性气体，或汽车排放出来的氮氧化物烟气上升到大气中，这些酸性气体与空气中的水蒸气相遇，就会形成硫酸和硝酸小滴，使雨水酸化，这时落到地面的雨水就成了酸雨。煤和石油的燃烧是造成酸雨的主要祸首。酸雨对大熊猫主食竹林的正常生长及竹类多样性的丰富程度危害极大，主要表现在：

①腐蚀竹类植物的裸露器官表面，损害其功能的正常发挥；

②破坏竹区土壤，削弱竹林长势；

③严重时导致竹林无选择性大面积死亡。

10.1.5.3　废水

同废渣、废气一样。废水排放也会对大熊猫主食竹区土壤造成污染，轻者会造成地面上的竹林长势衰弱，重者会导致竹林死亡。工业废水主要有冶金废水、造纸废水、炼焦煤废水、金属酸洗废水、纺织印染废水、制革废水、农药废水、化学肥料废水等。几乎所有的工业废水，都会对与之空间相连的大熊猫主食竹林环境造成污染，只是污染程度和危害作用不同而已。例如：

当大量的无机物流入时，会使水体内盐类浓度增高，造成渗透压改变，对大熊猫主食竹林造成不良影响；

纸浆、纤维工业等的纤维素，选煤、选矿等排放的微细粉尘，陶瓷、采石工业排出的灰砂等不溶性悬浮物废水的污染，均会影响大熊猫主食竹林的正常生长；

酸性和碱性废水产生的污染，会迟滞大熊猫主食竹的生长；

含高浊度和高色度废水产生的污染，会引起光通量不足，影响大熊猫主食竹的生长和繁衍；

当含氰、酚等急性有毒物质、重金属等慢性有毒物质及致癌物质过量时，会危害大熊猫主食竹分布区居民的健康，进而影响竹资源的保护、管理和发展。

10.1.6 筑路用路

10.1.6.1 筑路

筑路包括在大熊猫主食竹分布区修建高铁、铁路、高速公路、国道、省道、县道，甚至乡村公路、林区道路等。通常情况下，道路等级越高，对大熊猫主食竹林来说，负面影响越大。其一，筑路必然占用一定的大熊猫主食竹林面积；其二，筑路必然伤及沿途的大熊猫主食竹林；其三，由于道路是连续不断的，势必对大熊猫主食竹分布区造成区域分割，这也是导致其破碎化的原因之一。上述三种情况，无疑都是对大熊猫主食竹类多样性正常功能发挥的不利影响因素。

10.1.6.2 用路

无论哪一种道路，建设的目的都是为了使用。道路的畅通，的确为大熊猫主食竹分布区居民的生产生活以及从事各种交流活动提供了便利，但同时也大大增加了人们进入大熊猫主食竹林分布区，并对其正常生长形成干扰的机会（图10-5）。

10.1.7 水利建设

这里所说的水利建设，主要是指在大熊猫主食竹分布区开展的各类水利基础设施建设。

10.1.7.1 水库

水库是水利基础设施建设中的重头戏。在大熊猫主食竹分布区建设水库，一方面是筑坝蓄水，需要占用大量林地；另一方面是水库蓄水后，会将原本连为一体的竹林分割成彼此不相接的若干个区域。毫无疑问，两个方面都会对大熊猫主食竹

▲ 图10-5　竹林公路

类多样性带来不利影响（图10-6）。

10.1.7.2　水渠

水渠是连接水库的输水配套设施，这是一个庞大的
渠道网络系统，一样需要占用大量大熊猫主食竹林地，
而且竹林的分割作用更突出，影响更大。

10.1.7.3　堤堰

历史上修筑或维修堤堰，曾经采用竹笼填装卵石的
方法进行堆砌，因而每年都需要动员大量人力、物力、
财力，砍伐大量竹林大规模编制竹笼。比如举世闻名的

▲ 图10-6　水库

都江堰水利工程，包括堰首工程和遍布7市37县的输水渠网，从修建到维护，历时达2200多年，不知耗费了
多少竹林资源（彭述明，2004）。其中大量使用的慈竹*Neosinocalamus affinis* (Rendle) Keng f.，便是川西盆周
山地大熊猫冬季下移时采食的重要竹种。

10.1.8　水电建设

水电建设的影响来自两个方面：一是水电站的影响；二是输电线路的影响。

10.1.8.1　水电站

水电建设对大熊猫主食竹林的影响，主要体现在水电站拦水大大坝建设区和水库蓄水淹没区。在水电站
与大坝建设期间，主要是施工人员、施工材料，以及机械车辆的影响；大坝建成后，其影响分为两部分：
一是筑坝拦水后上游形成的淹没区，水面加深变宽，导致库区内大量大熊猫主食竹林被淹没；二是大坝下
的部分河段断流，甚至有可能从此彻底改变周边的生态环境，导致下游沿岸的部分大熊猫主食竹林长势减
弱或再也无法生存。

10.1.8.2　输电线路

输电线路由电线和电线杆（塔）组成。输电线路对竹林的影响主要体现在输电线路，主要是高压线路
建设过程中的生产作业、砍伐沿线的竹林和植被，以及修筑架线所需的临时运输辅道。对于穿越大熊猫主
食竹林的高压线路，除塔基占用部分林地外，每隔几年都要砍除高压线下竹林，以方便线路维护。而且，
高压线路的日常检查维修，也增加了工作人员进入竹区的机会，虽然这种干扰对大熊猫主食竹林影响不是
太大，但的确长期存在。

10.1.9　旅游开发

不少大熊猫主食竹林分布区，环境优美、竹影摇曳，拥有丰富的旅游资源，是进行旅游开发的理
想之地。旅游开发对大熊猫主食竹林多样性的影响主要分为旅游设施建设和旅游项目开发两大部分。

10.1.9.1　旅游设施建设

在大熊猫主食竹分布区进行旅游开发，必然开展大量住宿、餐饮、娱乐、购物、运动和管理等主体设
施及配套设施的建设，这些建设一是需要占用竹林空间和场地；二是建设过程的运输、集料、机械和人员
活动，会对施工区域及周边竹林环境造成影响；三是建设期间会产生大量建渣、废料、废水和垃圾污染。

实践证明，缺少科学的规划、鲁莽无序的建设、粗放滞后的管理，以及近乎缺失的监督，是对大熊猫主食竹分布区开发旅游造成其生态伤害和破坏的重要原因，必须严加管控（图10-7）。

10.1.9.2　旅游项目开发

进行旅游项目开发，必然带来大量人流和车流，无疑加大了对大熊猫主食竹林资源的干扰，加速了竹林环境的污染。尤其是一些自驾游、户外登山者随意进入竹区、竹林，攀折竹秆、竹枝，用于堆柴烤火或制作竹筷等，给大熊猫主食竹林的保护和管理工作带来了很大压力（图10-8、图10-9）。

▲ **图10-7**　这是一片玉山竹林被开发旅游后的情形

▲ **图10-8**　竹林中的轨道车

▲ **图10-9**　竹海中的索道

10.1.10　居民区建设

在大熊猫主食竹分布区开展居民区建设，其影响与其他建设项目类似，无论规模大小，都需要占用一定的林地空间，都会对竹林环境造成不利影响。不同的是，居民区建设比其他项目建设更具扩张性，且持续时间更长。一方面，居民区建设会随着人口的不断增长而进一步扩大；另一方面，常住居民的外延性侵扰比其他项目的居住者要来得更多、更强。

10.1.11　其他活动

10.1.11.1　砍柴

薪材是大熊猫主食竹分布区及周边区域居民生活的能源来源之一，主要用于煮饭、取暖等生活需求。砍柴在高山偏远竹区较为普遍。好在随着社会经济的发展，竹区居民对竹林薪材的依赖正逐渐减少。

10.1.11.2　用火

大熊猫主食竹分布区的用火情况，多为入山采药、捕猎、放牧、养蜂、林副产品采集、科研调查、登山旅游、基础设施建设等外勤人员生活做饭、取暖用火。野外用火是导致大熊猫主食竹林火灾的主要原因，尤其是在森林防火期内，入山人员的野外用火将直接威胁竹林的安全。

10.2 生物因素的影响

生物因素对于大熊猫主食竹类多样性的影响，主要来自竹子开花、食竹动物和有害昆虫等三个方面。

10.2.1 竹子开花

竹子属于禾本科竹亚科植物，因而具有许多其他禾本科植物的基本生物学特征。比如，竹子具有的周期性开花结实、更新换代的习性。竹类植物从种子萌发的竹子幼苗开始，一般要经过5～10年时间，才能长成竹林，竹子成林后可以持续生长50～100年时间，接着又会开花结实，然后老竹枯死、新竹萌发，从而完成整个竹林的更新换代，每50～100年循环一次，这样周而复始、生生不息、永续绵延。

竹子开花是对竹林生长最大的威胁，开花即意味着死亡、竹林生命的终结，特别是当竹林大面积连片开花枯死时，整个竹林分布区就像火烧一般，毫无生机，荒凉恐怖。比如1975年，岷山山脉面积约5000km²的竹子开花枯死后，经调查发现了百余只大熊猫尸体；1983年，邛崃山山脉的冷箭竹80%以上开花枯死，总面积近10000km²。仅卧龙自然保护区的32000hm²冷箭竹中，就有近30000hm²开花死亡，造成保护区内2/3的大熊猫处于缺食境地。所以，竹子开花既是竹子的生长规律，又是竹林生存的威胁因素，对于竹类多样性影响巨大（图10-10）（刘颖颖等，2007）。

油竹子开花　　　　　　　刺黑竹开花　　　　　　　冷箭竹开花

▲ 图10-10　竹子开花

10.2.2 竞食动物

在食竹动物中，对竹类多样性影响最大的肯定是大熊猫。众所周知，大熊猫是中国的国宝；竹子是大熊猫的主要食物。权威资料显示，中国大熊猫栖息地的面积约2576595hm²，潜在栖息地面积约911193hm²，竹林面积约600000hm²，竹子蓄积量约18000000t；主要分布范围在东经102°00′～108°11′、北纬27°53′～33°55′、海拔（1200）2000～3000（3600）m之间，从南到北直线距离约750km，东西宽50～180km（国家林业局，2006）。大熊猫主食竹总共有16属、107种、1变种、19栽培品种，计127种及种下分类群（史军义等，2020）。

除大熊猫外，还有一些动物也取食竹子。如小熊猫*Ailurus fulgens*和中华竹鼠*Rhizomys sinensis*（图10-11）。此外，羚牛、黑熊、野猪、猪獾、牛羊等动物也兼食一部分竹叶或竹笋。

小熊猫　　　　　　　　　　　　　中华竹鼠

▲ 图10-11　竞食动物

10.2.3　有害昆虫

各种以竹类为取食对象的昆虫，也会对竹林造成伤害。比如竹象蛀食竹笋，造成难以成竹；蝗虫取食竹叶，造成竹林衰势等（徐天森等，2004；刘小斌等，2014）。

据报道，中国竹类主要害虫分为三大类，即笋部害虫、叶部害虫和秆部害虫。

10.2.3.1　笋部害虫

此类害虫主要危害大熊猫主食竹的竹笋，以幼虫在笋内蛀食，轻者可使新竹畸形生长，易造成风折，重者使受害笋停止生长、枯死或腐烂死亡。该类害虫总数约有6目、20科、100余种，并以鞘翅目、同翅目、半翅目种类居多，但以鳞翅目、鞘翅目种类危害较重。笋部害虫对竹类植物的危害方式分为两类：一类是刺吸式口器害虫，以若虫或成虫在竹笋外部的笋箨上，将刺吸式口器插入竹笋组织内吸食汁液，比如竹蝉；另一类是嚼吸式口器害虫，以成虫或幼虫啃食笋肉（如叶甲），或钻入笋体取食危害（如竹象）（图10-12）。

▲ 图10-12　竹象

10.3　自然因素的影响

10.3.1　气象灾害

10.3.1.1　低温

低温对大熊猫主食竹生存的威胁，从大熊猫主食竹的自然分布情况即可窥知。绝大多数大熊猫主食竹只能分布于亚高山地带，其中最重要的制约因素便是相对较低的温度（王舒惊，2017）。

10.3.1.2　高温

普通高温可以导致大熊猫主食竹林长势衰弱，严重高温直接导致其死亡。比如2017年7月，北京的地面温度达到了68 ℃，直接导致亚运村一带绿化带上的早园竹 *Phyllostachys propinqua* McClure竹叶重度卷缩，几天之后脱水而死。早园竹是北京地区动物园喂食圈养大熊猫的重要竹种。

10.3.1.3　冰雪

对于野生大熊猫而言，当其主食竹冬季被冰雪覆盖而无法采食时，它们只能转移到海拔较低的地方取食其他竹子。比如在四川卧龙国家级自然保护区，大熊猫主要取食分布在海拔2600～3300m的冷箭竹，当冷箭竹被积雪覆盖时（图10–13），它们就下移到海拔相对更低（1700～2700m）的地方取食拐棍竹。

对于气候比较温暖的南方地区，如突然发生冰雪灾害，竹林受影响较大。比如2008年年初的冰雪灾害，席卷了中国整个南方地区，造成了大面积的竹林受灾，林貌被毁、林相杂乱、竹秆弯折、竹材破损，很多无法再加工利用，经济和生态损失巨大。其中不少就是圈养大熊猫的主食竹种。

10.3.2　生态灾害

10.3.2.1　干旱

轻微干旱可以导致圈养大熊猫的重要竹林长势衰弱，严重干旱直接导致竹林旱死。比如21世纪初发生在四川乐山金口河一带的旱灾，曾经造成了慈竹 *Neosinocalamus affinis* (Rendle) Keng f.的大量死亡。

10.3.2.2　水灾

水灾主要发生在雨季，一般会造成竹林倒伏、折损。但当山高坡陡、且洪水面大时，一旦发生强降雨，极易爆发山洪，伴随山洪而来的则是大量的山体滑坡和泥石流，从而给竹林造成灭顶之灾。

10.3.2.3　火灾

火灾对大熊猫主食竹林会造成极大威胁，一旦发生，后果非常严重，大多是毁灭性的。竹林火灾多发生在冬春季节，尤其在开春草木未吐绿的时候，气温回升快、降雨少，加之烧荒耕种、入山人员增多，此时最容易发生森林火灾。近年来随着森林防火宣传、执法、投入的加大，火灾发生率明显下降（史军义等，1985）。

10.3.3　地质灾害

10.3.3.1　地震

据报道，2008年发生的"5·12"汶川大地震，导致了大量山体滑坡、泥石流等次生地质灾害，对四川的大熊猫栖息地造成了严重破坏，使得大熊猫主食竹大面积受损，灾情波及邛崃山山系、岷山山系、凉水山山系和大小相岭。其中卧龙自然保护区，王朗自然保护区，以及汶川县、平武县等周边县市受灾最为严重，尤其是位于邛崃山山系东坡的卧龙自然保护区，分布于海拔2300～3600m的冷箭竹（*Bashania faberi*）和分布于海拔1600～2650m的拐棍竹（*Fargesia robusta*）都是该区大熊猫的重要主食竹种，由于山体大量滑坡，造成这两种竹子在陡峭区域的损失比例大约都在60%以上，灾情相当严重（图10-13、图10-14）。

▲ 图10-13　被大雪覆盖的冷箭竹林和雪地中的大熊猫　　　▲ 图10-14　地震受灾竹林

岷山山系，其中包括龙门山脉，也是这次地震的主震带。震前，这一带的山体被大量植被覆盖，是川西北的重要生态屏障。在这次地震中，这里也是受灾最为严重的地区之一，大熊猫栖息地的植被破坏程度甚至达到85%以上，导致岷山大熊猫的主要可食竹类缺苞箭竹*Fargesia denudata* Yi、糙花箭竹*F. scabrida* Yi、团竹*F. obliqua* Yi、青川箭竹*F. rufa* Yi、华西箭竹*F. nitida* (Mitford) Keng f. ex Yi、巴山木竹*Bashania fargesii* (E. G. Camus) Keng f. & Yi、篌竹*Phyllostachys nidularia* Munro等，都遭受了较为严重的破坏，受灾面积都在50%以上，有大约30%的竹林甚至被山体滑坡和泥石流完全掩盖（刘婧媛等，2010）。

▲ 图10-15　塌方受灾竹林

10.3.3.2　塌方、滑坡和泥石流

塌方、滑坡和泥石流，在大熊猫主食竹林分布区属于经常发生的地质灾害，只是程度不同而已。一旦发生，竹林多是被毁坏或掩埋，当然后果严重（图10-15）。

10.3.3.3　地面变型

地面变型主要是指地面沉降、开裂、塌陷等。总的来说，这些地质灾害也经常发生，对大熊猫主食竹林生长虽有影响，但影响很小。不过，在矿区还是应加小心。

11

大熊猫主食竹生物多样性保护

　　大熊猫主食竹的生物多样性保护，是大熊猫主食竹可持续利用的物质基础，是实现保护大熊猫这一濒危物种的前提条件，关乎大熊猫保护事业的成败（图11-1）。

▲ 图11-1　自然保护区内的大熊猫及其主要采食的冷箭竹

11.1　法律措施

11.1.1　国家法律法规

　　中国为了保护森林、野生动物、野生植物、生态环境等，先后颁布了一系列法律法规：

　　1950年6月30日发布的《中华人民共和国土地改革法》第18条规定：大森林收归国有，由人民政府管理经营。

　　1961年中共中央制定了《关于确定林权、保护山林和发展林业的若干政策规定(试行草案)》。

　　1963年国务院发布了《森林保护条例》。

　　1967年中共中央、国务院颁布了《关于加强山林保护管理、制止破坏山林树木的通知》。

　　1979年2月23日，第五届全国人民代表大会常务委员会原则通过了《中华人民共和国森林法(试行)》。

1984年9月20日，第六届全国人民代表大会常务委员会第七次会议通过了第一部《中华人民共和国森林法》。1998年4月29日，又根据第九届全国人民代表大会常务委员会第二次会议《关于修改〈中华人民共和国森林法〉的决定》对该法进行了修订。该法第一条即开宗明义：为了保护、培育和合理利用森林资源，加快国土绿化，发挥森林蓄水保土、调节气候、改善环境和提供林产品的作用，适应社会主义建设和人民生活的需要，特制定本法。第十九条规定：地方各级人民政府应当组织有关部门建立护林组织，负责护林工作；根据实际需要在大面积林区增加护林设施，加强森林保护；督促林区的基层单位，订立护林公约，组织群众护林，划定护林责任区，配备专职或者兼职护林员。第二十三条规定：禁止毁林开垦和毁林采石、采砂、采土以及其他毁林行为。第二十四条规定：国务院林业主管部门和省、自治区、直辖市人民政府，应当在不同自然地带的典型森林生态地区、珍贵动物和植物生长繁殖的林区、天然热带雨林区和具有特殊保护价值的其他天然林区，划定自然保护区，加强保护管理。第二十五条规定：林区内列为国家保护的野生动物，禁止猎捕。第四十六条规定：从事森林资源保护、林业监督管理工作的林业主管部门的工作人员和其他国家机关的有关工作人员滥用职权、玩忽职守、徇私舞弊，构成犯罪的，依法追究刑事责任；尚不构成犯罪的，依法给予行政处分。

1988年11月8日，第七届全国人民代表大会常务委员会第四次会议通过了第一部《中华人民共和国野生动物保护法》。2004年8月28日，第十届全国人民代表大会常务委员会第十一次会议，通过了《关于修改〈中华人民共和国野生动物保护法〉的决定》，对该法进行了第一次修正；2009年8月27日，第十一届全国人民代表大会常务委员会第十次会议，通过了《关于修改部分法律的决定》，对该法进行了第二次修正；2016年7月2日，第十二届全国人民代表大会常务委员会第二十一次会议，又对该法进行了修订，才形成今天的《中华人民共和国野生动物保护法》。该法第八条规定：国家保护野生动物及其生存环境，禁止任何单位和个人非法猎捕或者破坏。

1989年12月26日，第七届全国人民代表大会常务委员会第十一次会议通过、中华人民共和国主席令第22号颁布了《中华人民共和国环境保护法》。该法第十七条规定：各级人民政府对具有代表性各种类型的自然生态系统区域，珍稀、濒危的野生动植物自然分布区域，重要的水源涵养区域，具有重大科学文化价值的地质构造、著名溶洞和化石分布区、冰川、火山、温泉等自然遗迹，以及人文遗迹、古树名木，应当采取措施加以保护，严禁破坏。第四十四条规定：违反本法规定，造成土地、森林、草原、水、矿产、渔业、野生动植物等资源的破坏的，依照有关法律的规定承担法律责任。

1997年1月1日，中华人民共和国国务院令第204号，颁布了《中华人民共和国野生植物保护条例》。2017年对《中华人民共和国野生植物保护条例》进行了修改，修改意见由中华人民共和国国务院令第687号发布。该条例第七条规定：任何单位和个人都有保护野生植物资源的义务，对侵占或者破坏野生植物及其生长环境的行为有权检举和控告。第八条规定：国务院林业行政主管部门主管全国林区内野生植物和林区外珍贵野生树木的监督管理工作。国务院农业行政主管部门主管全国其他野生植物的监督管理工作。国务院建设行政部门负责城市园林、风景名胜区内野生植物的监督管理工作。国务院环境保护部门负责对全国野生植物环境保护工作的协调和监督。国务院其他有关部门依照职责分工负责有关的野生植物保护工作。第九条规定：国家保护野生植物及其生长环境。禁止任何单位和个人非法采集野生植物或者破坏其生长环境。第十二条规定：野生植物行政主管部门及其他有关部门应当监视、监测环境对国家重点保护野生植物生长和地方重点保护野生植物生长的影响，并采取措施，维护和改善国家重点保护野生植物和地方重点保护野生植物的生长条件。由于环境影响对国家重点保护野生植物和地方重点保护野生植物的生长造成危害时，野生植物行政主管部门应当会同其他有关部门调查并依法处理。第十四条规定：野生植物行政主管部门和有关单位对生长受到威胁的国家重点保护野生植物和地方重点保护野生植物应当采取拯救措施，保护或者恢复其生长环境，必要时应当建立繁育基地、种质资源库或者采取迁地保护措施。

1994年10月9日国务院令第167号发布、1994年12月1日起施行，根据2010年12月29日国务院第138次常委会议通过《国务院关于废止和修改部分行政法规的决定》修正，2011年1月8日国务院令第588号发布，2011年1月8日起施行的《中华人民共和国自然保护区条例》。该条例第三条规定：凡在中华人民共和国领域和中华人民共和国管辖的其他海域内建设和管理自然保护区，必须遵守本条例。第七条规定：县级以上人民政府应当加强对自然保护区工作的领导。一切单位和个人都有保护自然保护区内自然环境和自然资源的义务，并有权对破坏、侵占自然保护区的单位和个人进行检举、控告。第十条规定：凡具有下列条件之一的，应当建立自然保护区：（一）典型的自然地理区域、有代表性的自然生态系统区域以及已经遭受破坏但经保护能够恢复的同类自然生态系统区域；（二）珍稀、濒危野生动植物物种的天然集中分布区域；（三）具有特殊保护价值的海域、海岸、岛屿、湿地、内陆水域、森林、草原和荒漠；（四）具有重大科学文化价值的地质构造、著名溶洞、化石分布区、冰川、火山、温泉等自然遗迹；（五）经国务院或者省、自治区、直辖市人民政府批准，需要予以特殊保护的其他自然区域。第二十六条规定：禁止在自然保护区内进行砍伐、放牧、狩猎、捕捞、采药、开垦、烧荒、开矿、采石、挖沙等活动。第二十七条规定：禁止任何人进入自然保护区的核心区。因科学研究的需要，必须进入核心区从事科学研究观测、调查活动的，应当事先向自然保护区管理机构提交申请和活动计划，并经省级以上人民政府有关自然保护区行政主管部门批准；其中，进入国家级自然保护区核心区的，必须经国务院有关自然保护区行政主管部门批准。第二十八条规定：禁止在自然保护区的缓冲区开展旅游和生产经营活动。因教学科研的目的，需要进入自然保护区的缓冲区从事非破坏性的科学研究、教学实习和标本采集活动的，应当事先向自然保护区管理机构提交申请和活动计划，经自然保护区管理机构批准。

2020年6月17日，国家林业和草原局根据1984年9月20日第六届全国人民代表大会常务委员会第七次会议通过的《中华人民共和国森林法》，1998年4月29日第九届全国人民代表大会常务委员会第二次会议《关于修改〈中华人民共和国森林法〉的决定》第一次修正，根据2009年8月27日第十一届全国人民代表大会常务委员会第十次会议《关于修改部分法律的决定》第二次修正，根据2019年12月28日第十三届全国人民代表大会常务委员会第十五次会议修订，发布了《中华人民共和国森林法（新修全文）》。其中，第三条规定：保护、培育、利用森林资源应当尊重自然、顺应自然，坚持生态优先、保护优先、保育结合、可持续发展的原则。第四条规定：国家实行森林资源保护发展目标责任制和考核评价制度。上级人民政府对下级人民政府完成森林资源保护发展目标和森林防火、重大林业有害生物防治工作的情况进行考核，并公开考核结果。地方人民政府可以根据本行政区域森林资源保护发展的需要，建立林长制。第五条规定：国家采取财政、税收、金融等方面的措施，支持森林资源保护发展。各级人民政府应当保障森林生态保护修复的投入，促进林业发展。第十二条规定：各级人民政府应当加强森林资源保护的宣传教育和知识普及工作，鼓励和支持基层群众性自治组织、新闻媒体、林业企业事业单位、志愿者等开展森林资源保护宣传活动。

教育行政部门、学校应当对学生进行森林资源保护教育。第二十三条规定：县级以上人民政府应当将森林资源保护和林业发展纳入国民经济和社会发展规划。第二十四条规定：县级以上人民政府应当落实国土空间开发保护要求，合理规划森林资源保护利用结构和布局，制定森林资源保护发展目标，提高森林覆盖率、森林蓄积量，提升森林生态系统质量和稳定性。第二十八条规定：国家加强森林资源保护，发挥森林蓄水保土、调节气候、改善环境、维护生物多样性和提供林产品等多种功能。第三十条规定：国家支持重点林区的转型发展和森林资源保护修复，改善生产生活条件，促进所在地区经济社会发展。重点林区按照规定享受国家重点生态功能区转移支付等政策。第三十一条规定：国家在不同自然地带的典型森林生态地区、珍贵动物和植物生长繁殖的林区、天然热带雨林区和具有特殊保护价值的其他天然林区，建立以国家公园为主体的自然保护地体系，加强保护管理。国家支持生态脆弱地区森林资源的保护修复。县级以上人民政府应当采取措施对具有特殊价值的野生植物资源予以保护。第三十二条规定：国家实行天然林全面保护制度，严格限制天然林采伐，加强天然林管护能力建设，保护和修复天然林资源，逐步提高天然林生态功能。第三十三条规定：地方各级人民政府应当组织有关部门建立护林组织，负责护林工作；根据实际需要建设护林设施，加强森林资源保护;督促相关组织订立护林公约、组织群众护林、划定护林责任区、配备专职或者兼职护林员。县级或者乡镇人民政府可以聘用护林员，其主要职责是巡护森林，发现火情、林业有害生物以及破坏森林资源的行为，应当及时处理并向当地林业等有关部门报告。第三十六条规定：国家保护林地，严格控制林地转为非林地，实行占用林地总量控制，确保林地保有量不减少。各类建设项目占用林地不得超过本行政区域的占用林地总量控制指标。第三十九条规定：禁止毁林开垦、采石、采砂、采土以及其他毁坏林木和林地的行为。禁止向林地排放重金属或者其他有毒有害物质含量超标的污水、污泥，以及可能造成林地污染的清淤底泥、尾矿、矿渣等。禁止在幼林地砍柴、毁苗、放牧。禁止擅自移动或者损坏森林保护标志。第六十六条规定：县级以上人民政府林业主管部门依照本法规定，对森林资源的保护、修复、利用、更新等进行监督检查，依法查处破坏森林资源等违法行为。

所有这些作为国家最高权威的法律法规的颁布和实施，不仅对保护森林、保护动物、保护植物、保护环境发挥了非常积极的重要作用，而且对于有大熊猫分布的地区、对于有大熊猫主食竹分布的地区来说，无疑也是最有力的保护。

11.1.2 地方性政策法规

对于保护野生动物、野生植物、生态环境等，除了国家层面颁布的法律法规外，各省（自治区、直辖市）、市、县级人民政府，还根据自身的实际情况，在国家法律法规的基础上，制定了本省、本市、甚至本县的相关法规或实施条例。比如：

四川省为了贯彻国家的相关法律法规精神，加强本省自然保护区的建设和管理，保护生态环境、自然资源与生物多样性，1999年1月29日颁布了《四川省天然林保护条例》；1999年10月14日颁布了《四川省自然保护区管理条例》；2000年11月30日颁布了《四川省森林公园管理条例》；2014年11月26日颁布了《四川省野生植物保护条例》；2017年9月22日颁布了《四川省环境保护条例》；四川省阿坝州于2010年9月1日颁布的《阿坝藏族羌族自治州生态环境保护条例》等。

陕西省为了贯彻国家的相关法律法规精神，结合本省实际，于1988年9月8日颁布了《陕西省自然保护区管理暂行办法》；1991年5月17日颁布了《陕西省森林管理条例》；2007年11月24日颁布了《陕西省秦岭生态环境保护条例》；2010年7月29日颁布了《陕西省野生植物保护条例》；陕西西安于2013年10月1日颁布了《西安市秦岭生态环境保护条例》等。

甘肃省为了贯彻国家的相关法律法规精神，结合本省实际，1990年10月31日颁布了《甘肃省实施野生动物保护法办法》；1994年8月3日颁布了《甘肃省环境保护条例》；1999年9月26日发布了"甘肃省实施《中华人民共和国森林法》办法"；2018年9月21日颁布了《甘肃省自然保护区条例》；甘肃甘南藏族自治州于2013年2月4日颁布了《甘南藏族自治州生态环境保护条例》等。

上述三省都是有大熊猫自然分布的省，这些地方性法规，是对国家法律法规的有效补充，其更具针对性，可以做到因地制宜、有的放矢，对于大熊猫主食竹资源的保护，同样具有积极的建设性作用。

11.1.3 国际公约

11.1.3.1 《生物多样性公约》

《生物多样性公约》（Convention on Biological Diversity）是一项保护地球生物资源的国际性公约，于1992年6月1日由联合国环境规划署发起的政府间谈判委员会第七次会议在内罗毕通过，1992年6月5日，由签约国在巴西里约热内卢举行的联合国环境与发展大会上签署。公约于1993年12月29日正式生效。常设秘书处设在加拿大的蒙特利尔。联合国《生物多样性公约》缔约国大会是全球履行该公约的最高决策机构，一切有关履行《生物多样性公约》的重大决定都要经过缔约国大会的通过。

该公约是一项有法律约束力的公约，旨在保护濒临灭绝的植物和动物，最大限度地保护地球上的多种多样的生物资源，以造福于当代和子孙后代。公约规定，发达国家将以赠送或转让的方式向发展中国家提供新的补充资金以补偿他们为保护生物资源而日益增加的费用，应以更实惠的方式向发展中国家转让技术，从而为保护世界上的生物资源提供便利；签约国应为本国境内的植物和野生动物编目造册，制定计划保护濒危的动植物；建立金融机构以帮助发展中国家实施清点和保护动植物的计划；使用另一个国家自然资源的国家要与那个国家分享研究成果、盈利和技术。截止到2010年10月，该公约的缔约方有193个。

该公约有三个主要目标：

①保障生物多样性；

②可持续地利用其组成部分；

③公平分享资源所带来的好处（Benefit Sharing，又称惠益分享）。

生物多样性公约作为一项国际公约，认同了共同的困难，设定完整的目标、政策和普遍的义务，同时组织开展技术和财政上的合作，但是，达到这个目标的主要责任在于缔约方自己。通过各缔约国政府间采取有效措施，加强贸易控制来切实保护濒危野生动植物种，确保野生动植物种的持续利用不会因国际贸易而受到影响。私营公司、土地所有者、渔民和农场主从事了大量影响生物多样性的活动，政府需要通过制定指导其利用自然资源的法规、保护国有土地和水域生物多样性等措施发挥领导职责。根据公约，政府承担保护和可持续利用生物多样性的义务，政府必须发展国家生物多样性战略和行动计划，并将这些战略和计划纳入更广泛的国家环境和发展计划中，这对林业、农业、渔业、能源、交通和城市规划尤为重要。公约的其他义务包括：

①识别和监测需要保护的重要的生物多样性组成部分；

②建立保护区保护生物多样性，同时促进该地区以有利于环境的方式发展；

③与当地居民合作，修复和恢复生态系统，促进受威胁物种的恢复；

④在当地居民和社区的参与下，尊重、保护和维护生物多样性可持续利用的传统知识；

⑤防止引进威胁生态系统、栖息地和物种的外来物种，并予以控制和消灭；

⑥控制现代生物技术改变的生物体引起的风险；

⑦促进公众的参与，尤其是评价威胁生物多样性的开发项目造成的环境影响；

⑧教育公众，提高公众有关生物多样性的重要性和保护必要性的认识；

⑨报告缔约方如何实现生物多样性的目标。

中国于1992年6月11日签署该公约，1992年11月7日批准施行。

2021年10月8日，中国国务院新闻办公室发表《中国的生物多样性保护》白皮书。白皮书介绍，中国幅员辽阔，陆海兼备，地貌和气候复杂多样，孕育了丰富而又独特的生态系统、物种和遗传多样性，是世界上生物多样性最丰富的国家之一。作为最早签署和批准《生物多样性公约》的缔约方之一，中国一贯高度重视生物多样性保护，不断推进生物多样性保护与时俱进、创新发展，取得显著成效，走出了一条中国特色生物多样性保护之路。白皮书称，中国坚持在发展中保护、在保护中发展，提出并实施国家公园体制建设和生态保护红线划定等重要举措，不断强化就地与迁地保护，加强生物安全管理，持续改善生态环境质量，协同推进生物多样性保护与绿色发展，生物多样性保护取得显著成效。并指出，中国将生物多样性保护上升为国家战略，把生物多样性保护纳入各地区、各领域中长期规划，完善政策法规体系，加强技术保障和人才队伍建设，加大执法监督力度，引导公众自觉参与生物多样性保护，不断提升生物多样性治理能力。面对生物多样性丧失的全球性挑战，各国是同舟共济的命运共同体。中国坚定践行多边主义，积极开展生物多样性保护国际合作，广泛协商、凝聚共识，为推进全球生物多样性保护贡献中国智慧，与国际社会共同构建人与自然生命共同体。白皮书表示，中国将始终做万物和谐美丽家园的维护者、建设者和贡献者，与国际社会携手并进、共同努力，开启更加公正合理、各尽所能的全球生物多样性治理新进程，实现人与自然和谐共生美好愿景，推动构建人类命运共同体，共同建设更加美好的世界。

2021年10月11～24日，联合国《生物多样性公约》第十五次缔约方大会在中国昆明成功举办，再度体现了中国政府对于生物多样性保护工作的高度重视。

2021年10月19日，中共中央办公厅、国务院办公厅印发了《关于进一步加强生物多样性保护的意见》，并要求各地区、各部门结合实际认真贯彻落实。

11.1.3.2 《国际植物保护公约》

《国际植物保护公约》是一项用来保护植物物种、防治植物及植物产品有害生物在国际上扩散的公约，是联合国粮食及农业组织于1999年在罗马完成。

制定该公约的背景是：

①认识到国际合作对防治植物及植物产品有害生物，防止其在国际上扩散，特别是防止其传入受威胁地区的必要性；

②认识到植物检疫措施应在技术上合理、透明，其采用方式对国际贸易既不应构成任意或不合理歧视

的手段，也不应构成变相的限制；

③希望确保对针对以上目的的措施进行密切协调；

④希望为制定和应用统一的植物检疫措施以及制定有关国际标准提供框架；

⑤考虑到国际上批准的保护植物、人畜健康和环境应遵循的原则；

⑥注意到作为乌拉圭回合多边贸易谈判的结果而签订的各项协定，包括《卫生和植物检疫措施实施协定》。

《国际植物保护公约》的宗旨责任是为确保采取共同而有效的行动来防止植物及植物产品有害生物的扩散和传入，并促进采取防治有害生物的适当措施，各缔约方保证采取本公约及按第XVI条签订的补充协定规定的法律、技术和行政措施。

每一缔约方应承担责任，在不损害按其他国际协定承担的义务的情况下，在其领土之内达到本公约的各项要求。

为缔约方的粮农组织成员组织与其成员国之间达到本公约要求的责任，应按照各自的权限划分。

除了植物和植物产品以外，各缔约方可酌情将仓储地、包装材料、运输工具、集装箱、土壤及可能藏带或传播有害生物的其他生物、物品或材料列入本公约的规定范围之内，在涉及国际运输的情况下尤其如此。

11.1.3.3 《濒危野生动植物种国际贸易公约》

1973年6月21日，有21个国家的全权代表受命在美国华盛顿签署了《濒危野生动植物种国际贸易公约》（Convention on International Trade in Endangered Species of Wild Fauna and Flora, CITES），又称《华盛顿公约》。1975年7月1日，该公约正式生效，至1995年2月底，共计有128个缔约国，现已扩大到183个国家。该公约制定了一个濒危物种名录，通过许可证制度控制这些物种及其产品的国际贸易，由此而使该公约成为打击非法贸易、限制过度利用的有效手段。该公约要求各国对野生动植物进出口活动，实行许可证/允许证明书制度，建立有效的双向控制机制。

该公约的附录物种名录由缔约国大会投票决定，缔约国大会每两年至两年半召开一次。在大会中只有缔约国有权投票，一国一票。值得一提的是，如果某一物种野外族群濒临绝种，但并无任何贸易威胁时，该物种不会被接受列入附录物种。譬如中国的黑面琵鹭就无贸易的问题，纵然是族群濒临灭绝，华盛顿公约中的保护生物种也不会被考虑列入华约的附录。缔约国大会除了修订附录种外，也讨论各项相关如何强化或推行华约的议案，譬如各国配合该公约的国内法状况，检讨各主要贸易附录物种的贸易与管制状况，对特别物种如老虎、犀牛、大象、鲸鱼等之保育措施进行讨论与协商，其他会议事项包括改选、调整组织与票选下届大会主办国等。大会的结论为决议案，除补充公约的条文外，也是各国遵循的政策指标。而在大会休会期间，则由常务委员会（Standing Committe）代表大会执行职权。常务委员会系由全球六大区（欧洲、北美洲、亚洲、非洲、大洋洲、加勒比海及南美洲）各区的代表与前后届缔约国大会主办国即公约保存国所共同组成。现任常务委员会的主席国是日本。公约另设有4个委员会以处理相关事务：动物委员会（专门讨论相关动物方面的议题）、植物委员会（专门讨论相关植物方面的议题）、命名委员会（拟订国际统一标准的学名）与图鉴委员会（制作鉴定辨识的图鉴手册）。

该公约并不反对贸易，因为野生动物贸易迄今仍为人类所依赖，而部分附录物种的贸易也是支持保育工作的重要助力。属于《国际法》的该公约本身并无执法的能力，所有该公约的条款均需要各国国内法的配合推动。而各国的法规则有其社会环境的考虑，这反映在缔约国大会的协商与相关的决议案上，因此可以说该公约的标准是国际间大家协调出来的可行标准。也因此可以认知，保育事实上与政治及社会人文甚至国际关系有极密切的关联。

《濒危野生动植物种国际贸易公约》将其管辖的物种分为三类，分别列入三个附录中，并采取不同的管理办法，其中附录I包括所有受到和可能受到贸易影响而有灭绝危险的物种，附录II包括所有目前虽未濒临灭绝，但如对其贸易不严加管理，就可能变成有灭绝危险的物种，附录三包括成员国认为属其管辖范围内，应该进行管理以防止或限制开发利用，而需要其他成员国合作控制的物种。到目前为止，已有5950种动物和32800种植物纳入了CITES公约的保护。

经国务院批准，我国于1980年12月25日加入了这个公约，并于1981年4月8日对我国正式生效。因此，我国不仅在保护和管理该公约附录I和附录II中所包括的野生动植物种方面负有重要的责任，所规定保护的野生动物大部分已被列入附录I和附录II。为此我国还规定，该公约附录I、附录II中所列的原产地在我国的物种，按《国家重点保护野生动物名录》所规定的保护级别执行，非原产于我国的，根据其在附录中隶属的情况，分别按照国家I级或II级重点保护野生动物进行管理。例如，黑熊在《濒危野生动植物种国际贸易公约》中被列在附录I中，但在《国家重点保护野生动物名录》中被列为II级重点保护野生动物，所以应按国家II级重点保护野生动物进行管理；又如非洲鸵鸟并非原产于我国，但被列入《濒危野生动植物种国际贸易公约》附录I中，所以应按国家I级重点保护野生动物进行管理。

11.2 组织措施

所谓组织措施，就是自上而下组建国家各级政府专门机构，是对大熊猫、大熊猫主食竹及其生态环境进行强制性保护的组织手段。中国目前至上而下设置了5个行政级别，在不同层级所实施的具体保护措施，其权威性和针对性是不一样的。

11.2.1 国家级

2018年3月13日，第十三届全国人民代表大会第一次会议审议通过的国务院机构改革方案中，设置了中华人民共和国自然资源部，是国务院的26个组成部门之一。国家自然资源部下设国家林业和草原局，主要负责监督管理森林、草原、湿地、荒漠和野生动植物资源开发利用和保护，组织生态保护和修复，开展造林绿化工作，管理国家公园等各类自然保护地等。国家林业和草原局加挂国家公园管理局牌子，专事负责全国的自然保护区、风景名胜区、自然遗产、地质公园等的管理工作。因此，大熊猫、大熊猫主食竹及其生态环境的保护工作，是归口于国家林业和草原局进行管理。作为国家层级的专业政府管理部门，其主要职责是：

（1）负责林业和草原及其生态保护修复的监督管理。拟订林业和草原及其生态保护修复的政策、规划、标准并组织实施，起草相关法律法规、部门规章草案。组织开展森林、草原、湿地、荒漠和陆生野生动植物资源动态监测与评价。

（2）组织林业和草原生态保护修复和造林绿化工作。组织实施林业和草原重点生态保护修复工程，指导公益林和商品林的培育，指导、监督全民义务植树、城乡绿化工作。指导林业和草原有害生物防治、检疫工作。承担林业和草原应对气候变化的相关工作。

（3）负责森林、草原、湿地资源的监督管理。组织编制并监督执行全国森林采伐限额。负责林地管理，拟订林地保护利用规划并组织实施，指导国家级公益林划定和管理工作，管理重点国有林区的国有森林资源。负责草原禁牧、草畜平衡和草原生态修复治理工作，监督管理草原的开发利用。负责湿地生态保护修复工作，拟订湿地保护规划和相关国家标准，监督管理湿地的开发利用。

（4）负责监督管理荒漠化防治工作。组织开展荒漠调查，组织拟订防沙治沙、石漠化防治及沙化土地封禁保护区建设规划，拟订相关国家标准，监督管理沙化土地的开发利用，组织沙尘暴灾害预测预报和应急处置。

（5）负责陆生野生动植物资源监督管理。组织开展陆生野生动植物资源调查，拟订及调整国家重点保护的陆生野生动物、植物名录，指导陆生野生动植物的救护繁育、栖息地恢复发展、疫源疫病监测，监督管理陆生野生动植物猎捕或采集、驯养繁殖或培植、经营利用，按分工监督管理野生动植物进出口。

（6）负责监督管理各类自然保护地。拟订各类自然保护地规划和相关国家标准。负责国家公园设立、规划、建设和特许经营等工作，负责中央政府直接行使所有权的国家公园等自然保护地的自然资源资产管理和国土空间用途管制。提出新建、调整各类国家级自然保护地的审核建议并按程序报批，组织审核世界自然遗产的申报，会同有关部门审核世界自然与文化双重遗产的申报。负责生物多样性保护相关工作。

（7）负责推进林业和草原改革相关工作。拟订集体林权制度、重点国有林区、国有林场、草原等重大改革意见并监督实施。拟订农村林业发展、维护林业经营者合法权益的政策措施，指导农村林地承包经营工作。开展退耕（牧）还林还草，负责天然林保护工作。

（8）拟订林业和草原资源优化配置及木材利用政策，拟订相关林业产业国家标准并监督实施，组织、指导林产品质量监督，指导生态扶贫相关工作。

（9）指导国有林场基本建设和发展，组织林木种子、草种种质资源普查，组织建立种质资源库，负责良种选育推广，管理林木种苗、草种生产经营行为，监管林木种苗、草种质量。监督管理林业和草原生物种质资源、转基因生物安全、植物新品种保护。

（10）指导全国森林公安工作，监督管理森林公安队伍，指导全国林业重大违法案件的查处，负责相关行政执法监管工作，指导林区社会治安治理工作。

（11）负责落实综合防灾减灾规划相关要求，组织编制森林和草原火灾防治规划和防护标准并指导实施，指导开展防火巡护、火源管理、防火设施建设等工作。组织指导国有林场林区和草原开展宣传教育、监测预警、督促检查等防火工作。必要时，可以提请应急管理部，以国家应急指挥机构名义，部署相关防治工作。

（12）监督管理林业和草原中央级资金和国有资产，提出林业和草原预算内投资、国家财政性资金安排建议，按国务院规定权限，审核国家规划内和年度计划内投资项目。参与拟订林业和草原经济调节政策，组织实施林业和草原生态补偿工作。

（13）负责林业和草原科技、教育和外事工作，指导全国林业和草原人才队伍建设，组织实施林业和草原国际交流与合作事务，承担湿地、防治荒漠化、濒危野生动植物等国际公约履约工作。

（14）完成党中央、国务院交办的其他任务。

（15）职能转变。国家林业和草原局要切实加大生态系统保护力度，实施重要生态系统保护和修复工程，加强森林、草原、湿地监督管理的统筹协调，大力推进国土绿化，保障国家生态安全。加快建立以国家公园为主体的自然保护地体系，统一推进各类自然保护地的清理规范和归并整合，构建统一规范高效的中国特色国家公园体制。

11.2.2 省级（含自治区、直辖市）

与国家林业和草原局相对应，每个有大熊猫分布的省（自治区、直辖市），均设有省林业和草原局，具体负责本省相关工作的管理。一是完成国务院、自然资源部及国家林业和草原局的安排的各项任务；二是上通下达、落实国家相关政策；三是执行国家相关法律法规；四是根据国家意志、国家法律和相关政策，结合本省（自治区、直辖市）的实际，制定具体政策和实施细则；五是规范和监督下属林业和草原部门的管理。其中亦包括本省（自治区、直辖市）范围内大熊猫、大熊猫主食竹及其生态环境的保护工作的管理。

11.2.3 市（州）级

与国家林业和草原局相对应，每个有大熊猫分布的省的下辖地级市（或少数民族自治州），设有市（州）林业和草原局，具体负责本市（州）相关工作的管理。一是完成党中央、国务院、自然资源部、国家林业和草原局及省林业和草原局安排的各项任务；二是上通下达、落实国家相关政策；三是执行国家相关法律法规；四是根据国家意志、国家法律和相关政策，结合本市（州）的实际，制定本市（州）的具体政策和实施细则；五是规范和监督下属林业和草原部门的管理。其中亦包括本市（州）范围内大熊猫、大熊猫主食竹及其生态环境的保护工作的管理。

11.2.4 县级

与国家林业和草原局相对应，每个有大熊猫分布的市（州）的下辖县（或县级市），设有县林业和草原局，具体负责本县相关工作的管理。一是完成党中央、国务院、自然资源部、国家林业和草原局、省林业和草原局及省、市（州）林业和草原局安排的各项任务；二是上通下达、落实国家相关政策；三是执行国家相关法律法规；四是根据国家意志、国家法律和相关政策，结合本县的实际，制定本县的具体政策和实施办法；五是规和监督下属各乡（镇）林业相关工作的管理，并负责部分森林保护、执法和管理的具体操作。其中亦包括本县范围内大熊猫、大熊猫主食竹及其生态环境的保护、执法和管理的具体操作。

11.2.5 乡（镇）级

与国家林业和草原局相对应，每个县下辖乡（镇），设有林业或草原局专管员，具体负责本乡（镇）相关工作的管理。一是完成党中央、国务院、自然资源部、国家林业和草原局、省林业和草原局及省、市（州）、县林业和草原局安排的各项任务；二是落实国家相关政策；三是执行国家相关法律法规；四是根据国家意志、国家法律和相关政策，以及省、市、县各级行政部门的相关政策和规定，结合本乡（镇）的实际，制定具体的实施规章和办法；五是规范和安排本乡（镇）林业相关工作的管理，并负责本乡（镇）森林保护、执法和管理的具体操作。其中亦包括本镇（乡）范围内大熊猫、大熊猫主食竹及其生态环境保护工作的布置、落实和管理。

11.3 行政措施

《全球生物多样性策略》指出："保持物种的最佳途径是保持它们的生境。"全面保护大熊猫赖以生存和发展的自然环境，使其免遭生态破坏与环境污染，是实现大熊猫主食竹生物多样性保护及其资源永续利用的关键所在。其中，各种行政手段的运用自然必不可少。

所谓行政措施，就是依靠国家各级专业行政部门，充分利用国家各级政府组织所拥有的行政资源，对大熊猫主食竹及其生态环境进行强制性保护的行政手段。

11.3.1 建立大熊猫国家公园

11.3.1.1 意义

2016年，在世界自然保护大会上，世界自然保护联盟（IUCN）将大熊猫在《濒危野生动植物种国际贸易公约》中的受威胁程度由"濒危"降为"易危"。这说明，通过不懈努力，中国的大熊猫保护事业取得了显著成就。尽管如此，由于自然和人为因素的双重作用，当前大熊猫保护仍面临"空间""时间""管理"和"科技"方面的四大困境，即空间上大熊猫栖息地退缩破碎严重、时间上大熊猫保护与发展协调困难、管理上大熊猫保护地机构分散重叠和科技上科研支撑和服务能力还不足等重大问题。大熊猫是我国独有的国宝级珍稀濒危野生动物，是全球生物多样性保护的旗舰物种。加强对大熊猫及其栖息地的保护，既是对维护我国生态安全和全球生物多样性的重大贡献，也是为子孙后代留下最珍贵的自然遗产。

国家公园是一种典型的自然保护地，具有维护生物多样性、发展生态旅游、开展科学研究和环境教育等多重功能。因此，建设大熊猫国家公园意义重大：

一是可以有效保护珍稀物种，实现大熊猫稳定繁衍生息。推动大熊猫栖息地整体保护和系统修复，促进栖息地板块间融合，有利于增强大熊猫栖息地的联通性、协调性和完整性，合理调节种群密度，实现大熊猫种群的稳定繁衍。

二是促进生物多样性保护，维护生态系统的完整性和原真性。大熊猫栖息地拥有包括大熊猫在内的8000多种野生动植物，通过国家公园建设，不仅能够加强对大熊猫种群的保护，也能促进整个区域生物多样性的保护。

三是建立大熊猫国家公园，可以创新自然资源保护管理体制。开展大熊猫国家公园建设，理顺管理体制、机制，解决好跨地区以及跨部门的体制性问题，有利于对大熊猫主要栖息地的国土空间实行高效的保护管理。

四是调动全民参与生态保护积极性，促进人与自然和谐共生。通过建设大熊猫国家公园，搭建政府主导、社会参与的生态保护平台，把生态保护与经济发展有机结合起来，促进园区内生产生活方式的转变和经济结构的转型，有利于推动形成生态保护与经济社会协调发展的新局面。

11.3.1.2　指导思想

以习近平新时代中国特色社会主义思想为指导，全面贯彻党的十九大和十九届二中、三中、四中、五中、六中全会精神，坚决拥护和维护"两个确立"，深入贯彻习近平生态文明思想，认真落实党中央、国务院决策部署，牢固树立"绿水青山就是金山银山"的理念，坚持山水林田湖草沙冰系统治理，坚持生态保护第一、国家代表性、全民公益性的国家公园理念，以自然生态系统原真性、完整性保护为主线，以国家公园高质量发展为目标，强化监督管理，完善政策支撑，实现重要自然资源资产国家所有、全民共享、世代传承，正确处理生态保护与经济社会发展的关系，维持人与自然和谐共生并永续发展，为构建中国特色的以国家公园为主体的自然保护地体系、推进美丽中国建设做出贡献。

11.3.1.3　基本原则

（1）保护第一、永续发展

牢固树立尊重自然、顺应自然、保护自然的理念，坚持把生态保护放在第一位，国家公园实行最严格的保护，为大熊猫及其伞护物种的生存繁衍保留良好的生态空间，为子孙后代留下最珍贵的自然遗产。

（2）创新体制、有效管控

加强体制机制创新，构建统一规范高效的管理机构，形成权属清晰的资源管理体制。科学划定管控分区，严格用途管制和监督执行，实行差别化保护，健全法律法规和政策体系，强化资源环境监测，实现对自然资源保护和利用的有效管控。

（3）统筹协调、和谐共生

统筹山水林田湖草沙冰系统保护、合理利用，充分衔接经济社会发展规划和国土空间规划，把生态保护与民生改善有机结合，提升社区居民幸福感、获得感，推动国家公园建设与当地经济社会发展相协调，实现人与自然和谐共生、共同发展。

（4）政府主导、多方参与

构建主体明确、责任清晰、相互配合的管理体制机制。发挥政府在大熊猫国家公园建设中的主导作用，有效整合现有渠道，加大投入力度，保障国家公园的公益属性和公共服务功能。坚持开放合作理念，积极引导当地居民、社会组织、国际社会参与，形成全社会共建共管新模式。

11.3.1.4　公园范围

《大熊猫国家公园总体规划（2022—2030年）》在试点基础上进行了调整，将原秦岭片区435211hm² 划入拟设立的秦岭国家公园，原陕西青木川国家级自然保护区9772hm²划入大熊猫国家公园，成片人工集体商品林、农耕地和城镇聚集地87165hm²不划入。现大熊猫国家公园范围跨四川、陕西、甘肃三省，东起陕西省宁强县青木川镇广坪河、西至四川省石棉县栗子坪彝族乡伊牛河南山、南自四川省石棉县栗子坪彝族乡麻木滴滴、北到四川省九寨沟县勿角乡双池。其地理坐标为东经102°11′06″～105°40′00″、北纬28°51′03″～33°12′50″，总面积2197844hm²（表11-1）。

表11-1 大熊猫国家公园涉及市（州）面积一览表

涉及省	涉及市（州）	纳入国家公园面积（hm²）	涉及县（市、区）
四川省	成都市	144527	崇州、大邑、彭州、都江堰
	德阳市	57649	绵竹、什邡
	绵阳市	419426	平武、安州、北川
	广元市	86786	青川
	雅安市	593582	天全、宝兴、芦山、荥经、石棉
	眉山市	51175	洪雅
	阿坝州	579632	汶川、茂县、松潘、九寨沟
陕西省	汉中市	9772	宁强
甘肃省	陇南市	255295	文县、武都
合计		2197844	—

11.3.1.5 公园规划

根据自然生态系统、珍稀濒危物种的敏感度和分布特点，统筹考虑大熊猫国家公园自然资源保护及利用现状、居民生产生活与社区发展需要，按照生态系统功能和保护目标差异，合理进行管控分区，实行差别化保护管理，促进生态系统有效保护和自然资源永续利用，综合考虑管理强度、管理目标、资源特征差异、生态搬迁等工程管控措施，将大熊猫国家公园分为核心保护区和一般控制区。

（1）核心保护区

大熊猫国家公园核心保护区是维护以大熊猫为代表的珍稀野生动物种群正常生存、繁衍、迁移的关键区域，采取封禁和自然恢复等方式对自然生态系统和自然资源实行最严格的科学保护。面积1476705hm²，占总面积的67.19%。有大熊猫栖息地1003129hm²，野生大熊猫1074只，分别占大熊猫国家公园内大熊猫栖息地面积的66.80%、野生大熊猫数量的80.15%（表11-2）。

表11-2 大熊猫国家公园管控分区范围

涉及省	涉及市（州）	涉及县（区、市）	划入面积（hm²）	核心保护区（hm²）	一般控制区（hm²）
四川省	成都市	大邑县	45277	25721	19556
		都江堰市	39399	23989	15410
		彭州市	31851	21662	10189
		崇州市	28000	14494	13506
	德阳市	什邡市	21036	16568	4468
		绵竹市	36613	27473	9140
	绵阳市	安州区	11306	6177	5129
		北川县	95094	49189	45905
		平武县	313026	218331	94695
	广元市	青川县	86786	52476	34310

涉及省	涉及市（州）	涉及县（区、市）	划入面积（hm²）	核心保护区（hm²）	一般控制区（hm²）
四川省	雅安市	荥经县	83651	33033	50618
		石棉县	47534	29345	18189
		天全县	154568	96777	57791
		芦山县	53276	31650	21626
		宝兴县	254553	188452	66101
	眉山市	洪雅县	51175	29169	22006
	阿坝州	汶川县	275098	233132	41966
		茂县	100449	73496	26953
		松潘县	145108	121470	23638
		九寨沟县	58977	30971	28006
陕西省	汉中市	宁强县	9772	6257	3515
甘肃省	陇南市	武都区	74063	40814	33249
		文县	181232	106059	75173
合计			2197844	1476705	721139

（2）一般控制区

一般控制区是指实施生态修复、改善栖息地质量和建设生态廊道的重点区域，是大熊猫国家公园内社区居民、管理机构人员生产、生活的主要区域，是开展与大熊猫国家公园保护管理目标相一致的自然教育、生态体验服务的主要场所。面积721139hm²，占总面积的32.81%。有大熊猫栖息地498631hm²，野生大熊猫266只，分别占大熊猫国家公园内大熊猫栖息地面积的33.20%、野生大熊猫数量的19.85%。

11.3.1.6 规划目标

本次规划基准年为2021年，规划期限为2022—2030年。规划分为近期和远期两个阶段。近期为2022—2025年，远期为2026—2030年。大熊猫国家公园建设目标指标体系见表11-3。

（1）总体目标

一是建设成为生物多样性保护典范。全方位多层次保护体系基本建立，大熊猫栖息地适宜性和连通性显著增强，大熊猫野生种群和珍稀物种保护成效显著，大熊猫国家公园成为全球生物多样性保护典范。

二是建设成为生态价值实现先行区。归属清晰、权责明确、监管有效的自然资源资产产权制度逐步建立，资源供给、环境调节等生态系统服务功能有效发挥，原住居民参与生态保护的利益分享机制和多元化的生态保护补偿机制不断完善，大熊猫国家公园成为生态文明体制创新、人与自然和谐共生的先行区。

三是建设成为世界生态教育展示样板。全民参与大熊猫保护的渠道持续拓宽，国际交流合作不断深化，生态体验、自然教育的全球影响力显著增强，绿色发展方式和生活方式深入人心，以大熊猫为主要特色的生态文化逐步形成，大熊猫国家公园成为世界生态教育和生态展示样板。

（2）阶段目标

到2025年，保护和管理体制机制不断健全，法规政策体系、标准体系、资金保障体系等趋于完善，管理运行有序高效，自然资源资产权属清晰。大熊猫野生种群稳定繁衍，栖息地适宜性和连通性增强，小种群复壮及生物多样性保护工作持续开展，生物多样性稳定，全民所有自然资源资产得到有效保护。智慧国家公园建设基本完成，科研监测体系逐步完善，生物多样性监测网络初步建成，为管理、决策、服务等提供科学依据。绿色发展方式更加多样，生态友好型社区生产生活模式初步形成，人为干扰显著降低，生态保护与民生改善协调推进。公众参与保护的意识和积极性普遍提高，国际交流合作进一步拓展，科研、教育、游憩等综合功能全面加强。

到2030年，国家公园体制健全，保护和管理体制机制完善，生态系统协调，生态系统原真性、完整性得到有效维护，自然生态系统良性循环，大熊猫野生种群和同域物种保护成效显著，生物遗传资源获取与惠益分享、可持续利用机制初步建立，保护生物多样性成为公民自觉行动，建设成为生物多样性保护示范区域；多元化生态保护补偿机制完善，绿色生态产业体系形成，实现人与自然和谐共生，建设成为生态价值实现先行区域；科研监测、自然教育和生态体验体系完备，形成以大熊猫为主要特色的绿色生态文化展示区，建设成为世界生态教育展示样板区域。国际影响力显著增强，基本建成具有鲜明中国特色和全球影响力的国家公园（表11-3）。

表11-3 大熊猫国家公园目标指标体系

序号	指标名称	单位	2021年	2025年	2030年	属性
1	野生大熊猫种群数量	只	1340	≥1340	稳定增长	预期性
2	大熊猫栖息地面积	公顷	1501760	≥1501760	稳定增长	预期性
3	栖息地连通性	—	13个斑块	斑块数量不增加	连通性增强	预期性
4	物种数	种	≥11112	物种数保持稳定	物种数保持稳定	
5	森林覆盖率		73.96	森林覆盖率不降低，森林质量提升	森林质量提升，森林覆盖率稳步增长	预期性
6	草原综合植被盖度		30	≥30	逐年增加	预期性
7	人口	万人	6.74	核心保护区有序搬迁退出	一般控制区需要修复区域逐步搬迁	约束性
8	天空地一体化监测体系	—	部分区域已建监测设施设备	全园初步建立	进一步完善	约束性
9	智慧管理平台	—	已初步搭建	进一步完善	完成搭建	约束性
10	管护基础设施建设	—	—	基本完成	更新、维护	约束性
11	新增生态管护公益岗位	人	—	2000	6200	约束性
12	自然教育受众人数	万人	1	5	10	预期性

11.3.1.7 实施情况

建立大熊猫国家公园的目的是为了保护大熊猫，而保护大熊猫最根本、最核心、最有效的手段，就是保护大熊猫赖以生存的栖息环境，其中自然包括大熊猫的主要食物——竹子（图11-2）。

2017年1月31日，中共中央办公厅、国务院办公厅印发《大熊猫国家公园体制试点方案》。

2017年1月31日，中共中央办公厅、国务院办公厅印发《建立国家公园体制总体方案》。

▲ 图11-2　国家公园中的大熊猫及其主食竹

2017年12月29日，国家林业局印发《大熊猫国家公园体制试点实施方案》的函。

2018年10月26日，中央编办综合局印发《关于建立健全大熊猫国家公园祁连山国家公园管理局机构设置意见的函》。

2018年10月29日，大熊猫国家公园管理局在四川成都成立。国家林业和草原局局长张建龙和中共四川省委副书记、四川省人民政府生长尹力等共同为管理局揭牌。

2018年11月，大熊猫国家公园四川、陕西、甘肃三省管理局陆续挂牌。

2019年4月26日，大熊猫国家公园协调工作领导小组在成都召开第一次会议，审议通过《大熊猫国家公园协调工作领导小组职责及议事规则》《大熊猫国家公园管理机构工作职责》和《2019年大熊猫国家公园体制试点重点工作任务分工》。

2019年10月17日，《大熊猫国家公园总体规划（征求意见稿）》在国家林业和草原局官方网站面向全社会公开征求意见。

2020年7月13日，大熊猫国家公园管理局印发《大熊猫国家公园野外巡护管理办法（试行）》。

2020年7月16日，大熊猫国家公园管理局印发《大熊猫国家公园产业准入负面清单（试行）》。

2020年8月10日，大熊猫国家公园野生动物救护中心正式揭牌成立。

2020年8月11日，大熊猫国家公园管理局印发《大熊猫国家公园自然资源管理办法（试行）》和《大熊猫国家公园特许经营管理办法（试行）》。

2020年8月18日，大熊猫国家公园管理局联合四川省高级人民法院、四川省人民检察院印发《关于建立大熊猫国家公园生态环境资源保护协作机制意见（试行）》。

2020年，大熊猫国家公园管理局印发了《大熊猫国家公园重大事项报告制度》《大熊猫国家公园自然资源资产管理制度》和《大熊猫国家公园自然资源管理和生态环境保护责任追究制度》。

总之，到2020年年底，已经初步完成大熊猫国家公园体制试点。健全和完善了管理机构，完成了自然资源调查和确权登记。采取近自然恢复措施，逐步恢复和联通了大熊猫受损栖息地。完善保护管理和科研监测设施设备。建立了完善的工矿企业退出机制，逐步退出不符合保护要求的产业。初步建设一批"生态友好型"示范村、示范户。建立社会参与合作、志愿者服务、特许经营等运行机制；逐步建立资金保障机制；初步形成生态体验和自然教育功能。

2021年4～12月，国家林业和草原局（国家公园局）组织相关技术单位成立国家公园工作专班，由国家林业和草原局林草调查规划院牵头成立编制组，协调四川省、陕西省、甘肃省共同编制大熊猫国家公园总体规划（以下简称《规划》）。《规划》坚持以习近平生态文明思想为指导，牢固树立"生态保护第一、国家代表性、全民公益性"理念，按照"国家公园的首要功能是重要自然生态系统的原真性、完整性保护，同时兼具科研、教育、体验等综合功能"定位，通过实施生物多样性保护和生态系统修复、构建社区可持续发展机制等，实现生态保护和地方发展共赢。《规划》依据试点评估结果，衔接第三次全国国土调查和自然资源确权登记成果，对大熊猫国家公园范围和分区进行优化调整。《规划》批复后，将作为大熊猫国家公园建设管理的指导性文件，区域内其他各类规划应与《规划》充分衔接。在此基础上，进一步编制生态保护、监测系统建设等专项规划，确保大熊猫国家公园建设规范有序推进。

2021年9月30日，国务院印发《关于同意设立大熊猫国家公园的批复》。

2021年10月，在昆明举办的联合国《生物多样性公约》第十五次缔约方大会上，中国政府向全世界郑重宣布了大熊猫国家公园正式设立的消息。至此，大熊猫国家公园建设步入了新的阶段，其建设重心是：

（1）确保大熊猫国家公园的可持续发展

环境影响评价既是解决国家公园保护与管理的内在需求，也是大熊猫国家公园可持续发展的必然要求。高水平的规划环境影响评价，有利于国家公园规划决策的科学性和准确性，提高国家公园保护管理水平。环境容量是反应人口、发展和资源环境之间关系的重要指标，大熊猫国家公园环境容量概念体系的构建，其实质在于保证人口、资源与环境之间的协调，保证发展的可持续性，即经济的增长不能以大熊猫国家公园生态环境破坏、环境质量下降、大熊猫栖息地受到影响以及子孙后代的生存与发展受到威胁为代价。基于大熊猫国家公园环境影响评价下指导公园规划设计，将环境影响评价结合到大熊猫国家公园规划设计决策中，综合评估大熊猫国家公园在自然环境、社会环境和人工环境所能承受的游憩及其相关活动在规模、强度和速度上各极限值的最小值，真实反应国家公园环境状况对游憩开发的限制作用，为大熊猫国家公园规划设计建立科学可靠的依据，实现大熊猫国家公园可持续发展。

（2）促进大熊猫栖息地的保护及恢复

充分发挥大熊猫旗舰物种的伞护效应，在生态保护的基础上，对国家公园的教育性及作用途径深入研究的基础上，有效提高公众对大熊猫国家公园的资源保护意识，增强大熊猫保护的社会参与性，有效带动所涉及的区域的发展，促进对外交流，吸引国内、外相关机构从事野生动物保护、科研工作者的广泛参与，大熊猫国家公园中所保存的丰富的原始生态资源，地形、地质、气候、土壤、河流溪谷、山岳景观以及动植物资源均未受到较多的人为干扰，不仅可以向大众提供接触自然以及了解生态体系最直接的机会，更能培养大众生态保护的意识；此外，特殊自然保护区域内更可向相关专业学者提供学术研究的最佳户外实验室，增进对外合作与交流。

（3）适当兼顾经济效益

就经济效益而言，针对国家公园体制中"保护与开发相结合的"特性，一个国家公园的建立，必可带动周边地方经济发展。大熊猫国家公园的建立强调生态体验与生态保护平衡、社区发展与国家公园生态保护协调，促进大熊猫国家公园区旅游经济的发展，带动一部分地区的经济发展和旅游收入，这无疑将会为更多的人群提供就业机会，提高原住居民经济收入，将在更大程度上促进大熊猫国家公园的可持续发展，并对其生态环境的保护产生更加积极的影响。

11.3.2　建立大熊猫自然保护区

建立自然保护区，是目前已知保护大熊猫及大熊猫主食竹赖以生存的自然环境最为有效的途径。据《人民日报》报道，自1956年在广东肇庆建立起中国第一个自然保护区以来，我国已基本形成类型比较齐全、布局基本合理、功能相对完善的自然保护区体系。截至2017年年底，全国已建立2740处自然保护区，总面积达1470000km^2。全国超过90%的陆地自然生态系统都建有代表性的自然保护区，89%的国家重点保护野生动植物种类以及大多数重要自然遗迹，都通过自然保护区的形式得到保护，部分珍稀濒危物种野外种群明显恢复。目前，全国各级各类自然保护区专职管理人员总计达4.5万人，其中专业技术人员达1.3万人。其中的国家级自然保护区均已建立相应管理机构，多数已建成管护站点等基础设施（图11-3）。

建立大熊猫自然保护区，是保护大熊猫及其自然生态环境最有效的手段之一。1963年建立的卧龙、王朗、喇叭河和白河自然保护区，是最早一批建立的大熊猫保护区，到目前为止，全国已在大熊猫栖息地及潜在栖息地，建设了67个大熊猫自然保护区，保护区总面积达3356205hm^2。其中保护区内栖息地面

▲ 图11-3　自然保护区中的大熊猫母子

积为1385196hm^2，占保护区总面积的41.27%，占全国大熊猫栖息地总面积的53.76%；潜在栖息地面积391863hm^2，占保护区总面积的11.68%，占全国大熊猫潜在栖息地总面积的43.00%。栖息地面积最大的三个大熊猫自然保护区依次是甘肃白水江国家级自然保护区、四川卧龙国家级自然保护区、四川雪宝顶国家级自然保护区，面积分别为102086hm^2、90458hm^2、54221hm^2。

实践证明，随着这些自然保护区的逐步建立，不仅使野生大熊猫得到了有效保护，同样也使绝大部分大熊猫主食竹及其生态环境得到了有效保护。

11.3.3　与大熊猫相关的基础设施建设

我国有大熊猫分布、大熊猫主食竹资源丰富的地区，基本上都是生态环境保护较好、但却相对贫困和边远的山区。这些地区交通、通讯不方便，水利等基础设施落后，乱捕乱猎、盗伐竹林、过度采笋等各种违法行为时有发生，但又很难及时发现和制止这些破坏活动。改革开放以来，随着国家经济形势的逐渐好转，林业基础性建设地位得到提升，资金投入增加，管理加强，林区基础设施建设不断完善。基础设施建设的加强，有利于及早发现并有效防止对大熊猫、大熊猫主食竹及其生态环境的自然或人为破坏。良好的基础设施，比如交通道路、供电设施、通讯设施、网络设施建设等，一方面能很好地预防目标区域的地质灾害、森林火灾、人为破坏以及其他一些天灾或人祸，避免因这些灾害导致的对森林生态系统中大熊猫及大熊猫主食竹林群落的毁灭性打击；另一方面，良好的基础设施建设也有助于促进大熊猫主食竹分布地附近社区社会和经济的协调发展。但这是一把双刃剑，它在帮助大熊猫、大熊猫主食竹及其生态环境保护的同时，也会对大熊猫栖息地产生一定程度的破坏和干扰。因此，必须要进行科学规划、因地制宜、适度建设。

11.3.4　保护大熊猫的宣传

包括大熊猫主食竹在内的生物多样性及其环境的保护，不仅需要各级政府的重视和支持，还需依靠生物学家、生态学家的科学研究和专业普及，更需要得到社会各界广大人民群众的广泛关注和积极相应。公众是环境保护的最终受益者，也是环境保护的主要参与者。因此，保护大熊猫及大熊猫主食竹资源，还有赖于公众的积极参与。公众参与有利于提高公民自身的环境保护意识，也是实现生物多样性可持续发展战略目标的必然选择与可靠保证。有效的教育公众，宣传公众，可以强化公众对大熊猫主食竹保护的重要性和必要性的认识。通过宣传普及大熊猫主食竹资源保护相关知识，可以帮助公众认识大熊猫及大熊猫主食竹的重要价值和目前所面临的各种威胁，使公众自觉加入到大熊猫和大熊猫主食竹保护的行动中来。实践证明，任何社会活动，只有公众意识的根本觉醒和全面参与，才能真正达到预期的目标和效果，大熊猫主食竹的保护亦不例外。

11.3.4.1　媒体宣传

媒体主要形式有电视、广播、报纸、杂志、互联网、自媒体等，他们在实现监测生态环境、协调社会关系、传承文化、提供娱乐、传递信息等功能外，也有教育大众、引导大众价值观的作用。要充分利用各种宣传媒体，广泛宣传国家有关大熊猫、大熊猫主食竹以及与此相关生态环境保护的法律、法规和规章，使广大人民群众充分认识保护大熊猫主食竹及其生态环境对于保护大熊猫这一濒危物种的意义，从而提高其保护生物资源、保护生态环境的意识和积极性。

自然博物馆担负着物种保护相关知识的宣传教育、唤起广大公众的生态保护意识的重要作用。近年来，我国的自然博物馆在生物多样性的重要性普及方面，作了大量的宣传教育工作，使人们对保护环境、保护生物多样性与社会可持续发展的关系，有了更形象、更直观和更深入的认识。在大熊猫等濒危物种及大熊猫主食竹生物多样性的保护方面，博物馆可以在实物标本的基础上，开展各种相关的延伸教育活动，如举办科普知识讲座、出版科普读物、播放自然保护方面的专题纪录片、举办自然标本进校园、进社区活动等多种方式，一方面普及相关的专业科学知识，另一方面，可以提高全民的环境保护意识和主动参与意识。集直观性、趣味性、探索性、互动性为一体的博物馆独特教育模式，将包括大熊猫、大熊猫主食竹在内的多种野生动物、野生植物及其生存环境的神秘莫测和绚丽多彩，以丰富多样的形式展现出来，有利于引导广大参观者，特别是少年儿童感受和领略自然之美，使环保意识根植于人民群众，尤其是广大少年儿童的心中，让他们在欣赏赞叹之余，在潜移默化之中，萌发出保护竹类及其生态环境的思想自觉和行为自觉。

11.3.4.3 主题活动宣传

阶段性的主题宣传活动，是在一个确定的时间范围内，针对一个明确的目标主题，集中各种有效资源，以公众喜闻乐见的形式加以专门宣传。这是一种更高效率的宣传，可以达到强化宣传效果，深化大众对目标主题（比如大熊猫和大熊猫主食竹）的兴趣、感知和认识。比如：熊猫节、竹文化节、大熊猫与环境保护知识竞赛、熊猫之声主题音乐节、熊猫之乡绘画大奖赛、我爱大熊猫生态摄影大赛、我爱大熊猫诗歌大会、大熊猫与生态保护作文大赛、大熊猫与生态保护视频大赛、国宝进校园宣传周活动、国宝进社区宣传周活动等。

还可延伸出各种主题活动，只要科学策划、精心组织、合理安排，一定会对大熊猫、大熊猫主食竹及其生态环境的保护工作，起到意想不到的助力效果。

11.3.5 封山育林

封山育林，就是划出一定区域，将大熊猫及大熊猫主食竹的生态环境保护起来，使其免受各种人为活动的干扰，从而实现既定保护目标的保护方式。封山育林也是就地保护大熊猫及大熊猫主食竹的生态环境的有效措施之一，其核心是减少人为活动的干扰，让大熊猫在其适宜的环境中自由活动，让大熊猫主食竹在其适宜的环境中正常生长。

通常，在未建立大熊猫自然保护区，但有大熊猫主食竹分布的区域，由于各种自然或非自然因素的影响，大熊猫出于摄食需要，会时不时来此活动，对于这样的区域，一般采取封山育林的措施来减少人为活动的影响，以实现保护大熊猫及大熊猫主食竹生态环境的目的。

实践证明，用封山育林的办法，保护大熊猫及大熊猫主食竹的生态环境，既科学有效，又便于管理。

11.4 技术措施

11.4.1 大熊猫主食竹的生态环境建设

大熊猫主食竹生态环境建设中的技术措施，主要包括生境修复技术和生境优化技术两大方面。

11.4.1.1 生境修复技术

在大熊猫栖息活动区域，由于历史上各种自然或非自然因素的作用，许多大熊猫主食竹或其生态环境遭到不同程度的破损或破坏，如不引起足够关注，势必影响野生大熊猫的健康成长和正常活动。对这些区域，有必要采用适当人工辅助措施，进行大熊猫主食竹的生境修复工作。比如：

（1）对衰弱竹林进行复壮

在现有大熊猫的栖息活动区域内，对局部长势衰弱的野生大熊猫主食竹林，进行科学、审慎、适当的人工复壮。

（2）对受损植被进行恢复

在现有大熊猫的栖息活动区域内，对局部受损植被按照科学规律，通过人工方式进行合理恢复。

（3）对受损地貌进行修缮

在现有大熊猫的栖息活动区域内，对局部受损地貌按照科学规律，通过人工方式进行合理修缮等。

11.4.1.2 生境优化技术

在大熊猫栖息活动区域，由于历史上各种自然或非自然因素的作用，许多大熊猫主食竹或其生态环境，因遭受不利影响致使其质量降低、功能弱化，从而影响野生大熊猫的健康成长和正常活动。对这些区域，有必要采用适当人工辅助措施，营造部分大熊猫主食竹的混交竹林或异龄竹林，以提升大熊猫主食竹群落的综合品质。

（1）混交竹林建设

在现有大熊猫的栖息活动区域内，选择适当区域、适当部位，有计划、有目的的引进、补充一些优质大熊猫主食竹种，对原有单一大熊猫主食竹林进行混交改造，逐步建成混交竹林，以便当一种大熊猫主食竹开花死亡后，另一种或几种大熊猫主食竹不受影响。

（2）异龄竹林建设

在现有大熊猫的栖息活动区域内，选择适当区域、适当部位，有计划、有目的的引进、补充一些同种异龄大熊猫主食竹，对原有同一年龄的大熊猫主食竹林进行异龄改造，逐步建成异龄竹林，以便当一种年龄的大熊猫主食竹开花死亡后，另一年龄的大熊猫主食竹不受影响。

（3）生态走廊建设

由于公路、耕地和居民点的建设，将大熊猫栖息地割裂，形成了目前大熊猫栖息地的"不连续"和"碎片化"现象，大熊猫种群之间缺乏应有的交流，从而导致大熊猫种群质量退化。在这些"不连续"和"碎片化"的大熊猫栖息地之间，通过大量栽种大熊猫主食竹，再辅以其他相关措施，建设易于大熊猫种群交流的生态走廊，无疑是破解野生大熊猫种群退化难题的有效手段之一。

在岷山、邛崃山、凉山、大相岭、小相岭和秦岭等山系的主要大熊猫分布区，结合中国保护大熊猫及其栖息地工程和全国野生动植物保护及自然保护区建设工程，启动了十多条大熊猫生态走廊带的建设，通过人工大量种植大熊猫主食竹林和相关乔木树种，逐步将原来相互隔离的各大熊猫保护区连接起来，使以往生活在孤岛状态的大熊猫活动范围得以大幅度扩大，从而有效提高不同野生大熊猫种群间的交流质量，以及其繁育、生存和生活质量。调查数据显示，随着大熊猫生态走廊的建设，野生大熊猫的生存环境明显改善，近年来在成都市近郊以及理县、彭州、都江堰等地，都发现野生大熊猫活动足迹的频率明显增加，这表明大熊猫种群之间的交流在明显加强。

11.4.2　大熊猫主食竹的信息化管理

11.4.2.1　网络技术的应用

构筑整个大熊猫主食竹的资源信息网络，采用及时、高效、全面、准确的资源信息化管理，对于实施大熊猫主食竹资源的适时监测、科学评估和有效保护异常重要。

（1）信息的互联互通

目前，野生大熊猫主食竹的种类多、分布广，资源分散、信息分散、管理分散，采用信息化管理，就可以将分散地点的分散信息互联互通，以便提高相关信息的获取速度，增加单位时间内的使用频次，从而增加资源保护管理的及时性和针对性。

（2）信息的高效利用

目前，野生大熊猫主食竹的资源信息供给，是采取现实查找、一事一报、逐级汇总的方式实现的，速度慢、效率低、不准确。所以，经常看到各级、各地专业部门、专业人员陷于索要数据、汇总数据、上报数据的繁琐事务之中。采用信息化管理，就可以利用现代技术，根据实际工作需要，迅速获取和汇总大熊猫主食竹及其相关变化的信息资料，从而大大提高其保护工作的管理效率。

（3）信息的适时修正

野生大熊猫主食竹资源自身的状况是随时变化的，对目标信息的需求是不断变化的，信息需求的时间也是不确定的，而采用信息化管理，就可以对大熊猫主食竹及其变化情况的信息数据库进行随时补充、调整和修正，从而大大提高相关信息的精确性，增加其保护管理的科学性。

（4）信息的统计分析

由于对大熊猫主食竹资源保护和管理的需要，全国各地数次进行大规模资源调查，许多地方还设置了定位观测站，从而产生了海量的数据，若想从中寻找一些在某一方面有用的目标数据，并不是一件容易的事情，更不要说进行系统、全面、科学、准确的数据统计和数据分析了，而采用信息化管理，这些问题都会迎刃而解。

11.4.2.2　遥感技术的应用

遥感技术就是利用竹类植物反射或辐射电磁波的固有特性，通过研究其电磁波的特性，达到识别大熊猫主食竹种类，分布及其生长状况的技术。

回顾历史，遥感技术经历过一个循序渐进的过程。20世纪20年代开始于航空目视调查和空中摄影；30年代开始采用常规航空摄影编制森林（含竹林）分布图；40年代航空像片的林业判读技术得到发展，开始编制航空像片蓄积量表；50年代发展为航空像片结合地面的抽样调查技术；60年代中期，红外彩色照片的应用，促进了森林（含竹林）判读技术的进步，特别是树种判读和森林虫害探测；70年代初，林业航空摄影比例尺向超小和特大两极分化，提高了森林资源调查的工作效率。与此同时，陆地卫星图像也在林业中开始应用，并在一定程度上代替了高空摄影；70年代后期，陆地卫星数据自动分类技术引入林业，多种传感器也用于林业遥感试验；80年代，卫星不断提高空间分辨率，图像处理技术日趋完善，伴随而来的是地理信息，森林（含竹林）资源和遥感图像数据库的建立。

遥感监测内容主要包括：①大熊猫主食竹资源的面积估测；②大熊猫主食竹资源的动态变化；③大熊猫主食竹的生物量估测；④大熊猫主食竹的火灾监测；⑤大熊猫主食竹的病虫害监测。

总之，通过监控竹林的变化情况，可以预报预测大熊猫主食竹的生长、开花、结实，以及遭受冰雪、地震、泥石流、病虫灾害情况等。今后，应努力创造条件，利用越来越先进的遥感监测技术，为大熊猫主食竹的资源变化，提供更加科学、完整、连续、规范化的时间序列数据，以便对大熊猫主食竹资源及其多样性状态实施更准确、更具针对性保护和管理。

11.4.2.3　大数据技术的应用

随着移动互联网、物联网、云计算等信息技术的飞速发展，人类悄然进入了大数据时代，大数据已应用于当今社会生活的各个方面。因此，抓住机遇、审时度势、引入大数据辅助科学决策机制，做好大熊猫主食竹的资源供给、资源保护和资源管理工作，推进其决策的科学化、管理的精准化、服务的高效化，已势在必行。

（1）搭建信息共享平台

运用大数据技术手段，打破信息孤岛，整合数据资源，搭建快速、精准、高效的数字化办公流程和服务模式，为大熊猫主食竹的资源供给、资源保护和资源管理，提供快捷、精准、高效、方便的服务，实现大熊猫主食竹从粗放式管理向精细化管理转变。

（2）完善权力监督机制

运用大数据技术手段，对大熊猫主食竹资源供给、资源保护和资源管理权力运行过程中产生的数据进行全程记录、全程监督，及时发现和处理各种问题。

（3）提高政策执行效率

运用大数据技术手段，不断优化大熊猫主食竹资源供给、资源保护和资源管理的政策执行环境，整合政策执行资源，形成政策执行合力，将有效遏制相关政策在执行过程中出现的"低效率"现象，有效防止相关政策在执行过程中的随意性和弄虚作假行为。

11.4.3　大熊猫主食竹的深入研究

在现有基础上，进一步深化大熊猫主食竹的科学研究，对于大熊猫主食竹资源的保护工作，具有重要而深远的现实意义。

11.4.3.1　现有资源的保护研究

在进一步摸清大熊猫主食竹本底资源的基础上，弄清现有大熊猫主食竹中林相整齐、生长旺盛的野生竹源，采取有效措施加以科学保护；对弱势或受损主食竹资源，采取有效措施加以复壮和修复。

11.4.3.2　高产大熊猫主食竹种的筛选

在进一步摸清大熊猫主食竹本地资源的基础上，对现有大熊猫主食竹中单位面积产量极高的竹种进行筛选，弄清其高产原因，有利于低成本解决现实大熊猫主食竹的供给不足问题。

11.4.3.3　大熊猫主食竹新品种的开发

研发和培育高质量、高营养的大熊猫主食竹新品种，在满足现实需求的情况下，进一步提高大熊猫主食竹的生产能力，降低大熊猫主食竹的供给成本。

11.4.3.4 大熊猫主食竹利用形式的优化

研究大熊猫主食竹的供给模式，如种类组合、类型组合、部位组合、形式组合、时间序列、季节安排等，最大限度地提高大熊猫主食竹的利用效率。

11.4.3.5 大熊猫新食物的研发

开展对大熊猫及其营养需求的深入研究，开发大熊猫的新型食物及其供给形式，以便更科学、更合理、更便捷、更经济地满足大熊猫食物需求，从而部分减少对现实大熊猫主食竹的依赖。该项研究有两大目的：一是采用现代技术解决圈养大熊猫的食物需求；二是未雨绸缪，当野生大熊猫主食竹大面积开花时，可以作为有效的临时救助手段。

11.4.4 大熊猫主食竹的人工培育

合理安排、科学布局，有计划、有目的、有针对性的发展大熊猫主食竹人工种植，是一项功在当代、利在千秋的事业。

11.4.4.1 因地制宜，适地适竹

即在认真调查研究的基础上，人为选择最合适大熊猫主食竹生长的地方，种植最合适当地大熊猫采食的主食竹种。

11.4.4.2 定向培育，规模发展

即选择最优质的品种，进行大熊猫主食竹的定向培育、生产、加工和利用，以便在相对短的时间内，实现其规模化、标准化、现代化操作和管理。

11.4.4.3 因需种植，目标管理

即根据大熊猫主食竹的实际社会需求情况，认真研究、科学筹划，合理设定大熊猫主食竹的近期、中期和远期发展目标，落实专门单位、专门人员、专门资金，在规定的时间实现既定的目标，要求有明确的奖惩措施。

11.4.4.4 控制成本，提高效益

由于人工种植大熊猫主食竹，可以事先进行调查研究，随时进行资源调配，根据工作进度进行效果评估和目标矫正，根据工作需要进行人、财、物的合理调整。因而，可以大大提高大熊猫主食竹建植过程中的种植成功率，最大限度地控制大熊猫主食竹生产过程中的错误发生率，从而大幅度提高大熊猫主食竹营造和建设的社会效益、生态效益和经济效益。

12

大熊猫主食竹的
发展趋势

　　大熊猫主食竹是大熊猫赖以生存的必要条件，在认真调查、研究、总结前人为此所做工作的基础上，如何确保大熊猫主食竹资源的稳定、健康和可持续发展，是今后从事大熊猫主食竹研发和管理的必然方向。

12.1　更加注重大熊猫主食竹的研究与开发

12.1.1　新品种的研究与开发

12.1.1.1　选择育种技术的运用

　　优选是指通过对野生大熊猫主食竹的系统研究，选择其中适应性相对好、抗逆性和繁衍能力相对强、生长相对快、产量相对高、栽培管理相对简单，又比较抗病虫害且适于大熊猫采食的竹类植物，作为大熊猫主食竹加以扩繁和培育的育种方法。这是一种传统实用的植物育种方法。实践证明，将此方法应用于大熊猫主食竹新品种的培育，不但效率高，而且效果好。此法是历史上一直沿用至今，目前仍在普遍采用的大熊猫主食竹新品种培育的主要手段。

12.1.1.2　驯化育种技术的运用

　　驯化育种是指通过人工分离、引种、栽培，不断培育和选择，将野生竹子或外地竹子驯化成为能适应本地自然环境和种植条件的大熊猫主食竹的育种过程。这也是一种传统实用的植物育种方法。实践证明，将此方法应用于大熊猫主食竹新品种的培育，一样效率高、效果好。此法亦是历史上一直沿用至今，目前仍在普遍采用的大熊猫主食竹新品种培育的主要手段。

12.1.1.3　杂交育种技术的运用

　　杂交育种指利用具有不同性状竹类植物的亲本之间进行杂交，继而在杂种后代中进行选择，以育成优良性状相对聚合的，更加符合生产要求的大熊猫主食竹新品种的方法。此法亦属于相对传统的植物遗传育种方法。竹子杂交一般只能在竹类植物的个体水平上进行，通常分为以下两种情形：

　　（1）近缘杂交

　　指亲缘关系相对较近，是大熊猫主食竹分类学上同一物种的不同亚种或品种之间的杂交。

　　（2）远缘杂交

　　指亲缘关系相对较远，是大熊猫主食竹分类学上不同种、不同属、甚至亲缘关系更远的物种之间的杂交。

　　但更多情况是在同一类群的竹子中选取优秀的个体进行杂交，其操作对象是整个基因组。由于不能准确地对某个性状进行精确操作和选择，因而采用该法培育大熊猫主食竹新品种，周期相对较长、可控性较差、工作量大、后代性状表现很难预期。但该方法也有其可取之处，即在大熊猫主食竹新品种培育时，有可能取得结果向好的意外收获。

12.1.1.4　组织培养育种技术的运用

　　组织培养育种指从大熊猫主食竹营养体中，分离出符合需要的组织、器官、细胞或原生质体等，通过无菌操作，接种在含有各种营养物质及生长激素的培养基上进行培养，以获得新的、完整的大熊猫主食竹植株的技术。组织培养是根据植物细胞具有全能性的理论发展起来的一项植物无性繁殖的新技术。广义组织培养，泛指竹子的离体培养；狭义组织培养，则指用竹子各器官的组织，如形成层、薄壁组织、叶肉组织、胚乳等进行培养获得再生植株，也指在培养过程中从各器官上产生愈伤组织的培养，愈伤组织经过再分化形成再生植株。如果采用该方法进行新品种的培育，可以在比较短的时间内培育出大量大熊猫主食竹的目标竹种，其实践价值不言而喻。

12.1.1.5 分子育种技术的运用

分子育种指不受生物体之间亲缘关系的限制、融合分子标记、杂交选育等常规手段，通过基因转移和遗传信息交流的方式获得竹类植物的优良性状，从而培育出更加高产、优质的大熊猫主食竹新品种的一种新型育种方法。分子育种技术与传统杂交育种技术一脉相承，两者在遗传上具有实质等同性，这是分子育种的遗传基础，也是生物杂交的遗传基础。由于该技术的目标指向明确、可控性更强，以及后代性状可以预期，在进行大熊猫主食竹育种时，可以大大缩短其育种进程，提高其育种效率。这是一种新型、现代、科学、高效的生物育种技术，值得在大熊猫主食竹新品种培育实践中进行尝试和应用。

12.1.1.6 诱变育种技术的运用

诱变育种指人为利用物理诱变因素（如χ射线、γ射线、β射线、中子、激光、电子束、紫外线等）和化学诱变剂（如烷化剂、叠氮化物、碱基类似物等）诱发竹类植物遗传变异，在较短时间内获得有利用价值的突变体。根据育种目标要求，选育成大熊猫主食竹新品种的一种科学育种方法。人工诱变育种是近年来兴起的一门现代育种技术，是遗传育种科学的重要组成部分，在提高大熊猫主食竹的育种效率，促进其增产增效方面，潜力巨大。

12.1.2 新技术的研究与开发

12.1.2.1 新育苗技术的研究与开发

对于大熊猫主食竹新品种的育苗，要求创造相对理想的适生环境条件。目前可以采用的最新育苗技术主要包含三大要素：

（1）友好的基质条件

要求提供能够满足大熊猫主食竹育苗需要的土壤结构、营养组成、pH值等。

（2）良好的设施条件

要求有相对封闭的培育空间，以便根据大熊猫主食竹的育苗需要，有计划、按次序进行育苗工作的空间和时间布局，尽可能避免或减少外部环境变化对育苗进程造成的不利影响。

（3）智能化的控制条件

要求温度、湿度、光照、水分及空气条件均可根据大熊猫主食竹育苗需要进行自动调节。

12.1.2.2 新造林技术的研究与开发

大熊猫主食竹新品种成苗之后，需要采用最科学、最可靠的方法移入大田、山场进行栽培种植。除了传统的带根移植以外，目前在果树、珍贵植物、木本油料造林中使用新技术，亦可用于大熊猫主食竹的造林，比较成熟的如营养袋移植、ABT生根粉、保水剂技术等。因此，应该探索更新、更好、更有效的大熊猫主食竹造林技术。

12.1.2.3 新抚育技术的研究与开发

新造大熊猫主食竹林，因初植苗龄和密度的不同，需要2～3年时间才能郁闭成林，种子苗需要的时间可能更长。因此，前三年的抚育工作是大熊猫主食竹造林是否成林的关键。目前还是采用比较原始传统的人工抚育方法，实用、低碳、环保，一般不提倡使用农药、除草剂等对环境可能造成污染的抚育方式。因此，同样需要探索更新、更好、更有效的竹林抚育技术。最近由史军义研究团队提出的同龄竹抚育技术，对于大熊猫主食竹的标准化、现代化、规模化生产，具有积极的实践意义。

12.1.2.4　新采集技术的研究与开发

对于成林的大熊猫主食竹林，除补充野生大熊猫的采食需求外，还应满足圈养大熊猫的食竹需要。目前，大熊猫主食竹仍然是采用人工择伐的方式进行采集，成本高、效率低、劳动强度大。因此，有必要研究开发更新、更好、更有效的大熊猫主食竹采集技术，比如同龄竹的营造，无疑为大熊猫主食竹的标准化和机械化采集提供了可能性。

12.1.2.5　新包装技术的研究与开发

目前，大熊猫主食竹采集后，就是粗粗截秆、捆扎一下，基本上没有包装，便装车运往大熊猫圈养场。这种方式显然比较简陋、粗放，不利于高效装载、长途运输和产品保质。因此，必须研究开发更新、更好、更实用的大熊猫主食竹包装技术。

12.1.2.6　新运输技术的研究与开发

目前，大熊猫主食竹的运输方式有人工、汽车、火车和飞机，但总的来讲还是比较随意，不标准、不规范、集成化程度低，不利于机械装卸，又没有专用运输工具和设备，因而运输效率低、运输成本高。因此，必须研究开发更新、更好、更实用的大熊猫主食竹运输技术，包括专用装卸工具和运输设备。

12.1.2.7　新储藏技术的研究与开发

现有的大熊猫主食竹基本上是随供随用，几乎不用储藏，或者只需在常规环境下作短暂存放，时间一长就会变质，甚至腐烂，从而大大降低了大熊猫的有效取食比例，甚至造成了许多不必要的浪费。所以，研发大熊猫主食竹的专用储存场所、储存设施、储存技术，无疑是未来大熊猫主食竹供给和保障的重要手段。

12.1.3　新产品的研究与开发

12.1.3.1　笋产品的研究与开发

大熊猫主食竹笋产品的研究与开发，应当包括不同竹种、不同季节、针对不同大熊猫个体采食的各种竹笋及笋延伸产品，通常有常温带壳鲜笋、无壳鲜笋，冷藏带壳鲜笋、无壳鲜笋，冰鲜全笋、笋片等。

12.1.3.2　秆产品的研究与开发

大熊猫主食竹秆产品的研究与开发，应当包括不同竹种、不同季节、针对不同大熊猫个体采食的各种竹秆及竹秆延伸产品，通常有常温竹秆段、竹秆片、竹秆屑，冷藏竹秆段、竹秆片、竹秆屑等。

12.1.3.3　叶产品的研究与开发

大熊猫主食竹叶产品的研究与开发，应当包括不同竹种、不同季节、针对不同大熊猫个体采食的各种竹叶及竹叶延伸产品，通常有常温叶片、叶段、碎叶，冷藏叶片、叶段、碎叶等。

12.1.3.4　新食物产品的研究与开发

开发大熊猫的新型食物及其供给形式，可以更科学、更合理、更便捷、更经济地补充或满足大熊猫的食物需求，从而部分减少对现实大熊猫主食竹的依赖。新食物可以是以大熊猫主食竹为原料的单一新型食物、重组新型食物、合成新型食物等，也可以是创新型非竹大熊猫新型食物。

12.2 更加注重大熊猫主食竹的资源保护

12.2.1 自然竹资源的保护

对于野生状态的大熊猫主食竹资源，从政府到民间，始终都是采取积极保护的态度。过去是保护，现在是保护，将来也只能是保护。只有有效保护，才能持续利用。

自然竹资源的保护将表现为如下三大趋势：

12.2.1.1 日益体系化

自然竹资源保护的体系化建设表现在：

国家层面：相关法律、法规、条例的制定。

地方层面：相关法律、法规、条例实施细则的制定和执行。

基础层面：相关法律、法规、条例及其实施细则的贯彻和执行。

12.2.1.2 日益规范化

自然竹资源保护的规范化建设表现在：

分类保护、同类同保：即要求对凡处于同一保护类别的自然竹资源，均采取与该类别相对应的保护措施。也就是重点保护对象，重点对待；次要保护对象，次之对待。

分级保护，同级同责：即要求凡处于同一级别的行政保护单位，均应当承担与该行政级别单位相对应的保护责任。也就是无论单位还是个人，级别越高，责任越大。

分工保护、同工同酬：即对从事自然竹资源保护的人，分工种、强度、责任，凡承担相同工作者，其待遇应当保持一致。

12.2.1.3 日益智能化

自然竹资源保护的智能化建设表现在：

竹资源监测的智能化：即利用卫星、飞机、无人机、遥控监视仪等现代技术对野生大熊猫主食竹资源进行监测，随时了解其变化情况，以便采取相适应的应对措施。

竹资源管理的智能化：即利用现代通信与信息技术、计算机网络技术等现代技术对野生大熊猫主食竹资源进行管理，以便随时掌握相关信息、采取相适应的管理措施。

12.2.2 物种多样性的保护

大熊猫主食竹的物种多样性，是大熊猫生命得以延续至今的根本。如果没有这种大熊猫主食竹的物种多样性，则发生于1984年那场冷箭竹大面积开花，极有可能导致分布于邛崃山山脉、岷山山脉大熊猫种群的灭绝。由此可见，保护大熊猫主食竹的生物多样性，就能更好地保护自然界丰富的大熊猫主食竹综合资源，实质上就是保护野生大熊猫自身。

12.2.3 竹生态环境的保护

实践证明，保护大熊猫主食竹赖以生存的自然环境，就是保护大熊猫主食竹资源最现实、最可行、最有效的方法。对于这一点，无论给予其多高的正面评价都不算过分。

竹生态环境的保护将表现为如下三大趋势：

12.2.3.1　努力减少干扰

即尽一切可能，尽量减少各种人类生产活动或非生产性活动，以及牲畜活动对大熊猫主食竹生存的自然环境造成的干扰。

12.2.3.2　努力防止破坏

即尽一切可能，尽量防止各种人类活动，以及火灾、地震、洪水、泥石流、低温、冰冻、暴风雨、病虫害等自然灾害对大熊猫主食竹生存的自然环境造成的破坏。

12.2.3.3　努力降低污染

即尽一切可能，尽量降低有害气体、液体或固体污染物对大熊猫主食竹生存的自然环境造成的污染。

12.2.4　人工竹资源的高效培育和利用

大熊猫主食竹的资源保护，还表现为对于人工竹资源的高效培育和利用。人工竹资源目前还不是大熊猫主食竹的主体，但其所发挥的作用将会越来越重要。具体来说：人工竹资源是圈养大熊猫的主要食物来源，人工竹资源是对野生大熊猫主食竹资源的有效补充，人工资源具有良好的可控性，有利于大熊猫主食竹的供给调控。

对于人工竹资源的规模生产、高效利用，可以减少对野生大熊猫主食竹资源的消耗，这从另一个角度实现了对自然竹资源的保护目标。因此，大规模发展优质、高产的人工大熊猫主食竹资源，是解决目前大熊猫食物供需矛盾的有效途径之一，今后势必越来越得到各级政府以及大熊猫保护执行单位和机构的推崇。

12.3　更加注重大熊猫主食竹的创新发展

12.3.1　大熊猫主食竹的国际登录

12.3.1.1　大熊猫主食竹品种的概念

大熊猫主食竹品种又称大熊猫主食竹栽培品种，是相对野生或自然起源的大熊猫主食竹而言，这里是指通过人类有意活动、选择、分离、引种、培育和生产出来的大熊猫主食竹的人工栽培竹类种下分类群。

大熊猫主食竹品种应该是这样一个竹类集合体：①它是为特定的某一性状或若干性状的组合而人为选择出来的；②这些性状具有特异性、一致性和稳定性；③无论采取何种方法进行繁殖，这些限定性状都能继续保持在该竹栽培品种之中。

大熊猫主食竹品种一般通过如下方式获得：①由一株竹子的任何一部分通过无性繁殖得到的克隆（clone）植株；②由一株竹子的某些特定部位的材料通过无性繁殖获得的位相克隆（topophysic clone）的植株；③由一株竹子的生长周期某一特定阶段的材料通过无性繁殖获得的期相克隆（cyclophysic clone）的植株；④由竹子异常生长（aberrant growth）部位通过无性繁殖获得的克隆植株；⑤由两个或多个不同竹子分类群的营养体组织通过嫁接密切结合而成的相同嵌合体（chimaera）的植株；⑥由两个或多个不同竹子突变组织与正常组织密切结合而成的相同嫁接嵌合体（graft-chimaera）的植株；⑦由两种或多种不同竹子分类群，通过有性杂交产生的新的植株。⑧由杂交竹栽培品种的变异植株再经过培育、选择、分化获得的遗传性状稳定的后代集合体；⑨特意植入来自一个不同种质的遗传物质之后，表现出新性状的转基因竹子集合体。

下列情形不属于大熊猫主食竹品种：①如果由于一个竹栽培品种繁殖方法的改变，会导致其赖以区别的限定形状发生改变，则这样的植株集合体将不能被确认为一个大熊猫主食竹栽培品种；②仅仅通过一些常规园艺措施而保持其特征的竹子植株，比如人工修剪形成的球状造型的竹子植株以及人工编制形成的篱状造型的竹子植株集合体，均不能视为一个大熊猫主食竹栽培品种；③任何竹类集合体，在其阶元、名称和界定被正式登录或发表之前，不能被视为一个大熊猫主食竹栽培品种。

12.3.1.2 开展大熊猫主食竹国际登录的意义

一种植物的名称，是人们对于该植物的具体称谓。栽培品种的名称，则是人们对于自己通过有意活动选择、引种、培育和生产出来的植物品种的具体称谓。正是由于植物的栽培品种附带了人类干预和人类活动的属性，具有人类行为创新、形式创新和知识创新的内涵，因而，对于栽培品种的培育者（或申请者）而言，其为该栽培品种培育成功所付出的劳动和智慧理应得到保护和尊重（史军义等，2014）。

名称，是一切权益的载体，是基础、是源头、是根本，任何栽培植物的信息、技术或产品，只有附加在一个具体的名称身上，才能具备描述、记录、统计、分析、研究、保存、展示、宣传、使用和交流的实际价值。《国际栽培植物命名法规（International Code of Nomenclature for Cultivated Plants，ICNCP）》，就是对全世界植物栽培品种名称进行规范和保护的国际规则。国际栽培植物登录，则是培育者（或申请者）依据ICNCP为其培育的植物栽培品种注册的一个国际"名称"，这个"名称"是符合法规的，是全球唯一的、世界公认的。国际栽培植物登录权威International Cultivar Registration Authority（ICRA）则是给这个注册栽培品种"名称"发放"身份证"的、由国际园艺学会栽培品种登录特别委员会（ISHS Special Commission for Cultivar Registration）批准的专门机构。植物栽培品种一经登录成功，就意味着培育者（或申请者）获得了该栽培品种国际登录权，而登录权是一种鉴别、判定植物栽培品种知识产权的"母权"。

顾名思义，国际竹类栽培品种登录权威，就是给竹类栽培品种注册"名称"和发放"身份证"的国际权威机构。一个竹栽培品种只有通过国际竹类栽培品种登录权威登录成功，才能获得国际认可、进行国际交流。也就是说，培育者（或申请者）只有对其所培育的竹品种进行国际登录，才能拥有该竹品种名称及相关权益的优先支配权。这是推动优良竹品种及产品走向标准化、规模化、产业化、国际化的前提基础和有利条件，其对各产竹国、竹产区的经济和社会发展无疑具有十分重要的现实意义。

凡经国际竹类栽培品种登录权威接受并赋予登录权的大熊猫主食竹品种，必将赋予其以下四项重要含义：

（1）权威性

大熊猫主食竹品种国际登录，依据的是《国际栽培植物命名法规（International Code of Nomenclature for Cultivated Plants，ICNCP）》的统一规定和要求，是全世界公认的栽培植物领域的最高准则。

（2）唯一性

一个大熊猫主食竹品种只有经过国际登录，才能确定其名称在世界范围内的合法地位，并且具有无可争辩的优先权，即此后不可能允许第二个与其同名的竹品种名称在该领域的继续存在。

（3）国际性

一个大熊猫主食竹品种只有经过国际登录，方能在一个国际公认的专业平台上，通过国际公认的方式、集中、统一、规范、正式向全世界公开发布，从而被国际社会所普遍接受并在各产竹国、用竹国，以及各国际专业组织间有效传播和交流。

（4）专属性

大熊猫主食竹品种一经国际登录，其培育者（或申请者）亦随着登录竹品种的名称一道向全世界公开发布并受到保护。此后，只有实际拥有该竹品种登录权的培育者（或申请者），才优先享有该品种的品种权、所有权、专利权和相关规则的制定权等一系列权益，从而最终拥有该竹品种及其相关产品、信息、标准的自由支配资格和权利。

12.3.1.3 大熊猫主食竹品种的基本来源

根据竹类植物的发生和生长规律，一个大熊猫主食竹品种的合理来源，应归纳为以下6种基本情况：

（1）野生或自然起源的竹种或种下分类群，因其符合大熊猫主食竹特质而被人类引种利用，且特定性状一直表现稳定的竹类集合体。

（2）大熊猫至始至终野生居群中的变异植株，经人工筛选分离后进行定向培育，且被分离和培育的新发生植株，其限定性状表现稳定的竹类集合体。

（3）在历史上只有栽培记录而无野生记录，至今依然为人类所栽培和利用的具有大熊猫主食竹特质的竹种或种下分类群。

（4）在自然环境中虽有分布，但人们所了解、认知、接触和利用者主要为人工栽培的、且具有相同特征的大熊猫主食竹种或种下分类群。

（5）在大熊猫主食竹栽培竹品种中新发现的变异植株，经持续繁殖、栽培，其限定性状表现稳定的竹类集合体。

（6）通过人为干预或其他技术手段获得的大熊猫主食竹新植株，经持续繁殖、栽培，其限定性状表现稳定的竹类集合体。

12.3.1.4 大熊猫主食竹品种的基本类型

以目前各地大熊猫主食竹品种的现实存在状态，可以大致分为四种类型：

（1）特征型

主要指因形态特征与近缘分类群有明显差异且性状稳定而形成的大熊猫主食竹栽培品种。比如近缘分类群竹秆为纯绿色，而栽培品种在人为干预下竹秆呈现紫红色；近缘分类群秆节为绿色，而栽培品种在人为干预下秆节具黄色条纹。

（2）生理型

主要指因生理特征与近缘分类群有明显差异且性状稳定而形成的大熊猫主食竹栽培品种。比如近缘分类群笋期为春季，而新栽培品种在人为干预下笋期为春秋两季；在同等条件下，原近缘分类群笋产量为500kg/hm^{2}以下，而新栽培品种在人为干预下笋产量明显提高，达到1000kg/hm^{2}等。

（3）生态型

主要指因生态特征与近缘分类群有明显差异且性状稳定而形成的大熊猫主食竹栽培品种。比如新竹栽培品种在人为干预下比原近缘分类群更加耐寒、耐旱、耐水、耐热、耐风、耐瘠薄、耐盐碱等。

（4）园艺型

主要指通过杂交、嫁接、组培以及其他特殊园艺手段等培育出来的大熊猫主食竹栽培品种，其表现性状与原近缘分类群相比具有明显差异且性状稳定。比如杂交竹、组培竹等。

12.3.1.5 大熊猫主食竹国际登录的原则

大熊猫主食竹品种国际登录应当遵循以下基本原则：

（1）品种必须符合《国际栽培植物命名法规ICNCP》的相关规定和要求。

（2）品种仅限于禾本科（Poaceae）的竹亚科（Bambusoideae）植物。

（3）品种必须是由于人类选择、分离、引种、培育和生产出来的竹类植物。

（4）品种命名将以其正式发表的优先权为基础，即在竹亚科植物中，每个栽培品种只能有一个可接受名称（accepted name），也就是最早且符合ICNCP规则的那个名称。

（5）品种名称应能普遍、自由地供任何人使用，以准确表达竹类植物的一个栽培品种分类群。

（6）品种名称所用术语原则上遵循ICNCP的规范要求，但按照一些国家和国际立法，例如国家名录（National Listing）或植物品种权（Plant Variety Rights）加以规定的特有名称应予优先承认。

（7）在整个竹亚科植物中，登录的大熊猫主食竹品种必须是唯一的，不得重名。

（8）不允许将此前分类群的商业指称（trade designations）或商标（trademarks）用作大熊猫主食竹的登录名称。

（9）大熊猫主食竹品种信息至少应包括：新栽培品种的名称、描述、命名范式、来源和保存地点。

（10）大熊猫主食竹品种名称只有被国际竹类栽培品种登录权威所接受，才合法有效。

12.3.1.6 大熊猫主食竹国际登录的准备

开展大熊猫主食竹品种的国际登录，受理权威机构通常要求申请者提供下列证据材料，其中有些是必选项，也就是必须提供；有些是可选项，也就是根据需要提供。

（1）文字证据

竹品种的文字资料，属必选项，一般应足够详尽，以表明该品种形态、生理或生态特征，及其与其近缘分类群的特征和性状差别。

描述内容通常包括：地下茎类型及特征；秆高、直径、节间长、秆壁厚、秆色、秆型特征；箨环、秆环、节、分枝特征；箨鞘、箨耳、箨舌、箨片特征；小枝具叶数量；叶色、叶形、叶长、叶宽、次脉、小横脉特征；笋期；花期；主要习性、特点、用途；栽培品种来源；与近缘分类群的关键生理或生态性状差异；保存地点等。

（2）活体证据

要求提供所登录竹品种的活体植株，属必选项。活体植株应保存在具备长期保存能力的竹种园或登录园中，或发现地、培育地、引种地的固定苗圃中，或植物园、自然保护区的种质资源圃中。

（3）标本证据

指登录竹品种命名所永久依附的馆藏标本，又称范式标本，属必选项。栽培竹新品种的范式标本多采用腊叶标本，要求竹栽培品种名称申请者送至国际公认的正规标本馆中进行保存。

（4）照片证据

要求所提交的竹品种特征照片资料准确、色彩真实、特征清晰，通常采用植株、竹秆、竹叶、分枝或笋箨等至少2幅或2幅以上，标示主要分类特征的数码照片。照片证据对于特征型竹类栽培新品种，属必选

项；对于生理型和生态型竹栽培品种则属可选项。

（5）材料证据

指对登录竹品种具有证明作用的有性器官、营养器官、组织材料等。对于大多数申请国际登录的栽培竹新品种而言，可提供或不提供材料证据，但对于杂交竹或需要提供材料才能加以证明的栽培竹新品种而言，则属必选项。

（6）分子证据

指对登录竹品种具有证明作用的专门分子检测资料。一般包括竹栽培品种与近缘分类群的分子生物学特征比较的相关科学检测资料，或足以证明栽培竹新品种富含某种特殊元素的科学检测资料等，主要该分子证据有利于证明所登录的栽培竹新品种，则应予提交。

（7）种源证据

指对登录竹品种具有证明作用的原始文献资料。尤其对于以往依据《国际植物命名法规（International Code of Botanical Nomenclature, ICBN）》或《国际藻类、菌物和植物命名法规（International Code of Nomenclature for algae, fungi, and plants, ICN）》命名的竹亚科各属以下人工种植的种、变种、变型、栽培型和杂交种等，若申请国际登录，则要求申请者提供其育种、引种、实验、检测的原始数据、图表、影像、发表文献及相关资料。

12.3.1.7 大熊猫主食竹国际登录的程序

大熊猫主食竹品种的国际登录是指国际竹类栽培品种登录中心（ICRCB）依照《国际栽培植物命名法规（ICNCP）》的规则、程序和要求，对一个大熊猫主食竹品种申请国际登录的相关资料和信息实施受理、审查、核实、评估，最终由国际登录权威专家正式签字批准并颁发相应证书，同时按规定的内容和方式予以注册并向国际社会公开发布的一系列行为。实际上就是指一个大熊猫主食竹品种被国际竹类栽培品种登录权威（International Cultivar Registration Center for Bamboos, ICRCB）所接受并予以注册登记的全过程（史军义等，2014）。

（1）登录申请

大熊猫主食竹新品种培育者欲将其所持竹品种进行国际登录，申请人即可向国际竹类栽培品种登录权威（ICRA），即国际竹类栽培品种登录中心（ICRCB）提出竹栽培品种的国际登录申请，只有当该竹品种经ICRCB正式审核批准之后，其名称方才合法有效并被国际认可。

国际竹类栽培品种登录中心（ICRCB）规定其工作用语为中文或英文，即申请文件使用的语言只能是中文或英文，否则其申请文件有可能会被ICRCB所拒绝。

大熊猫主食竹新品种国际登录的申请人可以是机构、组织、单位、企业或个人。通常情况下，申请资料越详尽越有利于竹栽培品种的国际登录。

（2）登录批准

大熊猫主食竹新品种登录批准，是指国际竹类栽培品种登录中心（ICRCB）根据《国际栽培植物命名法规（ICNCP）》的规则和要求，对竹栽培品种登录申请及相关证据资料进行严格审查之后，由国际登录权威专家签署结论意见的行为。

大熊猫主食竹新品种国际登录批准将遵循优先性原则。

当大熊猫主食竹新品种国际登录申请初审合格后，登录专家将根据受理人的初审意见以及所提供的文字和实物资料对该竹品种进行复审。

对复审通过的竹品种，将由登录专家签署结论意见，并以ICRCB的名义颁发正式"国际竹类栽培品种登录证书"，同时给定登录的大熊猫主食竹新品种一个国际登录编号（例11-1）。至此，说明该竹品种已获得国际竹类栽培品种登录权威的正式批准。

例11-1：'青城翠'，国际登录号：No. WB-001-2018-025

编号中第一项WB：表示该竹栽培品种属于木本竹类，WB为木本竹类（woody bamboos）的缩写；如果是HB，则为草本竹类（herbaceous bamboos）的缩写；

编号中第二项001：表示中国，即第一个竹栽培品种登录的国家，以后根据申请国的先后顺序依次排序；

编号中第三项2018：表示该竹栽培品种国际登录的年份；

编号中第四项025：表示国际登录的竹品种的序号。

（3）登录注册

国际登录权威对一个同意接受的大熊猫主食竹品种的全套登录资料进行登记、归档并收入专门的《国际竹类栽培品种登录报告》（简称《登录簿》）的过程称为登录注册（Registration）。

由登录权威建立的所有竹品种，必须载入该《登录报告》或《登录簿》，然后按照国际园艺学会栽培品种登录特别委员会（ISHS Special Commission for Cultivar Registration）的统一要求，集中、正式、适时、公开向国际社会予以公布。

对复审不能通过的大熊猫主食竹品种，国际竹类栽培品种登录专家将正式签署不接受意见。对此结果，申请者可以补充材料再行申请或自行处理。

至此，大熊猫主食竹品种国际登录的全部工作正式宣告完成。

另外，需要特别说明的是：①一个大熊猫主食竹新品种被国际竹类栽培品种登录权威所受理，并不意味着必须履行登录义务；②一个大熊猫主食竹品种被国际竹类栽培品种登录权威所接受并注册，并不意味着登录权威对该品种的特异性做出判断，也不意味着对该竹品种在实施大熊猫食物饲喂时的优劣做出判断。

12.3.2 优质大熊猫主食竹的定向培育

12.3.2.1 定向培育的概念

大熊猫主食竹的定向培育，就是根据大熊猫食用功能价值最大化原则，运用有效的科学和技术手段，推动大熊猫主食竹的科研、开发、培育、生产、利用，向着最有利于大熊猫保护事业发展的方向发展。对于定向培育的大熊猫主食竹，通常要求其性状相对稳定、品质相对优异、技术相对成熟，有利于组织其科学化、标准化和规模化生产，目的是在同等时间和空间条件下，选择、培育和发展具有一个或多个功能指向明确的优势特点的大熊猫主食竹品种，在不造成环境压力的情况下，尽可能满足大熊猫的采食和栖息需求（史军义等，2016）。

12.3.2.2 定向培育的目的

大熊猫主食竹定向培育的意义在于：最大限度地发掘大熊猫主食竹的优质品种；最大限度地发掘大熊

猫主食竹的优良性状；最大限度地发掘大熊猫主食竹的潜在产能；最大限度地发掘大熊猫主食竹的利用效率；最大限度地发掘大熊猫主食竹的综合价值。

12.3.2.3 定向培育的理论意义

大熊猫主食竹的定向培育，其理论意义在于首次提出了关于竹类植物择优选种、按需培育、定向发展、标准生产的系统构想，为大熊猫主食竹从价值发现、价值创新、直到价值实现提供了理论支持。其内在逻辑是：

每一种大熊猫主食竹或者其携带的遗传物质对大熊猫都可能具有潜在的价值。

大熊猫主食竹的遗传物质在不同环境或不同时间，会在其生物体上表现出不同的性状和特点，其中某一类性状或特点，可能对大熊猫具有特殊意义。

大熊猫主食竹的这些性状和特点可以遗传给下一代，也可能发生变异，正是由于其所具有的遗传变异规律，造就了大熊猫主食竹的生物多样性。

在大熊猫主食竹的生物多样性中，蕴藏着巨大的功能性物质资源，其中可遗传的、稳定的、对大熊猫健康和成长具有积极意义的功能，可以通过人工方式进行诱导和强化，使其定向培育和生产成为可能。

大熊猫主食竹经过诱导和强化的功能，通过不断地定向培育，其特点可能变得更加突出、更加优秀、更加令人满意，比如更易繁殖、更加高产、更富营养、适口性更好、利用率更高、更易储藏等。

因为这些更加突出、更加优秀和更加令人满意的功能特点，使得在单位时间和空间生产出来的大熊猫主食竹产品更能吸引大熊猫的注意、更能满足大熊猫的采食需求。

通过大熊猫主食竹的定向培育和大规模生产，可以最终缓解野生大熊猫与圈养大熊猫的食物供给压力，进而实现人类更好保护大熊猫的目的。

12.3.2.4 定向培育的实践价值

大熊猫主食竹的定向培育，其实践价值在于能够最大限度地发掘主食竹资源的潜在优势，提高其资源的利用效率和利用价值，从而满足日益增长的野生和圈养大熊猫种群增长的食物需求。

特征一致有利于大熊猫主食竹产品的辨识：在规模化生产的条件下，特征一致有利于大熊猫主食竹产品的快速辨识、采集、分检、包装、投送和宣传，自然也就有利于降低上述各环节的生产成本。

功能一致有利于大熊猫主食竹产品的应用：功能一致意味着大熊猫主食竹产品的目标明确，便于集中力量组织其培育、开发和推广，有利于实现其不断更新和升级换代，从而在有限人力和资源的情况下，迅速了解、感知、体验大熊猫主食竹的特殊功用，达到事半功倍的效果。

标准一致有利于大熊猫主食竹的管理：在现代社会活动中，标准化对于大熊猫主食竹的分类、生产、包装、流通、检验和使用有着不同寻常的特殊意义。高标准通常都与高水品、高质量、高效率和高效益联系在一起。而大熊猫主食竹的定向培育本身就具有同一、同向、同产、同用的标准化含义。

目标一致有利于提高大熊猫主食竹效用：通常情况下，任何机构、组织、企业或个人，其培育和生产大熊猫主食竹都有明确的目的性，那就是在法律允许的范围内，充分利用有限的时间、空间和资源，获得尽可能丰厚的社会、生态和经济成果。

12.3.3 大熊猫主食竹成果的知识产权保护

大熊猫主食竹的创新发展，离不开其在科研、开发、培育、生产、加工、利用、管理中所形成的一系列理论和经验的积累，以及由此形成的系列知识产权。这些权利大致包括：

12.3.3.1 名称权

名称，就是大熊猫主食竹的称呼，这里指培育者给其培育的大熊猫主食竹新品种所起的具体名字。

名称权，这里指培育者或其权利受让人对所命名的大熊猫主食竹新品种的名称所依法享有的优先支配的权利。名称权是一切大熊猫主食竹新品种知识产权的"母权"，如果没有名称，则依附于该名称的所有权利都会成为"无本之木"。根据《国际栽培植物命名法规（ICNCP）》的基本精神，名称权又称登录权，凡经国际登录的大熊猫主食竹新品种，其授权名称具有权威性、唯一性、国际性和专属性。

12.3.3.2 新品种权

新品种，这里指经过人工培育的竹类或者对发现的野生竹类加以开发所形成的具备新颖性、特异性、一致性、稳定性，并有适当命名的大熊猫主食竹种下新分类群。

新品种权，这里指完成大熊猫主食竹新品种育种的单位或个人对其授权的品种依法享有的排他使用权。也就是说，完成育种的单位和个人，对于自己所拥有的经法定权威机构给予授权的大熊猫主食竹新品种，依法享有排他性独占权，也就是拥有该竹的新品种权。

12.3.3.3 专利权

专利权，简称"专利"，这里指大熊猫主食竹相关产品、技术、工艺等成果的发明创造者或其权利受让人对特定的发明创造在一定期限内依法享有的独占实施权。

12.3.3.4 商标权

商标，是用以区别商品和服务不同来源的商业性标志，由文字、图形、字母、数字、三维标志、颜色组合、声音或者上述要素的组合构成。大熊猫主食竹相关产品一样可以注册商标。

商标权，是商标专用权的简称，这里指商标主管机构依法授予大熊猫主食竹相关产品商标所有人对其注册商标享有受国家法律保护的专有权。商标注册人拥有依法支配其大熊猫主食竹相关产品注册商标并禁止他人侵害的权利，包括商标注册人对其注册商标的排他使用权、收益权、处分权、续展权和禁止他人侵害的权利。

12.3.3.5 著作权

著作权，又称版权，包括著作人身权和著作财产权。著作人身权，指作者通过创作表现个人风格的作品而依法享有获得名誉、声望和维护作品完整性的权利。该权利由作者终身享有，不可转让、剥夺和限制。作者死后，一般由其继承人或者法定机构予以保护。根据中国《著作权法》的规定，著作人身权包括：发表权，即决定作品是否公布于众的权利；署名权，即表明作者身份，在作品上署名的权利；修改权，即修改或者授权他人修改作品的权利；保护作品完整权，即保护作品不受歪曲、篡改的权利；著作财产权，指作者对其作品的自行使用和被他人使用而依法享有的以物质利益为内容的权利。包括通过以下方式获得经济效益：如复制、发行、出租、放映、翻译、改编、汇编、表演、广播、信息网络传播、展览、摄制、拍制电影、电视或录音等。著作权人可以全部或者部分转让著作权中的财产权，并依照约定或者依照法律规定获得报酬。

著作权人：又称"著作权主体"，是指依法对文学、艺术和科学作品享有著作权的人。著作权人可分为原始著作权人和继受著作权人。原始著作权人指创作作品的公民和依照法律规定视为作者的法人或者非法人单位；继受著作权指通过继承、受让、受赠等法律许可的形式取得著作财产权的公民、法人或者非法人单位。

大熊猫主食竹著作权人，亦可依法享有以上权利。

12.4　更加注重大熊猫主食竹的综合利用

12.4.1　大熊猫主食竹物质的利用

竹物质，指由大熊猫主食竹生长过程中形成的全部植物体，包括根、茎、叶、花、果实、种子及其附属物实物实体。竹物质的利用，就是将大熊猫主食竹生长过程中形成的全部植物体加以开发利用。大熊猫主食竹与其他竹类植物在物质构成上并无多大差异，因此，除用于饲养大熊猫和为人类生产食用笋以外，还可用于造纸、加工竹片板材、竹编制板材、竹纤维及纤维制品、真菌基质、日常生活用品、生产肥料、沼气等，目前比较流行的说法是全价利用。从理论上讲，大熊猫主食竹除满足主要目标功能需求外，其物质利用程度越彻底，则其可能实现的价值也就越高。这应是大熊猫主食竹未来发展应予鼓励的思维方式。

12.4.2　大熊猫主食竹功能的利用

竹功能，指竹类植物所发挥的有利作用和效能。大熊猫主食竹的首要功能，是满足大熊猫的食物需求。但大熊猫主食竹也同其他竹类植物一样，具有生态建设、提供竹材、生产竹笋、进行城乡绿化、园林栽培观赏等多重功能。许多大熊猫主食竹均可一竹多用，因而拥有巨大的可开发空间。

12.4.3　大熊猫主食竹环境的利用

大熊猫主食竹生长形成的竹林环境及其与周围山体、水体、地形、地貌、岩石、乔木、灌木、花卉、草地以及各种动物、鸟类等共同构成独特景观，层次分明，场面宏阔，具有特别的观赏价值，有不少区域适于进行旅游开发。但是，对在大熊猫主食竹分布环境进行旅游开发，需要事先论证，不能影响大熊猫的正常活动。

12.4.4　大熊猫主食竹影响力的利用

大熊猫属于闻名世界的明星动物，影响力巨大。凡是与大熊猫相联系的事物，相对而言，更能引起人们的关注。大熊猫主食竹自然也不例外。比如大熊猫喜欢取食的竹笋，人们的兴趣肯定会远高于其他竹笋。最近，中央电视台报道了一种纸张，说是用大熊猫粪便经一系列处理后制作而成的，因而吸引了不少人的注意。由此可见一斑。

参考文献

敖惠修, 1991. 丹霞山的植被[J]. 热带地理(03): 291.

卞萌, 汪铁军, 刘艳芳, 等, 2007. 用间接遥感方法探测大熊猫栖息地竹林分布[J]. 生态学报, 27(11): 4825-4831.

蔡绪慎, 黄金燕, 1992. 拐棍竹种群动态的初步研究[J]. 竹子研究汇刊, 11(03): 55-59.

曹弦, 2016. 佛坪大熊猫(Ailuropoda melanoleuca)主食竹巴山木竹单宁酸含量的时空变化[D]. 南充: 西华师范大学.

辞海编撰委员会, 1981. 辞海·生物分册[M]. 上海: 上海辞书出版社.

陈冲, 董文渊, 郑进烜, 等, 2007. 水竹无性系种群生物量结构研究——以云南省彝良县海子坪自然保护区天然水竹无性系种群为例[J]. 湖南农业大学学报(自然科学版), 33(05): 584-587.

陈灵芝, 2014. 中国植物区系与植被地理[M]. 北京: 科学出版社.

陈劲松, 2018. 气候变暖背景下大熊猫主食竹克隆生长特性对栖息地森林更新的影响. 自然科学基金查询与分析系统.

陈圣宾, 欧阳志云, 方瑜, 等, 2011. 中国种子植物特有属的地理分布格局[J]. 生物多样性, 19(04): 414-423.

陈嵘, 1984. 竹的种类及栽培利用[M]. 北京: 中国林业出版社.

陈艺萌, 周德群, 刘作易, 等, 2013. 竹黄的生物学特性及其药用价值的研究进展[J]. 西南农业学报, 26(5): 2162-2166.

陈玉华, 2004. 篌竹无性系种群生态学特性研究[D]. 南京: 南京林业大学.

党高弟, 曹庆, 王纳, 2010. 陕西天保工程区大熊猫栖息地竹子可持续利用探讨[J]. 陕西林业(04): 22-23.

邓怀庆, 金学林, 何东阳, 等, 2013. 圈养大熊猫主食竹消化率的两种测定方法比较[J]. 四川动物, 32(03): 364-368.

丁佳, 吴茜, 闫慧, 等, 2011. 地形和土壤特性对亚热带常绿阔叶林内植物功能性状的影响[J]. 生物多样性, 19(02): 158-167.

董文渊, 2002. 筇竹生长发育规律的研究[J]. 南京林业大学学报(自然科学版), 26(3): 43-47.

董文渊, 黄宝龙, 谢泽轩, 等, 2002. 筇竹种子特性及实生苗生长发育规律的研究[J]. 竹子研究汇刊, 21(01): 57-60.

董文渊, 黄宝龙, 谢泽轩, 等, 2002. 筇竹无性系种群生物量结构与动态研究[J]. 林业科学研究, 15(04): 416-420.

冯斌, 2016. 林冠遮阴及海拔对大熊猫主食竹生长发育、适口性和营养成分影响[D]. 雅安: 四川农业大学.

冯永辉, 2006. 佛坪、长青的保护区箭竹属箭竹大熊猫主食竹分布及生物量及研究[D]. 西安: 西北大学.

冯永辉, 冯鲁田, 雍严格, 等, 2006. 秦岭大熊猫主食竹的分类学研究(Ⅱ)[J]. 西北大学学报(自然科学版), 36(01): 101-102, 124.

傅金和, 刘颖颖, 金学林, 等, 2008. 秦岭地区圈养大熊猫对投食竹种的选择研究[J]. 林业科学研究, 21(06): 813-817.

耿伯介, 易同培, 1982. 巴山木竹属——我国西部之一新竹属[J]. 南京大学学报(自然科学版)(03): 722-732.

耿伯介, 王正平, 1997. 中国植物志·第九卷第一分册[M]. 北京: 科学出版社.

龚子同, 陈鸿昭, 王鹤林, 1996. 中国土壤系统分类高级单元的分布规律[J]. 地理科学, 16(04): 289-297.

国家林业局, 2006. 全国第三次大熊猫调查报告[M]. 北京: 科学出版社.

国家林业和草原局, 2021. 全国第四次大熊猫调查报告[M]. 北京: 科学出版社.

管中天, 2005. 森林生态研究与应用[M]. 成都: 四川科学技术出版社.

郭建林, 1990. 白水江大熊猫食用竹引种初报[J]. 竹子研究汇刊, 9(04): 95-96.

郭庆学, 王小蓉, 梁春平, 等, 2017. 海拔对岷山大熊猫主食竹营养成分和氨基酸含量的影响[J]. 生态学报, 37(19): 6440-6447.

何东阳, 2010. 大熊猫取食竹选择、消化率及营养和能量对策的研究[D]. 北京: 北京林业大学.

何晓军, 王文利, 杨兴中, 2011. 太白山大熊猫主食竹的种类与分布[J]. 陕西林业, (S1): 39-40.

何晓军, 孟夏, 等, 2009. 太白山自然保护区大熊猫主食竹的种类与分布[C]. 首届两岸三地大熊猫保护教育学术研讨会论文集.

何永果, 周世强, 黄金燕, 等, 2014. 拐棍竹无性系植株在不同干扰下的生存能力[J]. 四川林业科技, 35(01): 21-24.

胡锦矗, 2001. 大熊猫研究[M]. 上海: 上海科技教育出版社.

洪德元, 2016. 关于提高物种划分合理性的意见[J]. 生物多样性, 24(03): 360-361.

胡杰, 胡锦矗, 屈植飚, 等, 2000. 黄龙大熊猫对华西箭竹选择与利用的研究[J]. 动物学研究, 21(01): 48-51.

环境保护部自然生态保护司, 2016. 全国自然保护区名录(2014)[M]. 北京: 中国环境出版社.

黄华梨, 1994. 缺苞箭竹天然更新的初步研究[J]. 竹子研究汇刊, 13(02): 37-44.

黄华梨, 刘小艳, 王建宏, 2003. 甘肃省竹亚科植物系统分类及分布[J]. 甘肃农业大学学报, 38(2): 180-187.

黄华梨, 杨飞禹, 1990. 甘肃大熊猫栖息地内的竹类资源[J]. 竹子研究汇刊, 9(01): 88-96.

黄华梨, 1995. 白水江自然保护区大熊猫主食竹类资源及其研究方向雏议[J]. 甘肃林业科技(01): 35-38.

黄金燕, 李文静, 刘巅, 等, 2018. 卧龙自然保护区人工种植大熊猫可食环境适应性初步研究[J]. 世界竹藤通讯, 16(05): 20-24.

黄金燕, 廖景平, 蔡绪慎, 等, 2008. 卧龙自然保护区拐棍竹地下茎结构特点研究[J]. 竹子研究汇刊, 27(04): 13-19.

黄金燕, 刘巅, 张明春, 等, 2017. 放牧对卧龙大熊猫栖息地草本植物物种多样性与竹子生长影响[J]. 竹子学报, 36(02): 57-64.

黄金燕, 史军义, 刘巅, 等, 2022. 大熊猫主食竹新品种'卧龙红'[J]. 竹子学报, 41(1): 17-19.

黄金燕, 史军义, 周德群, 等, 2021. 大熊猫主食竹新品种'花篌竹'[J]. 世界竹藤通讯, 19(2): 72-74.

黄金燕, 周世强, 李仁贵, 等, 2013. 大熊猫主食竹拐棍竹地下茎侧芽的数量特征研究[J]. 竹子研究汇刊, 32(01): 1-4.

黄荣澄, 刘香东, 冉江洪, 等, 2011. 大熊猫主食竹八月竹笋期生长发育规律初步研究[J]. 四川大学学报(自然科学版), 48(02): 469-473.

辉朝茂, 杜凡, 杨宇明, 等, 1998. 中国横断山区竹亚科箭竹属新分类群[J]. 植物研究, 18(3): 257-274.

辉朝茂, 胡冀珍, 张国学, 等, 2004. 中国竹类多样性及其可持续利用研究现状和展望[J]. 世界林业研究, 17(1): 50-54.

贾昆, 武吉华, 1990. 四川王朗自然保护区大熊猫主食竹天然更新[J]. 北京师范大学(自然科学版), 27(02): 250–254.

江爱良, 1960. 论我国热带亚热带气候带的划分[J]. 地理学报, 26(02): 104–109.

江心, 李乾, 1982. 四川竹类维管束的初步研究(一)[J]. 竹类研究, 1(01): 17–21.

江心, 李乾, 1983. 四川竹类维管束的初步研究(二)[J]. 竹类研究, 2(01): 36–43.

江心, 李乾, 1983. 国产竹类维管束的初步观察[J]. 四川农学院学报, 1(01): 57–70.

江心, 李乾, 1984. 四川竹亚科的新分类群[J]. 四川农学院学报, 2(02): 127–130.

康东伟, 赵志江, 康文, 等, 2010. 大熊猫主食竹——缺苞箭竹的生境与干扰状况研究[A]. 第九届中国林业青年学术年会论文摘要集.

兰立波, 刘琼招, 陈顺理, 1988. 川西山区大熊猫主食竹野外光谱特性[J]. 山地研究, 6(03): 175–182.

雷霆, 王靖岚, 赖炘, 等, 2015. 大熊猫主食竹巴山木竹挥发性成分分析[J]. 世界竹藤通讯, 13(05): 16–20.

李炳元, 2009. 中国地貌区划纲要[C]. 中国地理学会/中国地质学会. 2009年全国地貌与第四纪学术研讨会论文集. 226–229.

李波, 张曼, 钟雪, 等, 2013. 岷山北部大熊猫主食竹天然更新与生态因子的关系[J]. 科学通报, 58(16): 1528–1533.

李渤生, 2015. 中国山地森林植被的垂直分布[J]. 森林与人类(02): 12–33+36.

李承彪, 1997. 大熊猫主食竹研究[M]. 贵阳: 贵州科技出版社.

李德铢, 薛纪如, 1988. 中国筇竹属植物志资料[J]. 云南植物研究, 10(01): 49–54.

李德铢, 1994. 云南及邻近地区竹亚科增补[J]. 云南植物研究, 16(01): 39–42.

李红, 周洪群, 1997. 低山平坝大熊猫的五种主食竹四种微量元素含量[J]. 西南农业学报, 10(02): 90–93.

李偶, 黄炎, 黄金燕, 等, 2015. 大熊猫营养与消化代谢研究的回顾与展望[J]. 黑龙江畜牧兽医(06): 240–242.

李雪平, 高志民, 岳永德, 等, 2006. 竹子生物技术育种研究进展及发展前景[J]. 世界竹藤通讯, 4(04): 1–4.

李亚军, 蔡琼, 刘雪华, 等, 2016. 海拔对大熊猫主食竹结构、营养及大熊猫季节性分布的影响[J]. 兽类学报, 36(01): 24–35.

李云, 2002. 秦岭大熊猫主食竹的分类、分布及巴山木竹生物量研究[D]. 西安: 西北大学.

李云, 任毅, 贾辉, 2003. 秦岭大熊猫主食竹的分类学研究(Ⅰ)[J]. 西北植物学报, 23(01): 127–129.

李睿, 章笕, 章珠娥, 2003. 中国竹类植物生物多样性的价值及保护进展[J]. 竹子研究汇刊, 22(4): 7–12.

李容, 曾炳山, 何高峰, 等, 2008. 竹子组织培养的研究进展及趋势[J]. 安徽农业科学, 36(11): 4405–4407.

梁泰然, 1990. 中国竹林类型与地理分布特点[J]. 竹子研究汇刊, 9(04): 1–16.

廖丽欢, 徐雨, 冉江洪, 等, 2011. 汶川地震对大熊猫主食竹拐棍竹竹笋生长发育的影响[C]. 四川省动物学会第九次会员代表大会暨第十届学术研讨会论文集.

廖丽欢, 徐雨, 冉江洪, 等, 2012. 汶川地震对大熊猫主食竹——拐棍竹竹笋生长发育的影响. 生态学报[J]. 32(10): 3001–3009.

廖婷婷, 2016. 圈养成年雌性大熊猫(*Ailuropoda melanoleuca*)体况评分标准与营养需要参考范围的制定[D]. 南充: 西华师范大学.

廖志琴, 杨小蓉, 1991. 大熊猫的几种主食竹叶绿素含量研究[J]. 竹子研究汇刊, 10(03): 31–37.

刘冰, 2008. 秦岭大熊猫主食竹及其特性研究[D]. 咸阳: 西北农林科技大学.

刘冰, 樊金拴, 胡桃, 等, 2008. 秦岭大熊猫主食竹氨基酸含量的测定及营养评价[J]. 安徽农业科学, 36(21): 9024–9026, 9051.

刘巅, 谢浩, 周小平, 等, 2019. 卧龙保护区人工种植大熊猫主食竹的成活率及影响因素[J]. 竹子学报, 38(01): 9–13.

刘华训. 我国山地植被的垂直分布规律[J]. 地理学报, 36(03): 267–279.

刘婧媛, 陈其兵. 四川地震灾区大熊猫栖息地主食竹受灾类型初步研究[C]. 第八届中国林业青年学术年会论文集.

刘庆, 钟章成, 1995. 斑苦竹无性系种群的数量统计[J]. 西南师范大学学报(自然科学版), 20(02): 176–182.

刘庆, 钟章成, 1997. 斑苦竹无性系种群克隆生长格局动态的研究[J]. 应用生态学报, 7(03): 240–244.

刘庆, 钟章成, 何海, 1996. 斑苦竹无性系种群在自然林和人工林中的生态对策[J]. 重庆师范学院学报(自然科学版), 13(02): 16–21.

刘明冲, 杨晓军, 张清宇, 等, 2014. 卧龙自然保护区2013年大熊猫主食竹监测分析报告[J]. 四川林业科技, 35(04): 45–47.

刘明冲, 周世强, 黄金燕, 等, 2006. 卧龙自然保护区退耕还竹成效调查报告[J]. 四川林业科技, 27(02): 80–81.

刘仕咄, 谢乔武, 2009. 毛竹的生长特性与竹林采伐[J]. 湖南林业(05): 26–27.

刘世忠, 薛克娜, 孔国辉, 等, 2003. 大气污染对35种园林植物生长的影响[J]. 热带亚热带植物学报, 10(14): 329–335.

刘小斌, 赵凯辉, 2014. 佛坪自然保护区大熊猫主食竹害虫种类及现状调查[J]. 陕西林业科技(05): 20–24.

刘香东, 黄荣澄, 冉江洪, 等, 2010. 采笋对大熊猫主食竹八月竹竹笋生长的影响[J]. 生态学杂志, 29(11): 2139–2145.

刘兴良, 1993. 大熊猫主食竹——紫箭竹种子育苗技术的研究[J]. 四川林业科技, 14(03): 1–7.

刘兴良, 向性明, 1996. 大熊猫主食竹人工栽培技术试验研究——单因素造林试验成效分析(Ⅱ)[J]. 竹类研究(01): 36–42.

刘兴良, 杨秀南, 向性明, 1997. 大熊猫主食竹人工栽培技术试验研究Ⅲ、正交试验设计造林成效分析[J]. 竹类研究(02): 7–15.

刘选珍, 2001. 圈养大熊猫主食竹低山竹类营养特点的初步研究[J]. 兽类学报, 21(04): 314–317.

刘选珍, 李明喜, 余建秋, 等, 2005. 圈养大熊猫主食竹的氨基酸分析[J]. 经济动物学报, 9(01): 30–34.

刘雪华, 吴燕, 2012. 大熊猫主食竹开花后叶片光谱特性的变化[J]. 光谱学与光谱分析, 32(12): 3341–3346.

刘颖颖, 傅金和, 2007. 大熊猫栖息地竹子及开花现象综述[J]. 世界竹藤通讯, 5(01): 1–4.

刘颖颖, 2009. 秦岭圈养大熊猫对投食竹种的选择研究[D]. 北京: 中国林业科学研究院.

刘志学, 1993. 秦岭山地竹林与野生动物[J]. 竹子研究汇刊, 12(04): 24–29.

鲁叶江, 2005. 川西亚高山箭竹密度对土壤碳、氮库的影响[D]. 成都: 中国科学院研究生院(成都生物研究所).

罗定泽, 赵佐成, 王季勋, 1989. 四川王朗自然保护区大熊猫主食竹——缺苞箭竹(*Fargesia denudat*)不同发育时期酯酶和α–淀粉酶同工酶的研究[J]. 武汉植物学研究, 7(03): 263–267.

罗朝阳, 2017. 美姑大风顶自然保护区人工林对大熊猫主食竹的影响分析[J]. 绿色科技(14): 203–204.

马国瑶, 1985. 白马峪河竹类生长情况及大熊猫现状初报[J]. 动物学杂志(03): 34–38.

马乃训, 赖广辉, 张培新, 等, 2014. 中国刚竹属(The Genus Phyllostachys in China)[M]. 杭州: 浙江科学技术出版社.

马乃训, 张文燕, 2007. 中国珍稀竹类[M]. 杭州: 浙江科学技术出版社.

马乃训, 张文燕, 袁金玲, 等, 2006. 国产刚竹属植物初步整理[J]. 竹子研究汇刊, 25(01): 1–5.

马志贵, 王金锡, 甘莉民, 等, 1989. 缺苞箭竹养分含量动态特性的研究[J]. 竹子研究汇刊, 8(03): 26–34.

马丽莎, 史军义, 易同培, 等, 2011. 中国竹亚科植物的耐寒区位区划[J]. 林业科学研究, 24(05): 627–633.

牟克华, 史立新, 1991. 大熊猫两种主食竹–冷箭竹生物学特性的研究[J]. 竹子研究汇刊, 10(04): 24–32.

莫晓燕, 李静, 冯宁, 等, 2004. 圈养秦岭大熊猫2种主食竹叶维生素C含量分析[J]. 无锡轻工大学学报, 23(02): 62–66.

莫晓燕, 冯怡, 冯宁, 等, 2004. 圈养秦岭大熊猫两种主竹中元素含量初探[J]. 西北农林科技大学学报(自然科学版). 32(06): 95–98.

欧阳杰, 2015. 广东丹霞山丹霞地貌类型空间分布初探[J]. 城市地理(2): 16–17.

彭培好, 陈文德, 彭俊生, 2005. 森林采伐对大熊猫栖息地环境的影响[J]. 安徽农业科学, 33(09): 1685–1687.

彭培好, 彭俊生, 等, 2003. 川西高原森林生物多样性及其生态功能的研究[J]. 成都理工大学学报(自然科学版), 30(4): 436–440.

彭述明, 2004. 都江堰水利可持续发展战略研究[M]. 北京: 科学出版社.

缪宁, 廖丽欢, 李波, 等, 2012. 2008年汶川地震后拐棍竹无性系种群的更新状况及影响因子[J]. 应用生态学报, 23(04): 985–990.

南充师院大猫熊调查队, 1986. 青川县唐家河自然保护区大熊猫食物基地竹类分布、结构及动态[J]. 南充师院学报(02): 1–9.

潘红丽, 田雨, 刘兴良, 等, 2010. 卧龙自然保护区华西箭竹(Fargesia nitida)生态学特征随海拔梯度的变化[J]. 生态环境学报, 19(12): 2832–2839.

潘文石, 1987. 大熊猫分类地位的探讨[J]. 野生动物(01): 10–13.

齐泽民, 2004. 川西亚高山箭竹群落–土壤养分源库动态研究[D]. 重庆: 西南农业大学.

齐泽民, 王开运, 杨万勤, 等, 2004. 川西箭竹群落生态学研究[J]. 世界科技研究与发展, 26(01): 73–78.

钱崇澍, 吴徵镒, 陈昌笃, 1956. 中国植被的类型[J]. 地理学报, 22(01): 37–92.

秦自生, 1985. 四川大熊猫的生态环境及主食竹种更新[J]. 竹子研究汇刊, 4(01): 1–10.

秦自生, 1995. 冷箭竹生殖特性研究[J]. 西北植物学报, 15(3): 229–233.

秦自生, 艾伦·泰勒, 1992. 大熊猫主食竹类的种群动态和生物量研究[J]. 四川师范学院学报, 13(04): 268–274.

秦自生, 艾伦·泰勒, 蔡绪慎, 1993. 大熊猫生态环境的竹子与森林动态演替[M]. 北京: 中国林业出版社.

秦自生, 艾伦·泰勒, 蔡绪慎, 等, 1993. 拐棍竹生物学特性的研究[J]. 竹子研究汇刊, 12(1): 6–17.

秦自生, 艾伦·泰勒, 刘捷, 1993. 大熊猫主食竹种秆龄鉴定及种群动态评估[J]. 四川环境, 12(04): 26–29.

秦自生, 艾伦·泰勒, 刘捷, 1994. 大熊猫栖息地主食竹类种群结构和动态变化[J]. 竹子研究汇刊, 3(13): 4–15.

秦自生, 蔡绪慎, 黄金燕, 1989. 冷箭竹种子特性及自然更新[J]. 竹子研究汇刊, 8(01): 1–12.

秦自生, 张炎, 蔡绪慎, 等, 1993. 生态因子对冷箭竹生长发育的影响[J]. 西华师范大学学报(自然科学版), 14(01): 51–54.

秦自生, 张炎, 马恒银, 等, 1991. 拐棍竹笋子生长发育规律研究[J]. 四川师范学院学报, 12(03): 211–215.

屈元元, 袁施彬, 张泽钧, 等, 2013. 圈养大熊猫主食竹及其营养成分比较研究[J]. 四川农业大学学报, 31(04): 408–413.

任国业, 1989. 大熊猫主食竹资源的遥感调查[J]. 遥感信息(02): 34–35.

任国业, 1990. 大熊猫主食竹的彩红外遥感判读技术探讨[J]. 遥感信息(04): 15–17.

任国业, 喻歌农, 晏懋昭, 1993. 应用地理信息系统调查与管理大熊猫主食竹资源[J]. 西南农业学报, 6(03): 33–39.

任毅, 刘明时, 田联会, 等, 2006. 太白山自然保护区生物多样性研究与管理[M]. 北京: 中国林业出版社.

邵际兴, 1987. 白水江自然保护区大熊猫的主食竹类及灾情调查[J]. 生态学杂志, 6(03): 46–50.

邵际兴, 黄华梨, 1985. 白水江自然保护区的竹子[J]. 甘肃林业科技(4): 31–35.

邵际兴, 孙纪周, 1989. 甘肃竹子的种类及分布[J]. 竹子研究汇刊, 8(02): 58–65.

申国珍, 2002. 大熊猫栖息地恢复研究[D]. 北京: 北京林业大学.

申国珍, 2018. 气候变化背景下大熊猫–主食竹的空间匹配性及其适应性管理对策. 自然科学基金查询与分析系统.

申国珍, 谢宗强, 冯朝阳, 等, 2008. 汶川地震对大熊猫栖息地的影响与恢复对策[J]. 植物生态学报, 32(06): 1417–1425.

沈泽昊, 杨明正, 冯建孟, 等, 2017. 中国高山植物区系地理格局与环境和空间因素的关系[J]. 生物多样性, 25(02): 182–194.

石成忠, 1989. 白水江自然保护区竹子的再研究[J]. 甘肃林业科技(02): 38–42.

史军义, 1985. 环境因素对大熊猫生存的影响[J]. 生物学通报(04): 19–21.

史军义, 1986. 关于保护大熊猫的意见[J]. 资源开发与保护(04): 31–33.

史军义, 2014. 栽培竹及其国际登录的目的与程序[J]. 生物学通报, 49(07): 6–9.

史军义, 2014. 竹类国际栽培品种登录权威的申报与意义[J]. 生物学通报, 49(02): 4–5.

史军义, 2015. 国际竹类栽培品种登录报告(2013–2014)[R]. 北京: 科学出版社.

史军义, 2017. 国际竹类栽培品种登录报告(2015–2016)[R]. 北京: 科学出版社.

史军义, 2020. 中国竹品种报告[J]. 世界竹藤通讯, 18(增刊): 1–212.

史军义, 2021. 国际竹类栽培品种登录报告(2017–2018)[R]. 北京: 科学出版社.

史军义, 陈其兵, 黄金燕, 等, 2020. 大熊猫主食竹的生物多样性及其重要价值[J]. 世界竹藤通讯, 18(5): 10–19.

史军义, 马丽莎, 2014. 竹类国际栽培品种登录的原则与方法[J]. 林业科学研究, 27(02): 246–249.

史军义, 马丽莎, 杨克洛, 等, 1998. 卧龙自然保护区功能区的模糊划分[J]. 四川林业科技, 19(01): 6–16.

史军义, 马丽莎, 易同培, 等, 2014. 大熊猫主食竹的耐寒区位区划[J]. 浙江林业科技, 34(06): 20–24.

史军义, 蒲正宇, 姚俊, 等, 2014. '都江堰方竹'竹笋营养成分分析[J]. 天然产物研究与开发(26): 227–230.

史军义, 吴良如, 2020. 中国竹类栽培品种名录[J]. 竹子学报, 39(3): 1–11.

史军义, 易同培, 2017, 国际两大植物命名体系及其相互关系[J]. 生物学通报, 52(01): 5–9.

史军义, 易同培, 马丽莎, 等, 2008. 我国巴山木竹属植物及其重要经济和生态价值[J]. 林业科学研究, 21(04): 510–515.

史军义, 易同培, 马丽莎, 等, 2012. 中国观赏竹[M]. 北京: 科学出版社.

史军义, 易同培, 马丽莎, 等, 2014. 慈竹属栽培品种整理与新品种命名[J]. 林业科学研究, 27(05): 702–706.

史军义, 易同培, 马丽莎, 等, 2014. 方竹属刺黑竹新品种 '都江堰方竹'[J]. 园艺学报, 41(06): 1283–1284.

史军义, 易同培, 周德群, 等, 2016. 国际竹类栽培品种登录的理论与实践[J]. 世界竹藤通讯, 14(06): 23–29, 41.

史军义, 张玉霄, 周德群, 等, 2017. 世界方竹属栽培品种整理[J]. 世界竹藤通讯, 15(06): 41–48.

史军义, 张玉霄, 周德群, 等, 2018. 世界慈竹属栽培品种整理[J]. 世界竹藤通讯, 16(1): 45–48.

史军义, 张玉霄, 周德群, 等, 2018. 世界刚竹属栽培品种研究[J]. 国际竹藤通讯, 16(Sup. 1): 1–50.

史军义, 张玉霄, 周德群, 等, 2021. '条纹紫竹' 的历史记录及其国际登录[J]. 世界竹藤通讯, 19(2): 70–71.

史军义, 周德群, 陈其兵, 等, 2018. 大熊猫主食竹增补竹种整理[J]. 世界竹藤通讯, 16(02): 53–62.

史军义, 周德群, 马丽莎, 等, 2020. 中国竹类多样性及其重要价值[J]. 世界竹藤通讯, 18(03): 55–65+72.

史军义, 周德群, 马丽莎, 等, 2020. 中国竹类物种的多样性[J]. 世界竹藤通讯, 18(4): 55–65.

史军义, 周德群, 马丽莎, 等, 2020. 中国竹类种下分类群的多样性[J]. 世界竹藤通讯, 18(6): 55–63.

史军义, 周德群, 张玉霄, 等, 2017. 国际两大栽培植物登录体系与竹品种国际登录实践[J]. 竹子学报, 36(02): 1–8.

史军义, 周德群, 张玉霄, 等, 2017. 国际竹类栽培品种登录园的申办与建设[J]. 世界竹藤通讯, 15(01): 44–48.

史军义, 周德群, 张玉霄, 等, 2017. 栽培竹新品种的确认与国际登录准备[J]. 世界竹藤通讯, 15(2): 48–51.

史军义, 周德群, 张玉霄, 等, 2018. 关于竹类栽培品种国际登录中的命名范式问题[J]. 竹子学报, 37(4): 1–3.

史立新, 牟克华, 宿以明, 等, 1995. 大熊猫主食竹母竹移植更新复壮实验研究[J]. 竹类研究(02): 33–44.

四川森林编辑委员会, 1992. 四川森林[M]. 北京: 中国林业出版社.

宋成军, 2006. 太白山大熊猫在单主食竹生境下的觅食生态学研究[D]. 西安: 西北大学.

宋国华, 桂占吉, 等, 2013. 林木、主食竹和大熊猫非线性动力学模型的周期解[J]. 北京建筑工程学院学报, 29(02): 60–62+80.

宋永昌, 2004. 中国常绿阔叶林分类试行方案[J]. 植物生态学报, 28(04): 435–448.

宋永昌, 2011. 对中国植被分类系统的认知和建议[J]. 植物生态学报, 35(08): 882–892.

宋永昌, 阎恩荣, 宋坤, 等, 2017. 再议中国的植被分类系统[J]. 植物生态学报, 41(02): 269–278.

苏春花, 2011. 箬竹林结构特征及竹叶生物活性成分研究[D]. 南京: 南京林业大学.

孙必兴, 李德铢, 薛纪如, 2003. 云南植物志·第九卷[M]. 北京: 科学出版社.

孙纪周, 汤际兴, 1987. 白水江自然保护区竹类的分类和分布[J]. 兰州大学学报(自然科学版), 23(04): 95–101.

孙雪, 林达, 张庆, 等, 2015. 大熊猫取食竹种纤维类物质分析[J]. 野生动物学报, 36(02): 151–156.

孙宜然, 张泽钧, 李林辉, 等, 2010. 秦岭巴山木竹微量元素及营养成分分析[J]. 兽类学报, 30(02): 223–228.

唐平, 周昂, 李操, 等, 1997. 冶勒自然保护区大熊猫摄食行为及营养初探[J]. 四川师范学院学报(自然科学版), 18(01): 1–4.

唐志尧, 方精云, 张玲, 2004. 秦岭太白山木本植物物种多样性的梯度格局及环境解释[J]. 生物多样性, 12(01): 115–122.

田星群, 1987. 秦岭地区的竹类资源[J]. 竹子研究汇, 6(04): 21–27.

田星群, 1989. 巴山木竹发笋生长规率的观察[J]. 竹子研究汇, 8(02): 45–53.

田星群, 1990. 秦岭大熊猫食物基地的初步研究[J]. 兽类学报, 10(2): 88–96.

万慧霖, 2008. 庐山森林生态系统植物多样性及其分布格局[D]. 北京: 北京林业大学.

文亚峰, 韩文军, 吴顺, 2010. 植物遗传多样性及其影响因素[J]. 中南林业科技大学学报, 30(12): 80–87.

王冰洁, 王建宏, 2014. 甘肃大熊猫食用竹的分类与分布[J]. 甘肃科技, 30(18): 141–143, 148.

王岑涅, 高素萍, 孙雪, 2009. 震后卧龙—蜂桶寨生态廊道大熊猫主食竹选择与配置规划[J]. 世界竹藤通讯, 7(01): 11–15.

王光磊, 周材权, 2011. 20年来马边大风顶自然保护区大熊猫主食竹——大叶筇竹的变化及保护措施[A]. 第七届全国野生动物生态与资源保护学术研讨会论文摘要集.

王光磊, 周材权, 2012. 森林砍伐对马边大熊猫主食竹大叶筇竹生长的影响[J]. 西华师范大学学报(自然科学版), 33(02): 131–134.

王红英, 王隆业, 鲁国瑜, 等, 2015. 影响森林生态系统完整性的因素及其对策[J]. 农业与技术, 35(11): 84–85.

王丽, 董文渊, 赵金发, 等, 2012. 大关县3种筇竹群落生物多样性研究[J]. 西部林业科学, 41(03): 60–65.

王继延, 王辅俊, 1995. 大熊猫与箭竹的数学模型[J]. 华东师范大学学报(自然科学版)(02): 8–14.

王金锡, 马志贵, 1993. 大熊猫主食竹生态学研究[M]. 成都: 四川科学技术出版社.

王金锡, 马志贵, 刘长祥, 等, 1991. 缺苞箭竹生长发育规律初步研究[J]. 竹子研究汇刊, 10(03): 38–48.

王乐, 2016. 秦岭大熊猫(*Ailuropoda melanoleuca*)主食竹巴山木竹(*Bashania fargesii*)中有机养分及次生代谢产物分析[D]. 南充: 西华师范大学.

王强, 2011. 邛崃山系三种大熊猫主食竹种更新对比研究[D]. 北京: 北京林业大学.

王强, 张志毅, 付强, 等, 2010. 大熊猫主食竹研究现状与展望[J]. 江西农业大学学报(S1): 32.

王瑞, 2011. 秦岭箭竹种群无性繁殖及生存策略研究[D]. 咸阳: 西北农林科技大学.

王舒悰, 2017. 竹类植物生长与环境的关系[J]. 城市地理, 27(10): 207–207.

王逸之, 董文渊, Andrew Kouba, 等, 2012. 巴山木竹笋和叶营养成分分析[J]. 林业工程学报, 26(06): 47–50.

王逸之, 董文渊, 尚旭东, 等, 2010. 大熊猫主食竹研究综述[J]. 内蒙古林业调查设计, 33(01): 94–97.

王太鑫, 2005. 巴山木竹种群生物学研究[D]. 南京: 南京林业大学.

王太鑫, 丁雨龙, 刘永建, 等, 2005. 巴山木竹无性系种群的分布格局[J]. 南京林业大学学报(自然科学版), 29(03): 37–39.

王雄清, 刘安全, 汤纯香, 等, 1997. 圈养大熊猫对竹子取食的研究[J]. 野生动物(02): 18–19.

王正平, 1997. 中国竹亚科分类系统之我见[J]. 竹子研究汇刊, 16(04): 1–6.

王正平, 朱政德, 陈绍云, 等, 1980. 中国刚竹属的研究[J]. 植物分类学报, 18(10): 15–19.

王正平, 朱政德, 陈绍云, 等, 1980. 中国刚竹属的研究(续)[J]. 植物分类学报, 18(02): 168–193.

王正平, 叶光汉, 1980. 关于我国散生竹的分类问题[J]. 植物分类学报, 18(03): 283–291.

王正平, 叶光汉, 1980. 中国竹亚科杂记[J]. 南京大学学报(自然科学版)(01): 91–108.

王志恒, 陈安平, 朴世龙, 等, 2004. 高黎贡山种子植物物种丰富度沿海拔梯度的变化[J]. 生物多样性, 12(01): 82–88.

魏明, 吴劲旭, 史军义, 等, 2019. 大熊猫主食竹新品种'黑秆筱竹'[J]. 世界竹藤通讯, 17(4): 47–49.

魏辅文, 周才权, 胡锦矗, 等, 1996. 马边大风顶自然保护区大熊猫对竹类资源的选择利用[J]. 兽类学报, 16(03): 171–175.

魏宇航, 肖雷, 陈劲松, 等, 2013. 克隆整合在糙花箭竹补偿更新中的作用[J]. 重庆师范大学学报(自然科学版), 30(04): 150–156.

汶录凤, 何晓军, 2014. 太白山大熊猫主食竹的种类与分布[J]. 陕西农业科学, 60(05): 48–50.

温太辉, 1983. 论竹类起源[J]. 竹子研究汇刊, 2(1): 1–10.

卧龙自然保护区管理局, 南充师范学院生物系, 四川省林业厅保护处, 1987. 卧龙植被及资源植物[M]. 成都: 四川科学技术出版社.

卧龙自然保护区管理局, 四川师范学院, 1992. 卧龙自然保护区动植物资源及保护[M]. 成都: 四川科学技术出版社.

吴安驰, 邓湘雯, 任小丽, 等, 2018. 中国典型森林生态系统乔木层群落物种多样性的空间分布格局及其影响因素[J]. 生态学报, 38(21): 7727–7738.

吴福忠, 王开运, 杨万勤, 2005. 大熊猫主食竹群落系统生态学过程研究进展[J]. 世界科技研究与发展, 27(03): 79–84.

吴劲旭, 史军义, 周德群, 2018. 大熊猫主食竹一新品种'青城翠'[J]. 世界竹藤通讯, 16(01): 39–41.

吴燕, 何祥博, 等, 2008. 陕西佛坪自然保护区大熊猫主食竹巴山木竹林间伐后的质量状况分析[J]. 林业调查规划, 33(05): 63–68.

吴勇, 2001. 四川盆地西缘高山峡谷自然保护区植物区系比较[J]. 湖北农业科学, 50(03): 503–504, 516.

吴征镒, 1983. 中国植被[M]. 北京: 科学出版社.

吴征镒, 1987. 西藏植物志第五卷[M]. 北京: 科学出版社.

吴征镒, 2003. 云南植物志第九卷[M]. 北京: 科学出版社.

向性明, 甘莉明, 刘兴良, 1989. 紫箭竹、缺苞箭竹种子贮藏试验[J]. 林业科学(06): 554–558.

向性明, 甘莉明, 杨秀兰, 等, 1990. 大熊猫主食竹——紫箭竹种子发芽出苗率的研究[J]. 四川林业科技, 11(01): 30–36.

肖燚, 欧阳志云, 朱春全, 等, 2004. 岷山地区大熊猫生境评价与保护对策研究[J]. 生态学报, 24(07): 1373–1379.

解燚, 2009. 亚高山不同针叶林冠下大熊猫主食竹的克隆生长[D]. 北京: 北京林业大学.

解燚, 李俊清, 等, 2010. 林冠环境对亚高山针叶林下缺苞箭竹生物量分配和克隆形态的影响[J]. 植物生态学报, 34(06): 753–760.

许联炳, 2005. 凉山自然保护区[M]. 成都: 电子科技大学出版社.

徐新民, 袁重桂, 1997. 马边大风顶大熊猫的年龄结构及其食物资源初析[J]. 四川师范学院学报(自然科学版), 18(03): 175–178.

徐天森, 王浩杰, 2016. 中国竹子主要害虫[M]. 北京: 中国林业出版社.

薛纪如, 易同培, 1980. 我国西南地区竹类二新属: 香竹属和筇竹属(二)筇竹属[J]. 云南植物研究, 2(01): 91–99.

薛纪如, 易同培, 1982. 四川方竹属的研究[J]. 云南林学院学报(01): 31–41.

薛纪如, 章伟平, 1988. 中国方竹属的系统研究[J]. 竹类研究(03): 1–13.

晏婷婷, 冉江洪, 赵晨皓, 等, 2017. 气候变化对邛崃山系大熊猫主食竹和栖息地分布的影响[J]. 生态学报, 37(07): 2360–2367.

严旬, 2005. 大熊猫自然保护区体系研究[D]. 北京: 北京林业大学.

杨道贵, 宿以明, 向永国, 等, 1992. 王朗引种区大熊猫主食竹生长发育规律的研究[J]. 竹子研究汇刊, 11(04): 26–36.

杨道贵, 向永国, 鲜光华, 1990. 引种大熊猫主食竹种早期生物量额测定[J]. 四川林业科技, 11(04): 35–40.

杨道贵, 王金锡, 宿以明, 等, 1995. 大熊猫主食竹引种区生态气候相似距的研究[J]. 竹子研究汇刊, 14(01): 1–13.

杨宇明, 辉朝茂, 1999. 云南竹亚科植物地理分布区划研究[J]. 竹子研究汇刊, 18(2): 20–25.

杨振民, 李作军, 2013. 秦岭北麓大熊猫主食竹矿物元素含量分析[J]. 陕西林业科技(05): 3–9.

羊绍辉, 杨井霞, 赵皓艾, 2012. 天全方竹低产林改造技术初探[J]. 四川林业科技, 33(03): 88–90.

姚俊, 史军义, 周德群, 等, 2018. 观赏竹一新品种'紫玉'[J]. 世界竹藤通讯, 16(3): 42–44.

姚俊, 史军义, 周德群, 等, 2020. 刚竹属一新品种'金丝雷竹'[J]. 园艺学报, 47(S2): 3142–3143.

易同培, 1985. 大熊猫主食竹种的分类和分布(之一)[J]. 竹子研究汇刊, 4(1): 11–27.

易同培, 1985. 大熊猫主食竹种的分类和分布(之二)[J]. 竹子研究汇刊, 4(2): 21–44.

易同培, 1985. 筇竹属一新种[J]. 植物分类学报, 23(05): 398–399.

易同培, 1988. 中国箭竹属的研究[J]. 竹子研究汇刊, 7(02): 1–119.

易同培, 1989. 方竹属一新种及另拟新名称[J]. 竹子研究汇刊, 8(03): 18–25.

易同培, 1990. 四川竹亚科补遗[J]. 竹子研究汇刊, 9(01): 27–34.

易同培, 1991. 四川高山竹子一新种——小叶箭竹[J]. 竹子研究汇刊, 10(02): 15–18.

易同培, 1992. 四川箭竹属和方竹属新竹类[J]. 云南植物研究, 14(02): 135–138.

易同培, 1992. 箭竹属三新种[J]. 竹子研究汇刊, 11(02): 6–14.

易同培, 1997. 四川竹类植物志[M]. 北京: 中国林业出版社.

易同培, 1997. 四川竹林自然分区[J]. 竹子研究汇刊, 15(03): 5–22.

易同培, 1998. 四川植物志·第十二卷[M]. 成都: 四川民族出版社.

易同培, 2000. 高山竹子新分类群[J]. 四川林业科技, 21(01): 1–6.

易同培, 2000. 川西竹亚科若干新分类群[J]. 竹子研究汇刊, 19(1): 9–26.

易同培, 2000. 竹亚科若干新分类群[J]. 四川林业科技, 21(02): 13–23.

易同培, 蒋学礼, 2010. 大熊猫主食竹种及其生物多样性[J]. 四川林业科技, 31(04): 1–20.

易同培, 蒋学礼, 唐海倬, 等, 2011. 四川方竹属一新种[J]. 四川林业科技, 32(01): 11–13.

易同培, 隆廷伦, 1989. 大熊猫食竹二新种[J]. 竹子研究汇刊, 8(02): 30–36.

易同培, 马丽莎, 史军义, 等, 2009. 中国竹亚科属种检索表[M]. 北京: 科学出版社.

易同培, 邵际兴, 1987. 陕西箭竹属一新种[J]. 竹子研究汇刊, 6(01): 42–45.

易同培, 史军义, 马丽莎, 等, 2008. 中国竹类图志[M]. 北京: 科学出版社.

易同培, 史军义, 马丽莎, 等, 2014. 刺黑竹一新变型及棉花竹的一新异名[J]. 四川林业科技, 35(01): 18–20.

易同培, 史军义, 马丽莎, 等, 2017. 中国竹类图志(续)[M]. 北京: 科学出版社.

易同培, 杨林, 2004. 四川西部箬竹属一新种[J]. 竹子研究汇刊, 23(02): 13–15.

易同培, 朱兴斌, 2012. 竹类一新种及二新组合[J]. 四川林业科技, 33(02): 8–11.

余群洲, 吴萌, 赵本虎, 等, 1987. 大熊猫主食竹开花习性的初步研究[J]. 四川林业科技, 31(01): 1–20.

禹在定, 禹迎春, 2019. 6个刚竹属竹种新变型[J]. 竹子学报, 38(02): 62–64.

张聪, 曾涛, 唐明坤, 等, 2010. 九寨沟自然保护区华西箭竹生长研究[J]. 四川大学学报(自然科学版), 47(05): 1137–1141.

张春霞, 谢寅峰, 张幼法, 等, 1999. 竹子组织培养研究的进展及应用前景[J]. 竹子研究汇刊, 18(03): 46–49.

张金钟, 陈素芬, 林强, 1992. 粘虫危害大熊猫主食竹的初步研究[J]. 四川林业科技, 13(02): 64–67.

张蒙, 王晓静, 宋国华, 2016. 大熊猫主食竹生态系统恢复力研究[J]. 数学的实践与认识(13): 234–242.

张雨曲, 任毅, 2016. 秦岭大熊猫主食竹一新纪录——神农箭竹[J]. 陕西师范大学学报(自然科学版), 44(01): 78–80.

张颖溢, 龙玉, 王昊, 等, 2002. 秦岭野生大熊猫(Ailuropoda melanoleuca)的觅食行为[J]. 北京大学学报(自然科学版), 38(04): 478–486.

张智勇, 王强, 等, 2012. 邛崃山系3种主食竹单宁及营养成分含量对大熊猫取食选择性的影响[J]. 北京林业大学学报, 34(06): 42–46.

赵秉伦, 1994. 秦巴山区竹类资源滚管理现状及综合开发实施对策[J]. 竹子研究汇刊, 13(02): 70–77.

赵春章, 刘庆, 2007. 华西箭竹(Fargesia nitida)种子特征及其萌发特性[J]. 种子, 26(10): 36–39.

赵金刚, 屈元元, 王海瑞, 等, 2015. 圈养大熊猫冬季主食竹营养成分分析[J]. 西华师范大学学报(自然科学版), 36(01): 24–29.

赵晓虹, 刘广平, 马泽芳, 2001. 竹子中单宁含量的测定及其对大熊猫采食量的影响[J]. 东北林业大学学报, 29(03): 65–69.

张晓瑶, 曹玉朋, 张磊, 等, 2013. 竹林中虫草及其相关真菌的研究[J]. 安徽农业大学学报, 40(05): 823–827.

郑进烜, 董文渊, 陈冲, 等, 2008. 海子坪天然水竹无性系种群结构初步研究[J]. 山东林业科技(01): 5–7.

中华人民共和国国家标准. 中国土壤分类与代码[S]. GB/T 17296–2009.

中华人民共和国林业部, 世界野生生物基金会, 1989. 中国大熊猫及其栖息地综合考察报告[R]. 成都.

中华人民共和国林业部, 世界野生生物基金会, 1989. 中国大熊猫及其栖息地保护管理计划[R]. 成都.

钟伟伟, 刘益军, 史东梅, 2006. 大熊猫主食竹研究进展[J]. 中国农学通报, 22(05): 141–145.

朱石麟, 马乃训, 傅懋毅, 1994. 中国竹类植物图志[M]. 北京: 中国林业出版社.

曾涛, 庞欢, 雷开明, 等, 2013. 九寨沟大熊猫主食竹开花种群特征[C]. 第二届中国西部动物学学术研讨会论文集.

曾涛, 张聪, 雷开明, 等, 2012. 九寨沟大熊猫主食竹生物量模型初步研究[J]. 四川动物, 31(6): 849–852.

郑蓉, 郑维鹏, 方伟, 等, 2006. DNA分子标记在竹子分类研究中的应用[J]. 福建林业科技, 33(03): 161–165.

郑艳, 董文渊, 付建生, 等, 2007. 金佛山方竹无性系种群生长规律的研究[J]. 世界竹藤通讯, 5(01): 27–30.

周昂, 魏辅文, 唐平, 1996. 冶勒自然保护区大、小熊猫主食竹类微量元素的初步研究[J]. 四川师范学院学报(自然科学版), 17(01): 1–3.

周材权, 胡锦矗, 任丽平, 1997. 马边大风顶自然保护区大熊猫二主食竹种微量元素的研究[J]. 四川师范学院学报(自然科学版), 18(01): 5–9.

周宏, 袁施彬, 杨志松, 等, 2014. 四川栗子坪自然保护区夏季大熊猫食性与主食竹生物量的关系[J]. 兽类学报, 34(01): 93–99.

周卷华, 任引朝, 2018. 陕西天保工程区大熊猫栖息地竹子可持续利用探讨[J]. 绿色科技(19): 149–151.

周世强, 1994. 更新复壮技术对冷箭竹种群密度影响的初步研究[J]. 四川林业科技(19): 149–151.

周世强, 1994. 更新复壮技术对冷箭竹生态条件及生长习性影响的初步研究[J]. 生态学杂志, 13(03): 30–34.

周世强, 1994. 冷箭竹更新复壮技术及生态效益分析[J]. 生态经济(03): 53–55.

周世强, 1995. 更新复壮技术对大熊猫主食竹竹笋密度及生长发育影响的初步研究[J]. 竹类研究(01): 27–30.

周世强, 1995. 冷箭竹无性系种群生物量的初步研究[J]. 植物学通报, 12(增刊): 63–65.

周世强, 1996. 冷箭竹无性系种群结构的初步研究[J]. 四川林业科技, 17(04): 13–16.

周世强, 2000. 竹类种群动态理论模式的研究[J]. 四川林勘设计(02): 21–24.

周世强, 2000. 冷箭竹更新幼龄芽种群的数量统计[J]. 四川林业科技, 21(02): 24–27.

周世强, 黄金燕, 2005. 大熊猫主食竹种的研究与进展[J]. 世界竹藤通讯, 3(01): 1–6.

周世强, 黄金燕, 1996. 冷箭竹更新幼龄种群密度的研究[J]. 竹子研究汇刊, 15(04): 9–18.

周世强, 黄金燕, 1997. 冷箭竹更新幼龄无性系种群生物量的研究[J]. 竹子研究汇刊, 16(02): 34–39.

周世强, 黄金燕, 1998. 冷箭竹更新幼龄无性系种群结构的研究[J]. 竹子研究汇刊, 17(01): 31–35.

周世强, 黄金燕, 1998. 冷箭竹更新幼龄无性系种群冠层结构的研究[J]. 竹子研究汇刊, 17(04): 4–8.

周世强, 黄金燕, 2002. 冷箭竹更新幼龄种群生长发育特性的初步研究[J]. 四川林业科技, 23(02): 29–33.

周世强, 黄金燕, 2000. 冷箭竹更新幼龄无性系种群鞭根结构的研究[J]. 竹子研究汇刊, 19(04): 3–11.

周世强, 黄金燕, 2002. 冷箭竹更新幼龄无性系种群生长发育特性的初步研究 [J]. 四川林业科技, 23(02): 29–33.

周世强, 黄金燕, 李伟, 等, 2006. 野化培训大熊猫利用后拐棍竹残桩与丢弃部分的关系[J]. 林业调查规划, 31(02): 88–92.

周世强, 黄金燕, 谭迎春, 等, 2006. 卧龙自然保护区大熊猫栖息地植物群落多样性研究 Ⅳ. 人为干扰对群落物种多样性的影响[J]. 四川林业科技, 27(06): 35–40.

周世强, 黄金燕, 王鹏彦, 等, 2004. 大熊猫野化培训圈主食竹种生长发育特性及生物量结构调查[J]. 竹子研究汇刊, 23(02): 15–20.

周世强, 黄金燕, 谭迎春, 等, 2006. 卧龙特区大熊猫竹子基地施肥实验成效分析[J]. 四川林勘设计(02): 25–27.

周世强, 黄金燕, 张和民, 等, 1999. 卧龙自然保护区大熊猫栖息地特征及其与生态因子的相互关系[J]. 四川林勘设计(01): 16–23.

周世强, 黄金燕, 张亚辉, 等, 2009. 野化培训大熊猫采食和人为砍伐对拐棍竹无性系种群更新的影响[J]. 生态学报, 29(09): 4804–4814.

周世强, 吴志容, 严啸, 等, 2015. 自然与人为干扰对大熊猫主食竹种群生态影响的研究进展[J]. 竹子研究汇刊, 34(01): 1–8.

周世强, 杨建, 王伦, 等, 2004. GIS在卧龙野生大熊猫种群动态及栖息地监测中的应用. 四川动物, 23(02): 133–136, 161.

周世强, 张和民, 杨建, 等, 2000. 卧龙野生大熊猫种群监测期间的生境动态分析[J]. 云南环境科学, 19(增刊): 43–45, 59.

朱石麟, 马乃训, 傅懋毅, 等, 1994. 中国竹类植物图志[M]. 北京: 中国林业出版社.

卓仁英, 2003. 竹子生物技术育种研究进展[J]. 浙江林学院学报, 20(04): 424–428.

鈴木真雄, 1978. 日本タケ科植物総目録[M]. 東京: 株式会社学習研究社.

Calder ó n C E, Soderstrom R S, 1980. The Genera of Bambusoideae(Poaceae) of the American Continent: Keys and Comments[J]. Snith. Contr. Bot. (44): 1–27.

Campbell J J N, Qin Z S, 1983. Interaction of Giant Pandas, Bamboos and People[J]. Journ. Bamboo Soc. 4(1, 2): 1–34.

Fang W P, 1944. Icones Plantarum Omeiensium 1(2)[M]. Chengtu: National Szechuan University Press.

Flora of China Editorial Committee, eds. , 2006. Flora of China Vol. 22(*Poaceae*, Tribe *Bambuseae*)[M]. Science Press, Beijing and Missouri Botanical Garden Press, St. Louis.

Ohrnberger D, 1988. The Bamboos of the World[M]. Genus Fargesia 1–81.

Ohrnberger D, 1989. The Bamboos of the World[M], Genus Yushania 1–53.

Ohrnberger D, 1988. The Bamboos of the World[M], Genus Chimonobambusa 1–55.

Ohrnberger D, 1999. The Bamboos of the World, Annotated Nomenclature and Literature of the Species and the Higher and Lower Taxa [M]. Elsevier, Amsterdam.

Qiao Mei Qin, Yi Hua Tong, Xi Rong Zheng, et al. , 2021. *Sinosasa*(Poaceae: Bambusoideae), a new genus from China[J]. TAXON 70(1) February : 27‑47.

Ren Y, Li Y, Dang G D, 2003. A New Species of *Bashania*(Poaceae: Bambusoideae) from Mt. Qinling, Shanxi, China[J]. Novon. 13(4): 473–476.

Shi Junyi, Jin Xiaobai, 2015. The Establishment and Progress of The International Cultivar Registration Authority for Bamboos[J]. Cultivated Plant Taxonomy News(3): 12–13.

Shi Junyi, Ma Lisha, Zhou Dequn, et al. , 2014. The History and Current Situation of Resources and Development Trend of the Cultivated Bamboos in China[J]. Acta Hortic. (ISHS), 1035: 71–78.

Shi Junyi, Zhou Dequn, Ma Lisha, et al. , 2016. The Directional Breeding and Feasibility of Functional Bamboos[J]. Agricultural Science & Technology, 17(3): 711–716.

Soreng R J, 2000. Catalogue of New World grasses(Poaceae) [M]. Washington: Smithsonian Institution Press.

Taylor A H , Qin Zisheng, 1987. Culm dynamics and dry matter production of bamboos in the Wolong and Tangjiahe giant panda reserve, Sichuan, China[J]. Journal of Applied Ecology, 24(2) : 419–433.

Tong Pei Yi, Jun Yi Shi, Yu Xiao Zhang, et al. , 2021. *Illustrated Flora of Bambusoideae in China*(Volume 1)[M]. Beijing: Science Press & Springer.

Yi T P, 1985. The Classification and Distribution of Bamboo Eaten by the Giant Panda in the Wild[J]. Journ. Amer. Bamb. Soc. , 6(1–4): 112–113.

Yu Xiao Zhang, Peng Fei Ma, De Zhu Li, 2018. A new genus of temperate woody bamboos(Poaceae, Bambusoideae, Arundinarieae) from a limestone montane area of China[J]. PhytoKeys(109): 67–76.

Yu Xiao Zhang, Xia Ying Ye, En De Liu, et al. , 2019. *Yushania tongpeii*(Poaceae, Bambusoideae), a new bamboo species from north-eastern Yunnan, China[J]. PhytoKeys(130): 135–141.

Zhang H D, Cheng G Z, Guo J, et al. , 2002. A Study on the Mathematics Model between the Population of Giant Pandas and Bamboo in Miannong Yele Nature Reserve of Xiangling Mountains[J]. Journal of Biomathematics, 17(2): 165–172.

Zhang W P, 1992. The Classification of *Bambusoideae*(Poaceae) in China[J]. Journ. Amer. Bamb. , 9(1–2): 25–42.

Zhang Z J, Wei F W, Li M, et al. , 2004. Microhabitat separation during win– ter among sympatric giant pandas, red pandas, and tufted deer: the ef– fects of diet, body size, and energy metabolism[J]. Canadian Journal of Zoology, 82(9): 1451–1457.

附录1 大熊猫主食竹索引

附录2　中国大熊猫自然保护区一览表

序号	省别	名称	所在地	涉及乡镇	山系	级别	面积（hm²）	批建时间（年-月-日）
1		卧龙	阿坝州汶川县	卧龙镇、耿达镇、映秀镇、三江镇	邛崃山	国家级	200000	1963-04-02
2		白水河	成都市彭州市	小鱼洞镇、龙门山镇	岷山	国家级	30150	1996-12-31
3		千佛山	绵阳市安州区、北川县	高川乡、千佛镇、墩上乡、擂鼓镇	岷山	国家级	11083	1993-08-28
4		小寨子沟	绵阳市北川县	青片乡、马槽乡、白什乡、小坝乡	岷山	国家级	44385	1979-05-01
5		雪宝顶	绵阳市平武县	虎牙乡、泗耳乡、大桥镇、土城乡	岷山	国家级	63615	1993-08-28
6		王朗	绵阳市平武县	白马乡	岷山	国家级	32297	1963-04-02
7		唐家河	广元市青川县	清溪镇	岷山	国家级	40000	1978-12-15
8		马边大风顶	乐山市马边县、凉山州雷波县	永红乡、烟峰镇、梅子坝乡、高卓营乡、谷堆乡	凉山	国家级	30164	1978-12-15
9		黑竹沟	乐山市峨边县	勒乌乡、黑竹沟镇、觉莫乡	凉山	国家级	29643	1997-01-01
10		栗子坪	雅安市石棉县	栗子坪彝族乡、回隆彝族乡、擦罗彝族乡、安顺彝族乡	小相岭	国家级	47940	2001-09-24
11		蜂桶寨	雅安市宝兴县	硗碛藏族乡、盐井乡、民治乡、穆坪镇、太平镇	邛崃山	国家级	39039	1975-03-20
12	四川省	九寨沟	阿坝州九寨沟县	漳扎镇	岷山	国家级	64297	1978-12-15
13		美姑大风顶	凉山州美姑县	龙窝乡、树窝乡、依果觉乡、炳途乡、苏洛乡	凉山	国家级	50655	1978-12-15
14		龙溪-虹口	成都市都江堰市	龙池镇	岷山	国家级	31000	1993-04-24
15		鞍子河	成都市崇州市	苟家乡	邛崃山	省级	10141	1993-08-28
16		九顶山	德阳市绵竹市、什邡市	红白镇、金花镇、清坪乡、天池乡	岷山	省级	61640	1998-07-01
17		片口	绵阳市北川县	开坪乡、片口乡、小坝乡	岷山	省级	19730	1993-08-28
18		小河沟	绵阳市平武县	黄羊乡、水晶镇、木皮乡、阔达乡	岷山	省级	28227	1993-08-28
19		余家山	绵阳市平武县	木皮乡	岷山	县级	894	2006-03-27
20		东阳沟	广元市青川县	三锅镇、蒿溪回族乡	岷山	省级	30760	2001-07-01
21		毛寨	广元市青川县	姚渡镇	秦岭	省级	20800	2001-01-01
22		八月林	乐山市金口河区	共安彝族乡	凉山	县级	10235	2006-01-01
23		瓦屋山	眉山市洪雅县	高庙镇、瓦屋山镇、张村乡、吴庄乡	大相岭	省级	36490	1993-08-28
24		大相岭	雅安市荥经县	石滓乡、凰仪乡、新庙乡	大相岭	省级	28450	2003-04-01
25		喇叭河	雅安市天全县	紫石乡	邛崃山	省级	23437	1963-04-02
26		草坡	阿坝州汶川县	草坡乡、绵虒乡	邛崃山	省级	55612	2001-01-01
27		米亚罗	阿坝州理县	朴头乡、杂谷脑镇	邛崃山	省级	160732	1999-01-06
28		宝顶沟	阿坝州茂县	东兴乡、富顺乡、永和乡、沟口乡、飞虹乡、土门乡、石大关乡	岷山	省级	89884	1993-08-28

序号	省别	名称	所在地	涉及乡镇	山系	级别	面积（hm²）	批建时间（年-月-日）
29		白羊	阿坝州松潘县	白羊乡	岷山	省级	76710	1993-08-28
30		黄龙	阿坝州松潘县	施家堡乡、黄龙乡	岷山	省级	55051	1983-09-10
31		龙滴水	阿坝州松潘县	施家堡乡、小河乡	岷山	县级	25855	2004-03-10
32		白河	阿坝州九寨沟县	白河乡、漳扎镇	岷山	省级	16204	1963-04-02
33		贡杠岭	阿坝州九寨沟县、若尔盖县	大录乡、漳扎镇	岷山	省级	147844	2009-09-18
34		勿角	阿坝州九寨沟县	马家乡、勿角乡、草地乡	岷山	省级	37014	1993-08-28
35		包座	阿坝州若尔盖县	包座乡	岷山	县级	143848	2003-11-25
36	四川省	冶勒	凉山州冕宁县	冶勒乡	小相岭	省级	24293	1993-08-28
37		申果庄	凉山州越西县	拉吉乡、挖曲来吾乡	凉山	省级	33700	2000-10-25
38		马鞍山	凉山州甘洛县	阿嘎乡、吉米镇、波波乡、阿尔乡、新市坝镇、普昌镇	凉山	省级	27981	2001-06-21
39		麻咪泽	凉山州雷波县	谷堆乡、长河乡、拉咪乡	凉山	省级	38800	2001-03-01
40		黑水河	成都市大邑县	西岭镇、雾山乡、斜源乡	邛崃山	省级	31790	1993-08-28
41		贡嘎山	雅安市石棉县，甘孜州泸定县、九龙县、康定市	洪坝藏族乡、新民彝族乡、草科藏族乡、田湾彝族乡、得妥乡	小相岭	国家级	409144	1996-03-01
42		老君山	宜宾市屏山县	太平乡、新安镇、锦屏镇、龙华镇、龙溪乡	凉山	国家级	3500	2000-02-29
43		芹菜坪	乐山市沐川县	利店镇、武圣乡	凉山	省级	2584	2005-11-11
44		羊子岭	雅安市雨城区	望鱼乡、周河乡	大相岭	市级	2383	2003-01-01
45		黄柏塬	宝鸡市太白县	黄柏塬镇	秦岭	国家级	21865	2006-12-30
46		牛尾河	宝鸡市太白县	黄柏塬镇	秦岭	省级	13492	2004-04-27
47		长青	汉中市洋县	华阳镇、茅坪镇	秦岭	国家级	29906	1994-12-14
48		桑园	汉中市留坝县	桑园坝乡、黄柏塬镇	秦岭	国家级	13806	2002-08-26
49		摩天岭	汉中市留坝县	桑园坝乡	秦岭	国家级	8520	2003-06-17
50		佛坪	汉中市佛坪县	岳坝镇、长角坝镇	秦岭	国家级	29240	1978-12-15
51		观音山	汉中市佛坪县	长角坝镇	秦岭	国家级	13534	2003-06-17
52	陕西省	皇冠山	安康市宁陕县	皇冠镇	秦岭	省级	12372	2001-04-13
53		平河梁	安康市宁陕县	城关镇、皇冠镇、太山庙镇、江口回族镇	秦岭	国家级	21152	2006-12-30
54		天华山	安康市宁陕县	四亩地镇	秦岭	国家级	25485	2003-06-17
55		鹰嘴石	商洛市镇安县	木王镇、杨泗乡、余师乡、月河镇	秦岭	省级	11462	2004-04-27
56		老县城	西安市周至县	厚畛子镇	秦岭	国家级	12611	1993-07-10
57		周至	西安市周至县	板房子镇、厚畛子镇、王家河镇	秦岭	国家级	56393	1984-01-01
58		太白山	宝鸡市太白县、眉县，西安市周至县	黄柏塬镇、厚畛子镇	秦岭	国家级	56325	1965-09-08
59		紫柏山	宝鸡市凤县	留凤关镇、留侯镇	秦岭	国家级	17472	2002-09-03
60		青木川	汉中市宁强县	青木川镇	秦岭	国家级	10200	2002-08-26

（续）

序号	省别	名称	所在地	涉及乡镇	山系	级别	面积（hm²）	批建时间（年-月-日）
61	甘肃省	白水江	陇南市文县、武都区	碧口镇、铁楼乡、洛塘镇、丹堡镇、刘家坪乡、石坊镇、范坝镇、三仓镇、中庙镇、枫相乡	岷山	国家级	183799	1963-01-01
62		博峪河	陇南市文县，甘南州舟曲县	石鸡坝镇、中寨镇、博峪镇	岷山	省级	54862	2006-11-21
63		尖山	陇南市文县	尖山乡、城关镇	岷山	省级	10040	1992-12-16
64		插岗梁	甘南州舟曲县	武坪乡、插岗乡、拱坝镇、曲告纳乡	岷山	省级	83054	2005-12-28
65		阿夏	甘南州迭部县、舟曲县	阿夏乡、达拉乡、旺藏乡、卡坝乡、洛大镇、巴藏乡	岷山	省级	135536	2004-12-09
66		多儿	甘南州迭部县	多儿乡、阿夏乡	岷山	国家级	54575	2004-12-09
67		裕河	陇南市武都区	裕河镇、枫相乡、五马镇、洛塘镇	岷山	省级	51058	2002-01-14

注：引自（国家林业和草原局，2021）；（环境保护部自然生态保护司，2016）。